国家出版基金项目
NATIONAL PUBLICATION FOUNDATION

民机飞行控制技术系列

主 编 李 明

大型运输机
飞行控制系统试验技术

Flight Control System Test Techniques for Large Transport Aircraft

高亚奎 安 刚 支超有 等著

上海交通大学出版社
SHANGHAI JIAO TONG UNIVERSITY PRESS

内容提要

　　大型运输机飞行控制系统是影响飞机安全、功能与性能的核心系统之一,对其进行科学、规范、合理、全面的试验验证是保证飞机成功研制的关键。本书详细描述了飞行控制系统的机载设备试验、控制律与飞行品质评估试验、系统综合试验、"铁鸟"集成试验、机上地面试验、结构模态耦合试验、电磁兼容试验和飞行试验等。本书是作者多年理论研究成果和工程实践的总结。内容新颖、系统性强、理论联系实际,具有较高的理论和工程应用价值。

　　本书供飞行控制领域尤其是从事系统集成开发和试验验证研究与应用的科技工作者使用,也可作为高等院校相关专业的教师和研究生的参考书。

图书在版编目(CIP)数据

大型运输机飞行控制系统试验技术/高亚奎等著.—上海:上海交通大学出版社,2015

(大飞机出版工程)

ISBN 978 - 7 - 313 - 14175 - 0

Ⅰ.①大…　Ⅱ.①高…　Ⅲ.①大型-运输机-飞行控制系统-系统试验

Ⅳ.①V271.2②V249.4

中国版本图书馆 CIP 数据核字(2015)第 288880 号

大型运输机飞行控制系统试验技术

著　　者:高亚奎　安　刚　支超有　等

出版发行:上海交通大学出版社　　　　　　　　地　　址:上海市番禺路 951 号

邮政编码:200030　　　　　　　　　　　　　　电　　话:021 - 64071208

出 版 人:韩建民

印　　制:上海天地海设计印刷有限公司　　　　经　　销:全国新华书店

开　　本:787mm×1092mm　1/16　　　　　　印　　张:36.5

字　　数:723 千字

版　　次:2015 年 12 月第 1 版　　　　　　　　印　　次:2015 年 12 月第 1 次印刷

书　　号:ISBN 978 - 7 - 313 - 14175 - 0/V

定　　价:150.00 元

大飞机出版工程

丛书编委会

总主编

顾诵芬（中国航空工业集团公司科技委副主任、中国科学院和中国工程院院士）

副总主编

金壮龙（中国商用飞机有限责任公司董事长）

马德秀（上海交通大学原党委书记、教授）

编　委（按姓氏笔画排序）

王礼恒（中国航天科技集团公司科技委主任、中国工程院院士）

王宗光（上海交通大学原党委书记、教授）

刘　洪（上海交通大学航空航天学院副院长、教授）

许金泉（上海交通大学船舶海洋与建筑工程学院教授）

杨育中（中国航空工业集团公司原副总经理、研究员）

吴光辉（中国商用飞机有限责任公司副总经理、总设计师、研究员）

汪　海（上海市航空材料与结构检测中心主任、研究员）

沈元康（中国民用航空局原副局长、研究员）

陈　刚（上海交通大学原副校长、教授）

陈迎春（中国商用飞机有限责任公司常务副总设计师、研究员）

林忠钦（上海交通大学常务副校长、中国工程院院士）

金兴明（上海市政府副秘书长、研究员）

金德琨（中国航空工业集团公司科技委委员、研究员）

崔德刚（中国航空工业集团公司科技委委员、研究员）

敬忠良（上海交通大学航空航天学院常务副院长、教授）

傅　山（上海交通大学电子信息与电气工程学院研究员）

民机飞行控制技术系列

编 委 会

总　序

　　国务院在 2007 年 2 月底批准了大型飞机研制重大科技专项正式立项,得到全国上下各方面的关注。"大型飞机"工程项目作为创新型国家的标志工程重新燃起我们国家和人民共同承载着"航空报国梦"的巨大热情。对于所有从事航空事业的工作者,这是历史赋予的使命和挑战。

　　1903 年 12 月 17 日,美国莱特兄弟制作的世界第一架有动力、可操纵、比重大于空气的载人飞行器试飞成功,标志着人类飞行的梦想变成了现实。飞机作为 20 世纪最重大的科技成果之一,是人类科技创新能力与工业化生产形式相结合的产物,也是现代科学技术的集大成者。军事和民生对飞机的需求促进了飞机迅速而不间断的发展和应用,体现了当代科学技术的最新成果;而航空领域的持续探索和不断创新,为诸多学科的发展和相关技术的突破提供了强劲动力。航空工业已经成为知识密集、技术密集、高附加值、低消耗的产业。

　　从大型飞机工程项目开始论证到确定为《国家中长期科学和技术发展规划纲要》的十六个重大专项之一,直至立项通过,不仅使全国上下重视起我国自主航空事业,而且使我们的人民、政府理解了我国航空事业半个世纪发展的艰辛和成绩。大型飞机重大专项正式立项和启动使我们的民用航空进入新纪元。经过 50 多年的风雨历程,当今中国的航空工业已经步入了科学、理性的发展轨道。大型客机项目其产业链长、辐射面宽、对国家综合实力带动性强,在国民经济发展和科学技术进步中发挥着重要作用,我国的航空工业迎来了新的发展机遇。

　　大型飞机的研制承载着中国几代航空人的梦想,在 2016 年造出与波音 B737 和空客 A320 改进型一样先进的"国产大飞机"已经成为每个航空人心中奋斗的目标。然而,大型飞机覆盖了机械、电子、材料、冶金、仪器仪表、化工等几乎所有工业门类,集成了数学、空气动力学、材料学、人机工程学、自动控制学等多种学科,是一个复杂的科技创新系统。为了迎接新形势下理论、技术和工程等方面的严峻挑战,迫切需要引入、借鉴国外的优秀出版物和数据资料,总结、巩固我们的经验和成果,编著一套以"大飞机"为主题的丛书,借以推动服务"大型飞机"作为推动服务整个航空科学的切入点,同时对于促进我国航空事业的发展和加快航空紧缺人才的培养,具有十分重要的现实意义和深远的历史意义。

2008 年 5 月,中国商用飞机有限公司成立之初,上海交通大学出版社就开始酝酿"大飞机出版工程",这是一项非常适合"大飞机"研制工作时宜的事业。新中国第一位飞机设计宗师——徐舜寿同志在领导我们研制中国第一架喷气式歼击教练机——歼教 1 时,亲自撰写了《飞机性能及算法》,及时编译了第一部《英汉航空工程名词字典》,翻译出版了《飞机构造学》《飞机强度学》,从理论上保证了我们飞机研制工作。我本人作为航空事业发展 50 年的见证人,欣然接受了上海交通大学出版社的邀请担任该丛书的主编,希望为我国的"大型飞机"研制发展出一份力。出版社同时也邀请了王礼恒院士、金德琨研究员、吴光辉总设计师、陈迎春副总设计师等航空领域专家撰写专著、精选书目,承担翻译、审校等工作,以确保这套"大飞机"丛书具有高品质和重大的社会价值,为我国的大飞机研制以及学科发展提供参考和智力支持。

编著这套丛书,一是总结整理 50 多年来航空科学技术的重要成果及宝贵经验;二是优化航空专业技术教材体系,为飞机设计技术人员培养提供一套系统、全面的教科书,满足人才培养对教材的迫切需求;三是为大飞机研制提供有力的技术保障;四是将许多专家、教授、学者广博的学识见解和丰富的实践经验总结继承下来,旨在从系统性、完整性和实用性角度出发,把丰富的实践经验进一步理论化、科学化,形成具有我国特色的"大飞机"理论与实践相结合的知识体系。

"大飞机"丛书主要涵盖了总体气动、航空发动机、结构强度、航电、制造等专业方向,知识领域覆盖我国国产大飞机的关键技术。图书类别分为译著、专著、教材、工具书等几个模块;其内容既包括领域内专家们最先进的理论方法和技术成果,也包括来自飞机设计第一线的理论和实践成果。如：2009 年出版的荷兰原福克飞机公司总师撰写的 *Aerodynamic Design of Transport Aircraft*（《运输类飞机的空气动力设计》），由美国堪萨斯大学 2008 年出版的 *Aircraft Propulsion*（《飞机推进》）等国外最新科技的结晶；国内《民用飞机总体设计》等总体阐述之作和《涡量动力学》《民用飞机气动设计》等专业细分的著作；也有《民机设计 1000 问》《英汉航空双向词典》等工具类图书。

　　该套图书得到国家出版基金资助，体现了国家对"大型飞机项目"以及"大飞机出版工程"这套丛书的高度重视。这套丛书承担着记载与弘扬科技成就、积累和传播科技知识的使命，凝结了国内外航空领域专业人士的智慧和成果，具有较强的系统性、完整性、实用性和技术前瞻性，既可作为实际工作指导用书，亦可作为相关专业人员的学习参考用书。期望这套丛书能够有益于航空领域里人才的培养，有益于航空工业的发展，有益于大飞机的成功研制。同时，希望能为大飞机工程吸引更多的读者来关心航空、支持航空和热爱航空，并投身于中国航空事业做出一点贡献。

2009 年 12 月 15 日

序

    大飞机工程是我国推进创新型国家建设的重要标志性工程。为了配合大飞机的研制,在国家出版基金的资助下,上海交通大学出版社成功策划出版了"大飞机出版工程",旨在为大飞机研制提供智力支持。"民机飞行控制技术系列"是"大飞机出版工程"系列图书之一。

    现代飞行控制技术是现代军机、民机的主要关键技术之一。以电传操纵技术为核心的现代飞行控制系统是现代飞机的飞行安全关键系统,是现代飞机上体现信息化与机械化深度融合的典型标志。飞行控制技术也是大型民机确保安全性、突出经济性、提高可靠性、改善舒适性和强调环保性的重要技术。

    1903 年,莱特兄弟在前人研究的基础上,重点解决了飞机三轴可控问题,实现了动力飞机的首次飞行。此后的 60 年,驾驶员利用机械操纵系统来控制稳定飞机飞行,形成了经典的飞行控制系统。飞机机械操纵系统在自动控制技术的辅助下,解决了对飞机性能和任务能力需求不断增长所遇到的一些重大问题——稳定性,稳定性与操纵性的矛盾,精确、安全的航迹控制,以及驾驶员工作负荷等问题。20 世纪 60 年代至 70 年代初发展起来的主动控制技术和电传飞行控制系统对飞机发展具有划时代的意义,改变了传统的飞机设计理念和方法论,使飞机的性能和执行任务的能力上了一个新台阶。这两项技术已成为第三代军机和先进民机的典型标志,同时也为第四代军机控制功能综合以及控制与管理综合建立了支撑平台。在人们对飞机飞行性能的不断追求和实现的过程中,飞行控制系统发挥着越来越重要的作用,飞行控制系统的创新研究、优化设计和有效工程实现对现代飞机的功能和性能的提高起着至关重要的作用。

我国的军机飞行控制系统经过五十多年的研究、设计、试验、试飞、生产和使用的实践,已积累了丰富的经验,并取得了大量的成果,在各型军机上得到了广泛的应用,但民机飞行控制系统的研发经验仍相对薄弱。总结现代军机飞行控制系统研发经验,分析和借鉴世界先进民机飞行控制系统新技术,对助力我国大型民机的自主研发是十分必要且意义重大的。

本系列丛书编著目标是:总结我国军/民领域的飞行控制技术的理论研究成果和工程经验,介绍国外最先进的民机飞行控制技术的理念、理论和方法,助力我国科研人员以国际先进水平为起点,开展我国民机飞行控制技术的自主研究、开发和原始创新。本系列丛书编著的指导思想和原则是:内容应覆盖民机飞行控制技术的各重要专业;要介绍当今重要的、成功的型号项目,如波音系列和空客系列的飞行控制技术,也要重视方向性的探索和研究;要简明介绍技术与方法的理论依据,以便读者知其然,也知其所以然;要概述民机飞行控制技术的各主要专业领域的基本情况,使读者有全面的、清晰的了解;要重视编著的准确性以及全系列丛书的一致性。

本系列丛书包括《飞行控制系统设计和实现中的问题》《民机液压系统》《民机飞行控制系统设计的理论与方法》《民机传感器系统》等专著。其中王少萍教授的专著《民机液压系统》(英文版),已经输出版权至爱思唯尔(Elsevier)出版集团,增强了我国民机飞控技术的国际影响力。

在我国飞行控制领域的资深专家李明院士、陈宗基教授和张汝麟研究员的主持下,这套丛书的编委会由北京航空航天大学、清华大学、西北工业大学、南京航空航天大学、中航工业西安飞行自动控制研究所、中航工业沈阳飞机设计研究所、中航工业成都飞机设计研究所、中航第一飞机设计研究院、中航工业航空动力控制系统研究所、中国航空工业集团公司、中国商用飞机有限责任公司等航空院所和公司的飞控专家、学者组建而成。他们在飞行控制领域有着突出的贡献、渊博的学识和丰富的实践经验,他们对于本系列图书内容的确定和把关、大纲的审定和完善都发挥了不可替代的重要作用。

上海交通大学出版社"大飞机出版工程"项目组以他们成熟的管理制度和保障体系,组织和调动了丛书编委会和丛书作者的积极性和创作热情。在大家的不懈努力下,这套图书终于完整地呈现在读者的面前。

本系列图书得到国家出版基金的资助,充分体现了国家对"大飞机工程"的高度重视,希望该套图书的出版能够达到本系列丛书预期的编著目标。我们衷心感谢参与本系列图书编撰工作的所有编著者,以及所有直接或间接参与本系列图书审校工作的专家、学者的辛勤工作,希望本系列图书能为民机飞行控制技术现代化和国产化发展做出应有的贡献!

民机飞行控制技术系列编委会
2015 年 3 月

作 者 简 介

高亚奎,研究员,博士生导师,享受政府特殊津贴,长期从事飞机及系统研究工作,主要研究方向为飞行控制系统与系统仿真。现任中航工业集团公司特级技术专家,中航工业一飞院副总设计师,"飞控系统一体化设计""状态监测特种传感技术"等国防或航空重点试验室学术委员会委员。《航空计算技术》《飞行力学》等国内知名期刊编委。上海交通大学、复旦大学特聘研究员,西安交通大学、南京航空航天大学等兼职教授,西北工业大学特聘博士生导师。中国航空学会制导、导航与控制分会副主任委员,中国系统仿真学会理事,中国航空测控技术学会理事。在各种科技期刊和学术会议发表论文60余篇,合著《改变美国空军文化的KC—X新一代空中加油机》《图"话"空中加油》等。

自参加科研工作以来,先后担任过多个飞机研制副总设计师;主持完成了工信部、空军和集团多项航空科学预研课题,为推动航空技术进步做出了突出贡献。获得中国航空创建50周年"航空报国优秀贡献奖"和中国航空创建60周年"航空报国突出贡献奖",荣立集团一等功3次,二、三等功7次,2013年获得"航空报国金奖"三等奖;获得国家科技进步奖一等奖1项,省部级科技进步奖21项。

安　刚,研究员。长期从事飞行控制系统设计、模拟仿真系统设计和系统集成等技术研究,主要研究方向为飞行控制系统设计、仿真系统设计、系统集成与测试验证等。获得国防科工委二等奖1次、三等奖1次,中航集团二等奖3次、三等奖2次,获"十五"航空科学技术研究二等功、三等功,首届陕西省航空学会青年科技奖,获集团公司国家重大专项工程详细设计发图及C型件试验优秀个人一等奖、原型机首飞一等功。参与编著《百名院士百本书系列——空天技术和材料科学》,发表科技论文10余篇。

支超有,研究员。长期从事飞行控制系统试验与测试技术研究,主要研究方向为大型、复杂系统试验与测试技术,是中国计算机测量与控制技术协会常务理事,《计算机测量与控制》编委会委员。获国家发明专利5项,获省部级科技进步二等奖2项、三等奖3项,著有《机载数据总线及其应用技术》,发表科技论文百余篇。

前　言

随着现代大型运输机对安全性要求的不断提高,飞行控制系统成为了保证飞行安全的关键系统之一。飞机多操纵面气动布局、飞行控制系统余度设计、高可靠先进机载设备应用等措施,有效地提高了飞机的安全性。多操纵面气动布局使得气动特性和载荷计算变得复杂,飞机控制呈现多种冗余方案;飞行控制系统多余度和重构设计带来系统工作模态、控制律和软件工作量成级数增长;非相似多余度控制计算机、大变形情况下的精准运动机构、特殊环境下的传感器、大功率作动系统等先进机载设备的应用,大大降低了系统的成熟度。因此,飞行控制系统试验作为对复杂系统以及新技术、新产品验证与确认的主要过程,是保证飞机研制成功不可或缺的重要环节。

本书结合大型运输机飞行控制系统研制的工程实践,系统地介绍了大型运输机飞行控制系统试验的试验目的、试验方法、试验内容、试验结果分析和试验过程组织与管理等,在突出飞行控制系统机载软件、适航等新技术验证的基础上,力求内容协调、完整、实用,同时能够反映国内外飞行控制系统试验技术的发展趋势。

本书主要目的是使飞行控制系统设计人员全面了解大型运输机飞行控制系统及其机载设备研制中的验证过程,掌握飞行控制系统验证与确认的基本思路。全书包括飞行控制系统机载设备试验、机载软件验证与确认、控制律与飞行品质评估试验、分系统综合试验、"铁鸟"集成试验,机上地面试验、飞行试验和适航验证试验等主要章节。

第1章介绍了飞行控制系统试验技术的发展与现状、需求定义与评价管理,以B777飞机为例介绍了验证试验的工程实践,简要描述了本书背景飞机飞行控制系统。第2章按照飞行控制系统的功能和物理属性分类,分别介绍了机载设备功能性能试验、环境试验和寿命试验等鉴定试验的试验项目选取、试验要求、试验方法和试验结果判据等内容。第3章定义了飞行控制系统软件各模块的重要度等级;依据机载软件开发流程和阶段划分,提出了机载软件验证与确认的方法和要求。第4章介绍了大型运输机飞行品质及控制律设计要求,以及控制律与飞行品质评估的内容、方法、评价准则和组织管理。第5章介绍了飞行控制系统"逐级综合、分步验证"研制思路,以及分系统综合验证的目的、内容及试验判据等。第6章介绍了飞行控制系统"铁鸟"集成试验环境,以及集成试验、人机组合试验的目的、内容、方法等。第7章介绍了机上地面试验、结构模态耦合试验和电磁兼容性试验的试验内容、方法与流程等内容。第8章介绍了飞行试验各阶段飞行控制系统所要完成的飞行验证工作,强调了飞行控制系统对于支持飞机持续安全试飞的重要地位。第9章介绍了飞行控制系统适航验证试验的审定要求及技术要求,对军机适航验证实践进行了说明。第10章在总结飞机总体气动、飞行控制系统和试验技术发展的基础上,对飞行控制系统试验的发展进行了展望。

本书是在中航工业特级技术专家高亚奎研究员统一组织策划和指导下,由中航工业第一飞机设计研究院飞行控制专业相关人员组成撰写委员会,历时两年多时间共同完成。

本书的撰写基于所有作者的工程实践,内容丰富、新颖,反映了现代大型运输机飞行控制系统试验的新技术、新方法、新成果。全书共分10章,高亚奎任撰写委员会主任,安刚、支超有任撰写委员会副主任,撰写委员会由孙建全、戎永灵、卢丽川、李育、林皓组成,朱妍任撰写秘书。具体情况介绍如下:

第1章由高亚奎、支超有、安刚、戎永灵执笔,第2章由卢丽川、牟谨刚、喻杰、王贵执笔,第3章由李育、成红芳、何嘉航、刘佳、吴绿原、魏小勇、张鑫执笔,第4章由安刚、黑文静、朱江、林皓、马力执笔,第5章由戎永灵、张飞、陈咸彤、贺蕊亲、张媛、师振云执笔,第6章由支超有、李霞、韩建辉、李伟、王亚红、张芬、张冀、陈伟、李宏刚、马力、时圣军执笔,第7章由安刚、张飞、张冀、王亚红、卢丽川执笔,第8章由林皓、蒯巍、马力、赵鹏轩执笔,第9章由孙建全、张新慧、王亚红、邱岳恒、吴绿原执笔,第10章由高亚奎、安刚、支超有、朱江、戎永灵、林皓、黑文静执笔。

　　本书可供从事飞行控制系统及其相关专业的工程技术人员参考,亦可用于高等院校师生科研教学工作参考。

　　在此,衷心感谢中航工业第一飞机设计研究院飞行控制液压研究所的工程技术人员为原稿和例证材料所做的大量工作。

　　全书由中航工业首席技术专家杨朝旭研究员、范彦铭研究员担任主审,在此表示衷心感谢。

　　鉴于作者学识和水平所限,加之时间仓促,书中存在的错误和遗漏恳请读者批评指正。

作者

2015 年 6 月

目　　录

1 绪　　论

1.1　概述

　　飞机是现代高科技的完美产物,是一个国家科学技术进步的重要标志和综合国力的具体体现。飞行控制系统(以下简称飞控系统)是确保飞机安全执行任务所必备的重要机载系统,对于提高飞机总体性能、改善飞行品质、增强飞机安全性具有非常重要的作用。特别是以电传操纵为核心的电传飞行控制系统(以下简称电传飞控系统)已经成为现代军民用飞机的重要标志。当然,还有很多飞机尤其是运输类飞机大多配备有一定操纵能力的机械操纵系统,以进一步提高飞机的安全性。

　　随着飞机设计理念的更新换代以及飞控系统综合化、智能化发展,现代飞机设计已经不再是传统意义上"气动＋结构＋动力"的三位一体,而是"气动＋结构＋动力＋飞控"四位一体的设计理念,飞控系统在飞机设计中的地位大大提升。设计师赋予了飞控系统更加重要的使命。例如,放宽静稳定性,提高乘坐品质,边界保护与限制,阵风载荷减缓等主动控制功能。飞控系统与飞机气动、动力和其他机载系统的耦合程度更加紧密,解决以往飞机仅依靠气动、结构和动力难以解决的问题,例如过机动飞行,精确着陆(舰),无忧虑操纵等。现代飞机飞控系统的功能的增多和性能的提高使其内部以及外部交联关系变得复杂,组成飞控系统的 LRU(外场可更换单元)成倍增加。大型运输机由于其安全性要求更高,在飞机设计时,都要充分考虑利用舵面冗余、能源(液压系统,供电系统)冗余、系统架构冗余等多余度设计理念,尤其是对飞机安全性最为关键的飞控系统,这就使得现代大型飞机飞控系统的组成和交联关系更加复杂。据统计,组成大型飞机飞控系统的 LRU 是歼击类飞机的 10 倍以上,这就使得现代大型飞机飞控系统设计与验证工作量和研制成本剧增。

　　民用飞机 ATA100 按照飞行员驾驶飞机还是自动驾驶仪驾驶飞机,将飞行控制系统分为人工飞行控制系统(以下简称人工飞控系统)和自动飞行控制系统(以下简称自动飞控系统)。按照控制功能在飞行控制中的作用,把大型飞机人工飞控系统分为主飞控系统和辅助飞控系统。对于常规布局飞机,主飞控系统的控制面为副翼、升降舵、方向舵和水平安定面;辅助飞控系统的控制面为扰流板(包括地面扰流板、多功能扰流板)、襟翼和缝翼。为了强调大型飞机襟翼和缝翼在增加飞机升力、改善飞机起降性能等方面的作用,把襟翼和缝翼的控制系统称为高升力控制系统。随着电传飞控系统的成功应用,舵面的多功能使用也成为可能,例如,多功能扰流板用作辅助滚转,副翼用作起飞着陆阶段增升等。

大型飞机飞控系统研制涉及的专业面宽、参研单位和人员多,有时多达几十个供应商和几万名设计人员,是一个庞大的系统工程,合理科学的分工与组织尤为重要。飞控系统的分系统划分既要考虑功能的独立性,也要考虑性能的可验证性,同时分系统之间接口应尽可能简单,便于实现分系统试验环境下逐级综合和全系统"铁鸟"台架环境下的集成,确保研制质量,提高研制效率,节约研制成本,加快研制进度。基于以上思想,大型飞机飞控系统一般按照座舱操纵分系统、电传飞控分系统、自动飞控分系统、高升力控制分系统进行划分并组织研制,对于具有机械操纵功能的飞机,飞控系统还包括机械操纵分系统。为了简化文字避免误解,以下全文描述到各分系统时,均取消"分"字,即简称座舱操纵系统、机械操纵系统、电传飞控系统、高升力系统、自动飞控系统。

飞控系统设计一般基于飞机总体设计要求和飞机操纵性和稳定性设计要求,以及型号研制规定的相关标准和规范(例如,自然环境适应性要求、机械环境适应性要求、电磁环境适应性要求、供电系统特性适应性要求等),依此形成飞控系统设计规范,并进一步形成座舱操纵系统设计要求、电传飞控系统设计要求、自动飞控系统设计要求、高升力系统设计要求、飞控系统控制律设计要求和飞控系统软件设计要求,对于具有机械操纵功能的飞机,还包括机械操纵系统设计要求。飞控系统设计的基础就是系统设计规范和各分系统设计要求。

飞控系统组成的最基本单元为机载设备和完成飞控任务的运算、管理和控制所必需的机载软件,飞控系统机载设备一般包括电子类产品、机电类产品和机械类产品。电子类产品,例如,计算机,控制板,显示装置等;机电类产品,例如,动力驱动装置,配平驱动装置,传感器,作动装置等;机械类产品,例如,襟缝翼传动装置、钢索操纵传动装置等。一般研制流程中,飞机总师单位会依据飞控系统设计规范、各分系统设计要求以及系统详细设计结果,确定系统各机载设备和机载软件功能、性能及其他设计要求,最终形成各机载设备和机载软件的设计要求和研制任务书(技术协议书)。

飞控系统机载设备研制单位依据上面提到的机载设备设计要求和研制任务书(技术协议书),在充分消化理解相关要求和详细设计的基础上,参考相关机载设备专用设计规范和标准,形成机载设备产品规范或技术条件。机载设备研制整个过程将遵循以上产品规范及技术条件开展。

飞控系统试验的目的是验证确认所研制的飞控系统、分系统、机载设备、控制律和机载软件满足以上规范或要求或技术条件。鉴于现代大型民机飞控系统的重要性和复杂性,必须科学合理地规划并组织实施飞控系统试验验证工作。如何有效地确认飞控系统已经实现其功能、达到其性能以及规避故障的能力,相关工作均属于飞控系统验证试验的研究范畴。

实际上,随着现代飞机的需求提高,空气动力学、飞行力学、流体力学、控制理论、计算机技术、电子技术、机电技术的不断进步,新思维、新技术、新工具、新工艺的成功应用,飞控系统的设计越来越贴近飞机需求并为全面提升飞机总体性能水平发挥了积极作用,飞控系统的试验验证也越来越充分、细致,同时开发成本得到了有效的控制,开发效率也成倍地增长。尽管如此,飞控系统的研制仍然是一个巨大且复杂的系统工程,是所有飞机研制的重点、难点之一,需要耗费大量的人力、时间和资金,一套完整的飞控系统的工程化开发需要数年的时间和数亿的经费。值得注意的是,几乎一半以上的资金和工作量都集中在系统的试验验证上,并贯穿整个开发过程,包括飞控系统机载设备鉴定试验、分系统综合试验、系统集成试验、工程模拟器试验、机上地面试验和飞行试验等。飞机赋予飞控系统的功能、性能、安全性、可靠性及相关的飞机性能、飞行品质以及保证飞控系统安全工作所需的信息、能源、告警显示、维护保障等相关的接口正确性必须通过以上验证试验得到验证和确认。

飞控系统验证试验是由机载设备部件级到分系统级、再到系统级逐级综合验证。验证环境也是机载设备级试验环境〔例如,涉及自然环境试验,机械环境试验,电磁环境试验,耐久试验环境等几百台(套)试验设备〕、分系统综合试验室、"铁鸟"集成试验台以及真实飞机等,它是一个非常庞大而复杂的系统工程,没有任何一种设计或者试验工具能够独立解决这一问题,需要综合上述一系列相关工具和设备来进行飞控系统的验证和确认。

对于一个复杂飞控系统研制,如何才能保证试验验证工作的高质量、高效率,试验设计尤为重要,包括试验需求分析、试验规划(计划)编制、试验内容确定、试验文件编写、试验流程制订、试验环境建设、试验组织实施、试验结果评估等。在飞机研制过程中,伴随着飞控系统设计的同时,以上试验设计及试验环境建设工作务必同时扎实开展,确保系统设计及时得到验证。

本章综述了飞控系统验证试验及技术的相关背景,在简要介绍飞控系统试验验证技术现状及发展趋势的基础上,归纳出飞控系统验证试验的特点及评价管理体系。以典型的民用飞机波音 B777 为例,介绍了飞控系统验证需求定义和飞控系统试验验证工程实践。最后介绍了本书研究对象背景飞机飞控系统组成与原理,结合工程实践,提出了适合我国实际的大型飞机飞控系统试验验证的基本内容和流程,包括机载设备鉴定试验、分系统综合试验、飞控系统"铁鸟"集成试验、工程模拟器试验、机上地面试验、飞行试验以及适航验证试验要求与方法,这是本书后续章节重点介绍的内容。

1.2 飞控系统试验验证技术现状及发展趋势

飞控系统技术经历了机械操纵(硬式或软式或混合式)、增稳、控制增稳、全权限电传操纵、综合控制等发展阶段。特别值得注意的是,自从 20 世纪下半叶以来,电传操纵(FBW)和主动控制(ACT)这两个具有划时代意义的飞控概念出现以来,飞机的发展历程出现了巨大的变化,体现在以下几个方面:

（1）改变了传统的飞机设计概念和方法论，飞控技术首次与气动、结构和动力装置一起成为保证先进飞机平台性能的四大专业支柱。

（2）改变了自莱特兄弟首次飞行以来一直采用的以机械链操纵作为飞机主操纵系统的传统方法，使具有飞机状态反馈的闭环控制系统成为现代飞机的主飞控系统。

（3）打破了飞机布局设计中重心配置的限制原则，使飞机可以设计成中立稳定和静不稳定构型。

（4）飞控系统不仅用于增强飞机刚体运动性能，同时也用于解决飞机弹性模态的控制问题。

（5）使得飞机主要控制功能，例如：飞行控制、推力控制和火力控制等的综合成为可能，以数字式 FBW 为核心和纽带的综合飞行/火力/推力控制技术得到了迅速的发展，使飞机（尤其是战斗机）的性能得到大幅提升。

目前，数字式 FBW 和各种 ACT 功能已广泛应用于第三代军机和先进的民用飞机，综合控制技术也成为第四代军机的典型标志之一。随着航空技术、控制理论及计算机技术的发展，特别是 ACT 的开发与验证，飞控系统已成为摆脱传统飞机设计与使用约束的强有力的手段，也成为保证先进飞机平台高性能和满足新任务能力要求的关键技术之一。美国国防装备项目的工作分解结构军用标准（MIL－STD－881A）也将飞控系统视为是与飞机机体、推进系统等同的重要系统，并将这些系统放在同一层次看待。

航空技术发展到今天，飞控系统已不是锦上添花的机载系统，而成为现代飞机不可或缺的直接影响飞行性能和安全的关键系统。近 20 年来，在各相关学科飞速发展的支撑下，飞控技术领域也涌现出很多具有创造性的新理论、新方法、新产品，而且部分新技术在国外已经实现了工程化验证和应用，这些发展中的新技术很有可能成为支持未来飞机革命性发展所需的技术支撑。

1.2.1　验证试验的发展历程

随着飞控系统技术的发展，其验证试验技术也在不断发展，从国内飞控系统验证试验技术的发展过程来看，大致可以分为 3 个阶段。

第一个阶段是 20 世纪 70 年代至 80 年代。这一阶段，飞控系统主要以具有增稳或控制增稳功能的机械操纵系统为主，常把实现增稳或控制增稳功能的系统称为飞控系统。此时，飞控系统只是用于改善飞机飞行品质，而不是确保飞行安全的关键性系统，系统相对简单。在这个阶段，飞控系统试验验证主要包括以负载模拟器为中心的机械操纵系统验证，以增稳计算机为核心的增稳、控制增稳和自动驾驶功能验证，以飞控系统"铁鸟"集成试验台架为中心的飞控系统集成验证，工程模拟器试验、机上地面试验和飞行试验也是当时必须开展的验证试验。这个时期，国内对于具有电传操纵系统的歼击类飞机，飞控系统验证试验相对充分，建立有品质模拟器、"铁鸟"集成试验台等相对完善的试验设备。这些试验验证工作保证了当时诸多飞机的成功研制。

第二个阶段是 20 世纪 90 年代至 20 世纪末。这一阶段，国内作战飞机普遍采用 FBW 系统,飞控系统与飞机总体、气动、结构及飞机其他机载系统的紧密耦合使设计师们更加注重试验验证技术的研究,以"铁鸟"集成试验台架为中心的飞机系统综合验证的理念基本形成,各个型号都建立了工程模拟器和"铁鸟"集成试验台。但由于这个阶段,飞控系统的技术进步主要集中在歼击类飞机上,运输类飞机飞控系统技术还基本上停滞在机械操纵系统状态,系统设计和验证基本以静态性能为主,例如,运八系列飞机、运七系列飞机的机械操纵系统。因此,运输类飞机飞控系统试验仍然以机载设备鉴定试验和"铁鸟"集成试验为主,只是试验测试设备自动化水平有了较大的提高。

第三个阶段是 21 世纪以来至今。各型飞机飞控系统技术有了突飞猛进的发展。歼击类飞机以飞机系统综合化为标志,飞机系统不再是飞控系统、航空电子系统(以下简称航电系统)、燃油系统、液压系统、供电系统等,而是以飞行器管理系统(VMS)为综合设备的飞机综合系统,飞机系统集成度进一步提高,改善了飞机总体性能。相对应的飞机系统试验验证技术也在适应其发展,建立了飞机大系统综合化开发环境和试验验证环境。

运输类飞机飞控系统以电传操纵为显著特征,运八系列飞机采用带有控制增稳软硬混合式机械操纵系统,ARJ21 飞机和 MA700 飞机采用了开环电控飞控系统,C919 飞机采用了全权限 FBW 系统,还有其他运输类飞机也都采用了具有机械操纵系统作为备份的全权限 FBW 系统。飞控系统技术的进步对试验验证提出了新的更高的要求,引入了以"铁鸟"集成试验为主的分级综合试验思想,强化了分系统综合试验和工程模拟器试验,军用运输机引入了民用飞机飞机适航性设计与验证理念,即军机适航理念,使军用运输机的安全性、可靠性得到了明显的提高。同时,计算机技术、传感器技术、总线技术和软件技术的进步也使得试验更加高效。

1.2.2 飞控系统试验验证技术现状

航空、航天与国防领域的型号研制普遍采用自上而下的"V"形设计流程,依此来规划飞控系统的研制可分为:需求论证阶段、方案定义阶段、详细设计阶段、机载设备设计阶段、机载设备试制阶段、机载设备鉴定阶段、分系统综合阶段、全系统集成与地面试验阶段、飞行试验阶段和定型阶段等,各阶段工作以达到飞控系统最终目标为目的进行螺旋式迭代与逼近,如图 1-1 所示。

"V"形研制流程左边是从飞机开始的自上而下需求分解直到机载设备设计要求,这实际上是需求的确认过程。"V"形研制流程右边是从机载设备开始的自下而上的验证直到全系统集成验证,这实际上是验证过程。"V"形研制流程的底部是机载设备制造与验证,全系统研制成果在此以机载设备形式体现。由于控制律设计与验证是飞控系统研制区别于飞机其他系统的重要特征之一,是实现飞控系统功能、满足飞行品质要求的核心内容。控制律设计与验证同样遵循"V"形研制流程,从需求确认到飞行验证,控制律研制成果是控制律软件代码,控制律的验证实际上是对控制律软件进行的验证。

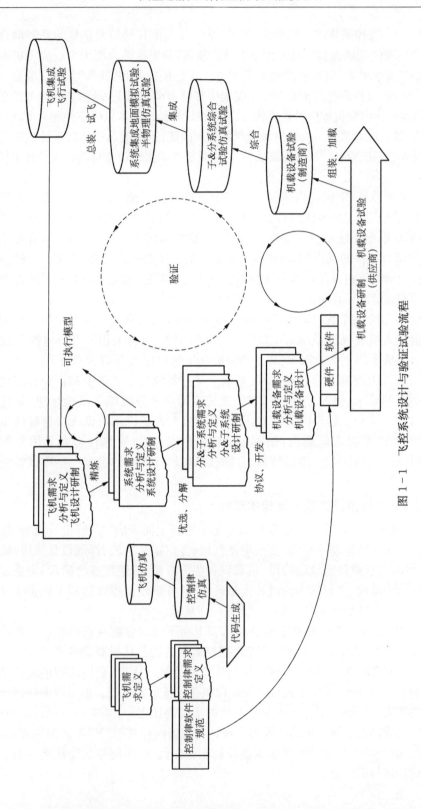

图 1-1 飞控系统设计与验证试验流程

从图1-1可以看出,飞控系统研制过程中,从"V"形流程最底部的机载设备设计与验证开始自下而上形成多个循环迭代回路,包括机载设备是否满足机载设备要求的验证、分系统是否满足分系统设计要求的验证、系统是否满足系统设计规范的验证,直到飞机是否满足飞机研制重要求的验证。每项验证内容都需要在尽可能真实的环境下进行,这种尽可能有的已有相关标准规范要求,例如,机载设备鉴定试验要求,设计师只要按照要求建立或借用试验环境即可。但是还有很多试验项目需要在所谓的尽可能真实的环境下进行的,例如,分系统综合验证,全系统集成验证及工程模拟器试验验证等,这与设计师的经验与能力、人力资源水平、经费支持力度、研制周期等相关,有时不只是技术问题。但就设计师本身来说,必须做到心中有数。

统计数据表明,飞控系统试验这一典型的系统验证试验占到了全系统开发成本的34%,是系统开发中成本最大的部分。相比之下,软件开发耗费(占20%)、硬件开发耗费(占17%),控制律开发耗费(占9%)所占资源的比例要小得多。需要说明的是,在这一统计结果中,软件、

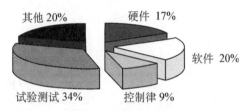

图1-2 典型飞控系统开发过程的耗费模型

硬件、控制律等设计开发过程的内部验证试验耗费并未计算在内,若进一步细化,验证试验环节在系统开发中所占比例无疑会更大。图1-2所示为典型飞控系统开发过程的耗费模型。

总体来说,飞控系统验证试验的特点是工作量大、涉及面宽,其现状是缺乏有效的提炼和总结,未形成一致的管理与技术规范,工程实际中一些好的、有启发性的成功应用和实践很大程度上是以工程经验的形式存在于系统工程师的脑海里,一些阶段性的研究成果也是零星散见于各种文献中,远未形成一个完整的理论和实践体系。随着飞控系统地位的不断提升和试验验证技术的进一步提高,这方面的研究已经逐渐引起理论界和工程界的重视,试验验证技术必将成为飞控系统技术中一个日益重要的研究分支。

举例看飞控系统软件代码量的突变,从中可以显现出飞控系统验证试验所面临的巨大挑战。图1-3所示为T-50、F-22、Darkstar、JSF、URAV、UCAV等飞机飞控系统软件代码量,从软件代码量给出了飞控系统复杂程度的一个直观预测。在可预见的未来,无人作战飞行器(UCAV)的软件代码量是现役最先进战斗机和无人机的几十倍。可想而知,对于如此庞大复杂的系统,其验证试验所付出的代价必然相当可观。

随着飞机赋予飞控系统的任务越来越多,飞控系统技术的不断进步所能解决飞机的问题越来越复杂,复杂可靠的系统架构和软件功能必将使系统试验验证工作量成倍增长,面临的挑战也越来越多,而这还是在试验方法、试验环境不断完善进步的

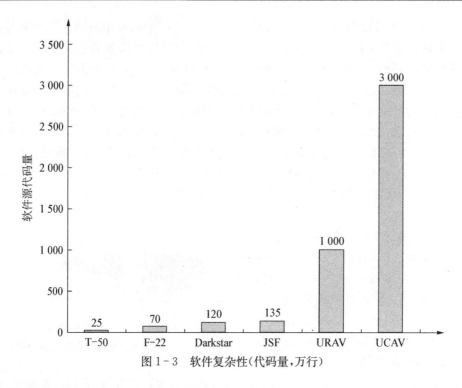

图 1-3　软件复杂性（代码量，万行）

条件下取得的。

1.2.3　验证试验的发展趋势

最近几年，飞控系统验证试验在理念、技术上呈现出许多新的特点，主要表现在以下几个方面。

（1）为确认而设计：在设计之初就应考虑设计的可验证性和可确认性，即"为确认而设计"（design for validation），这要求系统开发之初就应有系统验证与确认的计划和管理。

（2）设计与确认同体系、同模型、同工具：注重测试设备的开发。先进的验证设备及开发工具将能实现"系统成长的可视化"（let the user see his system grow in front of his eyes），并且应在开发和验证中尽量使用相同的平台和工具。例如，F-22飞机的系统开发中，提出了垂直测试概念，即由工厂（设计）到外场的同设备直接测试。也就是说在 F-22 开发和测试中，做到了在设计—验证、验收—维护的同体系、同模型、同工具，甚至通用 Ada 语言。

（3）全状态、全环境验证：验证与确认应尽量做到全状态、全环境。保证验证的正确性和有效性，即做到"所证即所得"（what you prove is what you get）。应当注意，分系统级验证必须有完备的测试设备，所有环节和参数必须测试到位，尤其要注重动态环境下的测试项目，不能由于存在测试难度便删减项目。保证各阶段测试的完整性，不遗留问题到下一个阶段。

（4）虚拟原型技术及仿真技术的应用：积极采用虚拟原型技术及仿真技术，加大数学仿真力度，可以减少大型综合试验时间。应做到能在数学仿真阶段发现的问题，不留到地面试验中，能在地面试验中解决的问题，不留到空中试飞中解决。

（5）标准验证规范及环境：利用现有专家经验和已有标准知识库，建立标准验证环境；提高快速修改系统设计以满足新顾客要求的能力；摆脱依赖主观经验和水平确定试验内容验收规范的状况；不允许以时间不够为由，随意省略必要内容和评审；提高系统开发的"可重用性"。

（6）采用新的开发和验证方法：为了解决系统复杂与开发低成本要求的矛盾，采用新的开发和验证方法完成由"V"形到"Y"形开发模式的转变。例如，戴姆索力·克莱斯勒研究中心的 Ines Fey 等人提出用商用 MATLAB 和 SCADE 搭建软件开发环境，实现符合 RTCA/DO‑178B 标准的软件代码的自动生成，以缩短验证周期。

（7）试验机等先进验证手段的应用：利用试验机、仿真模拟器等充分开展技术的先期验证。例如，F‑22 首飞前，用一架 F‑16 变稳飞机验证 F‑22 操纵性和稳定性（一年），而且在波音 B757 飞行试验平台（FTB）上进行了 1400 飞行小时的航电系统试飞。又如，JAS‑39 采用桌面仿真器模拟飞行，减少 50% 飞行试验，减少了 90% 的飞行员在环试验，节省成本 75%。我国歼十飞机研制也应用变稳机对新研制的 FBW 系统进行了长时间的飞行验证。

飞机任务的复杂性与飞行环境的日益恶劣，促使以飞行任务最优为目的的飞机综合系统（既飞行器管理系统）的出现，飞控系统已不再是传统意义上的以满足飞行员操纵飞机为核心的系统设计，而是以任务为核心的智能控制与自主控制。同时在全球经济持续增长和社会活动快节奏的今天，时间与人力成本成为各行各业的最大压力，传统的需耗去大量的人力、财力和时间的试验验证方法很难满足要求，迫切需要开发高效、经济的系统验证技术和方法。

飞控系统设计方法的不断改进也为试验验证方法和环境提出了更高的要求。例如，基于飞机线性小扰动方程的飞控控制律设计与基于飞机六自由度全量非线性方程的控制律设计，在验证方法上就会有很大不同；再例如，基于单输入单输出系统的频域飞行品质准则设计到基于多输入多输出系统优化设计，急需开发新的有效准则和评估方法。

从试验验证过程管理来看，同样存在很大的挑战，具体如下所述。

（1）用户需求：确认的第一步是对需求的描述，但大多数来自用户的需求都是不全面的、模糊的，完整的需求描述是从确认过程本身得出的。

（2）用户置信水平：必须承认，复杂系统的一些性能从物理或经济角度来说是不可知或不可预见的，例如，系统环境不是完全可控，并非所有系统的变化都是可预见的，这些因素将导致用户希望选择多个确认方法。

（3）确认与系统生命周期：如果要完整确认一个系统，每当其变更时都要重新进行确认，确认也同样用于设计的改进阶段。

（4）确认方法：用于确认的方法有很多种，各有优缺点，确定何时、如何使用这些方法很难。

此外，仿真技术在飞控系统验证与确认中的地位越来越重要，仿真实践中的真实性、复杂性、实时性、交互性等各种要求也在不断提高。在验证和确认过程中构建一个功能完备、信息资料齐全、结构完整、性能强大的集成化建模、仿真和验证环境是未来飞控系统开发的必然需求。

1.3　飞控系统验证特点及评价管理

"实践是检验真理的唯一标准"。同样，试验也是验证设计结果是否满足设计要求的唯一方法。对于飞控系统这样复杂的系统，试验得到的结果往往并不能直接反映设计结果，例如，试验得到的高阶动态数据需要通过等效拟配的方法才可得到对应的飞行品质设计要求。这就是说，试验验证不但要回答如何通过试验得到正确的设计结果，同时还要回答如何评价通过试验得到的设计结果。回答前一个问题是试验测试过程，回答第二个问题是试验分析过程，它们都自始至终贯穿于飞控系统的设计与试验验证过程。

飞控系统的验证试验是确定飞控系统产品是否准确实现设计需求、确保设计需求正确完善并在实际环境中满足使用要求的过程，它是飞控系统和整个飞机研制过程中的一部分。验证试验活动起始于系统需求分析阶段，贯穿于整个飞控系统的研制过程，最后确认系统是否满足系统设计之初确定的设计要求。飞控系统的验证试验已成为整个系统研制过程中的一个关键性活动，它对飞机飞行安全、任务完成和全生命周期以及研发成本等都有很大的影响，是一项具有非常挑战性的工作。

1.3.1　验证试验的基本特点

飞控系统的验证试验不论从技术上，还是从管理上都是一个复杂的过程，其相关特点介绍如下。

（1）故障验证试验是飞控系统试验的核心。飞控系统是飞机完成任务和安全飞行最关键系统，民用飞机规定因飞控系统功能失效引起飞机灾难性故障的概率应小于 1×10^{-9}，实现这个安全性指标的飞控系统必然是多余度的复杂系统架构、高可靠性系统机载设备及 A 级或 B 级机载软件。因此，对这种系统的验证必须做到充分再充分，故障模式验证试验就成为飞控系统试验最重要的内容之一。

（2）验证和确认是一系列技术活动。飞控系统试验验证由一系列技术活动来完成。机载设备鉴定试验由机载设备供应商与驻机载设备研制单位客户代表（民机的适航代表，军机的军代表）共同组织，总师单位参加；分系统综合试验由分系统供应商与分系统研制单位客户代表（民机的适航代表，军机的军代表，以下同）共同组织，总师单位参加；系统集成试验由总师单位与驻总师单位客户代表共同组织，在型号专用的飞控系统"铁鸟"集成试验台架上进行，有很多试验内容需要试飞机组参与完成;机上地面试验在飞机上进行,由总师单位负责、总师制造单位配合完成,驻总师单位和制造单位客户代表参加;飞行试验由试飞单位负责、总师单位和主机制造单位配合下进行,客户代表全程参加。试验过程中,试验任务书评审与确认、试验大纲评审与确认、试验前质量安全检查、试验结果分析与报告编写等,飞控系统验证试验相关的不同级别的评审会多达几十次或上百次,复杂程度相当高。

（3）验证试验是一项高投入的技术工作。从以上飞控系统验证试验的技术活动就可知费用之高。机载设备承研单位为几百件机载设备建立专用试验台,分系统承研单位为分系统建立专用试验台,总师单位建立工程模拟器、飞控系统"铁鸟"集成试验台和机上地面试验配套设备等综合试验台,飞行试验单位建立包括地面监控、遥测遥控、机上测试等在内的综合试飞测试系统。同时,飞控系统软件的各阶段测试所需要的环境,还有试验所需要的控制、检测、分析等软件以及各阶段试验所需的试验件,都需要花费大量资金投入。粗略估计,大型飞机研制与飞控系统试验验证有关的软硬件投入在数十亿元人民币之上。据统计,某型号飞控系统软件的验证成本占其全生命周期成本的 15.3%,较其编程费用高出 84%,所需要的人力资源、能源、材料资源等也是一笔不小的开支。

1.3.2　验证试验的作用

图 1-4 所示为某型飞机研制不同阶段有和无系统验证试验过程两种情况下所发现错误的对比,图 1-5 所示为有和无系统验证试验过程两种情况下相关成本的对比。通过比较可以看出,在有系统验证试验的情况下,尽管在系统开发初期需要付出较大的投入,但是可以及早发现系统的潜在错误,使系统开发后期甚至产品交付后为系统错误付出的成本会大大降低。同时,从整个开发过程来看,有系统验证和确认的情况下,付出的时间成本也要小很多。

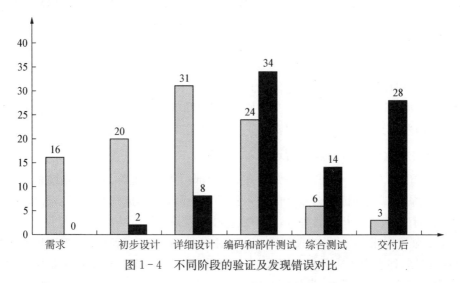

图 1-4　不同阶段的验证及发现错误对比

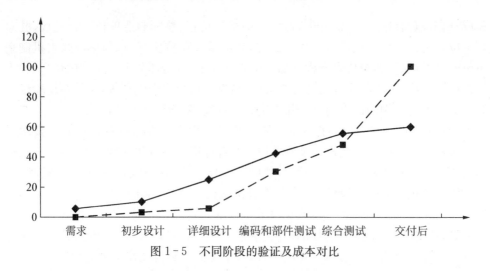

图 1-5　不同阶段的验证及成本对比

从飞控系统研制流程可以看出，系统设计和验证试验密切耦合、反复迭代、相互作用，设计确认的每一阶段都有与之对应的验证试验活动，以确保系统开发质量并促使系统设计结果满足设计规范需求。

1.3.3　验证试验设计的几个原则

如何设计新研制飞控系统的验证试验，可以从以下 3 个方面考虑：

（1）安全第一原则。飞控系统验证试验环境复杂、参试人员多，任何疏忽都会造成人员、设备甚至飞机的安全。因此，任何试验活动开始时，都应以试验安全为前提，例如，试验前检查与试验前评审（质量、安全）、首飞评审（飞机状态，空勤准备，地勤保障）等都是以试验安全为核心的技术活动。

（2）经济有效原则。前面提到，飞控系统验证试验是耗巨资的一项技术活动，但是合理科学的组织和先进工具的使用会使试验成本降为最低。例如，以往经验的分析与借鉴，仿真工具的充分使用，不同阶段试验内容的合理分配，测试等试验设备的通用化等。

（3）计划在先原则。科学合理规划试验对于提高试验质量、节约试验成本、缩短研制周期具有非常重要的作用。例如，计划风险性评估，系统分级综合，试验环境建设总体规划分步实施。通过缜密在先计划，将临时性试验任务降为最少。

1.3.4　验证试验的技术管理

大家知道，对于一个国家、一个企业、一个部门等，管理都是至关重要的。而对于像飞控系统试验验证这么复杂的技术活动，在还没有形成严格的试验标准之前，除必须具有强有力的行政管理外，必须强化技术管理。

（1）强化需求分析，做细顶层设计。以往的教训是由于管理者心理素质和进度节点的限制，往往是需求分析不深入，顶层设计不到位，导致后续的返工量很大以及资源和时间的浪费。因此，设计师及其管理者都有必要提升对设计输入的敏感性和严肃性,所有由飞机到系统、到分系统,再到机载设备的设计输入的合理性、完整性都需要经过仿真手段得到确认,所形成的机载设备、分系统、系统方案都需要经过仿真环境对其功能、性能、可靠性、安全性等进行验证。

(2) 科学制订文件体系,及时形成文本。以往的教训是技术计划粗放,文件没有统一标准,造成临时性文件多,经常文件缺失,影响了设计的可追溯性。因此必须在制订系统研制工作分解结构(WBS)和工作说明书(SOW)的同时,整个系统研制的文件体系、文件题目、内容、编写时段等都应明确。同时确定系统内部、上下游专业之间相互提供的设计输入与输出,做到能够及时从上游专业得到所需的设计输入,也能够及时向下游专业提供所需要的设计输出。

(3) 规范试验流程,明确责任主体。飞控系统试验管理部门必须依据型号研制相关规定,制订适合于自己试验团队的流程,其中也包括客户代表、试验管理者、质量管理者、试验承担团队以及参试单位等在试验不同阶段的责任,任何随意性的工作都可能导致问题的隐瞒与忽视。

(4) 汲取经验,不断创新。前人和兄弟单位在众多型号和系统研制中积累了大量的经验,必须在深入消化前人技术资料和文献的同时,采取走出去、请进来,甚至采取技术引进的方式,为系统试验验证设计做好技术储备。在技术、经费、进度、资源等约束下的试验管理、试验方法的不断创新是必要的,同时可以这样说,再缜密的计划都不可能完全覆盖试验过程中的方方面面,必须适时调整规划以适应新情况。

1.4　飞控系统验证需求定义

根据对 SAE-ARP4754A《民用飞机和系统研发指南》的理解,定义两个关键术语:

(1) 确认——确保需求正确性和完整性的过程也就是设计过程,确保设计符合系统和飞机级需求。

(2) 验证——证明研制的飞机、系统、机载设备满足所对应的设计需求。

本节以波音 B777 飞机飞控系统验证试验过程为例,介绍大型飞机飞控系统验证需求定义。

波音 B777 飞机是波音系列民用飞机中第一个采用 FBW 系统的飞机,于 1990年开始研制,至 1995 年成功交付客户。波音 B777 飞机飞控系统验证过程主要由需求定义、系统验证和问题追踪三部分组成,其相互关系如图 1-6 所示。

依据飞机级设计要求进行系统需求定义,并把需求进行逐级分解,确保系统(机载设备)级需求的正确性和完整性。系统(机载设备)需求直接驱动系统和机载设备的设计与制造;系统验证包括各种机载设备级验证、分系统验证和系统验证,确保系统和分系统满足定义的设计需求。问题追踪为需求定义、系统设计及实现提供闭环反馈,为系统需求、验证活动和验证状态之间的关系提供追溯的可能。

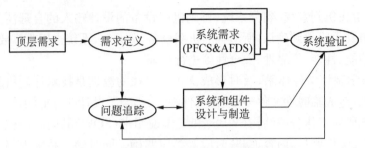

图 1 - 6　波音 B777 飞机飞控系统验证过程

1.4.1　需求定义

需求定义是一个不断细化和反复迭代的过程,主要包括需求形成、文档形成、确认和批准。

1) 需求定义过程

需求定义采用自上而下的方法,从顶层需求定义主要设计,从主要设计定义到进一步的底层需求和设计,主要是通过权衡研究和技术协调来完成。

波音 B777 飞机飞控系统架构权衡研究如图 1 - 7 所示。波音公司把客户要求、自己的要求、FAA 要求、JAR(EASA)要求以及其他型号经验作为设计要求和目标。飞控系统的候选架构必须满足这些设计要求和目标,同时把可靠性、成本、重量、气动外形作为权衡要素进行架构选择和权衡设计。例如,设置放宽纵向静稳定性功能以减轻飞机重量和减小飞行阻力,但实现这一功能需要能够容易实现俯仰增稳的 FBW 系统;结构重量也可以利用 FBW 系统得到减轻;通过权衡研究比较,得出 FBW 系统与机械操纵系统可靠性相当的结论;某些 FBW 系统架构虽比已选择的架构更轻,但由于其可靠性低而没有被选择;权衡研究的最终结果是以满足设计要求和目标为目的,并在成本、重量、可靠性等方面最折中的系统初步架构。

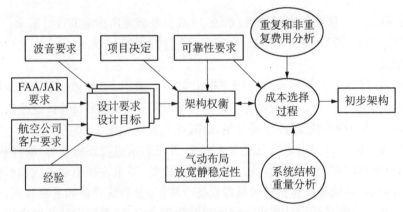

图 1 - 7　波音 B777 飞机飞控系统架构设计输入及确定过程

　　除了上述系统架构权衡输入条件外,安全性要求也已作为系统架构设计输入的条件之一。

　　在选定了系统初步架构和定义了飞机需求之后,进一步定义下一级系统(例如,分系统、控制律、软件)和机载设备需求。飞控系统协调小组继续权衡和技术协调,分配各 LRU 的功能要求和性能要求,定义相应的详细设备要求以确保满足上层需求。

　　根据这些需求定义,形成了主飞控系统(PFCS)和自动飞行指引系统(AFDS)的系统要求和目标文件。这些文件涵盖了飞控系统的设计要求、目标、理念、定义和设计决定等,描述了系统功能、性能、可用性、安全性、隔离、机组操作和维护等信息。

　　2) 需求确认过程

　　需求确认主要通过正式评审、分析、仿真、验证和批准等技术活动完成,并将确认过程中的系统问题不断地反馈,以保证需求的正确性和完整性,如图 1-8 所示。在波音 B777 飞机飞控系统项目后期实施阶段,需求确认和系统验证是交替进行的。在大部分硬件和软件可用之前,要完成对所有需求的确认,这些需求将作为详细设计的重要输入。

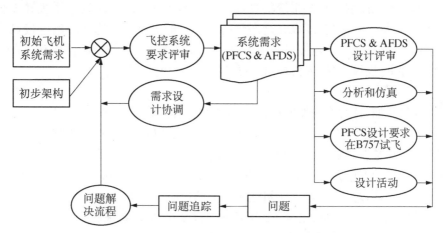

图 1-8　波音 B777 飞机飞控系统设计需求确认过程

　　(1) 正式评审。

　　型号前期阶段的评审主要用于需求确认。正式的评审活动有设计评审(SDR)、初步设计评审(PDR)和详细关键设计评审(CDR)。邀请来自航空公司、适航当局、制造商、供应商、飞机/系统接口组以及其他项目的同行代表参加重要评审。委任工程代表(DER)将会参加所有阶段的评审。

　　评审工作主要从工程、操作、项目及客户等方面,进一步评估已定义需求的正确性和完整性,并提供问题反馈,并且任何后期更改也必须进行评审。

　　SDR 主要集中在系统总要求、系统架构、基本设计及项目研制计划。PDR 主要提出详细系统需求和设计，并表明在系统验证初始阶段如何证明设计满足需求。CDR覆盖了从PDR到最终系统评审的所有更改，包括组件的维修性和易达性。

在每个阶段的评审中，都应该包括对系统性能和安全性分析状态的评审。

（2）分析。

分析主要通过性能分析、容差分析、安全性分析、功能危险评估和接口分析等手段来保证需求的正确性。

通过飞控系统性能分析，确认在正常和故障条件下伺服回路和整个系统的稳定性相关的需求，包括容差对系统的影响。通过对系统级总容差分析，确认组件级容差的影响。在项目早期，通过失效及安全性分析，确认与系统安全性相关的需求。这些分析方式将有益于避免项目后期的更改产生昂贵费用。功能危险性评估分析存在可能导致系统失效的危险事件。系统电气接口分析评估系统电气接口相关软硬件对闪电和高能磁场的兼容性，以确保PFCS和AFDS内的信号与LRU危险等级相一致。

（3）仿真。

桌面仿真用于确认与控制律相关的需求，用于确认在正常和降级的操作条件下从座舱输入到舵面响应整个系统的性能。专门的余度管理仿真确认系统异步和多余度操作，包括故障探测、隔离和瞬态预防等相关的需求。通过专门的电接口分析软件进行仿真，确认系统电接口和流量是否合适。通过工程模拟器评估确认在正常和失效条件下，操纵品质、人机接口及系统操纵相关的需求。

（4）试验。

在项目早期，针对新研发的产品采用各种已有的试验台和试验手段，确认与其相关的需求。例如波音B777飞机的主飞控计算机（PFC）和作动器控制电子（ACE）可替换单元均是新研发的，在项目开始阶段在试验台上进行了测试；用于波音B777飞机上的新作动器已在波音B757飞机飞控系统"铁鸟"集成试验台上进行了试验，对需求进行验证；对波音B757飞机做了专门的适应性更改以实现波音B777飞机控制律和单侧飞控座舱接口；采用FBW系统飞行试验，确认系统性能和操纵品质满足相关需求，包括阵风抑制和推力非对称补偿等功能。

（5）需求批准。

飞控系统工作组和相关的气动、液压系统、供电系统等外部相关部门联合批准初步设计的需求和目标，设计要求和目标的后期更改也是通过需求评审控制。

1.4.2　需求验证分配

验证过程的第一步是将每项需求分配到一个或多个验证方法和阶段中，如图1-9所示。所有的需求验证方法和阶段应分配到不同专业进行，这些专业部门负责将需求分组，并分配到相应的文件中。

基本的需求验证分配方法主要包括试验、分析以及供应商试验和分析3类。

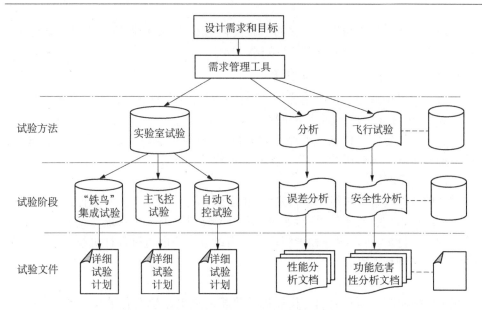

图 1-9 设计需求到验证方法分配流程

（1）试验。

试验是表明需求符合性最理想的方法。试验方法需根据其他系统或飞机环境对试验结果的影响评估进行分配。例如，系统内余度管理最好在独立的试验室进行评估，而在丧失单发状态下评估系统降级操作（包括飞行员的反应），对飞机飞行要求的评估最好在工程模拟器或试飞试验中进行。

（2）分析。

由于受项目经济性和时间的限制，有些需求不能通过试验证明，主要采用分析方法，例如，根据系统余度等级和预估的组件故障率，分析系统性能、可靠性和安全性预估。分析方法常用于减少需要，通过试验条件验证需求的试验范围。分析也用于一些危险等级高而不能进行飞行试验的需求验证，例如，大重量下结冰跑道着陆，极限条件下舵面卡死和全发失效飘降等。

（3）供应商试验和分析。

机载设备和系统供应商开展了大范围的试验和分析工作，以验证设计满足规范和图纸要求。

1.4.3 覆盖和追溯

完整的验证覆盖应保证每条设计要求和目标分配到一项或多项验证活动中。通过委任工程代表批准验证文件，确保相应需求的验证活动是可接受的和完整的，完成的验证文件需要归档。不符合的需求将通过严格的反馈程序进行管理，决定是否更改系统。

1.4.4 需求管理工具

PFCS 和 AFDS 验证符合性矩阵可追溯系统需求对应分配的验证方法、阶段和文件。通过需求管理工具保存这些符合性矩阵数据库，可获取所有设计需求、顶层安全性事件、适航计划和相关的验证数据。

1.4.5　系统验证支持飞机验证

飞机系统验证活动的目的是确认系统在不同飞行构型中支持其他系统的要求，满足操纵、性能和安全性方面的飞机级需求。

飞机级验证包括各种飞机级评审和分析、飞机级集成试验室试验和飞行试验。飞控系统直接参与飞机级验证，为系统验证过程提供准确和及时的反馈。

（1）设计评审。

对共因故障进行飞机级评审，包括转子爆破、轮胎爆破、鸟撞和坠撞。这些评审主要考虑组件、导线、液压的隔离，通过 CATIA 模型检查飞控系统详细安装。由可靠性、座舱、飞行员、客户服务和维修培训代表组成的评审组对各种机组告警信息和组件维修信息进行评审。

（2）分析。

完成供电系统中断和上电分析以确保飞机对供电系统变化的反应是已预知和可接受的，包括地面热启动、冷启动、机内自检测、飞行中电压降低及供电系统转换。

根据最终系统验证，更新各种安全性分析，包括功能危险性评估、接口分析、故障模式影响分析及失效概率分析。

（3）飞机级试验。

集成试验平台验用于飞控系统最终的飞行硬件和软件验证，包括系统综合试验室、工程模拟器、"铁鸟"集成试验台和飞行试验飞机等。

系统综合试验室主要用于综合和验证整个飞机内部系统间的操作。由于系统综合试验室使用的供电系统和许多 LRU 不能代表真实的飞机，只能评估这些 LRU 对飞控系统操作的影响。

工程模拟器使用了与飞行员界面相关的硬件，可以进行相关操纵品质、机组程序、系统响应及告警评估，包括风切变条件下系统的性能或者飞行中无法实现的或因太危险而不能在飞机上完成的试验，例如，座舱操纵组件卡阻和脱开。

飞机地面试验和飞行试验为最终飞机系统集成、飞行员操纵品质评估、操纵影响和故障影响验证。例如，在各种影响飞行员操纵品质的故障条件下进行试飞，包括单发和双发停车、单套和两套液压系统丧失、发电机故障及各种备份模式。

（4）问题追踪和系统符合性评估。

问题追踪主要是通过飞控系统中央数据库完成项目追踪和系统符合性评估，提供飞机级、系统级、机载设备级等所有层级的问题追踪。工程人员提出的各层级问题，包括试验中发现的文件问题，分为争议问题、试验问题报告和飞行试验行动项目。

1.5　飞控系统试验验证工程实践

波音 B777 飞机飞控系统试验验证主要确保按需求设计的系统满足设计要求和目标定义的功能、性能和安全性要求，其验证过程如图 1-10 所示。

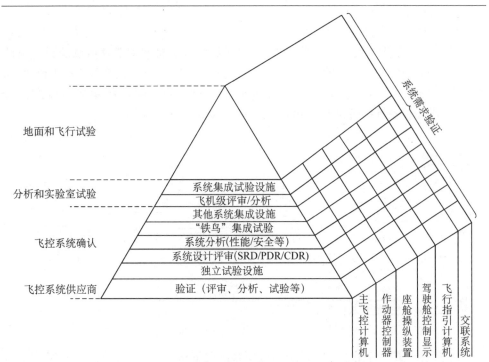

图 1-10 波音 B777 飞机飞控系统试验验证过程

验证过程主要是采用正式设计评审、专门评审和分析、供应商验证管理、各阶段验证方法和试验等手段，验证按照需求设计的系统是否满足设计要求和目标，是否满足顶层安全性要求。

（1）正式设计评审。

正式设计评审是需求确认过程和系统验证过程的一部分。在 PFCS、AFDS 和组件中，设计均需要完成 SDR、PDR 和 CDR，并证明系统满足相应需求的程度。类似的设计评审，还有 LRU 级评审作为供应商验证程序的一部分。

（2）专门评审和分析。

验证系统功能、性能，分析系统内接口定义和系统间接口定义，包括信号定义、信号内容、性能特征、传输频率、延迟和故障模式等。

飞机级系统接口分析，验证飞机内部系统信号的兼容性，包括接口控制文件定义的信号名称、刷新率、范围和分辨率等。

（3）供应商验证管理。

设备供应商完成组件设计评审、分析和试验，为飞控系统验证提供支持。

（4）验证方法。

验证方法主要由试验（"铁鸟"集成试验、机上地面试验和飞行试验等）和分析（静态分析、安全性分析、误差分析和稳定性分析等）两部分组成。根据研发阶段，分成了飞机级、系统级、分系统级、机载设备级等。

对于每项详细要求，考虑了效费和难易度，选择了最适合的方法证明系统的符合性。

（5）试验。

验证试验采用了大量的试验设施，飞机系统集成试验室配置这些试验设施且临近飞行试验设施，PFCS 试验过程如图 1-11 所示。当每个飞控系统 LRU 到达后，首先在专用试验台上进行适当的操作并验证 LRU 需求，系统级集成试验在波音 B777 飞机飞控系统综合试验室和"铁鸟"集成试验台上分别进行。

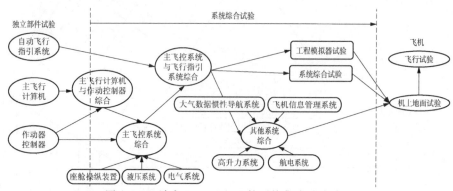

图 1-11　波音 B777 飞机飞控系统集成试验关系

飞控系统试验台用于飞控系统和液压系统验证试验，以及有限的飞机级验证活动。该试验台由飞控系统 LRU、作动器、舵面、液压系统、供电系统及其他对飞控系统比较重要的飞机系统 LRU 组成。

飞控系统综合试验室和工程模拟器主要用于飞机级飞控系统评估。飞控系统综合试验室由所有与飞控系统有关的航空系统 LRU、供电系统和座舱组成。工程模拟器用于飞行员评估飞机飞行品质和操纵性，由所有的视觉系统和对飞行员操作比较关键的所有 LRU 组成。

飞控系统最顶层的集成在试飞飞机地面试验和飞行试验中完成。

当某组件更换后，需要在专用试验台上完成同样的测试程序，然后在下一个综合级试验室完成测试，最终在飞机上完成试验，形成试验分析报告、试验总结报告和正式文件。

（6）分析。

验证分析分为 3 类：性能分析、可用性分析和安全性分析。

性能分析用于评估在典型环境容限和失效条件下系统的性能和操作，主要采用线性和非线性时域及频域分析方法。自动飞控系统的自动着陆功能采用蒙特卡洛方法预估自动着陆系统的接地性能。

可用性分析主要是静态分析，用于评估系统能否满足非安全性的需求能力（即对签派和维修的承诺）。

安全性分析主要用于证明在正常和非正常操作故障条件下，系统能提供的必需的安全等级。

（7）系统试验和分析支持。

有些分析和试验安排在飞控系统以外的系统进行验证，例如结构模态耦合试验、电磁兼容试验等，但这些已验证的设计需求也必须支持整个飞控系统满足其需求验证。

1.6 飞控系统试验验证

1.6.1 背景飞机飞控系统简介

大型飞机包括民用运输机和军用运输机,其飞控系统的基本功能、性能及安全性要求基本一致,但飞控系统的基本架构差异还比较明显,因此很难找到一个能够覆盖所有飞机的飞控系统,并依此开展飞控系统试验技术研究。为研究方便并不失一般性,本书作者在对国内外大型飞机飞控系统研究的基础上,构造了用于本书研究的飞机飞控系统,称为背景飞机飞控系统。

背景飞机飞控系统为三轴四余度"电传+模拟备份+机械备份"的控制系统,由座舱操纵系统(PCU)、电传飞控系统(EFCS)、机械操纵系统(MFCS)、高升力系统(HLCS)以及自动飞控系统(AFCS)组成。通过对飞机 28 个舵面(包括 2 块升降舵、1 块水平安定面、1 块方向舵、2 块副翼、10 块扰流板、8 块前缘缝翼和 4 块后缘襟翼)的控制,实现飞机姿态控制、航迹控制、边界限制/保护、地面破升增阻控制和飞机起降等阶段的增升控制。背景飞机飞控系统组成及相互关系如图 1-12 所示。

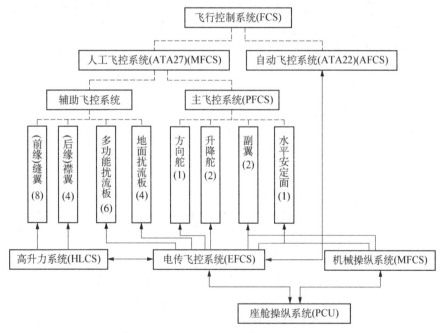

图 1-12 背景飞机飞控系统组成及相互关系

(1) PFCS 采用"全权限电传操纵+机械备份操纵"的结构形式,提供正常、降级、模拟备份和机械备份四级控制。

(2) EFCS 采用"数字式 4×2 余度计算机(PFC)+作动器控制电子(ACE)"的体系结构,提供正常、降级、模拟备份三级控制。

(3) MFCS 采用钢索传动装置对副翼和水平安定面进行操纵,实现对飞机的应急机械备份操纵。

(4) HLCS采用"数字式2×2余度计算机控制(FSECU)＋备份控制"的体系架构，提供正常、降级和备份三级控制。

(5) AFCS采用"数字式2×2余度计算机控制(AFCC)"的体系架构，提供自动驾驶、飞行指引、自动油门、自动进场和自动导航等功能。

(6) 飞控系统内部采用MIL-STD-1553B作为内总线，PFC为BC(总线控制器)，ACE、FSECU和AFCC为RT(远程终端)。

(7) 副翼、升降舵、方向舵等舵面采用电液伺服作动器(一个集成控制阀＋两个作动筒)驱动，水平安定面由双液压马达控制的滚珠丝杠驱动。

(8) 多功能扰流板由电液伺服作动器驱动，地面扰流板由电磁阀控制的液压作动筒驱动。

(9) 襟翼由"双电机动力装置(PDU)＋中央共轴式扭力杆＋滚珠丝杠"驱动，缝翼由"双电机动力装置(PDU)＋中央共轴式扭力杆＋齿轮/齿条"驱动。

(10) 飞控系统通过与大气数据计算机(以下简称大气设备)、惯性/卫星组合导航设备(以下简称惯导设备)、综合处理机飞管计算机、中央维护系统、中央告警系统、起落架控制系统、防除冰系统、自动油门执行机构、发动机参数采集与处理设备(以下简称发参)、飞参采集器、机电管理计算机等交联，实现控制、显示、告警和维护等功能。

背景飞机飞控系统体系架构如图1-13所示。

背景飞机飞控系统电液作动器由三套液压源提供能源，当1号或2号液压系统失效时，飞机所有主操纵面工作，飞机的飞行品质不受影响；当1号和2号液压系统失效时，飞机关键舵面仍能工作，飞行品质会降级。当1号和2号液压系统以及3号液压系统液压泵失效时，飞机关键舵面作动器由冲压空气涡轮(RAT)驱动泵提供油源仍能工作，但飞行品质会降级。

为确保飞机的飞行安全和任务可靠性，飞控系统各用电设备的供电系统设置具有足够的余度，每个计算机/控制器均配置两个电源模块，且由两路或三路供电系统供电。

EFCS通过ARINC429总线与大气设备和惯导设备交联，接收高度、速度等信息完成飞控系统控制律调参，接收飞机姿态等信息完成松杆姿态保持和姿态保护等功能；通过RS422总线和硬线将飞行员操纵指令、飞控系统状态和故障信息发送到飞参采集设备；通过AFDX接收与航电综合处理机交联，接收飞机重量、重心、维护信息、空投指令和舱门开启信息等，并将飞控系统BIT(机内自检测)信息、状态信息上传至中央维护(CMS)和显示处理单元等。通过ARINC429从发参接收发动机转速、油门位置、反推等信息，完成起飞构型逻辑判断和扰流板地面自动减速逻辑判断；通过硬线分别接收起落架收放、轮载和轮速信息，防除冰系统状态和结冰信息，以完成扰流板地面自动减速逻辑判断和飞机结冰时的安全保护。EFCS外部接口关系如图1-14所示。

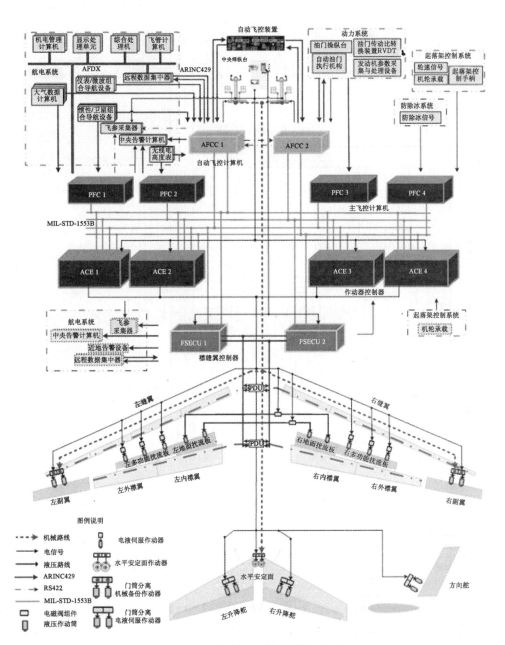

图 1-13 背景飞机飞控系统体系结构

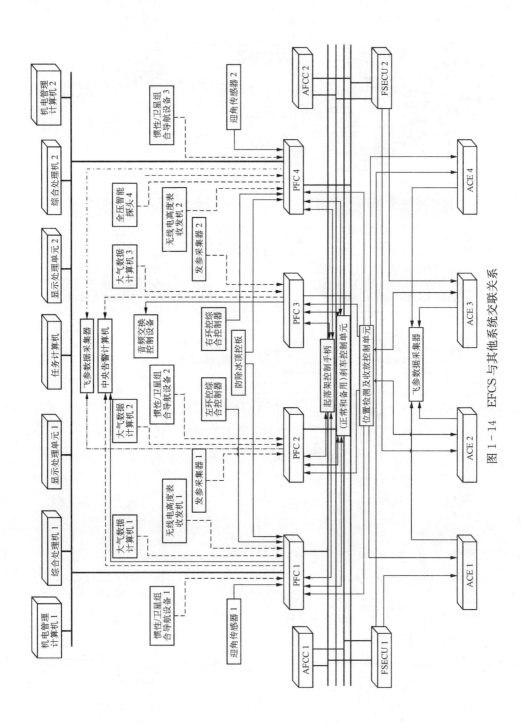

图 1 - 14　EFCS 与其他系统交联关系

HLCS通过ARINC429总线经航电系统远程数据集中器(RDC)实现与航电系统的交联,完成飞控系统BIT检测、维护检查、飞参采集器(以下简称飞参)记录、故障告警及信息显示等,其他所需信息通过MIL‐STD‐1553B总线从PFC获得。HLCS外部接口关系如图1‐15所示。

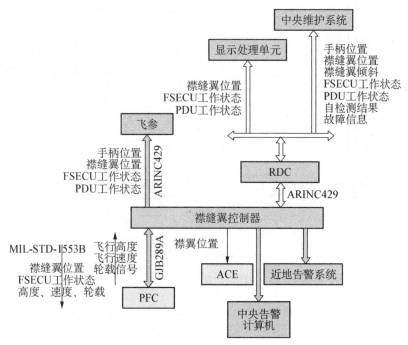

图1‐15 HLCS外部接口关系

AFCS通过ARINC429总线与大气设备、惯导设备、无线电高度表、中央告警计算机和飞参采集器等设备交联,并通过远程数据集中器RDC实现与飞管计算机、中央维护系统(CMS)、显示处理单元、发参采集设备等交联,完成自动驾驶、自动导航、自动进场等功能,以及系统故障告警、状态显示、记录等。

AFCS的控制指令通过MIL‐STD‐1553B总线发送至EFCS,实现对飞机的三轴控制。

自动飞控板由座舱照明系统提供照明信号,并发送飞行员操纵指令给飞参。AFCS外部接口关系如图1‐16所示。

1.6.2 验证试验的内容

飞控系统的验证试验活动在研制过程的各个阶段均有体现,正是由于这一系列活动的存在,才能构成研制中的逆向信息回馈,促成技术或工程方面的更改、完善和优化,从而形成系统研制周期内工作的循环迭代。

一般情况下,飞控系统级的验证试验包含5个阶段的内容:用户需求的确认,定义阶段的确认,设计与实现的确认,综合与试验验证以及机上地面试验和飞行试验。

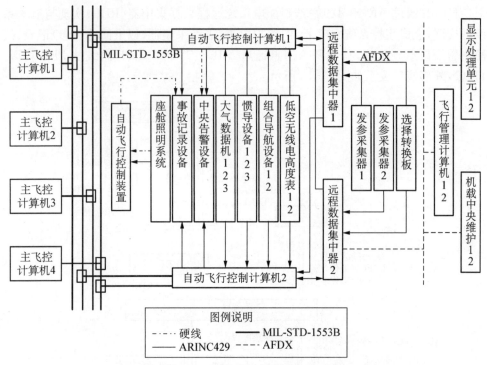

图 1-16   AFCS 与其他机载系统接口关系

1.6.2.1 用户需求的确认

要从整个飞机的角度对用户的需求进行描述和确认,制订相应的用户需求规范。往往最初来自用户的需求并不是十分清晰,需要通过严格的确认过程来得出完整的需求描述。通常,飞机用户需求中与飞控系统直接相关并需要确认的内容包括:

(1)飞行包线的定义。

(2)操纵品质需求、乘坐品质需求。

(3)工作模态划分。

(4)可靠性、安全性、可用性和保障性要求。

(5)维护性和测试性要求。

(6)潜在的升级扩充需求。

(7)设计和实现中必须采用的设计方法和标准。

总的来说,要从设计、制造等各方面对用户需求进行确认,系统地考查需求的完整性、一致性、设计可追溯性等,同时还可以充分利用现阶段不断发展的各种仿真分析工具和方法对用户需求进行建模和分析,确保需求具备上述性能。

1.6.2.2 定义阶段的确认

飞控系统定义阶段要充分参考和借鉴已有型号的相关经验,并结合其他相关方面的规范协议(如气动布局、推进装置、空气动力、飞行器结构、电子系统等),以及飞控系统自身分、子系统的各种规范协议(如控制律、计算机、传感器、作动器等子系统),并考虑它们之间的交联关系,将诸多方面的各种因素和约束条件进行综合考虑,当存在冲突时,还要进行折中处理,从而对系统需求进行有效的确认,完成需求分析和定义。

根据需求分析,一般可将飞控系统方案论证分为系统级方案论证和分系统级方案论证两个层次加以考虑,并需要通过相关的形式(如项目组内部交流,内部和外部专家评审,必要的仿真计算等)予以确认。

1.6.2.3 设计和实现阶段的验证试验

飞控系统、分系统设计和实现阶段的工作本身就包含着一系列的验证试验活动。在飞控系统、分系统的工程设计、加工制造、装配调试中,要通过各种有效的验证活动,发现问题,改进设计,实现系统的优化迭代。可能的活动包括计算校核、初样制造、组件和分系统试验等内容。

经过相应的各种验证后,常见的情况是:机载设备的方案改进,分系统级的方案优化,甚至系统级方案的更改。设计优化与完善的迭代次数取决于需求提出的准确性、设计者对用户要求的认知程度,以及分系统与机载设备设计者们的工程经验,甚至管理与质量体系的保证。

1.6.2.4 综合与试验验证

当研制的飞控系统的机载设备均已设计、生产、调试完毕,并经过单独的验证测试确认后,系统开发进入到系统综合与试验验证阶段。这一过程是在尽可能真实的模拟环境中进行,对整个系统进行验证和确认,其主要目的如下:

(1)验证飞控系统各分系统、机载之间接口的正确性和兼容性。

(2)验证整个飞控系统的功能、性能满足设计规范要求。

(3)暴露和确定潜在的硬、软件故障模式与机理,采取改正措施,使飞控系统可靠性得以增长。

(4)通过人机组合试验使飞行员熟悉飞机的操纵特点,及早暴露潜在设计缺陷,制订操作程序和应急处理措施,确保飞行安全。

(5)确认整个飞控系统设计要求的正确性,即确认飞控系统设计要求是否满足飞机使用要求。应通过相应的验收试验程序(ATP),确认飞控系统满足设计规范要求。

飞控系统综合试验一般分为两个阶段,即台架综合试验和"铁鸟"集成试验。

1.6.2.5 机上地面试验与飞行试验

经过飞控系统"铁鸟"集成试验之后,飞控系统应按规定的技术要求安装到飞机上,进行机上地面试验。机上地面试验一般包括3个部分:飞控系统性能校核试验、结构模态耦合试验和全机电磁兼容试验。

性能校核试验旨在在真实飞机条件下,运行飞控系统的真实硬件和软件,校核飞控系统各项功能及性能,并与飞控"铁鸟"集成试验结果进行比较。结构模态耦合试验的主要目的是获取包括结构模态传递函数在内的飞机飞控系统开环频率响应，以判定其稳定裕度是否满足设计要求。

全机电磁兼容试验的目的是检查各机载系统内部和外部是否存在电磁兼容问题。

经过飞控系统"铁鸟"集成和机上地面试验对飞控系统的验证试验后，进入飞行试验阶段。飞行试验是评定飞控系统性能的最终阶段，飞行试验验证结果也最具有权威性。通过在飞行包线内的各种飞行科目试飞，系统的全部本质性能才会表现出来，因此该阶段对飞控系统的研制来说至关重要。

飞行试验通常要在几架飞机上进行，每架飞机有专门的测试目标。飞行试验详细内容主要是依据有关标准、条例（例如，使用部门提出的战技指标、定型技术状态等）以及研制单位提交的试飞任务书来确定，主要是为了检验飞控系统的各项功能和性能指标是否满足设计规范要求。

对于新研制的飞控系统，飞行试验一般包括两个阶段：研制（调整）飞行试验，鉴定飞行试验。研制飞行试验阶段主要充分暴露和解决飞控系统、硬件和软件存在的问题，在此基础上优化并最终确定控制律。鉴定飞行试验验证并确认飞控系统及飞行品质满足总体设计要求。

1.6.3　验证试验的流程

最重要的经验教训是，从项目开始就必须对飞控系统验证制订计划和管理。项目早期做好充分的验证计划，制订验证程序、选用验证工具以及建造充分的试验验证设施。试验验证设施主要包括独立试验室、集成试验室、可用于试飞的飞机以及用于机上地面试验和飞行试验用的设备。

当需求批准后，需求验证方法和评判标准就可以确定，并形成文件。委任工程代表也有责任保证验证完全覆盖。在这个阶段应指派一名高级工程师作为每项需求的责任人，责任工程师应具有足够的经验参与验证计划和权力部门，以确保需求验证的严格和全面。

当遇到判断需求验证方法问题还是评判标准问题时，这就意味着需求本身就有问题，应迅速做出说明。如果该问题不解决，设计人员可能不明确所期望的要求，无法确定需求符合性。

如果一条需求在项目早期没有确定责任人或是发生类似的问题时，这就说明在设计阶段这条设计需求可能被忽视，进而导致系统不能满足该条设计需求，尤其在项目后期，因为缺少明确的需求责任关系，可能没有人负责，导致该需求没有进行充分验证。

另一个重要教训是，所有参与飞控系统的部门应使用相同的验证过程和追溯的工具。缺少这些工具会导致无法接到需求或及时得到通知，使用不同的数据库或平台追踪管理验证活动，会导致整个工程和状态管理混乱。

结合国内外民用飞机研制经验和设计理念，对飞控系统设计和验证过程进行了总结分析,整个双"V"模型分为两个部分:需求定义及确认和系统集成及验证,如图 1-17 所示。为了逐步达到设计目标,并清楚地定义研制里程碑及责任,按照追溯分解关系,飞控系统验证分成 5 个层级。

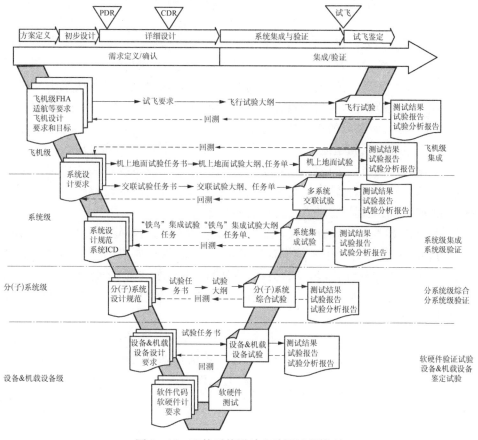

图 1-17 飞控系统设计和验证过程模型

主要层次等级如下:

(1) 机载设备级:在详细设计阶段,根据上一层设计要求,完成机载设备详细设计要求和软件设计要求文件,通过评审、分析或试验,对设计要求进行确认,并制订试验计划和试验程序。

在飞控系统集成和验证阶段,通过仿真和独立试验台完成软件测试,以及机载设备功能、性能试验,从而验证机载设备是否满足机载设备级要求,包括质量合格鉴定试验和接收试验。

(2) 设备级:在详细设计阶段,根据上一层设计要求,完成硬件和软件设计要求文件。通过评审、分析、检查或试验,对设计要求进行确认,并制订试验计划和试验程序。

在飞控系统集成和验证阶段,通过仿真和独立试验平台完成软件代码测试,以及设备功能、性能试验,验证软硬件是否满足设计要求,包括质量合格鉴定试验、接收试验和软件试验。

(3)分系统级:在详细设计阶段,根据系统级设计要求,完成分系统设计规范文件。通过评审、分析、检查或试验对设计要求进行确认,并制订试验计划和试验程序。

系统集成和验证阶段,通过仿真和分系统试验平台完成分系统集成,验证分系统是否满足分系统设计要求,包括质量合格鉴定试验和软硬件综合试验。

(4)飞控系统级:在初步设计阶段,根据飞机级需求定义飞控系统架构和功能,形成飞控系统规范文件,主要通过评审、仿真和分析方法,对飞控系统级设计进行确认,保证飞控系统级要求的正确性和完整性。

在飞控系统集成和验证阶段,结合分析、评审、检查等方法,通过研发试验、飞控系统集成试验对飞控系统级设计规范进行验证,验证飞控系统功能、性能及软硬件接口是否满足飞控系统设计规范要求,包括飞控系统综合试验、软硬件验证试验、"铁鸟"集成试验、工程模拟器及正式适航验证试验。

(5)飞机级:在初步设计阶段,根据飞机设计要求与目标定义飞控系统设计要求,通过仿真和分析对飞控系统设计要求进行确认,保证要求的正确性和完整性。在飞控系统集成和验证阶段,结合分析、评审和检查,通过研发试验、飞控系统"铁鸟"集成试验、机上地面试验对飞控系统设计要求进行验证,表明飞控系统的设计是否满足设计规范要求。

在试飞取证阶段,结合分析、评审,通过飞行试验对飞控系统设计要求和飞机级要求进行验证,表明飞控系统的设计满足飞控系统要求和飞机级要求,包括飞机接口的验证、机上集成和适航审定飞行试验,向适航当局证明飞控系统对适航要求的符合性。

参 考 文 献

[1] Terry D Smith. Ground and flight testing digital flight control systems in the United Kingdom [S]. NATO RTO, BAE SYSTEMS 2000.

[2] RTO-AG-300 Vol. 21. Flying qualities flight testing of digital flight control systems [M]. Flight Test Techniques Series—Volume 21, RTO/NATO 2001.

[3] Christian BENAC A380 Simulation Model Management Leader, A380 SIMULATION MODELS Airbus Standardization of Developpements New Media Support Centre-Workshop, 2003.

[4] Pierre Bachelier. Head of modelling simulation AIRBUS engineering, VIVACE project: the cornerstone of Airbus modelling and simulation strategy [M]. Warwick, 2005.

[5] Richard Smyth RAes. Design and development of transport aircraft system past, present and future challenges and opportunities, lecture of the Royal Aeronautical Society Hamburg Branch [M]. Harmburg, 2008.

[6] SAE Aerospace Information Report AIR5992. Descriptions of systems integration test rigs

(Iron Birds) for aerospace applications ［C］. 2009 - 11 SAE International. http://www. sae. org.

［7］ 刘林. 现代飞行控制系统的评估与确认方法［M］. 北京：国防工业出版社，2010.

［8］ 张德发，叶胜利，等. 飞行控制系统的地面与飞行试验［M］. 北京：国防工业出版社，2003.

［9］ 宋翔贵，张新国，等. 电传飞行控制系统［M］. 北京：国防工业出版社，2003.

［10］ 申安玉，申学仁，李云保，等. 自动飞行控制系统［M］. 北京：国防工业出版社，2003.

［11］ 刘林，郭恩友，等. 飞行控制系统的分系统［M］. 北京：国防工业出版社，2003.

［12］ 孙运强. 大型民用飞机电传飞控系统验证技术研究［J］. 民用飞机设计与研究，2012，3：8 - 13.

［13］ 高亚奎，支超有，张芬. 现代飞机综合试验与测试技术研究［J］. 航空制造技术，2012，12：40 - 44.

［14］ 支超有，唐长红. 现代飞机系统虚拟试验验证技术发展研究［J］. 航空科学技术，2010，6：25 - 28.

［15］ 支超有，李振水，薛峰. 基于模型组件的虚拟试验系统框架研究［J］. 计算机测量与控制，2011，9(4)：890 - 893.

2 飞控系统机载设备试验

机载设备(也称机载成品)是飞机及系统的重要组成部分,是飞机实现功能、完成任务和飞行安全的关键,是一型飞机能否顺利并成功研制的决定性因素之一,因此机载设备研制是贯穿飞机型号研制过程最为重要的一项工作。从机载设备设计要求确定、供应商选取、F型件(原理方案件)研制、C型件(初样件)研制、S型件(装机试验件)研制到鉴定定型的全过程,都会得到主管部门、客户、主机和质量监管部门的密切关注,因此确保机载设备研制质量与进度就显得尤为重要。大型飞机由于续航时间长、安全性要求高、任务复杂、系统交联关系多等因素,使得其机载设备所包含的 LRU 的数量多,可能会有几千件,甚至上万件,参与研制的单位或部门多达百家,参与研制的人员数以万计,因此机载设备研制是飞机型号研制中的一项巨大工程。

机载设备试验是确认机载设备功能、性能、环境适应性并不断优化完善的最基本技术手段,其试验涵盖机载设备承研单位在机载设备研制各个阶段需要完成的所有试验项目,一般由承研单位组织实施或委托第三方承试。其中研制转段试验、关键项目试验、适航验证试验、首飞安全试验及鉴定试验等,需要主机单位、客户和质量监管部门代表参与并目击试验过程。

本章重点介绍飞控系统机载设备鉴定试验相关的功能(性能)试验、环境适应性试验、耐久性试验等内容,研制过程中的其他试验的试验内容、方法与鉴定试验类似,可参考执行。机载设备参与的飞机系统试验、飞行试验等试验内容,将在第5章、第6章、第7章和第8章中描述,与适航要求有关的试验将在第9章中描述。

2.1 概述

飞控系统的机载设备按照产品物理属性一般分为电子类、机电类和机械类产品,涉及自动控制、电力电气、微电子、电磁学、机械、液压、软件工程等专业领域。依据飞机机载设备鉴定试验要求(功能、性能试验,包括自然环境、机械环境和电磁环境在内的环境适应性试验,耐久性试验等),结合国军标(军机)或民用飞机适航标准

(民机)及机载设备相关专用规范,确定机载设备的试验要求、试验项目、试验方法和评判标准。机载设备的物理属性、专业领域以及在飞机上的安装位置,使得不同系统、不同机载设备的试验内容和试验要求不尽相同,如飞控系统常用的电液伺服作动器的阻抗特性试验和浸油试验就是飞控系统机载设备特有的试验项目。

2.1.1 机载设备研制基本流程

机载设备的研制始于机载设备技术协议书或研制合同的签订,协议书生效后即可开展机载设备的研制工作,技术协议书一般附带有机载设备设计要求和接口控制文件。研制过程中,根据机载设备管理规定、型号研制管理规定及相关规范文件的要求,进行机载设备的设计和试验工作。

机载设备按方案阶段(F)、初样阶段(C)、试样阶段(S)、定型阶段(D)、批产阶段(P)的研制顺序进行,每一阶段完成本阶段的设计、试制和验证工作。

F阶段:新研机载设备一般从F阶段开始研制,这类机载设备需要在这个阶段进行原理性试验,以确认设计方案的原理正确,方案通过评审后方可转入C阶段研制。

C阶段:改进改型机载设备一般从C阶段开始研制,依据机载设备产品规范或技术条件进行相关的试验,以确认其满足产品规范要求,系统或分系统联试通过后方可转入S阶段研制。

S阶段:除直接选用的货架机载设备外,其余新研、改进改型机载设备都得经过S阶段的研制工作,并按照鉴定试验大纲完成鉴定试验,鉴定试验通过和试飞结论给出方可转入D阶段研制。

D阶段:机载设备工艺稳定性评估,即产品定型。

2.1.2 机载设备试验分类

机载设备试验按研制历程可分为:F阶段的原理性试验,C阶段的初样验收试验,S阶段的试件出厂验收试验,S阶段的试件专项试验,S阶段的首飞安全试验和S阶段的鉴定试验。

机载设备鉴定试验按试验性质可分为:功能、性能试验,电源特性试验,绝缘介电强度试验,刚度强度试验,可靠性试验,寿命试验(耐久性试验),机械环境试验,自然环境试验,电磁环境防护试验,专项试验(软件测评、测试性试验)等。

2.1.3 试验项目选取基本原则

针对飞控系统涉及的电子类、机电类和机械类机载设备,其试验项目选取的基本原则如下:

(1) 按照产品规范和机载设备技术协议书或型号研制规范或适航验证计划选择试验项目。

(2) 按照电子类、机电类、机械类机载设备的特点选取试验项目,如机械设备不需要进行电磁兼容、雷电防护、高强度辐射场(high intensity radiated fields, HIRF)

等试验项目。

（3）按照研制阶段划分试验，如三防、雷电、HIRF 等试验一般在 C 阶段可不进行。

（4）根据机载设备功能项目和性能指标确定具体的功能、性能的试验项目。

（5）有寿命指标要求的机载设备需要完成耐久性等寿命考核试验，规定了平均故障间隔时间（mean time between failure，MTBF）指标的机载设备和电子电气设备要进行可靠性相关试验。

（6）对于有适航性要求的机载设备，在进行试验验证时，需明确适用的适航条款，并按照适航管理文件要求完成。

2.1.4　飞控系统机载设备分类

飞控系统会因飞机不同、系统构型不同、交联关系不同、机载设备配置不同等，引起机载设备配置项目和名称有很大不同。以下以 1.6 节介绍的背景飞机飞控系统机载设备配置为例，来说明机载设备的基本分类。

按照机载设备物理属性可分为电子类、机电类和机械类产品，如表 2－1 所示。

表 2－1　飞控系统机载设备物理属性分类

序号	类别	应用的物理学知识	典型机载设备
1	电子类	微电子学，电磁学，计算机学，软件工程	飞控计算机，自动飞控计算机，襟缝翼控制器
2	机电类	微电子学，电磁学，固体力学，流体力学，结构力学，机械原理	飞行控制板，配平控制板，自动飞控装置，襟缝翼操纵手柄，减速板操纵手柄，水平安定面操纵手柄，副翼作动器，方向舵作动器，升降舵作动器，扰流板作动器，操纵指令位移传感器，角速率陀螺组件，加速度传感器，迎角/侧滑角传感器，大气静压传感器，大气总压传感器
3	机械类	固体力学，流体力学，结构力学，机械原理	拉杆，滑轮，钢索，导向件、弹簧载荷机构，滚珠丝杠机构，变角减速器，旋转作动器、钢索张力补偿器

按照机载设备功能可分为控显装置类、计算控制类、操纵装置类、机械驱动类、机械传动类、机械作动类、传感器类等，如表 2－2 所示。

表 2－2　飞控系统机载设备功能分类

序号	类别	主要功能	典型机载设备
1	控显装置类	状态选择按钮及状态、舵面偏角、告警等信息显示	飞行控制板，水平安定面配平切断控制板，配平控制板，自动飞控装置

（续表）

序号	类别	主要功能	典型设备
2	计算控制类	信息通信、控制逻辑和控制律解算	飞控计算机,作动器控制器,自动飞控计算机,襟缝翼控制器
3	操纵装置类	直接接受飞行员的操纵力和操纵位移,向外部机构传递或转换为电信号,并作为操作指令向外输出	襟缝翼操纵手柄,减速板操纵手柄,水平安定面操纵手柄,驾驶盘(柱),脚蹬操纵机构
4	机械驱动类	非直接与被驱动对象机械连接,而通过较多传动环节对被驱动对象施加作用力	襟缝翼驱动装置
5	机械传动类	传递机械位移和力(或力矩)	拉杆,滑轮,钢索,导向件,弹簧载荷机构、变角减速器,旋转作动器,钢索张力补偿器
6	机械作动类	直接与被作动对象机械连接,对其施加作用力	偏角限制器,回传作动器,副翼配平机构,方向舵配平机构,升降舵配平机构,副翼作动器,方向舵作动器,升降舵作动器,水平安定面作动器,扰流板作动器,减速板作动器,翼尖制动装置,旋转作动器,滚珠丝杠作动器
7	传感器类	将飞行员操纵指令、飞机姿态、操纵面位置、速度、过载、大气动静压等物理信号按照一定的规律转换为电信号	操纵指令力传感器,操纵指令位移传感器,舵面位置传感器,角速率陀螺,加速度传感器,迎角/侧滑角传感器,大气静压传感器,大气总压传感器

2.1.5 机载设备试验大纲编写依据和要求

机载设备试验依据的是机载设备技术协议书、设计要求和产品技术规范,首飞安全试验和定型/鉴定试验应单独编制试验大纲,并"单独成册,合订成本"。

首飞安全试验大纲主要包括:功能、性能试验大纲,环境试验大纲(自然环境和机械环境),电磁兼容试验大纲,耐久性试验大纲等。

机载设备定型/鉴定试验需要编写试验大纲的编制说明,编制说明应对试验件的数量、组成、状态、功能(性能)及环境试验开展的顺序进行说明,试验顺序应满足相关标准要求;说明试验承制单位、试验项目、试验环境及试验大纲编制情况等;说明中应对前期已完成的试验项目和试验结果进行说明;对试验项目的适用性、试验的特殊要求及裁减补充等原则进行说明。编写说明应包括:概述、试验件说明、分工说明、功能(性能)试验说明、环境鉴定试验说明、电磁环境效应试验说明(电磁兼容、雷电效应、HIRF)说明、耐久性试验说明、测试性试验说明、软件测评说明、适航审查项目说明等及其他需要说明的内容。

设计定型/鉴定试验大纲主要包括:功能、性能试验,环境鉴定试验,可靠性鉴定试验,耐久性试验,测试性试验,软件测评,电磁兼容试验(包括静电防护试验),雷电直接效应防护,雷电间接效应防护,HIRF 防护试验等试验大纲,其中软件测评在第 3 章中介绍。

需要说明的是,没有特别重大更改的情况下,首飞试验结论可用于支持设计鉴定试验。

2.2 基本功能/性能试验

基本功能、性能试验是所有机载设备都必须进行的试验,用来考核机载设备是否满足机载设备技术协议书和设计要求,试验依据为机载设备技术协议书、设计要求和型号引用规范等。

2.2.1 试验通用要求

机载设备功能、性能试验是在常温和试验场地大气条件下进行的,仅考核试验件的常温功能和性能。根据被试件的具体要求,需要准备专用的试验条件,如试验台架、激励器、测试设备、载荷环境及其他配套设施。

1) 环境条件

试验温度:15℃~35℃;

相对湿度:20%~80%;

气压:试验场地气压;

磁场强度:<1Gs。

2) 试验设备

功能、性能试验使用的试验设备多为专用设备,如作动器、座舱操纵机构的专用测试台架,模拟被试机载设备机械及电气输入的激励器、测试陀螺、加速度计的转台等试验设备均应在检定有效期内,设备的技术指标应满足被试设备试验要求。

3) 测试设备

测试设备的各项技术指标应按国家的有关标准或计量规定规程检验合格,并在检定有效期内,精度应不低于被试机载设备性能指标精度的三分之一。

4) 能源配置

功能、性能试验使用的能源系统有电源和液压源,能源的配置应考虑被试机载设备和参试机载设备的能源需求。

电源:一般为直流 117 V、28 V、±15 V,交流 380 V 400 Hz, 115 V 400 Hz, 36 V 400 Hz, 7 V 1800 Hz 等,需根据机载设备供电制式、功率、精度及通道数配置相应的电源。

液压源:需根据飞机液压系统及机载设备工作要求配置相应余度、压力体制和流量的液压源,如三套独立的 21 MPa 压力体制,流量分别为 150 L/m、160 L/m 的液压源。

5) 接口要求

试验设备、测试设备及专用台架的机械接口和电气接口应与被试机载设备匹配。在进行试验设备研制时,需要提出对试验及测试设备的接口需求,对于接口不匹配的可以使用工装夹具或转接电缆的手段解决。

6) 质量保证规定

机载设备功能、性能试验是质量一致性检查、出厂验收和鉴定试验的一部分。除另有规定,质量一致性检查和出厂验收、验收检验采用全数检验。除另有规定,鉴定试验选取试验件数量一般不少于两件。

送检试验件必须是检定合格的产品。任一检测项目不符合合格判据,则判定该试验件检验不合格,需重新准备试验件并进行检测直至项目合格。

2.2.2　控显类机载设备

飞控系统控显类机载设备按功能分类主要有:飞行控制板,配平控制板,水平安定面位置指示器,配平切断控制板,自动飞控装置等。下面以飞行控制板为例,介绍控显类机载设备的功能、性能试验相关内容,其他控显类机载设备试验内容相类似。

2.2.2.1　试验目的和试验要求

检查和测试飞行控制板基本功能和性能,确认其满足设计要求并在规定的工作范围内准确无误地工作。

飞行控制板按照验收规范和产品规范的要求逐条进行测试,每项测试结果应符合合格判据。必须搭建飞行控制板试验器,其检查与测试需在试验器上进行,其他要求除非另有规定外,均按 2.2.1 节的通用试验要求执行。

2.2.2.2　试验项目与试验方法

飞行控制板的主要试验项目有电源电压,电源阻抗,指示灯显示,亮度调节,输出开关量和输入开关量等。

1) 外观结构

外观结构检查包括外观检查,重量检查,外廓尺寸检查,安装形式,互换性,防差错及接口检查等,通过目视、电子秤,尺子测量,检查外观、重量和外廓尺寸等试验项目。

2) 电源阻抗

使用数字万用表测量机载设备电连接器的各路电源高端对低端的阻抗值。

3) 指示灯显示

用试验电缆连接试验器和被测控制板,给试验器和被测控制板上电,拨动试验器面板上验灯开关,进行验灯测试,目视控制板状态指示灯是否点亮。

4) 亮度调节

用试验电缆连接试验器和被测控制板,给试验器和被测控制板上电,拨动试验器面板验灯开关,点亮全部状态指示灯,旋转试验器上"导光板供电"和"信号灯供电"旋钮,进行导光板和状态指示灯调光测试,观察导光板和状态指示灯亮度是否随旋钮调节变化。

5) 输出开关量

用试验电缆连接试验器和被测控制板,给试验器和被测控制板上电,依次拨动控制板上的各被测开关,观察并记录开关状态和信号输出特性。

6) 输入开关量

以四余度输入开关量测试为例,用试验电缆连接试验器和被测控制板,给试验器和被测控制板上电,按表 2-3 中开关状态拨动试验器上相应开关,提供四余度被测信号,观察被测指示灯点亮情况。

表 2-3　电源阻抗与验灯调光测试期望值

序号	测试内容	测试项	期望值
1	28 V 电源与地阻抗	28 V 输入 1	
2		28 V 输入 2	
3	导光板电源与地阻抗	导光板供电	
4	信号灯电源与地阻抗	信号灯供电	
5	验灯测试		
6	调光测试		

7) 电源电压

用试验电缆连接试验器和被测控制板,给试验器和被测控制板上电,调整直流稳压电源的电压至规定偏差的极限值,如,28 V 供电调整到 18~32 V,检查飞行控制板功能(性能)是否满足产品规范的要求,并在试验结果记录表中记录各项检查测量结果。

2.2.2.3　试验判据与结果处理

机载设备外观结构检查测量结果与期望值一致,则判定机载设备结构检查合格。如外观完好无损,接插件无弯针、缩针,重量、外廓尺寸满足要求,安装支架的锁定机构紧锁、无脱落现象,电气接口防差错,板面布局满足设计要求等。

电源阻抗检查结果与表 2-3 中的期望值一致,则判定电源阻抗测试合格,否则判定该测试项不合格。

验灯开关处于接通时,控制板状态指示灯应全部点亮;验灯开关处于断开时,控制板状态指示灯恢复至初始态。指示灯显示检查结果与表 2-3 中的期望值一致,则判定指示灯显示测试合格,否则判定该测试项不合格。

状态指示灯能够受验灯开关正确控制,并且状态指示灯和导光板的亮度可以随“导光板供电”和“信号灯供电”旋钮调节,则测试合格,否则判定该测试项不合格。测试期望值如表 2-4 所示。

输出开关量检查结果与表 2-4 期望结果一致,则判定输出开关量测试合格,否则判定该测试项不合格。

表 2-4　输出开关量测试期望结果

控制板开关名称	挡位	输出特性	试验器指示灯	期望结果
系统电源 断开开关	断开	28 V	L1、L2	
	接通	开		
飞控计算机 自动/断开开关	自动	开	L7～L10	
	断开	15 V 地		
升降舵 电传/半机械/机械 转换波段开关	电传	开	L11～L16	
	半机械	四余度 15 V 地 一路 28 V 和地 电机控制		
	机械			
副翼 电传/半机械/机械 转换波段开关	电传	开	L17～L22	
	半机械	四余度 15 V 地 一路 28 V 和地 电机控制		
	机械			
方向舵电传/机械 转换波段开关	电传	开	L23～L26	
	机械	15 V 地		

　　四余度输入开关量检查的信号表决原则为：表决输出取大于等于 3 个一致的输入信号。

　　试验器开关状态与控制板状态指示灯对应关系及测试期望结果如表 2-5 所示，开关量检查结果与期望结果一致，则判定输入开关量测试合格，否则判定该测试项不合格。

表 2-5　主飞行控制板断开指示功能测试期望结果

控制板 状态指示灯	试验器开关及状态				期望结果
	通道 2	通道 3	通道 4	通道 5	
主飞控计算机 "断开"指示灯	上	上	上	上	
	上	上	上	下	
	上	上	下	上	
	上	下	上	上	
	下	上	上	上	
其他					

　　电源电压检查结果与产品规范一致，则判定电源电压测试合格，否则判定该测试项不合格。

2.2.3　计算机类机载设备

飞控计算机主要有：主飞控计算机，作动控制器，自动飞控计算机，襟缝翼控制器等，下面以主飞控计算机（以下简称飞控计算机）为例，介绍计算机类机载设备功能、性能试验内容，其他计算机类机载设备试验相类似。

飞控计算机具有控制/监控支路计算功能、多路模拟量输入端口、多路离散量输入/输出功能、多路总线功能、同步功能及通道表决功能等。性能主要包括精度、异步度、交叉数据传输、主处理器、输入/输出处理器、模拟量输入/输出、离散量输入/输出、总线、通道内自监控器门限、用电特性、二次供电特性及各功能板卡模块的性能要求。

2.2.3.1　试验目的和试验要求

飞控计算机通过分级测试，可以对各功能板卡、整机及软硬件的功能、性能进行充分检测，保证计算机在进行系统试验前已达到设计要求，并在确认范围内正确无误地工作。

飞控计算机测试时，按照验收规范和产品规范的要求逐条进行测试，每项测试结果需符合合格判据。

飞控计算机的功能、性能测试需在研制的专用测试设备上进行。测试设备分手动测试设备和自动测试设备，飞控计算机一般使用自动测试设备，包括板卡自动测试设备、飞控计算机综合测试设备（ITF）和软件开发综合设备（DIF）等。测试设备一般应具有如下功能：

（1）提供被测板所需要的各种电源。

（2）产生板卡所需要的不同输入激励信号。

（3）具有模拟负载的能力。

（4）可进行输入信号与负载的切换。

（5）能够准确测量各种信号，如模拟量、离散量和总线信号等。

（6）具有数据处理、判断测试结果正确性的能力。

（7）具备显示、打印及读取存储数据的功能。

2.2.3.2　试验项目和试验方法

飞控计算机功能、性能试验主要分为板卡测试、整机测试和软硬件综合测试。具体测试项目有机箱结构检查、电源供电特性测试、功能板卡性能测试、计算机分系统测试等。其试验项目和测试方法如下：

1）机箱结构检查

机箱结构检查有外观检查、重量检查、安装形式、互换性、防差错、冷却方式及电气接口等项目，通过目视、电子秤、量尺及专用试验测试设备检查外观、重量、互换性、防差错、冷却方式及电气接口等内容。

2）电源供电特性测试

使用板卡自动测试设备运行宏程序，逐路采集飞控计算机外部输入电源、MBIT检测腔电压和对外设备供电的所有电源值，与期望值比对。

3）功能板卡性能测试

根据飞控计算机内所插板卡类型确定功能板卡性能测试项目,有 PS 板功能(性能)测试、CPU 板功能(性能)测试、DIO 板功能(性能)测试、AIO 板功能(性能)测试和 MBI 板功能(性能)测试等。

（1）PS 板功能(性能)测试。

使用板卡自动测试设备进行 PS 测试,并记录测试数据。测试内容包括电源有效性测试和电源采集值测试。

（2）CPU 板功能(性能)测试。

使用自动测试设备进行测试,并记录测试数据。测试内容包括 RAM 测试、ROM 测试、定时中断测试、处理器指令测试、看门狗测试、DFTI 测试、IRQ 测试、IDCE 测试等。

（3）DIO 板功能(性能)测试。

使用自动测试设备进行辅助测试,并同时记录测试数据。测试内容包括离散量输入/输出测试、离散量输入/输出等。

（4）AIO 板功能(性能)测试。

采用综合测试设备辅助测试,并同时记录测试数据。测试内容包括模拟量输入测试,模拟量输入 BIT 测试,传感器激励测试和模拟量输入监测口测试等。

（5）MBI 板功能(性能)测试。

模拟设备间总线通信,通过综合测试设备辅助测试,并同时记录测试数据。测试内容包括:MIL‐STD‐1553B 总线 BC‐RT 测试,MIL‐STD‐1553B 总线 RT‐BC 测试,ARINC429 总线接收/发送测试等。

4）计算机分系统测试

采用计算机自动测试设备进行测试,并同时记录测试数据。测试内容主要包括:机箱 ID 号测试,配置表版本号测试,数字量同步测试,离散量同步测试,通道故障逻辑测试等。

2.2.3.3 试验判据与结果处理

（1）机箱结构检查测量结果与期望值一致,则判定机箱结构检查合格,如外观完好、接插件无缩针、重量满足要求,安装支架的锁定机构锁紧,电气接口防差错,通风口满足图纸要求等。

（2）电源供电特性测试过程中宏程序不报故障,自动测试设备记录的测试值与期望值一致,则判定电源供电测试合格。电源供电特性测试期望结果如表 2‐6 所示。

表 2‐6 电源供电特性测试期望结果

序号	测试内容	测试项	期望结果	备注
1	外部输入电源	28 V		
2	5 V 输出检测	5 V		

(续表)

序号	测试内容	测试项	期望结果	备注
3	15 V 输出检测	15 V		
4	激磁供电电压	7 V		
5	激磁供电频率	1800 Hz		
6	传感器供电	15 V		
7	传感器供电	−15 V		

（3）功能板卡性能测试使用综合测试设备，过程中测试程序不报故障，结果符合期望值要求，则判定测试合格，否则判定本项测试项不合格。电源采集数据期望结果如表2-7所示。

表 2-7 电源采集数据期望值

序号	测试内容	测试项	期望结果	备注
1		PSV_＋28 V		
2	电源有效性测试	PSV_＋5 V		
3		PSV_ANALOG		
7		7 V 1800 Hz		
8		28 V		
9	电源采集值测试	15 V		
10		−15 V		
11		5 V		

（4）计算机分系统测试使用综合测试设备，测试结果符合期望值要求或测试程序不报故障，则判定测试合格，否则判定本项测试项不合格。

2.2.4　操纵装置类机载设备

操纵装置类机载设备用于直接接受飞行员的操纵力和操纵位移，向外部机构传递或转换为电信号作为飞行员的操作指令向外输出。典型操纵装置类机载设备有襟缝翼操纵手柄，减速板操纵手柄，水平安定面操纵手柄，驾驶盘（柱），操纵机构，脚蹬操纵机构等。主要性能指标有操作行程、操作力、极性、挡位、回中性能、操作力-位移曲线、线性度、迟滞、频率特性、阶跃特性等。

2.2.4.1　试验目的和试验要求

检测操纵装置类机载设备的基本功能和性能，保证其满足产品专用技术条件要求，并在确认范围内准确无误地工作。

按照产品专用技术条件逐条进行测试，每项测试结果应符合合格判据。

2.2.4.2　试验项目与试验方法

操纵装置类机载设备功能/性能试验的项目主要有电阻、绝缘电阻、绝缘介电强度、功能检查、操作行程、操作力、极性、挡位、回中性能、操作力-位移曲线、线性度、迟滞、频率特性、阶跃特性等。

试验前准备：将被试机载设备安装到试验台上，测试传感器和加载设备安装调试满足要求，并调试整个试验系统达到规范要求。被试机载设备的安装、连接、机械负载、电气负载、能源与真实装机情况一致，或按产品规范要求进行。

1）电阻测量

对被试机载设备的每个线圈和电气机载设备进行电阻或通断测量，并将电阻换算为 20℃时的电阻值。

2）绝缘电阻

用精度不低于 2.5 级的 500 V 兆欧表（高空试验时，采用 250 V 兆欧表），在相对湿度为 45%～75%的条件下，测量绝缘电阻。

3）绝缘介电强度

对各电路之间及各电路与壳体之间分别加到规定的电压值，保持 1 min 不应击穿。试验时，均匀地将电压升到规定值，升压速度以能判读电压示数为宜。

一台被试机载设备只能进行三次绝缘介电强度试验，且按高温、湿热和耐久试验的顺序进行。

4）功能检查

在规定的工作模态、安装、连接、负载等条件下，检查全行程运动范围内的灵活性和平稳性，运行中不应有失控和明显的紧涩现象，机械输出和电气输出功能满足要求，具备回中功能或挡位功能的产品应满足要求。

5）操作行程

在规定的工作模态、安装、连接、负载等条件下，测量操作端（手柄握点处）的工作行程。

6）操作力

在规定的工作模态、安装、连接、负载等条件下，测量操作端启动力或测量操纵位置，并完成规定动作所需的操作力。

7）极性

在规定的工作模态、安装、连接、负载等条件下，测量操作端的运动方向、机械输出端运动方向和电气输出正负值之间的对应关系。

8）挡位

对具有挡位要求的操作类机载设备，在规定的工作模态、安装、连接、负载等条件下，操作端处于不同的挡位状态时，测量操作端的行程、机械输出量和电气输出量。

9) 回中性能

对具有回中要求的操作类设备,在规定的工作模态、安装、连接、负载等条件下,操作端置于极限位置或产品规范规定的位置,然后让操作端缓慢回中停止,测量操作端回中位置。然后进行反方向操作并测量,两次回中位置差即为回中性。

10) 操作力-位移曲线

对具有较为准确的操作力-位移特性曲线的操作类机载设备(如侧杆操纵装置),在规定的工作模态、安装、连接、负载等条件下,使操作端全行程运动,运动速度不大于5 mm/s或按产品规范,实时记录操作力和位移,绘制操作力-位移曲线。

11) 线性度

使被试机载设备处于规定的工作模态、安装、连接、负载等条件下,在全行程(略小于极限行程)范围内,测量操作端输入位移(或输入力)与电气输出(或机械输出)的对应关系,在整个测量范围内,不应少于 10 个点。操作类机载设备实际输出对理论输出之差的最大值与最大输入指令时输出值的比值即为线性度。

12) 迟滞

使被试机载设备处于规定的工作模态、安装、连接、负载等条件下,进行操作端全行程的往复循环,循环频率为 0.001~0.05 Hz,波形为三角波或正弦波。记录输出对输入的变化曲线,应记录一个完整的循环。然后在曲线上找出同一输入信号对应的输出位置的最大差值,即得到迟滞量。

13) 频率特性

使被试机载设备处于规定的工作模态、安装、连接、负载等条件下,给操作端施加规定的频率和幅值的操作力,记录输出相对操作力的幅频特性和相频特性曲线。

14) 阶跃特性

使被试机载设备处于规定的工作模态、安装、连接、负载条件下,给操作端施加规定幅值的阶跃操作力,记录输出的时间历程曲线。

2.2.4.3　试验判据与结果处理

1) 电阻测量

应符合产品规范规定的设计要求。换算公式为

$$R_{20} = \frac{254}{234 + t} \cdot R_t$$

式中:R_{20} 为 20℃时的电阻值,单位为 Ω;t 为测量时的环境温度,单位为℃;R_t 为环境温度为 t 时的测量电阻值,单位为 Ω。

2) 绝缘电阻

一般要求电路之间及电路与主壳体之间的绝缘电阻,在室温条件下,不小于 50 MΩ;在盐雾、霉菌和耐久试验后及在高温和高空条件下,不小于 20 MΩ;在湿热条件下,不小于 10 MΩ;或按产品规范规定进行评估。

3）绝缘介电强度

一般要求各电路之间及各电路与主壳体之间的绝缘介电强度，按照表2-8规定的电源条件试验1min，不应被击穿，或按产品规范规定进行评估。

表2-8　绝缘介电强度试验条件

试验条件	高温	湿热	耐久试验后
电压(有效值)/V	500	375	250
电源功率(最小值)/kV·A		0.5	
电源频率/Hz		50	

4）功能检查

一般要求各种工作模式下的启动、转换和全行程范围内运动应灵活和平稳，运行中不应有失控和明显的紧涩现象，挡位应清晰、准确。

5）操作行程、操作力、极性、挡位

应符合产品规范要求。

6）回中性能

一般要求不大于2mm，或符合产品规范要求。

7）操作力-位移曲线

符合产品规范要求。

8）线性度

一般小于2%或3%，或符合产品规范要求。

9）迟滞

一般小于0.2%，或符合产品规范要求。

10）频率特性、阶跃特性

应符合产品规范要求。

2.2.5　机械驱动类机载设备

机械驱动类机载设备非直接与被驱动对象机械连接，而通过较多传动环节对被驱动对象施加作用力，从而实现作动功能。典型的机械驱动类机载设备为大型飞机广泛使用的集中共轴式襟缝翼动力驱动装置(PDU)。

襟缝翼动力驱动装置按使用能源类型可分为双液驱动式、双电驱动式、液主电备混合驱动式。下面以双电驱动式襟翼动力驱动装置为例，介绍机械驱动类机载设备的功能、性能试验，其他机械驱动类机载设备试验相类似。

2.2.5.1　试验目的和试验要求

检测襟翼动力驱动装置的基本功能和性能，保证其满足设计要求，并在确认范围内准确无误地工作。

按照产品专用技术条件逐条进行测试，每项测试结果应符合合格判据。

2.2.5.2 试验项目与试验方法

襟翼动力驱动装置的试验项目通常包括电阻、绝缘电阻、绝缘介电强度、功能检查、最大输出力矩、最大输出角度、最大输出速度、保护门限、应急制动特性、效率、极性、转换性能、稳定性、间隙、输出轴径向跳动等。

试验前准备：将襟翼动力驱动装置安装到试验台上，测试传感器和加载设备安装调试满足要求。试验环境气压、温度、湿度符合产品规范要求。襟翼动力驱动装置的安装、连接、机械负载、电气负载、能源与真实装机状态一致，或按产品规范要求。

1）电阻测量

对襟翼动力驱动装置的每个线圈和电气部件进行电阻或通断测量，并将电阻换算为 20℃时的电阻值。

2）绝缘电阻

用精度不低于 2.5 级的 500 V 兆欧表（高空试验时，采用 250 V 兆欧表），在相对湿度为 45%～75%的条件下，测量绝缘电阻。

3）绝缘介电强度

对各电路之间及各电路与壳体之间分别加电到规定的电压值，保持 1 min 不应击穿。试验时，均匀地将电压升到规定值，升压的速度以能判读电压读数为宜。一台襟翼动力驱动装置只能进行三次绝缘介电强度试验，且按高温、湿热和耐久试验后的顺序进行。

4）功能检查

检查襟翼动力驱动装置在各种工作模式下的启动、停止、转换、全行程范围内运动的灵活性和平稳性。运行中不应有失控和明显的紧涩现象，检查襟翼动力驱动装置的各种工作模式之间转换是否平稳、顺畅。

5）最大输出角度

在规定的负载和工作模式下，测量襟翼动力驱动装置输出端的最大输出角度。

6）最大输出力矩

使襟翼动力驱动装置处于规定的工作模式，加上足以产生最大输出力的信号，用测力装置测量输出速度为零时的输出力。应分别对两个方向的最大输出力进行测量。

7）最大输出速度

使襟翼动力驱动装置处于规定的工作模式、安装、连接、负载等条件下，并使襟翼动力驱动装置达到最大工作转速，用测速装置测量襟翼动力驱动装置的最大转速。应分别对两个方向的最大输出速度进行测量。

8）保护门限

保护门限一般包括负载力保护和速度保护。给襟翼动力驱动装置供给额定电压，并处于规定的工作模式，逐渐增加机械输出端负载力矩或速度，直到保护功能启动为止,测量此时的负载力矩或速度即为保护门限。

9) 应急制动特性

使襟翼动力驱动装置处于规定的工作模态、安装、连接、负载等条件下,并使襟翼动力驱动装置达到最大工作速度,然后使应急制动功能启动,直到襟翼动力驱动装置完全制动停止。在此过程中,记录襟翼动力驱动装置的输出位移或输出速度的时间历程。

10) 效率

使襟翼动力驱动装置处于规定的工作模态、安装、连接、负载等条件和运动速度下,测量输出力矩 N、输出转速 n、电源端的电压 U、电源端的电流 I。通过公式 $\eta = \dfrac{N \cdot n}{U \cdot I}$,计算得到襟翼动力驱动装置的效率 η。

11) 极性

测量襟翼动力驱动装置输出量与输入量的静态方位关系,通常包括指令电流方向与机械输出端转动方向的关系、襟翼动力驱动装置位置传感器输出电压正负与机械输出端运动方向的关系等。应按产品规范规定的极性要求进行测量。

12) 转换性能

襟翼动力驱动装置处于规定的工作模态、安装、连接、负载条件和初始状态下,使襟翼动力驱动装置转换到规定的工作模态,测量转换门限值和机械输出的瞬态。转换性能包括襟翼动力驱动装置本身故障时的转换性能和正常工作模态间的转换性能。

13) 稳定性

模拟襟翼动力驱动装置在飞机上的安装、连接和惯性载荷等条件下,输入信号和工作模态按产品规范要求,产品不应出现有害的振荡和不稳定现象。

14) 间隙

襟翼动力驱动装置需对输出轴进行径向间隙和轴向间隙测量。电机机壳固定、千分表的测量头靠近轴承位置,按产品规范在离轴伸断面内的位置加垂直于转轴的力,先是一个方向,然后是相反方向,千分表两次读数之差即为径向间隙。电机机壳固定、千分表置于轴伸顶端,按产品规范沿转轴方向施加规定的力,先是一个方向,然后是相反方向,千分表两次读数之差即为轴向间隙。

15) 输出轴径向圆跳动

襟翼动力驱动装置需对输出轴的径向跳动进行测量。电机机壳固定,千分表的测量头置于转轴上,并尽可能靠近轴伸端,缓慢转动转轴,千分表的最大与最小读数之差即为输出轴径向跳动。

2.2.5.3 试验判据与结果处理

1) 电阻测量

应符合产品规范要求。电阻测量换算式为

$$R_{20} = \frac{254}{234 + t} \cdot R_t$$

式中：R_{20}为20℃时的电阻值，单位为 Ω；t 为测量时的环境温度，单位为℃；R_t 为环境温度为 t 时的测量电阻值，单位为 Ω。

2）绝缘电阻

一般要求机电作动器电路之间及电路与主壳体之间的绝缘电阻，在室温条件下，不小于 50 MΩ；在盐雾、霉菌和耐久试验后及在高温和高空条件下，不小于 20 MΩ；在湿热条件下，不小于 10 MΩ；或按产品规范规定评估。

3）绝缘介电强度

一般要求作动器各电路之间及各电路与主壳体之间的绝缘介电强度，按表 2 - 9 规定的电源条件下试验 1 min，不应被击穿；或按产品规范规定评估。

表 2 - 9　绝缘介电强度试验条件

试验条件	高温	湿热	耐久试验后
电压（有效值）/V	500	375	250
电源功率（最小值）/kV·A	0.5		
电源频率/Hz	50		

4）功能检查

一般要求襟翼动力驱动装置的各种工作模式下的启动、转换和全行程范围内运动应灵活和平稳，运行中不应有失控和明显的紧涩现象，襟翼动力驱动装置的各种工作模式之间转换应平稳、顺畅。

5）最大输出力矩、最大输出角度、最大输出转速、保护门限、应急制动特性

应符合产品规范要求。

6）效率

一般应大于 80%，或符合产品规范要求。

7）极性、转换性能

应符合产品规范要求。

8）稳定性

不应出现有害的振荡和不稳定现象。

9）间隙、输出轴径向圆跳动

应符合产品规范要求。

2.2.6　机械传动类机载设备

机械传动类机载设备用于传递机械位移和力（或力矩），并实现特定的机械功能，如变向、旋转运动变直线运动、减速、力感、导向等。机械传动类机载设备不消耗能源，仅传递机械能。典型机载设备有拉杆、滑轮、钢索、导向件、弹簧载荷机构、滚

珠丝杠作动器、变角减速器、旋转作动器、钢索张力补偿器等。

下面以弹簧载荷机构、钢索张力补偿器、滚珠丝杠作动器为例,介绍机械传动类机载设备的功能/性能试验有关内容,其他机械传动类产品试验内容相类似。

2.2.6.1　弹簧载荷机构

1) 试验目的和试验要求

检测弹簧载荷机构的基本功能和性能,保证其满足设计要求,并在确认范围内准确无误地工作。

按照产品验收专用技术条件的要求,逐条进行测试,每项测试结果应符合合格判据。

2) 试验项目与试验方法

弹簧载荷机构的主要试验项目为力-位移曲线测试。

1) 试验前准备

将弹簧载荷机构安装到专用试验台上,测试传感器和加载设备安装调试满足要求。

2) 力-位移曲线测试

(1) 控制加载设备工作使弹簧载荷机构全行程缓慢运动。为消除惯性力和阻尼力对测试数据的影响,通常运动速度≤1mm/s,运动加速度≤1mm/s²。

(2) 弹簧载荷机构全行程运动过程中,记录弹簧载荷机构的每个采样点处的力值和位移值。

3) 试验判据与结果处理

根据记录的每个采样点处的力值和位移值,绘制弹簧载荷机构的力-位移曲线,然后与弹簧载荷机构力-位移曲线包络线进行比较。测试曲线在包络线内,则判定合格,反之判定不合格。典型的弹簧载荷机构力-位移曲线包络线如图2-1所示。

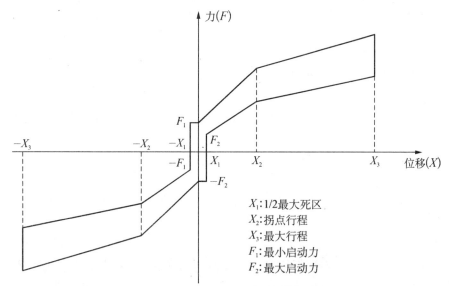

X_1:1/2最大死区
X_2:拐点行程
X_3:最大行程
F_1:最小启动力
F_2:最大启动力

图2-1　典型弹簧载荷机构力-位移曲线包络线

2.2.6.2　钢索张力补偿器

1）试验目的和试验要求

检测钢索张力补偿器的基本功能和性能，保证其满足设计要求，并在确认范围内准确无误地工作。

按照产品验收专用技术条件的要求，逐条进行测试，每项测试结果应符合合格判据。

2）试验项目与试验方法

钢索张力补偿器的试验项目主要包括张力测试、传动误差测试、传动摩擦力测试等。

试验前准备：将钢索张力补偿器安装到专用试验台上，并按产品规范调整好钢索张力补偿器的初始张力，测试传感器和加载设备安装调试满足要求。

（1）张力测试。

使环境温度稳定到规定的温度，改变钢索张力补偿器与负载端的相对距离到许可的最大值和最小值，并分别在状态稳定后，用张力计测量钢索张力补偿器连接的钢索的张力值。

（2）传动误差测试。

a. 使环境温度稳定到规定的温度；

b. 负载端加规定的载荷，控制输入端按规定的速度全行程往复运动，为消除惯性力和阻尼力对测试数据的影响，通常设置运动速度 $\leqslant 1\,\mathrm{mm/s}$，运动加速度 $\leqslant 1\,\mathrm{mm/s^2}$；

c. 输入端全行程往复运动过程中，记录每个采样时刻钢索张力补偿器输入端位移 X_1、负载端输出位移 X_2。

（3）传动摩擦力测试。

a. 使环境温度稳定到规定的温度；

b. 负载端加规定的载荷，控制输入端按规定的速度全行程往复运动，为消除惯性力和阻尼力对测试数据的影响，通常设置运动速度 $\leqslant 1\,\mathrm{mm/s}$，运动加速度 $\leqslant 1\,\mathrm{mm/s^2}$；

c. 输入端全行程往复运动过程中，记录每个采样时刻钢索张力补偿器输入端驱动力 F_1、负载端负载力 F_2。

3）试验判据与结果处理

（1）张力测试。

测得的张力值都在规定的范围内，则判定合格；若有张力值不在规定的范围内，则判定不合格。

（2）传动误差测试。

根据钢索张力补偿器理想传动比 n 和测量的钢索张力补偿器输入端位移 X_1、负载端输出位移 X_2，计算传动误差 $\Delta = |X_1 n - X_2|$。如果最大的传动误差 Δ 在规

定范围内,则判定合格;如果最大的传动误差 Δ 超出规定范围,则判定不合格。

(3)传动摩擦力测试。

根据钢索张力补偿器理想传动比 n 和测量的钢索张力补偿器输入端驱动力 F_1、负载端负载力 F_2,计算摩擦力 $f = |F_1 - F_2 n|$。如果最大的摩擦力 f 在规定范围内,则判定合格;如果最大的摩擦力 f 超出规定范围内,则判定不合格。

2.2.6.3 滚珠丝杠作动器

1)试验目的和试验要求

检测滚珠丝杠作动器功能和性能进行充分检测,保证其满足设计要求,并在确认范围内准确无误地工作。

按照产品验收专用技术条件的要求,逐条进行测试,每项测试结果应符合合格判据。

2)试验项目与试验方法

滚珠丝杠作动器功能和性能试验的主要项目为传动精度和传动效率。

试验前准备:将滚珠丝杠作动器安装到专用试验台上,测试传感器和加载设备安装调试满足要求。

(1)传动精度测试。

a. 使环境温度稳定到规定的温度,将丝杠轴向方向固定,滚珠丝杠作动器的螺母转轴方向固定,给滚珠丝杠作动器的螺母加规定的轴向载荷,载荷方向与螺母的运动方向相反。

b. 控制丝杠按规定的速度转动,使螺母全行程作往返运动,同时记录在每个采样点丝杠的转动角度 θ 和螺母的运动位移 X。

(2)传动效率测试。

a. 使环境温度稳定到规定的温度,将丝杠轴向方向固定,滚珠丝杠作动器的螺母转动方向固定,给滚珠丝杠作动器的螺母加规定的轴向载荷,载荷方向与螺母的运动方向相反。

b. 控制丝杠按规定的速度转动,使螺母全行程作往返运动,同时记录在每个采样点丝杠的转动角速度 ω、丝杠的驱动力矩 T、螺母的运动速度 V、螺母的负载力 F。

3)试验判据与结果处理

(1)传动精度测量。

首先根据每个采样点测得的转动角度 θ 按公式 $X_{目标} = \dfrac{\theta}{360°}S$,计算螺母位移的目标值 $X_{目标}$,公式中 S 为丝杠导程。然后按公式 $\Delta_x = |X_{目标} - X|$ 计算每个采样时刻的传动精度 Δ_x。最后判断,若最大的传动精度 Δ_x 小于或等于要求值,则判定合格;若最大的传动精度 Δ_x 大于要求值,则判定不合格。

(2)传动效率测试。

首先根据每个采样点丝杠的转动角速度 ω、丝杠的驱动力矩 T、螺母的运动速度 V、螺母的负载力 F 按公式 $\eta = \left|\dfrac{FV}{T\omega}\right|$ 计算每个采样时刻的传动效率。若最小的传

动效率 η 大于或等于要求值,则判定合格;若最小的传动效率 η 小于要求值,则判定不合格。

2.2.7 机械作动类机载设备

机械作动类机载设备直接与被作动对象机械连接,对其施加作用力。典型的机械作动类机载设备有回传作动器,副翼配平机构,方向舵配平机构,升降舵配平机构,副翼作动器,方向舵作动器,升降舵作动器,水平安定面作动器,扰流板作动器,减速板作动器、翼尖制动装置、缝翼旋转作动器等。

机械作动类机载设备按使用的动力能源类型,可以划分为液压作动器、机电作动器、液电混合作动器。下面分别介绍液压作动器和机电作动器的功能、性能试验相关内容。

2.2.7.1 液压作动器

1) 试验目的和试验要求

检测液压作动器的基本功能和性能,保证其满足设计要求,并在确认范围内准确无误地工作。

按照产品验收专用技术条件的要求,逐条进行测试,每项测试结果应符合合格判据。

2) 试验项目与试验方法

液压作动器的试验项目通常包括电阻、绝缘电阻、绝缘介电强度、功能检查、工作行程、外部密封性、内部漏油量、串油量、不灵敏电流和零偏电流、最大输出力、最大速度和速度差、零漂、极性、回中性能、转换性能、线性度、迟滞、输出同步、频率特性、阶跃特性、稳定性、阻抗特性、输出一致性、纷争力等。

试验前准备:将液压作动器安装到专用试验台上,测试传感器和加载设备安装调试满足要求,整个试验系统调试完毕。试验环境气压、温度、湿度符合产品规范要求。液压作动器的安装、连接、机械负载、电气负载、能源与真实装机情况一致,或按产品规范要求。

(1) 电阻测量。

对作动器的每个线圈和电气部件进行电阻或通断测量,并将电阻换算为 20℃时的电阻值。

(2) 绝缘电阻。

用精度不低于 2.5 级的 500 V 兆欧表(高空试验时,采用 250 V 兆欧表),在相对湿度为 45%～75% 的条件下,测量绝缘电阻。试验时,不必给作动器供油,但湿式线圈应浸没在工作液中。

(3) 绝缘介电强度。

对各电路之间及各电路与壳体之间分别加电到规定的电压值,保持 1 min 不应击穿。试验时均匀地将电压升到规定值,升压的速度以能判读电压示数为宜。一台液压作动器只能进行三次绝缘介电强度试验,且按高温、湿热和耐久试验后的顺序进行。

（4）功能检查。

检查液压作动器在各种工作模式下的启动、转换和全行程范围内运动的灵活性和平稳性，运行中不应有失控和明显的紧涩现象。检查液压作动器的各种工作模式之间转换是否平稳、顺畅。

（5）工作行程。

在规定的负载和工作模式下，测量液压作动器机械输出端的工作行程。

（6）外部密封性。

a. 低压密封性：对液压作动器的每个进油管接头加规定的低压，保持规定时间，检查外部渗漏。

b. 进油耐压密封性：在液压作动器的每个进油口加规定的高压，保持规定时间，应在分配滑阀、电液伺服阀阀芯和作动筒活塞处于每一极限位置时加压，检查外部渗漏。

c. 回油耐压密封性：液压作动器进油口加额定进油压力，回油口加额定进油压力，保持规定时间，检查外部渗漏。

d. 工作密封性：在规定的工作模式、安装、连接和负载等条件下，液压作动器以最大工作全行程往复运行不少于 100 次循环，检查外部渗漏。

e. 内部漏油量：在进油口加额定进油压力，在回油口处测漏油量。应分别使作动筒、滑阀和电液伺服阀在不同位置及电磁阀通电与不通电时进行测量，测量应在该状态停留 2 min 后的 3 min 内进行。

f. 串油量：对具有 A、B 两个液压系统的液压作动器，试验之前必须双系统工作一段时间，使液压作动器内部的空腔充满工作液，然后 A（或 B）系统进油口供给额定进油压力，回油口供给产品规范规定的回油压力。从 B（或 A）系统进、回油管嘴测量流出的流量。对于具有三重液压系统的液压作动器，测量方法可按上述原则由产品规范规定。

（7）不灵敏电流和零偏电流。

在规定的负载、安装、连接和工作等模式下，使作动筒在两个方向上产生持续的、速度为 0.1 mm/s 的输出运动时，测量电液伺服阀上两个方向上的控制电流之代数差的绝对值为不灵敏电流，代数和为零偏电流。

（8）最大输出力。

给液压作动器供额定进、回油压力，液压作动器处于规定的工作模式，并加上足以产生最大输出力的信号，用测力装置测量输出速度为零时的输出力。应分别在两个方向进行测量。

（9）最大速度和速度差。

给液压作动器供额定进、回油压力，液压作动器处于规定的工作模式、空载情况下，接受最大的输入信号，测量液压作动器两个方向上的最大输出速度，其两个方向上最大速度之差即为最大速度差。

（10）零漂。

由于使用条件的变化，为保持原输出不变，所需要的输入变化量称为零位漂移，简称零漂，用零偏电流的变化量与额定电流之百分比表示。测量时，液压作动器处于规定的工作模态、安装、连接、负载等条件下。

a. 进油压力零漂：进油压力在额定进油压力的 85％～102％ 范围内，变化的零漂不大于 2％ 或产品规范要求值。

b. 回油压力零漂：回油压力从 0 到 20％ 额定进油压力范围内，变化的零漂不大于 4.5％ 或产品规范要求值。

c. 温度零漂：温度在 $-30℃～135℃$ 范围内的零漂，一般要求为平均每变化 28℃ 时，不大于 ±1％ 或产品规范要求值。

d. 加速度零漂：加速度在产品规范要求的变化范围内，测量零漂。

（11）极性。

测量液压作动器输出量与输入量的静态方向关系，通常包括伺服阀电流方向与液压作动器机械输出端运动方向的关系、液压作动器位置传感器输出电压正负与作动器机械输出端运动方向的关系等。应按产品规范的极性要求进行测量。

（12）回中性能。

对具有机械回中功能的液压作动器，使液压作动器处于规定的工作模态、安装、连接和负载等条件下，然后使液压作动器机械回中，测量回中时间、回中速度、回中精度等。

（13）转换性能。

使作动器处于规定的工作模态、安装、连接、负载条件和初始状态下，然后使作动器转换到规定的工作模态，测量转换门限值和作动器机械输出的瞬态。转换性能应包括液压作动器本身故障时的转换性能和正常的工作模态转换性能。

（14）线性度。

使液压作动器处于规定的工作模态、安装、连接、负载等条件下，用逐点法在全行程（略小于极限行程）范围内测量输入信号与输出位置的对应关系，在整个测量范围内，不应少于 10 个点。液压作动器实际输出位移对理论输出位移之差的最大值与最大输入指令时输出位移值之比即为线性度。

（15）迟滞。

使液压作动器处于规定的工作模态、安装、连接、负载等条件下，使液压作动器输出进行全行程的往复循环，循环频率为 0.001～0.05 Hz，波形为三角波或正弦波。记录输出对输入的变化曲线，应记录一个完整的循环。然后在曲线上找出同一输入信号对应的输出位置的最大差值，即得到迟滞量。

（16）输出一致性。

使液压作动器处于规定的工作模态、安装、连接、负载等条件下，使液压作动器输入最大指令信号，频率一般为 0.05 Hz，记录各通道单独工作时输入对输出的特性

线。在相同输入值处,各通道输出位置的最大差值与最大输入指令时输出位移值之
比即为输出一致性。

(17) 频率特性。

使液压作动器处于规定的工作模态、安装、连接、负载等条件下,给液压作动
器输入规定的频率信号,记录输出相对输入的幅频特性和相频特性曲线(伯德
图)。

(18) 阶跃特性。

液压作动器处于规定的工作模态、安装、连接、负载等条件下,给液压作动器输
入规定的阶跃信号,记录液压作动器输出的时间历程曲线。

(19) 稳定性。

模拟液压作动器-舵面系统在飞机上的安装、连接和惯性载荷等条件,输入信号
和工作模态按产品规范要求,液压作动器不应出现有害的振荡和不稳定现象。

(20) 阻抗特性。

液压作动器处于规定的工作模态、安装、连接、惯性负载等条件下,给液压作动
器输出端施加规定的正弦外载力,测量液压作动器输出相对外载力的幅频特性和相
频特性。

(21) 纷争力。

对于由两个或两个以上液压作动器驱动同一舵面的作动系统,需要对两个或两
个以上液压作动器输出力的一致性进行考核。使两个或两个以上液压作动器处于
规定的工作模态、安装、连接、惯性负载和外载力等条件下,向液压作动器输入规定
幅值和频率的指令,测量两个液压作动器的输出力。

3) 试验判据与结果处理

(1) 电阻测量。

应符合产品规范要求。电阻测量换算公式为

$$R_{20} = \frac{254}{234 + t} \cdot R_t$$

式中:R_{20} 为 20℃时的电阻值,单位为 Ω;t 为测量时的环境温度,单位为℃;R_t 为环
境温度为 t 时的测量电阻值,单位为 Ω。

(2) 绝缘电阻。

一般要求液压作动器各电路之间及电路与主壳体之间的绝缘电阻。在室温条
件下,不小于 20 MΩ;在盐雾、霉菌、耐久试验后及在高温和高空条件下,不小于
2 MΩ;在湿热条件下,不小于 1 MΩ。

(3) 绝缘介电强度。

一般要求液压作动器各电路之间及各电路与主壳体之间的绝缘介电强度,在表
2 - 10 规定的电源条件下,试验 1 min,不应被击穿。

表 2‑10 绝缘介电强度试验条件

试验条件	高温	湿热	耐久试验后
电压(有效值)/V	500	375	250
电源功率(最小值)/kV·A		0.5	
电源频率/Hz		50	

（4）功能检查。

一般要求液压作动器的在各种工作模式下的启动、转换和全行程范围内运动应灵活和平稳，运行中不应有失控和明显的紧涩现象，各种工作模式之间转换应平稳、顺畅。

（5）工作行程。

应符合产品规范要求。

（6）外部密封性。

a. 低压密封性：一般要求对液压作动器的每个进油管接头加 2 m 液柱高的压力保持 2 h，不应出现肉眼可见的外部渗漏。当对此试验方法的结论有争议时，则将保持时间增加到 12 h，不应有明显的外部泄漏（密封处有湿润但不成滴）。

b. 进油耐压密封性：一般要求在液压作动器的每个进油口加 1.5 倍额定进油压力，应在分配滑阀、电液伺服阀阀芯和作动筒活塞处于每一极限位置时加压，每次加压历时 3 min，不应有明显的外部渗漏（密封处有湿润但不成滴）。

c. 回油耐压密封性：一般要求液压作动器进油口加额定进油压力，回油口加额定进油压力，保持 3 min，不应有明显的外部渗漏（密封处有湿润但不成滴）。

d. 工作密封性：在规定的负载和工作模式下，一般要求液压作动器以最大工作全行程往复运行不少于 100 次循环，不应出现明显的外部渗漏（密封处湿润但不成滴）。高温、低温、耐久试验及寿命试验期间，液压作动器运行时外部渗漏量不超过 2 滴/min 或 4 ml/h。

e. 内部漏油量：鉴定试验、定期试验和使用期间的内部漏油量指标一般应不大于验收条件下的两倍。

（7）串油量。

应符合产品规范要求。

（8）不灵敏电流和零偏电流。

不灵敏电流一般要求不大于 0.1%，或符合产品规范要求。

（9）最大输出力。

应符合产品规范要求。

（10）最大速度和速度差。

应符合产品规范要求，速度差一般为最大速度的 ±15%。

（11）零漂。

a. 进油压力零漂：不大于 2％或产品规范要求值。

b. 回油压力零漂：不大于 4.5％或产品规范要求值。

c. 温度零漂：温度在 −30℃～135℃ 范围内的零漂，一般要求为平均每变化 28℃时，不大于±1％或产品规范要求值。

d. 加速度零漂：加速度在产品规范要求的变化范围内，测量零漂。

（12）极性、回中性能、转换性能。

应符合产品规范要求。

（13）线性度。

一般小于 2％或 3％，或符合产品规范要求。

（14）迟滞。

一般小于 0.2％，或符合产品规范要求。

（15）输出一致性、频率特性、阶跃特性。

应符合产品规范要求。

（16）稳定性。

系统不应出现有害的振荡和不稳定现象。

（17）阻抗特性。

一般要求动刚度大于静刚度，在接近自然频率时，其相频响应曲线正穿频率轴（由负值变为正值），并在大于系统自然频率范围内保持为正值。

（18）纷争力。

比较两个或两个以上液压作动器输出力的差异，应符合产品规范要求。

2.2.7.2　机电作动器

1）试验目的和试验要求

检测机电作动器的基本功能和性能进行，保证其满足设计要求，并在确认范围内准确无误地工作。

按照产品验收专用技术条件的要求逐条进行测试，每项测试结果应符合合格判据。

2）试验项目与试验方法

机电作动器的试验项目通常包括电阻、绝缘电阻、绝缘介电强度、功能检查、最大输力（力矩）、最大输出位移（角度）、保护门限、应急制动特性、阶跃响应特性、效率、零漂、极性、转换性能、线性度、迟滞、频率特性、稳定性、阻抗特性、间隙、输出轴径向圆跳动等。

试验前准备：将机电作动器安装到专用试验台上，测试传感器和加载设备安装调试满足要求。试验环境气压、温度、湿度符合产品规范要求。机电作动器的安装、连接、机械负载、电气负载、能源与真实装机情况一致，或按产品规范要求。

（1）电阻测量。

对机电作动器的每个线圈和电气部件进行电阻或通断测量，并将电阻换算为

20℃时的电阻值。

（2）绝缘电阻。

用精度不低于 2.5 级的 500 V 兆欧表（高空试验时，采用 250 V 兆欧表），在相对湿度为 45%～75% 的条件下，测量绝缘电阻。

（3）绝缘介电强度。

对各电路之间及各电路与壳体之间分别加电到规定的电压值，保持 1 min 不应击穿。试验时，均匀地将电压升到规定值，升压的速度以能判读电压读数为宜。一台作动器只能进行三次绝缘介电强度试验，且按高温、湿热和耐久试验的先后顺序进行。

（4）功能检查。

检查机电作动器在各种工作模式下的启动、停止、转换、全行程（速度）范围内运动的灵活性和平稳性。运行中不应有失控和明显的紧涩现象，检查机电作动器在各种工作模式之间转换是否平稳、顺畅。

（5）最大输出位移（或角度）。

在规定的负载和工作模式下，测量机电作动器输出端的最大输出位移（或转动角度）。

（6）最大输出力（或力矩）。

使机电作动器处于规定的工作模式，加上足以产生最大输出力（力矩）的信号，用测力装置测量输出速度为零时的输出力。应分别对两个方向的最大输出力进行测量。

（7）最大输出速度。

使机电作动器处于规定的工作模式、安装、连接、负载等条件下，并使机电作动器达到最大工作速度，用测速装置测量机电作动器的最大速度。应分别对两个方向的最大输出速度进行测量。

（8）保护门限。

保护门限一般包括负载力保护和速度保护。给机电作动器供给额定电压，并处于规定的工作模式，逐渐增加机械输出端负载力（力矩）或速度。

（9）应急制动特性。

使机电作动器处于规定的工作模式、安装、连接、负载等条件下，并使机电作动器达到最大工作速度，然后使应急制动功能启动，直到机电作动器完全制动停止。在此过程中，记录机电作动器的输出位移或输出速度的时间历程。

（10）阶跃响应特性。

使机电作动器处于规定的工作模式、安装、连接、负载等条件下，给机电作动器输入规定的阶跃指令（对位置机电作动器为位置指令，对速度机电作动器为速度指令）。在此过程中，记录机电作动器的输出位移或输出速度的时间历程。

（11）效率。

使机电作动器处于规定的工作模式、安装、连接、负载等条件和运动速度下，测量机电作动器的输出力 F、输出速度 V、电源端电压 U、电源端电流 I。由 $\eta = \dfrac{FV}{UI}$，计算得到机电作动器的效率 η。

（12）零漂。

由于使用条件的变化，为保持原输出不变，所需要的输入变化量称为零位漂移，简称零漂，用零偏电流的变化量与额定电流之百分比表示。测量时，机电作动器处于规定的工作模式、安装、连接、负载等条件下。

a. 电源电压零漂：电源电压在规定范围内变化时，保持机电作动器输出不变，测量机电作动器输入指令的变化量。

b. 温度零漂：环境和产品温度在规定范围变化时，保持机电作动器输出不变，测量机电作动器输入指令的变化量。

c. 加速度零漂：加速度在规定范围内变化时，保持机电作动器输出不变，测量机电作动器输入指令的变化量。

（13）极性。

测量机电作动器输出量与输入量的静态方向关系，通常包括指令电流方向与机电作动器机械输出端运动方向的关系、机电作动器位置传感器输出电压正负与机械输出端运动方向的关系等，应按产品规范规定的极性要求进行测量。

（14）转换性能。

使机电作动器处于规定的工作模式、安装、连接、负载等条件和初始状态下，然后使机电作动器转换到规定的工作模式，测量转换门限值和机械输出的瞬态。转换性能包括机电作动器本身故障时转换性能和正常工作模式间转换性能。

（15）线性度。

使机电作动器处于规定的工作模式、安装、连接、负载等条件下，用逐点法在全行程（略小于极限行程）范围内测量输入指令与输出量（对于速度机电作动器输出量为速度、对于位置机电作动器输出为位移）的对应关系，在整个测量范围内，不应少于 10 个点。机电作动器实际输出量对理论输出量之差的最大值与最大输入指令时输出量之比即为线性度。

（16）迟滞。

使机电作动器处于规定的工作模式、安装、连接、负载等条件下，使作动器全行程往复循环，循环频率为 0.001～0.05 Hz，波形为三角波或正弦波。记录输出对输入的变化曲线，应记录一个完整的循环。然后在曲线上找出同一输入信号对应的输出位置的最大差值，即得到迟滞量。

（17）频率特性。

使机电作动器处于规定的工作模式、安装、连接、负载等条件下，给机电作动器输入规定的指令频率信号，记录输出相对输入指令的幅频特性和相频特性曲线。

（18）稳定性。

模拟机电作动器在飞机上的安装、连接和惯性载荷等条件下，输入信号和工作模式按产品规范要求，系统不应出现有害的振荡和不稳定现象。

（19）阻抗特性。

机电作动器处于规定的工作模态、安装、连接、惯性等负载条件下，给机电作动器输出端施加规定的正弦外载力，测量机电作动器输出相对外载力的幅频特性和相频特性。

（20）间隙。

对于旋转输出的机电作动器，需对输出轴进行径向间隙和轴向间隙的测量。电机机壳固定，千分表的测量头靠近轴承位置，按产品规范在离轴伸端面内的位置加垂直于转轴的力，先是一个方向，然后是相反方向，千分表两次读数之差即为径向间隙。电机机壳固定，千分表置于轴伸顶端，按产品规范沿转轴方向施加规定的力，先是一个方向，然后是相反方向，千分表两次读数之差即为轴向间隙。

（21）输出轴径向跳动。

对于旋转输出的机电作动器需对输出轴的径向圆跳动进行测量。电机机壳固定，千分表的测量头置于转轴上，并尽可能靠近轴伸端，缓慢转动转轴，千分表的最大与最小读数之差即为输出轴径向跳动。

3）试验判据与结果处理

（1）电阻测量。

应符合产品规范要求。电阻测量换算式为

$$R_{20} = \frac{254}{234 + t} \cdot R_t$$

式中：R_{20} 为 20℃时的电阻值，单位为 Ω；t 为测量时的环境温度，单位为℃；R_t 为境温度为 t 时的测量电阻值，单位为 Ω。

（2）绝缘电阻。

一般要求机电作动器电路之间及电路与主壳体之间的绝缘电阻，在室温条件下，不小于 50 MΩ；在盐雾、霉菌和耐久试验后及在高温和高空条件下，不小于 20 MΩ；在湿热条件下，不小于 10 MΩ。或按产品规范规定评定。

（3）绝缘介电强度。

一般要求机电作动器各电路之间及各电路与主壳体之间的绝缘介电强度在表 2-11 规定的电源条件下，试验 1 min，不应被击穿。或按产品规范规定评定。

表 2-11 绝缘介电强度试验条件

试验条件	高温	湿热	耐久试验后
电压（有效值）/V	500	375	250
电源功率（最小值）/kV·A	0.5		
电源频率/Hz	50		

（4）功能检查。

一般要求机电作动器在各种工作模式下的启动、转换和全行程范围内运动应灵活和平稳，运行中不应有失控和明显的紧涩现象，作动器在各种工作模式之间的转换应平稳、顺畅。

（5）最大输出力（力矩）、最大输出位移（角度）、最大输出速度、保护门限、应急制动特性、阶跃响应特性应符合产品规范要求。

（6）效率。

一般应大于 80%，或符合产品规范要求。

（7）零漂。

a. 供电电压零漂：不大于 2% 或产品规范要求值。

b. 温度零漂：一般要求为平均每变化 28℃时，不大于±1% 或产品规范要求。

c. 加速度零漂：在产品规范要求的加速度变化范围内，测量零漂，应符合产品规范要求。

（8）极性、转换性能。

应符合产品规范要求。

（9）线性度。

一般为 2%～3%，或符合产品规范要求。

（10）迟滞。

一般为 0.2%，或符合产品规范要求。

（11）频率特性。

应符合产品规范要求。

（12）稳定性。

不应出现有害的振荡和不稳定现象。

（13）阻抗特性。

一般要求动刚度大于静刚度，在接近自然频率时，其相频响应曲线正穿频率轴（由负值变为正值），并在大于系统自然频率范围内保持为正值。

（14）间隙输出轴径向圆跳动。

应符合产品规范要求。

2.2.8　传感器类机载设备

飞控系统传感器按功能分类主要有：飞行员指令传感器、飞机运动传感器、舵面运动传感器、大气数据传感器以及其他用途传感器（用于实现基本的三轴控制功能之外的其他特殊功能）。

1）飞行员指令传感器

主要包括驾驶指令位移传感器和驾驶指令力传感器。

2）飞机运动传感器

主要包括角速率陀螺组件、加速度计、航姿系统和惯导设备等。

3) 舵面运动传感器

主要包括舵面位置传感器以及襟翼倾斜传感器、缝翼倾斜传感器等。

4) 大气数据传感器

主要包括动压、静压、总压、空速、气压高度及高度差、迎角/侧滑角等测量传感器。

5) 其他用途传感器

主要包括过载传感器、油门杆位置传感器、起落架收放传感器、发动机转速传感器和轮载传感器等。

2.2.8.1 驾驶指令位移传感器

驾驶指令位移传感器一般采用差动变压器式传感器,如 RVDT 和 LVDT。其主要功能是检测飞行员操纵的位移量。下面以 RVDT 为例介绍该类传感器功能、性能试验的相关内容,LVDT 试验与其类似。

1) 试验目的与试验要求

检测 RVDT 功能和性能,保证 RVDT 满足设计要求,并在确认范围内准确无误地工作。

按照产品验收专用技术条件的要求逐条进行测试,每项测试结果应符合合格判据。

除非另有规定,RVDT 的试验要求应按 2.2.1 节的通用要求执行。

2) 试验项目与试验方法

RVDT 的主要试验项目有外观结构、电源电压、线性度、零位电压、功耗、阻抗、量程、梯度、精度、相移、和值电压及通道一致性等。

(1) 外观结构。

外观结构检查包括:外观检查、重量检查、外廓尺寸检查、安装形式、互换性、防差错及电气接口等项目,通过目视、电子秤、尺子检查外观、重量和外廓尺寸等内容,并记录相关测试数据。

(2) 电源电压。

按产品规范要求,把 RVDT 传感器供电电压拉偏到 $\pm 1\%$ 的极限值,测试 RVDT 各项性能指标。

(3) 零位电压。

按电气接口定义连接 RVDT 传感器和专用试验器,将 RVDT 传感器固定在光学分度头上,按第(2)条电源电压要求给 RVDT 传感器供 7 V 1800 Hz 交流电,测试转轴在零位标记附近的最小输出电压。

(4) 功耗。

按电气接口定义连接 RVDT 传感器和试验器,按第(2)条电源电压要求给 RVDT 传感器供 7 V 1800 Hz 交流电,空载时,测量 RVDT 传感器激磁绕组的输入功率。

(5) 阻抗。

a. 输入阻抗:按第(2)条电源电压的要求,给 RVDT 传感器供 7 V 1800 Hz 交流电,用毫安表测量其激励电流。

b. 输出阻抗:按第(2)条电源电压的要求,给 RVDT 传感器供 7 V　1800 Hz 交流电,分别测出空载输出电压和额定负载时的输出电压、输出电流。

(6) 量程。

按电气接口定义连接 RVDT 传感器和专用试验器,将 RVDT 传感器固定在光学分度头上,按第(2)条电源电压要求给 RVDT 传感器供 7 V　1800 Hz 交流电,将 RVDT 传感器置于最大工作行程位置,用数字万用表测量此时 RVDT 传感器的输出电压。

(7) 梯度。

按电气接口定义连接 RVDT 传感器和专用试验器,按第(2)条电源电压要求给 RVDT 传感器供 7 V　1800 Hz 交流电,用能保证精度的仪器使 RVDT 传感器在最大工作行程范围内,依次测出各测量点的输出电压,计算输出电压与行程之比。

(8) 线性度。

按电气接口定义连接方式连接 RVDT 传感器和专用试验器,按第(2)条电源电压要求给 RVDT 传感器供 7 V　1800 Hz 交流电,用能保证精度的仪器使传感器在最大工作行程范围内,依次测出各测量点的输出电压,并用最小二乘法或端点法进行线性处理,算出最大线性误差。

(9) 精度。

按电气接口定义连接方式连接 RVDT 传感器,按第(2)条电源电压要求给 RVDT 传感器供 7 V　1800 Hz 交流电,用能保证精度的仪器使传感器在最大工作行程范围内,依次测出各测量点的输出电压,并与理论输出电压进行比较,其中的最大电压差值与全量程电压比为最大精度误差。

(10) 相移。

将 RVDT 传感器安装于专用测试夹具上,并置于最大工作行程位置,测量次级绕组输出电压相对于初级绕组电压的相位移。

(11) 和值电压。

将 RVDT 传感器安装于专用测试夹具上,用能保证精度的仪器测量 RVDT 传感器输出端高中和低中的输出电压值,并计算两电压和值。

(12) 通道一致性。

将余度 RVDT 传感器安装于专用测试夹具上,利用多通道测试仪器测出各通道的最大输出电压,计算出各个通道之间最大输出电压之差。

3) 试验判据与结果处理

(1) 机载设备外观结构检查测量结果与期望值一致,则判定机载设备结构检查合格,如外观完好无损,接插件无弯针、缩针,重量、外廓尺寸满足要求,结构安装完好无脱落现象,电气接口防差错等。

（2）电源电压

应符合产品规范的要求。

（3）零位电压

满足产品规范的要求，或符合参考文献[1]中 3.9.5 条的规定。

（4）功耗

应符合参考文献[1]中 3.5.2 条的规定或产品规范的要求。

（5）阻抗

输入阻抗按下面公式计算，其结果应满足参考文献[1]中 3.9.2 条的规定。

$$R_z = U/I$$

式中：R_z 为输入阻抗，单位为 Ω；U 为激励电压，单位为 V；I 为激励电流，单位为 A。

输出阻抗按下面公式计算，其结果应满足参考文献[1]中 3.9.2 条的规定。

$$Z = (E-U)/I$$

式中：Z 为输出阻抗，单位为 Ω；E 为空载输出电压，单位为 V；U 为额定负载下的输出电压，单位为 V；I 为额定负载下的输出电流，单位为 A。

（6）量程

应符合产品规范的要求。

（7）梯度

计算输出电压与行程之比，并应符合参考文献[1]中 3.9.3 条的规定。

（8）线性度、精度、相移、和值电压和通道一致性的检查结果满足参考文献[1]的规定或产品规范要求，则判定相应测试项合格，否则判定相应测试项不合格。

2.2.8.2　驾驶指令力传感器

驾驶指令力传感器一般采用应变计式压力传感器，其主要功能是检测飞行员操纵的力值。下面以驾驶盘/柱力传感器为例，介绍此类传感器基本功能、性能试验的相关内容，其他力传感器试验与其类似。

1）试验目的和试验要求

检测驾驶盘/柱力传感器功能和性能，保证驾驶盘/柱力传感器满足设计要求并在确认范围内准确无误地工作。

按照产品专用技术条件的要求逐条进行测试，每项测试结果应符合合格判据。

除非另有规定，驾驶盘/柱力传感器的试验要求 2.2.1 节的通用试验要求执行。

2）试验项目和试验方法

驾驶盘/柱力传感器的主要试验项目包括外观结构、电源电压、零位电压、量程、阻抗、梯度、线性度、精度、重复性及通道一致性等检查。

（1）外观结构。

外观结构检查包括外观检查、重量检查、外廓尺寸检查、安装形式及电气接口等项目，通过目视、电子秤、尺子检查外观、重量和外廓尺寸等内容。

（2）电源电压。

按产品规范要求，把驾驶盘/柱力传感器供电电压调整到规定偏差的极限值，检查驾驶盘/柱力传感器性能，应满足产品规范要求。

（3）零位电压。

按电气连接方式连接驾驶盘/柱力传感器，按第（2）条电源电压要求给驾驶盘/柱力传感器供电，测试并记录输入压力为零时的输出值。

（4）量程。

按电气连接方式连接驾驶盘/柱力传感器，并安装于专用测试夹具上，按第（2）条电源电压要求给驾驶盘/柱力传感器供电，给传感器施加最大力值，测试此时的输出电压。

（5）阻抗。

a. 输入阻抗：在驾驶盘/柱力传感器输出端开路情况下，用数字欧姆表或相应仪表测量其输入端的阻抗。

b. 输出阻抗：在驾驶盘/柱力传感器输入端短路情况下，用数字欧姆表或相应仪表测量其输出端的阻抗。

（6）梯度。

按第（2）条电源电压要求给驾驶盘/柱力传感器施加额定电源电压，用能保证精度的仪器使驾驶盘/柱力传感器在最大工作行程范围内，依次测出各测量点的输出电压，计算输出电压与行程之比。

（7）线性度。

按电气连接方式连接驾驶盘/柱力传感器，按第（2）条电源电压要求给驾驶盘/柱力传感器施加额定电源电压，用能保证精度的仪器使给驾驶盘/柱力传感器在最大工作行程范围内，依次测出各测量点的输出电压，并用最小二乘法或端点法进行线性处理，算出最大线性误差。

（8）精度。

按电气连接方式连接驾驶盘/柱力传感器，并安装于专用测试夹具上，按第（2）条电源电压要求给驾驶盘/柱力传感器施加额定电源电压，用能保证精度的仪器使驾驶盘/柱力传感器在最大工作行程范围内，依次测出各测量点的输出电压，并与理论输出电压进行比较，其中的最大电压差值与全量程电压比为最大精度误差。

（9）重复性。

将驾驶盘/柱力传感器安装于专用测试夹具上，用能保证精度的仪器使驾驶盘/柱力传感器在最大工作行程范围内，给定输入量按同一方向（正或反）作全量程连续多次变化时所测得的输出电压，取正反行程中不重复的最大偏差中的最大值与输出满量程平均值之比的百分数，不能超过产品规范的规定。

（10）通道一致性。

将驾驶盘/柱力余度传感器安装于专用测试夹具上，利用多通道测试仪器测出各通道的最大输出电压,计算出各个通道之间最大输出电压之差。

3) 试验判据与结果处理

外观结构检查测量结果与期望值一致,则判定机载设备结构检查合格,如外观完好无损,接插件无弯针、缩针,重量、外廓尺寸满足要求,结构安装完好无脱落现象,电气接口防差错等。

电源电压、零位电压、量程、阻抗、梯度、线性度、精度、重复性、通道一致性等的检查结果满足产品规范的要求,则判定相应测试项合格,否则判定相应测试项不合格。

2.2.8.3 飞机运动类传感器

飞机运动类传感器的主要功能是检测飞机的运动参数。下面以角速率陀螺组件(以下简称陀螺组件)为例,介绍此类传感器功能/性能试验的相关内容,其他类似传感器试验与其相似。

1) 试验目的和试验要求

检测陀螺组件基本功能和性能,保证陀螺组件满足设计要求,并在确认范围内准确无误地工作。

按照产品专用技术条件的要求,逐条进行测试,每项测试结果符合合格判据。

除非另有规定,陀螺组件试验要求按 2.2.1 节的通用试验要求执行。

2) 试验项目和试验方法

陀螺组件的主要试验项目包括外观结构、电源电压、绝缘电阻、准备工作时间、启动电流和工作电流、固有频率和阻尼比、标定因素、阈值、分辨率、零偏、极性、量程及通道一致性等检查。

(1) 外观结构。

外观结构检查包括外观检查、重量检查、外廓尺寸检查、安装形式及电气接口等项目,通过目视、电子秤、尺子检查外观、重量和外廓尺寸等内容。

(2) 电源电压。

按产品专用技术条件要求,把陀螺组件供电电压调整到规定偏差的极限值,检查其性能。

(3) 绝缘电阻。

使陀螺组件处于非工作状态,按产品专用技术条件规定,用相应电压的兆欧表进行检查。

(4) 准备工作时间。

一般指陀螺组件电机的启动时间,对于需要温度控制的陀螺组件还应包括达到要求的工作温度所需要的时间,一般采用电机特性法或速率响应法进行检查。

a. 电机特性法:用误差不大于 0.1s 的秒表或其他相应精度的计时器测量。在陀螺组件电机接通电源的同时启动计时器,当陀螺组件转子达到额定转速时(可通过工作电流监视器、转子旋转检测器或其他能测量转子转速的仪器来判断),关闭计时器,读取计时器的时间。

b. 速率响应法:把陀螺组件安装在速率转台上,使其输入基准轴平行于速率转台轴且与当地水平面垂直,陀螺组件的输出与具有相应精度计时器的记录仪相连。首先使速率转台以选定的常值速率旋转,然后启动记录仪,记录从陀螺组件电机通电瞬时到陀螺组件输出达到稳定状态或规定数值时的时间。

(5)加温时间。

用误差不大于 0.1s 的秒表或其他相应精度的计时器,测量从接通温控电路到陀螺组件达到规定的性能要求时所需要的时间,具体方法按产品专用技术条件规定进行。

(6)启动电流和工作电流。

按产品专用技术条件的要求,用规定精度的电流表或相应的仪表测定陀螺组件的各项电流值。其中陀螺组件电源刚接通时,启动电压加到陀螺电机上的瞬时测量得到的电流为启动电流;陀螺转子达到额定转速并且在工作电压稳定以后,测量得到的电流为工作电流。

(7)固有频率和阻尼比。

测试陀螺组件固有频率和阻尼比的试验方法有频率响应法和阶跃输入法两种。对具有力矩器的陀螺组件,采用频率响应法时,可向其力矩器输入正弦电流产生等效正弦角速度的电激振式动态测试方法来代替角振动台进行。采用阶跃输入法时,在陀螺组件正常工作后,可向自检力矩器输入一定的阶跃电流("正"向或"负"向均可)来代替突停台进行。

a. 频率响应法:把陀螺组件安装在角振动台上,使其输入基准轴平行于角振动台转轴,且与当地水平面垂直。陀螺组件正常工作后,通过角振动台对其施加半量程,但不大于 $60°/s$ 的正弦角速度输入,改变振动频率,测定陀螺组件输出滞后于输入速率 $90°$ 的输入频率 f_n,此输入频率 f_n 即为陀螺组件的固有频率。

调节输入角速度,使虚频(相移 $90°$)分量的输出为 0.5V,将输入频率降低为固有频率的 1/10 或更小,保持角速度不变,这时实频(同相)分量的读数即为阻尼比。

对具有力矩器的陀螺组件,可用其力矩器输入正弦电流产生等效正弦角速度的电激振式动态测试方法来代替角振动台进行上述试验。

b. 阶跃输入法:把陀螺组件安装在突停台上,使其输入基准轴平行于突停台转轴,且与当地水平面垂直,陀螺组件的输出和记录仪相连,陀螺组件正常工作后,使突停台以某一规定速率旋转,然后突然降为零,记录陀螺组件输出变化特性曲线。

对于具有自检力矩器的陀螺组件,可以不使用突停台,在陀螺组件正常工作后,对自检力矩器输入一定的阶跃电流("正"向或"负"向均可),用记录仪记录其输出变化特性曲线。

把记录到的陀螺组件输出变化特性曲线与二阶阻尼系统的阶跃特性比较或通过计算,可确定陀螺组件的固有频率和阻尼比,参见参考文献[2]附录 A。

(8) 标定因素。

把陀螺组件安装在速率转台上,使其输入基准轴平行于速率转台轴且与当地水平面垂直。要求速率转台的转速能按选定的速率点平稳连续变化,到达每个速率点时不出现超调量。

根据产品专用技术条件规定的陀螺组件阈值和量程,按参考文献[3]规定的 R5 系列公比递增(或递减)并进行适当圆整后选取,允许均匀删除,但在输入量程内不能少于11 点。

速率转台保证不出现超调量的情况下,允许采用均匀间隔变化、低速率时适当增加的原则选取。

陀螺组件正常工作后,使速率转台从零速率开始按选定的速率点依次增大到受试陀螺组件的正最大量程,再按选定的速率点依次减小到零,再反向按选定的速率点逐步增大到负最大量程,再按选定的速率点依次减小到零为一个循环。

在每个测量点速率稳定后,连续读数(采样)不少于 10 次(每次采样间隔 1s,采样积分时间按产品专用技术条件规定,以下同),取其算术平均值作为该测量点的输出信号值。

(9) 阈值。

把陀螺组件安装在速率转台上,使其输入基准轴平行于速率转台轴且与当地水平面垂直。陀螺组件正常工作后,先测量输入速率为零时的陀螺组件输出,再对陀螺组件平稳无超调地施加一个规定阈值的速率输入,记录陀螺组件的输出,其相对于零速率时陀螺组件输出的变化量应大于标定因素所对应的输出值的 50%。

(10) 分辨率。

把陀螺组件安装在速率转台上,使其输入基准轴平行于速率转台轴且与当地水平面垂直。陀螺组件正常工作后,对陀螺组件施加一个相当于阈值 20~50 倍的某一常值输入速率,再对陀螺组件平稳无超调地增加一个规定分辨率的速率增量,陀螺组件的输出增量应大于标定因素所对应的输出增量的 50%。然后回到原常值输入速率,再平稳无超调地减小一个规定分辨率的速率增量,测量陀螺组件的输出增量应大于标定因素所对应的输出增量的 50%。

在相反的常值输入速率方向上,重复本程序。

(11) 零偏。

对于一般的陀螺组件:

采用不可倾式速率转台时,将陀螺组件安装在速率转台上,使其输入基准轴与速率转台轴平行(若采用可倾式速率转台,需使速率转台轴与当地水平面平行,同时使陀螺组件的输出轴与当地水平面垂直)。陀螺组件正常工作后,用 20~50 倍阈值的某一速率,0.5~1Hz 的某一频率,使转台顺时针和逆时针来回摆动。切断陀螺组件电源,继续摆动速率转台,直到陀螺组件转子停转。小心地使陀螺组件输出轴与当地水平面垂直,重新接通陀螺组件电源,正常工作以后测量其输出信号。根据精度要求,对地球自转影响进行修正。

对于具有力矩器的陀螺组件:

使陀螺组件的输出轴与当地水平面垂直,用低频电源给力矩器通入电流,其频率小于陀螺组件的固有频率,幅值不大于最大力矩电流的 1/10,使陀螺组件框架摆动。慢慢地减小力矩电流直到零。再使陀螺组件正常工作,测量其输出信号。根据精度要求,对地球自转影响进行修正。

(12) 极性。

a. 陀螺组件输出极性:将陀螺组件安装在速率转台上,使其输入基准轴平行于速率转台轴且与当地水平面垂直。陀螺组件正常工作后,使速率转台以某一合适的转速对陀螺组件施加一个正速率输入,记录陀螺组件输出信号的极性。

b. 自检力矩器极性:对于具有自检力矩器的陀螺组件,应进行此项检查。陀螺正常工作后,对力矩器输入合适的正输入电流,记录陀螺组件输出信号的极性。

(13) 量程。

将陀螺组件安装在速率转台上,使其输入基准轴平行于速率转台且与当地水平面垂直。陀螺组件正常工作后,给陀螺组件施加正输入最大量程速率,记录其输出信号。当输入速率减小时,其输出信号应相应按比例减小。

在相反的输入速率方向上,重复试验工作。

(14) 通道一致性。

将陀螺组件安装在速率转台上,使其输入基准轴平行于速率转台且与当地水平面垂直。陀螺组件正常工作后,给陀螺组件施加正输入最大量程速率,记录其各通道的输出信号,计算出各个通道之间最大输出电压之差。

3) 试验判据与结果处理

外观结构检查测量结果与期望值一致,则判定机载设备结构检查合格,如外观完好无损,接插件无弯针、缩针,重量、外廓尺寸满足要求,结构安装完好无脱落现象,电气接口防差错等。

电源电压、绝缘电阻、准备工作时间、启动电流和工作电流、固有频率和阻尼比、标定因素、阈值、分辨率、零偏、极性、量程、通道一致性的检查结果满足产品专用技术条件的要求,则判定相应测试项合格,否则判定相应测试项不合格。

标定因素按照下面数据处理公式进行计算得到:

$$K = \frac{n\sum_{i=1}^{n}X_iy_i - \sum_{i=1}^{n}X_i\sum_{i=1}^{n}y_i}{n\sum_{i=1}^{n}X_i^2 - \left(\sum_{i=1}^{n}X_i\right)^2}$$

式中:K 为陀螺标定因素,V/(°/s);X_i 为第 i 个测量点的输入速率,(°/s);y_i 为第 i 个测量点测得的陀螺输出值,V;$i = 1, 2, 3, \cdots, n$,n 为测量点数。

2.2.8.4　控制面运动传感器

控制面运动传感器一般采用差动变压器式传感器和接近式传感器。

差动变压器式传感器如 LVDT 和 RVDT,其主要功能是检测舵面偏转角度。该类传感器功能、性能试验的相关内容已在 2.2.8.1 节做过介绍,此处不再赘述。

接近式传感器一般采用霍耳元件形式,其主要功能是检测舵面运动的同步性。下面以襟翼倾斜传感器为例,介绍该类传感器功能和性能试验。

1）试验目的和试验要求

检测襟翼倾斜传感器功能和性能,保证襟翼倾斜传感器满足设计要求,并在确认范围内准确无误地工作。

按照产品验收专用技术条件的要求逐条进行测试,每项测试结果符合合格判据。

除非另有规定,襟翼倾斜传感器试验要求按 2.2.1 节的通用试验要求执行。

2）试验项目和试验方法

襟翼倾斜传感器的主要试验项目有检查外观结构、电源电压、供电电流、量程、精度和通道一致性等。

（1）外观结构。

外观结构检查包括外观、重量、外廓尺寸、安装形式及电气接口等检查项目,通过目视、电子秤、尺子检查外观、重量和外廓尺寸等内容。

（2）电源电压。

把襟翼倾斜传感器供电电源的电压调整到规定偏差的极限值,检查其性能。

（3）供电电流。

将襟翼倾斜传感器磁靶放置在专用工装上,探头固定在专用夹具上,输入端加激磁电源,输出端与数字万用表相连,数字万用表置为直流电流挡。调整探头位置,使得探头分别置于有感应和无感应的位置上,用数字万用表分别测量有感应和无感应时的电流。

（4）测量范围。

将襟翼倾斜传感器磁靶放置在专用测试台上,探头固定在专用夹具上,控制自动转台转动,测量襟翼倾斜传感器从一端转动到另一端的角度。

（5）精度。

将襟翼倾斜传感器磁靶放置在专用测试台上,探头固定在专用夹具上,输入端加激磁电源,输出端与数字万用表相连,数字万用表置为直流电压挡。接通电源,控制自动转台转动,监测输出电压。以输出电压首次跳变（从高电平跳变到低电平）作为襟翼倾斜传感器的起始零点,在转台转动的过程中,记录每次跳变的角度值,每个相邻高低电平跳变角度值之差即为襟翼倾斜传感器输出电压精度。

（6）通道一致性。

将襟翼倾斜传感器磁靶放置在专用测试台上,探头固定在专用夹具上,输入端加激磁电源,输出端与数字万用表相连,数字万用表置为直流电压挡。接通电源,控制自动转台转动,监测输出电压,计算各通道输出电压的最大误差。

3）试验判据与结果处理

外观结构检查测量结果与期望值一致,则判定机载设备结构检查合格,如外观完好无损,接插件无弯针、缩针,重量、外廓尺寸满足要求,结构安装完好无脱落现象,电气接口防差错等。

电源电压、供电电流、量程、精度、通道一致性的检查结果满足产品规范的要求,则判定相应测试项合格,否则判定相应测试项不合格。

2.2.8.5　大气数据传感器

大气数据传感器一般采用半导体压阻式传感器,主要用于检测动压、静压、空速、气压高度、迎角/侧滑角等信号。该类传感器一般划归飞机航电系统,在此不再赘述。

2.2.8.6　其他用途传感器

其他用途传感器除过载传感器外,其余属于飞机其他系统,在此不再赘述。

过载传感器的主要功能是检测翼尖和垂尾所受过载的大小,该类传感器功能/性能试验的相关内容在 2.2.8.3 节中已做介绍,此处不再赘述。

2.3　强度、刚度试验

机械类和机电类机载设备必须进行强度、刚度试验。

2.3.1　试验目的和试验要求

本项试验的目的是考核机载设备在规定的受力状态下的强度和刚度,确认其是否满足设计要求。

试验设备:一般包括试验台架、加载设备、测试设备、激励器、能源设备等。

试验台架:应具备足够的刚度和强度,以保证测试数据的准确性,与被试机载设备的机械接口和连接刚度应与被试机载试设备正常工作状态相同(或经分析不会影响试验结论)。

加载设备:应具备足够的加载能力和加载精度,并有可靠的防护措施防止因超载引起产品破坏。

测试设备:应配备足够的传感器,传感器的安装形式合理可靠,对测试系统有抗干扰措施,对整体的测试精度和采样率应进行评估、检查。

激励器:同被试机载设备间电气接口应匹配并配备足够的功能,保证被试机载设备在试验过程中正常工作。

能源设备:能源设备提供的电源、液压源应有足够功率和品质,同被试机载设备连接的液压源的油液牌号应符合要求。

2.3.2　试验项目与试验方法

强度(刚度)试验的主要项目包括:使用载荷试验,设计载荷试验,刚度试验等。

1) 使用载荷试验

考核机载设备承受使用载荷的能力。试验应包括主要的或最严重的工作情况、模态、位置。试验时,首先加载到100%使用载荷,然后在加载状态下,测试机载设备的功能、性能,最后对机载设备卸载后的剩余变形进行测量。

2) 设计载荷试验

考核机载设备承受设计载荷的能力。试验应包括主要的或最严重的工作情况、模态、位置。试验时,首先加载到100%设计载荷,然后在加载状态下测试设备的功能、性能。

3) 刚度试验

考核机载设备抵抗外载引起变形的能力。试验应包括主要的或最严重的工作情况、模态、位置。试验时,通常加载到40%的设计载荷。

2.3.3　试验判据与结果处理

使用载荷试验:将100%使用载荷下,机载设备的功能、性能实测值及机载设备卸载后的残余变形值与设计要求值进行对比,应满足设计要求。

设计载荷试验:将100%设计载荷下机载设备不小于3 s的功能、性能实测值与设计要求值进行对比,应满足设计要求。

刚度试验:将机载设备在外载作用下的变形实测值与设计要求进行对比,应满足设计要求。

2.4　电源特性试验

飞机供电系统一般为机载用电设备提供6种电源类型,根据飞机供电系统直接供电电源的类别,将机载用电设备分为以下6类:

(1) 28 V直流用电设备。

(2) 270 V直流用电设备。

(3) 单相115 V　400 Hz交流用电设备。

(4) 三相115 V/200 V　400 Hz交流用电设备。

(5) 单相15 V变频交流用电设备。

(6) 三相115 V/200 V变频交流用电设备。

对上述6类用电设备以及那些经过机上的其他机载设备(如飞控计算机),但并没有进行电源变换和处理的用电设备(如陀螺组件等)的供电电源,都需要完成机载设备的电源特性试验,即机载用电设备供电兼容性试验。

2.4.1　试验项目及裁减原则

机载用电设备供电不同,需要进行的电源特性试验项目也有所不同,以下为6

类机载用电设备的试验项目,这些试验项目需要根据相关系统设计规范进行剪裁选取。

1) 28 V 直流用电设备电源特性试验

28 V 直流机载用电设备电源特性试验包括正常工作、转换工作、非工常工作、应急工作、电源故障等 5 种供电系统状态的 12 项试验项目,如表 2-12 所示。

表 2-12　28 V 直流机载用电设备供电特性试验项目

机载供电系统状态	试验项目	名称
正常工作	LDC101	负载特性
	LDC102	正常稳态电压极限
	LDC103	电压畸变频谱
	LDC104	电压脉动
	LDC105	正常电压瞬变
	LDC106	电压尖峰
转换工作	LDC201	供电转换中断
非正常工作	LDC301	非正常稳态电压极限
	LDC302	非正常电压瞬变
应急工作	LDC401	应急稳态电压极限
供电故障	LDC601	故障断电
	LDC602	反极性

注:LDC——直流低电压。

2) 270 V 直流机载用电设备电源特性试验

270 V 直流机载用电设备电源特性试验包括正常工作、转换工作、非正常工作、应急工作、电源故障等 5 种供电系统状态的 12 项试验项目,如表 2-13 所示。

表 2-13　270 V 直流机载用电设备供电特性试验项目

供电系统状态	试验项目	名称
正常工作	HDC101	负载特性
	HDC102	正常稳态电压极限
	HDC103	电压畸变频谱
	HDC104	电压脉动
	HDC105	正常电压瞬变
	HDC106	电压尖峰

（续表）

供电系统状态	试验项目	名称
转换工作	HDC201	供电转换中断
非正常工作	HDC301	非正常稳态电压极限
	HDC302	非正常电压瞬变
应急工作	HDC401	与 HDC302 相同,无须另做试验
供电故障	HDC601	故障断电
	HDC602	反极性

注:HDC——直流高电压。

3) 115 V　400 Hz 交流机载用电设备电源特性试验

115 V　400 Hz 交流机载用电设备电源特性试验包括正常工作、转换工作、非正常工作、应急工作、电源故障等 5 种供电系统状态的 17 项试验项目,如表 2－14 所示。

表 2－14　单相 115 V　400 Hz 交流机载用电设备特性试验项目

供电系统状态	试验项目	名称
正常工作	SAC101	负载特性
	SAC102	正常稳态电压和频率极限
	SAC104	电压调制
	SAC105	频率调制
	SAC106	电压畸变频谱
	SAC107	电压总畸变
	SAC108	直流分量
	SAC109	正常电压瞬变
	SAC110	正常频率瞬变
	SAC111	电压尖峰
转换工作	SAC201	供电转换中断
非正常工作	SAC301	非正常稳态电压和频率极限
	SAC302	非正常电压瞬变
	SAC303	非正常频率瞬变
应急工作	SAC401	应急稳态电压和频率极限
供电故障	SAC601	故障断电
	SAC602	反相

注:SAC——单相交流。

4）三相 115 V/200 V　400 Hz 交流机载用电设备电源特性试验

三相 115 V/200 V　400 Hz 交流机载用电设备电源特性试验包括正常工作、转换工作、非正常工作、应急工作、电源故障等 5 种供电系统状态的 19 项试验项目，如表 2 - 15 所示。

表 2 - 15　三相 115 V/200 V　400 Hz 交流机载用电设备电源特性试验项目

供电系统状态	试验项目	名称
正常工作	TAC101	负载特性
	TAC102	正常稳态电压和频率极限
	TAC103	电压相位差
	TAC104	电压调制
	TAC105	频率调制
	TAC106	电压畸变频谱
	TAC107	电压总畸变
	TAC108	直流分量
	TAC109	正常电压瞬变
	TAC110	正常频率瞬变
	TAC111	电压尖峰
转换工作	TAC201	供电转换中断
非正常工作	TAC301	非正常稳态电压和频率极限
	TAC302	非正常电压瞬变
	TAC303	非正常频率瞬变
应急工作	TAC401	应急稳态电压和频率极限
供电故障	TAC601	三相断电
	TAC602	一相和两相断电
	TAC603	反相序

注：TAC——三相交流。

5）15 V 变频交流机载用电设备电源特性试验

15 V 变频交流机载用电设备电源特性试验包括正常工作、转换工作、非正常工作、应急工作、电源故障等 5 种供电系统状态的 16 项试验项目，如表 2 - 16 所示。

表 2 - 16　单相 15 V 变频交流用电机载设备电源特性试验项目

飞机供电系统状态	试验项目	名称
正常工作	SVF101	负载特性
	SVF102	正常稳态电压和频率极限
	SVF104	电压调制
	SVF106	电压畸变频谱
	SVF107	电压总畸变
	SVF108	直流分量
	SVF109	正常电压瞬变
	SVF110	正常频率瞬变
	SVF111	电压尖峰
转换工作	SVF201	供电转换中断
非正常工作	SVF301	非正常稳态电压和频率极限
	SVF302	非正常电压瞬变
	SVF303	非正常频率瞬变
供电故障	SVF601	故障断电
	SVF603	反相

注：SVF——单相变频。

6) 115 V/200 V 变频交流用电设备电源特性试验

115 V/200 V 变频交流机载用电设备电源特性试验包括正常工作、转换工作、非正常工作、应急工作、电源故障等 5 种供电系统状态的 18 项试验项目，如表 2 - 17 所示。

表 2 - 17　三相 115 V/200 V 变频交流机载用电设备电源特性试验项目

供电系统状态	试验项目	名称
正常工作	TVF101	负载特性
	TVF102	正常稳态电压和频率极限
	TVF103	电压相位差
	TVF104	电压调制
	TVF106	电压畸变频谱
	TVF107	电压总畸变
	TVF108	直流分量

（续表）

供电系统状态	试验项目	名称
	TVF109	正常电压瞬变
	TVF110	正常频率瞬变
	TVF111	电压尖峰
转换工作	TVF201	供电转换中断
	TVF301	非正常稳态电压和频率极限
非正常工作	TVF302	非正常电压瞬变
	TVF303	非正常频率瞬变
应急工作	TVF401	应急稳态电压和频率极限
	TVF601	故障断电
供电故障	TVF602	一相和两相断电
	TVF603	反相序

注：TVF——三相变频。

飞控系统各机载用电设备的工作原理和特性不同，以及飞机供电系统为某些用电设备进行了特殊供配电配置，需依此对机载用电设备供电特性试验项目进行剪裁，试验项目的选择应避免出现过要求或欠要求。剪裁的基本原则如下：

（1）飞控系统非二次供电机载设备，都应进行电源特性测试。容性、电动机、电子类机载用电设备应进行启动冲击电流及持续时间测试；感性机载用电设备应进行断电电压尖峰测试；交流非线性机载用电设备应进行电流谐波测试；大功率机载用电设备应进行电流调制测试；交流机载用电设备应进行功率测试。

（2）稳态供电特性试验项目。

正常和非正常稳态电压及频率极限状态下，若均要求机载用电设备正常工作，按非正常稳态电压及频率极限进行验证；若非正常稳态电压及频率极限供电状态下，机载用电设备可降低性能要求或停止工作，需分别对机载用电设备在正常和非正常稳态电压及频率极限下的性能进行验证；三相交流机载用电设备应检查其在应急稳态电压极限及频率极限下的性能；对电压调制、频率调制、电压波形畸变、直流分量不敏感的直流机载用电设备（如电磁阀、电动机等）可不进行直流电压畸变和电压脉动试验。

（3）电压瞬变和频率瞬变试验项目。

若飞控系统对机载用电设备在正常和非正常供电状态下的工作性能要求一致，则仅需按非正常电压瞬变和频率瞬变试验项目进行试验即可；若两种状态下的工作性能要求不一致（非正常供电状态下可以停止工作）时，则应分别进行正常电压瞬变和频率瞬变试验、非正常电压瞬变和频率瞬变试验。

（4）耐电压尖峰试验项目。

对电压尖峰不敏感的机载用电设备（如加温电阻丝、电磁阀、电动机等）或大功率机载用电设备（如额定电流超过 10 A，或证明能够使电压尖峰信号发生器产生的电压尖峰大幅度衰减的设备）可不进行耐压尖峰试验。

（5）供电转换中断试验项目。

采用了不间断供电措施（如不间断汇流条、非相似多余度）的直流机载用电设备，可不进行供电中断试验；对交流机载用电设备，除电阻丝类、电动机类等可明确预知其供电中断期间性能的机载用电设备外，其他交流用电设备（尤其是含有数字电路的交流用电设备）都应进行供电中断试验；对供电中断敏感的机载用电设备还应在供电中断极限时间内选择多个不同的供电中断时间进行试验。

（6）供电故障试验项目。

除电阻丝类可明确预知其供电故障期间性能的机载用电设备外，其他所有机载用电设备都应进行相应的供电故障试验（如三相交流设备的缺相故障或反相序故障，直流机载用电设备或单相交流机载用电设备的反极性等），验证机载用电设备在供电故障状态下自身具备必要的保护功能，不会损坏或引起系统其他不安全状态；同时验证机载用电设备在供电故障并恢复正常供电后，能够自动恢复其正常工作时的性能。

2.4.2　试验目的和试验要求

电源特性试验的目的是检验机载用电设备在飞机供电系统处于表 2 - 12 到 2 - 17 介绍的 5 种工作状态时，能否实现相关功能或满足性能指标要求。

每一种工作状态下的供电系统，为机载用电设备提供的供电特性不同，对机载用电设备的性能要求也有所不同。因此，用电设备的专用技术条件、供电特性试验大纲等相关技术文件应明确规定其在飞机供电系统不同工作状态下的相应性能要求，并进行供电特性试验。

电源特性试验的试验设备与环境主要包括激励设备、检测设备、试验系统和试验电缆。其中试验系统是指试验中需要用到的除激励设备和监测设备外的其他参试设备的统称，主要包括试验电源、传感器、模拟负载、供电特性参数测试设备等。

1）试验电缆

供电特性均指被试机载设备电源输入端 10 cm 范围内的特性。当机载用电设备不自带电缆时，电源输入端在机载用电设备的供电输入接口处；当机载用电设备交付自带电缆时，则电源输入端在自备电缆与机载用电设备连接处；当机载用电设备自备电源转换装置时，电源输入端仍是指机载用电设备自备电源变换装置的供电输入端，内部的配电要求应由机载用电设备自行解决。

综上所述，被试机载设备自带电缆应和装机状态完全一致，包括导线规格和长度。

2）激励设备

飞控系统机载用电设备与机上其他机载设备或系统有信号交联,在进行供电特性试验时,需要通过激励设备模拟各交联信号,试验中的激励设备应满足如下要求:

(1) 激励设备应能提供与被试机载设备交联的各种输入输出信号,包括模拟信号、数字信号、液压信号等。

(2) 激励设备与被试机载设备交联的信号采集或发送周期、逻辑时序等应与装机状态一致。

(3) 为确保试验的有效性,在偏离正常供电特性数毫秒的瞬态试验过程中,应保证激励设备能够准确地模拟飞机真实的环境条件。

(4) 激励设备自身的工作电源必须采用独立供电方式,不能与被试机载设备共用试验电源,避免试验过程中供电电压的变化影响激励设备的正常工作,甚至损坏激励设备。

3）监测设备

监测设备是判断试验结果是否合格的必备设备,由被试机载设备研制单位提供。监测设备需满足以下要求:

(1) 监测设备应能完成被试机载设备全部性能的监测,并具备监控、测量、记录和通信等功能。

(2) 监测设备应能准确、完整地采样并记录被试机载设备的所有输出信号,而不能仅对部分信号进行采样或检测。

(3) 监测设备与被试机载设备间的通信方式、数据更新速率等都应与机上状态一致。

(4) 被试机载设备输出的检测数据应通过可以实时记录电压、电流曲线的设备来记录,不得用普通数字多用表、指示灯、指针式仪表等作为被试机载设备的监测设备,因为这些仪表无法准确地捕获被试机载设备输出的瞬态特性。

(5) 瞬态特性监测设备的采样率应至少高于被采集信号采样率的 3 倍,以确保瞬态试验过程中,能够精确测量到机载用电设备的性能。

(6) 监测设备应具有数据存储和回放功能,便于观察和检索。

(7) 监测设备应尽可能具备判断各项性能参数合格的功能,当某一项或多项性能参数偏离正常范围时,能够提供相应的故障码或告警信息,便于试验人员知悉和查阅。

4）试验系统

试验系统由试验承担方提供,为确保试验结果准确可信,且符合相关标准的要求,试验系统应满足以下要求:

(1) 试验电源应能为被试机载设备提供试验需要的各种供电特性,包括各种稳态、瞬态、故障供电特性。

(2) 试验电源应具备足够的功率容量,所输出的供电特性参数不能因被试机载设备的工作而出现明显带载偏差,且对相关参数应该允许进行调节。电压瞬变试验时,不能因为过压瞬变期间被试机载设备的负载电流变大,而出现试验系统输出的瞬变电压达不到规定值的现象。

(3) 试验电源应符合各项试验条件要求的瞬态特性。

(4) 用于测试供电特性参数、被试机载设备负载特性的测试仪器应符合相应的标准要求,见参考文献[4]、[5]。对于电压尖峰、冲击电流、电压畸变等参数的测试必须具有足够的采样率。

(5) 试验系统各设备应经过校准合格并在有效使用期内。

2.4.3　试验项目与试验方法

电源特性试验内容和试验项目按照机载设备技术协议书和相关规范标准确定,其试验方法按参考文献[5]飞机供电特性参数测试方法进行,2.4.5节将以飞控计算机为例,介绍电源特性试验相关内容。

2.4.4　试验判定与结果处理

电源特性试验的结果处理与判定按照参考文献[5]飞机供电特性参数测试方法规定的内容执行。

2.4.5　试验实例:飞控计算机电源特性试验

2.4.5.1　试验要求

按照参考文献[5]飞机供电特性参数测试方法或型号规范规定的飞机供电特性进行试验。

以三路28V直流电源供电的飞控计算机为例,设置一个供电通路正常,其余供电通道处于供电中断、非正常稳态低压极限、非正常瞬态欠压、非正常稳态高压状态或非正常瞬态过压下,飞控计算机应正常工作。在所有供电通道均处于非正常工作状态时,飞控计算机可以降额工作或停止工作,但不能损坏和引起不安全状态。试验时可任选一路供电通路进行测试,将其余两个通路断开。

2.4.5.2　试验项目与试验方法

试验项目包括负载特性试验、供电系统正常工作试验、供电系统非正常工作试验和供电系统应急工作试验等。

1) 负载特性试验

(1) 试验目的。

本项试验是验证28V直流用电设备的负载功率、冲击电流、电流畸变和电流频谱等极限值是否在飞控计算机产品规范所规定的极限内。

(2) 试验方法。

如图2-2所示安装UUT(被试机载设备,这里指飞控计算机,以下同)、激励设备和监测设备。除电流以外,其他参数的测量应在UUT电源输入端10 cm内进行,电流测量在28V直流正线上进行。

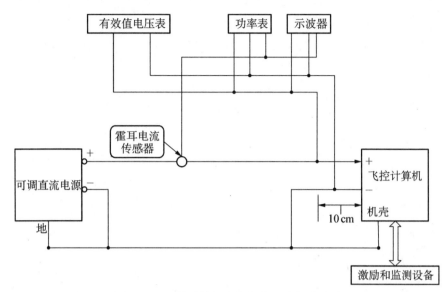

图 2-2　飞控计算机电源特性试验交联关系

开启电源,将电压调整到稳态额定直流电压 28 V。接通电源输出,向 UUT 供电。记录 UUT 启动工作的冲击电流及持续时间、稳态电流及负载功率,并与飞控计算机专用技术条件中相应的极限值进行比较。再断开电源输出,记录 UUT 断电时产生的尖峰电压。飞控计算机负载和电流畸变极限如表 2-18 所示。

表 2-18　负载和电流畸变极限

参数	极限指标要求
冲击电流	5 倍额定电流 $(0.01\,\mathrm{s} \leqslant t \leqslant 0.2\,\mathrm{s})$,如图 2-3 所示
尖峰电压	如图 2-4 所示
负载功率	单通道不超过 90 W

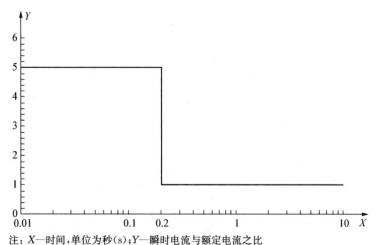

注:X—时间,单位为秒(s);Y—瞬时电流与额定电流之比

图 2-3　用电设备的最大冲击电流极限

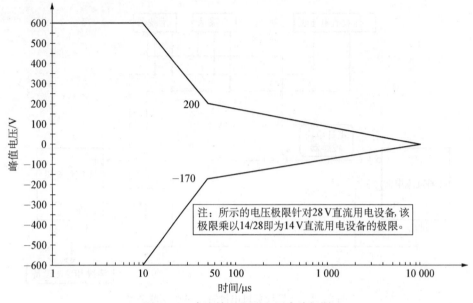

图 2 - 4　直流输入电源电压尖峰极限

（3）试验判据与结果处理。

记录负载特性试验结果，如果负载功率、冲击电流、断电时产生的尖峰电压和电流畸变等极限值都在表 2 - 18 规定的范围内，或满足产品规范要求，则本项试验合格。

2）供电系统正常工作试验

（1）稳态电压极限试验。

a. 试验要求：飞控计算机采用三路供电机制，两路 28 V 直流电源和一路应急飞控蓄电池供电。28 V 供电系统用电设备稳态特性极限如表 2 - 19 所示。

表 2 - 19　28 V 供电系统用电设备稳态特性极限

	正常	非正常	应急
直流电压	22～30 V	20.5～32 V	8～32 V

注：所示指标均在用电设备输入端测量。

b. 试验方法：断开电源，如图 2 - 5 所示安装飞控计算机、激励设备和监测设备。

分别在额定正常稳态电压（28 V）、最高稳态电压（30 V）和最低稳态电压（22 V）条件下，按照 2.2.3.2 节的试验方法进行功能、性能检测，记录测试结果，验证稳态供电期间飞控计算机功能、性能的符合性。

供电系统在正常工作试验期间，飞控计算机应保证安全，满足功能、性能要求。

由于应急稳态极限电压指标已覆盖正常稳态电压的指标，故在应急电压稳态极限试验合格的情况下，可不进行本项试验。

c. 试验判据与结果处理：飞控计算机功能、性能检测满足产品专用技术条件要

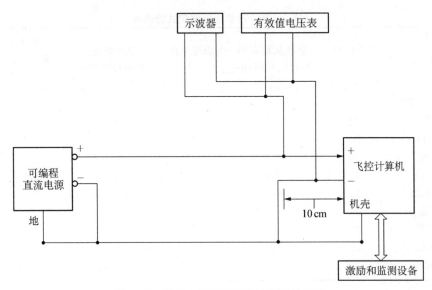

图 2-5　稳态电压极限飞控计算机的连接

求,即试验合格。

（2）正常电压瞬变试验。

a. 试验要求:由于非正常电压瞬变试验条件严于正常电压瞬变试验条件,故在非正常电压瞬变试验合格的情况下,可不进行本项试验。

b. 试验方法:断开电源,如图 2-5 所示安装飞控计算机、激励设备和监测设备。如图 2-6 所示规定的极限设置直流电源的输出电压,按照表 2-20 设置正常电压瞬态试验条件。

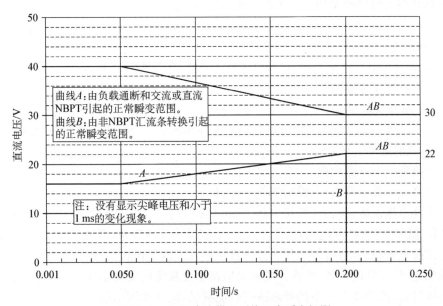

图 2-6　28 V 直流供电系统正常瞬变极限

表 2‐20　正常电压瞬变试验条件

试验条件	稳态电压 /V	电压从稳态到瞬态的时间/ms	瞬变电压 /V	瞬变电压持续时间/ms	电压从瞬态到稳态的时间/ms
过压瞬变					
AA	30	<1	40	50	<1
BB	30	<1	40	50	150
CC	30	<1	36	110	<1
DD	30	<1	36	110	90
EE	30	<1	40(3 次)	50(每 1 min)	<1
欠压瞬变					
FF	22	<1	16	50	<1
GG	22	<1	16	50	150
HH	22	<1	16(3 次)	50(每 1 min)	<1

表 2‐20 中 AA 至 HH 规定了飞控计算机应承受的电压瞬变要求。在 1 ms 内电压应从稳态电压升高或降低到如表 2‐20 所示的瞬变电压值,并保持表 2‐20 中瞬变电压持续时间,超过这段时间后电压应恢复到稳态值。

对试验条件 EE,40 V 的过压瞬变持续时间为 50 ms,间隔 1 min,进行三次。对试验条件 HH,16 V 的欠压瞬变持续时间 50 ms,间隔 1 min,进行三次。对每一个试验条件,在电压发生瞬变期间,监测飞控计算机的性能,按性能测试的程序验证飞控计算机能达到飞机供电系统正常工作时所规定的性能。

在电源恢复到正常稳态极限后,按 2.2.3.2 节进行性能测试以验证飞控计算机能达到其在飞机供电系统正常工作时所规定的性能。

在所有的测试完成后,将电压调到稳态额定电压 28 V,按照 2.2.3.2 节进行功能、性能检测,验证稳态供电期间受试品功能、性能的符合性。

c. 试验判据与结果处理:正常电压瞬态条件下,飞控计算机各项功能、性能指标满足专用技术条件要求,即试验合格。

(3) 电压尖峰试验。

a. 试验要求:直流输入电源电压尖峰极限如图 2‐7 所示,尖峰脉冲上升时间小于 5 μs,总的脉冲持续时间大于 10 μs。

尖峰发生器开路内阻:50 Ω±5 Ω;

尖峰发生器开路电压波形:如图 2‐7 所示;

尖峰电压次数:飞控计算机应在 1 min 内能够承受正、负极性尖峰电压各 50 次。

b. 试验方法:断开电源,如图 2‐8 所示安装飞控计算机、激励设备和监测设备。

按照正常稳态电压供电,使飞控计算机进入正常工作状态,然后在 1 min 内对产品施加正、负尖峰电压各 50 次。受试品应能承受规定的尖峰电压,不发生故障。尖峰电压过后,按 2.2.3.2 节的要求进行性能测试,记录测试结果。

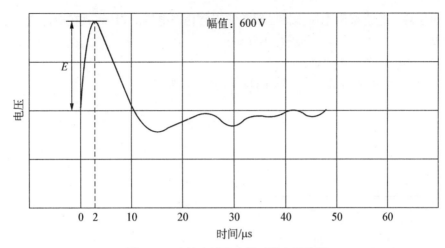

图 2-7　尖峰电压发生器开路电压波形

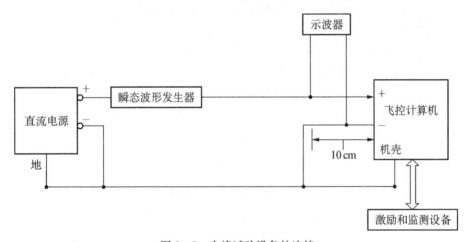

图 2-8　尖峰试验设备的连接

c. 试验判据与结果处理:记录供电系统正常工作试验结果,并根据试验前后的功能、性能检测结果,给出飞控计算机供电系统正常工作试验的结论,功能、性能指标满足产品专用技术条件要求,即试验合格。

3) 供电系统非正常工作试验

(1) 非正常稳态电压极限试验。

按照表 2-19 给定的稳态特性极限电压,分别在额定正常稳态电压(28 V)、最高稳态电压(32 V)和最低稳态电压(20.5 V)条件下,按 2.2.3.2 节的要求进行测试,记录测试结果,验证稳态供电期间飞控计算机功能、性能的符合性。

供电系统在非正常工作试验期间:受试品应保证安全可靠;除在专用技术条件规定的性能允许下降外,应提供规定的技术性能;当供电系统返回到正常工作特性范围后,应完全满足所有的功能、性能要求。

由于应急稳态极限电压指标已覆盖非正常稳态电压的指标,故在应急电压稳态极限试验合格的情况下,可不进行本项试验。

(2) 非正常电压瞬变试验。

a. 试验要求:非正常电压瞬变曲线如图 2-9 所示。

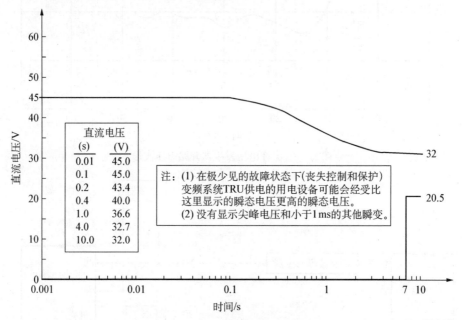

直流电压	
(s)	(V)
0.01	45.0
0.1	45.0
0.2	43.4
0.4	40.0
1.0	36.6
4.0	32.7
10.0	32.0

注:(1) 在极少见的故障状态下(丧失控制和保护)变频系统TRU供电的用电设备可能会经受比这里显示的瞬态电压更高的瞬态电压。
(2) 没有显示尖峰电压和小于1ms的其他瞬变。

图 2-9　非正常电压瞬变曲线

表 2-21　非正常电压瞬变试验条件

试验条件	稳态电压/V	电压从稳态到瞬变的时间/ms	瞬变电压/V	瞬变电压持续时间/ms	电压从瞬变到下一稳态的时间
过压瞬变					
A	30	<1	45	100	<1 ms
B	30	<1	45	100	100 ms
		然后	43.4	电压逐渐减小	200 ms
		然后	40	电压逐渐减小	600 ms
		然后	36.6	电压逐渐减小	3 s
		然后	32.7	电压逐渐减小	6 s
		然后	30	—	—
C	30	<1	45(3 次)	100(每 0.5 s)	<1 ms
D	22	<1	45	100	<1 ms

（续表）

试验条件	稳态电压/V	电压从稳态到瞬变的时间/ms	瞬变电压/V	瞬变电压持续时间/ms	电压从瞬变到下一稳态的时间
E	22	<1	45	100	100 ms
		然后	43.4	电压逐渐减小	200 ms
		然后	40	电压逐渐减小	600 ms
		然后	36.6	电压逐渐减小	3 s
		然后	32.7	电压逐渐减小	6 s
		然后	22	—	—
F	22	<1	45(3次)	100(每0.5 s)	<1 ms
欠压瞬变					
G	30	<1	8	50	<1 ms
H	30	<1	8	50	15 ms
		然后	12	电压逐渐增加	30 ms
		然后	17	电压逐渐增加	60 ms
		然后	22	电压逐渐增加	4.85 s
		然后	28	电压逐渐增加	1 s
		然后	30	—	—
I	30	<1	8(3次)	50(每0.5 s)	<1 ms
J	22	<1	8	50	<1 ms
K	22	<1	8	50	15 ms
		然后	12	电压逐渐增加	30 ms
		然后	17	电压逐渐增加	60 ms
		然后	22	—	—
L	22	<1	8(3次)	50(每0.5 s)	<1 ms
混合瞬变					
M	30	<1	8 之后	50	<1 ms
		<1	45	100	100 ms
		然后	43.4	电压逐渐减小	200 ms
		然后	40	电压逐渐减小	600 ms
		然后	36.6	电压逐渐减小	3 s
		然后	32.7	电压逐渐减小	6 s
		然后	30	—	—

（续表）

试验条件	稳态电压/V	电压从稳态到瞬变的时间/ms	瞬变电压/V	瞬变电压持续时间/ms	电压从瞬变到下一稳态的时间
N	22	<1	8 之后	10	<1 ms
		<1	45	100	100 ms
		然后	43.4	电压逐渐减小	200 ms
		然后	40	电压逐渐减小	600 ms
		然后	36.6	电压逐渐减小	3 s
		然后	32.7	电压逐渐减小	6 s
		然后	22	—	—

b. 试验方法：按照正常稳态电压供电，并使飞控计算机进入正常工作状态，然后按表 2-21 条件进行过压和欠压浪涌试验。

试验条件 A～N 分别规定了飞控计算机应承受的电压瞬变要求。在 1 ms 内供电电压应从稳态电压升高或降低到规定的瞬变电压值，并保持表中规定的时间，超过这段时间后电压应恢复到稳态值。对试验条件 C 和 F，各过压瞬变间隔 0.5 s，进行三次。对试验条件 I 和 L，各欠压瞬变间隔 0.5 s，进行三次。对试验条件 M 和 N，欠压瞬变之后紧接着进行过压瞬变，最后电压恢复到稳态值。对每一个试验条件，在电压发生瞬变期间，监测飞控计算机的性能，在此期间飞控计算机可以停止工作，但一定不能损坏和引起不安全状态。

在上述试验都完成后，将电压调到稳态额定电压 28 V，进行通电测试，记录测试结果。

c. 试验判据与结果处理：分析供电系统正常工作试验结果，并根据试验前后的功能、性能检测结果，给出飞控计算机供电系统正常工作试验的结论，功能、性能指标满足产品专用技术条件，即试验合格。

4）供电系统应急工作

（1）应急电压稳态极限试验。

断开电源，按图 2-8 所示安装飞控计算机、激励设备和监测设备。

按照表 2-12 所示要求分别在额定正常稳态电压（28 V）、最高稳态电压（32 V）和最低稳态电压（18 V）条件下，验证应急稳态供电期间飞控计算机功能、性能的符合性。

供电系统在应急供电工作试验期间，应保证飞控计算机安全，满足功能、性能要求。

（2）应急电压瞬态极限试验。

a. 试验方法：供电系统应急工作状态下，瞬变极限试验一般不做要求，应急工作状态下的极限等于非正常工作状态下的极限，因此本试验可直接借用非正常电压瞬态极限试验结论。

b. 试验中断处理:当由于其他原因出现试验中断时,按照参考文献[6]中的第 3.6 节处理。

c. 试验判据与结果处理:依据供电系统正常工作、非正常工作和应急工作情况下飞控计算机试验结果,给出其供电特性试验的综合结论。

2.5　绝缘介电强度试验

绝缘介电强度试验又称为介质耐电压试验。该试验是在相互绝缘的机载设备之间或绝缘的机载设备与地之间,在规定时间内施加规定电压,以此来确定元件在额定电压下能否安全工作;能否耐受由于开关、浪涌及其他类似现象所导致的过电位的能力,从而评定元件绝缘材料或绝缘间隙是否合适。

飞控系统用电设备主要包括:电子类、机电类两类。下面以机电类设备 RVDT 为例,说明该类机载设备绝缘介质耐电压试验的相关内容。

2.5.1　试验目的与试验要求

该项试验的目的是考察 RVDT 的绝缘介电强度,从而确定 RVDT 在额定电压下能否安全工作,评定 RVDT 绝缘材料或绝缘间隙是否合适。

该项试验所需的试验设备主要有高压电源、电压测量仪、漏电流测量仪、故障指示器等。试验及设备具体要求如下。

(1) 试验电压性质及数值:试验电压为 500 V(rms)、50 Hz 的交流电,电源波形应尽可能近似于正弦波。电源功率和输出阻抗应保证在各种试验负载下都无显著的波形失真和电压变化。

(2) 施加电压的持续时间为 60 s。

(3) 施加电压的速率为 500 V/s(rms)(应尽量均匀地从零增加到规定值)。

(4) 电压测量仪的误差不大于 5%。

(5) 当有漏电流要求时,采用漏电流测量仪进行测量,其误差应不大于规定值的 5%。

2.5.2　试验项目与试验方法

(1) 试验准备。

通过试验电缆将 RVDT 与高压电源连接,并连接电压测量仪和漏电流测量仪。

(2) 试验电压及施加点。

在 RVDT 各绕组之间、绕组与壳体之间施加试验电压。

(3) 施加电压速率及持续时间。

按 2.5.1 第(2)条及第(3)条的规定进行。

(4) 试验件的检测。

试验中监视故障指示器,以判定被试机载设备试验样品有无击穿放电发生及漏电流情况。试验结束后,应对试验件进行功能和性能检测,以确定介质耐电压试验对试验件的影响。

（5）注意事项。

在进行质量一致性检测时，若需施加更高的试验电压时，可以缩短持续时间，具体数值由产品专用技术条件给出，且不得使同一介质受到重复电应力作用。

试验结束时，应逐渐降低电压以免出现浪涌。

2.5.3　试验判定与结果处理

RVDT 各绕组之间、绕组与壳体之间无击穿、跳火花或电晕等现象，且性能测试结果满足产品规范要求，则判定该 RVDT 绝缘介电强度满足产品规范要求。

2.6　机械环境试验

机械环境试验是一系列试验的统称，主要包括加速度试验、振动试验、噪声试验、冲击试验等。

2.6.1　加速度试验

2.6.1.1　试验目的和试验要求

加速度试验是所有飞控系统机载设备都必须进行的试验，用于验证设备在承受预计使用的加速度环境条件下能正常工作，并确保在此环境下机载设备不会与其安装支架分离，或者产生其他危险的分离。

飞机上不同的位置具有不同的加速度环境，因此机载设备需要根据安装位置确定相应的加速度试验量值。通常将大型飞机分为 5 个区域：①前、中机身；②后机身；③平尾、垂尾；④机翼内侧；⑤机翼外侧。飞机型号产品规范将给出每个区域中机载设备的加速度试验量值。

2.6.1.2　试验项目与试验方法

加速度试验包括加速度性能试验和结构试验，分别考核在加速度环境下机载设备的工作性能、结构完整性。

试验内容和试验方法可参照参考文献[7]进行，主要步骤如下：

（1）将被试机载设备安装到试验台上。

（2）对被试机载设备进行试验前外观、功能、性能检测。

（3）按加速度性能试验量值加载，达到试验量值保持 1 min，并同时进行试验中功能、性能检测。

（4）卸载，然后进行试验件外观、功能、性能检测。

（5）按加速度结构试验量值加载，达到试验量值保持 1 min（如无特殊需要一般不要求进行试验中功能、性能检测）。

（6）卸载，然后进行试验后外观、功能、性能检测。

（7）改变被试机载设备受载方向，重复进行（3）～（6）工作。

为简化试验，所有试验前和试验后检测项目可统一在所有加载试验之前和之后进行，但如发生试验不通过，可能会对失败原因分析带来一定困难。

2.6.1.3　试验判定与结果处理

机载设备在试验中和试验后的外观、功能、性能检测应满足要求,不应出现结构残余变形、裂纹、松动、脱落及其他机械损伤,否则认为试验未通过。

2.6.2　振动试验

2.6.2.1　试验目的和试验要求

振动试验是所有飞控系统机载设备都必须进行的试验,用于确定机载设备经受振动环境的能力。在预期的振动环境条件下,机载设备性能不降低,结构不出现损坏。

飞机上不同的位置具有不同的振动环境,因此机载设备需要根据安装位置选择相应的振动试验量值。通常将大型飞机分为 16 个振动区域:①机头;②中机身;③后机身;④机身尾锥;⑤平尾内侧;⑥平尾外侧;⑦中央翼;⑧机翼内侧;⑨机翼外侧、副翼;⑩发动机风扇机匣;⑪主起落架舱;⑫起落架;⑬机身侧壁;⑭襟翼;⑮发动机短舱、挂架;⑯发动机及附件(除风扇机匣外)。在飞机型号规范中将给出每个区域中机载设备的振动试验量值、持续时间和重量衰减因子。

2.6.2.2　试验项目与试验方法

振动试验包括功能振动试验和耐久振动试验,分别考核在振动环境下机载设备的功能完整性和结构完整性。

试验内容和方法可参照参考文献[8]进行,主要步骤如下:

(1) 将被试机载设备安装到试验台上。

(2) 对被试机载设备进行试验前外观、功能、性能检测。

(3) 按功能振动试验量值加载,并同时进行试验中功能、性能检测,试验持续时间为 0.5 h。

(4) 卸载,然后进行试验件外观、功能、性能检测。

(5) 按耐久振动试验量值加载,试验持续时间按飞机型号规范要求,如无特殊需要一般不要求进行试验中功能、性能检测。

(6) 卸载,然后进行试验件外观、功能、性能检测。

(7) 按功能振动试验量值加载,并同时进行试验中功能、性能检测,试验持续时间为 0.5 h。

(8) 卸载,然后进行试验件外观、功能、性能检测。

(9) 改变被试机载设备振动方向,重复进行(3)～(8)工作。

为简化试验,所有试验前和试验后检测项目可统一在所有加载试验之前和之后进行,但如发生试验不通过,可能会对失败原因分析带来一定困难。

2.6.2.3　试验判定与结果处理

机载设备在试验中和试验后的外观、功能、性能检测应满足要求,不应出现结构残余变形、裂纹、松动、脱落及其他机械损伤,否则认为未通过试验。

2.6.3　噪声试验

机载设备噪声试验的目的有两个：一是考核机载设备在强噪声环境下的工作性能和耐强噪声的能力，测定机载设备对强噪声的响应；二是考核安装在机舱内的机载设备发射噪声的声压级。

对于安装在发动机附近的机载设备需要测试对强噪声的响应，对于带有电机或风扇类的设备，需要考核其发射噪声的声压级。飞控系统机载设备的机上位置大都远离此区域，安装环境比较好，一般不需要考核其耐受噪声的能力，但有些带有电机类的机载设备，如角速率陀螺组件等，需要测量其发射噪声的声压级。

下面以角速率陀螺组件为例，介绍该类机载设备噪声试验的相关内容。

2.6.3.1　试验目的和试验要求

检测角速率陀螺组件产生的噪声，考核其产生噪声的声压级是否满足噪声辐射限制的要求。

户外测量时，风速应小于 6 m/s（相当于 4 级风），并使用风罩，避免诸如较强的电场和磁场、强风、高温和低温、被测机载设备排气冲击等的影响。

试验设备主要有传声器、试验电缆、安装夹具、声校准器等。

测试设备主要有积分平均声级计、计时器等。

用于控制或监测试验参数的仪器仪表和测试装置的精度在试验前必须检验，并符合国家规定的有关标准或计量部门的检定规程。其精度不应低于性能误差的 1/3，且均应在有效的检定周期内，并处于正常运行的合格状态。

2.6.3.2　试验项目与试验方法

机载设备噪声试验包括：发生噪声声压级的直接测试，以及考虑背景噪声而进行的修正。测试频率范围一般确定在 100 Hz～10 kHz，测量结果以 1/3 倍频程给出，若出现信噪比不满足测试要求的情况则须确定有效测试频段。

具体测试方法按参考文献［9］执行，并记录测试结果。

2.6.3.3　试验判定与结果处理

若角速率陀螺组件的噪声辐射值满足产品规范规定的期望值要求，则判定角速率陀螺组件噪声辐射满足要求，否则判定其噪声辐射不满足要求。

2.6.4　冲击试验

2.6.4.1　试验目的和试验要求

冲击试验是所有飞控系统机载设备都必须进行的试验，用于确定机载设备经受冲击环境的能力，在预期的冲击环境条件下，机载设备性能不降低，结构不出现损坏。

大型飞机机载设备冲击试验一般包括功能冲击试验和坠撞安全试验。其中坠撞安全试验又包括坠撞冲击试验和持续加速度试验。坠撞安全试验不是每项机载设备都需要进行的，只有下列机载设备才需要进行。

（1）飞机发生坠撞时，机载设备损坏而脱落可能危及乘员安全，如，座舱中的驾驶盘、驾驶柱、脚蹬等。

（2）飞机发生坠撞时，机载设备损坏可能会穿透油箱、管路或损坏相邻系统而引发火灾或伤害性的爆炸。

（3）飞机发生坠撞时，机载设备损坏可能会影响救生系统、灭火系统、故障记录系统的正常工作。

所有机载设备冲击试验量值一般均相同，在飞机型号规范中将分别给出功能冲击、坠撞冲击和持续加速度的量值和持续时间。

2.6.4.2　试验内容和试验方法

试验内容和方法可参照参考文献[8]进行。主要步骤如下：

（1）将被试机载设备安装到冲击试验台上。

（2）对功能冲击波形进行调校。

（3）对被试机载设备进行试验前外观、功能、性能检测。

（4）施加功能冲击载荷，每个冲击方向冲击 3 次，相邻冲击的间隔时间以两次冲击在被试机载设备上响应不会相互影响为准，一般应大于 5 倍的冲击持续时间。试验过程中对被试机载设备进行功能、性能检测。

（5）结束本方向的功能冲击试验，进行试验件外观、功能、性能检测。

（6）改变被试机载设备的冲击载荷方向，重复进行（4）和（5）工作。

（7）如有需要，开始时进行坠撞冲击试验。

（8）对坠撞冲击波形进行调校。

（9）对被试机载设备进行试验前外观、功能、性能检测。

（10）施加坠撞冲击载荷，每个冲击方向冲击两次，相邻冲击的间隔时间以两次冲击在被试机载设备上响应不会相互影响为准，一般应大于 5 倍的冲击持续时间。试验过程中被试机载设备一般都处于非工作状态。

（11）结束本方向的坠撞冲击试验，进行试验后外观检查。

（12）改变被试机载设备的冲击载荷方向，重复进行（10）和（11）工作。

（13）将被试机载设备安装到加速度试验台上，开始进行持续加速度试验。

（14）对被试机载设备施加持续加速度载荷，达到试验量值后保持 3 s，然后卸载。试验过程中被试设备一般都处于非工作状态。

（15）结束本方向的试验，进行试验后外观检查。

（16）改变被试机载设备的加速度方向，重复进行（14）和（15）工作。

2.6.4.3　试验判定与结果处理

对于功能冲击试验，试验中、试验后，被试机载设备的外观、功能、性能检测应满足要求，不应出现结构残余变形、裂纹、松动、脱落及其他机械损伤，否则认为试验未通过。

对于坠撞安全试验，被试机载设备在试验后的外观检测中，如出现机载设备与其安装支架分离、脱开、坠落则认为不合格。

2.7 自然环境试验

自然环境试验是一系列试验的统称。包括:低气压(高度)试验、高温试验、低温试验、温度冲击试验、温度-高度试验、单粒子效应试验、太阳辐射试验、淋雨试验、结冰试验、湿热试验、霉菌试验、盐雾试验、砂尘试验、浸渍试验等项目。其主要目的是为了考核机载设备在贮存、运输和使用过程中,对于温度、气压等环境因素变化的适应性,以及对全球范围内高温、高寒、湿热、霉菌、盐雾、砂尘、雨雪天等恶劣自然环境的适应性。

自然环境试验项目的适用性与机载设备在飞机上的安装位置紧密相关,常规的大型飞机将全机划分为 5 个区域,如表 2-22 所示。表 2-23 列出了针对各分区安装的机载设备适用的自然环境试验项目。

表 2-22 常规大型飞机自然试验区域划分

分区	位置
a 区	座舱内
b 区	货舱、下设备舱内
c 区	发动机短舱内
d 区	完全或部分暴露于飞机蒙皮之外、起落架舱壁之外
e 区	其他位置:机翼、尾翼、机身尾部设备舱、雷达舱、前起落架左右设备舱、主起落架前后设备舱、翼身整流段前后设备舱等

表 2-23 各分区考核的自然试验项目

试验项目		设备分区				
		a	b	c	d	e
低气压	贮存	√	√	√	√	√
	工作	√	√	√	√	√
	快速减压	√*	√*	N/A	N/A	N/A
高温	贮存	√		√	√	√
	工作	√				√
低温	贮存	√	√		√	√
	工作	√	√		√	√
温度冲击		√*				
温度-高度		√			√	√
温度-湿度-高度		√*	√*	√*	√*	√*

（续表）

试验项目		设备分区				
		a	b	c	d	e
单粒子效应		√	√	√	√	√
太阳辐射	循环热效应	√	N/A	N/A	N/A	N/A
	稳态长期光化学效应	√*	N/A	N/A	√	N/A
淋雨	有风源淋雨	N/A	N/A	N/A	√*	N/A
	滴雨	N/A	N/A	√*	√*	√*
	防水性	飞机、发动机短舱及部分大型机载设备				
湿热		√	√	√	√	√
霉菌		√	√	√	√	√
盐雾		√	√	√	√	√
砂尘	吹砂	N/A	√*	N/A	√	N/A
	吹尘	N/A	√*	N/A	√	N/A
结冰	结冰	N/A	N/A	N/A	√	N/A
	冻冰	N/A	N/A	N/A	N/A	√*
	积冰	N/A	N/A	N/A	√	N/A
浸渍		水上应急使用机载设备				

＊表示在相关章节还有更细致的适用性说明。

2.7.1　低气压（高度）试验

2.7.1.1　试验目的与试验要求

低气压试验的目的是确定机载设备在贮存、运输和工作过程中，对低气压环境的适应性。对于机械类产品，主要考察液压和气动机载设备的外部密封性；对于电子类产品，主要是考察有密封容腔的元器件是否存在因气压变化产生的疲劳载荷而受损、功能（性能）受到影响的现象。

低气压试验包括贮存试验、工作试验和快速减压试验三项试验程序。贮存试验对非纯机械类的机载设备均适用；工作试验对机电类、电子类机载设备适用；快速减压试验对安装在 a、b 区（区域划分定义见表 2 - 22）的关键机载设备（A 级）和重要机载设备（B 级）适用，例如主飞控计算机、作动器控制器、襟缝翼控制器、自动飞控计算机、三轴角速率陀螺组件、三轴加速度传感器组件、指令传感器、座舱操纵装置、操纵手柄等。快速减压试验可与工作试验一起进行，也可单独进行。

三项试验程序和要求如表 2-24 所示,允许压力误差小于±5%。

表 2-24　低气压试验程序要求

序号	试验程序	试验压力	试验时间	压力变化速度
1	贮存试验	57 kPa(对应 4550 m)	不小于 1h	不大于 10 kPa/min
2	工作试验	57 kPa(对应 4550 m)	完成中间数据检测所需要的时间	不大于 10 kPa/min
3	快速减压试验	从 57 kPa(对应 4550 m)降低到 18.8 kPa(对应 12200 m)	不小于 10 min	减压时间不大于 15 s;压力恢复速度不大于 10 kPa/min

2.7.1.2　试验设备与环境要求

试验箱应能满足表 2-24 中规定的试验条件要求,并有监控各种试验条件的辅助仪表。

压力恢复时,注入试验箱的空气应干燥、清洁,不污染被试机载设备。

2.7.1.3　试验内容与试验方法

1) 低气压贮存试验

使被试机载设备在 2.2.1 节中规定的正常试验大气条件下达到温度稳定。

在正常试验大气条件下,对被试机载设备进行电性能、机械性能和其他性能测量以及外观检查,并记录检测数据,作为初始检测数据。

使被试机载设备处于贮存或运输结构状态,放置在低气压箱内,贮存或运输过程中外露的机械和电气连接处应保持原状外露,贮存或运输过程中加以保护的机械和电气连接处应加以适当的覆盖。被安装的被试机载设备之间,以及被试机载设备与试验箱壁、箱底及箱顶间应有适当的间隔,使空气能自由循环。

以不大于 10 kPa/min 的速率将箱内压力降到 57 kPa,保持此压力不小于 1h。然后以不大于 10 kPa/min 的速率将箱内压力恢复到正常的试验大气条件压力。

将被试机载设备取出箱外,在正常的试验大气条件压力下达到温度稳定。

按有关标准或产品规范的规定对被试机载设备进行电性能、机械性能和其他性能测量及外观检查,作为最后检测数据,并与初始检测数据进行比较。

2) 低气压工作试验

使被试机载设备在 2.2 节中规定的正常试验大气条件下达到温度稳定。

在正常试验大气条件下,对被试机载设备进行电性能、机械性能和其他性能测量以及外观检查,并记录检测数据,作为初始检测数据。

将被试机载设备放置在低气压箱内,模拟实际使用状态进行安装和连接。实际工作中使用而在试验中不用的插头、外罩及检测板应保持原状,在实际工作中加以保护而在试验中不用的机械和电气连接处,应加以适当的覆盖。被安装的被试机载设备之间,以及被试机载设备与试验箱壁、箱底及箱顶间应有适当的间隔,使空气能自由循环。

安装被试机载设备时,应考虑其在试验过程中要求的工作状态,为其工作留出充足的空间和自由度。被试机载设备安装完成后,应使其工作并进行检查,不应发生因安装不当而造成故障的情况。

以不大于10 kPa/min 的速率将箱内压力降到57 kPa,按有关标准或产品规范的规定使被试机载设备工作并进行性能检查,作为中间检测数据。然后以不大于10 kPa/min的速率将箱内压力恢复到正常的试验大气条件压力。

将被试机载设备取出箱外,在正常的试验大气条件压力下达到温度稳定。

按有关标准或产品规范的规定,对被试机载设备进行电性能、机械性能和其他性能测量及外观检查,作为最后检测数据,并与初始检测数据进行比较。

3）快速减压试验

使被试机载设备在 2.2.1 节中规定的正常试验大气条件下达到温度稳定。

在正常试验大气条件下,对被试机载设备进行电性能、机械性能和其他性能测量以及外观检查,并记录检测数据,作为初始检测数据。

将被试机载设备放置在低气压箱内,模拟实际使用状态进行安装和连接。实际工作中使用而在试验中不用的插头、外罩及检测板应保持原状,实际工作中加以保护而在试验中不用的机械和电气连接处,应加以适当的覆盖。被安装的被试机载设备之间,以及被试机载设备与试验箱壁、箱底及箱顶间应有适当的间隔,使空气能自由循环。

以不大于 10 kPa/min 的速率将箱内压力降到 57 kPa。在不大于 15 s 的时间内,尽可能快地将箱内压力由 57 kPa 降到 18.8 kPa,并保持此压力不少于10 min。然后以不大于 10 kPa/min 的速率将箱内压力恢复到正常的试验大气条件压力。

将被试机载设备取出箱外,在正常的试验大气条件压力下达到温度稳定。

按有关标准或产品规范的规定,对被试机载设备进行电性能、机械性能和其他性能测量及外观检查,作为最后检测数据,并与初始检测数据进行比较。

2.7.1.4　试验判定与结果处理

试验过程中被试机载设备的外观不应出现明显的变形或损伤,试验样件工作时不应出现功能丧失或不正常的情况。

试验过程中测量的初始检测数据、中间检测数据和最后检测数据应符合有关标准或产品规范的规定。

2.7.1.5　试验实例

以某型方向舵配平机构为例,介绍机载设备低气压试验内容。方向舵配平机构为机电类产品,安装在座舱内,按规定必须进行的低气压试验程序有贮存试验、工作试验和快速减压试验,其试验所需检测的内容如表 2-25 所示。

表 2-25　低气压试验检测数据要求示例

序号	试验程序	初始检测数据	中间检测数据	最后检测数据
1	贮存试验	制动器的吸合和释放电压,制动器接通电流,电机空载消耗电流,电机额定电流,电机最大工作电流,RVDT 特性,工作速度,惯性滑移量,轴向间隙	N/A	制动器的吸合和释放电压,制动器接通电流,电机空载消耗电流,电机额定电流,电机最大工作电流,RVDT 特性,工作速度,惯性滑移量,轴向间隙
2	工作试验	制动器的吸合和释放电压,制动器接通电流,电机空载消耗电流,电机额定电流,电机最大工作电流,RVDT 特性,工作速度,惯性滑移量,轴向间隙	制动器的吸合和释放电压,制动器接通电流,电机空载消耗电流	制动器的吸合和释放电压,制动器接通电流,电机空载消耗电流,电机额定电流,电机最大工作电流,RVDT 特性,工作速度,惯性滑移量,轴向间隙
3	快速减压试验	制动器的吸合和释放电压,制动器接通电流,电机空载消耗电流,电机额定电流,电机最大工作电流,RVDT 特性,工作速度,惯性滑移量,轴向间隙	N/A	制动器的吸合和释放电压,制动器接通电流,电机空载消耗电流,电机额定电流,电机最大工作电流,RVDT 特性,工作速度,惯性滑移量,轴向间隙

2.7.2　高温试验

2.7.2.1　试验目的和试验要求

高温试验的目的是确定机载设备在贮存、运输和工作过程中对高温环境的适应性。对于机械类产品,主要考察运动的平稳性、液压和气动机载设备的外部密封性;对于电子类产品,主要考察工作的稳定性、有无因热应力而受损的情况。

高温试验包括贮存试验和工作试验两项试验程序。贮存试验和工作试验对所有机械类、机电类、电子类机载设备均适用。高温试验要求如表 2-26 所示,机载设备分区的定义如表 2-22 所示,允许温度误差为 ±2℃,温度变化速率一般不超过10℃/min。

表 2 - 26　高温试验要求

序号	试验程序		试验温度					试验时间
			a	b	c	d	e	
1	贮存试验		70℃	70℃	150℃	70℃	70℃	48 h
2	工作试验	连续工作	55℃	70℃	90℃	70℃	70℃	完成中间数据检测所需的时间
		短时工作	70℃	N/A	N/A	N/A	N/A	30 min

2.7.2.2　试验设备与环境要求

试验箱应能满足表 2 - 26 中规定的试验条件要求,并有监控各种试验条件的传感器或辅助仪表。为保持试验条件的均匀性可采用强迫空气循环,但被试机载设备周围的空气速度不应超过 1.7 m/s,以防止被试机载设备内产生不符合实际的热传导。

试验箱内的绝对湿度不超过 20 g/m³。

2.7.2.3　试验内容与试验方法

1) 高温贮存试验

使被试机载设备在 2.2.1 节中规定的正常试验大气条件下达到温度稳定。

在正常试验大气条件下,对被试机载设备进行电性能、机械性能和其他性能测量以及外观检查,作为初始检测数据。

使被试机载设备处于贮存或运输结构状态放置在温度箱内。贮存或运输过程中外露的机械和电气连接处应保持原状外露,贮存或运输过程中加以保护的机械和电气连接处,应加以适当的覆盖。被安装的被试机载设备之间,以及被试机载设备与试验箱壁、箱底及箱顶间应有适当的间隔,使空气能自由循环。

以不超过 10℃/min 的速度将试验箱中的温度升至表 2 - 26 中规定的温度,保温 48h。保温期间试验箱中的相对湿度应不大于 15%。然后将试验箱内温度以不超过 10℃/min 的速度恢复到正常的试验大气条件,待被试机载设备温度稳定后按有关标准或产品规范的规定对被试机载设备进行电性能、机械性能和其他性能测量及外观检查,作为最后的检测数据,并与初始检测数据进行比较。

2) 高温工作试验

气密舱机载设备需要开展 55℃和 70℃的试验,而非气密舱机载设备只需进行 70℃试验,短时工作的机载设备只需在规定时间内进行几个工作循环试验,长时工作的机载设备需要一直处于工作状态,试验剖面如图 2 - 10 所示。

使被试机载设备在 2.2.1 节中规定的正常试验大气条件下达到温度稳定。

在正常试验大气条件下,对被试机载设备进行电性能、机械性能和其他性能测量以及外观检查,并记录检测数据,作为初始检测数据。

将被试机载设备放置在试验箱内,模拟实际使用状态进行安装和连接。实际工作中使用而在试验中不用的插头、外罩及检测板应保持原状,在实际工作中加以保护而

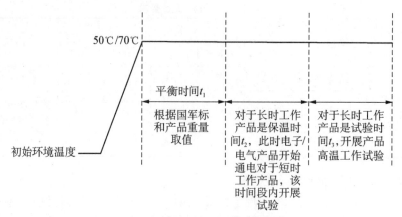

图 2-10　高温工作试验温度剖面

在试验中不用的机械和电气连接处应加以适当的覆盖。被安装的被试机载设备之间，以及被试机载设备与试验箱壁、箱底及箱顶间应有适当的间隔，使空气能自由循环。

安装被试机载设备时应考虑其在试验过程中要求的工作状态，为其工作留出充足的空间和自由度。被试机载设备安装完成后，应使其工作并进行检查，不应发生因安装不当而造成故障的情况。

以不超过 10℃/min 的速度将试验箱中的温度升至表 2-26 中规定的温度，按表 2-27 中规定的时间保温。然后按有关标准或产品规范的规定使被试机载设备工作并进行性能检查，作为中间检测数据。对于需要进行高温短期工作试验的机载设备而言，在完成上述步骤后将试验箱中的温度升至表 2-26 中规定的温度，按表 2-27 中规定的时间保温。然后按有关标准或产品规范的规定使试验样品工作 30 min，进行性能检查，作为中间检测数据。

表 2-27　保温时间要求

被试机载设备重量 G/kg	保温时间/h
$G \leqslant 1.5$	1
$1.5 < G \leqslant 15$	2
$15 < G \leqslant 150$	4
$G > 150$	8

将试验箱内温度以不超过 10℃/min 的速度恢复到正常的试验大气条件，待被试机载设备温度稳定后，按有关标准或产品规范的规定对被试机载设备进行电性能、机械性能和其他性能测量及外观检查，作为最后检测数据，并与初始检测数据进行比较。

高温贮存试验和高温工作试验可连续进行，即完成高温贮存试验的保温时间后使被试机载设备工作并进行中间检测，然后恢复到正常的试验大气条件进行最后检测。照此执行时试验结论为高温贮存和高温工作的试验结论。

2.7.2.4　试验判定与结果处理

试验过程中,被试机载设备的外观不应出现明显的变形或损伤,试验样件工作时,不应出现功能丧失或不正常的情况。

试验过程中,测量的初始检测数据、中间检测数据和最后检测数据应符合有关标准或产品规范的规定。

2.7.2.5　试验实例

以副翼配平机构为例介绍高温试验相关内容为机电类产品,安装在座舱内,按规定必须进行的高温试验程序有贮存试验和工作试验(包括连续工作试验和短时工作试验),试验方法同 2.7.2.3 节的要求,其试验检测内容如表 2-28 所示。

表 2-28　高温试验检测数据要求示例

序号	试验程序		初始检测数据	中间检测数据	最后检测数据
1	贮存试验		工作行程,全行程工作时间,工作电流,位置反馈电压范围,轴向间隙,空载惯性滑移量	N/A	工作行程,全行程工作时间,工作电流,位置反馈电压范围,轴向间隙,空载惯性滑移量
2	工作试验	连续工作	工作行程,全行程工作时间,工作电流,位置反馈电压范围,轴向间隙,空载惯性滑移量	工作电流,位置反馈电压范围	工作行程,全行程工作时间,工作电流,位置反馈电压范围,轴向间隙,空载惯性滑移量
		短时工作	工作行程,全行程工作时间,工作电流,位置反馈电压范围,轴向间隙,空载惯性滑移量	工作电流,位置反馈电压范围	工作行程,全行程工作时间,工作电流,位置反馈电压范围,轴向间隙,空载惯性滑移量

2.7.3　低温试验

2.7.3.1　试验目的与试验要求

低温试验的目的是确定机载设备在贮存、运输和工作过程中对低温环境的适应性。对于机械类产品,主要考察运动的平稳性、液压和气动机载设备的外部密封性;对于电子类产品,主要考察工作的稳定性、有无因热应力而受损的情况。

低温试验包括贮存试验和工作试验两项试验程序。贮存试验和工作试验对所有机械类、机电类、电子类机载设备均适用。低温贮存试验和工作试验的环境温度要求均为-55℃,允许温度误差为±2℃,温度变化速率一般不超过 10℃/min。

2.7.3.2　试验设备与环境要求

试验箱应能满足 2.7.3.1 中规定的试验条件要求,并有监控各种试验条件的传感器或辅助仪表。为保持试验条件的均匀性,可采用强迫空气循环,但被试机载设备周围的空气速度不应超过 1.7 m/s,以防止试验样品内产生不符合实际的热传导。

2.7.3.3　试验内容与试验方法

1) 低温贮存试验

使被试机载设备在 2.2.1 节中规定的正常试验大气条件下达到温度稳定。

在正常试验大气条件下,对被试机载设备进行电性能、机械性能和其他性能测量以及外观检查,作为初始检测数据。

使被试机载设备处于贮存或运输结构状态放置在温度箱内。贮存或运输过程中外露的机械和电气连接处应保持原状外露,贮存或运输过程中加以保护的机械和电气连接处,应加以适当的覆盖。被安装的被试机载设备之间,以及被试机载设备与试验箱壁、箱底及箱顶间应有适当的间隔,使空气能自由循环。

以不超过 10℃/min 的速度将试验箱中的温度降至−55℃,待被试机载设备温度达到稳定后(按表 2-27 规定的时间执行)再保温 24h。然后将试验箱内温度以不超过 10℃/min 的速度恢复到正常的试验大气条件,待被试机载设备温度稳定后按有关标准或产品规范的规定对被试机载设备进行电性能、机械性能和其他性能测量及外观检查,作为最后检测数据,并与初始检测数据进行比较。

2) 低温工作试验

使被试机载设备在 2.2.1 节中规定的正常试验大气条件下达到温度稳定。

在正常试验大气条件下,对被试机载设备进行电性能、机械性能和其他性能测量以及外观检查,并记录检测数据,作为初始检测数据。

将被试机载设备放置在试验箱内,模拟实际使用状态进行安装和连接。实际工作中使用而在试验中不用的插头、外罩及检测板应保持原状,在实际工作中加以保护而在试验中不用的机械和电气连接处应加以适当的覆盖。被安装的被试机载设备之间,以及被试机载设备与试验箱壁、箱底及箱顶间应有适当的间隔,使空气能自由循环。

安装被试机载设备时应考虑其在试验过程中要求的工作状态,为其工作留出充足的空间和自由度。被试机载设备安装完成后,应使其工作并进行检查,不应发生因安装不当而造成故障的情况。

以不超过 10℃/min 的速度将试验箱中的温度降至−55℃,按表 2-27 中规定的时间保温。然后按有关标准或产品规范的规定使被试机载设备工作并进行性能检查,记录结果,作为中间检测数据。然后将试验箱内温度以不超过 10℃/min 的速度恢复到正常的试验大气条件,待被试机载设备温度稳定后按有关标准或产品规范的规定对被试机载设备进行电性能、机械性能和其他性能测量及外观检查,作为最后检测数据,并与初始检测数据进行比较。

低温贮存试验和低温工作试验可连续进行,即完成低温贮存试验的保温时间后,使被试机载设备工作并进行中间检测,然后恢复到正常的试验大气条件进行最后检测。照此执行时,试验结论为低温贮存和低温工作的试验结论。

2.7.3.4 试验判定与结果处理

试验过程中,被试机载设备的外观不应出现明显的变形或损伤,试验样件工作时不应出现功能丧失或不正常的情况。

试验过程中,测量的初始检测数据、中间检测数据和最后检测数据应符合有关标准或产品规范的规定。

2.7.3.5 试验实例

以某型升降舵机械备份作动器为例,介绍机载设备低温试验相关内容。升降舵机械备份作动器为机电类产品,安装在水平安定面后梁上。按规定必须进行的低温试验程序有贮存试验和低温工作试验,其试验所需测量内容如表 2-29 所示。

表 2-29 低温试验检测数据要求示例

序号	试验程序	初始检测数据	中间检测数据	最后检测数据
1	贮存试验	工作密封性,不灵敏电流,零偏电流,电阻,绝缘电阻,最大速度,工作门限,极限环,作动筒传感器输出电压,最大工作行程,极限行程,位置精度,滞环,频率特性,内漏	N/A	工作密封性,不灵敏电流,零偏电流,电阻,绝缘电阻,最大速度,工作门限,极限环,作动筒传感器输出电压,最大工作行程,极限行程,位置精度,滞环,频率特性,内漏
2	工作试验	工作密封性,不灵敏电流,零偏电流,电阻,绝缘电阻,最大速度,工作门限,极限环,作动筒传感器输出电压,最大工作行程,极限行程,位置精度,滞环,频率特性,内漏	工作密封性,不灵敏电流,零偏电流	工作密封性,不灵敏电流,零偏电流,电阻,绝缘电阻,最大速度,工作门限,极限环,作动筒传感器输出电压,最大工作行程,极限行程,位置精度,滞环,频率特性,内漏

2.7.4 温度冲击试验

2.7.4.1 试验目的与试验要求

温度冲击试验的目的是确定机载设备在贮存、运输和工作过程中对周围大气温度急剧变化环境的适应性。对于机械类产品,主要考察运动的平稳性、液压和气动机载设备的外部密封性;对于电子类产品,主要考察工作的稳定性、有无因交变热应力而产生疲劳损伤的情况。

温度冲击试验对安装在 a 区的电气类机载设备、显示器、仪表及含玻璃制品类机载设备适用;对安装在 b 区、c 区、d 区、e 区的所有机载设备均适用。机载设备分区的定义如表 2-22 所示。该项试验中高温为 70℃,低温为-55℃,温度允许误差为±2℃。高温和低温之间的转换时间不大于 5min,循环次数 3 次。

2.7.4.2 试验设备与环境要求

高温箱应满足 2.7.2.2 节的要求,低温箱应满足 2.7.3.2 节的要求。试验箱的容积应保证在试验样品放入后不超过试验保温时间(见表 2 - 27 的规定)的 10%就能使试验箱温度达到±2℃的容差范围内。

2.7.4.3　试验内容与试验方法

使被试机载设备在 2.2.1 节中规定的正常试验大气条件下达到温度稳定。

在正常试验大气条件下,对被试机载设备进行电性能、机械性能和其他性能测量以及外观检查,并记录检测数据,作为初始检测数据。

将被试机载设备放置在试验箱内,模拟实际使用状态进行安装和连接。实际工作中使用而在试验中不用的插头、外罩及检测板应保持原状,在实际工作中加以保护而在试验中不用的机械和电气连接处,应加以适当的覆盖。被安装的被试机载设备之间,以及被试机载设备与试验箱壁、箱底及箱顶间应有适当的间隔,使空气能自由循环。

将试验箱内温度升至 70℃,按表 2 - 27 规定的时间进行保温。然后在 5 min 之内将被试机载设备转换到已调节到−55℃的试验箱内,按表 2 - 27 规定的时间进行保温。然后在 5 min 之内将被试机载设备转换到已调节到 70℃的试验箱内,按表 2 - 27 规定的时间进行保温。上述试验步骤定义为一个循环周期,总共完成 3 个循环周期。对大的或重的被试机载设备,从一个试验箱转换到另一个试验箱的转换时间可按实际需要的最少时间适当放宽。

完成 3 个循环周期后,将被试机载设备取出箱外,在正常的试验大气条件压力下达到温度稳定。

按有关标准或产品规范的规定对被试机载设备进行电性能、机械性能和其他性能测量及外观检查,作为最后检测数据,并与初始检测数据进行比较。

2.7.4.4　试验判定与结果处理

试验过程中,被试机载设备的外观不应出现明显的变形或损伤,试验样件工作时不应出现功能丧失或不正常的情况。

试验过程中,测量的初始检测数据、中间检测数据和最后检测数据应符合有关标准或产品规范的规定。

2.7.4.5　试验实例

以副翼机械备份作动器为例,介绍机载设备温度冲击试验相关内容。副翼机械备份作动器为机电类产品,安装在机翼后梁上靠近翼梢部分。按照规定必须进行温度冲击试验,其试验所需测量内容如表 2 - 30 所示。

表 2 - 30　温度冲击试验检测数据要求示例

试验程序	初始检测数据	中间检测数据	最后检测数据
温度冲击试验	工作密封性,内漏,最大工作行程,最大速度,迟滞,线性度,输出一致性,频率特性,阶跃特性,电阻,绝缘电阻,零位电压,故障门限	N/A	工作密封性,内漏,最大工作行程,最大速度,迟滞,线性度,输出一致性,频率特性,阶跃特性,电阻,绝缘电阻,零位电压,故障门限

2.7.5 温度-高度试验

2.7.5.1 试验目的与试验要求

温度-高度试验的目的是确定机载设备在贮存、运输和工作过程中对高、低温和低气压环境条件的单独或综合作用的适应性。

温度-高度试验包含一组共计 10 个连续试验程序,试验程序名称和要求如表 2-31 所示。对于在海拔高度大于 4 550 m 的环境下需工作的机电类、电子机载设备,要求完成全部 10 个试验程序,对于其他机载设备要求只进行地面低温贮存、地面高温贮存和常压低温结霜 3 个试验程序。允许温度误差为±2℃、压力误差为±5%。

表 2-31 温度-高度试验程序要求

序号	试验程序	试验温度	试验高度(气压)	试验时间
1	地面低温贮存	−62℃	地面	2 h
2	地面低温工作	−55℃	地面	温度达到稳定后*,完成检测项目的时间
3	低温低气压工作	−55℃	12 000 m	温度达到稳定后*,完成检测项目的时间
4	常压低温结霜	−10℃	地面	结霜和化霜所需时间
5	常温常压工作	室温	地面	完成检测项目的时间
6	地面高温贮存	85℃	地面	16 h
7	地面高温连续工作	70℃	地面	4 h
8	地面高温间断工作	70℃	地面	30 min
9	空中高温连续工作	30℃	12 000 m	4 h
10	空中高温间断工作	47℃	12 000 m	30 min

* 对于被试机载设备温度达到稳定所需的时间按表 2-27 的规定执行。

2.7.5.2 试验设备与环境要求

试验箱应能满足 2.7.5.1 节中规定的试验条件要求,并有监控各种试验条件的传感器和辅助仪表。试验箱内温度变化速率应不大于 10℃/min,试验箱内的气压变化速率应不大于 1.7 kPa/s。

2.7.5.3 试验内容与试验方法

使被试机载设备在 2.2.1 节中规定的正常试验大气条件下达到温度稳定。

在正常试验大气条件下,对被试机载设备进行电性能、机械性能和其他性能测量以及外观检查,并记录检测数据,作为初始检测数据。

将被试机载设备放置在试验箱内,模拟实际使用状态进行安装和连接。实际工作中使用而在试验中不用的插头、外罩及检测板应保持原状,在实际工作中加以保护而在试验中不用的机械和电气连接处应加以适当的覆盖。被安装的被试机载设备之间,以及被试机载设备与试验箱壁、箱底及箱顶间应有适当的间隔,使空气能自由循环。

安装被试机载设备时应考虑其在试验过程中要求的工作状态,为其工作留出充足的空间和自由度。被试机载设备安装完成后,应使其工作并进行检查,不应发生因安装不当而造成故障的情况。

1) 地面低温贮存试验

被试机载设备不接通电源或其他动力源,将试验箱内温度降到－62℃,待被试机载设备温度达到稳定后(按表 2-27 规定的时间执行)再保温 24 h。在不改变箱内温度的情况下对被试机载设备进行外观检查和外部密封性检查,作为中间检测数据。

2) 地面低温工作试验

将试验箱中的温度降至－55℃,按表 2-27 中规定的时间保温。然后按有关标准或产品规范的规定使被试机载设备工作并进行性能检查,作为中间检测数据。该项试验程序重复 3 次。

3) 低温低气压工作试验

将试验箱中的温度降至－55℃,按表 2-27 中规定的时间保温。然后保持试验箱中的温度不变,将箱内压力调节至 12 000 m 高度对应的气压。然后按有关标准或产品规范的规定使被试机载设备工作并进行性能检查,作为中间检测数据。

4) 常压低温结霜试验

被试机载设备不接通电源或其他动力源,将试验箱内温度降到－10℃,待被试机载设备温度达到稳定(按表 2-27 规定的时间执行)。打开箱门,使被试机载设备表面结霜。箱门打开的时间要足以使霜融化,但又不使水分蒸发掉。关闭箱门,按有关标准或产品规范的规定使被试机载设备工作并进行性能检查,作为中间检测数据。该项试验程序重复 3 次。

5) 常温常压工作试验

使被试机载设备在 2.2.1 节中规定的正常试验大气条件下达到温度稳定,按有关标准或产品规范的规定使被试机载设备工作并进行性能检查,作为中间检测数据。

6) 地面高温贮存试验

被试机载设备不接通电源或其他动力源,将试验箱内温度升高到 85℃,待被试机载设备温度达到稳定后(按表 2-27 规定的时间执行)再保温 16 h。在不改变箱内温度的情况下对被试机载设备进行外观检查和外部密封性检查,作为中间检测数据。

7) 地面高温连续工作试验

将试验箱内温度升到 70℃,待被试机载设备温度达到稳定后(按表 2-27 规定的时间执行),按有关标准或产品规范的规定,使被试机载设备连续工作 4 h,工作期间每 30 min 记录一次温度。此步骤结束后,在试验条件不变的情况下,按有关标准或产品规范进行性能检查,作为中间检测数据。

8)地面高温间断工作试验

将试验箱内温度升到 70℃,待被试机载设备温度达到稳定后(按表 2 - 27 规定的时间执行),按有关标准或产品规范的规定,使被试机载设备完成 4 组工作循环,每组工作循环时间为 30 min,工作期间每 10 min 记录一次温度。前 3 组工作循环完成后停止供给动力源 15 min,然后完成第 4 组工作循环。第 4 组工作循环完成后按有关标准或产品规范进行性能检查,作为中间检测数据。

9)空中高温连续工作试验

将试验箱内温度升到 30℃,待被试机载设备温度达到稳定后(按表 2 - 27 规定的时间执行),将试验箱内压力调整到 12 000 m 高度对应的气压。然后按有关标准或产品规范的规定,使被试机载设备连续工作 4 h,工作期间每 30 min 记录一次温度。此步骤结束后,在试验条件不变的情况下,按有关标准或产品规范进行性能检查,作为中间检测数据。

10)空中高温间断工作试验

将试验箱内温度升到 47℃,待被试机载设备温度达到稳定后(按表 2 - 27 规定的时间执行),将试验箱内压力调整到 12 000 m 高度对应的气压。然后按有关标准或产品规范的规定,使被试机载设备完成 4 组工作循环,每组工作循环时间为 30 min,工作期间每 10 min 记录一次温度。前 3 组工作循环完成后停止供给动力源 15 min,然后完成第 4 组工作循环。第 4 组工作循环完成后按有关标准或产品规范进行性能检查,作为中间检测数据。

2.7.5.4　试验判定与结果处理

按照以上规定的 10 项试验程序全部结束后,将被试机载设备取出试验箱外,在正常试验大气条件下达到温度稳定。然后按有关标准或产品规范的规定对被试机载设备进行电性能、机械性能和其他性能测量及外观检查,作为最后检测数据,并与初始检测数据进行比较。

试验过程中,被试机载设备的外观不应出现明显的变形或损伤,试验样件工作时不应出现功能丧失或不正常的情况。

试验过程中,测量的初始检测数据、中间检测数据和最后检测数据应符合有关标准或产品规范的规定。

2.7.5.5　试验实例

以水平安定面作动器为例,介绍温度-高度试验相关内容。水平安定面作动器为机电类产品,安装在垂尾顶部整流罩内。按照规定必须进行温度-高度试验的全部 10 项试验程序,其试验所需测试内容如表 2 - 32 所示。

表 2 - 32　温度-高度试验检测数据要求示例

序号	试验程序	初始检测数据	中间检测数据	最后检测数据
1	地面低温贮存	电阻,绝缘电阻,工作密封性,内部泄漏量,作动速度,启动特性,位置传感器输出特性,压力开关状态	工作密封性	电阻,绝缘电阻,工作密封性,内部泄漏量,作动速度,启动特性,位置传感器输出特性,压力开关状态
2	地面低温工作		工作密封性,启动特性,位置传感器输出特性,压力开关状态	
3	低温低气压工作		工作密封性,启动特性,位置传感器输出特性,压力开关状态	
4	常压低温结霜		工作密封性,启动特性,位置传感器输出特性,压力开关状态	
5	常温常压工作		工作密封性,启动特性,位置传感器输出特性,压力开关状态	
6	地面高温贮存		工作密封性	
7	地面高温连续工作		工作密封性,启动特性,位置传感器输出特性,压力开关状态	
8	地面高温间断工作		工作密封性,启动特性,位置传感器输出特性,压力开关状态	
9	空中高温连续工作		工作密封性,启动特性,位置传感器输出特性,压力开关状态	
10	空中高温间断工作		工作密封性,启动特性,位置传感器输出特性,压力开关状态	

2.7.6　温度-湿度-高度试验

2.7.6.1　试验目的与试验要求

温度-湿度-高度试验的目的是确定机载设备在使用过程中对实际可能遇到的低温、低气压和高温、高湿两者循环作用的环境的适应性。本项试验适用于装在飞行器中没有温度控制和不增压舱内的机载电子设备和机载其他设备,主要用于设计成熟的、非气密密封机载设备和其他带壳盖的机载设备。

温度-湿度-高度试验包括低温低气压和高温高湿两种环境,具体要求如表2 - 33所示。气压降低速率应保持在 3.5～5 kPa/min 的范围内。允许温度误差为

±2℃、压力误差为±5%,相对湿度允许误差为被测值的±5%。

表 2-33 温度-湿度-高度试验要求

序号	试验条件	试验温度	试验高度(气压)	试验湿度
1	低温低气压	−55℃	12 200 m(18.8 kPa)	正常试验大气条件
2	高温高湿	60℃	地面	95%

2.7.6.2 试验设备与环境要求

采用温度-湿度-高度综合试验箱进行试验,试验箱(室)应能满足 2.7.6.1 中规定的试验条件要求,并有监控各种试验条件的传感器或辅助仪表。

2.7.6.3 试验内容与试验方法

使被试机载设备在 2.2.1 节中规定的正常试验大气条件下达到温度稳定。

在正常试验大气条件下,对被试机载设备进行电性能、机械性能和其他性能测量以及外观检查,并记录检测数据,作为初始检测数据。

将被试机载设备放置在试验箱内,模拟实际使用状态进行安装和连接。实际工作中使用而在试验中不用的插头、外罩及检测板应保持原状,在实际工作中加以保护而在试验中不用的机械和电气连接处应加以适当的覆盖。被安装的被试机载设备之间,以及被试机载设备与试验箱壁、箱底及箱顶间应有适当的间隔,使空气能自由循环。

开始试验,步骤如下:

(1) 将试验箱内温度在 2 h 内下降到−55℃。

(2) 保持试验箱内温度不变,将试验箱内压力以 3.5~5 kPa/min 的速率下降到 18.8 kPa 并保持。该步骤从开始到完成所用的时间为 2.5 h。

(3) 将试验箱内的温度和压力在 30 min 内恢复到正常试验大气条件。

(4) 保持温度和压力不变,将试验箱内相对湿度升高到 95%,保持 2.5 h。

(5) 保持相对湿度 95%不变,将试验箱内温度在 30 min 内升高到 60℃。

(6) 使试验箱内温度 60℃和相对湿度 95%保持不变 6 h。

(7) 保持相对湿度 95%不变,将试验箱内的温度在 8 h 之内均匀地下降到正常试验大气条件的温度。

(8) 保持试验箱内相对湿度 95%和正常试验大气条件的温度 2 h。

(9) 重复(1)~(8)条至少 3 次。

(10) 将试验箱内环境恢复到正常试验大气条件。

(11) 将试验箱内温度在 2 h 内下降到−55℃。

(12) 保持试验箱内温度不变,将箱内压力以 3.5~5 kPa/min 的速率下降到 18.8 kPa 并保持,该步骤从开始到完成所用的时间为 2.5 h。

(13) 在 30 min 内将试验箱内环境恢复到正常试验大气条件。

完成上述步骤后,将被试机载设备取出试验箱,在正常试验大气条件下达到温度稳定。按有关标准或产品规范的规定,对被试机载设备进行电性能、机械性能和其他性能测量及外观检查,作为最后检测数据,并与初始检测数据进行比较。

2.7.6.4　试验判定与结果处理

试验过程中,被试机载设备的外观不应出现明显的变形或损伤,试验样件工作时不应出现功能丧失或不正常的情况。

试验过程中,测量的初始检测数据和最后检测数据应符合有关标准或产品规范的规定。

温度-湿度-高度试验的初始检测数据和最后检测数据的确定可参照温度-高度试验执行。

2.7.7　单粒子试验

飞控系统中电子类的机载设备需要进行单粒子试验,如飞控计算机、控制板等。下面以飞控计算机为例,介绍此类机载设备单粒子试验相关内容。

2.7.7.1　试验目的与试验要求

获得飞控计算机中器件单粒子翻转截面、锁定截面与入射离子 LET(线性能量传输)的关系,测定器件单粒子翻转与锁定的敏感性。

应优先选用未经过总剂量试验的机载设备。如果机载设备进行过总剂量试验,应评估总剂量效应对单粒子效应的影响。当入射粒子数量达到 10^7 ion/cm^2,应考虑总剂量效应的影响。

试验人员在辐射源区的操作应符合文献参考[10]的要求。有规定时,应按参考文献[11]的规定进行测量不确定分析。

2.7.7.2　试验设备与环境要求

单粒子效应试验设备主要包括重离子加速器、真空靶室、温度测试单元、束流测量系统、单粒子效应测试系统、试验电路板、偏置电路、电缆和开关系统。

试验环境要求按照 2.2.1 节统一试验要求执行,静电防护满足参考文献[12]的规定。

2.7.7.3　试验内容与试验方法

1) 制订试验方案

在辐照试验之前,制订包括以下内容的试验方案:

(1) 器件的名称、类别、封装形式、制造商以及数量。

(2) 确定单粒子效应试验类别、试验辐照源的种类、辐照源及所属单位。

(3) 确定注量监测方法。

(4) 确定单粒子效应测试方案。

(5) 试验电路板的设计及布局。

(6) 预估器件的 LET 的阈值及取值范围,确定辐照离子种类和能量、离子选择顺序以及辐照时间。

（7）预计试验中可能出现的问题并制订应对措施。

（8）辐照试验日程安排。

（9）规定试验判据（适用时）。

2）器件的准备

除另有规定外，被试机载设备应从母体中随机抽选并具有相同的封装类型。每个器件应单独编号，以便在辐射前后能进行识别比较。对静电敏感器件，要采取必要的防静电保护措施。需要时，试验前器件应开封，去除芯片钝化层之外的保护层，测量并记录芯片尺寸，照相记录芯片的特征。开封后，应对器件进行测试，只有测试合格的器件方可进行后续试验。

3）试验电路板放置

将连接好的试验电路板放置于辐射场中，放置的要求如下：

（1）将试验电路板固定在试验板移动支架过程中，应防止试验电路板短路和晃动，保证试验电路板与试验板移动支架的移动一致性。

（2）应将试验电路板、探测器置于真空靶室内的试验板移动支架上。调整器件与束流的对中，保证束流能入射到器件表面的敏感部位。

4）测试系统调试

正确连接试验电路板、单粒子效应测试系统及有关记录设备。施加并调整插座的外加电压，并核实偏置电路正常后，插入器件并施加规定的偏置电压，运行单粒子效应测试系统，进行规定的功能测试，显示器件的工作状态，检查器件和试验系统是否工作正常。

5）辐照试验

（1）通则。

应按规定或定期进行束流测量系统的标定。辐照试验前，获取束流均匀性数据。在辐照过程中，测试系统监测被测样品发生的单粒子效应，束流测量系统实时监测入射粒子的注量率，记录相应的试验现象、试验数据和辐照时间。单粒子锁定试验需要在额定的工作电压下进行。

（2）离子种类的选取。

除另有规定外，在试验中选取试验方案中规定的离子种类，选取的有效 LET 数据点不少于 5 个。

（3）试验流程。

根据试验方案中确定的离子种类、有效 LET 值、离子注量率及辐照时间进行辐照，束流测量系统实时监测入射离子的注量率。SEU（单粒子翻转）、SEL（单粒子锁定）试验流程分别如图 2-11、图 2-12 所示。

注：试验流程中，如果器件所受注量达到 10^7 ion/cm^2 时，仍无单粒子效应现象出现，则增加有效 LET 值或改变测试方法。

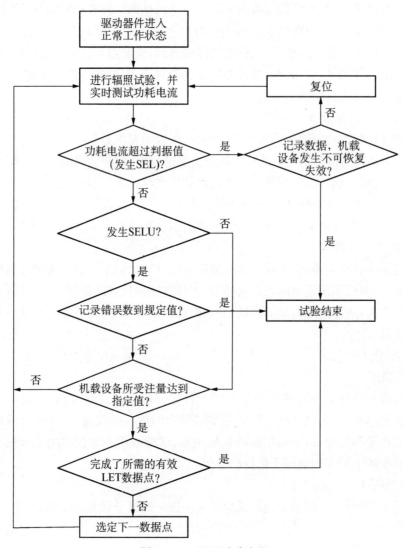

图 2 - 11　SEU 试验流程

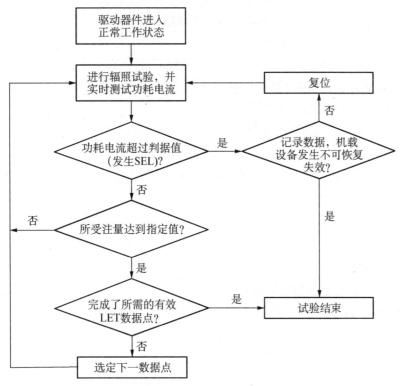

图 2-12 SEL 试验流程

2.7.7.4 试验判定与结果处理

试验检测和记录的试验结果应满足产品规范或专用技术条件要求。

2.7.8 太阳辐射试验

太阳辐射试验用于评价寿命期炎热季节直接暴露于太阳辐射环境中的机载设备耐受太阳辐射产生的热效应或光化学作用的能力。结合机载设备机上安装位置，对处于封闭区域，没有直接暴露于太阳辐射环境中的机载设备不需要进行太阳辐射试验，如飞控系统布置在货舱中段的角速率陀螺组件和加速度计等。而对于安装于座舱内临近座舱玻璃的机载设备需要进行太阳辐射试验，如主飞行控制板、自动飞控装置、驾驶盘、操纵手柄等。

下面以主飞行控制板为例，介绍太阳辐射试验的相关内容。

2.7.8.1 试验目的和试验要求

通过太阳辐射试验，考核直接暴露于太阳辐射环境中的主飞行控制板耐受太阳辐射产生的热效应和光化学效应的能力。

主飞行控制板的太阳辐射试验的要求按参考文献[13]中的第 6 章执行。

进行循环热效应试验时，试验总辐射强度按参考文献[14]中 2.1.1 节的规定，日循环最高温度为 44℃，试验箱温为 30℃，试验周期为 3～7 个日循环。

进行稳态长期光化学效应试验时,试验总辐射强度按参考文献[14]中 2.1.1 节的规定,试验温度为 49℃,试验周期为 56 个日循环。

2.7.8.2　试验设备与环境要求

试验设备由试验箱、安装试件的底座、辅助测量仪表和太阳辐射灯组成。

除非另有规定,该项试验的环境要求按 2.2.1 节的通用试验要求执行。

2.7.8.3　试验内容与试验方法

本试验包含两个试验程序:程序 I——循环试验(热效应)和程序 II——稳态试验(光化学效应)。

主飞行控制板的太阳辐射试验的方法按参考文献[13]中的第 7 章有关要求执行。

2.7.8.4　试验判定与结果处理

试验检测和记录的试验结果应满足产品规范或专用技术条件要求。

2.7.9　淋雨试验

2.7.9.1　试验目的与试验要求

淋雨试验的目的是确定机载设备在淋雨条件下,其外壳防止雨水渗透的能力和遭到淋雨时或之后的工作效能。对于机械类机载设备产品,主要考核是否因淋雨而发生润滑失效的情况;对于机电类和电子类机载设备产品,主要是考核电路的绝缘性能。

淋雨试验包括有风源的淋雨试验、滴雨试验和防水性试验三项试验程序。有风源的淋雨试验对没有防雨措施的 d 区机载设备适用;滴雨试验对机体和发动机短舱的上表面口盖之下的机载设备及有防雨措施的 d 区机载设备适用;防水性试验对无法进行有风源淋雨试验的大型机载设备及机体和发动机短舱结构适用。机载设备分区的定义如表 2-22 所示。

三项试验程序的要求如表 2-34 所示。

表 2-34　淋雨试验程序要求

序号	试验程序	降雨强度	雨滴直径	试验时间
1	有风源的淋雨试验	不小于 15 cm/h	0.5~4.5 mm	每个淋雨面不小于 30 min
2	滴雨试验	不小于 10 cm/h	0.5~4.5 mm	不小于 15 min
3	防水性试验	不小于 15 cm/h	2~4.5 mm	不小于 40 min

2.7.9.2　试验设备与环境要求

试验箱应能满足 2.7.7.1 节中规定的试验条件要求,并有监控各种试验条件的传感器或辅助仪表。

1) 有风源的淋雨试验

淋雨箱应有足够的降雨能力,整个试验周期中降雨速度可以调节,淋雨箱中配有安装被试机载设备的旋转台。

淋雨箱的雨滴由喷头产生,雨滴直径在 0.5～4.5 mm 之间,喷头设计应能使水成滴状。

风源相对于被试机载设备的方向,应能使雨从水平方向变到 45°角均匀地对被试机载设备的一个侧面吹打。

2) 滴雨试验

试验用的水箱容积应能提供 280_0^{+30} L/m^2·h 的滴水量。

水从分配器中滴出,分配器的设计应能使水均匀地降落,分配器的设计可参考参考文献[15]中的示意图。试验设备的排列应能使被试机载设备所有向上的表面在试验期间同时能被淋到水滴。

3) 防水性试验

试验用喷嘴应制成一个方格喷雾点阵或其他交错的点阵。

在每 0.55 m^2 接收淋雨的表面范围内,至少有一个喷嘴安装在离被试机载设备的表面 450～500 mm 处。

喷嘴压力最小为 375 kPa,雨滴直径为 2～4.5 mm。

2.7.9.3　试验内容与试验方法

1) 有风源的淋雨试验

使被试机载设备在 2.2.1 节中规定的正常试验大气条件下达到温度稳定。

在正常试验大气条件下,对被试机载设备进行电性能、机械性能和其他性能测量以及外观检查,作为初始检测数据。

将被试机载设备放置在试验箱内,模拟实际使用状态进行安装和连接。实际工作中使用而在试验中不用的插头、外罩及检测板应保持原状,实际工作中加以保护而在试验中不用的机械和电气连接处,应加以适当的覆盖。

对于有密封容腔的设备,在每 30 min 淋雨期开始时应加热到至少比雨水温度高10℃,使被试机载设备内部产生一个负压差,防止泄漏。

试验期间,要使被试机载设备可能暴露在刮风淋雨环境中的表面都经受有风源的淋雨,每个面持续时间为 30 min。

将被试机载设备从试验箱中取出,用海绵轻轻擦掉积在被试机载设备外表面的水,并在正常试验大气条件下放置被试机载设备待其温度稳定,按有关标准或产品规范的规定对被试机载设备进行电性能、机械性能和其他性能测量及外观检查,作为最后检测数据,并与初始检测数据进行比较。

2) 滴雨试验

使被试机载设备在 2.2.1 节中规定的正常试验大气条件下达到温度稳定。

在正常试验大气条件下,对被试机载设备进行电性能、机械性能和其他性能测量以及外观检查,作为初始检测数据。

将被试机载设备放置在试验箱内,模拟实际使用状态进行安装和连接。在实际工作中使用而在试验中不用的插头、外罩及检测板应保持原状,实际工作中加以保护而在试验中不用的机械和电气连接处,应加以适当的覆盖。

安装被试机载设备时,应考虑其在试验过程中要求的工作状态,为其工作留出充足的空间和自由度。被试机载设备安装完成后,应使其工作并进行检查,不应发生因安装不当而造成故障的情况。

使被试机载设备工作,并经受不少于 15 min 匀速的从高 1 ± 0.1 m 处降落的雨水,产生试验雨水的分配器水位应为 75 mm 高。

将被试机载设备从试验箱中取出,用海绵轻轻擦掉积在被试机载设备外表面的水,并在正常试验大气条件下放置被试机载设备待其温度稳定,按有关标准或产品规范的规定对被试机载设备进行电性能、机械性能和其他性能测量及外观检查,作为最后检测数据,并与初始检测数据进行比较。

3) 防水性试验

使被试机载设备在 2.2.1 节中规定的正常试验大气条件下达到温度稳定。

在正常试验大气条件下,对被试机载设备进行电性能、机械性能和其他性能测量以及外观检查,作为初始检测数据。

将被试机载设备放置在试验箱内,模拟实际使用状态进行安装和连接,关闭其所有入口、通气孔等。

喷淋被试机载设备所有暴露的表面,每个表面不少于 40 min。

将被试机载设备从试验箱中取出,用海绵轻轻擦掉积在被试机载设备外表面的水,并在正常试验大气条件下放置被试机载设备待其温度稳定,按有关标准或产品规范的规定对被试机载设备进行电性能、机械性能和其他性能测量及外观检查,作为最后检测数据,并与初始检测数据进行比较。

2.7.9.4　试验判定与结果处理

试验过程中,被试机载设备的外观不应出现明显的变形或损伤,试验样件工作时,不应出现功能丧失或不正常的情况。

试验过程中,测量的初始检测数据和最后检测数据应符合有关标准或产品规范的规定。

2.7.9.5　试验实例

以襟缝翼防收制动装置为例,介绍淋雨试验相关内容。襟缝翼防收制动装置为机电类产品,安装在机翼后梁上靠近翼尖处。按照规定必须进行淋雨试验中的滴雨试验程序,其试验所需测试数据如表 2-35 所示。

表 2-35　淋雨试验检测数据要求示例

试验程序	初始检测数据	中间检测数据	最后检测数据
滴雨试验	工作电压,工作电流,传动效率,静摩擦力矩,传动力矩,把持力矩,制动时间,解制动时间,传动轴刚度,手动解制动力矩,绝缘电阻,供电特性	N/A	工作电压,工作电流,传动效率,静摩擦力矩,传动力矩,把持力矩,制动时间,解制动时间,传动轴刚度,手动解制动力矩,绝缘电阻,供电特性

2.7.10　结冰试验

2.7.10.1　试验目的与试验要求

结冰试验的目的是确定机载设备对于因温度、高度和湿度的快速变化而产生的结冰环境的适应性。对于机械类和机电类机载设备,主要考察活动机载设备的运动是否受阻。

结冰试验包括结冰试验、冻冰试验和积冰试验三项试验程序。结冰试验对由于极端低温冷浸透后遇到温度高于冰点的潮湿空气而表面结冰的 d 区机载设备适用;冻冰试验对结冰能使机载设备的活动机载设备的运动受到阻碍或限制的 d 区、e 区机载设备(例如主舵面作动器、水平安定面作动器、扰流板作动器、高升力控制系统的扭力杆、变角减速器、旋转作动器、滚珠螺旋丝杠机构等)适用;积冰试验对设备表面由于自由水、积水受冷而结冰,且冰的厚度会影响机载设备性能的 d 区设备适用,该项试验程序通常用于验证典型冰层厚度对设备性能的影响,并据此确定启动除冰程序前所允许的最大冰层厚度。机载设备分区定义如表 2-2 所示。

三项试验程序和要求如表 2-36 所示。允许温度误差为 ±2℃、压力误差为 ±5%,相对湿度误差为被测值的 ±5%。气压变化速率应保持在 3.5～5 kPa/min 的范围内,温度升高的速度不应超过 3℃/min。

表 2-36　结冰试验程序要求

	结冰试验	冻冰试验	积冰试验
低温	−55℃	−20℃	−20℃
高温	30℃	30℃	N/A
高度(气压)	地面	12 200 m(18.8 kPa)	地面
相对湿度	95%	95%	N/A
循环次数	3	25	N/A

2.7.10.2　试验设备与环境要求

试验箱应能满足表 2-36 中规定的试验条件要求,并有监控各种试验条件的传感器或辅助仪表。

在结冰试验程序中,由于需要快速地在高温潮湿和低温干燥环境之间切换,建议使用两个独立的试验箱来营造两种不同的环境。

2.7.10.3 试验内容与试验方法

使被试机载设备在 2.2.1 节中规定的正常试验大气条件下达到温度稳定。

在正常试验大气条件下，对被试机载设备进行电性能、机械性能和其他性能测量以及外观检查，作为初始检测数据。

将被试机载设备放置在试验箱内，模拟实际使用状态进行安装和连接。在实际工作中使用而在试验中不用的插头、外罩及检测板应保持原状，在实际工作中加以保护而在试验中不用的机械和电气连接处应加以适当的覆盖。将机载设备表面的油、脂、灰尘之类的非典型污染物清理干净。

1) 结冰试验

（1）将试验箱内温度降至−55℃，试验箱内气压和相对湿度保持正常试验大气条件，按表 2 - 26 中规定的时间保温。

（2）保温完成后，尽可能快地将被试机载设备放置在温度为 30℃、相对湿度为 95% 的试验箱内，监控被试机载设备表面的温度。

（3）保持试验箱内的温度和相对湿度不变，直至被试机载设备表面的温度达到 3～7℃。然后，尽可能快地将被试机载设备放置在温度为−55℃、气压和相对湿度为正常试验大气条件的试验箱内，按表 2 - 26 中规定的时间保温。

上述步骤（1）到步骤（3）共需要重复 3 次。第三次步骤（3）的保温完成后，将试验箱内的温度升高到−10℃并保持。待被试机载设备的表面温度达到−15～5℃范围内，使被试机载设备工作，并按有关标准或产品规范的规定对被试机载设备进行电性能、机械性能和其他性能测量及外观检查，作为最后检测数据，并与初始检测数据进行比较。

2) 冻冰试验

（1）将试验箱内温度降至−20℃，箱内气压保持正常试验大气条件，按表 2 - 26 中规定的时间保温。保持试验箱内温度，以 3.5～5 kPa/min 的速率将试验箱内气压降低到 18.8 kPa。保持该温度和气压至少 10 min。

（2）以不超过 3℃/min 的速率升高试验箱内的温度，同时提升试验箱内的相对湿度至不低于 95% 并保持。保持该环境直至被试机载设备表面的冰和霜完全融化，或被试机载设备的表面温度达到 0～5℃ 的范围内。在此过程中试验箱内温度不可超过 30℃。

（3）匀速地将试验箱内的气压升至正常试验大气条件，升压时间应控制在 15～30 min 范围内。升压完成后，降低试验箱内的相对湿度至正常大气条件。

（4）将试验箱内温度降至−20℃，试验箱内气压保持正常试验大气条件，按表 2 - 26 中规定的时间保温。

上述步骤（1）到步骤（4）共需要重复 25 次。最后一次步骤（4）完成后，使试验样品工作并按有关标准或产品规范的规定对被试机载设备进行电性能、机械性能和其他性能测量及外观检查,作为最后检测数据,并与初始检测数据进行比较。

3) 积冰试验

将被试机载设备置于低温环境中,往被试机载设备上喷洒水雾并使其结冰,水雾的温度应接近冰点。要求所结的冰透明且坚固,冰中不允许含有杂质或气泡。推荐的结冰温度为 $-10\sim-1℃$,最好能通过试验确定。

所结冰层应厚度均匀,厚度由机载设备专用规范规定。

当冰层厚度达到要求后,停止喷水,使被试机载设备工作,并按有关标准或产品规范的规定,对被试机载设备进行电性能、机械性能和其他性能测量及外观检查,作为最后检测数据,并与初始检测数据进行比较。

2.7.10.4 试验判定与结果处理

试验过程中被试机载设备的外观不应出现明显的变形或损伤,试验样件工作时不应出现功能丧失或不正常的情况。

试验过程中,测量的初始检测数据和最后检测数据应符合有关标准或产品规范的规定。

2.7.10.5 试验实例

以襟翼滚珠螺旋丝杠机构为例,介绍结冰试验相关内容。襟翼滚珠螺旋丝杠机构为机械类产品,安装在襟翼滑轨整流罩内。按规定必须进行结冰试验中的冻冰试验程序,其试验所需监测内容如表 2-37 所示。

表 2-37　结冰试验检测数据要求示例

试验程序	初始检测数据	中间检测数据	最后检测数据
冻冰试验	轴向载荷,传动效率,空载精度,运转平稳性,静摩擦力矩	N/A	轴向载荷,传动效率,空载精度,运转平稳性,静摩擦力矩

2.7.11　湿热试验

2.7.11.1 试验目的与试验要求

湿热试验的目的是确定设备在高温高湿环境下的适应性,主要考核机载设备的耐腐蚀性。

湿热试验包括湿热试验一项试验程序,湿热试验对所有机载设备均适用。

试验程序和要求如表 2-38 所示。允许温度误差为 $\pm2℃$、相对湿度误差为被测值的 $\pm5\%$。

表 2-38　湿热试验程序要求

试验阶段	温度	相对湿度	试验时间
高温阶段	60℃	95%	10×24 h

2.7.11.2　试验设备与环境要求

试验箱应能满足表 2-38 中规定的试验条件要求,并有监控各种试验条件的传感器或辅助仪表。

试验箱的结构和附件放置方式应能防止冷凝水滴落到被试机载设备上,试验箱内的冷凝水要不断排出。试验箱应保持空气流通,工作空间的风速为 0.5～2 m/s。试验箱应具有绝缘良好的接线柱或提供电缆出入的装置,以便对被试机载设备进行检测。试验箱应设有照明装置和观察孔(窗),以便观察箱的被试机载设备和温湿度情况。

加湿用水应为蒸馏水或去离子水,其电阻率不小于 500 Ω·m。除水以外,锈蚀或腐蚀污染物或其他任何物质不得引入试验箱中。

2.7.11.3　试验内容与试验方法

使被试机载设备在 2.2.1 节中规定的正常试验大气条件下达到温度稳定。

在正常试验大气条件下,对被试机载设备进行电性能、机械性能和其他性能测量以及外观检查,作为初始检测数据。

将被试机载设备放置在试验箱内,模拟实际使用状态进行安装和连接。在实际工作中使用而在试验中不用的插头、外罩及检测板应保持原状,实际工作中加以保护,而在试验中不用的机械和电气连接处应加以适当的覆盖。

该项试验以 24 h 为一个周期,每个周期包含升温、高温高湿、降温、低温高湿 4 个阶段。具体步骤如下:

(1) 在 2 h 内,将试验箱内温度升到 60℃,相对湿度升到 95%。温湿度的控制应能保证被试机载设备表面凝露。

(2) 在 60℃ 和相对湿度 95% 的条件下,至少保持 6 h。

(3) 在 8 h 内,将试验箱内温度降到 30℃,此过程中试验箱内的相对湿度应保持在 85% 以上。

(4) 当试验箱内温度达到 30℃ 后,相对湿度应为 95%,在此条件下,保持 8 h。

上述步骤(1)到步骤(4)共需要重复 10 次。在第 5 个周期和第 10 个周期的步骤(4)接近结束前,被试机载设备处于 30℃、相对湿度 95% 的条件下,按有关标准或产品规范的规定,使被试机载设备工作并进行性能检查,记录结果,作为中间检测数据。

完成 10 个周期后,将试验箱内的温度和湿度恢复到正常的试验大气条件,使被试机载设备在试验箱内达到温度稳定。

按有关标准或产品规范的规定,对被试机载设备进行电性能、机械性能和其他性能测量及外观检查,作为最后检测数据,并与初始检测数据进行比较。

2.7.11.4　试验判定与结果处理

试验过程中,被试机载设备的外观不应产生起泡、皱皮、麻坑、脱焊、松动、脱落、永久变形和结构破坏等现象,允许表面光泽有所减退。

试验过程中,测量的初始检测数据、中间检测数据和最后检测数据应符合有关标准或产品规范的规定。

2.7.11.5 试验实例

以襟缝翼防收制动装置为例,介绍湿热试验相关内容。襟缝翼防收制动装置为机电类产品,安装在机翼后梁上靠近翼尖处。按规定必须进行湿热试验,其试验所需测试内容如表 2-39 所示。

表 2-39 湿热试验检测数据要求示例

试验程序	初始检测数据	中间检测数据	最后检测数据
湿热试验	工作电压,工作电流,传动效率,静摩擦力矩,传动力矩,把持力矩,制动时间,解制动时间,传动轴刚度,手动解制动力矩,绝缘电阻,供电特性	工作电压,工作电流,绝缘电阻,供电特性	工作电压,工作电流,传动效率,静摩擦力矩,传动力矩,把持力矩,制动时间,解制动时间,传动轴刚度,手动解制动力矩,绝缘电阻,供电特性

2.7.12 霉菌试验

2.7.12.1 试验目的与试验要求

霉菌试验的目的是确定机载设备中使用的非金属材料的抗霉能力。

霉菌试验包括霉菌试验一项试验程序,霉菌试验对所有机载设备均适用。重要度为关键的电气、电子、光学、通信类机载设备(例如主飞控计算机、作动器控制器、襟缝翼控制器、自动飞控计算机等)进行霉菌试验时,需做外观检查和性能测试,试验周期为84天;其他机载设备进行霉菌试验时,只做外观检查,试验周期为28天。

试验在温湿度交变循环条件下进行,每24h循环一次。前20h,保持温度(30±1)℃、相对湿度(95±5)%;在此后的4h中,保持温度(25±1)℃、相对湿度95^{+1}_{0}%最少2h,用于温湿度变化的时间最长2h。变化期间温度保持在24～31℃,相对湿度不小于90%。

试验用菌种如表 2-40 所示。试验前,应对试验用菌株逐株进行检验,不得使用不纯、变异或超过培养或保存时间的菌株。根据被试机载设备的需要,除表 2-40 中所列的 5 种菌种外,可增加已经证实对产品产生腐蚀的菌种,但必须在试验记录中做详细记录说明。

表 2-40 霉菌试验用菌种

序号	菌种名称	菌种编号*
1	黑曲霉(aspergillus niger)	3.3928
2	黄曲霉(aspergillus flavus)	3.3950

（续表）

序号	菌种名称	菌种编号*
3	杂色曲霉（aspergillus versicolor）	3.3885
4	绳状青霉（penicillium funicalosum）	3.3872
5	球毛壳霉（chaetomium globosum）	3.4254

注：* 菌种编号为中国科学院北京微生物研究所保藏的菌种编号。

2.7.12.2　试验设备与环境要求

试验箱应满足 2.7.12.1 节的要求，试验箱内应设有检测温度和湿度的辅助设备及自动连续记录装置。

试验箱应设有防止箱内气压升高的通气孔及换气装置。换气期间箱内温度不得低于 24℃，相对湿度不得低于 80%。试验箱工作空间的风速应能控制在 0.5～2 m/s 的范围内。

试验箱内使用水应为蒸馏水，其电阻率不小于 500 Ω·m。不得把蒸汽直接引入箱内使用，不得将试验机载设备的锈蚀物或其他污染物带到被试机载设备的表面。

本试验不得采用经过盐雾、砂尘试验的机载设备。被试机载设备一般不进行清洁处理，当有关标准要求进行清洁处理时，应增加被试机载设备以做对比。被试机载设备清洁处理应在喷孢子悬浮液的 72 h 之前完成。清洁被试机载设备时，必须避免污染被试机载设备表面。

2.7.12.3　试验内容与试验方法

按照参考文献[16]的要求制备无机盐溶液、孢子悬浮液、对照样品，并检验孢子活力。

被试机载设备在受试前应进行外观检查，特别注意污染表面、缺陷及存在的其他任何有助于霉菌生长的状况。被试机载设备需要进行对功能、性能影响的测试时，在受试前应按被试机载设备的技术条件进行测试。

将被试机载设备按照储运或工作状态放置在霉菌试验箱的样品架上，被试机载设备与样品架的接触面积应尽量小。样品周围的空气应保持自由循环。将对照样品垂直地放置在接近被试机载设备处，但不得与被试机载设备接触。被试机载设备和对照样品在 2.7.12.1 节规定的条件下，预处理 4 h 方可接种。

被试机载设备和对照样品同时接种，用喷雾器或其他类似的雾化装置将制备好的混合孢子悬浮液以雾状喷在被试机载设备的可能暴露的内外表面上。

被试机载设备和对照样品接种后，在试验箱内保持 2.7.12.2 节规定的条件下培养 7 天，检查对照样品的长霉情况，其表面霉菌覆盖面积应不少于 90%，否则试验为无效；若对照样品表面长霉情况符合要求时，从接种之日起计算试验时间。

试验期间,霉菌试验箱内每7天换气一次,换气时间在温度、湿度循环交变时为宜,换气期间的温度、湿度应符合2.7.12.2节的规定,换气总量为试验箱容积的1/5。

试验结束后,立即检查被试机载设备表面霉菌的生长情况,以目测为主,必要时,可借助放大镜进行观察。检查被试机载设备时应记录霉菌生长部位、覆盖面积、颜色、生长形式、生长密度和生长厚度,必要时,可以拍摄照片。被试机载设备表面允许非试验用菌的生长,其生长情况应参与试验结果的评定。

被试机载设备经外观检查后,按有关标准或规范进行性能检测,记录最后检测数据,并与初始检测数据做比较。

2.7.12.4　试验判定与结果处理

被试机载设备表面霉菌的生长情况按表2-41进行评定,被试机载设备完成霉菌试验后霉菌生长情况应优于2级(即0级、1级、2级为合格)。

表 2-41　霉菌生长情况等级

等级	长霉程度	霉菌生长情况
0	不长霉	未见霉菌生长
1	微量生长	霉菌生长和繁殖稀少或局限。生长范围小于被试机载设备总面积10%,基质很少被利用或未被破坏。几乎未发现化学、物理与结构的变化
2	轻微生长	霉菌的菌落断续蔓延或松散分布于基质表面,霉菌生长占总面积30%以下,中量程度繁殖
3	中量生长	霉菌较大量生长和繁殖,占总面积70%以下,基质表面呈化学、物理与结构变化
4	严重生长	霉菌大量生长繁殖,占总面积70%以上,基质被分解或迅速劣化变质

2.7.13　盐雾试验

2.7.13.1　试验目的与试验要求

盐雾试验的目的是确定机载设备抗盐雾大气影响的能力,主要是考核机载设备的涂层和表面处理层在盐雾大气中的耐腐蚀性。

盐雾试验包括盐雾试验一项试验程序,盐雾试验对所有机载设备均适用。

盐溶液是用化学纯氯化钠和电阻率不低于 50 000 $\Omega \cdot cm$ 的蒸馏水或去离子水制成。用5份质量的氯化钠和95份质量的水制成氯化钠含量为 4%～6% 的盐溶液。

一般应至少采用两个收集器,一个放在接近任一喷嘴处,另一个则放在远离所有喷嘴处。收集器的放置位置不应被被试机载设备遮蔽,被试机载设备和其他物品上的聚集液不得滴落到收集器中。可合并所有收集液,在35℃下,测量沉降率和

pH 值。试验有效空间内,任意一个位置上的洁净收集器,连续收集喷雾时间最少为 16 h,平均每小时在 80 cm² 的水平收集面积(直径为 10 cm)内,盐雾沉降量为 1～2 ml。经喷雾后的收集液,在 35℃下,其 pH 值应为 6.5～7.2。

试验前,试验箱需经过连续喷雾时间为 16～24 h 的空载试车,当确定可以保持稳定的试验条件时,方可投入被试机载设备进行试验。在 5 天内使用过的试验箱不必空载试车。

试验有效空间内的温度应为 35℃。被试机载设备承受连续喷雾的时间为 48 h 或按相关标准或技术文件规定,取两者中较大的值。

2.7.13.2 试验设备与环境要求

试验箱及其附件的材料应抗盐雾腐蚀和不影响试验结果。试验箱内应有合理适当的排气孔,防止产生压力差,影响盐雾均匀分布。试验箱结构应坚固耐用,有足够大的容积。

盐雾不得直接喷向被试机载设备。试验箱及其附件上的聚集液不得滴在试验样品上。盐雾应均匀地沉降在被试机载设备上,接触过被试机载设备的盐溶液不得回收再用。

雾化器应耐腐蚀、不变形、耐磨损、互换性好,应能产生细密、潮湿、分散均匀的盐雾。喷雾用压缩空气应无杂质、油污,并应加温、加湿、气压平稳。喷雾压力要低到能够按所要求的速率喷雾。

2.7.13.3 试验内容与试验方法

用不产生腐蚀或不产生防护膜的溶剂清除被试机载设备表面的污物或临时性防护层,直至表面不挂水珠。有机涂层不应使用有机溶剂清洗,不需要涂层的端面和接触面,均应涂上蜡层或其他物质加以保护。

在正常的大气条件下,对被试机载设备进行外观和性能检查,作为初始检测数据。外观检查应包括金属表面、涂层、防腐蚀用的表面处理层、多金属接触区、无涂层电子机载设备及电路、易发生故障的机械系统、电绝缘、热绝缘、高应力区、聚集盐液区、缝隙等。

将被试机载设备放置在试验箱内,平均被试机载设备与试验箱垂直平面成 15～30°角放置。被试机载设备不应互相接触或遮盖,也不应和其他金属或吸水材料接触,聚集液滴不应从一个被试机载设备滴到另一个被试机载设备上。被试机载设备的间距应使盐雾自由地沉降在每个被试机载设备的受试表面上。

将试验箱的温度调整到 35℃,使被试机载设备的温度稳定至少 2 h 后,才可以开始喷雾。连续喷雾 48 h(或按有关标准或技术文件规定的时间,不得低于 48 h),每 12 h 检查一次盐雾沉降率和 pH 值。

试验结束后,被试机载设备在正常试验大气条件下放置 48 h,进行恢复、干燥。如外观检查需要,可用不超过38℃的流动水轻轻冲洗。允许用清洁的压缩空气吹去水珠。按有关标准或产品规范的规定对被试机载设备进行电性能、机械性能和其他性能测量及外观检查,作为最后检测数据,并与初始检测数据进行比较。

2.7.13.4　试验判定与结果处理

允许被试机载设备的表面光泽有所减退和外表面的防护层出现局部腐蚀现象,漆层无起泡和脱落,基体金属不腐蚀。非金属无明显的起泡和膨胀等现象,金属间接触处无严重腐蚀。

试验过程中测量的初始检测数据和最后检测数据应符合有关标准或产品规范的规定。

2.7.13.5　试验实例

以襟缝翼防收制动装置为例,介绍盐雾试验相关内容。襟缝翼防收制动装置为机电类产品,安装在机翼后梁上靠近翼尖处。按规定必须进行盐雾试验,其试验所需测试内容如表2-42所示。

表2-42　盐雾试验检测数据要求示例

试验程序	初始检测数据	中间检测数据	最后检测数据
盐雾试验	工作电压,工作电流,传动效率,静摩擦力矩,传动力矩,把持力矩,制动时间,解制动时间,传动轴刚度,手动解制动力矩,绝缘电阻,供电特性	工作电压,工作电流,绝缘电阻,供电特性	工作电压,工作电流,传动效率,静摩擦力矩,传动力矩,把持力矩,制动时间,解制动时间,传动轴刚度,手动解制动力矩,绝缘电阻,供电特性

2.7.14　砂尘试验

2.7.14.1　试验目的与试验要求

砂尘试验的目的是确定机载设备对飞散砂尘环境的适用能力。

砂尘试验包括吹尘试验和吹砂试验两项试验程序。吹尘试验主要是考核机载设备壳体的抗微尘渗透能力,吹砂试验主要是考核机载设备抗微粒磨蚀、机构运动平稳性和管路抗堵塞能力。吹尘试验和吹砂试验对于d区机载设备、货舱门打开后外露的b区机载设备、操纵面偏转或放下后外露的e区机载设备适用。机载设备分区的定义如表2-22所示。

吹尘试验用尘粒为有棱角的硅石粉,按质量计算,其二氧化硅含量为97%～99%,由下列尺寸构成:

(1) 100%通过孔径为150 μm的筛网;

(2) 96%～100%通过孔径为106 μm的筛网;

（3）88％～92％通过孔径为 75 μm 的筛网；

（4）73％～77％通过孔径为 45 μm 的筛网。

吹砂试验用砂粒为次棱角状结构的石英砂，按质量计算，其二氧化硅含量为 95％以上，其平均圆度因子为 0.2，莫氏硬度为 7，由下列尺寸构成：

（1）0.5％～1.5％通不过孔径为 850 μm 的筛网；

（2）1.2％～2.2％通不过孔径为 600 μm 的筛网；

（3）13.8％～15.8％通不过 425 μm 的筛网；

（4）36％～38％通不过孔径为 300 μm 的筛网；

（5）27.6％～29.6％通不过孔径为 212 μm 的筛网；

（6）11.7％～13.7％通不过孔径为 150 μm 的筛网；

（7）4.2％～6.2％通过孔径为 150 μm 的筛网。

两项试验程序和要求如表 2-43 所示，允许温度误差为±2℃。

表 2-43　砂尘试验程序要求

试验程序	序号	温度	相对湿度	风速	砂尘浓度	试验时间
吹尘试验	1	23℃	<30％	(8.9±1.2)m/s	(10.6±7)g/m³	6 h
	2	60℃	N/A	(1.5±1)m/s	N/A	16 h
	3	60℃	N/A	(8.9±1.2)m/s	(10.6±7)g/m³	6 h
吹砂试验		60℃	<30％	18～29 m/s	(2.2±0.5)g/m³	1.5 h

2.7.14.2　试验设备与环境要求

试验箱的密封性应良好，工作空间的横截面积应大于被试机载设备截面积的两倍，有效容积应大于被试机载设备体积的 3.3 倍。试验箱应装有能检测、控制砂尘浓度、风速、温度和相对湿度的仪器以及其他辅助装置。试验箱内充满尘埃的空气在作用到被试机载设备之前，允许是近似的层流流动。试验箱内应有砂分离器，令风扇能在无砂的条件下使空气反复循环。

2.7.14.3　试验内容与试验方法

使被试机载设备在 2.2.1 节中规定的正常试验大气条件下达到温度稳定。

在正常试验大气条件下，对被试机载设备进行电性能、机械性能和其他性能测量以及外观检查，作为初始检测数据。

将被试机载设备放置在试验箱内，模拟实际使用状态进行安装和连接。在实际工作中使用而在试验中不用的插头、外罩及检测板应保持原状，在实际工作中加以保护而在试验中不用的机械和电气连接处，应加以适当的覆盖。应使被试机载设备最关键、最薄弱的表面朝向砂尘气流方向。

1）吹尘试验

控制试验箱内温度为 23℃，相对湿度小于 30％，调节风速为 8.9±1.2 m/s，调整尘粒输入量,使吹尘浓度为$10.6\pm7\,g/m^3$,保持上述条件6h。

停止输入尘粒,并将风速调节到$(1.5\pm1)\,m/s$,试验箱内温度升高到60℃,升温速率小于10℃/min,保持上述条件16h。

保持试验箱内温度为60℃,调节风速为$(8.9\pm1.2)\,m/s$,继续输入尘粒,控制吹尘浓度为$(10.6\pm7)\,g/m^3$,保持上述条件6h。

试验箱停止工作,使试验箱内温度恢复到正常试验大气条件。取出被试机载设备,抖掉或用刷子刷掉被试机载设备上的尘粒,注意避免其他砂尘再落到被试机载设备上,不能用吹风机或真空吸尘器清除被试机载设备上的尘粒。按有关标准或产品规范的规定对被试机载设备进行电性能、机械性能和其他性能测量及外观检查,作为最后检测数据,并与初始检测数据进行比较。在外观检查时,应注意检查被试机载设备的轴承、油脂密封处、润滑部位等是否有尘粒聚积、聚积部位和聚积量。

2）吹砂试验

控制试验箱内温度为60℃,升温速率小于10℃/min,相对湿度小于30%,并使被试机载设备达到温度稳定。调节风速为18～29m/s,调整砂子供料器以保证吹砂浓度为$2.2\pm0.5\,g/m^3$,保持上述条件1.5h。

改变试验样件的安装方向,使被试机载设备的下一个关键面(或薄弱面)朝向吹砂气流方向,重复前述步骤,直至试验样件所有关键面(或薄弱面)都进行完试验。

如果要求在吹砂试验过程中被试机载设备工作,则应在试验的最后一个小时使被试机载设备工作,按有关标准或产品规范的规定对试验样品进行工作性能检查,并记录为中间检测数据。

试验箱停止工作,使试验箱内温度恢复到正常试验大气条件。取出被试机载设备,抖掉或用刷子刷掉被试机载设备上的尘粒,注意避免其他砂尘再落到被试机载设备上,不能用吹风机或真空吸尘器清除被试机载设备上的尘粒。按有关标准或产品规范的规定对被试机载设备进行电性能、机械性能和其他性能测量及外观检查,作为最后检测数据,并与初始检测数据进行比较。在外观检查时应注意砂粒的磨蚀和堵塞情况以及砂尘的渗透影响。

2.7.14.4　试验判定与结果处理

试验过程中,被试机载设备的外观不应出现明显的变形或损伤,试验样件工作时不应出现功能丧失或不正常的情况。

试验过程中,测量的初始检测数据和最后检测数据应符合有关标准或产品规范的规定。

2.7.14.5　试验实例

以副翼机械备份作动器为例,介绍砂尘试验相关内容。副翼机械备份作动器为机电类产品,安装在机翼后梁上靠近翼尖处。按规定必须进行砂尘试验中的吹砂试验,其试验所需测试内容如表2-44所示。

表 2-44 砂尘试验检测数据要求示例

试验程序	初始检测数据	中间检测数据	最后检测数据
吹砂试验	工作密封性,电阻,绝缘电阻,零位电压,不灵敏电流,零偏电流,运动稳定性	N/A	工作密封性,电阻,绝缘电阻,零位电压,不灵敏电流,零偏电流,运动稳定性

2.8 电磁环境防护试验

飞控系统机载用电机械设备包括机电类和电子类机载设备以及使用计算机和总线传输方式,会使系统或机载设备对电磁干扰更易敏感,因此都需进行电磁环境防护试验。飞控系统电磁环境防护试验是检验飞控系统机载设备抗电磁干扰能力的有效措施,是保证飞机安全的有效手段。电磁环境防护试验包括电磁发射和敏感度试验、雷电直接效应试验、雷电瞬态敏感度试验和高强辐射场防护试验。

2.8.1 电磁发射和敏感度试验

飞控系统电子类、机电类机载用电设备都需进行电磁发射和敏感度试验,只是试验项目有所不同。试验项目的选取应从机载设备的工作原理、供电方式和敏感源等方面考虑,具体剪裁原则如表 2-47 所示。试验项目应符合参考文献[17]和成品技术协议书的规定,除非另有技术文件规定,飞控系统机载用电设备一般选取的试验项目如表 2-45 所示。

表 2-45 飞控系统机载电磁效应试验项目

序号	成品名称	电磁效应试验项目
1	计算机	CE102, CS101, CS106, CS114, CS115, CS116, RE102, RS103
2	作动器	CS114, CS115, CS116, RE102, RS103
3	角速率陀螺组件	CE102, CS101, CS106, CS114, CS115, CS116, RE102, RS103
4	加速度传感器	CE102, CS101, CS106, CS114, CS115, CS116, RE102, RS103
5	LVDT/RVDT	CS114, CS115, CS116, RE102, RS103
6	手柄、开关类机载设备	CE102, RE102(随系统做)
7	控制板类机载设备	CE102, CS101, CS106, CS114, CS115, CS116, RE102, RS103, CE107
8	配平类机载设备	CE102, CS101, CS106, CS114, CS115, CS116, RE102, RS103

2.8.1.1 试验目的与试验要求

电磁发射和敏感度试验是测量并确定飞控电子机载设备或机电机载设备是否符合参考文献[17]要求。该试验可以定量地检查机载设备的电磁兼容状况,帮助寻找易敏感元器件,以排除不兼容现象。

电磁发射和敏感度试验的测试配置边界、测试注意事项及试验一般要求按参考文献[18]的 3.1.1 项、4.6 项和 4 项执行。

2.8.1.2 试验设备与环境要求。

试验设备与环境要求按照参考文献[18]执行。电磁发射、电磁敏感度试验需要在电磁兼容试验室完成，电磁兼容试验室需通过"中国合格评定认可委员会（CNAS）"和"国防科技工业试验室认可委员会（DILAC）"的资质认证，具备电磁发射、电磁敏感度等项目的检测能力。

试验中监测、记录被试机载设备工作状态和指标的试验设备，如试验器等，需要被试机载设备研制单位提供，且试验器本身具有电磁防护措施，能耐受试验环境的考验。

试验电缆应与装机电缆的型号、防护方式、收头方式保持一致，对于长度大于 10 m 的电缆可按 10 m 剪裁，对于长度小于 10 m 的电缆，按装机电缆长度制作试验电缆。

2.8.1.3 试验内容与试验方法

电磁发射和敏感度试验测试内容包括传导发射、传导敏感度、辐射发射、辐射敏感度，试验项目如表 2-46 所示。该试验的内容按照技术协议书、技术要求或型号规范标准要求进行剪裁，试验测试项目的适用范围如表 2-47 所示。

表 2-46　电磁发射和敏感度测试项目

序号	项目	名　称
1	CE101	25 Hz～10 kHz 电源线传导发射
2	CE102	10 kHz～10 MHz 电源线传导发射
3	CE106	10 kHz～40 GHz 天线端子传导发射
4	CE107	电源线尖峰信号（时域）传导发射
5	CS101	25 Hz～50 kHz 电源线传导敏感度
6	CS103	15 kHz～10 GHz 天线端子互调传导敏感度
7	CS104	25 Hz～20 GHz 天线端子无用信号抑制传导敏感度
8	CS105	25 Hz～20 GHz 天线端子交调传导敏感度
9	CS106	电源线尖峰信号传导敏感度
10	CS109	50 Hz～100 kHz 壳体电流传导敏感度
11	CS114	10 kHz～400 MHz 电缆束注入传导敏感度
12	CS115	电缆束注入脉冲激励传导敏感度
13	CS116	10 kHz～100 MHz 电缆和电源线阻尼正弦瞬变传导敏感度
14	RE101	25 Hz～100 kHz 磁场辐射发射
15	RE102	10 kHz～18 GHz 电场辐射发射
16	RE103	10 kHz～18 GHz 天线谐波和乱真输出辐射发射
17	RS101	25 Hz～100 kHz 磁场辐射敏感度
18	RS103	10 kHz～18 GHz 电场辐射敏感度
19	RS105	瞬变电磁场辐射敏感度

表 2－47　电磁发射和敏感度测试项目使用范围

序号	项目	适 用 范 围
1	CE101	适用于机载设备交流和直流电源线(包括返回线,但不包括 EUT 电源的输出端导线)
2	CE102	适用于除受试机载设备(EUT)电源的输出端导线以外的所有电源导线(包括返回线),频率范围为 10 kHz～10 MHz
3	CE106	本项适用于 EUT 发射机和接收机天线端子,不适用于不能拆卸的固定式天线的机载设备
4	CE107	适用于飞机上的设备和系统的交直流电源线
5	CS101	适用于机载设备和系统的交流和直流输入电源线,不包括回线。如果 EUT 是以直流电源工作的,适用于 25 Hz～50 kHz。如果 EUT 是以交流电源工作的,适用于从 EUT 电源频率二次谐波开始至 50 kHz
6	CS103	本项接收机前端敏感度要求适用于接收机载设备和系统,如通信接收机、射频放大器、无线电收发机、雷达接收机以及电子对抗接收机等
7	CS104	本项接收机前端敏感度要求适用于接收机载设备和系统,如通信接收机、射频放大器、无线电收发机、雷达接收机以及电子对抗接收机等
8	CS105	本项接收机前端敏感度要求适用于接收机载设备和分系统,如通信接收机、射频放大器、无线电收发信机、雷达接收机以及电子对抗接收机等
9	CS106	本项适用于所有 EUT 的电源线
10	CS109	
11	CS114	在 10 kHz～400 MHz 频率范围内,本项适用于机载设备和系统的所有互连电缆,包括电源电缆在内
12	CS115	本项适用于机载设备或系统的所有互连电缆,包括电源电缆在内
13	CS116	本项适用于包括电源电缆和单根电源导线在内的所有互连电缆,但无须单独对电源回线试验
14	RE101	适用于机载设备或系统壳体和所有互连电缆的辐射发射,不适用于通信发射机的基频
15	RE102	本项适用于机载设备和系统壳体和所有互连电缆的辐射发射,不适用于发射机的基频或天线的辐射。本要求适用频率范围为 2 MHz～18 GHz(试验频率上限到 1 GHz 或 EUT 最高工作频率的 10 倍,取较大者)
16	RE103	当试验带有固定天线的发射机时,本项可用来替代 CE106。除非机载设备和系统设计特性妨碍其使用,否则优先使用 CE106 要求。本要求不适用于 EUT 必需的带宽或基频的 ±5% 范围内(取其较宽者)。根据 EUT 的工作频率范围,试验起始频率如下:

工作频率范围(EUT)　　　　　　　　试验起始频率

10 kHz～3 MHz　　　　　　　　　　10 kHz

3～300 MHz　　　　　　　　　　　100 kHz

300 MHz～3 GHz　　　　　　　　　1 MHz

3 GHz～18 GHz　　　　　　　　　　10 MHz

试验上限频率为 18 GHz 或 EUT 最高工作频率的 20 倍,取其较小者。对于采用波导的机载设备,当频率低于波导截止频率的 0.8 倍时,本项不适用

（续表）

序号	项目	适 用 范 围
17	RS101	本项适用于机载设备和系统壳体及所有互联电缆,不适用于 EUT 的天线,对于安装在海军飞机上的机载设备,仅适用于 ASW 飞机
18	RS103	本要求适用于机载设备和系统壳体及所有互联电缆。本要求适用频率范围为 10 KHz～18 GHz
19	RS105	当机载设备或系统位于加固(屏蔽)的平台或设施的外部时,本项适用于机载设备或分系统壳体,对于陆军飞机上用于安全目的的关键性机载设备和分系统,当其安装在外部时,本项适用

电磁发射和敏感度试验测试方法按照按参考文献[18]执行。

2.8.1.4　试验判定与结果处理

试验数据和结果由测试机载设备直接输出,对曲线处理要求如下:

（1）以 X-Y 轴输出方式自动绘制幅值与频率间的曲线图,除核实曲线图外,不接收手动采集的数据。

（2）每一曲线图上应显示适用极限值。

（3）每一曲线都应达到至少 1‰或两倍于测量接收机宽度的频率分辨率,以及至少 1dB 的幅值分辨率。

（4）还需提供 EUT 测试和测试系统校准检查两组曲线。

经测试,满足规定极限值要求的产品为合格产品。

机载设备电磁兼容试验任务书应给定机载设备的通过/失败标准。在电磁兼容试验程序中,应定义详细的工作参数和监控这些参数的方法。基本的合格判据如下:

（1）灾难性功能。

在机载设备暴露到电磁环境过程中以及之后,或在单击、多击或多脉冲群瞬变施加时以及施加后,功能必须保持有效。在任何系统工作中断情况下,都应确保主要或备用机载设备功能的持续性能和有效性,这必须进行评估并且由总师系统和用户核准。受影响的机载设备绝不允许提供易误解的信息,在测试信号移去后应能自动恢复。

（2）危险的和影响较大的功能。

机载设备暴露在规定的电磁兼容试验中时,绝不能受到不利影响。当机载设备暴露在比规定的电磁兼容试验级别更高的电平中时,不要求机载设备能完成正常的功能,但是要求在信号移去适当的时间后系统功能必然能恢复,可以要求机组干预来恢复其功能。

不要求机载设备在单击、多击或多脉冲群试验时提供预期的功能,但在施加闪点脉冲后应仍能完成其预期功能。该试验不应使机载设备产生永久性的失效或损坏。允许机载设备暴露在闪电环境中时,通过机组干预来恢复其功能。

2.8.2　雷电直接效应试验

雷电直接效应试验即闪电直接效应试验,适用于飞机蒙皮外部安装机载设备,包括外挂物(如迎角传感器的风标、着陆灯)等。飞控系统的机载用电设备大多安装在飞机蒙皮内,此项试验只适用于飞控系统安装在蒙皮外部的机载设备。

2.8.2.1　试验设备与试验要求

机载设备的雷电防护措施的有效性和可靠性需要通过分析和试验的验证。试验应由具备试验条件的雷电试验室承担,所具备的试验条件包括安全、有专业经验的雷电模拟试验人员及满足要求的试验设备和测量仪器。

试验设备应保证有正确可靠的接地和绝缘,放电电路应避免不必要的闪络和短路。被试机载设备应根据雷击时的电流流向,采用经核实的电路接地和安装形式。试验所需的控制与测量系统应采取可靠的高电压隔离措施,以避免高压传入。

测量仪器的准确度应满足试验测量及计量的要求,并在国家法定计量部门计量合格的有效期内。测量系统的准确度应由有效的电磁兼容性设计进行保证,以避免雷电模拟试验时强电磁脉冲的干扰所造成的试验结果失真。

试验波形的要求参见参考文献[19]执行。

2.8.2.2　试验内容与试验方法

按照参考文献[19]军用飞机雷电防护鉴定试验内容和试验方法。

2.8.2.3　试验判定与结果处理

按照参考文献[19]军用飞机雷电防护进行试验判定与结果处理。

2.8.3　雷电瞬态敏感度试验

雷电瞬态敏感度试验即闪电感应瞬变敏感度试验,该试验应进行损伤容限试验和功能受扰试验等两组试验。

机载设备位置处于飞机 3～5 级电平区域的Ⅰ级、Ⅱ级和Ⅲ级机载设备都应进行雷电间接效应防护试验,飞机的电平区域划分与安装位置关系如表 4 - 47 所示。由于飞控系统是飞机的安全的关键系统,其机载用电设备要求一般都应完成此项试验(包括Ⅲ级以下机载设备),机载设备应根据其重要度和安装位置选定试验波形和电平,机载设备的重要度和安装位置按机载设备协议书的规定执行,并根据其信号互联关系确定是单独试验还是互联为子系统或分系统进行试验。

依据系统失效模态对飞机的影响,可以将机载电子/电气系统安全性级别分为以下五类。

(a) Ⅰ级系统:其失效将会造成飞机发生灾难的失效状态的电子/电气系统;

(b) Ⅱ级系统:其失效将会造成飞机发生危险的失效状态的电子/电气系统;

(c) Ⅲ级系统:其失效将会造成飞机发生较大的失效状态的电子/电气系统;

(d) Ⅳ级系统：其失效将会造成飞机发生较小的失效状态的电子/电气系统；

(e) Ⅴ级系统：其失效不妨碍飞机运营能力或增加机组工作负担的电子/电气系统。

按机载设备和相互连接电缆在机内安装位置把机载设备的试验电平分为3～5级，试验电平级别划分如表2-48所示。

表2-48　机载设备的试验电平级别

机载设备和互连线的位置	试验级别			试验选项
	插针	电缆束		
		单次和多次冲击	多脉冲群	
座舱、机头设备舱、货舱、下设备舱、环控设备舱、液压设备舱、后设备舱、翼盒	3	3	3	
机头雷达罩区、前起落架舱、主起落架舱及整流罩、起落架、垂直安定面盒段、垂直安定面前缘、机翼前缘、机翼后缘、发动机吊挂区、发动机短舱、水平安定面、升降舵、飞机外蒙皮、机身-机翼整流罩区	4	4	4	
方向舵、翼尖	5		5	5

2.8.3.1　试验目的与试验要求

闪电感应瞬变敏感度试验是检验机载设备对雷击放电敏感度的试验手段。通过试验，可以判定机载设备采取的雷电防护措施是否得当，可以尽可能地减少雷电对机载设备的损坏。

根据参考文献[20]对被试机载设备的雷电环境、雷电关键性类别、所处雷电区域进行确认。

闪电感应瞬变敏感度试验的试验设备与环境要求按照参考文献[21]进行。

2.8.3.2　试验内容与试验方法

闪电感应瞬变敏感度试验内容包括损伤容限试验和功能受扰试验。损伤容限试验采用对被测件插头插针注入试验或被测件电缆束感应试验来验证其损伤抗扰度。功能受扰试验应在互联成子系统，在全配置且全功能运行的、带有全部互联电缆束和接口负载的机载设备上进行。试验电平分为3～5级。

1) 损伤容限试验

损伤容限试验方法按照参考文献[21]进行。表2-49规定了不同级别的波形和电平。试验波形如图2-13～图2-15所示。

表 2-49　用于机载设备信号和电源插针损伤试验波形和电平

试验电平级别	波形组 A		
	$3(V_{oc}/I_{sc})$	$4(V_{oc}/I_{sc})$	$5(V_{oc}/I_{sc})$
3	600 V/24 A	300 V/60 A	300 V/300 A
4	1500 V/60 A	750 V/150 A	750 V/750 A
5	3 200 V/128 A	1 600 V/320 A	1 600 V/1 600 A

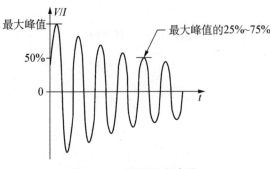

图 2-13　电压/电流波形 3

注 1:电压和电流不必同相;波形可以为正弦波或余弦波。

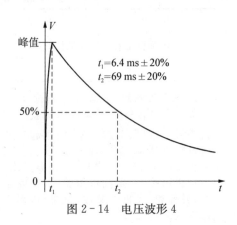

图 2-14　电压波形 4

$t_1 = 6.4$ ms $\pm 20\%$
$t_2 = 69$ ms $\pm 20\%$

$t_1 = 40$ ms $\pm 20\%$
$t_2 = 120$ ms $\pm 20\%$

图 2-15　电流/电压波形 5

2) 功能受扰试验

功能受扰试验方法按照参考文献[21]进行。该试验波形和试验电平要求如表 2-50 所示。表中电缆束单次冲击试验可综合在多次冲击试验中,在这种情况下,多次冲击试验的第一个瞬变的试验电平由单次冲击试验电平级别代替。在进行电源线试验时,应确保单个导体电流不超过表 2-49 中规定的相应的插针试验电流值。试验波形如图 2-13~图 2-19 所示。

表 2 - 50 功能耐抗试验的试验波形和试验电平

试验电平级别	电缆束类型	波形组	试验波形号 V_L/I_T	波形说明	单次冲击	多次冲击		多脉冲群
						第一个	后 13 个	
3	屏蔽	J	1	70 μs 脉冲(电流)	300 V/600 A	300 V/300 A	150 V/150 A	(N/A)
			3	衰减正弦波 1 和 10 MHz	600 V/120 A	600 V/120 A	300 V/60 A	360 V/6 A
	非屏蔽	G	2	6.4 μs 脉冲(电压)	300 V/600 A	300 V/300 A	150 V/150 A	(N/A)
			3	衰减正弦波 1 和 10 MHz	600 V/120 A	600 V/120 A	300 V/60 A	360 V/6 A
			4	70 μs 脉冲(电压)	300 V/600 A	150 V/300 A	75 V/150 A	(N/A)
4	屏蔽	J	1	70 μs 脉冲(电流)	750 V/1500 A	750 V/750 A	375 V/375 A	(N/A)
			3	衰减正弦波 1 和 10 MHz	1500 V/300 A	1500 V/300 A	750 V/150 A	900 V/15 A
	非屏蔽	G	2	6.4 μs 脉冲(电压)	750 V/1500 A	750 V/750 A	375 V/375 A	(N/A)
			3	衰减正弦波 1 和 10 MHz	1500 V/300 A	1500 V/300 A	750 V/150 A	900 V/15 A
			4		750 V/1500 A	3750 V/750 A	187. 5 V/375 A	(N/A)
5	屏蔽	J	1	70 μs 脉冲(电流)	1600 V/3200 A	1600 V/1600 A	800 V/800 A	(N/A)
			3	衰减正弦波 1 和 10 MHz	3200 V/640 A	3200 V/640 A	1600 V/320 A	1920 V/32 A
	非屏蔽	G	2	6.4 μs 脉冲(电压)	1600 V/3200 A	1600 V/1600 A	800 V/1600 A	(N/A)
			3	衰减正弦波 1 和 10 MHz	3200 V/640 A	3200 V/640 A	1600 V/320 A	1920 V/32 A
			4	70 μs 脉冲	1600 V/3200 A	800 V/1600 A	400 V/800 A	(N/A)

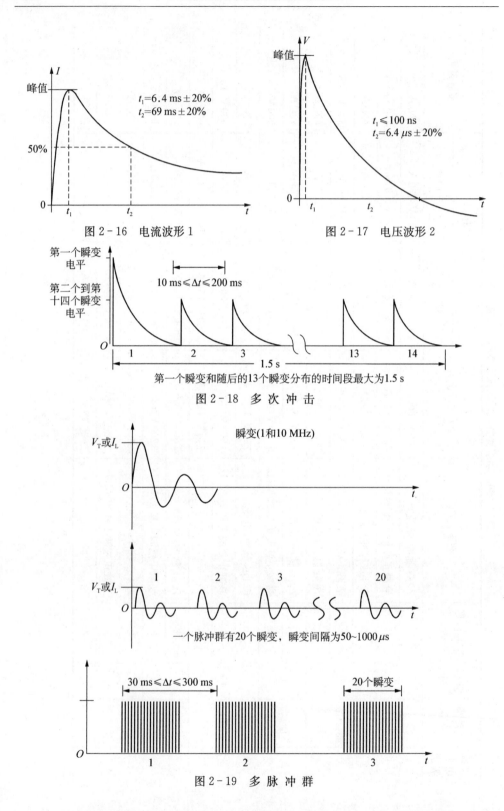

图 2-16 电流波形 1

图 2-17 电压波形 2

$t_1=6.4 \text{ ms} \pm 20\%$
$t_2=69 \text{ ms} \pm 20\%$

$t_1 \leqslant 100 \text{ ns}$
$t_2=6.4 \text{ }\mu s \pm 20\%$

第一个瞬变电平

第二个到第十四个瞬变电平

$10 \text{ ms} \leqslant \Delta t \leqslant 200 \text{ ms}$

1.5 s

第一个瞬变和随后的13个瞬变分布的时间段最大为1.5 s

图 2-18 多 次 冲 击

瞬变(1和10 MHz)

V_T 或 I_L

一个脉冲群有20个瞬变,瞬变间隔为50~1000 μs

$30 \text{ ms} \leqslant \Delta t \leqslant 300 \text{ ms}$

20个瞬变

图 2-19 多 脉 冲 群

2.8.3.3　试验判定与结果处理

试验结果处理与结果判定按照参考文献[21]进行。

2.8.4　高强辐射场防护试验

高强辐射场防护试验(HIRF)是电磁兼容试验的补充。HIRF 试验项目主要有三项：Ⅰ类辐射敏感性试验、Ⅱ类辐射敏感性试验和飞机级低电平扫频耦合试验。机载设备需要做的试验内容应根据电子/电气系统安全性级别划分，HIRF 辐射敏感性试验将Ⅰ级系统又分为两类，第一类为飞行员不是工作回路的一部分，归为Ⅰ级控制功能，需完成Ⅰ类辐射敏感性试验和飞机级低电平扫频耦合试验；第二类为飞行员通过飞行员/系统信息交换在回路内，定义为Ⅰ级显示功能，需完成Ⅰ类辐射敏感性试验。Ⅱ级、Ⅲ级系统完成Ⅱ类辐射敏感性试验。Ⅳ、Ⅴ级系统不要求进行高强辐射场防护试验。根据以上原则飞控系统安装在开放区或半开放区的Ⅲ类以上(含Ⅲ类)机载设备需要完成 HIRF 试验，如作动器、舵面位置传感器等。

2.8.4.1　试验目的与试验要求

机载设备必须具备足够的 HIRF 防护能力，以防止执行关键功能的电子或机电机载设备因直接或间接的 HIRF 作用导致灾难性事故。HIRF 试验是检验 HIRF 防护能力的有效手段。

2.8.4.2　试验设备与环境要求

试验设备与环境要求按照参考文献[21]执行。HIRF 试验需要在电磁兼容试验室完成，电磁兼容试验室需通过"中国合格评定认可委员会(CNAS)"和"国防科技工业试验室认可委员会(DILAC)"的资质认证，具备 HIRF 试验项目的检测能力。

试验中监测、记录被试机载设备工作状态和指标的试验设备，如试验器等需要被试机载设备研制单位提供，且试验器本身具有电磁防护措施，能耐受试验环境的考验。

试验电缆应与装机电缆的型号、防护方式、收头方式保持一致，对于长度大于10 m 的电缆可按 10 m 剪裁，对于长度小于 10 m 的电缆，按装机电缆长度制作试验电缆。

1) Ⅰ类辐射敏感性试验试验要求

(1) 受试机载设备。

a. 试验室试验环境应反映受试机载设备在飞机上的安装情况，如电缆线束的组成和敷设、电缆屏蔽终端和安装，机载设备搭接方法和搭接条阻抗，机载设备状态更改等。

b. 系统应在包括输入传感器的可运行状态下进行试验。输入传感器可以采用仿真器，只要仿真器能精确地代表传感器的终端阻抗，并且其本身已经评定，满足与其安装位置相关的 HIRF 要求。

c. 对于需完成Ⅰ类辐射敏感性试验的机载设备和系统，如果设备和系统不是飞行员工作回路的一部分，归为控制功能，还需完成飞机级低电平耦合试验。

(2) 试验电平和调制要求。

对Ⅰ类辐射敏感性试验，试验电平按表 2-51 所示给出的值执行。调制方式如下。

从 100 MHz 到 400 MHz，1 kHz 方波调制(SW)，调制深度为 90%；

a. 从 400 MHz 到 4 GHz,脉冲调制(PM),脉冲宽度为 4 μs(或更宽),脉冲重复频率为 1 kHz。

b. 从 4 GHz 到 18 GHz,脉冲调制(PM),脉冲宽度为 4 μs(或更宽),脉冲重复频率为 1 kHz。

c. 从 400 MHz 到 18 GHz,对有低频响应的被试机载系统/机载设备,例如飞控系统,以 1 Hz 速率 50% 占空比通断 SW 和 PM 信号。

d. 采用与受试机载设备和系统相关的其他信号的调制,如时钟、数据、中频、内部处理和调制频率。

试验电平应根据飞机上线束位置的最差情况来确定。连接到这些线束的机载设备接口应在该接口的最差情况电平下试验。

表 2-51　Ⅰ类辐射敏感性试验电平要求　　　　　　　　　　(单位:V/m)

试验频率范围	峰值	平均值
100~200 MHz	100	100
200~400 MHz	100	100
400~700 MHz	700	50
700 MHz~1 GHz	700	100
1~2 GHz	2 000	200
2~4 GHz	3 000	200
4~6 GHz	3 000	200
6~8 GHz	1 000	200
8~12 GHz	3 000	300
12~18 GHz	2 000	200

2) Ⅱ类辐射敏感性试验试验要求

(1) 受试机载设备。

对于Ⅱ类辐射敏感性试验,只需完成机载设备级试验,该试验应包括传感器或传感器仿真。

(2) 试验电平和调制要求。

对于Ⅱ类辐射敏感性试验,试验电平按表 2-52 所示给出的值执行,调制方式同Ⅰ类辐射敏感性试验调制方式。

表 2-52　Ⅱ类辐射敏感性试验电平要求　　　　　　　　　　(单位:V/m)

试验频率范围	峰值	平均值	试验频率范围	峰值	平均值
100~200 MHz	100	100	2~4 GHz	750	100
200~400 MHz	100	100	4~6 GHz	750	100
400~700 MHz	600	50	6~8 GHz	600	100
700 MHz~1 GHz	600	100	8~12 GHz	750	150
1~2 GHz	600	100	12~18 GHz	600	100

2.8.4.3　试验内容与试验方法

高强辐射场试验内容包括：Ⅰ类辐射敏感性试验、Ⅱ类辐射敏感性试验和飞机级低电平扫频耦合试验。高强辐射场试验方法按照参考文献[21]进行。

2.8.4.4　试验判定与结果处理

经测试满足规定极限值要求的产品为合格产品。

机载设备 HIRF 防护试验任务书应给出每个机载设备的通过/失败标准。在HIRF 防护试验程序中应定义详细的工作参数和监控这些参数的方法，基本的合格判据如下：

1）灾难性的功能

机载设备暴露在 HIRF 环境中时和之后，或在单击、多击或多脉冲群瞬变施加时和施加后，功能必须保持有效。在任何系统工作中断情况下，都应确保主要或备用机载设备功能的持续性能和有效性，这必须进行评估并且由总师系统和用户核准。受影响的机载系统绝不允许提供易误解的信息，并且在测试信号移去后即可自动恢复。

2）危险的和影响较大的功能

机载设备在暴露到规定的 HIRF 试验中时，绝不能受到不利影响。当机载设备暴露到规定的 HIRF 级别的电平中时，不要求机载设备能完成正常的功能，但是在信号移去适当的时间后系统功能必然能恢复。可以要求机组干预来恢复其功能。

不要求机载设备在单击、多击或多脉冲群试验时提供预期的功能，但在施加闪点脉冲后应仍能完成其预期功能。该试验不应使机载设备产生永久性的失效或损坏。允许机载设备暴露到闪电环境后，通过飞行机组人员干预来恢复其功能。

2.8.5　静电放电防护试验

静电放电是两个具有不同静电电位的物体，由于直接接触或静电场感应引起的两个物体间静电电荷的转移。静电放电会造成人员伤害或机载设备损坏，因此在机载设备的设计中，因人员接触而可能引起静电放电的机载设备均应具备静电放电防护措施，包括机械类、电子类和机电类机载设备。

2.8.5.1　试验目的和试验要求

静电放电试验用于确定机载设备不会因为静电脉冲空气放电而导致性能永久性降低而仍能执行预期功能的抗扰度。

机载电子设备应有承受一系列静电脉冲的能力，静电放电所选的严酷电平为15 000 V，且指向静电放电受试机载设备（EUT）上特定的人员接触位置。在每个所选位置上，正电压和负电压极性的脉冲数应为 10。

EUT 处于加电状态，并以所要求的方式工作，测试点应包括下列适用的位置：在控制或键盘区域内的任何点和人员接触的任何其他点，如旋钮、按钮，指示器LED、缝隙、隔栅、连接器外壳和其他操作人员可接近的区域。

2.8.5.2　试验项目和试验方法

静电放电防护试验方法按照参考文献[21]进行。

2.8.5.3　试验判定与结果处理

试验结果处理与结果判定参照电磁兼容试验的试验结果处理与结果判定依据制订。

2.9　可靠性试验

机载设备研制涉及的可靠性试验有环境应力筛选试验、可靠性摸底试验、可靠性增长试验、可靠性鉴定试验和可靠性验收试验。

2.9.1　环境应力筛选试验

2.9.1.1　试验目的与试验要求

环境应力筛选试验是为研制和生产的机载设备建立并实施环境应力筛选(ESS)程序的试验,以便发现和排除不良元器件、制造工艺和其他原因引入的缺陷造成的早期故障。

ESS主要适用于电子类,也适用于电气类、机电类和光电类机载设备。承制方应对电子类的电路板、组件和机载设备层次尽可能100%地进行ESS,对备件也应实施相应的ESS。承制方一般还应按规定和有关要求对进厂的元器件进行两次筛选。

2.9.1.2　试验设备与环境要求

机载设备进行ESS时的试验设备与环境要求按参考文献[22]执行。

2.9.1.3　试验内容与试验方法

对于有电路板和组件的电子类、电气类和机电类机载设备,其试验内容与试验方法按照文献[22]执行,有条件时也可按参考文献[23]进行。除纯机械类以外的非电机载设备均可按照参考文献[22]进行ESS。

2.9.1.4　试验判定结果处理与

试验结果处理与结果判定按参考文献[22]的要求进行。

2.9.2　可靠性摸底试验

2.9.2.1　试验目的与试验要求

通过对机载设备施加适当的环境应力、工作载荷,寻找机载设备中的设计缺陷,以改进设计,提高产品拥有的可靠性水平。

对于新研机载设备,可靠性关键机载设备,尤其是新技术含量较高的机载设备,均应实施可靠性研制试验。必要时,可靠性研制试验方案必须经定购方认可。

2.9.2.2　试验设备与环境要求

试验设备与环境要求按参考文献[24]的要求执行。

2.9.2.3　试验内容与试验方法

可靠性研制试验是机载设备研制试验的组成部分,应尽可能与机载设备的研制试验结合进行。试验的环境应力谱和工作载荷应由定购方提供或认可,可靠性研制试验可采用加速应力进行,或采用仿真试验,以识别薄弱环节并有法故障或验证设计余量。

试验内容与试验方法按参考文献[24]的要求执行。

2.9.2.4 试验判定与结果处理

试验结果处理与结果判定按参考文献[24]的要求执行。

2.9.3 可靠性增长试验

2.9.3.1 试验目的与试验要求

通过对机载设备施加模拟实际使用环境的综合环境应力,暴露机载设备中的全在缺陷并采取纠正措施,使机载设备的可靠性达到规定的要求。

可靠性增长试验应有明确的增长目标和增长模型,试验的寿命剖面和任务剖面、被试件的数量和技术状态应由定购方提出。可靠性增长试验前和试验后必须进行评审,以确定试验的确定性和有效性。成功的可靠性增长试验可以替代可靠性鉴定试验,但应得到定购方的批准。

2.9.3.2 试验要求、试验方法与结果判定

试验设备与环境要求、试验方法与结果判定按参考文献[25]的要求执行,或根据其他有关标准规定执行。

2.9.4 可靠性鉴定试验

2.9.4.1 试验目的与试验要求

可靠性鉴定试验的目的是验证机载设备可靠性设计是否达到了规定的可靠性要求。

对于有可靠性指标要求的机载设备,特别是任务关键的或新技术含量高的机载设备应进行可靠性鉴定试验。可靠性鉴定试验一般应在第三方进行。应尽可能在系统较高层次的产品进行,以充分考核接口的情况,提高试验的真实性、可靠性,鉴定试验可结合机载设备的定型试验或寿命试验进行。

鉴定试验的受试件应为定型状态,并由定购方认可。被试件的数量、试验方案、寿命剖面、任务剖面和故障判别标准应由定购方给定。鉴定试验应在环境鉴定试验和 ESS 完成后进行。试验前和试验后必须进行评审。

2.9.4.2 试验要求、试验方法与结果判定

试验设备与环境要求、试验方法与结果判定按参考文献[24]的要求执行,或根据其他有关标准规定执行。

2.9.5 可靠性验收试验

2.9.5.1 试验目的与试验要求

可靠性验收试验的目的是验证批生产机载设备的可靠性是否在规定的可靠性水平。

对于定购方要求的机载设备需要进行批产的验收试验。验收试验的被试件从批生产产品中随机抽取,被试件的数量和批次由定购方确定。试验方案、寿命剖面、任务剖面和故障判别标准应由定购方给定。验收试验应在 ESS 完成后进行,试验前和试验后必须进行评审。

2.9.5.2 试验要求、试验方法与结果判定

试验设备与环境要求、试验方法与结果判定按参考文献[24]的要求执行,或根据其他有关标准规定执行。

2.10 耐久试验

2.10.1 试验目的和试验要求

耐久试验是飞控系统机电类和机械类机载设备都必须进行的试验,用于验证机载设备承受预计的工作应力和环境应力,在规定的工作时间保持正常工作的能力。

耐久试验条件包括机载设备的环境条件、工作条件和使用维护条件。对每个机载设备,应结合实际情况在机载设备产品规范中规定耐久试验中的环境条件、工作条件和使用维护条件。

环境条件包括机械环境、自然环境和电磁环境。制订环境条件时,注意试验的经济和技术可行性,尽可能只选取对机载设备耐久性最敏感的环境条件和合理量值。如液压作动器应选取液压油温作为环境条件,电动机构和纯机械机载设备应选取大气温度作为环境条件。

工作条件一般包括输入指令幅值/频率、工作时间/次数、工作负载等。应结合机载设备具体的工作情况和使用特点给出。其中工作时间/次数的富余系数一般取 1.5。

使用维护条件一般包括定期润滑、易损件定期更换、定期清洗等,其项目和频次不能超过实际的使用维护工作。

2.10.2 试验内容与试验方法

试验内容和方法应结合具体的机载设备在产品规范中给出。主要的试验步骤如下:

(1)试验机载设备准备。

(2)将被试设备安装到试验台上,并与试验机载设备进行联合调试。

(3)对被试机载设备进行试验前外观、功能、性能检测。

(4)按照规定的环境条件、工作条件和维护条件,开始进行试验,并进行试验中的功能、性能检测。

(5)试验持续规定的时间(一般为首翻期)后停至试验,进行试验后的外观、功能、性能检测,然后对被试机载设备进行规定项目的大修。

(6)重复进行(2)~(5),直到被试机载设备累计的工作时间到达规定要求(一般为总寿命),方可停止试验。

2.10.3 试验判据和结果处理

耐久试验一般用 1~2 台机载设备进行试验。进行耐久试验时,出现失效故障(具体失效模式由机载设备的专用规范确定)后,停止试验。机载设备的寿命计算公式为

$$T_0 = \frac{\alpha\beta T}{K}$$

式中：T_0 为通过试验得出的机载设备寿命值；α 为试验应力系数，试验中，环境应力和工作应力通常与机载设备的真实使用情况等价，取 $\alpha=1$；β 为样本系数，当用一台机载设备试验时取 $\beta=0.7$，当用两台机载设备试验时取 $\beta=1$；T 为正常工作时间，从开始试验到出现失效故障，机载设备正常工作的时间，当用两台机载设备试验时，取平均值；K 为经验系数，通常取 1.5。

2.11　测试性试验

测试性是指系统或机载设备能及时、准确地确定其状态，如可工作、不可工作或性能下降，并能隔离其内部故障的一种设计特性，即机载设备具有自我诊断和故障隔离的能力。机载设备测试性试验适用于有测试性要求的电子机载设备，如飞控计算机、控制器等。

2.11.1　试验目的和试验要求

测试性试验是确定机载系统或机载设备能否达到规定的测试性定量要求，并评定测试性预计有效性的技术手段。测试性定量要求一般有故障检测率、故障隔离率、故障检测时间、故障隔离时间和虚警率等。

测试性试验要求如下：

（1）对测试性试验的被试机载设备数量和技术状态应有明确要求。

（2）测试性试验中所有故障注入操作应在室内的自然环境条件下进行，试验自然环境条件按 2.2.1 节要求执行。

（3）试验机载设备主要包括故障注入设备、信号采集设备、激励设备、试验电源、通用测试仪表和工具及相关工具软件等，各试验设备应满足试验的执行要求、参数要求和安全性要求等。可计量的试验设备均应经过计量检定，并且测试精度至少应为被测参数容差的 1/3，如信号采集设备、激励设备等试验设备，不可计量的试验设备应通过专家组讨论，确认可用于开展测试性试验。

（4）根据机载设备技术协议书和技术状态制订试验方案、试验程序并进行故障模式的筛选。试验方案中必须规定试验样本分配选取原则、初步样本量、样本量补充、备选故障样本库、参数评估等方面的信息。

2.11.2　试验内容与试验方法

试验验证内容按型号要求或技术协议书要求，一般包括以下几个方面：

（1）UUT 的 BIT 检测和隔离故障的能力。

（2）UUT 与所选择的测试设备的兼容性。

（3）BIT 检测和隔离故障指示与脱机测试结果之间的符合程度。

（4）用于预测测试性指标的模型的有效性。

试验方法按照参考文献[26]执行，必要时，利用参考文献[27]中适当的方法和判据，实施附加验证，以获得足够的用于评定的测试性数据，并作为测试性验证结果的一部分编制成文件。

2.11.3　试验判据和结果处理

按试验程序进行试验,并记录不可注入故障审查数据、注入故障数据和自然故障数据。

试验判据包括被试机载设备完好状态判据、故障检测判据和故障隔离判据,以上判据均根据机载设备产品规范或技术协议书规定的相关技术指标给出。

2.12　机载设备鉴定试验试验件选取及试验顺序

机载设备鉴定试验的试验件选取原则一般如下:

(1) 对于成熟机载设备的功能试验、性能试验、自然环境试验、机械环境试验和电磁防护试验一般选用一件(套)被试机载设备作为试验件。

(2) 如果是新研的机载设备,一般会增加一件(套)试验件,用以调配对机载设备有损伤的试验项目(加速度试验、雷电防护试验)或周期较长的试验项目(霉菌试验)。

(3) 耐久性试验项目的试验件一般为一件(套)或两件(套),试验件的件数视分散系数取值和试验周期长短而定。

(4) 可靠性试验的试验件可以和环境试验的试验件合并使用。

机载设备鉴定试验的试验顺序选择按照参考文献[6]执行,一般原则如下:

(1) 对于研制性试验,作为样机性能研究的一部分,试验顺序从最严酷的试验项目开始,以便在试验的早期阶段得到被试机载设备失效的趋势。

(2) 在试验件数量受限的情况下,其研制性试验的试验顺序从最不严酷的试验项目开始,以便在被试机载设备损坏前尽可能得到更多的信息。

(3) 在进行机载设备的标准化鉴定试验时,试验顺序一般是按前一个试验所产生的结果由后一个试验来暴露或加强的次序来安排试验,这样的试验顺序是对被试机载设备有最显著影响的试验顺序。

(4) 对于使用条件已知的机载设备,一般按机载设备实际可能遇到的起主要影响的环境因素出现的次序安排试验。

机载设备的鉴定试验一般建议按(3)的顺序进行。

2.13　机载设备鉴定试验组织与实施

飞控系统机载设备鉴定试验组织与实施按照机载电子机载设备安装和试验通用规范 GJB1403—1992 执行。机载设备试验任务由定购方委派,以技术协议或定购合同的形式下发任务。试验大纲或验收规范由承制单位或承试单位编制,试验方案应按技术协议书或相关型号标准执行,并得到定购方的认可。试验大纲应按要求进行审查,对于Ⅲ级及以上机载设备的试验大纲应由定购方组织试验大纲评审。对于电磁环境防护试验、可靠性试验等应在第三方完成试验。机载设备试验均应有驻厂军代表参加,且明确规定试验人员责任。

参 考 文 献

［1］国防科学技术工业委员会. GJB2349—1995 飞机飞行员操纵传感器通用规范［S］. 1995.

［2］国防科学技术工业委员会. GJB669—1989 速率陀螺组件仪试验方法［S］. 1989.

［3］中国国家标准化管理委员会. GB/T321－2005 优先数和优先数系［S］. 北京：中国标准出版社，2005.

［4］中华人民共和国航空航天工业部. HB6448—1990 飞机供电系统性能参数的数字式测试［S］. 1990.

［5］国防科学技术工业委员会. GJB5189—2003 飞机供电特性参数测试方法［S］. 2003.

［6］国防科学技术工业委员会. GJB150. 1—1986 军用设备环境试验方法　总则［S］. 1986.

［7］国防科学技术工业委员会. GJB150. 15—1986 军用设备环境试验方法　加速度试验［S］. 1986.

［8］国防科学技术工业委员会. GJB150. 16—1986 军用设备环境试验方法　振动试验［S］. 1986.

［9］中国国家标准化管理委员会. GB/T17248. 3—1999 声学　机器和设备发射的噪声　工作位置和其他指定位置发射声压级的测量　现场简易法［S］. 北京：中国标准出版社，1999.

［10］卫生部. GB4792—84 放射卫生防护基本标准［S］. 1984.

［11］国防科学技术工业委员会. GJB3756—1999 测量不确定度的表示及评定［S］. 1999.

［12］国防科学技术工业委员会. GJB1649—1993 电子产品防静电放电控制大纲［S］. 1993.

［13］国防科学技术工业委员会. GJB150. 7A—2009 军用装备试验室环境试验方法　第 7 部分：太阳辐射试验［S］. 2009.

［14］国防科学技术工业委员会. GJB150. 7—1986 军用设备环境试验方法　太阳辐射试验［S］. 1986.

［15］国防科学技术工业委员会. GJB150. 8—1986 军用设备环境试验方法　淋雨试验［S］. 1986.

［16］国防科学技术工业委员会. GJB150. 10—1986 军用设备环境试验方法　霉菌试验［S］. 1986.

［17］国防科学技术工业委员会. GJB151A—1997 军用设备和分系统电磁发射和敏感度要求［S］. 1997.

［18］国防科学技术工业委员会. GJB152A—1997 军用设备和分系统电磁发射和敏感度测量［S］. 1997.

［19］国防科学技术工业委员会. GJB3567—1999 军用飞机雷电防护鉴定试验方法［S］. 1999.

［20］国防科学技术工业委员会. GJB2639—1996 军用飞机雷电防护［S］. 1996.

［21］RTCA SEBS. RTCA DO－160E Environmental Conditions and Test Procedures for Airborne Equipment［S］. 2004.

［22］国防科学技术工业委员会. GJB1032—1990 电子产品环境应力筛选方法［S］. 1990.

［23］国防科学技术工业委员会. GJB/Z34—1993. 电子产品定量环境应力筛选指南［S］. 1993.

［24］国防科学技术工业委员会. GJB899A—2009 可靠性鉴定和验收试验［S］. 2009.

［25］国防科学技术工业委员会. GJB1407—1992 可靠性增长试验［S］. 1992.

［26］国防科学技术工业委员会. GJB2547—95 装备测试性大纲［S］. 1995.

［27］国防科学技术工业委员会. GJB2072—1994 维修性试验与评定［S］. 1994.

3 飞控系统机载软件验证与确认

3.1 概述

3.1.1 验证与确认的目的和意义

大型飞机飞控系统机载软件按照系统一般分为电传飞控系统机载软件、高升力系统控制软件和自动飞控系统机载软件。飞控系统机载软件功能一般包括硬件资源管理、操作系统、任务管理、接口管理、传感器数据管理、总线数据管理、余度管理、系统 BIT、控制模态管理、控制律计算和故障告警综合等。

大型飞机飞控系统机载软件配置项如表 3－1 所示。

表 3－1 飞控系统机载软件配置项

序号	名称	所属分系统	所属设备	软件描述	软件等级
1	电传飞控系统机载软件	电传飞控系统	电传飞控计算机	系统调度与管理;输入余度信号的交叉传送、表决与监控;控制律计算;推力不对称补偿指令计算;输出信号的交叉传送、监控;故障综合与申报;舵面位置信号的采集与传输;系统内部数据总线通信控制;机载设备间信息交换与共享;自检测与系统维护控制	A
2	方向舵配平机构控制软件	电传飞控系统	方向舵配平机构	总线数据发送;控制律计算;回路监控;舵机速度控制	D
3	自动飞控系统机载软件	自动飞控系统	自动飞控计算机	系统调度;计算机管理;交叉通信;输入/输出管理;总线数据信号处理;BIT;故障管理;模态转换逻辑;控制律计算	B

（续表）

序号	名称	所属分系统	所属设备	软件描述	软件等级
4	自动飞控回传作动器控制软件	自动飞控系统	自动飞控计算机	接收、解析、处理来自 AFCC 的数据，并反馈回传作动器状态；指令接收；位置、速度伺服闭环计算；驱动指令发送；离合控制；双支路同步；BIT 监控以及故障上报；燃调阀的位置信号采集和发送	B
5	自动飞控装置软件	自动飞控系统	自动飞控装置	接收、解析来自 AFCC 的数据，处理后发送给显示模块；AFCU 面板组件的控制数据发送给 AFCC 以及显示模块；BIT 及故障记录、上报等	B
6	高升力控制系统软件	高升力控制系统	襟缝翼控制计算机	襟缝翼收放控制；计算机硬件管理；任务管理；接口管理；通道监控；系统 BIT；故障综合等	B
7	襟缝翼动力驱动装置软件	高升力控制系统	襟缝翼动力驱动装置(PDU)	接收襟缝翼控制计算机的行程差值指令或超控开关的运动方向指令；舵面闭环控制和防收刹车装置的通断控制；通过 ARINC429 总线向襟缝翼控制计算机反馈 PDU 及防收刹车装置的工作状态进行系统监控	B

鉴于大型飞机飞控系统的高安全性和高可靠性需求，依据 RTCA DO‐178B（机载系统和设备合格审定中的软件考虑）标准的相关内容，大型飞机机载软件研制保证等级分为 A、B、C、D、E 5 级。

A 级：失效可能引起或导致系统功能失效进而引起飞机灾难性失效状态的软件。

B 级：失效可能引起或导致系统功能失效进而引起飞机危险的失效状态的软件。

C 级：失效可能引起或导致系统功能失效进而引起飞机较大的失效状态的软件。

D 级：失效可能引起或导致系统功能失效进而引起飞机轻微的失效状态的软件。

E 级：失效可能引起或导致系统功能失效的软件，它不会影响飞机的工作性能或驾驶员工作量。

机载软件研制保证等级按照以下原则综合分析后确定：

（1）软件失效后对飞机安全、任务完成以及飞机飞行事故分析、故障判断和维护分析等的影响。

（2）软件所在系统的体系架构（如并联、非相似、独立架构等）。

（3）软件运行的计算机设备结构（如是否具有故障探测、监控通道等）。

（4）软件本身是否采用多版本非相似等设计方法。

按照以上原则，大型飞机飞控系统机载软件的安全等级大多为A级或B级（见表3-1）。因此，保证软件的质量和正确性显得尤为重要，除了严格控制软件研制过程外，软件的验证与确认（verification and validation，V&V）工作意义重大。

"验证"指通过检查和提供客观证据，证实规定的需求已经得到满足，软件生存周期每个阶段的产品是否遵循生存周期先前阶段的要求（例如关于正确性、完整性、一致性和精确性），是否符合该阶段的标准、措施和约定，并为启动生存期下一阶段活动建立相应基础。"确认"指通过检查和提供客观证据，证实特定预期用途的需求是否得到满足，确认完成的最终产品是否符合已建立软件的需求。

软件V&V支持所有生存周期过程，是对软件开发过程和软件验证过程两者结果的技术评估，软件验证过程的目的是检测和报告在软件开发过程中可能已形成的错误，确保分配给软件的系统需求、软件需求、软件体系结构、软件设计、源代码之间的符合性和可追踪性，以及最终的可执行目标码能够满足系统需求。

3.1.2　验证与确认的基本要求

软件V&V的组织结构与所进行的V&V活动有关，评审、分析和测试有着不同的要求。

软件评审是指按照某种规定的过程对软件要素进行评价，以查出软件要素中可能存在的问题。软件评审是由相关人员组织对软件产品进行检查的过程，通常以会议形式进行。软件验证过程尤其是软件研制的早期阶段，评审是一种使用频度很高而且效果最好的验证手段。

1）软件评审

软件评审是使用审查表或类似的辅助手段为指导对软件开发过程中的中间和最终软件产品进行检查的过程。软件评审的对象是"软件产品"，是指软件开发活动所产生的各类需要交付的技术文档和源代码，一般包括合同、项目计划、需求规格说明、设计文档、源代码、用户文档、支持和维护文档、测试计划、测试说明、相关标准或其他工作产品。软件评审的目的主要包括：

（1）对各阶段的产品或过程进行审查和评估，以评价其是否符合规定的要求。

（2）发现存在的缺陷。

（3）采取补救措施。

（4）找出在性能、安全性和经济性等方面可能的改进。

软件评审一般分为同行评审、管理评审、审计评审三类：

（1）同行评审：由软件产品的开发者或开发者团队中的一个或几个人组织对技术内容及产品质量进行评估。

（2）管理评审：由管理代表对工作进展状态的评估，以便对后续工作进行决策。

（3）审计评审：由软件项目组以外的人员对软件产品与相关规范、标准、协议等之间的符合性进行评估。

软件评审方法一般分为以下 5 种：

（1）代码评审：对程序源代码所做的一项系统性检查，通常采用同行评审的方式。

（2）结对编程：由两个人"结成一对"进行软件开发，过程中彼此进行代码评审的开发方式。

（3）审查：规范化的同行评审方法，审查者通过执行定义完善的过程发现软件缺陷。

（4）走查：同行评审的一种方法，由产品开发者带领开发团队的成员和其他感兴趣的参与者对软件产品进行检查，在此过程中参与者可以进行提问与质疑。

（5）技术评审：同行评审的一种方法，由一组有资格的人员检查软件产品与其预期使用之间的符合性以及软件产品与规范或标准之间的差异。

在大型飞机飞控系统研制过程中，软件评审一般均采用内部评审和外部评审相结合的方式，其中外部评审也称为正式评审，软件评审点的设置根据软件的等级来确定，不同研制保证级别软件评审基本要求如表 3-2 所示。

表 3-2　不同研制保证等级软件评审要求

评审内容	保证等级									
	A		B		C		D		E	
	内部	外部	内部	外部	内部	外部	内部	外部	内部	外部
软件研制任务书	√	√	√	√	√	√	√		√	
软件开发计划	√	√	√	√	√	√	√		√	
质量保证计划	√		√		√					
配置管理计划	√		√		√					
软件验证计划	√		√		√					
软件合格审查计划	√		√		√		√			
软件需求标准	√		√		√				√	
软件设计标准	√		√		√				√	
软件编码标准	√		√		√				√	
软件模块重要度分析报告	√		√							
软件需求规格说明	√	√	√	√	√	√	√	√	√	
接口需求规格说明	√		√		√				√	
软件概要设计说明	√	√	√	√	√	√	√		√	
软件接口设计说明	√	√	√	√	√					

（续表）

评审内容	保证等级									
	A		B		C		D		E	
	内部	外部	内部	外部	内部	外部	内部	外部	内部	外部
数据库设计说明(必要时)	√	√		√		√		√		
软件详细设计说明	√		√		√		√			
软件测试计划	√	√	√	√	√		√			
软件测试说明	√	√	√	√	√	√				
软件测试记录	√		√		√					
软件测试报告	√	√	√	√	√		√		√	
软件研制总结报告	√	√	√	√	√	√	√	√	√	√

注:表中"内部"为单位内部评审,"外部"为单位外部评审。"√"必须评审。空的不特别要求,但应作为评审支持文件。对合并的文档,评审要求适用于合并后的文档。

（1）内部评审:一般由软件项目组长负责组织进行,评审过程、内容和要求以及评审组的成员和负责人均由该项目组长确定。内部评审时应聘请同行专家,在技术方面进行深入审查。评审记录、评审意见也要形成文档并在评审通过后加以管理和控制或纳入配置管理。

（2）外部评审:根据任务书或合同要求安排,一般由承研单位组织进行,成立软件评审组,软件评审组由非直接参与软件开发的专业设计人员、软硬件系统设计人员、用户代表、总师单位、外部接口设备单位和承研单位质量部门的代表组成。

2）软件分析

软件分析包括可追踪性分析、接口分析、危险分析和风险分析。

可追踪性分析:是对从系统需求开始到所有的开发、用户文档集和测试文档集存在连续的可追踪性进行分析,在一致性、完整性和正确性方面分析每个追踪,以验证在软件中实现的以及与正确设计、代码和测试信息相关的所有软件需求。

接口分析:接口分析的任务用于确保硬件到软件、软件到软件、软件到用户这些接口的完整性、精确性和一致性。

评审是使用审查表或类似辅助手段为指导对软件开发过程中的中间和最终软件产品进行检查的过程。

3）软件测试

软件测试是验证一个系统是否满足规定需求或标识实际结果与预期之间差异的过程。1983 年《IEEE 软件工程标准》术语中定义:软件测试是使用人工或自动手段,来运行或测试某个系统的过程,其目的是检验它是否满足规定的需求或弄清预期结果与实际结果之间的差别。

大型飞机飞控系统机载软件是一种嵌入式多余度实时控制类机载软件,软件结合飞控计算机硬件实现操作系统、控制律计算、余度管理、机内自检测等所有飞控系统的功能和性能。归纳起来,飞控系统机载软件具有如下特点:

(1) 飞控系统是一个实时多任务调度管理软件,控制律计算及余度管理等许多任务都是并行工作的。

(2) 飞控系统外部接口复杂,有多种接口与外部传感器、计算机、执行机载设备等进行交互(如 ARINC429 总线接口、GJB2894 总线接口、AFDX 接口、RS422 总线接口、RS232 接口、A/D 转换接口、D/A 转换接口、离散量接口等)。

(3) 软件实时性强:飞控系统机载软件有大量和时间相关的算法,软件主任务周期必须严格控制在规定的时间,要求所有任务如数据采集、余度管理、控制律计算等都必须在一定的时间内完成。

(4) 开发与测试验证同步进行,测试环境多样:软件开发与测试过程遵循 V&V 模型,要求在不同的开发阶段进行相应不同级别的测试,以便于早期发现问题,因此需要建立不同的测试环境,有些测试级别需要借助专业的测试工具,另外,由于处理器的不同,需要配置特殊的仿真测试目标机。

(5) 高可靠性和安全性:飞控系统核心机载软件属于高安全关键软件,性能不可靠将会带来灾难性的后果。为此,在机载软件设计时,需要采用一些提高可靠性和安全性的先进技术,如容错技术、N 版本技术、安全监控和安全隔离技术等。高安全可靠性的要求本身就大大增加了测试的工作量,而为了提高软件的安全性和可靠性,采用多种技术后,软件产品的逻辑更加复杂,测试也更加困难。

软件测试主要以软件需求为基础,测试工作的基本要求从贯穿软件生命周期过程来看,软件测试可分为单元测试、集成测试及系统测试(包括进行软件集成的机载设备测试和软硬件集成的配置项测试)。从是否允许被测程序来看,软件测试可分为静态测试和动态测试。从是否关注被测程序内部结构来看,软件测试还可以分为黑盒测试和白盒测试。这些测试方法都是从不同角度对软件测试的划分,在实际的测试工作中,这些测试方法都是结合在一起使用的。

3.1.3 验证与确认的基本过程

软件生命周期的确认与验证过程主要根据软件生命周期模型的阶段来划分,通常采用"V"型软件开发模型。在此基础上,可将飞控系统机载软件的确认与验证活动细分为系统分析和设计阶段、软件计划阶段、软件需求分析阶段、软件设计阶段、软件实现阶段和软件测试阶段。

飞控系统机载软件的确认和验证活动中,主要采用评审、分析和测试的方法来确定软件是否符合系统要求,达到系统设计需求。机载软件生存周期的确认与验证活动如图 3-1 所示。

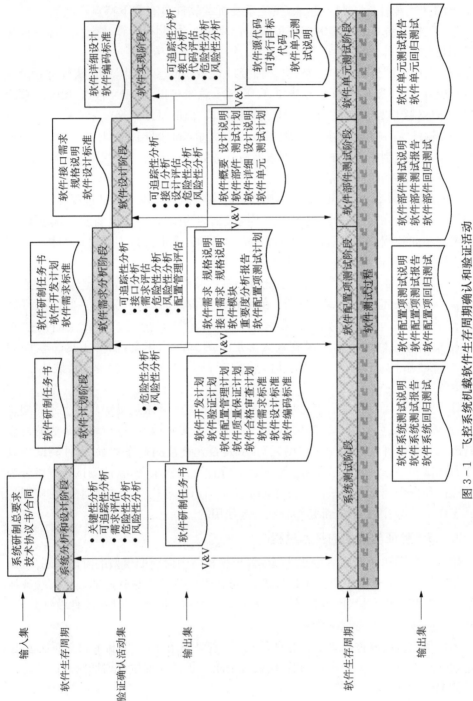

图 3 - 1　飞控系统机载软件生存周期确认和验证活动

3.1.3.1 系统分析和设计阶段的验证与确认

系统分析和设计阶段对飞控系统需求、硬件和软件环境等要求进行分析和确定,对软件/硬件接口等进行设计,最终形成飞控系统机载软件研制任务书,并对其采用关键性分析、可追踪性分析、需求评估、危险性分析和风险性分析等方法来进行验证和确认。

(1)关键性分析:根据飞控系统的功能和对飞机安全性的影响能力,来验证软件等级的正确性,系统分配给软件需求的正确性、准确性和完备性。

(2)可追踪性分析:通过分析该阶段的输入文档,如系统设计要求、技术协议书/合同等,标识由飞控系统机载软件完成或部分实现的所有系统需求,从系统需求开始进行软件需求可追踪性分析。

(3)需求评估:评估在进行飞控系统测试时,系统功能、性能、输入/输出、接口等技术要求是否满足系统需求。

(4)危险性分析:分析飞控系统机载软件研制任务书中描述的系统需求是否存在潜在的危险性,如系统需求与用户需求不一致。

(5)风险性分析:标识技术和管理风险,为消除、降低或减缓风险提供建议。

系统分析和设计阶段结束后,组织该阶段的评审工作来验证软件研制任务书是否与技术协议书/合同等要求的系统需求一致,并对系统功能需求的可行性与可测试性、系统体系设计、运行和维护需求等方面进行确认。

系统测试阶段,依据飞控系统测试计划以及测试说明对系统进行测试,生成相应的系统测试报告,来确认飞控系统是否满足系统研制任务书中的功能、性能要求。

3.1.3.2 软件计划阶段的验证与确认

软件计划阶段,软件项目组根据型号研制进度、飞控系统研制进度、计算机硬件设备研制进度等约束条件,对软件开发、质量保证、配置管理、合格审查、验证等工作进行策划,明确软件开发标准,产生指导软件研制过程计划。

软件计划阶段的软件开发计划、质量保证计划、配置管理计划等采用危险性分析和风险性分析方法来进行验证和确认活动。

(1)危险性分析:分析来自飞控系统机载软件计划和开发标准中的潜在危险,如计划之间存在二义性,不能正确地指导软件开发过程,可能导致整个软件研制失败。

(2)风险性分析:标识管理风险,为消除、降低或减缓风险提供建议。

软件计划阶段结束后,形成软件开发计划、软件质量保证计划、软件配置管理计划、软件合格审定计划、软件验证计划等文档,并组织该阶段的评审工作来审查软件计划的组织结构是否明确,对软件开发过程和综合过程的活动是否定义,各软件计划是否相互协调,各计划是否明确、合理、可行等。

3.1.3.3 软件需求分析阶段的验证与确认

软件需求分析阶段,根据飞控系统机载软件研制任务书对软件配置项功能、性能、外部接口、内部接口、软硬件需求以及与安全有关的需求等逐项细化,最终形成软件需求规格说明书,并对其采用可追踪性分析、接口分析、需求评估、危险性分析、风险性分析和配置管理评估方法来进行验证和确认活动。

(1) 可追踪性分析:追踪软件需求到系统需求、系统需求到软件需求,分析软件需求与系统需求之间的正确性、一致性和完整性。

(2) 接口分析:验证和确认软件与硬件及其他系统的接口需求是否正确、一致、精确和可测。

(3) 需求评估:评估在飞控系统机载软件配置项测试时,软件配置项功能、性能、接口等需求是否满足要求。

(4) 危险性分析:确定软件引入的系统危险,标识导致每个系统危险的软件需求,确认软件对每个危险的处理、控制或缓解等。

(5) 风险性分析:通过该阶段之前的各阶段评审工作以及风险性分析结果,对软件需求中可能存在的危险性进行风险性分析,为消除、降低或缓解风险提供建议。

(6) 配置管理评估:验证飞控系统机载软件配置管理过程是完整和充分的。

软件需求分析阶段结束后,形成软件需求规格说明、软件接口需求规格说明等文档,并组织该阶段的评审工作来评价软件/接口需求规格说明的正确性、一致性、完备性、准确性、可读性和可测性,以及验证和确认软件需求规格说明是否遵循软件需求标准。

配置项测试阶段,依据飞控系统机载软件配置项测试计划以及测试说明对软件配置项进行测试,生成相应的软件配置项测试报告,来确认飞控系统机载软件配置项是否满足软件需求规格说明书中的功能和性能需求。

3.1.3.4　软件设计阶段的验证与确认

软件设计阶段,通过结构关系图、软件流程图等方式来建立飞控系统机载软件的体系结构和各软件机载设备间的关系,定义各软件机载设备的数据接口、控制接口,设计全局数据结构,规定设计限制等,最终形成软件概要设计说明和详细设计说明,并对其采用可追踪性分析、接口分析、设计评估、危险性分析和风险性分析方法来进行验证和确认活动。

(1) 可追踪性分析:追踪软件设计到需求,需求到设计,分析设计与需求之间的正确性、一致性和完备性。

(2) 接口分析:验证和确认软件机载设备间接口的正确性、一致性、完备性、准确性、可读性和可测试性。

(3) 设计评估:评估在飞控系统机载软件机载设备测试时,机载设备的功能、机载设备之间的接口等是否满足软件设计要求。

(4) 危险性分析:验证逻辑算法设计和相关的数据正确地实现了关键性需求,并未引入新的危险。

(5) 风险性分析:通过该阶段之前的各阶段评审工作以及风险性分析结果,对软件设计中可能存在的危险进行风险性分析,为消除、降低或缓解风险提供建议。

软件设计阶段结束后,形成软件概要设计说明、软件详细设计说明等文档,并组织该阶段的评审工作来确认设计要素的正确性、一致性、准确性,以及软件设计是否遵循软件设计标准等设计要求。

软件机载设备测试阶段依据飞控系统机载软件机载设备测试计划以及测试说明,对软件机载设备进行测试,生成相应的软件机载设备测试报告,来确认飞控系统机载软件机载设备是否满足软件设计需求。

3.1.3.5　软件实现阶段的验证与确认

软件实现阶段,需要编制飞控系统机载软件源代码,确保编码符合编码标准,且代码完成的功能需求与设计文档内容一致,最终形成源代码,并对其采用可追踪性分析、接口分析、代码评估、危险性分析和风险性分析等方法来进行验证和确认活动。

（1）可追踪性分析:追踪飞控系统机载软件源代码到设计说明、设计说明到源代码,分析源代码与设计之间的正确性、一致性和完备性。

（2）接口分析:验证和确认软件单元间接口的详细信息是否符合软件设计中提出的要求。

（3）代码评估:评估源代码的编写是否满足编码规范,评估在飞控系统机载软件单元测试时,单元的逻辑设计、数据结构等是否满足软件详细设计要求。

（4）危险性分析:验证编写的源代码和相关的数据是否正确地实现了关键性需求,并未引入新的危险。

（5）风险性分析:通过该阶段之前的各阶段评审工作以及风险性分析结果,对程序员编写的源代码中可能存在的危险性进行风险性分析,为消除、降低或缓解风险提供建议。

软件实现阶段结束后,生成软件源代码、可执行目标代码等,并组织该阶段的评审工作来评价源代码的正确性、一致性、准确性,以及软件源代码是否遵循软件编码标准等要求。

软件单元测试阶段依据飞控系统机载软件单元测试计划以及测试说明对软件单元进行测试,生成相应的软件单元测试报告,来确认飞控系统机载软件单元是否满足软件设计需求。

3.1.3.6　软件测试过程的验证与确认

软件测试过程中,软件产品的单元被评估和集成(不仅是软件单元还有软硬件集成),所有被计划的测试阶段(单元、机载设备、配置项和系统测试)的验证和确认活动都应该完成,最终形成相应阶段的测试报告,并对其采用测试评估、危险性分析和风险性分析方法来进行验证和确认活动。

（1）测试评估:评估软件测试过程中每个阶段的测试结果,是否满足对应阶段的测试要求。

（2）危险性分析：验证每个测试阶段的活动满足相应阶段的测试要求，如测试环境、测试方法等，没有引入新的危险。

（3）风险性分析：通过该阶段之前的各阶段评审工作以及风险性分析结果，对各测试阶段中可能存在的危险进行风险性分析，为消除、降低或缓解风险提供建议。

每个软件测试阶段结束后，形成软件单元测试报告、机载设备测试报告、配置项测试报告、系统测试报告等文档，并组织各测试阶段的评审工作来审查软件测试的充分性、评价测试结果的有效性、软件的结构以及接口间的协调性，对不满足测试要求以及测试结果与实际结果之间存在差异的内容给予解释。

3.2　软件测试

软件测试是软件验证的重要组成环节。软件测试的目的一是验证软件是否满足软件开发合同或任务书、系统/分系统设计文档、软件需求规格说明和软件设计说明所规定的软件质量特性要求；二是通过测试，发现软件错误；三是为软件产品质量的评价提供依据。

飞控系统机载软件的复杂性、系统需求的多样性、软件需求变化的经常性，以及其他种种因素都使软件错误在所难免。另外，飞控系统机载软件的开发过程通常伴随着飞机研制进度需要进行不断修正、反复优化，并且研制人员对飞控系统的认知也是一个渐进的过程，因此，在软件开发者一系列的活动中，不论其水平有多高，人为带入的错误往往也不可避免。

基于上述原因，飞控系统机载软件项目的所有参与者都应当重视软件测试工作，绝对不能将软件测试"走过场"。软件项目组应组织40%左右的人力投入测试工作，并且软件测试应贯穿软件定义与开发的整个生命周期。

我国军用飞机机载软件测试一般依据的标准为 GJB/Z141—2004《军用软件测试指南》；民用飞机机载软件适航审查，软件测试依据的标准是 RTCA DO-178B（新版为 DO-178C）。随着军用飞机飞行安全性需求的不断提高，依据现在的发展趋势，DO-178B 标准也开始应用于军用飞机机载软件测试。

为了保证飞机机载软件的质量，军用飞机机载软件一般要求进行第三方测试，民用飞机机载软件通常必须通过 RTCA DO-178B/C，以表明其对民用航空规章的符合性。

3.2.1　军用飞机机载软件测试

3.2.1.1　测试级别

军用飞机机载软件测试一般分为单元测试、机载设备测试、配置项测试和系统测试，民用飞机机载软件测试一般分为低级测试、软件综合测试和软/硬件综合测试。

军用飞机机载软件各级别的测试顺序依次为单元测试、机载设备测试、配置项测试、系统测试，当前级别测试完成后才可开展下一级别的测试。单元测试在编码阶段进行，机载设备测试、配置项测试在软件集成阶段进行，系统测试在软、硬件系统集成阶段进行。军用机载软件测试与开发的关系如图3-2所示。

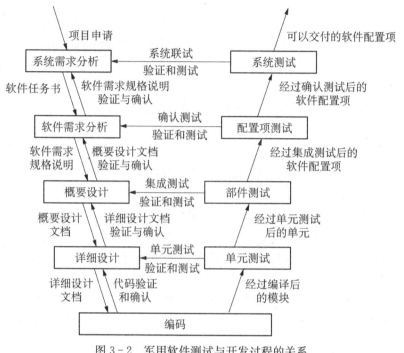

图3-2　军用软件测试与开发过程的关系

1）单元测试

单元测试亦称模块测试。单元测试的对象是计算机软件单元，软件单元是可单独编译、单独测试的、最小的软件组成单位。单元测试的目的是通过检查软件的每个单元是否正确实现了详细设计规定的功能、性能、接口和其他设计约束等要求，验证软件单元和设计说明的一致性，并发现单元内可能存在的各种错误。

单元测试主要由软件开发者完成，大都采用白盒测试方法，辅助以黑盒测试。

2）机载设备测试

机载设备测试又称组装测试、集成测试。机载设备测试的对象是计算机软件机载设备，一个软件机载设备可能是由一个或若干个软件单元或软件机载设备组成，它是系统或程序的基本部分。机载设备测试的目的是检验软件单元和软件机载设备之间的接口关系，验证软件机载设备是否符合设计要求。

机载设备测试主要由开发方完成，一般采用黑盒测试，辅助以白盒测试。

3）配置项测试

配置项测试的对象是计算机软件配置项，计算机软件配置项由若干软件机载设备组成，是为独立的配置管理而设计的并且能满足最终用户功能的一组软件。配置项测试的目的是检验软件配置项与软件需求规格说明的一致性。

配置项测试通过黑盒测试来验证软件的功能与需求规格说明是否一致,检验开发者是否正确完成了软件产品。

4）系统测试

系统测试的对象是完整的、集成的计算机系统,重点是开发的软件配置项的集合。系统测试的目的是在真实系统工作环境下检验完整的软件配置项能否和系统正确连接,并满足系统/子系统设计文档和软件开发任务书规定的功能、性能、接口等要求。

系统测试由独立的测试组完成(第三方和系统成员为主、开发方为辅),一般采用黑盒测试。

3.2.1.2　测试方法

军用机载软件测试方法包括静态测试方法和动态测试方法。

1）静态测试

静态测试是指被测试程序不在机器上运行,而是采用人工检测和计算机辅助静态分析的手段对程序进行检测。

（1）人工检测:是指不依靠计算机而靠人工审查程序或评审软件,包含文档检查、代码检查和走查。

（2）计算机辅助静态分析:是指利用静态分析工具(如 Test Bed)对被测试程序进行特性分析,从程序中提取一些信息,以便检查程序逻辑的各种缺陷和可疑的程序构造。

2）动态测试

动态测试指通过运行程序发现错误。一般有两种方法:一是测试产品的功能,二是测试产品内部结构及处理过程,通常称为"黑盒"和"白盒"测试方法。

（1）白盒测试:白盒测试又称结构测试、逻辑驱动测试或基于程序的测试。测试者可以看到被测的源程序,了解被测程序的结构和处理方法,以被测对象的内部设计知识为基础,选定专门的测试输入和激励,以检查、发现逻辑路径、模块间的接口、共享和传递数据结构中的缺陷。

白盒测试一般包括控制流测试(语句覆盖、分支覆盖、条件覆盖、条件组合覆盖、路径覆盖测试)、数据流测试、程序编译、程序插桩、域测试和符合求值等。

（2）黑盒测试:黑盒测试是从用户观点出发的测试,又称功能测试、数据驱动测试或基于规格说明的测试。测试者可以完全不考虑程序内部结构和内部特性,只知道该程序输入和输出之间的关系,依据能够反映这一关系和程序功能的需求规格说明书而确定测试用例,推断测试结果的正确性。

黑盒测试一般包括功能分解、边界值分析、判定表、因果图、随机测试、猜错法和正交试验法等。

单元测试一般采用白盒测试,辅助以黑盒测试;机载设备测试一般主要采用黑盒测试,辅助以白盒测试;配置项测试和系统测试一般采用黑盒测试。

3.2.1.3　测试过程

军用机载软件测试过程一般包括 4 项活动,按顺序分别是测试策划、测试设计和实现、测试执行和测试总结,测试过程如图 3-3 所示。

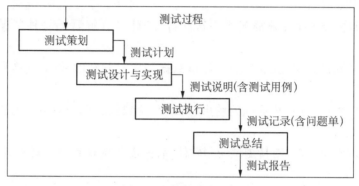

图 3-3　软件测试过程

(1) 测试策划:确定需要测试的内容或质量特性,确定测试的充分性要求,提出测试的基本方法,确定测试的资源和技术需求,制订测试资源计划和测试进度计划。

(2) 测试设计与实现:分析测试用例集的层次结构,选取和设计测试用例,获取并验证测试数据,确定测试用例执行顺序,建立测试环境并进行测试就绪审查。

(3) 测试执行:执行测试用例,获取测试结果,分析并判断测试结果。

(4) 测试总结:评估测试效果和被测软件项,描述测试状态(实际测试与测试计划和测试说明的差异、测试充分性分析、未能解决的测试事件等),描述被测软件项的状态(被测软件与需求的差异,发现的软件错误等),完成软件测试报告,通过测试评审。

1) 测试策划

软件单元测试、机载设备测试、配置项测试以及系统测试的各阶段,测试分析人员根据测试任务书(合同或项目计划)和被测试软件的设计文档对被测试软件单元、被测软件机载设备、被测软件配置项以及被测系统进行分析,并确定以下内容:

(1) 确定测试充分性要求。

(2) 确定测试终止要求。

(3) 确定用于测试的资源要求,包括软件、硬件、人员数量和技能等。

(4) 确定需要测试的软件特性。

(5) 确定测试需要的技术和方法。

(6) 确定测试结束条件。

(7) 确定软件测试活动的进度。

根据上述分析结果,编写软件各阶段测试计划。软件测试实施之前,应对测试各阶段的软件测试计划进行评审,审查测试的范围、内容、资源、进度、责任等,测试方法是否合理、有效和可行,测试文档是否符合规范,测试活动是否独立等,软件测试计划通过评审后,方可进入下一步工作,否则需要重新进行软件测试的策划。

2)测试设计与实现

测试设计与实现工作由测试设计人员和测试程序员完成,一般根据各阶段的测试计划完成以下工作。

(1)设计测试用例:分解被测试软件特性,针对分解后的每种情况设计测试用例。

(2)获取测试数据:获取现有的测试数据和生成的新的数据,并按照要求验证所有数据。

(3)确定测试顺序:从资源的约束、风险以及测试用例失效造成的影响或后果几个方面考虑。

(4)获取测试资源:支持测试所用软件,有的需要从现有的工具中选定,有的需要新开发。

(5)编写测试程序:开发测试支持工具,以及单元测试和机载设备测试的驱动模块和桩模块。

(6)建立和校准测试环境。

(7)编写测试说明:对软件测试各阶段的测试说明进行评审,审查测试用例是否正确、可行和充分,测试环境是否正确、合理,测试文档是否符合规范。

测试说明通过评审后,方可进入下一步工作,否则需要重新进行相应阶段测试的设计和实现。

机载软件测试用例设计对于确保软件测试质量尤为重要,测试用例设计的目标就是确定一组最有可能发现某个错误或某类错误的测试数据。软件测试用例设计一般有以下几种方法。

(1)白盒测试用例设计方法。

a. 语句覆盖:被测软件在执行时语句覆盖行数。

b. 分支覆盖:被测软件实际执行分支数。

c. 分支条件覆盖:条件判断表达式中所有条件操作数取 TRUE/FALSE 比例。

d. 分支条件组合覆盖:条件判断表达式所有条件操作数逻辑组合比例。

e. 修正条件判断覆盖:要求测试用例使得条件判断表达式中所有条件操作数逻辑值独立对条件判定表达式的结果产生影响。

(2)黑盒测试用例设计方法。

a. 等价类划分:把程序的输入域划分成若干部分,然后从每个部分中选取少数代表性数据作为测试用例,等价类划分的依据是软件需求规格的说明。

b. 边界值分析:测试输入、输出等价类中那些恰好处于边界或超出边界或在边界以下的状态。

c. 因果图:分析程序规格说明描述中的原因和结果,并将其表示成连接各个原因和各个结果的"因果图",把因果图转换成判断表,根据判定表中每一列表示的情况编写测试用例。

d. 判断表:某些操作是否实施,依赖于多个逻辑条件的取值。

e. 数据域测试:"域"指的是程序的输入空间,域测试方法基于对输入空间的分析,检验输入空间中的每一个输入元素是否都产生正确的结果。

每个测试用例应包括说明、初始化要求、测试输入、期望测试结果、评估测试结果的标准、操作过程、前提和约束以及测试终止条件等内容。

测试过程中常常需要一个模拟环境来辅助测试工作,测试人员需要编写以下三类测试程序:测试环境模拟程序、测试数据生成程序、测试支持工具。测试人员在编写测试程序时,应遵照一定的标准或规范,从而保证软件测试的质量。

3)测试执行

执行测试的工作由测试员和测试分析员完成。软件测试员的主要工作是按照各阶段软件测试计划和软件测试说明的内容和要求执行测试。测试执行过程中,测试员应认真观察并如实记录测试过程、测试结果和发现的错误。

测试分析员的工作主要有两方面。

(1)根据每个测试用例的期望结果、实际测试结果和评价准则判定该测试用例是否通过,并将结果记录在软件测试记录中。如果测试用例不通过,测试分析员应认真分析情况,并根据以下情况采取相应的措施。

a. 测试说明和测试数据的错误。采取的措施是改正错误,将改正错误信息详细记录,然后重新运行该测试。

b. 执行测试步骤时的错误。采取的措施是重新运行未正确执行的测试步骤。

c. 测试环境(包括软件环境和硬件环境)中的错误。采取的措施是修正测试环境,将环境修正情况详细记录,重新运行该测试;如果不能修正环境,记录理由,再核对终止情况。

d. 软件实现错误。采取的措施是填写软件问题报告单,可提出软件修改建议,然后继续进行测试;或者把错误与异常终止情况进行比较,核对终止情况;软件更改完毕后,应根据情况对其进行回归测试。

e. 软件设计错误。采取的措施是填写软件问题报告单,可提出软件修改建议,然后继续进行测试;或者把错误与异常终止情况进行比较,核对终止情况;软件更改完毕后,应根据情况对其进行回归测试或重新组织测试,回归测试中需要相应地修改测试设计和数据。

(2)当所有测试用例都执行完毕,测试分析员要根据测试的充分性要求和失效记录,确定测试工作是否充分,是否需要增加新的测试。当测试过程正常终止时,如果发现测试工作不足,应进行补充测试,直到测试达到预期要求,并将附加的内容记录在相应阶段的测试报告中。如果不需要补充测试,则将正常终止情况记录在软件单元测试报告中。当测试过程异常终止时,应记录导致终止的条件、未完成的测试和未被修改的错误。

4) 测试总结

测试分析员应根据被测试软件设计文档、相应测试阶段的软件测试计划、测试说明、测试记录和问题报告单等，对测试工作进行总结。主要包括下面几项工作：

（1）总结各阶段测试计划和测试说明的变化情况及其原因，并记录在相应阶段的软件测试报告中。

（2）对测试异常终止情况，确定未能被测试活动充分覆盖的范围，并将理由记录在测试报告中。

（3）确定未能解决的软件测试事件以及不能解决的理由，并将理由记录在测试报告中。

（4）单元测试总结测试所反映的软件单元与软件设计文档之间的差异；机载设备测试总结测试所反映的软件机载设备与设计文档（含接口文档）之间的差异；配置项测试总结测试所反映的软件配置项与软件需求规格说明（含接口规格说明）、软件设计文档（含接口设计文档）之间的差异；系统测试总结测试所反映的软件系统与软件开发任务书或软件开发合同或系统/分系统设计文档之间的差异，都应记录在相应的测试报告中。

（5）单元测试将测试结果连同所发现的错误情况同软件设计文档对照，评价软件单元的设计和实现；机载设备测试将测试结果连同所发现的错误情况同软件设计文档（含接口设计文档）对照，评价软件机载设备的设计和实现；配置项测试将测试结果连同所发现的错误情况同软件需求规格说明（含接口规格说明）、软件设计文档（含接口设计文档）对照，评价软件配置项的设计和实现；系统测试将测试结果连同所发现的错误情况同软件开发任务书或软件开发合同或系统/子系统设计文档对照，评价软件系统的设计和实现；提出软件改进建议，并记录在相应的测试报告中。

（6）编写相应阶段的软件测试报告，该报告应包括测试结果分析、对软件单元/机载设备/配置项/系统的评估和建议。

（7）根据测试记录和软件问题报告单编写测试问题报告。

测试执行活动、软件测试报告、测试记录和测试问题报告等应进行评审。审查测试执行活动的有效性、测试结果的正确性和合理性，是否达到了测试目的，测试文档是否符合规范。

3.2.1.4　测试文档

软件测试文档一般包括测试计划、测试说明、测试报告、测试记录和测试问题报告单（简称问题单），测试文档的基本内容和要求可参考 GJB438B—2009。同时可依据 GJB/Z141—2004、软件的安全性关键等级和软件规模进行合理的取舍和合并。

3.2.1.5　测试工具

软件测试工作的重要性越来越被软件开发人员所认识和重视，各种测试工具应运而生，新的测试工具不断面世，为嵌入式系统软件分析和测试提供新的技术手段和方案。

不同的测试阶段使用经过认证的软件测试工具,可以有效提高测试的质量和工作效率,减少测试过程中的重复劳动。测试工具包括静态分析工具和动态测试工具。常用的嵌入式软件测试静态分析工具有 BM Rational Logiscope、PolySpace 和 LDRA TestBed 等,动态测试工具有 Code Test、C++test 和 LDRA TestBed/TBrun 等。

1) 静态分析工具

Logiscope 工具的主要功能用于对软件做质量分析和度量,可应用于软件的整个生命周期,Logiscope 有 3 项主要功能,以 3 个独立工具的形式出现,分别是 Audit、RuleChecker 和 TestChecker。

(1) Audit 为软件质量分析工具,以 ISO/IEC9126 模型作为质量评价模型的集成,主要用来静态检查程序代码的各种指标,如可重用性、可测试性、可读性、健壮性和可维护性等。

(2) Rulechecker 为代码规范性检测工具,主要用来静态检查程序代码是否符合相应的编码规范,它有 370 多条规则,适用于 C、C++、Ada 和 Java 语言,也支持国际著名的编码规范标准,如支持 C/C++ 的 MISRA 标准,用户可依据项目定制规则。

(3) TestChecker 为测试覆盖率统计工具,主要用来动态测试程序代码。

PolySpace 是一款静态分析测试工具,它不需要测试用例、测试设备和测试环境,更不需要运行测试软件,通过对被测代码进行静态扫描,就可以查找出可能存在运行时错误的代码段,非常适合在编码阶段对代码进行测试,以及早发现软件动态测试阶段才能够发现的问题,可有效降低测试成本,提高测试效率。PolySpace 满足 MISRA、DO-178B、IEC-61508、FDA 等认证标准,能够对 C、C++、Ada 语言进行检查。

TestBed 具有静态分析功能,用于鉴别 C 语言使用过程中出现的问题(包括潜在问题),可以对源代码进行分析与质量评估,从而提高 C 语言开发的质量。TestBed 静态测试功能主要用于软件编程、软件测试与软件维护阶段,主要包括以下内容:

(1) 编程标准验证。软件开发必须遵循约定准则和标准,使用 TestBed 工具可以自动地验证:软件是否遵循了所选择的编程规则,代码是否违反所制订的编程规则。TestBed 以文本方式或图形标注的方式显示、报告所有违反编程规则的代码,测试人员或编程人员可根据显示的信息对违反编程规则的代码进行修改。

(2) 错误检测。TestBed 分析软件中全局变量、局域变量及过程参数的使用状况,并以图形显示、HTML 或 ASCII 文本报告方式表示,清晰地识别出变量使用引起的软件错误,此种方法既可适用于单元级,也可使用于集成级、系统级。

2) 动态测试工具

CodeTEST 具有强大的测试分析功能,主要包含 3 个产品,CodeTEST Native、CodeTEST Software-In-Circuit 和 CodeTEST Hardware-In-Circuit,分别适用于嵌入式软件系统开发的不同测试阶段。

（1）CodeTEST Native 可在主机上完成软件开发后的测试。

（2）CodeTEST Software-In-Circuit 将被测软件下载到目标系统并通过互联网与"宿主机"连接进行软件测试。

（3）CodeTEST Hardware-In-Circuit 直接在目标系统上进行测试，从总线上获取测试结果，需要软硬件配合测试。

CodeTEST 可以精确地得出每个函数或任务执行的最大时间、最小时间和评价时间以便各函数或任务之间的调用情况，可以从单元级、集成级、系统级进行嵌入式软件的分析与测试，统计测试覆盖率。

C++test 是 Parasoft 针对 C/C++的一款单元级自动化测试工具，能自动测试任何 C/C++类、函数或机载设备，自动生成测试用例、测试驱动程序或桩调用，无须手工编码。C++test 能够自动测试代码构造（白盒测试）、测试代码的功能性（黑盒测试）和维护代码的完整性（回归测试）。通过静态模拟程序执行路径，可跨越多个函数和文件，能够在不需要执行程序的情况下识别运行时缺陷；查找到的缺陷包括使用未初始化的内存、空指针引用、除零、内存泄漏。同时，还提供 C/C++编程规范检查和覆盖率测试，支持的编码规则包括 MISRA、JSF 等，用户也可定制编码规则；可基于宿主环境和目标环境分析代码和测试流。

TestBed/TBrun 具有自动生成测试脚本与打桩处理功能，测试脚本编译后与被测软件连接在一起，从而产生一可执行程序，使得软件单元测试过程简单易用，并产生测试结果文件。通过对被测软件进行自动源程序插装（source code instrumentation），TestBed 可报告被测软件在测试执行时代码覆盖情况，从而可快速识别遗漏的测试用例数据。

TestBed 可提供如下代码覆盖率指标：

（1）语句覆盖（statement）。

（2）分支/判定覆盖（branch/decision）。

（3）LCSAJ 覆盖（linear code sequence and jump segments）。

（4）程/函数调用覆盖（procedure/function call）。

（5）分支条件覆盖（branch condition）。

（6）分支条件组合覆盖（branch condition combination）。

（7）修正条件/判定覆盖（modified condition/decision）。

（8）动态数据流覆盖（dynamic data flow）。

3.2.1.6　组织和人员管理

军用机载软件测试可由开发方组织实施，也可由第三方进行测试。当软件测试由第三方实施时，必须是军方认可的测试组织。当软件测试由软件开发方组织实施时，测试人员和开发人员应相对独立。

软件开发团队应配合软件测试团队完成相关测试工作，质量保证团队负责对测试过程进行监督和评审。软件测试组织与人员管理如图 3-4 所示。

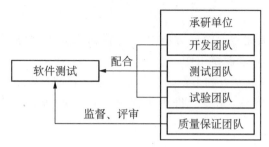

图 3-4　软件测试组织与人员管理

参加软件测试的人员一般包括:测试项目负责人、测试分析员、测试设计员、测试程序员、测试员、测试系统管理员以及配置管理员。人员职责如表 3-3 所示。

表 3-3　软件测试人员分工与职责

工作角色	职　责
测试项目负责人	管理监督测试项目,提供技术指导,获取适当的资源,技术协调,负责项目的安全保密和质量管理
测试分析员	确定测试计划、测试内容、测试方法、测试数据生成方法、测试(软、硬件)环境、测试工具,评估测试工作的有效性
测试设计员	设计测试用例,确定测试用例的优先级,建立测试环境
测试程序员	编写测试辅助软件
测试员	执行测试,记录测试结果
测试系统管理员	测试环境和资产管理和维护
配置管理员	设置、管理和维护测试配置管理数据库

注:① 由独立的测试组织实施测试时,应配备测试活动的配置管理员。

　② 一个人可承担多个角色的工作,一个角色可由多个人承担。

3.2.1.7　第三方测试

军用机载软件独立第三方测试是独立软件验证与确认的一种形式,在我国装备机载软件的研制过程中发挥了极为重要的作用。对系统中影响型号研制成败的关键软件,在各研制单位进行了全面、系统的软件测试工作后,还应进行第三方独立测试。第三方指的是与软件开发任务交办方、承制方相对独立的其他机构,我国一般是指通过军用测评试验室认可的独立测评机构。

国内军用机载软件对于重要度等级为关键重要软件(对应 DO-178B 等级划分方法的 A、B、C 级),均要求必须进行第三方独立测试。

1) 测试目的

第三方独立测试的目的是进一步加强软件开发的质量保证工作,提高软件质量。进行第三方独立测试具有以下优点:

(1) 发挥专业技术优势。通常确定进行独立测试的机构是一些权威的、具有软件测试专业技术和丰富经验的机构,由它们进行独立测试能有效地发挥其在专业技术上的优势。

（2）发挥独立性优势。第三方测试机构相对独立于软件任务的交办方、承制方,可以比较客观地开展测试工作。

（3）进一步促进承制方的工作。在承制方完成软件开发工作后,还要由第三方进行独立的验证和确认,无疑会进一步促进承制方改进和加强其自身质量保证工作。

2）软件范围要求

飞控系统机载软件与飞行安全息息相关,依据 DO - 178B 对软件研制等级的定义,飞控系统机载软件一般为 A 级或 B 级,属于安全关键性软件,故需要进行第三方测试。

3）承测单位要求

飞控系统机载软件一般为 A 级或 B 级,故承担其第三方测试工作的机构不仅应具备军品软件测评资质的专业测评组织,而且还必须具有航空型号 A 级软件的测评经验。

4）测试过程要求

为了保证飞控系统机载软件的所有功能、性能都得到充分的测试,避免遗留测试死角,形成潜在的故障隐患,飞控系统机载软件第三方测试一般应进行单元测试、机载设备测试、配置项测试、软/硬件系统测试和回归测试。

5）测试结果要求

承测单位在完成所有测试工作后,按照 GJB2725A—2001 的要求出具软件测评证书,并提交三方测试产品,包括测试计划、测试说明、测试报告以及测试问题单。

3.2.2　民用飞机机载软件测试

民用飞机机载软件测试各级别的测试顺序依次为低级测试、软件综合测试和软/硬件综合测试。DO - 178B 定义的软件测试过程如图 3 - 5 所示。

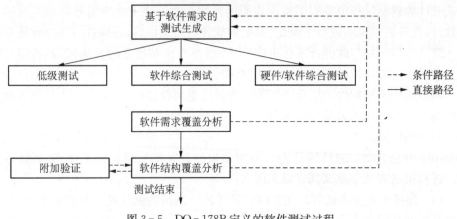

图 3 - 5　DO - 178B 定义的软件测试过程

（1）低级测试：低级测试主要检查软件各模块的语法、格式和逻辑错误，用低级测试用例测试程序，将实际结果与期望值进行比较，以验证模块设计的正确性。

（2）综合测试：软件综合测试将软件各模块组装成功能块，进而将各功能块组装成完整的软件系统，并在真实的目标机上，利用综合测试设备和开发综合设备执行综合测试用例，将实际结果与期望值进行比较，以验证软件设计的正确性。

（3）软/硬件综合测试：软/硬件综合测试将通过软件综合测试的软件加载到目标机中，在实物/半实物试验台中检测软件与系统设计要求的一致性，并确认包括软件系统在内的系统功能、性能能满足使用要求。

DO-178B 标准强调的是一种目标导向的做法，对于软件测试过程，标准并未规定采用的测试方法，但它明确给出了三类测试的目标、验证目标的方式以及达成目标的指标和证明。根据软件的不同等级，DO-178B 标准详细定义了测试过程的目标要求、过程活动的独立性要求以及测试过程活动生成的软件生命周期数据控制类别的要求。

3.2.2.1 三类测试的目标

针对民用飞机机载软件 3 个级别的测试内容，DO-178B 标准规定了 3 类测试的目标描述如下：

（1）硬件/软件综合测试：验证软件在目标机环境中的正确运行。

（2）软件综合测试：验证软件需求和机载设备之间的内部关系，验证软件需求和软件机载设备在软件体系结构中的实现。

（3）低层测试：验证软件低层需求的实现。

3.2.2.2 验证目标的方式

为了满足软件测试目标，民用飞机机载软件测试用例设计强调以软件需求为基础，包括：

（1）正常范围测试用例和鲁棒测试用例。

（2）测试覆盖分析，包括基于需求的覆盖分析和结构覆盖分析。

（3）测试环境，包括高保真的目标机环境、目标机仿真器或宿主机。

这些要求都和军用飞机机载软件测试要求相类似。

3.2.2.3 达成目标的指标和证明

软件测试的输出数据包括软件验证用例和规程，软件验证结果。

依据软件等级，给出软件测试目标的使用性和独立性要求，以及测试输出数据的控制类。

详细要求参考 DO-178B 附录表 A-6（综合过程输出的测试）和表 A-7（验证过程结果的验证）。

3.2.3 大型运输机飞控系统机载软件测试

通过对军用机载软件测试过程和民用飞机机载软件测试过程分析发现：民用飞机机载软件以目标为导向，强调验证目标方式和达成目标的指标和证明，但对测试方法、测试工具以及测试过程没有具体的要求。为了对机载软件测试提供更清晰的指导，大型飞机飞控系统机载软件测试以 GJB141/Z 标准为主线，结合 DO‐178B 测试相关要求，形成了适于型号需要的飞控系统机载软件的测试思路。

飞控系统机载软件测试的对象是所有运行于飞控系统机载计算机中的软件。软件开发的每一个阶段都有可能引入错误，这就需要软件测试应覆盖软件开发过程的所有阶段产品。

大型飞机飞控系统机载软件一般由分布在电传飞控系统、自动飞控系统和高升力控制系统 3 个分系统中的多个软件配置项组成，如图 3‐6 所示，代码量达 10 多万行，能够实现飞控系统 80％的控制功能。飞控系统机载软件可靠性和安全性要求非常高，但每个软件配置项的安全关键等级不尽相同，软件规模、复杂性各异，因此，需要依据软件的特点采用不同的测试策略和方法。

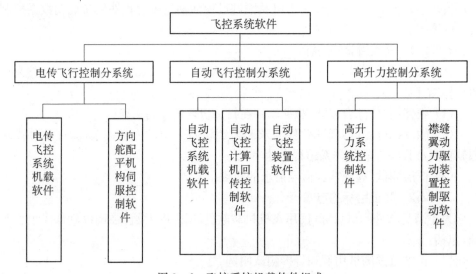

图 3‐6　飞控系统机载软件组成

3.2.3.1　单元测试

飞控系统机载软件由不同的软件模块组成，每个软件模块完成一个清晰定义的子功能，而且这个子功能和同级其他软件模块的功能之间没有相互依赖的关系。飞控系统机载软件单元测试是对这些基本组成模块和主要的控制路径进行测试，来检验每个软件单元能否正确地实现功能，满足性能和接口要求。

软件单元测试是软件测试过程中不可省略的环节，通过这个环节可以发现隐藏在软件中的低级错误，避免了机载设备、配置项等后续测试中错误难定位、难发现的问题。

1）测试计划

软件单元动态测试之前，需要对飞控系统机载软件单元测试过程进行总体规划，包括对软件单元测试中使用测试环境的构成、测试人员分工、测试内容、测试方法、测试进度等内容进行描述，从而提高软件测试效率，降低测试成本。

软件单元测试计划应符合软件开发计划的规定,并与其规定的内容相协调。软件单元测试过程采用的测试方法以及要求都必须与测试计划中描述的内容一致,测试人员应严格按照计划内容进行软件单元测试活动。

软件单元测试计划指导软件测试人员在软件测试过程中避开风险,避免经常遇到的问题导致测试过程的延误,促进测试人员之间的沟通,协助质量管理,使得测试的管理更易进行。

2)测试方法

飞控系统机载软件单元测试包括软件单元静态测试和软件单元动态测试。

软件单元测试大多采用白盒测试方法,而且可以进行多个单元并行测试。顾名思义,白盒测试相当于将程序看成装在一个透明的白盒子里,程序的结构和控制过程完全可见,测试人员根据软件内部的逻辑结构,对其进行测试工作。由于白盒测试需要对软件有深入的认识,包括结构、各组成部分及之间的关联,以及内部的运行原理、逻辑等,软件单元测试工作可以由程序员承担。飞控系统机载软件单元测试方法如图 3-7 所示。

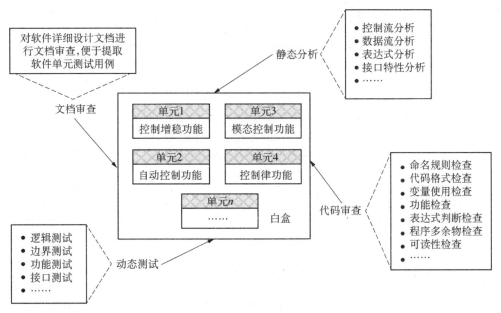

图 3-7 飞控系统机载软件单元测试方法

软件单元动态测试之前,需要对软件源代码进行静态分析、代码审查以及文档审查,确保源代码符合编码规范。静态分析可以使用 TestBed 工具对飞控系统机载软件进行代码分析。代码审查是审查软件接口之间数据传递、数据调用之间的正确性,以及与软件详细设计的一致性等。文档审查是审查软件详细设计说明中的内容与概要设计说明的一致性等。

软件动态测试时,采用白盒测试方法来关注单元的具体实现、内部的逻辑结构、数据流向、控制流等，来完成单元的接口测试、单元局部数据结构测试、单元中所有独立执行路径测试、各种错误处理测试和单元边界条件测试。

软件单元测试的运行环境为宿主机模式。由于软件单元本身不是一个独立的程序，必须为每个单元测试开发驱动模块和桩模块，来搭建软件单元测试环境。驱动模块只是一个接收测试数据，并把数据传送给被测试的单元，然后输出相关的结果。桩模块是替代那些属于被测单元的被调用的模块。

飞控系统机载软件单元测试环境如图 3-8 所示。

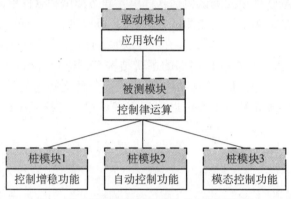

图 3-8　飞控系统机载软件单元测试环境

3）测试说明

飞控系统机载软件单元测试的内容主要来源于软件详细设计说明，由软件测试人员对文档进行审查，从中提取软件单元测试所需的测试用例。测试用例的设计应基于测试需求的原则以及测试方法的原则，确保测试内容的正确性和可追踪性。

软件测试人员根据软件详细设计说明中的功能点来设计测试用例，给出软件单元的输入数据和对应的输出数据。其中，设计的测试用例应满足软件单元的功能需求，达到功能覆盖。同时，对源代码使用等价类划分、边界值分析等方法来设计测试用例，达到软件单元的逻辑覆盖，如语句覆盖、判定覆盖、条件覆盖等。

等价类划分是将软件单元中的数据集合进行划分，每类中一个典型值在测试中的作用与这一类中所有其他值的作用相同，测试人员选用等价类中的一组数据作为测试用例进行测试来发现程序中的错误。边界值分析是关注输入、输出空间的边界条件，以标识测试用例。实践证明，程序在处理大量中间数值时都正确，但在边界处最可能出现错误。例如，在飞控系统控制律运算模块中，存在许多飞行参数值，大多数为浮点数，可能一个小数点的错误都会很大程度地影响单元的功能。

每个软件测试用例都应该有唯一的标识号，并对需求追踪、测试输入、期望的测试结果、评估测试结果的准则、测试步骤等内容进行详细的描述，便于软件测试人员进行单元测试活动以及软件回归测试用例的设计。

4）测试结果

机载软件测试人员根据软件单元测试计划中的内容，搭建软件单元测试环境，使用软件测试工具，导入软件测试用例数据，对软件单元进行动态测试。飞控系统机载软件单元测试过程如图3-9所示。

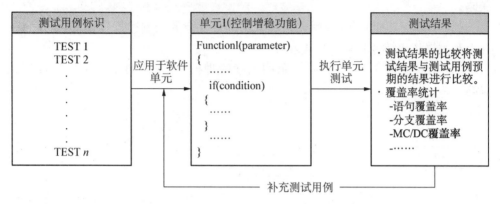

图3-9　飞控系统机载软件单元测试过程

通过分析软件单元测试结果，来判断测试用例是否满足软件单元测试计划中所要求的软件覆盖率，对未达到覆盖率的软件单元进行分析，并补充测试用例，进行动态测试，直至满足要求为止。

覆盖率是用来度量测试完整性的一个手段，根据软件等级和型号要求，飞控系统机载软件单元测试的覆盖率的种类为语句覆盖、判定覆盖、条件覆盖。语句覆盖是使程序中的每个可执行语句至少执行一次，判定覆盖是使得程序中的每个判断至少取值真分支和假分支一次，即判断的真假值均曾被满足，条件覆盖是使每个判断中每个条件的可能取值至少满足一次。

机载软件单元测试过程中，若发现程序输出结果与预期结果不一致，需要分析程序中可能存在的错误，经确认后反馈给程序员，对其进行更改并进行软件单元回归测试，直至软件单元通过测试。

3.2.3.2　机载设备测试

飞控系统机载软件机载设备测试的依据是软件概要设计说明，其目的是检查软件单元之间和模块之间的接口关系以及模块功能实现的正确性。机载设备测试是一个由单元到模块的过渡性测试，在进行测试计划时，需要考虑飞控系统机载软件的体系结构，包括模块之间的层次关系和依赖关系，而测试项的划分与软件单元的集成策略对于测试设计尤其重要。合理的测试项划分和单元集成策略可缩短测试过程中的时间、降低技术风险，从而提高测试效率。

1）测试计划

机载设备测试计划包括机载设备测试项划分、测试类型定义、人员分工以及测试进度安排，用以指导整个机载设备测试过程。测试项的划分主要依据软件概要设计结果,以模块的功能复杂度、模块间的耦合度来确定软件机载设备集成的颗粒度和集成策略,测试项100%覆盖了软件概要设计定义的软件机载设备的所有功能。

飞控系统机载软件机载设备测试策略为混合式集成测试模式,如图3-10所示。

(1) 对与外部硬件耦合关系紧密的 BIT 软件功能模块,采用大爆炸集成测试策略。

(2) 对内部功能复杂、调用关系和数据耦合复杂的控制律运算模块,采用自下向上和大爆炸相结合的集成测试策略。

(3) 对功能独立、接口关系简单的余度管理模块,采用自下而上的集成测试策略。

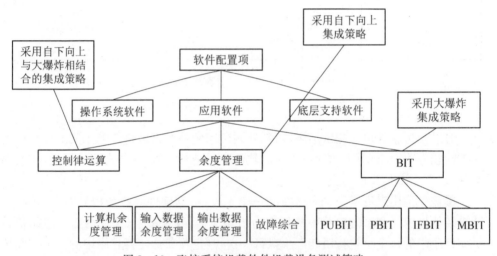

图 3-10　飞控系统机载软件机载设备测试策略

2) 测试方法

飞控系统机载软件机载设备测试所使用的方法包括静态分析、代码审查和动态测试。动态测试采用白盒和黑盒相结合的测试方法,静态测试先于动态测试。

静态分析和动态测试可借助软件测试工具完成。机载设备测试静态分析和代码审查重点关注函数接口与调用检查;动态测试重点关注模块功能的正确性,一般采用打桩和调用源码相结合的方式。机载设备测试环境同单元测试环境,可在单元测试环境上进行。

飞控系统控制律软件机载设备测试时,应考虑其具有多模态、多速率组和连续性等特点,测试人员需通过连续性测试的数据对控制律软件进行功能测试。

实际工程应用中,通过 Simulink 仿真软件,控制律仿真模型生成连续性测试数据,数据包含输入数据和输出数据。同时,编写软件测试驱动程序,对测试数据进行预处理,并调用被测的控制律软件。最后,结合 TestBed 软件测试工具对驱动程序进行测试,即对控制律软件进行测试,分析软件测试结果。对未覆盖到的测试数据进行分析,通过控制律模型再次生成未被覆盖的数据范围,进行测试数据的补充,直至覆盖周期内所有的测试数据,验证其控制律软件的正确性。

飞控系统控制律软件机载设备测试流程如图 3 - 11 所示。

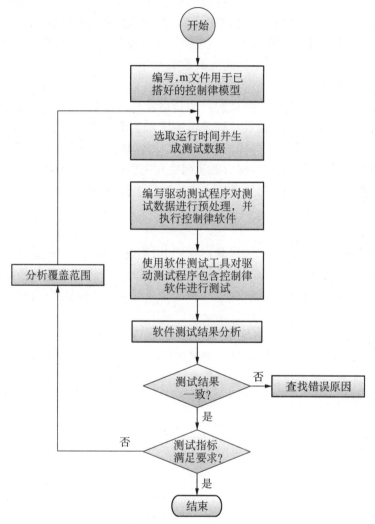

图 3 - 11 飞控系统控制律软件机载设备测试方法

3）测试说明

飞控系统机载软件机载设备测试的内容主要来源于软件概要设计说明,测试用例设计方法同单元测试。机载设备测试用例设计时,应重点关注:

（1）机载设备（或单元）间参数传递与结果返回的正确性。

（2）机载设备（或单元）组装后,机载设备功能的正确性。

（3）全局数据结构的正确性。

4）测试结果

机载设备测试的执行环境、测试过程和测试充分性判断同单元测试，其区别一是机载设备测试将单元测试过程中构造的桩模块、驱动程序、全局数据用实际的机载设备（或单元）和实际的全局数据替代，逐步将机载设备（或单元）组装成较大的机载设备；二是机载设备测试覆盖率一般应覆盖软件概要设计说明中定义的软件机载设备的所有功能，达到基于函数调用对覆盖率100%。

3.2.3.3　配置项测试

飞控系统机载软件配置项测试的目的是检验软件配置项与软件需求规格说明（含接口需求规格说明）的一致性。配置项测试对需求规格说明中定义的各种状态下的功能、性能、接口、安全性等需求进行测试，测试软件配置项与配置项、配置项与硬件之间、配置项与用户之间的接口的正确性和完整性。配置项测试是软硬件结合的测试，在进行测试计划时，需要考虑飞控系统机载软件的所有外部接口，包括接口类型、接口数据类型和格式等。

1）测试计划

配置项测试计划完成配置项级测试项划分、测试类型定义、人员分工以及测试进度安排，用以指导整个配置项测试过程。测试项的划分主要依据软件需求规格说明（含接口需求规格说明），测试项100%覆盖了软件需求规格说明（含接口需求规格说明）定义的所有功能、性能、接口、安全性等需求。

2）测试方法

飞控系统机载软件配置项测试主要采用黑盒测试方法，不考虑软件内部的实现细节。测试环境一般为目标机＋激励器模式，包括宿主机、飞控计算机、总线仿真器以及飞机模型仿真机，其测试环境如图3-12所示。

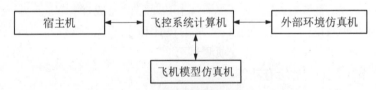

图3-12　飞控系统机载软件配置项测试环境

（1）宿主机完成软件的加载和测试数据处理。

（2）飞控计算机/仿真机运行被测飞控系统机载软件。

（3）外部环境仿真机完成飞控计算机与外部系统的总线通信和硬线接口仿真等功能。

（4）飞机模型仿真机完成飞机运动方程的数据运算。

集成后的飞控系统机载软件配置项在飞控计算机中运行，使用外部环境仿真机为其提供输入数据并完成输出数据采集，从而验证整个飞控系统机载软件功能的正确性和性能等指标的符合性。

3）测试说明

飞控系统机载软件配置项测试的内容依据软件需求规格说明,测试用例的设计包括功能、接口、边界、余量、性能以及安全性等测试用例的设计。

（1）功能测试用例设计对软件功能进行等价类划分,包括有效等价类和无效等价类,采用等价类划分设计测试用例既确保了软件机载设备功能测试的完备性,又避免了测试的冗余设计。

（2）接口测试用例设计主要检查飞控系统机载软件的硬线和总线接口数据传输的正确性。

（3）边界测试用例设计基于飞控系统机载软件在输入、输出空间的边界条件,包括最小值、略高于最小值、正常值、略低于最大值和最大值,略高于最大值和略低于最大值的取值与对应数据的类型和分辨率有关,略高于最大值一般取最大值加一个分辨率,略低于最大值一般取最大值减一个分辨率,对于多个输入变量的情况,基于可靠性理论中的“单故障”假设而设计测试用例,即认为软件失效基本都是由单故障引起的,测试用例设计使一个变量取边界值,其他变量取正常值。

（4）余量测试用例设计依据软件需求中要求系统 FLASH 存储余量要求、处理时间要求以及余量要求,确定系统 FLASH 和处理时间余量大小。

（5）性能测试用例设计依据软件需求中要求的性能要求,确定相应的测试方法,总线传输速率的性能测试采用示波器计算。

（6）安全性测试用例设计依据软件需求中的安全性要求,确定相应的测试方法,看门狗功能测试通过在看门狗喂狗语句后添加延时语句,观察系统运行结果实现。

4）测试结果

配置项测试计划中所列的测试项和测试要求已经完成,测试中所有的异常有合理的解释和正确有效的处理,软件配置项的设计和实现已进行评价,即完成了飞控系统机载软件的配置项测试。配置项测试要求 100％覆盖软件需求规格说明（含接口需求规格说明）定义的所有功能、性能、接口、安全性等要求。

3.2.3.4　系统测试

飞控系统机载软件系统测试的对象是完整地通过单元、机载设备和配置项测试的飞控系统机载软件,测试的目的是在半实物仿真工作环境下检验完整的软件配置项能否和其他设备和系统正确连接,并满足软件研制任务书规定的功能、性能等要求。

1）测试计划

飞控系统机载软件系统测试计划以软件研制任务书为依据,重点针对模块之间有交联关系以及仅软件研制任务书中明确的用于提高软件可靠性措施的软件需求,来划分测试项。测试项的划分应 100％覆盖软件研制任务书中所规定的各项功能、性能等要求。

2) 测试方法

飞控系统机载软件系统测试采用黑盒测试方法，主要根据软件研制任务书分析确定软件是否满足其功能、性能等要求。软件系统测试所使用的环境为真实的目标机环境飞控系统"铁鸟"集成试验台，测试设备包括地面调试设备、飞控系统测试设备、航电系统测试设备和示波器。地面调试设备运行软件测试工具和地面维护设备软件，与航电系统测试设备、飞控系统测试设备一起为软件测试提供部分仿真数据输入并回显测试输出数据，完成整个系统测试功能。测试环境参考图 3-21 所示的飞控系统机载软件开发与支持环境。

3) 测试说明

飞控系统机载软件系统测试用例设计依据软件研制任务书，测试用例类型同配置项测试，主要包括功能、性能、余量、边界以及安全性测试。

4) 测试结果

飞控系统机载软件系统测试计划所定义的所有测试项和测试类型以及测试说明所设计的所有测试用例都已完成，并且测试中所发现的问题都得到了改正或有效的说明后，标志着飞控系统机载软件系统测试的完成。系统测试确认了软件代码实现到研制任务书的可追溯性，以及代码与研制任务书中所规定的功能、接口和性能等要求的符合性。

3.3　基于模型的飞控系统机载软件开发与测试方法

3.3.1　基于模型开发方法概述

随着电传飞控技术的日益成熟和大量使用，以提高飞机安全性为目的，飞控计算机采用余度技术构成多通道控制，为了追求优良的飞行品质，控制律构型也日趋复杂。这些因素都促使飞控系统机载软件规模和复杂程度不断提高。实际型号研制经验表明，飞控系统机载软件研制过程中，软件需求变更贯穿于整个开发过程，导致软件验证、确认、追踪和分析的工作量急剧增加，飞控系统机载软件面临着既要提高开发效率，又要保证高安全性的双重挑战。

传统的飞控系统机载软件开发遵循典型的"V形"开发流程，整个软件生命周期中的核心进程是软件编码——设计阶段所做的软件需求、软件设计都是为了编写代码；验证进程中的单元测试、集成测试、系统测试都是为了验证代码的正确性。因此，传统的飞控系统机载软件开发方式可以被称为"基于代码的开发流程"，其缺点是开发早期进程难以验证。多重描述(二义性)，后期维护更改较为困难，开发周期长，成本高等。面对更加复杂、更大规模、更高安全性的大型飞机飞控系统机载软件，传统的软件开发方法很难满足要求。

随着软件工程的发展和完善，新设计方法的出现和应用推广，软件的开发方法也在不断改变，基于模型的软件开发方法为飞控系统机载软件开发提供了一条新的解决途径。采用基于模型的机载软件开发方法，传统的"V形"流程如图 3-13 所示,变更为"Y 形"开发流程如图 3-14 所示,其主要区别是工作重心从编写代码转移到建立模型,代码可以通过模型自动生成,如果采用通过认证的代码生成器,可以节约单元测试的时间和成本。

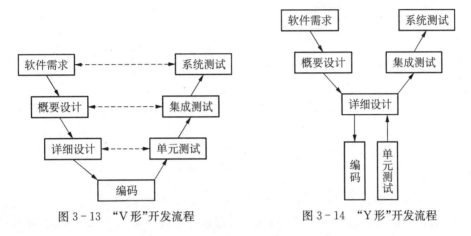

图 3-13 "V 形"开发流程   图 3-14 "Y 形"开发流程

基于模型的开发工具近些年来发展很快,在嵌入式软件领域主要有 SCADE Suite、MATLAB Simulink、Rhapsody、TAU、RoseRT、STOOD 等。其中 SCADE Suite 因其满足关键应用领域的高安全要求,简单易用,在欧洲航空航天、高铁、能源等高安全领域成熟应用多年后,近年来在国内航空航天等高安全领域被广泛采用,具有以下特点:

(1) 采用形式化设计方法,以严格的数学理论保证设计完整性和无二义性。

(2) 使用形式化建模方式,易学易用,采用"基于模型"开发方式代替传统"基于代码"开发方式,减少开发人员工作量。

(3) 自动生成高质量、无须单元测试的满足 DO-178B 标准的 A 级认证的 C 代码,代码与模型严格一致。

(4) 提供高效可靠的仿真和测试手段,可对各个开发流程进行定量验证。

SCADE 模型是由数据流图和状态机图混合实现的,这与控制律算法设计时通常使用 Simulink 和 Stateflow 实现方法类似,所以 SCADE 在控制律软件的设计中使用比较普遍。基本的研制流程如图 3-15 所示。

图 3-15 飞控系统控制律软件的 SCADE 模型开发基本流程

3.3.2 SCADE 模型测试验证特点

软件验证过程包括评审、分析和测试三部分。从软件开发流程角度来说,我们熟悉的开发流程包括需求分析、概要设计、详细设计、编码等。通过评审、分析,保证了概要设计与需求分析的一致性、详细设计与概要设计的一致性,但是评审、分析并不能定量地衡量它的完备程度。于是,使用单元测试来保证代码和详细设计的一致性,而采用代码覆盖率分析衡量单元测试是否完备。

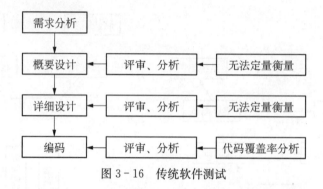

图 3-16　传统软件测试

基于模型开发方式,使用 SCADE 进行概要设计、详细设计时,通过 SCADE 建模,有力地规避了传统开发方式文档描述采用自然语言所带来需求不明确、存在歧义或二义性的软件开发风险。随后通过 SCADE 所提供的模拟仿真(黑盒测试)来验证功能是否正确实现,通过 MTC 模型覆盖率(白盒测试)分析衡量模拟仿真是否完备,从而达到对验证的定量衡量。另外,由于 KCG 代码生成器能确保生成的代码与模型的一致性,因此,基于代码的软件开发方式所必须进行的单元测试可以完全省略,代码静态测试也相应地变成模型静态检查。

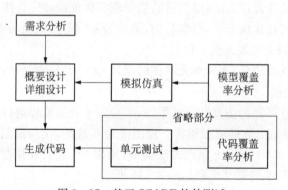

图 3-17　基于 SCADE 软件测试

3.3.3　SCADE 软件测试过程

3.3.3.1　测试策略

基于 SCADE 模型测试最好的策略是:尽早在宿主机或试验平台上对每个功能节点进行仿真测试,即 SCADE 模型一旦建立,应当在第一时间开始模型的仿真验证工作。

依据以往型号工程经验,提出如下测试策略:

(1)静态检查是整个 SCADE 测试的第一步,包括语法和语义检查(由 SCADE

编辑器完成),走查模型中变量和参数命名规则的合理性,走查每个功能节点/模块是否有详细明确的说明,走查模型是否能追溯到上一层规格说明,走查 SCADE 模型结构和算法是否合理。

(2) 仿真测试用例是否是基于需求(飞控系统详细设计文档或控制律设计文档)设计。

(3) 如果在模型中添加了新的功能或修改,需进行回归测试验证。

3.3.3.2 测试流程

基于模型的软件测试与传统软件测试一个最大的不同就是模拟仿真,SCADE 模型测试利用 SCADE 仿真器(SCADE simulator)模拟仿真完成。SCADE 仿真器是一个可视化的调试环境,其实质是通过执行由 KCG 生成的 C 代码对模型进行仿真和调试。

在 SCADE 软件测试中,单纯的模拟仿真并不能达到所有的测试目标,仍需与其他测试方式结合,采用的测试方式有"开环"和"闭环"两种。这两种方法互为补充,都属于动态测试。前者相当于进行单元和机载设备测试,后者相当于进行配置项和系统集成测试。

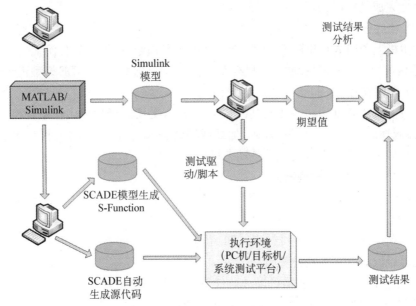

图 3 - 18 SCADE 软件测试流程原理

1) 开环仿真

(1) 利用 SCADE 仿真器和 SCADE MTC(SCADE 模型覆盖率分析),对诸如插值、一阶或二阶传递函数、三角函数、计数器、饱和以及在构建控制律模块节点中,为减少模型复杂度构建的公用函数等节点,可以在闭环仿真前,采用开环的方式测试节点的正确性,通过输入多组测试用例,完成 SCADE 节点的模拟仿真(功能测试、接口测试)以及覆盖率分析。

（2）将生成的代码集成到飞控系统机载软件中，编译生成可执行目标码加载到飞控计算机或目标 CPU 板卡中，外部测试设备仅仅模拟系统软件所需的激励信号（如总线数据、硬线信号、模拟量、离散量等）的接口，并不是动态飞行仿真环境，此时可以对飞控系统内外部接口、控制律极性和传动比、控制逻辑、部分 BIT 和余度管理功能等进行检测。

2）闭环仿真

飞控系统属于强实时闭环控制系统，闭环仿真测试是软件验证的最好方式。闭环仿真的测试用例应该是基于需求的，最好由飞控系统设计人员或控制律设计人员提供，也可从控制律设计仿真所建的 Simulik 模型中导出。另外，为保证测试的高可信度，这些测试用例应该重用于如下的测试流程中：

（1）模型在环。

一种是将测试用例文件载入 SCADE 模型，利用 SCADE 仿真器和 SCADE MTC，完成模拟仿真（功能测试、接口测试）以及覆盖率分析。或者将 SCADE 模型封装成 S-Function 替代 Simulink 中相应的控制律模块，因 Simulink 环境中的仿真测试只能完成功能测试，无法实现覆盖率分析。

（2）软件在环。

宿主机上利用桌面开发环境（如 VC++）编译和执行控制律软件源代码（SCADE KCG 生成的）相当于控制律软件的机载设备测试，可间接验证 SCADE 模型正确性。

（3）硬件在环。

通过嵌入式软件集成开发工具（如 Tornado），交叉编译生成飞控系统机载软件（包含控制律软件）的可执行目标码，加载或灌装到飞控计算机中，飞控计算机需要的激励信号由外部仿真或真实设备动态提供。

3.3.3.3　SCADE 模型测试

要进行一项完整的测试，至少应具备 3 个要素：测试环境、测试用例和覆盖率分析。

1）测试环境

可以利用的测试环境包括：SCADE 仿真器（SCADE 提供的仿真器）、宿主机（PC 机）以及目标机（飞控计算机）。

（1）使用 SACDE 仿真器可以进行任意级别的功能仿真，并且在同一环境中可以利用 MTC（模型覆盖率分析）确认 SCADE 模型仿真的完备程度。

（2）PC 机上可以集成 SCADE KCG（SCADE 代码生成器）生成的控制律软件代码，控制律算法由一些数学模型和逻辑模型构成，其软件与平台无关。一种方法是利用诸如 Visual C++ 等桌面开发环境进行集成测试，通过加载测试用例，运行控制律软件，间接验证 SCADE 模型的正确性；另一种是将 SCADE 模型转换成 S-Function，在 Simulink 中运行此 S-Function，验证 SCADE 模型功能正确性。

（3）飞控计算机上进行软硬件集成测试，这是必须进行的测试，只有运行在真实的环境上才能最终确认软件符合性。

2）测试用例

测试环境建成后,应根据需求编写测试用例,强调基于需求的测试是因为这类测试发现错误的效率是最高的。根据需求开发的测试用例包括两类:正常范围测试用例和鲁棒(异常范围)测试用例。测试用例适用于单元、集成、系统以及回归测试。SCADE 模型测试中省略了传统的单元测试,以模拟仿真代替,但其测试流程和测试用例所遵循的基本原则与传统软件测试一样。控制律软件测试用例的设计和实施建议重点关注以下几点:

（1）对于控制律软件正常运行以及引发软件需求不允许的状态转换都须设计测试用例。

（2）控制律中大量使用的与时间相关的功能模块,如滤波器、积分器和延时等,测试用例必须对代码多次迭代,在上下文语境中检查该模块的特性,并且对这些时间相关模块设计出针对算术溢出保护机制的测试用例。

（3）对于控制律计算中经常以计算值作为循环计数的情况,需设计有可能超出循环计数值范围的测试用例。

（4）控制律计算(尤其是自动飞控控制律)中大量使用状态机的描述方式,需要对每个状态下的每个有效触发和无效触发都有一个测试用例。

（5）对于实型和整型变量,须设计基于合法值与非法值的等价类和边界值的测试用例,且有效边界和无效边界都至少有一个测试用例,并且每个有效等价类和无效等价类都必须有一个测试用例。

（6）在实施测试时,测试人员严格按照测试用例、按用例项目和测试步骤逐一实施测试,记录测试结果,最后形成测试报告。

（7）根据不同测试阶段,设计测试用例时应明确规定集成测试用哪些测试用例,系统测试和回归测试用哪些测试用例,测试人员不能随意改动。

（8）测试工作量巨大,为提高工作效率,尽量利用一些自动化测试工具或插件,最好能在某种程度上自动生成部分测试用例。

（9）完成测试后,需对测试结果进行评估,对软件测试是否完成以及测试质量的衡量需要--些量化结果,如测试覆盖率、发现错误的等级、测试合格率等。

（10）分析缺陷是漏测还是复现,漏测表明测试用例不完善,应立即补充相应测试用例;复现表明系统或软件有问题,需要仔细排查,如是后者,排查工作量一般较大。

3）模型覆盖率分析

覆盖率分析是一种软件验证技术,目的是为了评估软件测试过程是否完备,确保测试用例的质量,从而间接提高软件产品的质量。模型覆盖率在基于模型的开发方式中的地位与传统开发方式中的地位类似,都是主要的软件质量保证手段。SCADE 模型覆盖率分析的目标是评估 SCADE 模型仿真验证的结果。

SCADE 模型不同于代码,模型描述的是功能,而代码则是描述功能的实现。在定义模型的覆盖率准则时,除了要考虑模型的结构、捕获模型的动作(运行过程中是否激活)外,还应考虑模型的功能覆盖。

SCADE 通过 MTC 进行模型覆盖率分析,主要包括以下 3 个方面:

(1) 验证系统所有需求已经通过 SCADE 模型实现(控制律软件对系统需求的覆盖)。

(2) 验证 SCADE 模型没有非预期的功能(控制律软件 SCADE 模型的结构覆盖)。

(3) 通过基于高层需求的测试用例完成模型覆盖率分析,派生需求须增补测试用例。

SCADE MTC 流程如图 3 - 19 所示(具体使用方法参考 SCADE 用户手册):

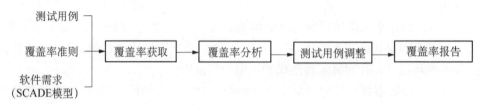

图 3 - 19   SCADE MTC 流程

(1) 测试用例。

测试用例是根据控制律需求和软件开发过程中内在错误源开发的,包括正常范围测试用例和鲁棒(异常范围)测试用例。

(2) 覆盖率准则。

a. 控制律软件 SCADE 模型的需求覆盖率、模型结构覆盖率(模型分支覆盖、判定覆盖、MC/DC 覆盖)都必须达到 100%。

b. SCADE 自带了 DC、唯一法 MC/DC、屏蔽法 MC/DC 的覆盖率准则,对于控制律软件 SCADE 模型,建议采用屏蔽法 MC/DC 模型插装。

c. 状态机的基本覆盖准则:

(a) 状态覆盖度准则。产生的测试用例能够测试每一个状态,类似于结构测试中的语句覆盖,这是最弱的测试覆盖准则,最容易被满足,测试用例需要最少。

(b) 转换覆盖度准则。状态机中每个转换至少要测试一次,类似于结构测试中的判定覆盖。

(c) 转换对覆盖度准则。对状态机中每个进入/退出转换对,两个转换都要进行测试。

d. 执行状态机覆盖率准则时,还应注意状态内部数据流覆盖只需要考虑状态被激活时的情况,对迁移中运算的覆盖仅需考虑迁移被激发时的情况。

(3) 利用 SCADE RM(SCADE 需求管理工具)或 DOORS(需求管理工具)确认飞控系统机载软件设计文档或控制律设计文档与测试用例的对应关系,确保所有需求都有相应的测试用例与之一一对应,最终达到 100%基于需求的覆盖率分析数据并得出分析报告。

(4) 通过执行仿真程序,可获取覆盖率。

（5）完成仿真后，进行覆盖率数据分析时，如果发现覆盖率没有达到 100%，原因可能有以下几个方面：

a. 测试用例不完全。

b. 系统需求不足。

c. 需求的某一条分支永远不会被走到（如飞控计算机有 Reset 功能，但是在飞行的过程中永远不需要 Reset）。

d. 死需求（如 $y = x + 2.0$；output $= (x > 0.0) and (y < 1.0)$）。

（6）根据覆盖率分析中找出的原因，增加测试用例，根据系统需求，对确定不需要经过的某个分支增加说明，从而达到 100% 的覆盖率。

（7）最后根据覆盖率活动生成相应报告。

4）代码集成测试

模型确认后，KCG 代码生成器将控制律 SCADE 模型自动转化为直接面向工程的源代码，并确保模型与源代码的一致。由于基于 SCADE 模型开发的软件仍需与传统模式开发的软件集成，所以对软件集成和输入/输出的完整性和正确性的验证主要通过分析和测试进行。

可以采用将 Simulink 的输入和输出数据编辑成脚本文件加载到桌面开发环境（如 VC++）建立的测试工程中，通过这种脚本可以方便地读取输入数据，执行待测软件，解析出的结果与 Simulink 提供的输出结果进行比较，即可验证软件与 Simulink 模型的一致性。

5）软硬件综合测试

软硬件综合测试需要在目标机环境下实施，测试过程与传统的系统测试过程一样，具体方法参考 3.2 节相关内容。

3.4 软件全生命期支持环境

3.4.1 环境基本要求

软件全生命期支持环境是指支持软件产品设计、验证、维护的软硬件综合平台，由软件工具集和环境集成机制构成。工具集包括支持软件开发相关过程、活动、任务的软件工具；环境集成机制为工具集成和软件开发、维护及管理提供统一的支持。通过软件全生命期支持环境，可以使软件开发的各项活动得到支持，从而大大提高软件开发效率和质量。依据以往型号研制中软件全生命期支持环境建设与使用经验，对其提出如下要求：

（1）环境应能够覆盖软件设计、测试、验证、维护及配置管理等全生命周期的所有相关工作，软件设计阶段能够完成软件需求分析管理、软件设计、编码、集成、编译、下载、调试等工作，软件测试和验证阶段能够完成软件单元测试、机载设备测试、配置项（集成）测试和系统测试等工作，并对软件整个生命期能够进行配置管理。

（2）环境应整合从需求到模型设计、源代码生成、目标代码加载过程中的测试验证活动在流程、功能、平台上的差异,使测试验证活动在该过程中保持衔接和流畅,提高测试验证活动的自动化程度,使连续的迭代测试验证成为可能。功能定制,高度集成,操作简约化,数据统一化,通过流程、功能和平台的整合,达成一体化效果。

(3) 支持飞控系统机载软件特性。由于机载软件运行环境的特殊性,该环境必须具备一些航空设备专用特性的支持,如航空总线协议、存储器使用规范、编程规范、编译规范等。另外,飞控系统机载软件的高安全性和高可靠性要求使软件安全等级大多为 A 级或 B 级,因此,对软件的测试要求除了完成代码的静态检查和动态测试,还需要对 A 级软件的目标码进行覆盖率分析。

(4) 软件测试阶段的工具除了在目标机上直接进行测试,还有可能对设计阶段的模型进行仿真。依赖于不同模型软件工具的不同,对仿真工具有不同的要求。由于测试器和目标机之间的不一致所影响到的测试结果,需要在目标机上进行重做。所以,仿真器的能力及其与真实机载设备的差异,需要在建立测试环境时予以考虑,并对测试结果的影响进行分析。

(5) 平台研制进度的要求。软件项目的生命周期开始时就应该对平台进行同步规划,按照软件研发的不同阶段分步实施环境建设,并将环境建设的规划写入《软件开发计划》中,软件环境建设应覆盖软件整个生命期的所有工作内容。

3.4.2 环境体系结构

软件全生命期的主要工作目标应包括:软件设计、软件测试、软件交付、维护升级以及相应的过程管理。软件全生命周期环境能够使软件设计人员、软件测试人员、软件升级维护人员、过程管理人员统一融合地进行工作,在软件研制的不同阶段支持不同人员的工作,能够有效降低软件测试的成本和运行时间。

软件全生命期支持环境体系结构原理如图 3-20 所示,主要由以下部分组成:

(1) 测试对象。进行软件开发、测试的目标系统。指集成了软件的飞控计算机等机载设备,机载计算机设备能够通过模式选择进行软件下载、交互调试、软件运行等。

(2) 仿真激励系统。通过仿真方式模拟与测试对象交联的所有外部设备,并提供与测对象一致的软硬件接口。

(3) 数据采集/存储系统。完成对测试对象输出数据的采集和存储,作为软件调试和测试的数据依据,数据源主要来自于测试对象和仿真激励系统。

(4) 软件开发/调试系统。具备软件编辑、编译功能,提供与机载设备地面维护升级一致的软硬件接口,能够完成软件下载和交互式调试。

(5) 软件测试/分析系统。具备软件单元测试、集成测试、系统测试和测试数据分析能力。能够完成各个阶段测试用例生成、测试报告编写、测试数据分析以及测试过程管理,能够通过仿真激励系统将测试用例注入测试对象,通过数据采集/存储系统收集测试结果。

（6）软件过程管理系统。完成整个软件生命期的工程化管理,如研制过程管理、质量过程管理、配置管理等。

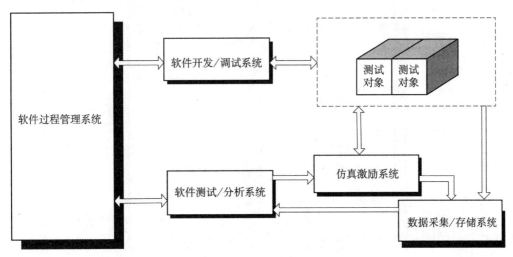

图 3-20　软件全生命支持环境体系结构原理

3.4.3　环境组成及功能

支持环境能够模拟电传飞控系统、自动飞控系统和高升力控制系统的工作过程,实现对飞控系统计算机及软件的测试与验证。

通过搭建测试系统所需的外围激励环境,同时提供测试系统硬件工作平台,与测试系统软件相结合,组成一个完整的测试验证平台,共同完成电传飞控系统、自动飞控系统和高升力控制系统机载软件的设计、调试、软件固化、测试与验证。该环境应具有以下功能:

（1）软件开发测试功能;

（2）软件配置管理功能;

（3）软件需求管理功能;

（4）激励仿真和信号注入功能;

（5）测试数据、测试用例输入和测试过程控制功能;

（6）测试数据采集和记录功能;

（7）测试数据显示和分析功能;

（8）虚拟控制和显示功能。

支持环境由飞控试验系统和软件开发测试环境组成,其中飞控试验系统主要包括公共试验系统,电传飞控系统,自动飞控系统,高升力控制系统。软件开发测试环境主要包括软件开发计算机,需求管理计算机,配置管理计算机,测试数据管理计算机,PFC 的 DIF 设备,AFCC 的 DIF 设备,FSECU 的 DIF 设备,电传飞控计算机,自动飞控计算机和襟缝翼控制计算机的信号测试板。支持环境组成如图 3-21 所示。

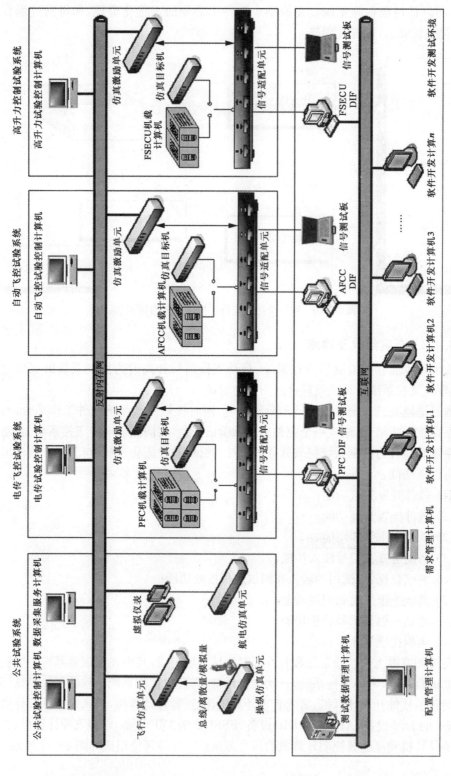

图 3-21　飞控系统机载软件开发与支持环境

支持环境既能满足 PFC、AFCC 和 FSECU 的独立软件开发测试,也能满足三者的系统级交联测试使用。在满足以上测试需求的同时,将部分设备进行共用,达到测试系统最优化设计。测试系统主干通信网络采用反射内存网,保证系统的实时数据交互。

3.4.3.1 公共试验系统组成及功能

公共试验系统同时为 PFC、AFCC 和 FSECU 提供航电仿真、飞机本体和动力学仿真、飞机操纵系统仿真、公共试验系统控制、航电仪表等的虚拟显示,测试系统数据采集等。具体包括公共试验控制单元、航电仪表单元、数据采集服务器、航电及电传飞控系统仿真单元以及信号调理单元。

(1)公共试验控制计算机。由高性能计算机和测试控制软件组成,对航电系统仿真激励模型、飞机本体及动力学仿真激励模型进行下载及运行管理,完成自动测试用例的编辑和执行,并且可通过模型进行总线及非总线故障注入。

(2)数据采集服务计算机。由数据采集下位机软件、数据采集服务器、光纤反射内存网组成,通过光纤反射内存网络将 PFC、AFCC 和 FSECU 试验过程中的模拟量、离散量和总线数据进行采集和存储。

(3)飞行仿真单元。通过飞机本体及动力学仿真激励模型,实现对飞机本体及动力学仿真。

(4)航电仿真单元。对航电系统接口及功能进行仿真,并驱动航电虚拟仪表的运行显示。

(5)虚拟仪表。由高性能计算机、航电仪表仿真软件组成,模拟飞机航电系统 PFD 虚拟界面、EICAS 虚拟界面等。

(6)操纵仿真单元。对驾驶柱及相关开关、襟缝翼操纵手柄、襟缝翼超控控制板、水平安定面操纵手柄、主飞行控制板、配平控制板、水平安定面切断控制板、减速操纵手柄等操纵设备进行仿真,作为飞控系统的输入。

3.4.3.2 飞控试验系统组成及功能

飞控试验系统由电传飞控试验系统、自动飞控试验系统、高升力控制试验系统组成。通过与公共试验系统交联完成整个飞控系统的仿真试验,同时,电传飞控系统、自动飞控系统和高升力控制系统均可完成分系统的独立试验。

1)飞控系统试验控制计算机

飞控系统试验控制计算机包括电传飞控系统试验控制计算机、自动飞控系统试验控制计算机、高升力控制系统试验控制计算机,能够完成飞控系统 3 个分系统试验的仿真激励、模型下载、运行管理、自动测试用例的编辑和执行,可通过模型进行总线及非总线故障注入,主要由高性能计算机、测试控制软件组成。

2) 仿真激励单元

仿真激励单元由 PFC 仿真激励单元、AFCC 仿真激励单元、FSECU 仿真激励单元组成。通过运行仿真激励模型软件模拟 PFC、AFCC 和 FSECU 计算机内外部交联设备功能及接口特性，为机载计算机提供仿真激励源。

3) 飞控系统机载计算机和仿真目标机

飞控试验系统提供真实机载计算机和仿真目标机，真实机载计算机为软件开发调试、软件测试提供真实机载环境；仿真目标机提供和真实机载计算机一致的仿真接口和软件运行环境；飞控系统各分系统试验控制计算机可以在真实机载计算机和仿真目标机之间进行转换，从而构成由真实机载计算机或仿真目标机构成的试验测试环境；仿真目标机可以提前于真实目标机进行研制并提前交付使用，从而在软件研发阶段早期为软件的开发、调试和测试提供运行环境，支持软件的快速设计与验证。

4) 信号适配单元

信号适配单元由信号调理板卡、信号调理箱及连接线缆组成，提供 PFC 信号适配单元、AFCC 信号适配单元、FSECU 信号适配单元，能够对离散量和模拟量信号进行调理，使测试系统信号能够与自动飞控计算机、襟缝翼控制计算机信号相匹配。

3.4.3.3　软件开发测试环境功能与组成

软件开发测试环境由软件开发计算机、需求管理计算机、配置管理计算机、测试数据管理计算机、PFC 的 DIF 设备、AFCC 的 DIF 设备、FSECU 的 DIF 设备、电传飞控计算机、自动飞控计算机和襟缝翼控制计算机的信号测试板组成。各种功能的计算机间通过互联网进行数据通信，实现整个软件开发测试环境的资源共享，完成软件设计、测试以及软件过程管理的协同工作。

1) 软件开发计算机

软件开发计算机完成软件设计工作中的所有内容，支持系统需求分析阶段、软件概要设计、软件详细设计、软件编码和单元测试、软件集成和机载设备测试各个过程中的软件及文档与编码。

2) 软件过程管理系统

软件过程管理系统包括软件需求管理计算机和配置管理计算机。软件需求管理计算机安装 DOORS 需求管理工具，配置管理计算机以安装的北大青鸟 JBCM7 软件配置管理工具为主，完成软件全生命周期的配置管理工作。

3) 测试数据管理计算机

测试数据管理计算机对软件各个阶段的测试用例数据和测试结果数据进行统一管理，能够根据测试数据编写测试报告。

4) DIF 设备

DIF 设备根据飞控系统各分系统的要求安装配置相应的软件编译和下载工具,对软件进行调试和下载。

5) 信号测试板

信号测试板直接与信号适配单元连接,在软件调试和测试过程中,可以通过信号测试板对飞控计算机的非总线接口直接进行测试和信号注入。

3.4.4　软件全生命期环境建设过程

软件全生命周期环境覆盖了软件开发、测试、维护的全过程工作,环境建设工作的基本原则为:

(1) 软件研制计划阶段就应该对环境建设进行计划。

(2) 环境建设应紧跟软件研制流程,从而满足软件研制各个阶段对环境的要求。

(3) 应该采取增量式开发模式,不但能满足软件研制各个阶段的不同要求,并且能够最大限度保证研制进度。

软件全生命期环境建设可划分为策划阶段、实施阶段、环境评估阶段和使用维护阶段等。

1) 策划阶段

根据软件研制任务书规定的软/硬件要求,策划软件开发环境。主要包括采用的需求开发方法和工具、设计方法和工具、编码语言、编码工具、编译器、连编程序及加载程序,所用工具的硬件平台;按照软件研制过程,阶段性地制订明确的环境建设计划,进行合理的成本和工作量估算,并对风险进行评估,重点关注测试用机载计算机的研制及交付进度。

2) 实施阶段

软件全生命周期环境的整个实施是一个逐步迭代的过程,应遵循增量式开发原则逐步进行,如软件编码阶段至少完成单纯软件开发环境建设;单元测试阶段至少完成测试工具配置和单纯软件测试环境建设;配置项测试阶段至少完成目标机仿真器环境建设;系统测试阶段完成目标机及系统交联环境建设。

3) 环境评估

应对软件验证环境(包括工具)进行评估,以保证软件的验证充分、正确、有效。软件验证环境包括评审环境、分析环境和测试环境,对不同的验证环境采用不同的评估方法。软件评审环境是指软件在评审过程中所使用的各种表格,要对表格中所规定的内容的完整性、正确性进行评估。

软件分析和测试环境一般采用验证工具软件、测试设备、目标计算机、目标计算机的仿真器或宿主机仿真器来对软件进行分析、测试验证,对分析环境和测试环境的评估办法如下：

（1）软件验证工具的选用应满足相关国标、国军标和 DO－178B 等相关标准要求，软件所规定的验证活动因使用某种验证工具而取消、减少或自动进行时，要对该验证工具进行鉴定。

（2）软件验证工具的鉴定准则应通过在正常工作条件下工具符合其工具操作要求的证明来实现，工具操作要求应包括：

a. 工具的功能和技术特性的说明。

b. 用户资料，比如安装指南和用户手册。

c. 工具操作环境的说明。

d. 软件测试过程可使用目标计算机、目标计算机的仿真器或宿主机仿真器来完成，必须考虑以下两点：

a. 在目标机和仿真器或模拟器之间的差异以及这些差异对检测错误和验证功能能力的影响，因目标机与仿真器或模拟器的差异，未能检测出的错误，应在其他软件验证活动中检测并在软件计划中说明。

b. 对于外购的软件验证工具，应能提供权威机构对验证工具的鉴定证明和验证工具的服务历史证明，并得到使用方认可。

4）使用维护

使用维护阶段最重要的工作是环境应根据软件的维护升级进行相应的环境更改升级。

3.5　软件安全性与可靠性测试

3.5.1　安全性与可靠性

飞控系统属于典型的复杂嵌入式实时控制系统，飞控系统机载软件具有复杂性、实时性、高安全性和高可靠性等特点。飞控系统机载软件质量直接影响到飞机飞行的安全性，因此应开展针对飞控系统机载软件安全性的分析、设计、验证等相关工作，从而有效提高软件的质量及其安全性。

GJB5236—2004《军用软件质量度量》对软件的可靠性和安全性的定义为：

（1）可靠性（reliability）。属于软件的内部与外部质量属性，与软件缺陷（defect）、故障（fault）、失效（failure）相关，不引起系统故障的能力。

（2）安全性（safety）。属于软件使用质量的一个特性，尤其强调了安全性不仅仅与软件有关，而且与整个系统有关，与系统的风险（risk）、危险（hazard）、事故（accident）相关，不引起系统事故的能力。

软件中存在的错误是导致软件安全性和可靠性问题的来源。可靠性只分析到失效（failure）这个环节，而安全性深入到事故（accident）这个最终环节。一个失效是否能够引起危险并最终导致事故是区分软件可靠性和安全性的分水岭。软件错误识别、错误陷阱、容错或错误排除,如果不直接与某个系统危险联系,那么通常就不是安全相关的,而是与可靠性或可用性相关。可靠性与安全性的起因如图 3-22 所示。

安全性和可靠性之间没有确定的隶属关系,安全不一定可靠,可靠不一定安全。可靠性关注于正常的功能必须工作,安全性关注于不期望的危险不要发生,航空航天等领域的软件更应关注软件的安全性。

引起软件可靠性与安全性问题的起因相同,因此对于软件研制人员而言,软件可靠性、安全性技术没有明确的界限,因此要高度关注软件的内部质量,包括设计和编程的准则与规范。

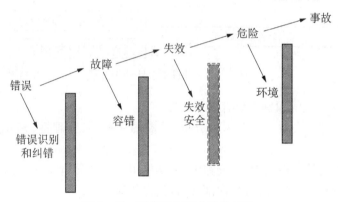

图 3-22 可靠性与安全性的起因

3.5.2 安全性分析与测试

按照 DO-178B 相关标准要求,软件生命周期全过程必须开展软件安全性分析工作,在软件研制各阶段的具体工作要求如图 3-23 所示,软件安全性分析过程如图 3-24 所示。

系统需求阶段	软件需求阶段	软件设计与编码阶段	软件测试阶段
成立系统工程综合小组 (SEIT),提供有组织的过程和审核机制,确保适当的考虑了安全性问题,并采取了适当的控制措施	开展软件安全性分析,进行安全需求评审,确保软件安全性分析结果转化为安全性需求	根据安全性需求,提出相应的安全性设计和编码要求,并落实到软件代码中	根据软件安全性分析结果对系统进行故障模式与影响测试,保证软件对所有易识别的错误条件进行正确处理

图 3-23 生命周期过程的安全性分析工作

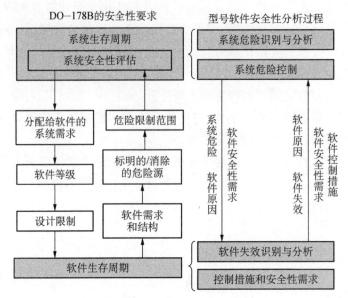

图 3-24　软件安全性分析过程

软件失效模式的识别主要有如下几类：

（1）功能逻辑失效。功能覆盖分析，功能的完整性、合理性、充分性分析，层次追溯分析。

（2）关系失效。控制/数据迁移失效，功能组合失效分析，功能约束分析。

（3）接口失效。外部接口，内部接口，信息传递。

通用软件失效模式举例如表 3-4 所示。

表 3-4　通用软件失效模式

分类		失 效 模 式
输入处理类	时序上失效	软件未能识别或屏蔽提前发送的数据
		软件未能识别或屏蔽滞后发送的数据
		软件接收数据频率过慢,造成数据丢失
	内容上失效	软件未屏蔽非正常范围内的数据
		软件未屏蔽精度超差的数据
		软件未屏蔽缺损的数据
		软件未屏蔽多余的数据
		软件未屏蔽颠倒/错位的数据

（续表）

分类	失 效 模 式	
输出处理类	时序上失效	软件提前输出数据
		软件滞后输出数据
	内容上失效	软件输出精度超差的数据
		软件输出非正常范围的数据
	处理过程失效	软件未完成相应功能
		软件完成功能错误

3.5.3 可靠性分析与测试

软件可靠性测试是以保证和验证软件的可靠性为目的进行的一种随机测试,软件可靠性测试的结果是用来评估软件可靠性水平及验证软件产品是否达到可靠性要求的一种有效途径。

对于大多数机载软件来讲,采用 DO-178B/C 系列标准,在软件开发过程中,严格按照软件安全性等级所对应的研制目标要求进行开发,就可以得到满足对应的可靠性和安全性的研制置信度。但是,在适航规章中也提出了对于某些软件,可以采用替代的方法来说明机载软件对于对应安全性等级置信度的符合性,这其中包括穷举测试、服务历史记录、可靠性测试、多版本非相似。对于很多新研制的飞控系统机载软件而言,由于很难对所有状态进行测试,因此,采用穷举测试的难度较大,也不能说明其服务历史记录。而多版本的飞控系统机载软件则要受到资源和研制周期的限制。

软件可靠性测试与软件测试的关系如图 3-25 所示,是一种随机的黑盒测试,属于软件动态测试的一种。与传统软件测试活动相比,可靠性测试可以使用与软件测试相同的测试环境和测试结果分析方法,同时拥有特有的软件测试数据生成方法

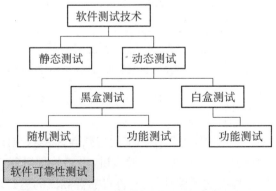

图 3-25 软件可靠性测试与软件测试的关系

和软件可靠性评估技术,在测试数据中体现出软件需求以及用户对软件的使用情况,在评估中体现出软件可靠性测试中的定量化度量。

软件可靠性测试一般分为软件可靠性摸底测试、软件可靠性验证测试和软件可靠性增长测试。由于三者采用的方法基本相同,只是在具体的测试操作中,软件可靠性增长测试需要边测试边修改软件中的问题。与一般软件的可靠性测试相同,飞控系统机载软件可靠性测试步骤如图 3 - 26 所示。如要在软件可靠性测试的过程中对失效进行同步修正的话,则需要进行缺陷纠正和修改,从而实现软件可靠性的增长。

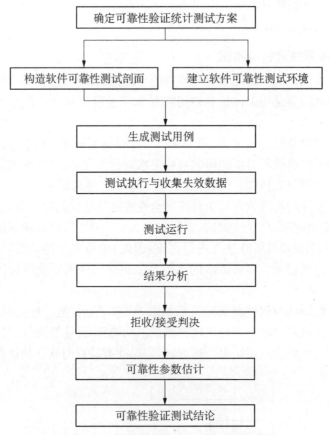

图 3 - 26　飞控系统机载软件可靠性测试步骤

针对飞控系统机载软件的特点,要对飞控系统机载软件进行上述步骤的软件可靠性测试,就必须考虑以下几个因素:

(1) 由于飞控系统机载软件可靠性测试的特殊性,需要针对软件进行可靠性测试,构建专门软件可靠性测试的环境。一般来讲,由于软件可靠性测试的目的是为了评价软件最终使用过程中的特性,因此软件可靠性测试的运行环境与软件系统测试环境接近,模拟飞行员操作飞机时,测试飞控系统机载软件的输入和输出情况。

软件可靠性测试的测试环境可以依托工程模拟器和飞控系统"铁鸟"集成试验台进行搭建,在工程模拟器的试验中,可以通过设计典型的软件操作剖面,模拟飞行员的操作输入。可以通过对工程模拟器的试验数据的定性或定量分析,得出软件的失效集合。飞控系统"铁鸟"集成试验台架也可以对软件进行验证,在对飞控系统"铁鸟"集成试验数据进行分析的过程中,划分出由于软件失效而导致的故障。测试的对象可以根据要求不同,采用飞控系统机载软件的中间产品或者是最终产品进行测试。

（2）从构造软件可靠性测试剖面的角度,飞控系统机载软件用于执行飞机操纵任务,软件的运行具有严格的周期性。从计算机上电开始控制系统闭环运行,软件的运行结果是连续循环的。飞控系统机载软件的测试剖面是多个操作的组合,与一般测试剖面相比更加复杂。由于飞控系统机载软件运行过程中的状态与飞机接收到的状态信息输入有关,而这部分输入的随机性非常大,因此在构造测试剖面的同时,也必须要考虑飞机的状态输入,如高度、速度、姿态等。

（3）飞控系统机载软件可靠性测试结果最终是要用来进行软件可靠性评估的,因此可靠性测试过程中,需要有针对性地对软件可靠性评估需要的数据进行采样和收集,另外,对于一些中间过程数据,要根据软件可靠性评估的数据需求进行收集,例如,可以对缺陷密度、故障密度等值进行统计,为软件可靠性的评估提供参考。

对于如飞控系统类高安全、高可靠性要求的机载嵌入式软件而言,可靠性测试与评估工作是非常重要和有意义的,但是工程实践过程又比较困难,主要存在以下几个问题:

（1）由于飞控系统机载软件对飞机飞行安全能产生直接的和关键性影响,其失效可能导致系统功能失效进而引起飞机危险,甚至灾难性失效事故发生,因此软件安全性等级通常被定义为 A 类或 B 类。软件研制过程中从策划、设计、编码、测试到使用维护,都必须遵守严格的软件工程化方法。当飞控系统机载软件经过单元测试和配置项测试之后,已经具备了较低的缺陷率和较高的可靠性,当进行系统测试完成装机之后,软件的失效率是非常低的。根据可靠性数据的经验值,软件的失效率比硬件的失效率高出一个数量级的情况下,软件的失效率小于 10^{-5}/飞行小时。软件的失效统计特征完全不同于一般软件的失效数据,在短时间内不可能得到完全的失效信息,采用不完整的失效信息进行估计,可能存在较大的偏差,需要进行长期、大量的数据积累。

（2）软件可靠性测试的思想是按照用户对软件实际使用的统计规律进行随机测试,与传统的软件测试的不同在于其引入了测试剖面的概念。通过采用测试剖面的形式对软件的使用情况进行建模,然后通过模拟用户的使用作为测试输入。构造操作剖面的重要目的就是生成软件的可靠性测试数据,支持软件可靠性测试的执行。操作剖面是根据系统的输入值按照时间分布或者输入范围内出现的概率分布来定义的,用来描述软件的实际情况。然而,操作剖面的开发取决于软件可靠性工程人员依据软件的功能说明,结合对软件使用情况的掌握和理解,不同的软件可靠性工程人员所开发的操作剖面有可能不同,但是必须客观有效地反映软件的实际使用情况。要构造出满足要求的测试剖面,对于飞控系统机载软件而言,就必须使飞行机组人员、飞控系统设计人员、软件开发人员及软件测试人员的工作紧密结合,使机组人员对软件的功能需求、性能需求、操作使用需求准确完整地传递给软件可靠性工程人员,而这一要求在工程实践中严格贯彻起来往往比较困难。

(3) 针对大型飞机飞控系统机载软件这类型号的机载软件而言,在飞机研制周期中,一般都会随系统测试和试验完成后进行装机,而在集成之后的产品交付时,需要能够初步得到软件的可靠性指标,如果要进行软件可靠性测试,则必须和软件的测试验证同步进行。因此,必须保证充裕的型号研制时间和资源。

参 考 文 献

[1] 国防科学技术工业委员会. GJB5000—2003 军用软件能力成熟度模型[S]. 2003.

[2] 国防科学技术工业委员会. GJB5234—2004 军用软件验证和确认[S]. 2004.

[3] 国防科学技术工业委员会. GJB5235—2004 军用软件配置管理[S]. 2004.

[4] 国防科学技术工业委员会. GJB5236—2004 军用软件质量度量[S]. 2004.

[5] 国防科学技术工业委员会. GJB/Z102—1997 软件可靠性和安全性设计准则[S]. 1997.

[6] 国防科学技术工业委员会. GJB/Z141—2004 军用软件测试指南[S]. 2004.

[7] 国防科学技术工业委员会. GJB/Z142—2004 军用软件安全性分析指南[S]. 2004.

[8] 中华人民共和国航空航天工业部. HB6780—1993 软件的确认、验证和试验[S]. 1993.

[9] 中华人民共和国航空航天工业部. HB6781—1993 软件安全性保证基本要求[S]. 1993.

[10] 国防科学技术工业委员会. GJB2725A—2001 测试试验室和校准试验室通用要求[S]. 2001.

[11] 美国航空无线电技术委员会. RTCA/DO-178B 机载系统和设备合格审定中的软件考虑. [S]. 1992.

[12] 美国航空无线电技术委员会. DO-178C—2011 机载系统和设备合格审定中的软件考虑. [S]. 2011.

[13] 国防科学技术工业委员会. GJB1268A—2004 军用软件验收要求[S]. 2004.

[14] 王云明,宁振波,李翎. 嵌入式软件开发的标准、进程、方法和工具[C]. 全国嵌入式系统学术年会,2006.

[15] DO-331-2011 对 DO-178C 和 DO-278A 中基于模型开发和验证的增补说明[S]. 2014.

[16] 文传源,等. 现代飞行控制[M]. 北京:北京航空航天大学出版社,2004.

[17] 傅佩深,赵霖,张军英. 计算机系统硬件软件可靠性理论及其应用[M]. 北京:国防工业出版社,1990.

[18] 高金源,夏洁. 计算机控制原理[M]. 北京:清华大学出版社,2006.

[19] 刘林,郭恩友,等. 飞机控制系统的分系统[M]. 北京:国防工业出版社,2003.

[20] 宋保维,等. 系统可靠性设计与分析[M]. 西安:西北工业大学出版社,2000.

[21] 何国伟. 软件可靠性[M]. 北京:国防工业出版社,1998.

[22] 蔡开元. 软件可靠性工程基础[M]. 北京:清华大学出版社,1995.

［23］阮镰，陆民燕，韩峰岩. 装备软件质量可靠性管理［M］. 北京：国防工业出版社，2007.

［24］GOEL A L，OKUMOTO K. Time-dependent erron detection rate model for software and other performance measures ［J］. IEEE Transactions on Reliability，1979，28(3)：206 - 211.

［25］MUSA J D. A theory of software reliability and its Applications ［J］. IEEE Transaction on Software Engineering，1975，1(3)：312 - 327.

［26］LITTLEWOOD B，VERRALL V. Bayesian reliability model with a stochatically monotone failure rate ［J］. IEEE Transactions on Reliability，1974，23(2)：108 - 114.

［27］AT&T Bell Laboratories. Draft software reliability engineering：Reliability Estimation Tools Reference Guide ［M］. 1990，7.

4 飞控系统控制律与飞行品质评估试验

飞机操纵系统经历了由简单到复杂、由机械式到数字式的发展历程。1940年以前，飞机操纵系统基本由一些简单的机械元件（钢索、滑轮、拉杆和摇臂等）组成，具有轻便、可靠、造价低廉等优点。

二次世界大战前后，由于飞机尺寸和重量增加以及飞行速度和飞行高度增大，舵面铰链力矩也随之增大，仅依靠飞行员的体力难以操纵舵面，液压助力器开始引入操纵系统，可以说操纵系统中采用助力器是飞机操纵系统发展的第一次重大变革。助力操纵的出现切断了驾驶杆与舵面气动载荷的直接联系，减轻了飞行员操纵力，使其能够充分发挥飞机的机动能力。但助力操纵也增加了系统的复杂性，为了在操纵舵面时给飞行员以力的感觉，必须采用人工感觉装置。最初的人感装置是一种简单的单梯度弹簧，为了在不同的飞行状态或不同输入杆位移下使杆力-位移梯度变化比较合适，逐步发展成为有预载的多梯度弹簧、液压载荷机构、速压控制的载荷机构等。在非助力操纵系统中，习惯上使用调整片来卸除平衡飞行中作用在驾驶杆上的力；在助力操纵中，则因无法发挥其效能而采用以电为动力的调整片效应机构代替它。

随着飞行包线范围的不断扩大，在不同高度和速度飞行时的气动力特性（如安定度、舵面效率等）相差悬殊，为了给飞行员提供较为一致的操纵特性，许多复杂的机构（如非线性机构和变传动比装置等）使操纵系统进一步复杂化。

1950年以后，飞机设计向高空高速方向发展，飞行包线急剧扩大，飞机飞行动态品质恶化（最明显的是飞机俯仰操纵阻尼降低，安定性减小），以致在某些飞行状态下的飞行品质难以为飞行员接受，影响了飞机的精确操纵能力。气动力布局所带来的这些问题已无法用单纯地改进机械操纵系统设计来解决，因而出现了利用飞机运动信息反馈来增大飞机稳定性的增稳系统（SAS）。增稳系统固然增加了飞机的稳定性，但在某种程度上降低了飞机的操纵性。为解决这一矛盾，引入了飞行员指令信号，并与飞机运动信息的反馈信号相减，使增稳系统不影响飞行员的操纵。在无飞行员指令时，反馈控制可以有效地抑制飞机的扰动运动，这样，飞机的稳定性和操纵性得到兼顾，即所谓控制增稳系统（CAS）。

20世纪60年代末，在高机动性要求、先进气动力布局的牵引下，计算机技术和控制理论突飞猛进发展，飞机操纵系统发生了第二次重大技术变革——电传操纵系统诞生了。随着电传操纵系统的发展，人感装置回归为固定的杆力-杆位移指标，其他指标（如，杆力-过载、杆位移-角速度等）由控制计算机实现。

电传操纵是相对常规机械操纵系统而言的，从形式上讲，它是采用电信号传输的操纵系统；从内容上讲，它是以飞机（运动参量）为控制对象的全权限反馈控制。可以为电传操纵下这样的定义：以飞机运动参量为控制参数的采用多余度电信号传输的飞控系统。它与机械操纵系统的重要区别不仅在于用电缆代替了机械链系，更重要的是，飞行员不再直接操纵飞机舵面的偏转，而是控制飞机的运动，电传操纵有利于各种信号的综合、转换、传输和控制，且有很大的系统升级和优化能力。

电传操纵系统设计和验证的核心是系统的安全性和控制律的适用性。本章所讨论的飞控系统控制律和飞行品质评估试验就是在工程模拟器和飞控系统"铁鸟"集成试验台架上进行的针对飞行品质的控制律设计验证。

4.1　概述

不论飞机操纵系统如何发展，其根本目的就是为了使飞行员能够在尽可能小的负担下安全舒适地完成各种既定飞行任务。飞行品质就是衡量一架飞机操纵性和稳定性的综合能力，它是飞行员完成飞行任务所付出负担的考核指标。飞行品质规范是在大量的科学试验和生产实践的基础上逐步完善形成的，它是描述飞机操纵系统和各种品质的定量设计准则。最早的飞行品质规范可以追溯到1908年，现在较为常用的飞行品质规范有美国军用标准 MIL-F-8785 C 和美国军用标准 MIL-STD—1797，相对应的我国飞行品质规范有 GJB185—86《有人驾驶飞机（固定翼）飞行品质规范》和 GJB2874—97《电传操纵系统飞机的飞行品质规范》。

综合各类关于飞行品质（flying qualities）和操纵品质（handling qualities）的描述，飞机飞行品质的基本要求是：

（1）在人-机闭环条件下，飞机持续可控；

（2）飞机操纵响应足够稳定、快速和精准；

（3）飞行员工作负荷足够小。

一般情况下，控制律可以理解为一种数字化（或模拟化）的特殊操纵系统。对于现代电传飞控系统，控制律是在已有的技术条件（操纵装置、作动系统和传感器系统）下，使飞机在给定飞行包线范围内满足飞行品质规范要求的一系列舵面指令算法。

从飞行品质角度出发，现代飞机设计师不仅是在设计一架飞机，更重要的是在设计一个人-机系统，带飞控系统飞机的特性必须适合和适应人的特性。从这个意义上说，飞行品质设计的出发点和最终验证都要以飞行员为核心。

现代飞机飞控系统复杂程度高，控制律结构和算法需要使飞机在多构型、多模态和多任务情况下满足飞行品质要求。全数字仿真、工程模拟器试验、"铁鸟"集成试验、"铁鸟"人-机组合试验、机上地面试验以及飞行试验等都与控制律和飞行品质评估工作相关。

（1）全数字仿真主要对整个飞行包线、全模态的非物理客观评价，突出各个设计状态的控制律结构及参数确认，主要使用对象是设计人员。

（2）工程模拟器试验对控制律、飞行品质和飞行性能进行综合验证，突出飞行员的主观感受和评价，用于改进和优化控制律设计。

（3）"铁鸟"集成试验是验证飞控系统及其交联系统的综合试验，突出了系统硬件设备在回路的系统接口、逻辑、功能、动（静）态性能以及故障模式的全面验证，包括了全面的控制律和飞行品质综合验证，如状态切换、极性传动比、稳定储备等。

（4）"铁鸟"人-机组合试验主要在软、硬件尽可能真实的环境下的飞行品质，突出了飞行员在物理仿真环境下的人-机组合特性分析与验证。

（5）机上地面试验主要是对飞行控制律在飞机的真实环境下的特性进行进一步考核、与其他相关机载系统的接口，以及通过飞机结构模态闭合后的稳定性，进一步确定反馈信号的滤波器参数，突出系统与结构的关联性。

（6）飞行试验是评定飞行控制律的最终方法，包括对控制律和飞行品质的全面检查，突出真实环境下的性能评估与综合验证。

4.1.1　大型运输机的飞行品质设计要求

大型运输机的飞行品质要求主要来源于两方面：军用标准和适航标准。两种标准在性能和安全性上密切关联，同时也存在很多的不同点。军用标准主要用于军机，适航标准主要用于民机。民机安全性是第一位的，因此选择适航标准是为突出安全性；军机性能是第一位的，因此选择军用标准是为突出品质等级评定。从发展的眼光来看，在和平时期，大型运输机应用广泛，设计要求向民用飞机适航标准靠拢也是必然趋势。因此，在大型运输机飞行品质要求选取时，应以军用标准为基础，并适当引入安全性方面的相关适航条款较为合适。

有关大型运输机飞行品质要求的军用标准主要包括 GJB185—1986《有人驾驶飞机（固定翼）飞行品质》和 GJB2874—1997《电传操纵系统飞机的飞行品质》。

GJB185—1986 是根据我国在飞机设计、飞行实践中有关飞行品质方面的经验教训编制而成的（同时，也参考了美国军用标准 MIL‐F‐8785C）。该标准适用于机械操纵系统飞机，引入"等效系统"的概念后，也可以用于增稳飞机、控制增稳飞机和电传操纵飞机。其主要内容包括：适用范围、飞机的分类、飞行品质标准的规定、定义、术语和符号、纵向飞行品质、侧向（横航向）飞行品质、失速和螺旋、其他飞行品质、主飞行操纵系统特性、次飞行操纵系统特性、大气扰动、水上飞机飞行品质补充要求和质量保证等。

GJB2874—1997 是在对美国军用标准 AFWAL_TR‐82‐3081《建议的军用标准和手册——大气飞行器飞行品质》研究分析的基础上，结合我国飞机研制经验和飞行品质标准编制经验编写而成的。它主要规定了电传操纵军用飞机空中和地面飞行品质要求,适用于各种电传操纵飞机,主要内容包括:范围、引用文件、定义、一般要求、详细要求、说明事项,以及附录等。

GJB2874—1997 和 GJB185—1986 的差异类似于美国军用标准 MIL‐F‐8785C 和美国军用标准 MIL‐HDBK—1797 之间的差异。与 GJB185—1986 相比,GJB2874—1997 突出了客户需求定制性,不但增加了许多新的条款以适用于电传操纵飞机的设计和验证的需要,也对标准的结构做了较大的改动。

4.1.2 大型运输机飞控系统控制律设计要求

大型运输机的飞控系统控制律设计要求主要包括两方面:飞行品质要求和功能要求。飞行品质要求在 4.1.1 节中已进行了阐述,大型运输机一般属于Ⅲ类飞机,因此在军用规范中一般选取适用于Ⅲ类飞机的相关规范要求。在飞机研制中,也可以根据飞机的实际情况对 GJB2874—1997 进行裁剪,并补充相关的新的要求,同时也可以引入国内外先进军民用飞机的相关设计经验,作为飞行品质设计要求的一部分(如 FAR‐25)。由于飞行品质设计要求中包含的内容较多,因此一般会根据不同阶段飞行控制律开发的需要选取相应的评价准则。

飞控系统控制律功能要求主要是精度要求和关联性要求,来源于适航标准和国军标 GJB2191—1994《有人驾驶飞机飞控系统通用规范》、GJB3819—1999《有人驾驶飞机自动飞控系统与增稳系统、控制增强系统通用规范》和 GJB1690—1993《有人驾驶飞机自动驾驶仪通用规范》。GJB2191—1994 是一份比较完整的飞控系统规范,它不仅适用于常规的机械操纵系统,也适用于电传操纵系统。对飞控系统研制过程中的关键、重大事件均做出了规定,是飞控系统设计、安装和试验的指导文件。

(1) GJB2191—1994 是依据美国军用标准 MIL‐F‐9490D《有人驾驶飞机飞行操纵系统设计、安装和试验通用规范》,采用等效的原则进行编写而成的。美国军用标准 MIL‐F‐9490D 不但在美国,而且在国际上也是飞控系统设计常用的规范,具有较高的权威性,它不仅适用于军机,也适用于民机;不仅适用于轰运类飞机,也适用于战斗机。

(2) GJB3819—1999 主要针对飞控系统中的增稳和控制增稳方面的技术内容,同时也涉及自动飞控系统方面的技术内容,是增稳、控制增稳及其与自动飞控系统设计的指导性文件,适用于自动飞控系统和人工飞控系统设计,也是 GJB2191—1994 的细化。

(3) GJB1690—1993 主要针对飞控系统中的自动驾驶仪方面的技术内容,它与GJB3819—1999、GJB2191—1994 的自动飞控系统方面的内容基本一致。

实际的飞机研制中,一般都是根据飞机的任务需求,确定飞控系统控制律的功能。现代大型运输机人工控制一般具有三轴控制增稳、失速保护、超速保护、过载保护、自动配平等功能,自动飞控系统一般具有高度保持/选择、航向保持/选择、速度保持/选择、水平导航、垂直导航、下滑道及航向道等功能。这些功能的设计要求一般都是在参考国军标的基础上,结合飞机特点适当修改和调整指标范围和条款而成的。对于这些功能的验证,依据设计要求,基本上都要在工程模拟器试验中进行评估,由飞行员给出功能和逻辑的改进建议。

当飞控系统、传感器信号、操纵面、发动机、能源等方面发生故障的情况下,飞行控制律在性能和功能上都会受到一些影响,因此在飞控系统控制律设计要求也包括各种故障情况的飞行品质和功能要求。

4.2　阶段划分和评估试验目的

根据飞机各研制阶段飞控系统设计输入状态的变化,控制律与飞行品质评估试验可以为 4 个阶段。

(1) 第一阶段:控制律结构论证阶段。

这个阶段开始于飞机预研或飞机立项,尚未开展大规模风洞试验,使用的飞机数据主要来源于 CFD 计算和理论估算,工程模拟器也处于初始建设阶段(或借用其他型号的工程模拟器)。这个阶段的主要设计工作包括:初步选定操纵装置力和位移的参数范围;理论分析飞机气动的主要特性,初步确定增稳控制律结构和关键关联参数;初步设计控制律调参规律;通过理论分析确定气动和控制律参数的摄动范围。当理论设计工作完成后,由飞行员在工程模拟器上进行飞行品质评估,优选最佳的控制律结构和操纵装置参数。

(2) 第二阶段:控制律详细设计阶段。

这个阶段已经开展了主要的风洞试验,并进行了更为细致的 CFD 计算,动力系统、传感器和作动器也取得了部分试验数据。控制律设计工作主要开展了控制增稳、边界保护、高升力控制和自动飞控的详细设计。工程模拟器试验主要是在完成以上每项工作后,由飞行员进行飞行品质评估,以便确定控制律参数,并在控制律综合后,再次进行全面的飞行品质评估。

(3) 第三阶段:首飞前全面验证阶段。

飞机首飞前,已完成绝大部分风洞试验、动力系统试验、传感器试验和作动器试验。控制律本身也经过了多轮次的工程模拟器试验,在确定终版设计输入数据和首飞状态后,重新进行一轮控制律设计校对和工程模拟器试验验证工作。同时,当飞控系统地面集成试验("铁鸟"集成试验)完成后,可以利用"铁鸟"半物理环境进行飞行员在回路的试验,对控制律和飞行品质进行全面评估。此阶段可以利用工程模拟器和"铁鸟"集成试验环境对飞行员进行首飞前的培训和熟悉首飞飞行部面飞行,以保证首飞的成功。

(4) 第四阶段:首飞后试飞验证阶段。

这个阶段主要工作是根据试飞数据完成飞行性能数据包优化,为试飞工作提供更为真实的飞行模拟环境,以期给后续机组培训提供条件,也可以将工程模拟器和"铁鸟"的飞行包和控制律模型用于训练模拟器的研发。一般情况下,在风险科目试飞之前,可以利用工程模拟器进行地面应急处置培训。试飞过程中,如果在空中出现故障,工程模拟器和"铁鸟"集成试验环境进行地面排故是最有效的途径。

工程模拟器试验的主要目的包括:

(1) 验证飞控系统控制律的鲁棒性;

(2) 验证飞控系统控制律参数的有效性;

(3) 验证飞控系统控制律模态转换瞬态的可接受性;

(4) 验证操纵系统杆力/杆位移是否满足全包线飞行操纵需要;

(5) 验证飞机操纵性和稳定性的匹配程度;

(6) 验证能源和作动器功率需求是否满足要求。

"铁鸟"集成试验环境人-机组合试验的主要目的包括:

(1) 进一步验证各分系统内部接口(机械、电气、总线)、功能、性能,确认各分系统内部接口关系是否正确,功能、性能(动态、静态)是否满足分系统设计要求。

(2) 验证飞控系统内部各分系统间的接口、信号传输与逻辑关系,确认其飞控系统内部接口(机械、电气、总线)关系正确。

(3) 验证飞控系统与飞机其他系统间的接口(机械、电气、总线),包括液压系统、供电系统、航空电子系统、起落控制系统及飞机作动面等飞机结构,确认接口关系正确。

(4) 验证飞机各控制通道(纵向、航向、横向)以及通道之间在人工操纵和自动操纵时的功能、性能(时域和频域)和控制逻辑,确认其是否满足飞控系统设计规范要求。

(5) 首飞前,对比分析"铁鸟"集成试验环境人-机组合试验结果与理论计算、品模试验结果,全面验证飞控系统与设计状态的一致性。

(6) 通过模拟试滑、故障模拟和首飞剖面演练,建立试飞员首飞信心。

(7) 试飞阶段,对危险性较高的科目,进行模拟飞行,完善处置预案。

(8) 试飞过程中的故障复现和故障排除。

4.3 工程模拟器设计要求

4.3.1 组成

工程模拟器(有时称品质模拟器或品模)是设计飞行控制律、验证飞机飞行品质的重要设备,是飞控系统设计,尤其电传飞控系统设计的必备设备,是飞行员全寿命周期介入飞机设计的主要环境和平台。工程模拟器与飞行训练模拟器在组成上基本相同,特点是突出飞行性能相关内容的模拟仿真,比如飞行包、人工和自动飞控系统及控制律、发动机、起落架,以及飞行管理等,其不同点是工程模拟器相对通用,除与品质评估紧密相关的设备布局、功能和性能与真实飞机一致外,座舱仪表等可以采用通用系统。大型运输机工程模拟器主要由飞机性能仿真系统、模拟座舱系统、综合控制管理系统、航空电子模拟系统、动感模拟系统、视景系统、声音模

拟系统、计算机接口和网络系统,以及工程师分析讲评系统等组成,基本组成如图
4-1所示,网络拓扑结构如图4-2所示。

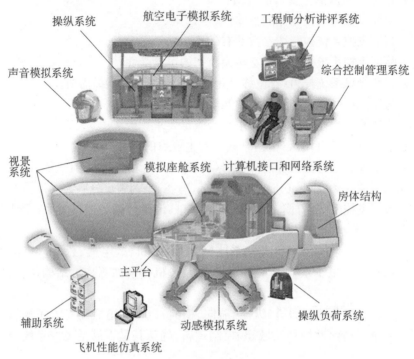

图4-1　工程模拟器基本组成示意图

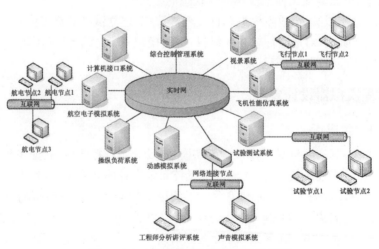

图4-2　工程模拟器网络拓扑结构框图

如图 4-2 所示,网络数据传输分二级管理。飞机性能仿真系统、航空电子模拟系统、综合控制管理系统、操纵负荷系统、动感模拟系统、视景系统、计算机接口系统之间的数据通信的可靠性和实时性要求高,选用反射内存实时网实现,作为一级网络进行管理。飞机性能仿真系统、航空电子模拟系统内部的通信采用互联网方式实现,作为二级网络进行管理。

4.3.2　主要功能

大型运输机工程模拟器应具有以下主要功能:

(1) 人工飞控系统控制律设计与评估;

(2) 自动飞控系统(包括自动油门)控制律设计与评估;

(3) 自动导航等飞行管理系统设计与评估;

(4) 飞机操纵性、稳定性等飞行品质评估;

(5) 飞机飞行性能评估;

(6) 关联系统或人-机工效评估;

(7) 地面试验、飞行试验等故障复现、排故分析等研究;

(8) 首飞初步培训支持;

(9) 试飞方法评估。

4.3.3　设计要求

工程模拟器中与飞行性能相关部分的要求甚至高于飞行训练模拟器,但其余部分可低于飞行训练模拟器,比如视景系统、仪表仿真系统和音响模拟系统等,主要性能指标如下:

(1) 仿真帧周期:16.7 ms;

(2) 传输延迟时间≥120 ms;

(3) 真实模拟飞机飞行性能、动力装置性能、空气动力效应、操纵特性以及飞行品质,并能正确模拟各种气象、跑道条件以及结冰对飞机性能的影响;

(4) 真实模拟飞机在起飞、着陆、机动飞行过程中给飞行员的动感。

飞机及飞机系统仿真、工程师分析讲评系统是工程模拟器的关键系统,下面将分别重点描述。其他系统相对通用,不在此处赘述。

4.3.3.1　飞机及飞机系统仿真要求

工程模拟器中飞机及飞机系统仿真模型的逼真度直接影响到飞行员的评价结果,根据中国民用航空总局的《飞行模拟设备鉴定和使用规则》(CCAR60)和《Flight Simulation Training Device Design & Performance Data Requirements》,结合飞机设计要求和测试结果,主要性能要求如下:

(1) 滑行性能。

应正确模拟飞机地面滑行性能,建模中应考虑起落架支柱压缩变化、轮胎摩擦、侧向力等地面反作用效果。

（2）起飞性能。

应正确模拟飞机地面起飞性能，建模中应考虑起落架支柱压缩变化、轮胎摩擦、侧向力等地面反作用效果。

（3）爬升性能。

应正确模拟飞机爬升性能，建模中应考虑环境和地面效应对飞行和操纵的影响。

（4）巡航性能。

应正确模拟飞机巡航性能，建模中应考虑高高度马赫数效应对飞行及操纵的影响。

（5）地面减速性能。

应正确模拟飞机地面减速性能，飞机地面滑行建模时要考虑由于刹车盘湿度大、刹车温度过高等引起刹车效率的降低效应。

（6）发动机加减速性能。

应正确模拟飞机发动机加减速性能。

（7）静态操纵品质。

应逼真模拟驾驶盘、方向舵脚蹬、前轮转弯操纵装置、俯仰配平装置、油门杆、刹车踏板等操纵装置的静态特性。

（8）动态操纵响应。

应逼真模拟俯仰、滚转、偏航操纵下的飞机动态特性。

（9）纵向动态特性。

应逼真模拟发动机功率变化、构型变化（包括襟翼/缝翼变化、扰流板或减速板变化、起落架变化等），逼真模拟飞机的纵向配平性能、飞机纵向机动稳定性和静稳定性、飞机进入失速状态的响应、飞机在纵向操纵下的动态响应特性。

（10）横航向动态特性。

应逼真模拟飞机的横航向动态特性，包括空中最小操纵速度、滚转响应、螺旋稳定性、发动机失效配平、方向舵响应、稳定侧滑、荷兰滚等。

（11）着陆过程动态特性。

应逼真模拟飞机正常着陆、最小或无襟翼着陆、侧风着陆、一台发动机失效着陆、复飞等过程的动态特性。

（12）飞行包线保护模拟。

应正确模拟飞机的飞行包线保护功能、性能。

4.3.3.2　工程师分析讲评系统要求

工程师分析讲评系统作为基于工程模拟器的控制律与飞行品质评估试验结果分析的主要平台，应能够实现数据显示、数据记录、数据分析、离线飞行仿真、模型辨识评估等功能。

1）数据显示

工程师分析讲评系统的数据显示功能主要用于控制律与飞行品质评估试验过程的监控，应能够支持两种形式的当前试验数据显示：一种为动态文本形式，如起落架收放状态信号、飞机轮载信号、自动驾驶的通断信号、飞控系统工作模态信号等状态信息；另一种为动态曲线形式，如飞机的运动状态信号、驾驶操纵信号以及飞机的姿态等信息。将数值形式和曲线动态变化两种形式相结合，全面展示试验过程中飞机的飞行情况。同时数据显示界面应能够灵活调整，如界面曲线坐标刻度的范围、曲线信号的选择、文本信号的选择、曲线的个数以及文本的个数等。

2）数据记录

工程师分析讲评系统的数据记录主要用于为控制律与飞行品质评估试验讲评及问题分析做好数据准备，应具备选择是否记录数据和记录那些数据的功能。试验过程存在很多情况，不需要记录数据或者需要终止记录数据，如飞行准备阶段、状态调整阶段、试验科目过渡阶段，这样不仅可以减小冗余数据，而且可以节约数据空间。不同的试验科目需要记录不同的数据，如人工操纵特性检查就无须记录自动飞行的相关数据；失速保护功能检查不仅需要记录操纵信息和飞机运动状态等，还需要记录控制律解算的中间量告警迎角及最大迎角等；进行离线飞行仿真时，还须记录所有输入指令和飞机的运动状态。因此，工程师分析讲评系统应可设置多个文件同时记录数据功能，且每个文件可选择不同的数据内容。

3）数据分析

工程师分析讲评系统最为关键的一个功能就是数据分析，用于控制律与飞行品质评估试验讲评，应能够读取记录的数据并进行显示和分析。由于数据记录的时间和数量不同，数据文件的大小和数据类型不尽相同，因此数据载入应支持多种数据类型，同时也应支持大数据（1G以上）的读取。不同试验科目对数据分析的要求不同，如操稳特性试验科目结果分析一般要求具有曲线显示和特性计算功能，正反向滚转科目需要绘制横向操纵指令、滚转角以及滚转角速率的响应曲线，同时还需计算滚转改变所需的时间等，以评估滚转特性；功能检查试验科目结果分析一般要求绘制功能参数与功能目标或限制值的对比曲线，从而准确分析功能的完成情况，如失速保护功能检查需要绘制飞机迎角、告警迎角与最大迎角的比较曲线图；人-机组合试验科目结果分析一般要求根据不同类型绘制曲线簇，如正常起飞科目一般需要分析三轴的操纵量、三轴的舵面偏转量、三轴的角速率和姿态的变化情况，以及飞机的配平特性等。同时还需要考虑同一科目多次试验结果的对比分析，这是由于很多试验科目飞行员需要重复多次，为了更好地评价试验结果，一般需要将几次试验结果进行综合分析，如推拉姿态角，需将多次的操纵量和对应的姿态响应绘制在一起，综合分析截获姿态角的可预测能力。

4）离线飞行仿真

工程师分析讲评系统的离线飞行仿真功能主要是为控制律与飞行品质评估

试验提供操纵回放和问题分析、问题定位。记录的数据总是有限的,并不能涵盖所有飞机飞行相关量,尤其是控制律解算和飞机模型解算的中间变量。而试验本身的目的就是为了开发和评估控制律,所以试验过程中出现的一些问题,有时就无法用已记录的数据分析清楚,必须借助于离线仿真,复现试验过程,从而查看任何所关心的变量。基于这几方面的考虑,离线飞行仿真应能够读取模型运行所需的数据文件,并能够支持离线仿真结果与数据记录的比对,确保离线飞行仿真的有效性。

5)模型辨识评估

工程师分析讲评系统的模型辨识评估主要为控制律与飞行品质评估试验飞行员诱发震荡(pilot induced oscillations,PIO)预测提供技术支持。随着 PIO 预测技术的发展,PIO 的预测不再局限于生理人(飞行员)在环的主观评价,而是发展为生理人(飞行员)在环的客观评价,不仅避免了传统 PIO 理论分析中驾驶员模型不准确的问题,而且改善了人-机组合试验随机性较大的情况,有效地提高了 PIO 预测的合理性。而该方法的关键就是辨识生理人(飞行员)和包含非线性环节的系统模型,工程师分析讲评系统应具有基于数据的模型辨识功能,从而基于 PIO 预测准则,绘制 PIO 预测评估图。

工程师分析讲评系统的主要性能指标和要求如下:

(1)界面刷新率:不小于 80 Hz;

(2)网络通信速率:不小于 10 Mb/s;

(3)数据记录性能:不小于两小时记录,记录丢包率小于 10^{-3};

(4)降额使用,CPU 使用效率和内存占用均不小于 30%。

4.4　试验内容与方法

不论是在工程模拟器环境下进行的飞控系统控制律和飞行品质评估的试验,还是在"铁鸟"集成试验环境下进行的人-机组合试验,都是飞行员在回路的模拟试验(pilot in loop)。其目的是通过飞行员的实际飞行及早暴露控制律和飞行品质设计缺陷,不断优化完善设计;同时,使飞行员熟悉飞机的基本操纵方式和飞机操稳特性,建立首飞信心,以便持续试飞。

飞行员参与的两种试验环境下的评估试验,其试验流程和方法基本一致。首先是控制律工程师或系统工程师根据任务规划和研制进度形成试验任务书,随后试飞工程师编写试验大纲和试验任务单,接着就是按照任务单开展评估试验。

试验开始前,试飞工程师应给飞行员及所有参试人员详细讲解任务单内容与要求及操纵动作要领。试验结束后,飞行员填写试验评述意见,并与系统工程师、控制律工程师进行讨论,必要时,回看科目执行参数和视频,最终给出评估或改进意见。

当完成一个阶段或一系列具有关联性的试验任务后,控制律工程师综合分析某一参数在不同状态点的相关性,并与理论计算结果进行比较,得出最后的修改意见,并将意见反馈给飞行员。在飞控系统或控制律设计完善后,由飞行员进行再次评估,直到最终满意为止。

4.4.1　试验任务规划

控制律与飞行品质评估试验主要分为 4 个阶段,试验任务规划遵循"从顶层到细节,从架构到参数,从正常到故障"的原则。邀请具有类似背景飞机驾驶经验的飞行员进行评估工作。随着试验任务的进展,邀请飞行员的数量和所在单位也要遵循"从发散到集中"的原则。

控制律与飞行品质评估试验的主要内容包括:

(1) 杆力-杆位移、阻尼和振杆特性评估;

(2) 模态及逻辑功能评估;

(3) 控制增稳控制律及品质评估;

(4) 高升力控制律功能、性能评估;

(5) 自动飞行功能、性能评估;

(6) 边界保护控制律评估;

(7) 故障模式功能、性能评估;

(8) 首飞状态评估;

(9) 风险科目性能评估。

在飞控系统研制的不同阶段,根据飞控系统功能、控制律、人感系统设计开发的进展,进行相应的功能和性能评估。一般来讲,先会进行人感系统和控制增稳控制律结构的评估,而后进行高升力控制系统、人工飞控系统正常模态控制功能和控制律的评估,再进行故障模式和自动飞控系统的评估,最后进行首飞状态和风险科目评估。当某一轮次的某些状态评估存在问题时,在后续评估工作中还要进行改进后的补充评估。

4.4.2　试验状态点选取

现代飞机飞控系统控制律设计过程中,为了既保证设计质量(覆盖各种包线),又提高设计效率(合并性能相近的状态),设计状态点选取 1000～2000 个较为合理,工程模拟器试验的状态点大约选取约 50～200 个为宜,"铁鸟"集成试验环境人-机组合试验的状态点选取约 10～20 个为宜。

构成状态点的要素一般包括飞行阶段、飞机重量、飞机重心、襟缝翼构型、飞行高度、飞行速度、起落架状态、动力系统状态等。在没有任何约束的条件时,可结合控制律工程师的设计经验,采用近乎穷举的方法选择状态点。计算机技术的发展使大量选取设计状态点成为可能,但对于试验来说仍不现实也没必要。下面提出一种多约束的试验状态点选取原则和方法:

(1) 试验状态点选取应体现出明显的差异性,既包含设计人员认为品质好的状态点,也包含品质差的状态点。

（2）试验状态点选取应充分体现覆盖性，即包含各种包线的边界点。

（3）试验状态点的选取应考虑飞机使用条件和飞行员操纵习惯。

（4）针对某一设计要求，计算设计状态点的自然飞机特性，在特定索引量的图像中描述所有状态点，将图像中的密集点作为一个试验状态点。

（5）分析飞机气动特性数据，按气动舵面使用限制条件和操纵效能极限条件，并综合飞行状态条件，将其作为试验状态点的候选点。

（6）分析控制律参数的设计结果，在其调参规律曲线上选取分段中点，计算其典型状态参数，将其作为试验状态点的候选点。

（7）结合飞控系统逻辑选择必需的试验状态点，如空地转换条件。

（8）对于"铁鸟"集成试验环境人-机组合试验的状态点，可以结合飞行员在多轮品模试验中的关注点进行筛选。

4.4.3　试验内容

飞控系统控制律与飞行品质评估试验包括在工程模拟器环境下进行的试验、"铁鸟"集成试验环境人-机组合试验和机上地面试验，试验项目主要包括以下内容：

（1）人工飞行控制律设计与评估。

包括飞行员操纵机构选型与评估，人工飞行控制律构型评估和参数优化，边界保护逻辑评估和边界确认，高升力控制功能及模态转换瞬态评估，以及飞控系统降级和故障保护逻辑及性能评估等。

（2）自动飞行控制律设计与评估。

包括自动飞控系统的自动驾驶、自动导航、自动进场、自动油门和飞行指引等功能评估，以及俯仰角保持、垂直速度、航迹倾角、高度保持、坡度保持、航向选择、水平导航直线、水平导航弧线、高度层改变、垂直导航轨迹控制、自动油门推力控制、自动油门速度控制等模态的控制律构型评估和参数优化。

（3）自动导航等飞行管理系统设计与评估。

以飞行管理系统、自动飞控系统和人工飞控系统为三层的控制回路，完成自动导航、自动进场等模态控制律构型评估和参数优化。

（4）飞机飞行品质评估。

结合飞机飞行品质设计要求，对不同飞机构型、不同飞行状态下的飞机飞行品质进行综合分析与验证。

（5）飞机飞行性能评估。

对飞机的基本飞行、续航、机动、起飞/着陆、空气动力效应等性能进行综合评估。

（6）关联系统及人-机工效评估。

对与飞机性能和飞控系统相关联的其他飞机系统进行综合评估，如供电系统的逻辑和功率、起落架系统的轮载（轮速）信号、液压系统的流量和功率以及控显设备布置及人-机工效等的评估。

（7）故障复现与分析。

解决地面试验和飞行试验中所暴露出的各种问题,地面复现故障模式,查找故障原因并提出解决措施,以完善系统和控制律设计。

（8）首飞机组初步培训。

协助首席试飞员熟悉飞机故障和特请处置措施,了解飞机综合性能,最大限度地支持首飞。

（9）试飞方法评估。

对关键及风险科目进行模拟培训,如襟翼未按要求放下故障的处置措施等,以制订更为安全合理的试飞方案。

4.4.4　试验操纵动作

飞控系统控制律和飞行品质评估试验是依靠飞行员的操纵动作完成的。因此需要根据试验内容,科学设计操纵动作。实际上,经过长期飞行试验实践,已经形成了很多标准动作可供选择。用于工程模拟器试验和"铁鸟"经常使用环境人-机组合试验的试验操纵动作及适应的试验内容如下。

（1）单脉冲操纵:可分为纵向、横向和航向单脉冲操纵。操纵幅值由 1/4、1/2 及 1 倍全操纵行程,试验时逐步加大行程,操纵动作完成后自由响应 10 s。这种操纵动作适用于检查飞机初始响应和等效时间延迟,检查飞机短周期模态频率和阻尼,也适应于参数辨识。

（2）倍脉冲操纵:可分为纵向、横向和航向倍脉冲操纵。这种操纵动作的操纵要求及适应范围与单脉冲操纵相同,只是将单向操纵改为双向连续操纵。

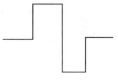

（3）阶跃操纵:可分为纵向、横向和航向阶跃操纵。快速操纵至指定幅值,并保持 3～7 s,幅值分别为 1/4、1/2 和 1 倍全操纵行程。为了保证飞行状态不发生过大变化,纵向

图 4-3　倍脉冲操纵

操纵可以先进行适度反向操纵,然后逆向阶跃操纵。这种操纵动作适用于检查飞机初始响应和等效时间延迟,检查飞机模态特性,关键参数辨识,操纵梯度确认等。

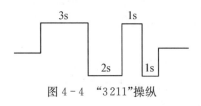

图 4-4　"3211"操纵

（4）"3211"操纵:这种操纵动作只适用于纵向操纵。采用一组纵向时间序列的阶梯操纵,拉杆 3 s,推杆 2 s,拉杆 1 s,推杆 1 s,最后回中。拉杆推杆的幅值相同,应使飞机产生最小幅度的纵向响应,幅值由飞行员确定,操纵完成后保持 10 s。这个操纵动作适用于参数辨识,同时可检查飞机初始响应、跟随性和稳定性。

（5）正弦扫频:对驾驶杆进行等频或变频操纵。频率范围为 0.2～5 Hz。这

种扫频操纵可以是飞行员手工扫频,也可以由特定的信号发生器产生。这种操纵动作适用于测量飞机系统的动态品质,包括飞控系统稳定裕度测量,也可用来进行参数辨识,特别是频域参数辨识。

(6) 绕紧转弯:这种操纵动作只适用于横向操纵。保持速度不变,逐步压杆增加滚转角,拉杆到底逐步增加法向过载,直至最大过载和迎角。这种操纵动作适用于验证最大过载和迎角,检查杆力梯度,检查操纵协调性。

(7) 减速转弯:保持高度不变,分别以不同的发动机状态,减速水平转弯,逐步增加滚转角,拉杆至最大行程。这种操纵动作适用于检查迎角和过载限制器性能,检查随迎角和过载变化的操纵力。

(8) 迅速进入转弯:给定高度,通过油门保持速度不变,迅速进入转弯并拉杆到底,达到最大迎角和法向过载,这种操纵动作适用于检查水平机动能力,操纵协调性和操纵力。

(9) 最大滚转和俯仰组合操纵:快速拉杆后压杆,逐步增加纵横向操纵幅值,直至拉杆到底和压杆到底。这种操纵动作适用于检查纵、横向运动耦合情况下的迎角限制器性能,纵、横向操纵协调性,最大操纵力和最大速率,同时检查结构强度和载荷。

(10) 加减速平飞:保持高度不变的 1 g 飞行,通过油门加减速飞行,测量杆力和杆位移变化。本试验的目的是检查飞机速度稳定性。

(11) BTB(back to back):保持高度和速度不变,压杆滚转到某一角度,稳定后迅速反向压杆使飞机反向滚转到同一角度,稳定后恢复水平飞行。在滚转过程中保持俯仰角不变。这种操纵动作适用于检查飞机协调性、横向操纵响应、综合姿态控制能力。

(12) 协调侧滑:保持飞行高度和飞行速度不变,压杆蹬舵,保持飞行航向不变。这种操纵动作适用于检查飞机纵向、横向和航向的操纵协调性,检查稳态侧滑品质和侧风着陆修正能力。

(13) 推拉杆并保持到给定俯仰角:迅速拉杆至给定俯仰角,并保持 3~5 s。这种操纵动作适用于检查俯仰控制的预测性、稳定性和精确性。

(14) 精确进场/纠偏着陆:首先按照导引的进场航线精确保持下滑轨迹,然后按照跑道上划定的着陆标志进行着陆。有时在着陆前,设置偏离跑道中心线,然后迅速修正到跑道中心线或指定标志点进行着陆。这种操纵动作适用于检查进场着陆人-机闭环飞行品质。

上述这些操纵动作大体上可分为 3 类:开环操纵,以定量评定为主;开环和闭环复合操纵,从定量和定性两方面来评定;闭环操纵,以试飞员主观评定为主。

4.4.5　试验任务单

前已提到,飞控系统控制律和飞行品质评估试验涉及很多状态,不可能在一份报告中将其完全反映。同时,需要及时记录飞行员在试验过程中的各种描述,建议采用试验任务单的形式将试验任务进一步细化,使试验流程清晰化、试验操作规范化,对试验组织管理、试验结果记录、加快试验进度及试验报告编写等均有很大的帮助。

对于大型运输机飞行控制系统来说,试验任务单编排应根据飞机重量、重心位置和飞控系统模态三者的组合来确定试验顺序,特定组合下的某一任务单应根据飞机飞行高度和速度确定要做的动作。这样做的好处是,每次状态点的设置都可以把这个状态点下的所有试验动作完成,有效地提高试验进度。表 4 - 12 为某一种状态下的试验任务单,其他试验项目只需把飞机状态点和标准动作替换成相应的内容即可。

表 4 - 1　试验任务单举例

任务单号:001　　重量:90 000 kg　　重心:中间　　飞控系统模态:正常模态					
高度/m	速度/(km/h, Ma)	标准动作	备注	机组评价	评分
500	381	三轴脉冲			
		拉/推 Δ10, 5			
		BTB 15, 30			
		定常侧滑			
	500	三轴脉冲			
		拉/推 Δ10, 5			
		BTB 15, 30			
		定常侧滑			
500(起飞构型)	179	三轴脉冲			
		拉/推 Δ10, 5			
		BTB 15, 30			
		定常侧滑			
	244	三轴脉冲			
		拉/推 Δ10, 5			
		BTB 15, 30			
		定常侧滑			

4.4.6　试验报告编写

控制律与飞行品质评估试验可能需要经历多轮次,这主要取决于设计者的经验以及支持试验的飞机研制进程、飞行员评估水平、试验条件建设,即使都做得很好的时候,也不可能评估试验一次通过。在每轮评估试验结束后,必须及时撰写试验报告,如实反映试验过程和试验结果。试验报告的内容主要包括试验目的、试验原理、试验过程和试验结果。其中可以简要描述试验目的和试验原理,而对试验过程和试验结果进行详细描述。试验过程描述主要包括试验前准备、人员安排、实施时间、讲评方式及试验任务单执行情况等。试验结果整理与分析是试验报告的核心,根据试验任务单记录情况,总结分析飞行员评述意见,给出试验结果的初步分析结论,对试验提出的问题与建议分类汇总,为试验分析报告提供明晰的真实依据。飞行员填写的飞行员评述意见表和试飞工程师填写的试验任务单应作为试验报告的附件一同归档。

4.4.7　试验分析报告

飞控系统控制律和飞行品质评估试验分析报告是飞控系统和控制律及飞机气动特性优化改进的主要依据,一般由背景飞机飞控系统设计师或控制律设计师完成。

每一轮控制律和飞行品质评估试验,飞行员都会提出很多意见和建议,有时甚至是很严厉的批评性意见,设计师必须认真对待。但是,由于飞行员受飞行环境、自然生理和心理的影响,评述意见通常都会出现一些小的差异,有时还会出现较大差异,甚至与数学仿真相悖的结论,这就需要设计师在试验分析报告中对有关结论进行分析,并最终达成一致的意见。

试验分析报告的重点是汇总分析飞行员的评述意见,并按相关评价条款进行分类,将各类别飞行员评述意见的状态点和改进趋势分别绘制在高度-速度包线和调参增益曲线图上,确认优化改进状态包络线,并根据计算结果将参数调整到合理的范围内。当出现飞行员评述意见导致调整增益曲线斜率变化较大时,就需要与提出意见的飞行员进行沟通与确认,必要时重新进行此项试验。

同时,飞行员可能还会提出许多与人-机工效相关的座舱布置和显控方面的问题,此类问题要及时反馈给相关专业,如对评估试验确有影响,则需要工程模拟器按照飞机实际状态进行改进。

4.5　数据采集、处理与评估方法

4.5.1　概述

飞控系统控制律和飞行品质评估试验的结果包括两方面内容:一是飞行员的评估意见(主观评价与改进建议);二是试验过程中记录的飞行数据和曲线(客观分析)。正确理解飞行员主观评价与建议,全面记录和分析试验数据,对于控制律优化改进具有非常重要的意义。

4.5.2　数据采集要求

数据采集要求主要包括采集参数(物理)类型、数据采样率及精度要求,其中采集参数应包括:

（1）飞行员操纵动作。如动作方式、动作时间、动作幅值等。

（2）飞控系统工作模态和内部参数。如通道信息、表决值等。

（3）飞机操纵面信息。如偏转角度和偏转速率等。

（4）飞行参数。如高度、速度、动压等。

（5）飞机姿态参数。如迎角、侧滑角、俯仰角、滚转角、偏航角等。

（6）发动机状态参数。如转速、油耗、排气温度等。

（7）起落架系统参数。如轮载、轮速等。

（8）外部注入信息。如初始状态信息等。

（9）故障信息。如飞控系统故障、发动机故障等。

以上采集参数可能是开关量、数字量、模拟量、数据总线信号等类型。为分析方便，应保证信号在时间上的一致性，最好使用实时性较好的反射内存网作为数据接收的统一来源。采样率一般应不低于 25 Hz，能达到 50 Hz 更好，再更高的采样率没有太大的必要。

4.5.3　数据处理要求

采集试验数据的目的是实现数据回看、视频/音频回放、操纵动作捕捉和定位、离线数据快速辨识等。其中，数据回看、视频/音频回放、操纵动作捕捉和定位主要用于试验讲评，当试验结果与飞行员评估结果相悖时，通过数据回看和视频/音频回看分析达成一致。离线数据快速辨识主要用于按照相关标准进行的飞行品质分析和客观评价。

通过数据回看，提取所关心的一组参数，如纵向操纵和响应参数，可根据视频/音频回看确认具体动作点。因此，试验数据和视频/音频数据的计时器必须同步。

操纵动作捕捉和定位能够帮助提取飞机典型响应、分析系统延迟和确定控制律增益、提高试验数据分析的效率，尤其在数据量巨大和处理周期很长时非常重要。操纵动作捕捉和定位应能捕捉 4.4.4 节中介绍的 14 种操纵动作，采用标准操纵动作模型、数据规整和最小方差的方法，两次循环就能找到所希望的所有操纵动作，六次循环迭代就能找到最优操纵动作。

4.5.4　客观评估方法

控制律工程师应当重视试验结果的客观评估，即根据军用飞机飞行品质规范以及飞控系统控制律设计要求，采用试验数据辨识的方法进行飞行品质评估，将评估结果与数学仿真结果进行对比，为后续优化改进提供依据。

军用飞机飞行品质评估通常采用 GJB185—86《有人驾驶飞机（固定翼）飞行品质规范》和 GJB2874—97《电传操纵系统飞机的飞行品质规范》中规定评估方法，其中至少包括以下内容：

1）纵向飞行品质

（1）纵向静稳定性；

（2）长周期稳定性；

（3）飞行轨迹稳定性；

（4）飞机短周期响应；

（5）机动飞行中的操纵感觉。

2）横航向飞行品质

（1）横航向模态特性；

（2）横航向动态响应特性；

（3）滚转操纵性能；

（4）航向操纵性能；

（5）定常侧滑时的横航向特性；

（6）复飞中横航向操纵；

（7）俯冲中横航向操纵；

（8）非对称推力时横航向操纵。

应该指出，以上项目内容主要针对军用陆基飞机的飞行品质要求而提出的，对于民用飞机、水上飞机、舰载飞机、无人机等，还需要参考 CCAR25《运输类飞机适航标准》、GJB3718—1999《舰载飞机规范　飞行性能》、GJB3719—1999《舰载飞机规范　飞行品质》、GJB2347—1995《无人机通用规范》和 GJB5201—2003《无人机飞行控制与管理系统通用规范》。

按照飞控系统功能划分，控制律的客观评估包括人工飞行控制律评估、高升力控制律评估和自动飞行控制律性能评估。

（1）人工飞行控制律客观评估：对试验数据进行参数辨识，得到相应的飞行品质指标，数学仿真结果和飞行员主观评价进行比较，确认数学仿真结果的正确性，为"铁鸟"经常使用环境人-机组合试验和机上地面试验提供支持。

（2）高升力控制律客观评估：评估内容主要是过渡特性和转换瞬态。飞控系统设计和数学仿真期间，仅能依据风洞试验数据评估稳态过程并初步预测过渡特性，将此特性放入飞行包中给飞行员提供基本的感受，待飞行试验取得真实飞机相关气动数据后再进一步完善。首飞前需要通过高速滑行和抬前轮等试验，确认高升力控制系统的稳态性能，确保首飞及持续试飞安全。

（3）自动飞行控制律客观评估：功能和性能初步验证由有经验的设计人员进行，飞行员完成最后阶段的使用评估。

需要指出的是，在没有运动感觉系统的工程模拟器上评估时，飞机转换和瞬态过程仅能通过理论计算进行客观评价，控制逻辑可采取将试验结果与预期结果比较的方法进行。

4.5.5　主观评估方法

国际上较为通用的主观评估方法有库珀-哈珀评估准则和 PIO 趋势评定尺度，GJB185—86《有人驾驶飞机（固定翼）飞行品质规范》和 GJB2874—97《电传操纵系统飞机的飞行品质规范》同样规定采取这种两种评估方法和准则。

1) 库珀-哈珀评估准则

库珀-哈珀评估准则如图4-5所示,主要从飞机的操纵性和飞行员完成飞行任务的负担两个主要方面进行评价,用文字描述给出了飞机特性以及在选定的任务或作业中对驾驶员要求的10个不同的评价尺度 PR 值,其具体含义描述如下:

(1) $PR=1$,表示极好的飞行品质,十分令人满意,各个环节十分理想、协调。

(2) $PR=2\sim3$,表示能很好地完成任务,只有一点不太舒服希望有所改善,这里的不舒服可能是由于飞行员的爱好不同或别的不太重要的问题所致。

(3) $PR=4\sim6$,表示飞控系统或飞机必须改进,其显著特点是经过飞行员的努力基本上能完成任务,但工作负荷较大,必须付出较大的精力。

(4) $PR=7\sim9$,表示飞行品质相当差,已达到极限状态,飞行员竭尽全力,但仍不能较好的完成任务。

(e) $PR=10$,表示不可操纵,是一种极不正常的现象,仅发生于某种故障状态或特定条件下,其结果是必须转换模式或飞行状态,避免飞行事故。

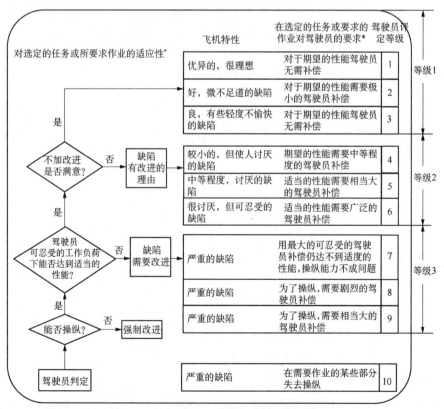

*要求的作业的定义包括选定的飞行阶段和/或带有附带状态的子阶段。

图4-5 库珀-哈珀评估准则

2) PIO 趋势评定准则

采用 PIO 趋势评定准则评价飞机可能出现飞行员诱发振荡,评分标准和评分程序如图 4-6 所示。其中"不期望的运动"指单个超调或小的、快速的有阻尼周期运动,"振荡"指多于半个周期或一个超调的运动。

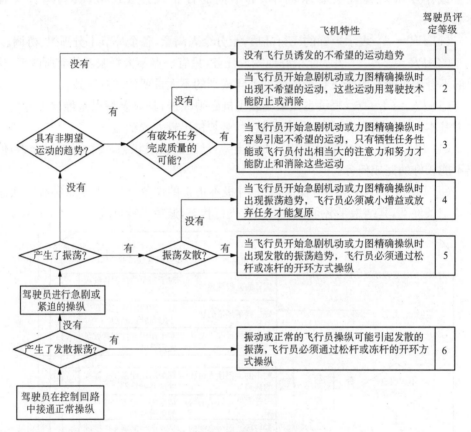

图 4-6 PIO 趋势评定准则

4.6 控制律与飞行品质评估试验管理

飞控系统控制律和飞行品质评估试验涉及专业面广、参与人员多、持续时间长,数据记录庞杂,数据分析工作量大。为了更好地获得试验结论并进行优化,确保试验安全(如运动系统安全连锁等),需要进行科学的试验管理,其中包括试验组织、人员分工和安全保障措施。

4.6.1 试验策划

采取整体规划分阶段实施的基本思路,突出数学仿真、工程模拟器试验、"铁鸟"集成试验、机上地面试验、飞行试验等各个阶段,飞控系统控制律和飞行品质评估的重点和需要解决的问题,必须对试验任务书、试验大纲、试验任务单、试验报告和试验分析报告等试验性文件进行认真审查和确认,及早做好可能的评估意见与设计目标的差异性预估及补充试验的预案,必要时,召开行业专家评审会对各阶段试验性文件进行审查。

4.6.2　试验准备

飞控系统控制律和飞行品质评估试验前必须做好试验的各项准备工作,其中包括参试人员和试验设备(工程模拟器)状态或"铁鸟"集成试验台架状态,具体工作如下。

1) 参试人员

必须经过严格的岗位培训并具备承担相应岗位工作的能力,熟知相关试验技术文件,掌握试验目的、试验原理、试验流程和试验环境等。主要包括:飞行员、试飞工程师、系统工程师、控制律工程师和设备工程师。

(1) 飞行员

参加试验的飞行员必须具有扎实的飞行力学和控制理论水平,并具有长期飞行经验,最好是首席试飞员小组成员。试验中,飞行员负责完成任务单指定任务飞行、按要求评估控制律与飞行品质,填写飞行员评述意见表。

(2) 试飞工程师

试飞工程师必须具有一定的飞行力学、控制理论、航空电子等知识,了解飞机及飞控系统,并具备一定飞行知识。负责试飞员培训、任务单讲解、根据试飞员意见填写任务单、配合设计人员完成飞行试验小结。

(3) 控制律工程师

控制律工程师必须是背景飞机控制律开发工程师和飞行品质设计工程师,主要负责设置飞行状态、修改控制律参数、填写参数更改单,记录并分析试验数据。

(4) 系统工程师

系统工程师必须是背景飞机飞控系统及相关飞机系统设计工程师,负责正确地向飞行员等参试人员全面描述飞机系统,提供有关飞机系统及机载设备数学模型和控制就逻辑,解决试验过程中的系统问题,并针对飞行员对飞机系统的评估及时贯彻在系统设计中。

(5) 设备工程师

设备工程师必须是试验用工程模拟器的开发者,应能够确保设备状态与试验项目的一致性,负责设备的开启、关闭及安全可靠地运行,操作综合控制管理系统控制试验进程。

(6) 安全员

安全员负责试验现场的巡检,在火情、机械异常、人员进入危险区等特殊情况出现时,配合指挥员及时组织并处理特情,确保人员和设备安全。

（7）指挥员

指挥员是当此试验的权威负责人，负责参试人员的协调、试验进度和任务安排、试验过程的指挥和试验质量与安全的监督。

2）试验设备

（1）人感模拟系统：确认载荷机构已处于此试验所需的技术状态。

（2）系统模型：确认传感器、作动器、发动机、起落架等飞机机载设备和系统模型与当此试验的要求相一致。

（3）控制律状态：控制律状态已完成全数学仿真评估，达到相应品质设计要求。

（4）飞行仿真系统：飞行仿真系统所运行的飞行包状态与试验要求一致，包括飞机状态、发动机状态、控制律状态及相关系统状态。

（5）仪表和视景系统：需对仪表显示和视景系统进行确认，保证座舱显示正确。

（6）网络传输：需对网络进行测定，保证数据传输的正确性并保证传输延迟在规定范围内。

4.6.3　试验过程控制

试验过程控制主要包括试验前检查、试验实施和试验后评估。

（1）试验前检查：对座舱设备进行检查，确认仪表显示、视景显示、通信/记录系统工作正常；对控制台及飞行仿真模型进行检查，保证控制台对试验的有效控制，确认控制律版本为应试版本；与飞行员进行充分沟通，交代试验内容、试验方法和评估准则。

（2）试验实施：每次操纵前，控制台选择并确认试验状态；试飞员确认起落架操纵手柄、襟（缝）翼操纵手柄、飞控板上的电门处于正常位置；飞行员按要求完成试验任务单规定的操纵动作，将评估结果填写试验任务单；控制台与座舱保持沟通，同步观察、记录试验数据。

（3）试验后评估：飞行员走出座舱后，及时与飞行员交流，解答飞行员提出的问题并一起分析飞行现象，做好问题和建议记录，飞行员填写评述意见，保存好飞行数据，关闭座舱和控制台。

4.6.4　试验总结

每项试验结束后，整理飞行员评估意见表及记录数据，分析、处理试验数据，编写试验报告和试验分析报告，汲取经验与教训，做好下次试验准备。

参 考 文 献

［1］国防科学技术工业委员会. GJB2191—1994 有人驾驶飞机飞控系统通用规范［S］. 1994.

［2］国防科学技术工业委员会 GJB3819—1999 有人驾驶飞机自动飞控系统与增稳系统、控制增强系统通用规范［S］. 1999.

［3］国防科学技术工业委员会.GJB2874—1997 电传操纵系统飞机的飞行品质[S]. 1997.

［4］国防科学技术工业委员会.GJB185—1986 有人驾驶飞机(固定翼)飞行品质[S]. 1986.

［5］国防科学技术工业委员会.GJB1395A—2009 飞机模拟器通用规范[S]. 2009.

［6］中国民用航空局.CCAR60 飞行模拟设备的鉴定和使用规则[S]. 2005.

［7］张德发,叶胜利,等.飞控系统的地面和飞行试验[M].北京:国防工业出版社,2003.

5 飞控系统分系统综合试验

5.1 概述

飞控系统是飞机安全性要求最高、交联关系最复杂、组成机载设备最多、验证内容要求最严格的关键系统之一。为保证研制质量,化解技术风险,加快研制进度,飞控系统一般应采用"分级设计、逐级验证"的研制思路,突出各阶段研制重点,全面验证,充分发挥主机单位、分系统及机载设备承研单位的主动性和优势,确保飞机研制的顺利开展。

"分级设计"体现在主机单位、分系统承研单位和机载设备承研单位3个层面。

第一层面:作为主机单位,在深入研究飞机总体设计要求、飞行品质设计要求等所有顶层要求基础上,确认飞控系统设计需求,形成飞控系统设计规范和飞控系统总体技术方案。进一步分解飞控系统设计需求,科学合理划分系统模块或分系统,并提出各分系统设计要求,如电传飞控系统、自动飞控系统、高升力系统、座舱操纵装置系统、机械备份操纵系统和控制律设计要求、机载软件设计要求等。

第二层面:作为分系统研制单位,在深入分析分系统设计要求及相关专业规范等顶层设计要求的基础上,确认组成分系统的设计规范,形成分系统设计方案和机载设备设计要求。

第三层面:作为机载设备研制单位,在深入机载设备设计要求及相关专业规范等顶层设计要求的基础上,确认组成分系统机载设备的设计规范,形成机载设备方案。

以上工作实际上就是飞控系统的确认过程,这个过程就是系统设计过程,其设计结果的符合性可通过数字仿真方法进行验证,本书不作详细介绍。

"逐级验证"也体现在机载设备承研单位、分系统承研单位与主机单位3个层面。

第一层面:作为机载设备承研单位,需要完成零件制造到机载设备综合,验证并确认机载设备满足机载设备设计要求。

第二层面:作为分系统承研单位,需要完成从机载设备到子系统再到分系统的综合,验证并确认分系统满足分系统设计要求。

第三层面:作为主机单位,需要完成从分系统到系统的综合,验证系统满足系统设计规范要求,进而满足飞机总体和飞行品质设计对飞控系统的要求。

以上工作实际上就是飞控系统的验证过程。其中,第一层面验证技术已在本书第2章介绍,第二层面验证技术属于本章要介绍的内容,第三层面验证技术将在本书第6章、第7章介绍。

飞控系统分系统综合验证的主要目的是:在分系统试验环境下,验证分系统的功能、性能和环境适应性是否满足分系统设计要求;通过验证试验,提早暴露分系统设计缺陷和问题,同时挖掘分系统潜在故障模式与机理,并采取改正措施,使分系统可靠性得以增长;静态验证分系统与其他分系统以及飞机其他系统的接口的正确性与兼容性。

飞控系统分系统综合试验责任主体为分系统承研单位,按照承研单位内部研制流程和质量管理体系来组织,一般都在分系统研制所在地实施。大型飞机飞控系统主要包括以下分系统试验:

(1) 座舱操纵系统综合试验;

(2) 电传飞控系统综合试验;

(3) 高升力系统综合试验;

(4) 自动飞控系统综合试验;

(5) 机械操纵系统综合试验(如果有的话)。

5.2　座舱操纵系统综合试验

5.2.1　系统简介

大型飞机座舱操纵系统一般包括纵向操纵装置、横向操纵装置、航向操纵装置等。

纵向与横向操纵装置一般有中央盘(柱)式、中央长杆或短杆式、侧杆式(主动侧杆和被动侧杆)等。航向操纵装置一般与前轮转弯操纵装置、机轮刹车操作装置综合设计;中央盘(柱)式有分布式和集成式。各型飞机座舱操纵系统基本类似。

座舱操纵系统的基本功能为:

(1) 电传操纵模式下,将机械操纵指令转换为电信号;

(2) 提供飞行员合适的操纵感觉(杆力-位移);

(3) 驾驶盘上还设置了各种开关、按钮等元件,完成水平安定面的配平、自动驾驶的断开与同步;

(4) 配平控制板上还设置了副翼和方向舵的配平按钮,以实现副翼和方向舵的配平;

(5) 对于具有机械操纵系统的飞机,座舱操纵系统通过拉杆与机械线系连接,控制相应舵面的偏转。

本书以分布式中央盘(柱)纵横向操纵装置以及具有与前轮转弯操纵装置、机轮刹车操纵装置综合设计的航向操纵装置为例,介绍座舱操纵系统试验技术相关内容。以纵向、横向和航向三轴主操纵装置为主进行介绍,其他辅助操纵装置功能单一、原理简单、试验方法与评判原则基本一致,本书不再赘述。

5.2.1.1　座舱横向操纵通道

左、右飞行员通过操纵两个常规的驾驶盘实现对飞机的横向操纵。正常操纵时,左、右驾驶盘通过一套连杆机构连接,实现左、右驾驶盘的同步运动,连杆机构中设有解脱机构或弹簧拉杆,实现应急时的左、右横向操纵分离。通过中央操纵台上的配平控制板,控制副翼配平机构的运动,实现飞机的横向配平。

电传操纵模式时,座舱横向操纵通道将飞行员的机械操纵指令通过驾驶盘位移传感器和力传感器转换为电信号,电信号通过 ACE 传至 PFC,进行飞控系统控制律解算,从而控制相应舵面的偏转。

座舱横向操纵通道包括驾驶盘、横向载荷机构、副翼配平机构、横向解脱机构、液压阻尼器、驾驶盘角位移传感器、驾驶盘力传感器、拉杆、支座等。座舱横向操纵通道示意图如图 5-1 所示。

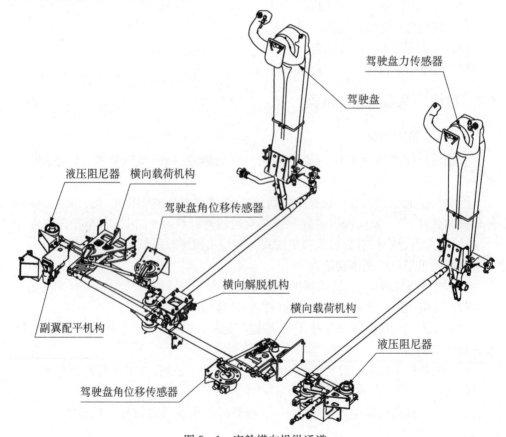

图 5-1　座舱横向操纵通道

5.2.1.2　座舱航向操纵通道

左、右飞行员通过两个常规的立式脚蹬实现对飞机的航向操纵。脚蹬位置可通过脚蹬调节电机(有时也可能为手动调节)进行前后调节,以适应不同身材飞行员的需求。通过中央操纵台上的配平控制板,控制方向舵配平机构的运动,实现飞机的航向配平。正常操纵时,左、右脚蹬通过一套连杆机构连接,以实现左、右脚蹬的同步运动,连杆机构中一般均设有弹簧拉杆,以实现应急时的左、右脚蹬操纵分离。

电传操纵模式时,座舱航向操纵通道将飞行员的机械操纵指令通过脚蹬位移传感器和力传感器转换为电信号,电信号通过 ACE 传至 PFC,进行飞控系统控制律的解算,从而控制相应舵面的偏转。

座舱航向操纵通道包括脚蹬组件、航向载荷机构、方向舵配平机构、液压阻尼器、脚蹬指令位移传感器、脚蹬力传感器、弹簧拉杆、拉杆、支座等。座舱航向操纵通道如图 5-2 所示。

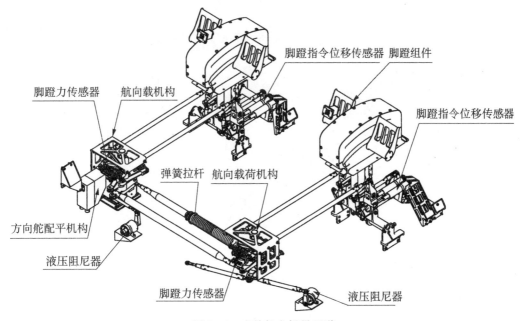

图 5-2　座舱航向操纵通道

5.2.1.3　座舱纵向操纵通道

左、右飞行员通过两个常规的中央驾驶柱实现对飞机升降舵的操纵。正常操纵时,左、右驾驶柱通过一套连杆机构连接,实现左、右驾驶柱的同步运动,连杆机构中一般均设有解脱机构或弹簧拉杆,实现应急时的左、右驾驶柱操纵分离。

电传操纵模式时,座舱纵向操纵通道将飞行员的机械操纵指令通过驾驶柱位移传感器和力传感器转换为电信号,电信号通过 ACE 传至 PFC,进行飞控系统控制律的解算,从而控制相应舵面的偏转。

座舱纵向操纵通道包括驾驶柱组件、纵向载荷机构、纵向解脱机构、液压阻尼器、驾驶柱位移传感器、拉杆、支座等。座舱纵向操纵通道如图5-3所示。

大型飞机大多采用水平安定面实现纵向的配平,不设置与横向或航向通道类似的配平机构,而是通过水平安定面作动器驱动实现纵向自动配平。

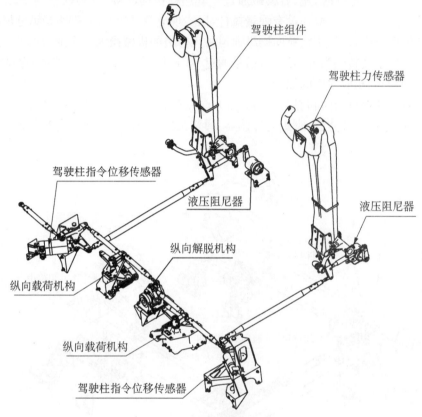

驾驶柱组件

驾驶柱力传感器

驾驶柱指令位移传感器

液压阻尼器

液压阻尼器

纵向解脱机构

纵向载荷机构

纵向载荷机构

驾驶柱指令位移传感器

图5-3　座舱纵向操纵通道

5.2.2　试验目的

座舱操纵装置分系统综合试验的目的是在分系统试验环境下对系统进行初步综合,检查、验证分系统功能、性能、接口的正确性和指标的符合性。按照使用载荷进行强度检查试验,并进行分系统耐久性试验,以测试分系统的耐久性指标。

5.2.3　试验要求

5.2.3.1　被试件要求

被试件均为"S"型件,其技术状态及指标应经承制单位检验满足相关技术要求并提交证明材料。被试件按相关图纸及技术条件安装调试后,分别在全行程内操纵驾驶盘、驾驶柱、脚蹬,操纵通道应运动平稳,无明显空行程,目视检查各试验件应工作正常。测量各指令传感器的零位输出电压,应满足零位要求,若不满足要求,则应调整指令传感器的零位。

5.2.3.2　综合试验环境要求

试验台支承刚度应大于 $1×10^7$ N/m，同时应考虑试验件和测试设备的安装等。

5.2.3.3　通用测试设备要求

1）测试系统精度及量程要求

测试系统精度及量程应满足座舱操纵系统综合试验的测试需求。表 5-1 给出了某型飞机座舱操纵系统试验测试系统的精度及量程要求。

表 5-1　测试系统精度及量程要求

测量类型	精度	量程
角位移	1％F. S.	$±90°$
拉压力	1％F. S.	$±200\,kg$
扭矩	1％F. S.	$±100\,N·m$
线位移传感器	1％F. S.	$±75\,mm$
加速度	1％F. S.	$±200\,g$
信号发生器	1％F. S.	

2）测试次数要求

当测试数据的重复性较好时（差值小于 5％），试验重复 3 次，取平均值。当测试数据的重复性较差时（差值大于 5％），试验重复不少于 5 次，取平均值。

3）采样频率

测试系统的采样间隔不大于 5 ms。

5.2.4　试验内容与方法

5.2.4.1　横向操纵通道性能试验

1）活动间隙检查

分别按顺时针和逆时针方向转动驾驶盘至极限位置，使驾驶盘匀速、缓慢地返回中立位置。同时测量并记录左、右驾驶盘的转动角度、驾驶盘位移传感器的输出。

左、右驾驶盘分别进行上述操作。

断开液压阻尼器，重复上述操作。

2）驾驶盘力-位移试验

由中立位置开始将左侧驾驶盘匀速、缓慢地按顺时针转动至止动位置，返回中立后再按逆时针转动至止动位置。全行程操纵时间约 80～100 s。同时测量并记录左、右驾驶盘的转动角度，机械输入摇臂转动角度，驾驶盘位移和力传感器，驾驶盘指令位移和力传感器的输出，以及左侧驾驶盘测量点上的力。

右侧驾驶盘重复上述操作。

断开液压阻尼器，重复上述操作。

3）副翼配平亮灯区检查

按动配平控制板"左机翼向下"按钮，"副翼中立位置"灯熄灭的瞬间松开按钮。然后按动配平控制板"右机翼向下"按钮，"副翼中立位置"灯熄灭的瞬间松开按钮。

4）配平范围检查

以驾驶盘中立位置为起始点，按动配平机构开关直至驾驶盘停止转动。同时记录左、右驾驶盘顺时针和逆时针的最大转角、所需时间、配平指示位置以及驾驶盘力和位移传感器的输出。

5）脱开力和脱开角度试验

将左侧驾驶盘固定在中立位置，按顺时针转动右侧驾驶盘直至两侧驾驶盘脱开。同时测量并记录驾驶盘脱开时的角度、驾驶盘测量点上的力、驾驶盘力传感器输出数据，记录解脱信号是否正常发出。恢复解脱机构使两侧驾驶盘连接，按逆时针转动右侧驾驶盘，重复上述操作。

将右侧驾驶盘固定在中立位置，重复上述试验。

6）驾驶盘阻尼特性试验

将驾驶盘按顺时针转动至止动位置并保持，松手后分别记录左、右驾驶盘转角的响应曲线。将驾驶盘按逆时针转动至止动位置重复上述操作。由试验曲线计算相对阻尼系数。

左、右驾驶盘分别进行上述操作。

断开液压阻尼器重复上述操作。

5.2.4.2 航向操纵通道性能试验

1）活动间隙检查

分别向前和向后推动脚蹬至极限位置，使脚蹬缓慢地返回中立位置。同时测量并记录左、右脚蹬的转动角度和脚蹬指令位移传感器输出。

左、右脚蹬分别进行上述操作。

2）脚蹬力和脚蹬位移特性试验

将脚蹬和方向舵配平机构置于中立位置。

将左侧飞行员的左脚蹬由中立位置开始向前推至止动位置，返回中立后再将左侧飞行员的右脚蹬向前推至止动位置。全行程操纵时间约 80～100 s。同时测量并记录左、右飞行员脚蹬的位移，左侧飞行员脚蹬测量点上的力，机械输入摇臂转动角度，脚蹬指令位移传感器和指令力传感器的输出。通过试验曲线分析系统的启动力、死区、摩擦力，以及操纵输入至指令传感器的静态特性。

右侧飞行员脚蹬重复上述操作。

断开液压阻尼器，重复上述操作。

3）脚蹬调节范围试验

将脚蹬和方向舵配平机构置于中立位置。

按动左驾驶脚蹬调节机构开关，使脚蹬分别运动至前、后极限位置，记录脚蹬运动行程。右驾驶脚蹬重复上述操作。

4）脚蹬应急操纵力试验

将脚蹬和方向舵配平机构置于中立位置。

将左侧飞行员脚蹬固定在中立位置，分别向前推动右侧飞行员左、右脚蹬至极限位置。同时测量并记录右飞行员脚蹬的位移、右侧飞行员脚蹬测量点上的力，以及脚蹬指令位移传感器和脚蹬力传感器的输出。

将右侧脚蹬固定在中立位置，重复上述操作。

5）配平范围试验

以脚蹬中立位置为起始点，按动配平机构开关直至脚蹬停止运动。同时记录左、右飞行员脚蹬向前和向后的最大转角、所需时间以及配平指示位置。

6）脚蹬阻尼特性试验

将左驾驶的左脚蹬向前推动至止动位置并保持，松手后分别记录左、右驾驶的脚蹬位移的响应曲线。将左驾驶的右脚蹬向前推动至止动位置，重复上述操作。由试验曲线计算相对阻尼系数。

右驾驶脚蹬重复上述操作。

断开阻尼器重复上述操作。

5.2.4.3　纵向操纵通道性能试验

1）活动间隙检查

分别向前和向后推动驾驶柱至极限位置，使驾驶柱缓慢地返回中立位置。同时测量并记录左、右驾驶柱的转动角度和驾驶柱指令位移传感器的输出。

左、右驾驶柱分别进行上述操作。

2）驾驶柱力和位移特性试验

将左侧驾驶柱由中立位置开始缓慢地向前推至止动位置，返回中立后再向后拉至止动位置。同时测量并记录左、右驾驶柱的位移，以及左侧驾驶盘测量点上的力。通过试验曲线分析系统的启动力、死区、摩擦力，以及操纵输入至指令传感器的输出静态特性。

右侧驾驶柱重复上述操作。

断开液压阻尼器后，重复上述操作。

3）脱开力和脱开角度试验

将左侧驾驶柱固定在中立位置，向前推动右侧驾驶盘直至两侧驾驶柱脱开。同时测量并记录驾驶柱脱开时的角度和驾驶盘测量点上的力，记录解脱信号能否正常发出。恢复两侧驾驶柱的连接，向后拉动右侧驾驶柱重复上述操作。

将右侧驾驶柱固定在中立位置，重复上述操作。

4）驾驶柱阻尼特性试验

将驾驶柱向前推动至止动位置并保持，松手后分别记录左、右驾驶柱位移的响应曲线。驾驶柱向后拉动至止动位置，重复上述操作。由试验曲线计算相对阻尼系数。

左、右驾驶柱分别进行上述操作。

断开液压阻尼器,重复上述操作。

5.2.4.4　耐久性试验

依据飞机强度专业提供的座舱操纵系统疲劳载荷-位移谱块,分别对横向、航向、纵向操纵通道进行规定时间指标要求的耐久性试验。某型飞机座舱操纵系统疲劳载荷-位移谱块如表 5-2 所示。由"中立位置→规定的正偏位置→中立位置→规定的负偏位置→中立位置"为一次疲劳载荷-位移循环。每个谱块试验完成之后,进行一次力和位移特性试验,绘制力-位移特性曲线和传动精度曲线,以检查操纵通道的力-位移特性和传动精度的变化。

横向和航向操纵通道的每个谱块试验完成后,对副翼及方向舵配平机构各进行10 次全行程配平操纵,一个全行程指的是由"中立位置→规定的正偏位置→中立位置→规定的负偏位置→中立位置"组成的过程。

横向操纵通道在每个谱块试验完成后,固定住正驾驶一侧操纵装置,按顺时针和逆时针转动副驾驶一侧驾驶盘,各进行一次解脱试验,然后固定住副驾驶一侧操纵装置,按顺时针和逆时针转动正驾驶一侧驾驶盘,各进行一次解脱试验。

纵向操纵通道在每个谱块试验完成之后,固定住正驾驶一侧操纵装置,推、拉副驾驶一侧驾驶柱,各进行一次解脱试验,然后固定住副驾驶一侧操纵装置,推、拉正驾驶一侧驾驶盘,各进行一次解脱试验。

表 5-2　某型飞机座舱操纵系统疲劳载荷-位移谱块

操纵载荷 /最大操纵载荷%	操纵位移 /最大操纵位移%	每 100 飞行小时 操纵次数/次	占总操纵次数的百分比/%
10	10	3 889	68.76
50	50	1 611	28.48
100	100	156	2.76
每 100 飞行小时操纵总次数		5 656	100

5.2.5　试验结果判定准则

5.2.5.1　横向操纵通道性能试验

1) 活动间隙检查

将按顺时针和逆时针操作驾驶盘返回中立停止后的角度相减,即为驾驶盘的活动间隙。驾驶盘活动间隙、驾驶盘指令位移传感器活动间隙应满足座舱操纵系统设计要求。

2) 驾驶盘力-位移试验

左、右驾驶盘力-位移曲线:以驾驶盘零杆力位置为坐标原点,绘制输入端驾驶盘力位移曲线,确定驾驶盘的间隙、启动力、启动行程、最大力、摩擦力。试验结果包括驾驶盘最大转角、启动力、摩擦力、最大力、间隙、启动行程、机械操纵输出摇臂转动角度等,均应满足座舱操纵系统设计要求。

驾驶盘运动独立性:驾驶盘全行程转动时,记录自由端驾驶盘指令力、驾驶柱指令力、指令位移的输出曲线。试验结果包括驾驶柱指令力、驾驶柱指令位移、自由端驾驶盘指令力等,均应满足座舱操纵系统设计要求。

驾驶盘指令力位移特性曲线:以驾驶盘零杆力位置为坐标原点,绘制输入端驾驶盘指令力位移曲线,确定驾驶盘至指令位移传感器的间隙、启动力、启动行程、最大力、摩擦力。试验结果包括传感器最大输出电压、启动力、摩擦力、最大力、间隙、启动行程等,均应满足座舱操纵系统设计要求。

传动精度曲线:以输入端驾驶盘转动角度为横坐标,绘制驾驶盘相对于指令传感器、自由端驾驶盘转动角度的曲线,确定间隙。试验结果包括输入端驾驶盘转动角度、自由端驾驶盘转动角度、左指令位移传感器通道间最大差值、右指令位移传感器通道间最大差值、左右指令位移传感器最大差值、驾驶盘间隙、左指令位移传感器间隙、右指令位移传感器间隙等,均应满足座舱操纵系统设计要求。

3)副翼配平亮灯区检查

记录两次操作之间驾驶盘及驾驶盘指令位移传感器的运动行程。试验结果包括驾驶盘运动角度、驾驶盘指令位移传感器运动电压范围,均应满足座舱操纵系统设计要求。

4)配平范围试验

试验结果分析可以得出的数据:包括配平范围、驾驶盘转动角度、驾驶盘位移传感器、驾驶盘力传感器相对于副翼配平机构位移传感器的静态特性。试验结果包括全行程配平时间、左右驾驶盘转动角度、左右驾驶盘指令传感器转动角度、左右驾驶盘指令力传感器最大力等,均应满足座舱操纵系统设计要求。

5)脱开力和脱开角度试验

试验结果分析可以得出的数据或曲线:包括两侧驾驶盘脱开时的脱开力、脱开角度,以及驾驶盘力和位移传感器的输出;驾驶盘力和(测试)驾驶盘位移曲线;驾驶盘力和(指令)位移传感器曲线。试验结果包括左、右驾驶盘按顺时针、逆时针分别解脱时的解脱力、指令力传感器输出电压、解脱角度、指令位移传感器解脱角度、微动开关指示等,均应满足座舱操纵系统设计要求。

6)驾驶盘阻尼特性试验

依据记录的试验曲线,可以计算得到驾驶盘横向操纵通道的相对阻尼系数,应满足座舱操纵系统设计要求。

5.2.5.2 航向操纵通道性能试验

1)活动间隙检查

将向前和向后操作脚蹬返回中立停止后的角度相减,即为脚蹬的活动间隙。脚蹬活动间隙、脚蹬指令位移传感器活动间隙应满足座舱操纵系统设计要求。

2）脚蹬力和脚蹬位移特性试验

左、右脚蹬力-位移曲线：以脚蹬零蹬力位置为坐标原点，绘制输入端脚蹬力位移曲线，确定脚蹬的间隙、启动力、启动行程、最大力、摩擦力。试验得到的脚蹬最大行程、启动力、摩擦力、最大力、间隙、启动行程、方向舵机械备份输出摇臂转动角度等均应满足座舱操纵系统设计要求。

脚蹬指令力-位移特性曲线：以脚蹬零蹬力位置为坐标原点，绘制输入端脚蹬指令力-位移曲线，确定脚蹬至指令位移传感器的间隙、启动力、启动行程、最大力、摩擦。试验得到的传感器最大输出电压、启动力、摩擦力、最大力、间隙、启动行程等均应满足座舱操纵系统设计要求。

传动精度曲线：以输入端脚蹬行程为横坐标，绘制脚蹬行程相对于指令传感器、自由端脚蹬转动角度的曲线，确定间隙。试验得到的输入端脚蹬行程、自由端脚蹬行程、左指令位移传感器通道间最大差值、右指令位移传感器通道间最大差值、左右指令位移传感器最大差值、脚蹬间隙、左指令位移传感器间隙、右指令位移传感器间隙等均应满足座舱操纵系统设计要求。

3）脚蹬调节范围试验

记录左右脚蹬运动行程、脚蹬力传感器和脚蹬位移传感器的输出。试验得到的脚蹬力臂中立位置角度、脚蹬前极限角度、脚蹬后极限角度等均应满足座舱操纵系统设计要求。

4）脚蹬应急操纵力试验

依据试验曲线分析得到脚蹬力和脚蹬位移曲线、脚蹬力传感器和脚蹬位移传感器曲线。试验得到的脚蹬应急操纵力应满足座舱操纵系统设计要求。

5）配平范围试验

依据试验结果可以得到的数据：包括配平速度和配平范围，脚蹬运动行程、脚蹬位移传感器、脚蹬力传感器相对于方向舵配平机构位移传感器的静态特性。试验得到的高、低速全行程配平时间、全行程配平回中时间、左右脚蹬向前转动角度、指令传感器伸出行程、左右脚蹬向后转动角度、指令传感器收回行程等均应满足座舱操纵系统设计要求。

6）脚蹬阻尼特性试验

依据记录试验曲线，可以计算得到脚蹬航向操纵通道的相对阻尼系数，应满足座舱操纵系统设计要求。

5.2.5.3　纵向操纵通道性能试验

1）活动间隙检查

将向前和向后操作驾驶柱返回中立停止后的角度相减，即为驾驶柱的活动间隙。驾驶柱活动间隙、驾驶柱指令位移传感器活动间隙均应满足座舱操纵系统设计要求。

2）驾驶柱力和位移特性试验

左、右驾驶柱力位移曲线：以驾驶柱零杆力位置为坐标原点，绘制输入端驾驶柱力位移曲线，确定驾驶柱的间隙、启动力、启动行程、最大力、摩擦力。试验得到的驾驶柱最大转角、启动力、摩擦力、最大力、间隙、启动行程、升降舵机械备份扇形轮转动角度等均应满足座舱操纵系统设计要求。

驾驶盘运动独立性：驾驶柱全行程转动时，记录自由端驾驶柱指令力、驾驶盘指令力、指令位移的输出曲线。试验得到的驾驶盘指令力、驾驶盘指令位移、自由端驾驶柱指令力等均应满足座舱操纵系统设计要求。

驾驶柱指令力位移特性曲线：以驾驶柱零杆力位置为坐标原点，绘制输入端驾驶柱指令力位移曲线，确定驾驶柱至指令位移传感器的间隙、启动力、启动行程、最大力、摩擦力。试验得到的传感器最大行程、启动力、摩擦力、最大力、间隙、启动行程等均应满足座舱操纵系统设计要求。

传动精度曲线：以输入端驾驶柱转动角度为横坐标，绘制驾驶柱相对于指令传感器、自由端驾驶柱转动角度的曲线，确定间隙。试验得到的输入端驾驶柱转动角度、自由端驾驶柱转动角度、左指令位移传感器通道间最大差值、右指令位移传感器通道间最大差值、左右指令位移传感器最大差值、驾驶盘间隙、左指令位移传感器间隙、右指令位移传感器间隙等均应满足座舱操纵系统设计要求。

3）脱开力和脱开角度试验

根据试验得出以下数据或曲线：两侧驾驶柱脱开时的脱开力、脱开角度，以及驾驶柱力和位移传感器的输出，驾驶柱力和位移曲线，驾驶柱力和位移传感器曲线。

试验得到的左、右驾驶柱向前、向后分别解脱时的解脱力、指令力传感器输出电压、解脱角度、指令位移传感器解脱角度、微动开关指示等均应满足座舱操纵系统设计要求。

4）驾驶柱阻尼特性试验

依据记录试验曲线，可以计算得到驾驶柱纵向操纵系统的相对阻尼系数，应满足座舱操纵系统设计要求。

5.2.5.4 耐久性试验

试验过程中，应对座舱操纵系统（机载设备）的无故障工作时间和机载设备更换情况进行记录。若出现故障且确认故障为机载设备的关联故障，可更换该成品，并记录该机载设备的工作时间，继续进行座舱操纵系统耐久性试验。

对于出现故障的机载设备，座舱操纵系统承研单位应配合机载设备承制单位对故障机理进行有效分析，并提出改进措施。采取完善措施后，可对机载设备单独进行耐久性试验。

若座舱操纵系统状态发生重大更改，则应重新进行耐久性试验。

针对试验结果及试验中出现的问题或故障，进行动静态性能分析、可靠性分析，给出耐久性试验结论，提出机载设备持续优化的实施方案。

座舱操纵系统耐久性试验应达到座舱操纵系统设计要求的时间指标。

5.3　电传飞控系统综合试验

5.3.1　系统简介

大型飞机电传飞控系统一般包括计算机子系统、传感器子系统、作动器子系统、座舱显示与控制子系统等,通过控制升降舵、副翼、方向舵、水平安定面和扰流板实现飞机以下控制功能:

(1) 三轴控制增稳。

(2) 飞行包线保护(失速告警与保护、法向过载保护、超速告警与保护、滚转角速率限制、倾斜角保护和俯仰角限制)。

(3) 倾斜/俯仰姿态保持。

(4) 三轴人工配平。

(5) 俯仰自动配平。

(6) 多功能扰流板辅助滚转、空中减速。

(7) 扰流板人工和自动破升增阻。

(8) 方向舵偏角限制。

背景飞机电传飞控系统采用"数字式四余度计算机(PFC)+作动器控制器(ACE)"的体系架构,如图 5-4 所示,具有 3 次故障工作的能力。

电传飞控系统包含正常工作、降级工作和模拟备份工作等 3 种工作模态。

(1) 正常工作模态:当 PFC 正常且所有交联信号均有效时,电传飞控系统处于正常工作模态。在此模态下,通过 PFC 和 ACE 控制飞机主舵面,可实现电传飞控系统的所有功能。

(2) 降级工作模态:当接收到的大气或惯导数据等信号失效后,自动转到降级工作模态,通过 PFC 和 ACE 控制飞机主舵面。在此模态下,与大气或惯导数据相关的电传飞控系统功能将丧失,飞机的飞行品质将受到影响。

(3) 模拟备份工作模态:当 3 台或 3 台以上的 PFC 失效或人工选择模拟备份工作模态时,电传飞控系统将工作于模拟备份模态。在此模态下,通过 ACE 直接控制飞机主舵面,增益随襟翼状态调整,可实现三轴增稳控制、三轴人工配平、人工地面破升增阻、多功能扰流板辅助滚转和空中减速功能等。在此模态下,飞机的飞行品质将降级。

电传飞控系统处于正常工作模态时,在使用飞行包线内,飞机的飞行品质满足一级标准要求;在使用飞行包线外可用飞行包线内,飞机的飞行品质满足二级标准要求。飞机特殊阶段任务的飞行品质应满足飞行品质设计要求。模拟备份模式下,在使用飞行包线范围内,飞行品质满足二级标准要求。

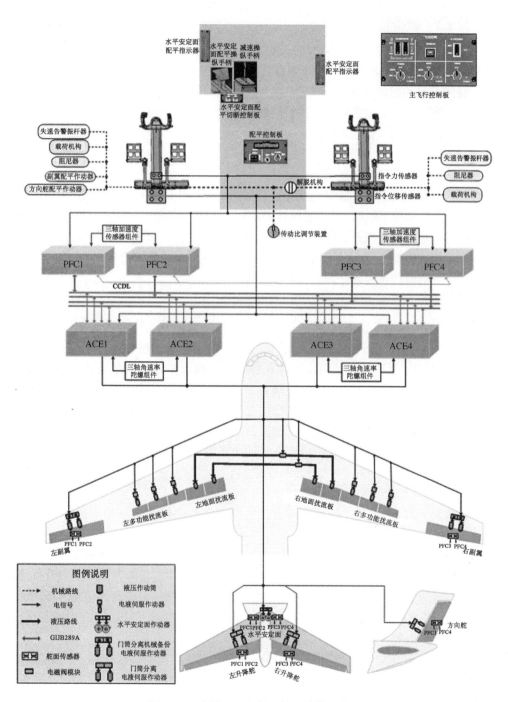

图 5-4 背景飞机电传飞控系统体系架构

5.3.2　试验目的

电传飞控系统综合试验的目的是在尽可能真实地反映电传飞控系统工作环境的模拟台架上,验证和确认电传飞控系统满足功能、性能和安全性要求。

具体的试验目的包括:

(1) 验证控制通道接口的正确性与兼容性;

(2) 验证控制逻辑是否满足设计要求;

(3) 验证 BIT 设计的准确性和全面性;

(4) 验证余度策略的正确性;

(5) 验证作动系统性能是否满足设计要求;

(6) 验证功能、性能是否满足设计要求;

(7) 验证故障逻辑及告警显示的正确性;

(8) 验证检查电传飞控系统及其机载设备是否满足适航符合性;

(9) 完成电传飞控系统的耐久性试验。

5.3.3　试验要求

5.3.3.1　被试件要求

被试件均为"S"型件,其技术状态及指标应经承制单位检验满足相关技术条件要求,完成了出厂前的验收试验,并具有合格证或履历本。各机载设备按图纸要求安装在相应台架上,之间的连接电缆按各系统接口控制文件进行制作,电缆长度可根据试验环境进行增减,但电缆的电特性应尽量与机载电缆一致。机电类机载设备(座舱机载设备、作动器等)的安装应尽量与机上一致。所有试验设备性能指标满足试验要求,测试传感器和仪器的精度满足试验要求,并经过计量鉴定,且在有效使用期内。

5.3.3.2　综合试验环境要求

如无特别要求,电传飞控系统综合试验应在正常的试验室环境下进行,包括环境温度、湿度和大气压力等。

综合试验环境向电传飞控系统的相关机载设备及相关飞机系统设备提供保证其能正常工作的模拟电源,可设置单独的电源配电柜,并应留有与机上电源的转换接口。要求采用的 28 V 直流电源,在 18～32 V 之间可调,对于每路电源应设置监控,并可进行通断设置,其中,飞控系统汇流条应可设置模拟 10 ms 的瞬间通断。交流采用 220 V 电源,频率为 50 Hz。

综合试验环境应向电传飞控系统的机载设备提供模拟的液压能源,并保证所需求的流量、压力和污染度。

5.3.3.3　通用测试设备要求

电传飞控系统综合试验所需的主要试验设备及要求描述如下:

1) 电传飞控系统试验器及要求

为顺利完成电传飞控系统综合试验,应配置一个功能较为完整的试验器。其基本功能包括：

(1) 放行和截断电传飞控计算机各类输入输出信号；

(2) 放行和截断 ACE(作动器控制器)各类输入输出信号；

(3) 利用试验器上设置的断连点检测各种信号；

(4) 在断连点处人为注入指令或故障等试验信号,完成各种模态的试验。

电传飞控系统试验器应按余度等级设置,并且要保证在试验器内余度信号不得交联。试验器测试点设计应满足系统静态检测试验要求,在条件允许的情况下,多设置检测点是有益的。注入点设计主要是进行余度管理试验;一般除注入信号外,还应给出该信号接地、悬空状态。

电传飞控系统试验器可以监控的参数至少应包括：

(1) 电源特征值(一次电源,各种二次电源)；

(2) 各条信号链的分段检测点；

(3) 电传飞控计算机的前置接口、后置接口的模拟量、离散量、数字量,以及各SRU 板上的检测量；

(4) 电传飞控计算机软件节点特征量取值；

(5) 传感器、计算机及伺服作动系统的 BIT 检测值。

2) 作动器试验台及要求

电传飞控系统的作动器安装在作动器试验台上,试验台的基本要求如下：

(1) 试验台应能模拟刚度,包括作动器的安装刚度和作动器与舵面的连接刚度；

(2) 试验台应能模拟舵面的质量和转动惯量；

(3) 试验台能安装加载系统,模拟飞机的气动载荷,加载系统的要求本节 8)有详细描述。

3) 座舱操纵装置试验台及要求

电传飞控系统综合试验对座舱操纵装置试验台的基本要求如下：

(1) 试验台应能安装真实的座舱操纵系统的所有机载设备,且各机载设备的相对位置应和机上一致；

(2) 试验台应考虑杆力传感器、杆位移传感器等测试传感器的安装。

4) 机械位移信号发生器

机械位移信号发生器用来模拟驾驶员的操作,给驾驶柱(驾驶盘)和脚蹬一个输入指令,完成驾驶员操纵的信号注入。机械位移信号发生器多为电液伺服控制系统,其控制精度、频宽和行程应满足试验需要。具体要求如下：

(1) 机械位移信号发生器应该包括不同行程的动作筒,以方便不同试验的需求。

(2) 机械位移信号发生器应该包括大行程低带宽和小行程高带宽两种作动器,其中大行程低频响作动器的带宽一般不小于 15 Hz,小行程高频响作动器的带宽一般不小于 30 Hz。

（3）机械位移信号发生器应该具有各种故障下的安全保护功能。

5）飞行仿真系统及要求

电传飞控系统综合试验中，用飞行仿真系统实时解算飞机运动方程和发动机推力方程，模拟飞机的飞行过程。

使用数字计算机作仿真计算机，不可避免地会引入时间延迟，这种时延应尽量地小。数字计算机解算六自由度飞机运动方程和发动机推力方程的周期一般应控制在 6 ms 以下。

仿真计算机要有足够大的存储能力，可在线存储各种飞行参数，还必须具备高速的 A/D 接口，来接收外部传感器模拟信号的输入和高速的 D/A 接口以便驱动速率转台、迎角转台、加速度转台和加载系统等模拟设备。

6）外部交联系统仿真器及要求

电传飞控系统与航电系统、动力系统、发动机油门执行机构、起落架控制系统和防除冰系统等交联。在试验过程中，交联信号可以由相应的仿真器提供。

外部交联系统仿真器的基本要求如下：

（1）仿真器的接口需按相应的接口控制文件进行设计与配置。

（2）仿真器能够模拟交联系统给飞控系统提供信号。

（3）仿真器能够对需要进行应答的飞控系统信号进行正确的应答，使电传飞控系统能够根据应答信号作出判断处理。

7）测试系统及要求

测试系统包括测试传感器、数据采集与处理系统、信号隔离放大器和调制解调器等测试设备。

（1）测试传感器。

测试传感器应满足系统综合试验的测试需求，表 5 - 3 给出了电传飞控系统综合试验部分测试传感器的精度及量程要求。测试传感器在试验台架上安装完成后，应对其测试精度和量程进行标定以消除安装误差，确认满足系统综合试验的测试需求。

表 5 - 3　电传飞控系统试验部分测试传感器精度及量程要求

测量类型	精度	量程
角位移	0.25％F. S.	±60°
拉压力	0.25％F. S.	0~300 kgf
扭矩	0.25％F. S.	±100 N·m
线位移传感器	0.25％F. S.	±100 mm
加速度	1％F. S.	±50 g
压力传感器	0.25％F. S.	0~35 MPa

（2）数据采集与处理系统。

数据采集与处理系统应能实时记录测试传感器信号、电传飞控系统工作状态信号和电传飞控计算机信号等。数据采集与处理系统的采样频率应为被测信号固有频率的2～3倍。具有足够大的存储能力，至少能够记录一个飞行起落时间段内所采集到的全部数据，以便进行试验分析。

数据采集与处理系统应具有很高的抗干扰性，并具有电压输出和电流输出的数/模转换器。

同时具有很强的软件功能。良好的人/机界面、数据整理和提供所需的参数、激励试验交联系统专用信号源、数据分析处理和回放等。

（3）信号隔离放大器。

信号隔离放大器完成电传飞控系统、飞机其他系统和试验系统之间信号的隔离和放大。信号隔离放大器要保证能够避免因为交联系统之间阻抗不匹配而产生的互相干扰，并能够对弱电信号进行一定的放大。具体要求如下：

a. 根据试验实际需求配置通道数；

b. 输入输出有数字显示，显示精度不少于小数点后3位；

c. 每通道带宽不低于2 kHz；

d. 每通道具有零位调制旋钮；

e. 每通道输入输出之间须进行有效隔离。

（4）调制解调设备。

调制解调设备完成载波信号的调制产生和解调输出。电传飞控系统综合试验过程中，需要对某些输出信号是载波信号的电传飞控系统机载设备进行信号采集分析，此时就需要对信号进行解调。当需要外部模拟某些机载设备产生的载波信号给其他设备注入信号时，又需要进行调制处理，因此调制解调设备不可缺少。其要求如下：

a. 根据试验具体要求配置调制解调通道数，一般不少于4路；

b. 调制解调基准电源为7V　1800 Hz的交流电源；

c. 解调输出信号为电压信号，其电压值范围为－10～10 V；

d. 调制输入信号电压范围为－10～10 V。

8）加载系统及要求

加载系统又称为舵面气动铰链力矩模拟系统，模拟飞机在实际飞行中升降舵、副翼、方向舵、多功能扰流板、地面扰流板、襟（缝）翼等飞机操纵面所承受的气动力，以检验气动力作用下的各作动器的静、动态性能以及对电传飞控系统性能的影响。

由于舵面气动载荷随飞行状态如飞行速度、飞行高度等变化，加载系统应采用电液伺服控制，用的较普遍的是动态响应高的电液伺服控制系统。

加载系统作动筒的输出力需要根据不同操纵面的最大气动载荷确定，作动筒的输出行程根据各操作面作动器的行程确定，加载系统的输出力随飞行状态变化。

加载系统在输入信号为最大输出力的 10% 时，频宽应不低于 8 Hz。

加载系统是一个强位置运动干扰的力系统，为了保证力系统的控制精度，加载系统的多余力应小于输出力的 5%。

加载系统设计时，应考虑失电、失压等状态的安全保护措施，应具有电气、机械和液压等多层保护措施。

9) 软件开发、调试设备(DIF)及要求

电传飞控系统试验过程中，使用软件开发、调试设备(DIF)，可以对驻留在电传飞控计算机内的机载软件进行调试，以及监测与测试。软件开发、调试设备的主要功能应包括：

(1) 软件的加载、卸载。

(2) 提供人-机交互界面，输入调试命令，寄存器操作(修改)，存储操作(读、写、迁移、比较、填充)，断点操作，故障注入，I/O 操作，程序执行(连续、单步、追踪)，时间测试。

(3) 显示电传飞控计算机对命令的执行结果。

(4) 显示命令的处理内容及信息变化的实时过程。

(5) 记录信息并形成文件。

10) 加速度转台及要求

加速度转台用来给飞机过载传感器提供激励。控制指令来自于飞行仿真系统，传感器的输出信号提供给电传飞控计算机，构成电传飞控系统与飞行运动的闭环控制。

加速度转台的性能应满足如下几点要求：

(1) 过载模拟范围：$0.1 \sim 12\,g$；

(2) 负载能力：单个随动台的负载能力不小于 5 kg；

(3) 线加速度分辨率：$0.02\,g$；

(4) 线加速度精度：1×10^{-4}；

(5) 随动台频带：在幅值 $A = 0.5°$、幅值误差 $|\Delta A/A| < 10\%$、相移 $|\Delta \phi| < 10°$ 情况下，频带不小于 8 Hz。

11) 速率转台及要求

速率转台用来给飞机速率陀螺提供激励，控制指令来源于飞行仿真系统，速率陀螺输出信号提供给电传飞控计算机，构成电传飞控系统与飞机运动的闭环，以完成速率反馈通道传动比及极性等静态特性检查。

为了使速率陀螺的引入/引出导线与非旋转设备相连接，转台应具有性能良好的导电滑环。

速率转台的性能应满足如下几点要求：

(1) 负载能力：不小于 15 kg。

(2) 速率范围：$\pm 0.001 \sim \pm 150°/s$。

(3) 精度:位置方式下,角位置定位精度为 $\pm 3''$,速率方式下,当角度间隔 $10°$ 时,精度为 2×10^{-4}。

(4) 频带:在输入信号 $A = 1°$、幅值误差 $|\Delta A/A| < 10\%$、相移 $|\Delta \phi| < 10°$ 情况下,频带不小于 $10\,Hz$。

12) 迎角转台及要求

迎角转台用来给飞机迎角传感器提供激励,控制指令来源于飞行仿真系统,迎角传感器输出信号提供给电传飞控计算机,构成电传飞控系统与飞机运动的闭环,以完成迎角反馈通道传动以及极性等静态特性检查。

迎角转台的性能应满足如下几点要求:

(1) 负载能力:不小于 $10\,kg$。

(2) 转角范围:$-30° \sim 60°$。

(3) 角位置定位精度:$\pm 3''$。

(4) 频率特性:幅值 $1°$ 时,动态响应频率 $6\,Hz$,允许 10% 幅值误差、$10°$ 相位误差。

5.3.3.4 试验准备及注意事项

电传飞控系统综合试验前,必须完成系统的安装、连接与调试工作,主要包括下列几项:

(1) 完成电缆导通、绝缘、阻抗检查。

(2) 完成作动器中立调节和舵面位置传感器零位调节。

(3) 完成供电(包括一次供电和二次供电)。

(4) 完成系统零位检查。

(5) 完成系统接口检查。

(6) 完成系统自检测。

5.3.4 试验内容与试验方法

电传飞控系统综合试验的主要内容有:

(1) 接口检查。

(2) 作动系统性能试验。

(3) BIT 检测试验。

(4) 余度管理试验。

(5) 控制逻辑检查。

(6) 模态转换试验。

(7) 极性与传动比检查。

(8) 开环特性试验。

(9) 时域响应试验。

(10) 稳定性试验。

(11) 闭环频率响应试验。

(12) 故障模拟与告警显示试验。

（13）耐久性试验。

5.3.4.1　接口检查

电传飞控系统接口检查的目的就是验证系统各个机载设备之间的接口是否满足接口控制文件的要求，各机载设备是否能够正常通信，系统是否能够正常工作。

接口检查是决定电传飞控系统综合试验后续试验内容能否顺利进行的关键，因此在进行接口检查时，必须仔细全面。如果接口检查未通过，则必须查找故障原因，待故障排除后才可以进入下一项试验。

接口检查的试验方法如下：

（1）按照接口控制文件，对电传飞控系统每一个机载设备的输入、输出接口进行测量；

（2）机载设备接口测试全部通过后把所有机载设备连接起来；

（3）供液，通电；

（4）给系统输入操纵指令，检查系统能否正常工作。

5.3.4.2　作动系统试验

作动系统是电传飞控系统的执行机构，其性能的好坏直接影响整个系统功能的实现和性能优劣。在系统综合试验中，要对作动系统的动（静）态性能进行验证。其目的是测定作动器输入指令点—伺服作动器—操纵面的静态传动比，并确认其极性，通过时域响应和频率响应试验，检查伺服作动系统的跟随性和稳定性。

对于带有电传、机械等多种操纵工作形式以及主备、备主、主主多种工作形式的伺服作动器，必须检查各工作方式、工作模式之间的切换功能的正确性以及作动器工作于各种工作模式、工作方式下的静态和动态性能。

作动系统试验包括静态参数检查、传动比测定、时域响应试验和频域响应试验。进行伺服作动系统试验时，需考虑舵面转动惯量及气动载荷的影响，舵面转动惯量可用仿真件代替。作动系统试验应在空载和加载两种情况下进行，并把试验结果进行比较，间接地评估伺服作动器的动态刚度。飞机飞行过程中，舵面运动受到气动力载荷、惯性力载荷、摩擦力和阻尼力载荷的影响，不同载荷形式对伺服作动系统性能的影响也不尽相同。按照伺服作动器工作原理，作动器上所承受的载荷会影响作动器的运动速度变化，进而影响作动系统的动态特性。因此，应尽量提高加载系统的频率响应能力，并尽量减小多余力的影响，实现高逼真的气动载荷模拟。

1）静态参数检查

静态参数检查试验需对作动器的最大输出力、空载输出速度、输出行程以及静刚度进行检查。对于带有机械操纵形式的作动器，还需要检查机械输入死区和机械输入最小启动力。

（1）最大输出力检查：作动器中立位置，输出端串联拉压力传感器，拉压力传感器的另外一端固定，给作动器分别输入正负方向的最大指令，待作动器活塞杆静止后，测量作动器伸缩方向的最大输出力。

（2）最大输出速度检查：作动器中立位置，输出端自由，给作动器分别输入正负方向的最大指令，测量作动器输出位移时间历程曲线，通过计算得到作动器输出最大速度。

（3）输出最大行程检查：作动器中立位置，输出端自由，给作动器分别输入正负方向的最大指令，测量作动器输出的最大位移。

（4）作动器静刚度测量：作动器的输出端连接加载作动筒，作动器通压，并给作动器输入一个固定指令，作动器应停留在某一中间位置不动用加载作动筒给作动器施加大小不同的载荷力，分别记录加载作动筒施加的力和相应的作动器位移变化，通过计算得到作动器的静刚度。

（5）机械输入死区和最小启动力测量：在作动器机械输入摇臂处向作动器方向施加一个不大于 0.1mm/s 的操纵指令，记录机械输入摇臂的位移变化曲线、输入摇臂的输入力变化曲线和作动器运动曲线，从曲线上可读出机械输入死区值和最小启动力。

2）传动比测定

给作动器指令输入点处加一定幅值的指令输入，测量作动器位移和操纵面偏度。逐步改变输入指令的幅值，指令幅值变化应考虑正负两个方向。为提高测量精度，建议在作动器位置饱和区域，加大测量点密度。

根据测定结果，绘制作动器输入指令点-作动器输出及作动器输入指令点-操纵面偏度传动曲线，可通过曲线分析出极性和计算出传动比。

3）时域响应试验

时域响应试验通过给作动器系统施加不同幅值的阶跃指令，就可以得到作动器输出位移和操纵面偏转角度的时间历程曲线。通过计算，就可以求出上升时间、超调量、稳定时间和振荡次数等时域响应指标。

时域响应试验的结果直接表达了作动系统的跟随性和稳定性。小幅值阶跃指令输入时，系统时域响应中包括了死区、滞环等非线性影响，可通过分析响应曲线，得到非线性对作动系统性能的影响结果；大幅值阶跃指令输入时，可以研究饱和现象对作动系统性能的影响。

4）频域响应试验

频率响应试验通过给作动系统施加正弦扫频信号，就可得到作动器输入位移及舵面偏角的输出相对输入指令信号的频率响应。分析频率响应试验结果，通过计算就可以确定伺服作动系统的带宽。频域响应试验时，正弦扫频信号的幅值应取大、中、小不同的幅值分别进行试验。幅值过小，会因非线性影响无法评判频率响应特性；幅值过大，会因流量饱和（速度饱和），同样无法进行频域特性分析。

5.3.4.3　BIT 检测试验

电传飞控系统设置 BIT 的目的是通过机内自检测发现隐形故障，保证飞行安全。BIT 检测试验的目的是验证电传飞控系统 BIT 的逻辑功能是否正确、故障门限设置是否合理以及故障检测率、故障覆盖率、虚警率和检测时间等是否满足电传飞控系统设计要求。

　　BIT 检测试验可在两种模式下进行：一是在电传飞控系统正常、无故障情况下进行 BIT 检测；二是对照故障模式分析结果，人为设置故障模式，确认 BIT 是否可以准确地检测出故障并正确定位。

　　对于第一种模式，正确的结果应该是 BIT 检测无故障通过，如果 BIT 检测不通过，应对所使用的监测机理和门限设置进行分析。

　　对于第二种模式，取决于故障的设置，故障设置应有最大范围的覆盖率。

　　BIT 检测功能试验通过后，在进行电传飞控系统其他试验项目之前，均应通过 BIT 检测功能，确认电传飞控系统状态。

5.3.4.4　余度管理功能试验

　　余度管理功能试验的目的是检查电传飞控系统对故障的监控覆盖能力，包括监控门限（幅值门限和时延门限）的合理性、故障综合能力及故障告警功能的正确性。

　　余度管理试验一般在电传飞控系统开环模式下进行。利用电传飞控系统试验器所提供的接通、断路、接地以及可以注入各种预定信号的能力，人工注入故障观察记录座舱内显示装置上的故障显示，同时使用软件开发设备（DIF）检查电传飞控计算机的故障显示。

　　注入故障的类型、数量、时序等参数应在对电传飞控系统特定的余度配置与管理方案及报警逻辑进行分析后给出。一般情况，应考虑以下故障模式：

　　（1）传感器故障，包括传感器输出、激励输入及电源供给故障等；

　　（2）离散量输入/离散量输出故障；

　　（3）电传飞控计算机失步、交叉传输错误、输出指令故障及通道故障、逻辑故障等；

　　（4）作动系统的电气故障及液压机械故障；

　　（5）飞机给电传飞控系统提供的能源故障，如电源故障、液压源故障等。

5.3.4.5　控制逻辑检查

　　控制逻辑检查试验的目的是验证电传飞控系统各控制逻辑及其功能的实现是否与设计预期的一致。控制逻辑检查内容包括操纵逻辑、控制律功能逻辑和作动器工作逻辑。

　　1）操纵逻辑开环检查

　　操纵逻辑开环检查一般包括系统启动逻辑、操纵指令生成逻辑、配平逻辑和操作面板使用逻辑的检查。

　　（1）启动逻辑功能检查。

　　启动逻辑功能检查主要检查电传飞控系统的启动条件和启动时间，检查电传飞控系统在不同的电源状态、液压源状态、作动器状态、计算机状态，传感器如陀螺、轮载等状态的启动是否满足设计要求。

　　（2）操纵指令生成逻辑检查。

　　操纵指令生成逻辑检查主要检查电传飞控系统在各种工作模式下，多余度的驾驶盘/柱和脚蹬的操纵位移和力指令传感器生成有效的操纵指令的逻辑,须对多余度指令传感器的各种故障组合进行检查。

（3）配平逻辑检查。

配平逻辑检查主要检查电传飞控系统在各工作模式下,配平指令、配平功能和配平位置显示等实现的正确性。一般情况下,电传飞控系统的配平指令到舵面的信号传输链路、配平指令生成逻辑在不同工作模式下会有所差异,试验内容必须覆盖到电传飞控系统的各种模态下的配平逻辑。

（4）操作面板使用逻辑检查。

电传飞控系统的操作面板作为驾驶员操纵的一部分,其对应功能必须操作简便、平稳和确切。操作面板使用检查试验中,不但要检查操纵器件对应的系统功能和逻辑,同时要对面板的人-机工效做出相应的评估。对于电传飞控系统模态切换等涉及飞行品质的功能应在电传飞控系统闭环状态下,对典型飞行状态的飞机的瞬态响应进行评估。

2）操纵逻辑闭环检查

操纵逻辑闭环检查一般包括启动逻辑、配平逻辑、操纵指令生成逻辑、模态转换逻辑和舵面使用逻辑的检查。

（1）启动逻辑检查。

启动逻辑检查包括电传飞控系统的启动、启动时间的检查,可通过设置轮载信号进行空地启动方式的切换。

（2）配平逻辑检查。

配平逻辑检查包括水平安定面自动配平逻辑、人工电气配平逻辑、人工机械配平逻辑、人工切断逻辑、自动切断逻辑的检查及相互间优先级的检查,副翼配平检查、方向舵配平检查等。通过飞控系统试验器设置自动配平逻辑进入的条件和自动切断逻辑进入的条件,检查个配平功能逻辑的正确性。

（3）操纵指令生成逻辑检查。

操纵指令生成逻辑检查包括正（副）驾驶指令位移和指令力正常逻辑、人工设置故障的正（副）驾驶操纵优先逻辑的检查。这可在电传飞控系统试验器上设置指令位移、指令力的故障,检查操纵优先逻辑的正确性。

（4）模态转换逻辑检查。

模态转换逻辑检查包括正常人工切换逻辑、信号故障切换的系统模态检查,包括从主飞控板人工转换模态,分别设置大气数据失效、惯导数据失效的系统降级模态转换。PFC失效的模拟备份模态切换、ACE失效的机械模态切换以及作动器主/备模态切换。大气、惯导数据故障通过飞控系统试验器设置故障仿真实现,PFC和ACE失效通过设置电源故障模拟实现。

（5）舵面使用逻辑检查。

舵面使用逻辑检查包括舵面限偏功能、副翼增升功能、地面自动破升增阻功能、空中自动减速功能、地面和空中人工减速功能等检查,可通过飞控系统试验器设置舵面使用逻辑,验证舵面使用逻辑的正确性。

3) 控制律功能逻辑检查

电传飞控系统的诸多功能(80%以上)都在控制律中实现,主要包括边界保护、姿态保持、信号故障重构、直接链工作逻辑、扰流板使用逻辑、舵面限偏逻辑、副翼辅助增升逻辑等。

控制律功能的逻辑检查一方面检查功能启动和退出条件,以及功能启动后电传飞控系统的功能是否正常。另一方面在闭环状态下,检查功能启动后电传飞控系统是否满足设计要求,功能进入、退出以及失效时飞机的瞬态响应是否满足设计要求。

4) 作动系统工作逻辑检查

作动系统故障逻辑检查主要从电传飞控系统需求对作动系统的工作逻辑进行考察,而非 5.3.4.2 节仅仅从作动系统回路内部对其功能和性能检查。作动系统的工作包括主备-备主工作方式的轮值逻辑、主备-备主工作方式的故障切换逻辑、主主工作方式的进入/退出逻辑、电传飞控系统模态转换时作动器的工作模式、工作方式切换、一侧机翼扰流板失效时另一侧机翼对应扰流板的锁定逻辑、水平安定面的自动切断逻辑、作动系统故障状态的记录和上报等。在涉及电传飞控系统性能的逻辑时,必须对逻辑转换时系统的瞬态响应进行评估。

5.3.4.6　模态转换试验

模态转换试验包括模态转换功能试验和模态转换瞬态试验,其目的是验证电传飞控系统能否从一种工作模式自动或手动转换到另一种工作模式,以及模态转换过程中飞机的响应瞬态能否满足飞行品质设计要求。

模态转换试验时,一定要明确模态转换逻辑和转换条件并逐一进行验证,同时测量模态转换时的飞机瞬态响应。

模态转换试验首先要进行模态转换功能的检查。根据模态转换条件设置试验状态,采用自动或手动切换方式完成模态转换设置,确认在满足转换条件的情况下模态能否正常转换,在不满足转换条件的情况下,是否会出现模态的误切换。

模态转换功能检查完好后,需对模态转换中飞机响应瞬态进行测量。转换瞬态试验必须把飞机运动方程接入与电传飞控系统形成闭环。依据模态转换条件,选择相应的飞行状态,调整电传飞控系统到模态转换状态,自动或手动切换模态,同时测试记录模态转换过程中飞机的姿态角信号、过载信号和角速率信号,通过分析测量数据,判断模态转换飞机瞬态响应是否满足飞行品质设计要求。

5.3.4.7　极性和传动比检查试验

极性和传动比检查试验的目的是检查电传飞控系统各通道极性、传动比是否与设计一致。

极性和传动比检查试验不必选择所有飞行状态,只需对有代表性的典型飞行状态检查即可。

电传飞控系统的不同工作模态都应该进行极性和传动比检查。

操纵装置-舵面、反馈传感器-舵面的控制链路,不但要检查控制链路的整体的极性和传动比,而且要检查其中各个环节的极性和传动比。

在可能的情况下,极性和传动比检查试验最好直接激励传感器,以便将传感器自身的特性包括在试验中。

5.3.4.8 时域响应试验

电传飞控系统时域特性实际上是电传飞控系统加自然飞机的共同特性,即在操纵指令传感器或驾驶员操纵点施加阶跃输入(按照升降舵控制通道、水平安定面控制通道、副翼控制通道、方向舵控制通道、扰流板控制通道分别输入,最后按照纵向控制通道、横向控制通道、航向控制通道分别输入),测试记录相应飞机运动输出时间历程曲线,即为时间响应特性。

电传飞控系统时域响应试验的目的是通过对电传控制飞机在阶跃操纵输入下时间响应曲线的测定,依据飞机时域响应判定准则,对电传飞控系统时域响应特性进行分析。时域响应能够直观地表征电传飞控系统的特性,与实际飞行所观察和体验到的相一致。

电传飞控系统时域响应试验是在飞机闭环情况下,通过操纵驾驶杆和脚蹬对系统施加标准输入,测量、记录和分析飞机诸运动响应随时间的变化历程。典型的标准输入包括阶跃、脉冲或双向脉冲等,输入幅值包括小幅值、中等幅值和大幅值,可直接分析不同幅值输入作用下系统呈现的性能,应该注意因操纵输入所带来的间隙、死区、饱和等对试验结果的影响。

电传飞控系统时域响应试验应该覆盖全部飞行包线和飞行状态,并在电传飞控系统所有工作模式下进行。飞行运动方程最好采用六自由度方程,没有条件时也可采用简化的小扰动线性化方程,但必须考虑飞机运动方程简化对试验结果所带来的影响。

电传飞控系统所具有的飞行边界限制如迎角限制、过载限制、滚转速率限制等功能的验证,应在系统时域响应试验中进行,采取大幅值操纵输入来实现。这样既可以分析各限制器功能,又可对系统在深度饱和情况下的性能及飞机动态进行考查。

电传飞控系统时域响应试验还可在不同飞行状态下,对系统各工作模态间的转换瞬态及飞机构型变换[如起落架收放、襟缝(翼)收放等]引起的瞬态变化进行验证。

5.3.4.9 稳定性试验

把飞机设计成稳定性和操纵性都优良是飞机设计师始终追求的目标。但没有稳定性就无法谈起操纵性,飞机气动布局、重心设计、发动机推力等综合设计,可以使飞机是静不稳定的但不可以动不稳定,而大型飞机一般都设计成静稳定飞机。静稳定飞机加上飞控系统后是否一定稳定? 回答不;静不稳定飞机加上飞控系统是否会稳定,回答是。因此研究并验证电传飞控飞机的稳定性尤为重要,这其中包括两方面:一个是电传飞控飞机是否稳定? 第二个是稳定裕度够不够? 这就是稳定性试验要确认的问题。

电传飞控系统稳定性试验的目的是在比较逼真的系统试验环境中,验证电传控制飞机的稳定性,并测试分析出其稳定裕度。

1) 闭环稳定性试验

闭环稳定性试验的基本原理是,对电传控制飞机(电传飞控系统+自然飞机)施加阶跃、脉冲、双向脉冲、正弦等标准激励操纵,测量飞机运动输出如姿态角、角速度、过载等,按照控制理论原理分析飞机的稳定性。飞机运动不发散或等幅振荡,则是稳定的。

(1) 通过人工随机操纵飞机驾驶杆(盘)或脚蹬,当然尽可能模拟上面提到的标准操纵,从实体舵面和显示器观察飞机运动是否稳定,有无抖振和极限环振荡发生。

(2) 使飞机飞行在某一稳定的飞行状态,在此基础上,通过飞行仿真系统施加不同幅度的风、迎角、俯仰角、滚转角、侧滑角等干扰,验证包括飞机在内的电传飞控系统对扰动的稳定性。

(3) 通过机械位置信号发生器按照上面提到的标准激励形式操纵飞机驾驶杆(盘)或脚蹬,从实体舵面和显示器观察飞机运动是否稳定,有无抖振和极限环振荡发生。标准信号一般选用阶跃信号或正选信号。

由于飞机气动数据和系统建模的不准确以及对飞行环境难于用数学描述清楚,使得即使设计稳定的飞机在实际飞行环境下也可能不稳定。虽然在电传飞控系统设计时,考虑了这种不确定性并用蒙特卡洛方法进行了参数不确定分析,但是在真实系统试验时,采用干扰试验对于发现不稳定的飞机构型还有特别的意义。它不仅可以确定相对稳定性水平,还可以确定绝对稳定性,并研究作动器偏度和速率限制的影响。

闭环稳定性试验应覆盖全部飞行包线和电传飞控系统的各种工作模式,重点是那些对稳定性敏感的飞行状态。对于低空大速度、高空小表速区域应予以极大的注意。

2) 稳定储备试验

电传飞控系统是基于模型设计的系统,控制律参数确定依据的是飞机及其飞机系统模型。虽然我们在设计时都会把这些不确定性考虑在内,但是由于不可估计的系统内部参数及外界因素的变化都会对飞机的稳定性构成威胁。

前人的实践经验表明,只要保证包括飞机在内的电传飞控系统具有相关规范要求的稳定裕度,就可以保证飞机实际飞行中的稳定性,既具有适当的稳定储备,以保证当外界因素和内部参数在一定范围内变化时,仍可以使飞机稳定地飞行。

稳定储备试验应覆盖飞机全部飞行包线,并在所有电传飞控系统模式下进行。稳定储备试验时,飞机可采用纵、横航向分离的线性小扰动运动方程,飞机在选定状态点稳定平飞,操纵装置一般处于中立位置。

一种典型的稳定储备试验方法是在包含飞机运动方程在内的闭合电传飞控系统试验环境中进行,试验原理如图5-5所示。用动态频响分析仪从指令综合点(内部控制指令与外部加入的测试指令相加)处加入一个正弦扫频激励信号,记录在指令综合之前的内部控制指令相对于输入指令(输入指令=内部控制指令+扫频指令)的频率响应曲线。该方法的关键点是在同一点处得到的输入和在该输入下的响应。

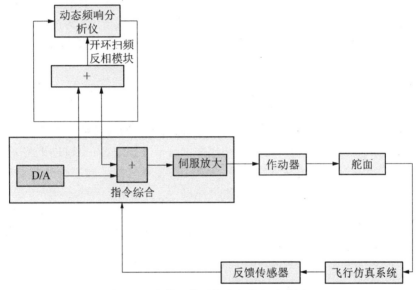

图5-5　电传飞控系统稳定储备试验原理

典型稳定储备的测试方法有以下特点:

(1)稳定储备试验时,不断开闭环系统,因此试验测试不会影响闭环系统的正常工作。在闭环系统工作的情况下,通过加入正弦扫频指令,测试输入与输出并计算出闭环系统的稳定储备。这种方法适用于从飞控系统各系统综合试验、飞控系统"铁鸟"集成试验、机上地面试验和飞行试验等各阶段的系统稳定储备测试。

(2)该试验方法需要在系统设计相应的接口,即指令综合点处的测试指令注入接口和系统内部控制指令输出接口,并且需要设计专用的试验设备(即图5-5中的开环扫频反相模块),按照系统在指令综合点处的指令综合算法计算出系统输入指令。

电传飞控系统开环下稳定储备测试方法一般有以下两种思路:

(1)将系统内部控制指令取反后,与扫频指令叠加,再回系统,此时,系统输入指令=(扫频指令-系统内部控制指令)+系统内部控制指令,系统的输出=系统内部控制指令,该方法实际上构造了开环系统。

(2)从飞行仿真系统中将闭环系统断开,加入代表舵面偏度的扫频指令,此时开环系统的输出为系统的舵面偏度。

　　需要注意的是,电传飞控系统一般为多反馈控制,在构造开环系统测试系统稳定储备时,断开点必须能够完全断开系统控制回路。分系统综合试验阶段,可以采用多种测试方法作对比验证。

　　稳定储备本身是一个线性系统概念,但被试系统的本质是一个非线性系统,存在着多种非线性因素,如死区、积分器等,因此测得的稳定储备值与正弦激励的幅值有很大关系。所以应精心选择输入幅值,使系统最大限度接近线性系统,既能减弱死区等非线性的影响,又使系统任何环节不致处于饱和状态。测量稳定储备的频率范围,以能够找到幅频曲线与0dB线交点及相频曲线达到$-180°$为原则。

　　飞机横航向控制系统属于多输入多输出系统,在试验中可以按横向和航向两个通道分别求取稳定储备。

5.3.4.10　闭环频率响应试验

　　闭环频率响应试验的目的是求取高阶电传飞控系统(含飞机动力学运动方程)的频率特性,进而通过等效拟配方法得到等效低阶短周期运动特征参数。

　　电传飞控系统综合试验阶段的控制律并不是很完善的,需要通过试验充分暴露控制律的缺陷,通过闭环频率响应试验,对电传飞控系统的品质进行分析和检验,为控制律的进一步优化提供试验依据和改进建议。

　　实际的电传飞控系统是带有多种非线性的系统,因而在不同幅值输入下所得到的闭环频率响应特性是不同的。为此在试验时,要精心确定输入幅值,其原则与稳定储备测试时选择幅值的原则相同。

　　闭环频率响应试验输入频率范围一般取$0.1\sim10\,\mathrm{rad/s}$,频率间隔按每10倍频程对数10等分。如果在试验时,当$\omega\geqslant10\,\mathrm{rad/s}$后其幅值曲线仍不衰减,可将上限频率扩展一倍。

　　闭环频率响应试验应在飞行包线所有设计点上进行,飞机运动描述可以采用纵、横航向分离的小扰动运动方程和线性气动力导数。

　　闭环频率响应试验原理图如图5-6所示。

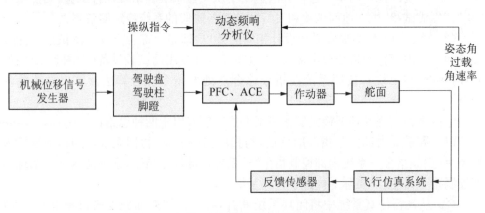

图5-6　电传飞控系统闭环频率响应试验原理

5.3.4.11　故障模拟与告警显示试验

1）故障模拟试验

在电传飞控系统设计过程中，根据系统组成、工作原理以及与飞机结构、动力以及其他飞机系统的关系，建立了故障树并进行了 FHA（功能危害性分析），确定了系统各故障模式对飞机危害性影响。根据故障模式对飞机的危害性影响，FAR25 部将故障分为 5 个等级，定义分别如下所述。

Ⅰ级：故障可能引起或导致电传飞控系统功能失效进而引起飞机灾难性事故；

Ⅱ级：故障可能引起或导致系统功能失效进而引起飞机危险性事故；

Ⅲ级：故障可能引起或导致系统功能失效进而对飞机较大影响的失效状态的软件；

Ⅳ级：失效可能引起或导致系统功能失效进而引起飞机轻微的失效状态的软件；

Ⅴ级：失效可能引起或导致系统功能失效的软件，它不会影响飞机的工作性能或驾驶员工作量。

故障模式及危害性分析是飞机设计一项极其重要的工作。通过分析，大型飞机电传飞控系统故障模式很多，单独故障和组合故障会有几百种，Ⅰ级、Ⅱ级故障占到整个飞机同类故障的 20% 左右，这也就是人们一直关注电传飞控系统安全性的原因所在。

电传飞控系统故障模拟试验应覆盖可能分析到的所有故障模式，以确认这些故障模式与其危害性分析是否一致，同时验证系统余度、重构等设计对故障规避和处置措施的合理性。由于电传飞控系统故障模式很多，不便在此描述，本书下面就对电传飞控系统典型Ⅰ级、Ⅱ级故障模式的试验方法进行描述，这些故障模式主要包括：

（1）电源故障；

（2）液压源故障；

（3）舵面卡滞（包括中立和极限位）；

（4）舵面非指令运动；

（5）舵面失效（松浮）；

（6）配平功能故障（非指令运动和卡滞）；

（7）单侧操纵卡死（包括中立和极限位）；

（8）机载设备故障（包括 PFC、ACE、指令传感器、反馈传感器、作动器等）。

故障模式试验的难点是故障注入方法，即对一个正常工作的完整系统，如何在不影响其故障的情况下注入故障，另一个难点是故障对飞机危害性影响的评估。

（1）电源故障。

模拟所有汇流条的单个和组合故障、PFC 和 ACE 多余度供电中的单个或多余度供电故障，检查电传飞控系统在以上故障模式下的工作状态，还要检查应急供电状态下的系统工作状态。确认故障模式及其危害性与 FHA 分析的一致性,以及电传飞控系统余度设计、故障重构、故障转换逻辑及容错措施的有效性,还有故障告警与显示正确性。

(2) 液压源故障。

模拟液压系统失压和低压(液压系统低压告警前后的压力)故障,检查电传飞控系统在以上故障模式下的工作状态,包括液压系统的单套和组合故障,还要检查液压系统应急状态下的电传飞控系统工作状态。确认故障模式及其危害性与 FHA 分析的一致性,以及电传飞控系统余度设计、故障重构、故障转换逻辑及容错措施的有效性,还有故障告警与显示正确性。

(3) 舵面卡滞。

舵面卡滞可能包括副翼、升降舵、方向舵、地面扰流板、多功能扰流板,水平安定面等舵面的单个或多个组合卡滞故障,检查电传飞控系统在以上故障模式下的工作状态。舵面卡滞故障模拟试验在电传飞控系统闭环状态下进行,故障模式通过在飞行仿真系统中设置舵面偏度来实现。确认故障模式及其危害性与 FHA 分析的一致性,以及电传飞控系统余度设计、故障重构、故障转换逻辑及容错措施的有效性,还有故障告警与显示正确性。

(4) 舵面非指令运动。

舵面非指令运动可能包括副翼、升降舵、方向舵、地面扰流板、多功能扰流板、水平安定面等舵面的单个或多个组合非指令运动,检查电传飞控系统在以上故障模式下的工作状态。舵面非指令运动故障模拟试验在电传飞控系统闭环状态下进行,故障模式通过在飞行仿真系统中设置舵面偏度来实现。确认故障模式及其危害性与 FHA 分析的一致性,以及电传飞控系统余度设计、故障重构、故障转换逻辑及容错措施的有效性,还有故障告警与显示正确性。

(5) 舵面失效(松浮)。

舵面失效(松浮)可能包括副翼、升降舵、方向舵、地面扰流板、多功能扰流板、水平安定面等舵面的单个或多个组合失效(松浮)。舵面失效(松浮)故障模拟试验在电传飞控系统闭环状态下进行,故障模式通过在飞行仿真系统中设置舵面偏度来实现。确认故障模式及其危害性与 FHA 分析的一致性,以及电传飞控系统余度设计、故障重构、故障转换逻辑及容错措施的有效性,还有故障告警与显示正确性。

(6) 配平功能故障。

配平功能故障可能包括副翼、方向舵、水平安定面配平通道卡滞和非指令运动。配平功能故障在电传飞控系统闭环状态下进行,故障模式通过在飞行仿真系统中设置配平指令(或叠加进操纵指令)实现。确认故障模式及其危害性与 FHA 分析的一致性,以及电传飞控系统余度设计、故障重构、故障转换逻辑及容错措施的有效性,还有故障告警与显示正确性。

（7）单侧操纵卡滞。

单侧操纵卡死可能包括左（右）驾驶的驾驶柱、驾驶盘、脚蹬的卡滞故障，验证座舱操纵系统在单侧操纵卡死的解脱/超控功能，确认故障模式及其危害性与 FHA 分析的一致。

（8）机载设备故障。

机载设备故障可能包括 PFC、ACE、指令传感器、反馈传感器、作动器等的故障，验证电传飞控系统的故障隔离和处理能力，以及与 FHA 分析的一致性。机载设备故障在电传飞控系统闭环状态下，故障模式可通过断电、余度信号超差等方式实现。

2）告警显示试验

电传飞控系统告警显示功能主要包括统语音告警和振杆器，以及 CAS 信息和飞控简图页显示等。简图页上显示的信息主要包括舵面状态、舵面偏度、PFC/ACE 状态、系统模态、液压系统状态等。

故障告警功能检查主要检查电传飞控系统设计的以上告警功能的逻辑是否正确、告警效果是否明显，如语音形式是否符合飞行员习惯、人机工效是否良好，声音频率、大小是否合适等；振杆器振幅与频率是否合适，飞行员能否接受等。

故障显示功能检查主要检查 CAS 信息和飞控简图页显示是否正确，模态切换显示是否合适。

电传飞控系统告警显示检查时，在电传飞控系统试验器上设置触发告警条件和系统状态，目视观察告警逻辑的正确性，显示信息、语音等是否满足设计要求。系统退出告警后，检查告警显示和语音提示是否满足要求。

电传飞控系统告警显示检查时，在电传飞控系统试验器上设置作动器的工作状态和作动器故障，检查在相应的状态下舵面状态显示的正确性。舵面偏度检查，可通过操纵驾驶柱、驾驶盘、脚蹬、减速操纵手柄、俯仰配平开关等操纵器件，检查操纵后舵面偏度显示的极性、行程等指示的正确性。通过设置 PFC/ACE 的故障，检查 PFC/ACE 状态显示正确性。通过人工切换和设置故障使系统降级，检查系统模态显示正确性。液压系统状态通过设置液压系统的工作状态（低压或正常）检查液压系统状态的正确性。

告警显示试验结合故障模拟试验进行，评估系统的告警显示设计是否合理，是否能清晰、准确反应系统的状态变化。

5.3.4.12 耐久性试验

耐久性试验是电传飞控系统重要综合试验之一，用于考核电传飞控系统闭环运行情况下，长期工作的可靠性，其试验方法没有严格的规定，建议采用人机组合模拟飞行的方法进行。

电传飞控系统耐久性试验在试验时温度下进行，飞行包线内完成滑行、起飞、爬升、巡航、进近、着陆等全包线飞行动作，也可使用机械位移信号发生器分别激励驾

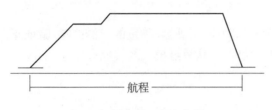

图 5-7　耐久性飞行任务剖面

驶柱、驾驶盘、脚蹬等模拟操纵,实现单控制通道耐久性考核。

在起飞、巡航和着陆飞行阶段,设置电源的拉偏(电源故障),即在闭环系统正常工作要求的电源电压范围内,分别拉高和拉低系统的一次供电电压,各持续 30 s。

在起飞、巡航和着陆飞行阶段,设置液压源低压故障,即闭环系统正常工作要求的液压压力范围内,降低液压系统压力,持续 30 s。

电传飞控系统耐久性试验中,可根据设计师要求,确定每次试验飞行剖面时间。试验飞行剖面应涵盖飞机不同重量、构型,且应为飞机使用的典型任务剖面。如图 5-7 所示为背景大型运输机电传飞控系统耐久性试验的典型试验飞行剖面。飞机重量为大、中、小重量,重心为正常重心,飞机巡航高度范围为 9 000~11 000 m,飞机巡航阶段飞行时间至少为 10 分钟。一次剖面试验完成后,进行一次系统 PBIT 检查,确认系统状态正常。

耐久性试验飞行阶段,各操纵通道每隔一定时间(20~30 s)加入 0.1~1 Hz 的扫频信号,幅值为 10%最大行程。飞行期间也可人工自由操纵。

5.3.5　试验结果及判定准则

5.3.5.1　开环试验结果及判定

电传飞控系统开环试验时,通过试验结果和仿真结果对比,按照一定的误差要求,对试验结果进行评定。将开环试验的输入信号导入到仿真模型中,计算出仿真模型的输出,将试验结果与仿真输出结果进行对比,两者的曲线应在误差要求范围内。

图 5-8 所示(a)为升降舵控制通道某次试验的试验曲线,(b)为对应试验输入的仿真输出曲线,(c)为将两个曲线放在同一坐标系下的对比结果。

5.3.5.2　时域和闭环特性试验结果及判定

时域和闭环特性试验结果的评定分为两步进行:

第一步,将试验结果与仿真结果进行对比分析,若两者基本一致,则进行下边的第二步,否则需检查试验状态和试验环境,分析产生差异的原因。必要时,需重新进行试验。

第二步,对试验结果进行飞行品质分析与评估,其中闭环特性试验结果需要等效拟配,再对拟配结果进行分析与评估。

5.3.5.3　稳定储备结果及判定

稳定储备试验结果的评定分为两步进行:

第一步,将试验结果与仿真结果进行对比,若两者基本一致,则进行下边的第二步,否则需检查试验状态和试验环境,分析产生差异的原因。必要时,需重新进行试验。

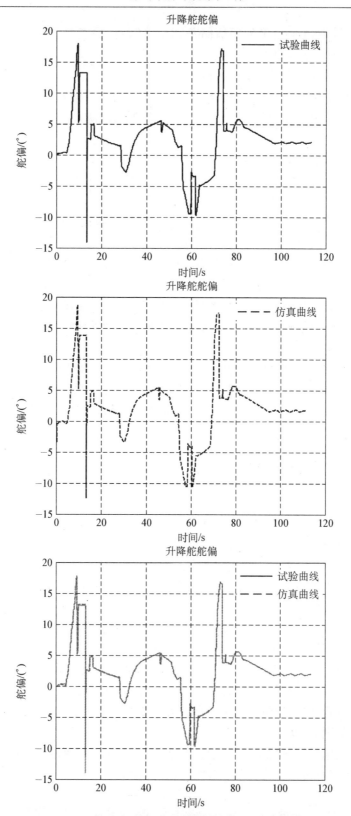

图 5-8 升降舵控制通道开环试验曲线与仿真曲线对比

第二步,读取试验结果的幅值储备和相位储备,检查是否满足幅值裕度大于6 dB和相位裕度大于60°的要求。

5.3.5.4 耐久性试验结果及判定

耐久性试验过程中,应对电传飞控系统(机载设备)的无故障工作时间和机载设备更换情况进行记录详细,出现下列任一情况则判为故障:

(1) PBIT 不通过;

(2) 出现故障信息;

(3) 出现影响电传飞控系统功能、性能和结构完整性的机载设备、结构件或元器件的破裂、断裂或损坏状态。

耐久性试验过程中,若出现故障且确认故障为机载设备的关联故障,可更换该机载设备,并记录其正常工作时间,继续进行试验。下来的工作是配合承制单位对故障机载设备进行故障分析。采取完善措施后,可对该机载设备单独进行耐久性试验。

耐久性试验过程中,若遇到飞控系统软件升级,且软件版本不影响系统功能,可继续进行试验。对于电传飞控系统状态发生重大更改情况,则应重新进行系统耐久性试验。

针对试验结果及试验中出现的问题或故障,应进行动(静)态性能分析、可靠性分析,给出耐久性结论,提出机载设备持续优化的实施方案。

电传飞控系统耐久性试验应达到电传飞控系统设计要求的时间历程指标。

5.4 高升力系统综合试验

5.4.1 系统简介

大型飞机高升力系统用于飞机起飞、爬升、进近、着陆等起飞着陆阶段的增升控制,以改善飞机低速性能,降低着陆速度,减少滑跑距离。

高升力分系统一般分为由中央驱动式构型和分布驱动式构型两种,本书以大型飞机最常用的中央驱动式高升力系统为例,介绍其相关综合试验内容,分布驱动式构型试验方法类似。

高升力系统一般由襟缝翼操纵手柄、襟缝翼指令传感器、襟缝翼超控组件、襟缝翼控制器(FSECU)、襟缝翼动力驱动装置(PDU)、襟缝翼机械传动装置、襟缝翼作动装置、襟缝翼位置传感器、襟翼倾斜传感器、缝翼倾斜传感器、襟缝翼防收制动装置等组成。高升力系统的能源、控制器、驱动装置均按照两余度配置,软件按照 B 级要求进行工程化开发,以满足飞机对高升力系统的安全性要求。背景飞机高升力系统体系结构如图 5-9 所示。

襟缝翼操纵手柄设置了 6 个挡位,如表 5-4 所示。手柄的各挡位均设计有卡槽,用于防止飞行员误操作,且"1"和"4"为必过挡位。

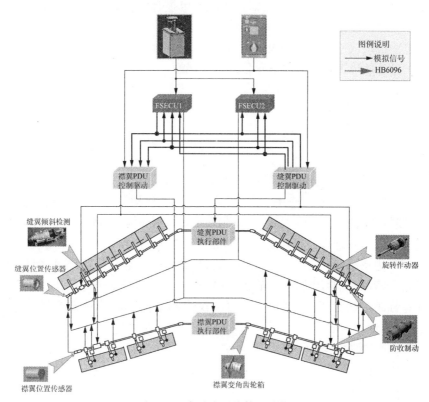

图 5-9　高升力系统体系结构

表 5-4　襟缝翼操纵手柄挡位与舵面偏角对应关系

操纵手柄挡位	缝翼偏度	襟翼偏度	对应构型
0	0	0	巡航
1	18	0	初始进场
2	18	15	高原起飞
3	18	27	起飞
4	26	27	复飞、进场
5	26	41	着陆

5.4.2　试验目的

高升力系统综合试验的目的是在尽可能真实的试验环境的模拟台架上，验证和确认高升力系统功能、性能和安全性满足设计要求。

主要包括：

（1）验证控制通道的接口、功能和性能；

（2）验证功能转换逻辑的正确性；

（3）验证自检测功能以及故障综合、故障申报、信息记录的准确性；

（4）验证余度策略的正确性；

（5）验证组成系统各机载设备功能及动（静）态性能；

（6）验证故障逻辑及告警显示信息的正确性。

5.4.3 试验要求

5.4.3.1 被试件要求

高升力系统所有机载设备均为"S"型件，并已完成出厂验收试验并具有合格证或履历本。

高升力系统综合试验必须在专用的试验台上进行，所有试验件的布置与安装尽可能与实际飞机上保持一致或相近，试验件之间的电缆按相关接口控制文件的要求完成连接，电缆特性应尽量与机载电缆一致，但长度可根据具体的试验环境进行调整。

鉴于高升力系统以飞机构造中心面为中心左右对称，因此，可以只建设半边台架和安装半边系统，另一边可以采取载荷模拟方式。试验台架应经过验收和计量审查并具备合格证，试验用电缆应按相关接口控制文件的要求进行制作。所有试验设备性能指标满足试验要求，测试传感器和仪器的精度满足试验要求并经过计量鉴定，且在有效使用期内。

5.4.3.2 综合试验环境要求

1）用电要求

试验环境用电应满足如下要求：

（1）试验环境供电种类、电压、功率、品质，应满足机载设备及其他参试设备的用电要求；

（2）试验环境应采取有效的接地措施，满足系统接地要求；

（3）试验环境应采取有效的防静电措施，满足系统防静电要求。

2）专用试验台架要求

专用试验台架应具有如下功能：

（1）能够模拟机翼前梁、后梁和中机身结构，为襟缝翼动力驱动装置（PDU）、襟缝翼机械传动装置、襟缝翼作动装置、襟缝翼位置传感器、襟缝翼倾斜传感器、襟缝翼防收制动装置等的安装提供支撑结构，支撑刚度不低于机上安装刚度。

（2）能够模拟机翼沿高度方向的变形，考核襟缝翼机械传动装置对机翼变形（弯曲和扭曲）的适应性。

（3）能够在襟缝翼作动装置各操纵点施加模拟气动载荷。

5.4.3.3 试验器要求

高升力系统试验器应满足如下要求：

（1）能够与系统机载设备连接，电连接器采用与系统机载设备相匹配的航空接插件。

（2）可对襟缝翼控制器、襟缝翼动力驱动装置、襟缝翼位置传感器、襟缝翼倾斜传感器、襟缝翼防收制动装置等单独加电工作。

（3）信号激励，可提供系统全部外部交联信号。

（4）信号检测，可对系统内部信号进行检测。

（5）信号监控，可对系统总线数据、离散量进行监控。

（6）可设置交联系统故障。

（7）可对交联总线数据进行人工修改，设置交联信号/数据故障。

5.4.3.4　试验前准备及注意事项

高升力系统综合试验前，应完成以下调试工作：

（1）电缆导通、绝缘、阻抗检查。

（2）供电检查（包括一次供电和两次供电）。

（3）零位检查。

（4）接口检查。

（5）BIT 检查。

（6）控制逻辑和制动逻辑检查；

（7）极性和传动比检查。

5.4.3.5　测试要求

用于高升力系统试验的所有仪器，必须严格进行标定并在有效期内，测试设备精度要求如下：

（1）传感器的量程与被测量相适应，传感器的精度为 0.1％F.S.～0.3％F.S.。

（2）时间测试设备分辨率≤0.1 s。

（3）扭矩测试设备的量程与被测量相适应，分辨率≤1 N·m。

（4）滚珠丝杠螺母的线位移测试设备的量程与滚珠丝杠的最大行程相适应，分辨率≤0.1 mm。

背景飞机高升力系统综合试验测试点布置如图 5-10 所示，主要包括扭矩测量，转速测量和电信号测量等。

5.4.4　试验内容与方法

高升力系统综合试验主要内容包括：

（1）极性检查。

（2）控制逻辑检查。

（3）制动逻辑检查。

（4）正常控制模态收放试验。

（5）降级控制模态收放试验。

（6）备份控制模态收放试验。

（7）襟（缝）翼倾斜功能检查。

（8）襟（缝）翼不对称功能检查。

（9）襟缝翼操纵手柄非常规操纵试验。

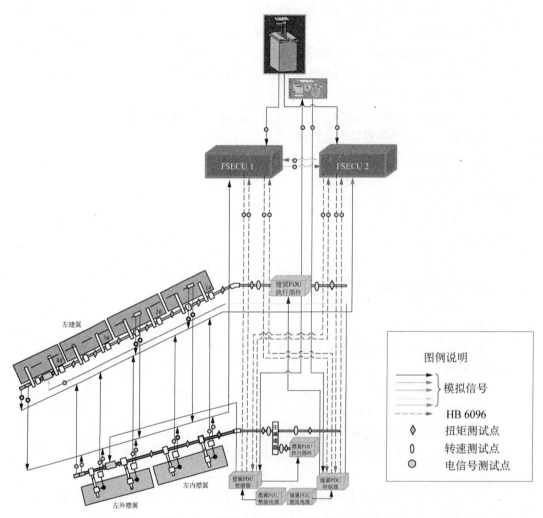

图 5-10　高升力系统综合试验测试点布置

（10）故障模拟试验。

（11）耐久性试验。

5.4.4.1　极性检查

高升力系统极性检查主要检查襟、缝翼位置传感器的极性、手柄操纵时系统的响应极性、超控控制时系统的响应极性等。

极性检查的试验方法与步骤如下：

（1）系统正常上电；

（2）操纵襟缝翼操纵手柄从"0→5"挡位，系统所有运动机载设备应该正常运动；

（3）查看系统所有运动机载设备运动方向是否为"放"襟缝翼方向一致；

（4）若方向不一致,检查系统各组件的极性并调整;

（5）重复步骤（1）～（3）,直至运动方向与指令方向一致;

（6）运动一致后,待系统运行到位停止;

（7）操纵襟缝翼操纵手柄从"5→0"挡位,系统所有运动机载设备应该正常运动;

（8）检查系统所有运动机载设备运动方向是否为"收"襟（缝）翼方向一致;

（9）若方向不一致,检查系统各组件的极性并调整;

（10）重复步骤（6）～（8）,直至运动方向与指令方向一致;

（11）待系统运动到位停止等待约1min;

（12）按压襟缝翼超控控制板预位按钮,转换至备用模式;

（13）拨动旋转开关至"伸出"位置;

（14）查看系统所有运动机载设备运动方向是否为"放"襟缝翼方向一致;

（15）若方向不一致,则松开旋转开关制动系统进行调整;

（16）重复步骤（13）～（14）,直至运动方向与指令方向一致;

（17）松开旋转开关,等待约1min;

（18）拨动旋转开关至"收回"位置;

（19）查看系统所有运动机载设备运动方向是否为"收"襟缝翼方向一致;

（20）若方向不一致,松开旋转开关,检查系统各组件并调整;

（21）重复步骤（18）～（19）一致,直至运动方向与指令方向一致;

（22）系统恢复初始零位。

试验过程中,通过试验测试系统测量并记录襟缝翼位置传感器的输出电压及对应的襟（缝）翼的偏转角度,目视观察系统各运动机载设备的运动方向。

5.4.4.2　控制逻辑检查

高升力系统控制逻辑检查主要是在襟、缝翼运动过程中,按压襟、缝翼超控控制板预位按钮,检查正常模式与备份模式的转换是否正常。

控制逻辑检查的试验方法与步骤如下:

（1）系统正常上电;

（2）操纵襟缝翼操纵手柄从"0→5"挡位,系统所有运动机载设备应该正常运动;

（3）系统正常运动过程中随机按压襟缝翼超控控制板的预位按钮;

（4）将襟缝翼超控控制板旋转开关扳到"收回"位置;

（5）松开旋转开关;

（6）重复步骤（2）～（4）两次;

（7）将襟缝翼超控控制板的预位按钮弹起,并对系统重新上电;

（8）操纵襟缝翼操纵手柄从"5→0"挡位,系统所有运动机载设备应该正常运动;

（9）在系统正常运动过程中，随机按压襟缝翼超控控制板的预位按钮；

（10）将襟缝翼超控控制板旋转开关扳到"伸出"位置；

（11）松开旋转开关；

（12）重复步骤（9）～（10）两次。

试验过程中，通过试验测试系统测量并记录系统工作模态和襟（缝）翼偏转角度，目视观察系统各运动机载设备的运动方向。

5.4.4.3 制动逻辑检查

高升力系统制动逻辑检查是对襟缝翼驱动装置和襟缝翼防收制动装置在各种工况条件下的制动逻辑是否正常进行检查。

制动逻辑检查的试验方法与步骤如下：

（1）系统上电；

（2）操纵襟缝翼操纵手柄从"0→5"挡位，系统所有运动机载设备应该正常运动；

（3）检查襟（缝）翼偏转到位后，襟缝翼驱动装置和襟缝翼防收制动装置的制动逻辑是否满足设计要求；

（4）操纵襟缝翼操纵手柄从"5→0"挡位，控制系统运动；

（5）随机输入紧急制动指令发送给 FSECU；

（6）检查系统紧急制动时，襟缝翼驱动装置制动和防收制动装置逻辑是否与系统设计要求相一致；

（7）撤销紧急制动指令，系统恢复初始零位；

（8）按压襟缝翼超控控制板预位按钮；

（9）将襟缝翼超控控制板旋转开关扳到"伸出"位置；

（10）松开旋转开关；

（11）检查襟缝翼驱动装置制动和防收制动装置逻辑是否与设计要求相一致；

（12）将襟缝翼超控控制板旋转开关扳到"收回"位置；

（13）待系统达到机械限位停下后，松开旋转开关；

（14）检查超控状态下达到极限位置制动时，襟缝翼驱动装置制动和防收制动装置逻辑。

试验过程中，通过试验测试系统测量并记录襟缝翼驱动装置制动和防收制动装置制动时间。

5.4.4.4 正常模态收放试验

襟（缝）翼正常模态试验分为空载试验和加载试验两种情况。空载试验可进行襟、缝翼收放时间和收放顺序的检查；加载试验在检查襟（缝）翼收放时间和收放顺序的基础上，检查襟（缝）翼在飞行包线内受到气动载荷作用时，襟（缝）翼机械传动装置的把持功能、滚珠螺旋丝杠运动的同步性、齿轮-齿条运动机构运动的同步性、襟（缝）翼机械传动线系上扭矩的分布情况和功率分配。

高升力系统襟(缝)翼正常收放试验的步骤如下：

1) 空载情况下,按照下列步骤和方法进行试验：

(1) 系统正常上电；

(2) 将襟缝翼手柄置由挡位"0"扳至挡位"3"；

(3) 系统响应手柄指令,襟缝翼按顺序"放出",系统停止后再等待约2min；

(4) 将襟缝翼手柄由挡位"3"扳至挡位"0"；

(5) 系统响应手柄指令,襟缝翼按顺序"收回",系统停止后再等待约2min；

(6) 将襟缝翼手柄由挡位"0"扳至挡位"1"；

(7) 系统响应手柄指令,仅缝翼完成"放出",系统停止后再等待约2min；

(8) 将襟缝翼手柄由挡位"1"扳至挡位"0"；

(9) 系统响应手柄指令,仅缝翼完成"收回",系统停止后再等待约2min；

(10) 将襟缝翼手柄由挡位"0"扳至挡位"2"；

(11) 系统响应手柄指令,襟缝翼按顺序"放出",系统停止后再等待约2min；

(12) 将襟缝翼手柄由挡位"2"扳至挡位"0"；

(13) 系统响应手柄指令,襟缝翼按顺序"收回",系统停止后再等待约2min；

(14) 将襟缝翼手柄由挡位"0"扳至挡位"5"；

(15) 系统响应手柄指令,襟缝翼按顺序"放出",系统停止后再等待约2min；

(16) 将襟缝翼手柄由挡位"5"扳至挡位"0"；

(17) 系统响应手柄指令,襟缝翼按顺序"收回",系统停止后再等待约2min；

(18) 将襟缝翼手柄由挡位"0"扳至挡位"4"；

(19) 系统响应手柄指令,襟缝翼按顺序"放出",系统停止后再等待约2min；

(20) 将襟缝翼手柄由挡位"4"扳至挡位"0"；

(21) 系统响应手柄指令,襟缝翼按顺序"收回"。

2) 带载情况下,按照下列步骤和方法进行试验：

(1) 按飞机飞行包线内,襟(缝)翼受到的最小工作载荷对襟缝翼传动线系进行加载,并按顺序重复空载试验时的试验步骤；

(2) 按飞机飞行包线内,襟(缝)翼受到的最大工作载荷对襟缝翼传动线系进行加载,并按顺序重复空载试验时的试验步骤；

(3) 按飞机飞行包线内,襟(缝)翼受到的最小把持载荷对襟缝翼传动线系进行加载,并按顺序重复空载试验时的试验步骤；

(4) 按飞机飞行包线内,襟(缝)翼受到的最大把持载荷对襟缝翼传动线系和缝翼线进行加载,并按顺序重复空载试验时的试验步骤；

(5) 按飞机飞行包线内,襟(缝)翼在各个角度时受到的最小工作载荷对襟缝翼传动线系进行加载,并按顺序重复空载试验时的试验步骤；

(6) 按飞机飞行包线内襟(缝)翼在各个角度时受到的最大工作载荷对襟(缝)翼传动线系进行加载,并按顺序重复空载试验时的试验步骤。

高升力系统正常收放试验时,襟翼(缝)翼传动线系测试点分布如图 5-11 和图 5-12 所示。试验过程中,应该进行以下数据记录:

(1) 襟(缝)翼位置和精度。

(2) 襟(缝)翼动力驱动装置执行机载设备输出轴的角位移值和转速。

(3) 图 5-11 中测试点 12~15 处滚珠丝杠机构螺母的线位移。

(4) 图 5-11 中测试点 1~11 处的扭矩值。

(5) 加载状态和加载过程。

(6) 图 5-12 中测试点 11~18 处的角位移。

(7) 图 5-12 中测试点 1~10 处的扭矩值。

(8) 襟(缝)翼舵面运动情况。

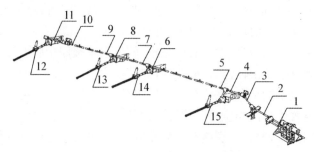

图 5-11　襟翼作动线系测试点分布

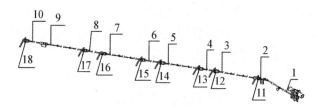

图 5-12　缝翼传动线系测试点分布

5.4.4.5　降级模态收放试验

降级故障模态下,襟缝翼驱动装置单电机故障,输出速度减半,因此襟(缝)翼舵面的收放时间加倍,但收放逻辑与正常故障模态相同。在此工作模式下,需检查襟缝翼动力驱动装置单个电机失效时,襟(缝)翼收放时间。

降级模态收放试验步骤及记录数据同 5.4.4.4 节正常模态试验。

5.4.4.6　备份模态收放试验

备份模态收放试验主要检查空载状态下,系统在超控工作模式下襟(缝)翼舵面的运动情况。

备份模态收放试验步骤和方法如下:

(1) 系统正常上电;

（2）按压襟缝翼超控控制板"预位"按钮；

（3）襟缝翼超控控制板旋钮置于"伸出"位置；

（4）约 15 s 后，襟缝翼超控控制板旋钮置于"关闭"位置；

（5）襟缝翼作动装置运动到达机械限位停止后，将襟缝翼超控控制板旋钮置于"关闭"位置。

试验过程中，通过试验测试系统测量并记录襟（缝）翼舵面的运动情况。

5.4.4.7　缝翼倾斜试验

缝翼倾斜试验在空载情况下进行。在缝翼放过程中，模拟缝翼倾斜故障状态，检测缝翼倾斜超过门限后，缝翼倾斜检测装置的输出，襟缝翼控制器的监控、切断功能。

缝翼倾斜试验方法和步骤如下：

（1）系统正常上电；

（2）缝翼开始运动约 5 s 后，通过缝翼倾斜传感器设置缝翼倾斜故障；

（3）缝翼运动停止后，系统下电，调整捏动缝翼倾斜传感器，使其恢复到正常工作状态；

（4）系统重新上电，人工将襟缝翼操纵手柄由挡位"0"扳至挡位"4"；

（5）缝翼第二次开始运动约 2 s 后，再次通过缝翼倾斜传感器设置缝翼倾斜故障；

（6）缝翼运动停止后，系统下电，调整捏动缝翼倾斜传感器，使其恢复到正常工作状态；

（7）人工将襟缝翼手柄扳回至"0"挡。

试验过程中，通过试验测试系统测量并记录襟（缝）翼舵面的运动情况，测量缝翼倾斜监测装置的输出状态。

5.4.4.8　襟翼倾斜试验

襟翼倾斜试验在空载情况下进行。在襟翼放过程中，模拟襟翼倾斜故障状态，检测襟翼倾斜超过门限后，襟翼倾斜传感器的输出，襟缝翼控制器的监控、切断功能。

襟翼倾斜试验的方法与步骤，以及测试记录数据同 5.4.4.7 节缝翼倾斜试验。

5.4.4.9　襟（缝）翼不对称保护试验

检测襟（缝）翼不对称超过限制后，襟缝翼控制器的监控、切断功能。在襟缝翼收放过程中，分别模拟襟翼不对称、缝翼不对称超过限制。

试验过程中，通过试验测试系统测量并记录襟（缝）翼舵面的运动情况和系统工作状态。

5.4.4.10　襟缝翼操纵手柄非常规操纵试验

襟缝翼操纵手柄非常规操纵试验在空载情况下进行，试验的目的为检查系统指令，确认其有效性。

由于大型飞机气动特性的差异和总体设计要求的不同，襟（缝）翼舵面收放挡位和逻辑会设计的不同,操纵手柄单位与逻辑设计也会不同。背景飞机襟缝翼操纵手柄非常规操作主要有以下 5 种非常规操纵模式,其试验方法和步骤如下:

1) 模式一

(1) 系统上电后,人工将操纵手柄由挡位"0"扳至挡位"3",缝翼响应手柄指令开始放出时,迅速将手柄收回至挡位"1";

(2) 缝翼可放至挡位"1"对应的角度,襟翼不响应指令;

(3) 缝翼停止运动后,人工将操纵手柄由挡位"1"扳至挡位"0";

(4) 缝翼正常收回。

2) 模式二

(1) 系统上电后,人工将操纵手柄由挡位"0"扳至挡位"3",缝翼响应手柄指令开始放出时,迅速将手柄收回至挡位"2";

(2) 襟、缝翼仅运动至挡位"2"对应的角度;

(3) 襟翼停止运动后,人工将操纵手柄由挡位"2"扳至挡位"0";

(4) 襟、缝翼正常收回。

3) 模式三

(1) 系统上电后,人工将操纵手柄由挡位"0"扳至挡位"5",缝翼响应手柄指令开始放出时,迅速将手柄收回至挡位"4";

(2) 襟、缝翼仅运动至挡位"4"对应的角度;

(3) 襟翼停止运动后,人工将操纵手柄由挡位"4"扳至挡位"0";

(4) 襟、缝翼正常收回。

4) 模式四

(1) 系统上电后,人工将操纵手柄由挡位"0"扳至挡位"5",缝翼响应手柄指令开始放出时,迅速将手柄收回至挡位"3";

(2) 襟、缝翼仅运动至挡位"3"对应的角度;

(3) 襟翼停止运动后,人工将操纵手柄由挡位"3"扳至挡位"0";

(4) 襟、缝翼正常收回。

5) 模式五

(1) 系统上电前将超控控制板的预位开关按下,上电后操纵手柄;

(2) 系统不响应手柄指令。

试验过程中,通过试验测试系统测量并记录襟(缝)翼舵面的运动情况和系统工作状态。

5.4.4.11　故障试验

故障试验应包括襟缝翼操纵手柄信号故障、襟缝翼超控控制板故障、襟缝翼控制器故障、襟缝翼动力驱动装置故障、襟缝翼倾斜传感器故障、襟缝翼位置传感器故障、襟(缝)翼卡阻等试验。

通过高升力控制系统试验器分别设置襟缝翼操纵手柄信号故障、襟缝翼超控控制板故障、襟缝翼控制器故障、襟缝翼动力驱动装置故障、襟缝翼倾斜传感器故障、襟缝翼位置传感器故障、襟翼卡阻及缝翼卡阻等故障,用测试系统测量并记录襟(缝)翼舵面的运动情况、系统工作状态及故障告警信息等。

5.4.4.12　耐久性试验

耐久性试验在专用的系统试验台上进行,系统全状态安装与配置。耐久性试验是在系统带载状态下进行,即按飞机飞行包线内襟(缝)翼各偏角受到的最大工作载荷进行载荷模拟,完成高升力系统一定数量飞行剖面的收放试验。试验过程中,主要记录以下数据:

(1) 缝翼齿条的位移;

(2) 襟翼丝杠机构螺母的位移;

(3) 襟(缝)翼收放时间;

(4) 载荷模拟系统状态和载荷值。

5.4.5　试验结果及判定准则

5.4.5.1　极性检查

测量襟缝翼位置传感器的输出电压及对应的襟(缝)翼偏度。

襟缝翼操纵手柄由低挡位放到高挡位时,襟(缝)翼放下,襟缝翼位置传感器输出电压的极性应符合系统设计要求;襟缝翼操纵手柄由高挡位放到低挡位时,襟缝翼收起,襟缝翼位置传感器输出电压应符合系统设计要求。

按压超控控制板预位按钮,旋转旋钮至"伸出",襟(缝)翼放下,襟缝翼位置传感器输出电压应符合系统设计要求;旋转旋钮至"收回",襟(缝)翼收上,襟翼位置传感器输出电压应符合系统设计要求;襟(缝)翼收放过程中,按压襟缝翼超控控制板预位按钮,襟(缝)翼应停止运动。

5.4.5.2　控制逻辑检查

襟(缝)翼收放过程中,按压襟缝翼超控控制板预位按钮,襟(缝)翼应停止收放。

5.4.5.3　制动逻辑检查

系统制动时,襟缝翼动力驱动装置制动应先于防收制动装置制动;解制动时,防收制动装置应先于襟缝翼动力驱动装置解制动。

5.4.5.4　正常模态收放试验

(1) 襟(缝)翼收放正常,收放时间和收放顺序满足设计要求;

(2) 缝翼和襟翼位置及精度满足设计要求;

(3) 襟翼把持功能:按设计要求的载荷进行加载,机械传动装置各组件应无损坏,且从线位移传感器测得的线位移值无变化;

(4) 襟翼同步性:同一指令角度下,图5-6所示测试点12~15处的线位移值差值量不大于5 mm;

(5) 缝翼把持功能:按设计要求的载荷进行加载,机械传动装置各组件应无损坏,且从角位移传感器测得的角位移值无变化;

(6) 缝翼同步性：同一指令角度下，图 5 - 7 所示测试点 11～18 处的角位移值差值量不大于 0.25°。

5.4.5.5　降级模态收放试验

降级模态收放试验的试验判据同 5.4.5.4 节正常模态收放试验，应注意的是降级模态下，襟(缝)翼收放时间加倍。

5.4.5.6　备份模态收放试验

备份模态工作情况下，襟(缝)翼舵面的运动时序、收放时间和控制精度应满足设计要求。

5.4.5.7　缝翼倾斜试验

缝翼倾斜检测装置的输出满足设计要求。缝翼倾斜故障未出现时，缝翼运动应正常；缝翼倾斜故障出现时，缝翼停止运动并保持在当前位置。

5.4.5.8　襟翼倾斜试验

襟翼倾斜传感器的输出满足设计要求。襟翼倾斜故障未出现时，襟翼舵面运动应正常；襟翼倾斜故障出现时，襟翼停止运动并保持在当前位置。

5.4.5.9　襟翼、缝翼不对称保护试验

襟(缝)翼未出现不对称故障时，舵面运动应正常；不对称故障触发后，襟(缝)翼停止运动并保持在当前位置。

5.4.5.10　襟缝翼操纵手柄非常规操纵

襟(缝)翼操纵手柄非常规操纵时，襟(缝)翼舵面运动应正常，无抖动，仅响应最新的指令输入。

5.4.5.11　故障试验

襟缝翼的运动状态、工作状态及故障告警信息等满足设计要求。

5.4.5.12　耐久性试验

襟缝翼驱动装置、作动装置等组件无损坏，缝翼齿条、襟翼丝杠机构螺母的位移与襟缝翼收放时间均满足设计要求。

5.5　自动飞控系统综合试验

5.5.1　系统简介

自动飞控系统是飞控系统的外回路，与飞行管理系统、自动油门执行机构、飞行参数记录设备、中央告警系统、中央维护系统等交联，实现自动驾驶、飞行指引、自动导航、自动进近/着陆，以及故障告警等功能。

自动飞控系统(AFCS)由自动飞控计算机(AFCC)、自动飞控板(AFCP)、回传作动器、自动油门执行机构(ATM)和操纵开关等机载设备组成。有些型号如 C - 17 飞机，不设独立的自动飞控计算机(AFCC)，而将其控制逻辑及控制律解算功能由主飞控计算机完成。背景飞机自动飞控系统的体系结构如图 5 - 13 所示。

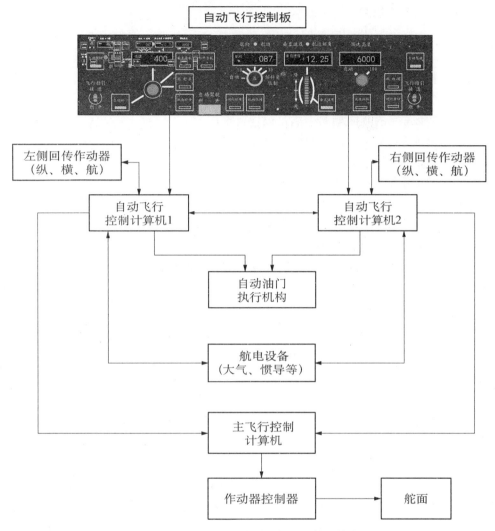

图 5-13　背景飞机自动飞控系统体系结构

　　自动飞控系统的核心机载设备是 AFCC,接收来自 AFCP 的指令和 PFCS、FMS等相关信息,通过信号处理、交叉传输、输入表决、控制律解算及输出表决后形成三轴(俯仰、横滚、偏航)及自动油门执行机构控制量。

　　自动驾驶工作方式下,AFCS 输出控制指令至 PFCS,操纵飞机舵面实现自动驾驶等功能;自动油门工作方式下,AFCS 输出控制指令至发动机操纵系统,操纵飞机发动机实现速度控制和推力控制等功能;飞行指引工作方式下,AFCS 输出指引指令至综合航电系统,在 PFD 上生成操作指引符供飞行员参考,实现飞行指引功能;同时,PFD 相应的 AFCS 状态显示区内显示当前的工作方式、纵向/侧向/油门工作模态和告警等信息。

5.5.2 试验目的

自动飞控系统完成配套机械设备级验收试验后,需进行系统级综合试验,其目的主要如下:

(1) 检查系统内机载设备间接口正确性与相容性;

(2) 验证系统与外部系统接口是否满足设计要求;

(3) 验证系统控制逻辑是否满足设计要求;

(4) 验证系统告警与显示是否满足设计要求;

(5) 验证系统功能是否满足设计要求;

(6) 验证系统性能是否满足设计要求;

(7) 检查系统 BIT 设计的正确性及全面性;

(8) 检查系统余度管理策略的正确性及合理性;

(9) 检查系统及其机载设备是否满足适航符合性;

(10) 检查系统设计是否满足系统设计要求,暴露设计缺陷和错误,完善系统设计。

5.5.3 试验要求

5.5.3.1 被试件要求

自动飞控系统综合试验所有被试机载设备均为"S"型地面试验件,其功能、性能等满足专用技术条件要求,技术状态符合技术协议书要求,并有出厂检验合格证及相应的产品履历本。

自动飞控系统综合试验的试验系统包括系统机载设备地面试验件、仿真件、仿真器或激励器、测试设备等。

5.5.3.2 综合试验环境要求

自动飞控系统综合试验环境能够产生动态的飞行参数,模拟 AFCS 交联系统的功能和数据,能够为 AFCS 系统机械设备提供集成验证环境。

自动飞控系统综合试验环境主要包括座舱系统、飞行仿真系统、航电仿真系统、视景仿真系统、数据采集监视分析系统、适配器及信号检测面板。

1) 座舱系统

座舱系统用于提供座舱操作环境,机载设备包括驾驶柱(盘)、脚蹬试验件,三轴操纵载荷机构及其安装支架、油门杆试验件及操纵台、回传驱动装置及相应的支架,测试传感器、座椅等。各机载设备安装位置与安装方式应尽量与机上状态保持一致。

2) 飞行仿真系统

飞行仿真系统能提供飞机动力学模型、发动机模型等,实时解算飞机各飞行状态下的飞行参数,要求解算准确,实时性好。

3）航电仿真系统

航电仿真系统模拟自动飞控系统与航电系统交联各个设备,同时,模拟与自动飞控系统交联的总线数据实现通信。

自动飞控系统与航电系统交联的主要机载设备及系统包括:大气数据计算机、惯性导航设备、飞行管理计算机、显控系统、仪表/微波着陆系统、无线电高度表、事故记录设备、中央告警计算机、中央维护计算机等。

各机载设备及系统的余度配置及总线接口的数据形式与机上保持一致,实现各交联设备的算法仿真和总线实时仿真。

4）仪表及视景仿真系统

仪表仿真系统应能模拟仪表系统显示的实时飞行数据及自动飞控系统状态信息,与机上主飞控显示器的实际显示保持一致,要求与视景匹配,确保足够的精度和实时性。

通过视景仿真系统,显示与模拟飞机位置和姿态相关的外部信息,要求显示准确、实时性好且画面无卡滞。

5）数据采集监视分析系统

数据采集监视分析系统对试验过程中的总线、非总线信号进行采集和数据记录,并提供对数据的实时监视功能,能够对试验数据进行处理和分析。

6）适配器及信号检测面板

适配器能提供动态试验仿真系统与系统设备连接的接口,信号检测面板用于试验人员对系统内部的信号进行检测。

7）试验器

电传飞控系统试验器应能完成系统加/断电、检测系统主要变量和特征参数、注入激励信号、完成自动飞控计算机/控制器与执行机载设备等的连接、故障模拟以及输入/输出信号的调制/解调等。

5.5.3.3　通用测试设备要求

测试设备应满足综合试验的参数测试需求。

用于综合试验的所有仪器,必须严格进行标定并在有效期内。

5.5.3.4　试验准备及注意事项

试验前应完成以下准备工作:

（1）机载设备已按产品验收规范完成检查。

（2）系统试验器已按要求完成检查和测试。

（3）静态和动态试验仿真环境应完成设备集成和调试。

（4）与机载设备连接的所有接口已进行检查或测试。

5.5.4　试验内容与方法

5.5.4.1　功能试验

自动飞控系统功能试验包括接口检查、控制逻辑检查、告警与显示检查、余度管理测试、BIT 测试等。

1) 接口检查

完成系统静态阻抗检查后,进行系统接口检查。

接口检查的内容主要包括:

(1) 检查系统内部机载设备(自动飞控计算机或飞控计算机、自动飞控板、杆/盘/脚蹬回传作动器、自动油门控制器)之间的总线、离散量、模拟量输入输出信号接口检查等。

(2) 检查系统外部交联机载设备仿真器(航电仿真系统、电传飞控仿真系统、发动机仿真系统等)的总线、离散量、输入输出信号接口检查等。

(3) 检查系统与驾驶盘、油门台等开关量接口检查等。

(4) 检查系统总线监控输入数据。

检查系统接口检查方法:对照 AFCS 接口控制文件,通过设备激励器、试验器等进行相关接口的输入并对数据进行记录,观察输入值与输出值是否一致。

2) 控制逻辑检查

逻辑与显示检查的内容主要包括:

(1) 检查工作方式(自动驾驶、飞行指引、自动油门)的接通断开逻辑;

(2) 检查工作模态(姿态保持、高度保持、航向保持等)的接通断开逻辑及各工作模态的切换逻辑;

(3) 检查导航模态降级到默认模态时控制逻辑;

(4) 检查逻辑切换时的自动飞控控制板信号灯及主飞控显示器的相关显示。

控制逻辑检查方法:系统上电,AFCS 试验器上加载开环仿真模型,通过试验器或大气数据、惯导等激励器设置初始工作条件,控制板上依次选择不同的工作方式和工作模态,观察控制板的信号灯指示和 PFD 上的 AFCS 工作方式显示。

3) 余度管理测试

余度管理测试主要检查余度管理的各项功能,包括监控、表决、故障处理与申报的正确性,余度管理检查内容包括:

(1) 输入数据表决。

(2) 计算机监控(包括状态监控、回绕监控、通道监控、支路监控)。

(3) 计算机降级逻辑测试。

输入数据余度表决的检查方法:ATE 中输入航电、电传飞控、发动机等系统的各个输入数据,自动飞控系统软件根据其余度配置对输入数据进行双源或多源数据表决,判断表决算法、信号监控门限、监控时延设置是否合理,是否与设计保持一致。

计算机监控逻辑检查方法:模拟故障信息(包括自动飞控计算机硬件故障、电缆故障、电源故障等),通过 ATE 观察系统工作状态是否正常,上报的故障信息是否正确。

计算机降级逻辑的检查方法：根据计算机系统工作方式（主主、主备、单机）之间的转换关系，通过试验器或控制电源设置相应的转换条件，验证主主转主备或单机、主备转单机的逻辑转换的正确性和合理性。

4）告警与显示

告警与显示检查内容包括：检查自动驾驶断开、自动油门断开等告警的级别及显示是否正确，告警与显示检查方法如下：

（1）将试验器、仿真器及机载设备上电，试验器上设置系统开环状态和初始状态。

（2）自动飞控板上接通自动飞控工作方式，在试验器监控页面上观察自动飞行工作方式是否接通，在控制板上观察相应的信号灯是否有效。

（3）通过控制板、驾驶盘或油门杆上的断开开关来切断工作方式，再次在试验器监控页面上观察工作方式是否断开，告警信息是否显示、告警级别是否正确，控制板相应的信号灯是否有效。

（4）通过试验器设置故障数据，在试验器监控页面上观察工作方式是否断开，告警信息是否显示、告警级别是否正确。

告警信息可以根据系统功能进行相应的增减，不同的告警信息的触发都可以通过开关或试验器上的设置来实现。

5）BIT 测试

BIT 测试内容：检查系统 BIT（PUBIT、PBIT、IFBIT、MBIT）测试内容的完整性及故障上报的准确性；检查系统 PBIT、MBIT 连锁条件的正确性。

BIT 检查方法如下：

（1）按正常和故障两种情况设置系统状态，系统上电，试验器上观察系统 PUBIT 检测结果。

（2）试验器上设置系统 PBIT 连锁条件的不同组合，启动 BIT 并观察系统 PBIT 检测结果，MBIT 连锁条件检查与 PBIT 类似。

（3）系统上电，设置不同的故障模式，启动 PBIT/MBIT，试验器上观察系统是否能正确检测故障并上报。

（4）自动飞控工作方式接通条件下设置不同的故障模式，观察并记录 IFBIT 的检测结果，分析 IFBIT 的检测覆盖能力及检测的可靠性。

5.5.4.2　性能试验

自动飞控系统性能试验主要包括下列试验：

（1）极性检查。

（2）传动比检查。

（3）动（静）态性能检查。

（4）稳定裕度检查。

1）极性检查

自动飞控系统极性检查包括自动驾驶、飞行指引和自动油门等工作模态的极性检查。

（1）自动驾驶工作模态。

自动驾驶工作模态极性检查是在自动驾驶的各工作模态下，控制量极性的改变导致相应舵面的偏转运动，同时检查回传作动装置工作极性和跟随性。

自动驾驶工作模态极性检查方法：系统工作在开环状态，接通自动驾驶，进入相应的自动驾驶工作模态，在试验器或自动飞控板上设置控制律量的目标值大于当前值，仪表系统上观察相应舵面的运动方向与设计值是否保持一致；在试验器或自动飞控板上设置目标值小于当前值，再次观察相应舵面的运动方向与设计值是否保持一致。

（2）飞行指引工作模态。

飞行指引工作模态极性检查是在飞行指引各工作模态下，控制量极性的改变将导致飞行指引杆运动的变化。

飞行指引工作模态极性检查方法：系统工作在开环状态，接通飞行指引，进入相应的飞行指引工作模态，在试验器或自动飞控板上设置控制量的目标值大于当前值，仪表系统上观察飞行指引杆与固定飞机的相对位置的变化；在试验器或自动飞行控制板上设置目标值小于当前值，再次观察飞行指引杆与固定飞机的相对位置的变化。

（3）自动油门工作模态。

自动油门工作模态极性检查是在自动油门各工作模态下，控制量极性的改变将导致油门杆运动的变化。

自动油门工作模态极性检查方法：系统工作在开环状态，接通自动驾驶，接通自动油门，进入相应的自动油门工作模态，在试验器或自动飞控板上设置控制量的目标值大于当前值，观察油门台上油门杆的运动；在试验器或自动飞控板上设置目标值小于当前值，再次观察油门杆的运动方向与设计值是否保持一致。

2）传动比检查

传动比检查主要检查各工作模态下的控制量到电传飞控指令之间控制支路的传动比是否与设计保持一致，自动油门执行机构的传动比是否与设计保持一致。

传动比检查方法：飞行仿真系统中设置试验状态点，系统闭环，接通自动驾驶、飞行指引和自动油门，接通待检查的工作模态，通过 ATE 设置不同数值和极性的输入控制量，通过试验曲线观察其曲线是否与仿真曲线保持一致。

3）动（静）态性能检查

动（静）态性能检查是为了检查不同状态点下，各工作模态的性能是否满足设计要求。在飞行包线内选取足够的飞行状态(不同的飞机重量重心、高度、速度)作为试验状态点。

动(静)态性能检查方法:飞行仿真系统中设置试验状态点,系统闭环,接通自动驾驶、飞行指引和自动油门,接通待检查的工作模式,仪表系统上观察是否能满足其功能要求,即高度保持、航向保持等,通过试验曲线观察其性能是否满足设计要求。依次检查各工作模式,完成后设置不同的状态点再次进行试验。

4) 稳定裕度检查

稳定裕度检查是为了检查不同试验状态点下,各工作模式的幅值裕度和相位裕度是否满足设计要求。在飞行包线内选取足够的飞行状态(不同的飞机重量重心、高度、速度)作为试验状态点。

稳定裕度检查方法:飞行仿真系统中设置试验状态点,系统闭环,接通自动驾驶、飞行指引和自动油门,接通待检查的工作模式,使用动态频响分析仪从电传飞控系统 ACE 测试腔向相应舵面作动器输入一定幅值和频率的正弦扫频信号,观察相应的舵面运动,通过试验曲线观察其稳定裕度是否满足设计要求。依次检查各工作模式,完成后设置不同的状态点再次进行试验。

5.5.4.3　故障模拟试验

自动飞控系统故障模拟试验可以在余度管理试验中进行,也可以单独进行。故障模拟试验应包含以下内容:

(1) 电源故障;

(2) 系统内部设备故障;

(3) 系统外部设备故障;

(4) 信号故障;

(5) 电缆故障。

故障模拟试验时,通常可与系统告警与显示试验同步进行。

5.5.5　试验结果及判定准则

自动飞控系统综合试验的功能试验、性能试验、故障模拟试验等各项试验的试验结果应满足试验大纲中预期值,若实测值与预期值不一致,则需重复试验并检查试验方法和相应的操作;系统综合试验的试验判据应依据系统接口文件、设计要求、设计规范等顶层文件。

5.6　机械操纵系统综合试验

5.6.1　系统简介

大型飞机一般都备有机械操纵系统,但其目的可能会有不同。国外大型飞机在早期采用电传飞控系统时,均不同程度地保留了机械操纵,如 C-17 飞机、A320 飞机、B777 飞机等都保留了最少的机械操纵系统。C-17 飞机在电传飞控系统失效时,通过升降舵、下方向舵、副翼和水平安定面的机械操纵,提高飞机的故障保护能力,确保飞机能够安全完成飞行任务。B777 飞机在一对扰流板和水平安定面保留了机械操纵;A320/330/340 飞机在方向舵和水平安定面保留了机械操纵。

　　随着飞机研制技术发展和电传飞控系统可靠性的进一步提高,新型大型飞机采用电传飞控系统时,不再保留机械操纵系统,如 B787 飞机、A380 飞机、A400M 飞机等。因此在进行一型飞机飞控系统研制时,是否需要机械操纵系统,必须考虑研制人员自身技术水平和电传飞控系统及其机载设备可靠性水平。本节以背景飞机机械操纵系统为例,介绍机械操纵系统综合试验相关内容。

　　背景飞机机械操纵系统由副翼机械操纵系统和水平安定面机械操纵系统组成,其设计思想与 B777 飞机相同,即确保在电气系统完全切断时,驾驶员仍可操纵飞机水平直线飞行,直到电气系统重新启动。

　　机械操纵系统由座舱操纵装置(横向操纵装置、水平安定面配平操纵手柄组件)、钢索传动装置和机械备份作动器组成。座舱操纵装置通过扇形轮与钢索传动装置输入端机械连接,钢索传动输出端与机械备份作动器同样是通过扇形轮机械连接,机械备份作动器又与相应舵面通过摇臂机械连接。当飞行员分别或同时操纵驾驶盘和水平安定面配平操纵手柄组件时,相应舵面偏转,改变飞机运动姿态。副翼机械操纵系统的布置如图 5-14 所示,水平安定面机械操纵系统的布置如图 5-15 所示。

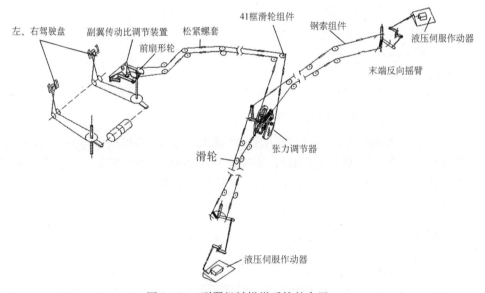

图 5-14　副翼机械操纵系统的布置

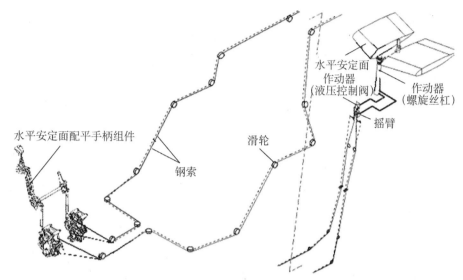

水平安定面
作动器
(液压控制阀)

作动器
(螺旋丝杠)

水平安定面配平手柄组件

摇臂

滑轮

钢索

图 5-15　水平安定面机械操纵系统的布置

5.6.2　试验目的

机械操纵系统综合试验的主要目的如下：

（1）验证系统机械接口的正确性。

（2）验证系统的功能、性能及工作稳定性。

（3）验证系统飞机的飞行品质。

5.6.3　试验要求

5.6.3.1　被试件及被试系统要求

（1）被试机载设备必须是"S"型地面试验件,试验件安装与布置按照系统安装调试技术条件相关要求执行。

（2）试验前,应对被试件进行检查,检查拉杆、摇臂、滑轮、支架是否有可见裂纹和明显缺陷,钢索是否有断丝。

（3）先将飞控板上副翼机械操纵转换开关设置在全机械状态,进行调试和试验。

（4）按照（2）条内容调整好系统后,人工左/右压驾驶盘人工推拉水平安定面配平手柄,检查各机械系统是否有卡滞或运动不平稳现象,如无此现象则可进行试验,如有,排除卡滞故障后,方可进行试验。

5.6.3.2　综合试验环境要求

机械操纵系统综合试验应在专用试验台上进行,具体要求如下：

（1）试验台架为被试系统、机载设备和测试设备、测试传感器连接件提供支撑,台架原则上为1∶1全尺寸设计。如受试验场地条件的限制,可考虑将机翼折叠成与机身平行布置,垂尾部分钢索缩短,支座相对位置缩减,包角保持不变,台架刚度要求足够大。

（2）如机翼折叠，需做工艺支座和工艺滑轮与被试系统衔接，工艺支座和工艺滑轮应与被试系统设计要求一致。

5.6.3.3　通用测试设备要求

（1）传感器的量程一般要求为被测量的 150% 左右，传感器的精度为 0.1%F.S.～0.3%F.S.。测试信号应包括：驾驶盘力信号，驾驶盘位移信号，水平安定面手柄力信号，水平安定面手柄位移信号，左、右侧副翼舵面摇臂位移信号与水平安定面舵面摇臂位移信号等。

（2）所有用于试验的仪器，必须严格进行标定并在有效期内。

5.6.4　试验内容与方法

5.6.4.1　副翼机械操纵系统

1）极性检查

副翼机械操纵作动器通压，配平机构中立。逆时针、顺时针先后满行程转动驾驶盘（建议 10 次），检查左右机翼舵面摇臂运动方向与驾驶盘运动方向的一致性。

2）回中性检查

副翼机械备份作动器通压，配平机构中立。驾驶盘缓慢逆时针转至最大行程，然后放手，驾驶盘自动回中，测量回中后驾驶盘的偏转角度，即逆时针方向回中后盘位置与中立盘位置的差值；同样驾驶盘缓慢顺时针转至最大行程，然后放手，驾驶盘自动回中，测量回中后驾驶盘的偏转角度，即顺时针方向回中后盘位置与中立盘位置的差值。

3）传动比调节装置功能检查

将传动比调节装置的传动比设置在 1 的状态，副翼机械备份作动器通压，配平机构中立，分别按逆时针、顺时针旋转驾驶盘至满行程，测量驾驶盘的转动角度与舵面摇臂的偏转角度。

将传动比调节装置的传动比设置在 0.5 的状态，副翼机械备份作动器通压，配平机构中立，分别按逆时针、顺时针旋转驾驶盘至满行程，测量驾驶盘的转动角度与舵面摇臂的偏转角度。

将传动比调节装置从传动比 1 转换到 0.5，记录转换时间；将传动比调节装置从传动比为 0.5 转换至 1，记录转换时间。

4）间隙测量

断开左右机翼末端摇臂组件与左右副翼机械备份作动器之间的连接，断开副翼载荷机构中的弹簧，并将左右机翼末端摇臂组件固定。在左、右驾驶盘上分别缓慢施加 30～50 N 的操纵力（顺时针和逆时针两方向），并使其运动到不能运动为止，测量驾驶盘的转动角度，即系统间隙。用同样的方法使驾驶盘反向运动，测量驾驶盘的转动角度，正反两方向间隙之和就是副翼机械操纵系统的间隙。

5）系统刚度测量

断开左右机翼末端摇臂组件与左右副翼机械备份作动器之间的连接件，连接载荷机构，并将左右机翼末端摇臂组件固定。分别按顺时针、逆时针转动驾驶盘（操纵力最大到 220 N），实时测量对应的驾驶盘处的盘力和盘位移。经对测量数据进行分析，即可拟合处理得到系统刚度。

断开左右机翼末端摇臂组件与左右副翼机械备份作动器之间的连接件，断开载荷机构中的弹簧，并将左右机翼末端摇臂组件固定。分别按顺时针、逆时针转动驾驶盘（操纵力最大到 220 N），实时测量对应的驾驶盘处的盘力和盘位移，经对测量数据进行分析，即可拟合处理得到系统刚度。

固定钢索传动装置中的前端扇形轮，断开载荷机构中的弹簧，分别顺时针、逆时针转动驾驶盘（操纵力最大到 220 N），实时测量对应的驾驶盘处的盘力和盘位移，经对测量数据进行分析，即可拟合处理得到系统不带载荷机构时的刚度。

固定钢索传动装置中的前端扇形轮，连接载荷机构，分别顺时针、逆时针转动驾驶盘（操纵力最大到 220 N），实时测量对应的驾驶盘处的盘力和盘位移，经对测量数据进行分析，即可拟合拟合处理得到系统带载荷机构时的刚度。

6）盘力-盘位移-舵面摇臂位移关系曲线测量

副翼机械备份作动器通压，配平机构中立，先后按逆时针、顺时针旋转驾驶盘至极限位置，同时测量驾驶盘力与盘位移、舵面摇臂偏转位移，绘制盘力-盘位移-舵面摇臂位移关系曲线，分析记录数据与曲线，即可计算出驾驶盘极限位置、舵面摇臂极限位置位移及系统的启动力。

7）摩擦力与不平衡力测量

副翼机械备份作动器通压，配平机构中立，断开载荷机构中的弹簧，先后按逆时针、顺时针旋转驾驶盘至极限位置，根据记录曲线计算出系统前段的摩擦力与不平衡力。

断开副翼机械备份作动器，配平机构中立，断开载荷机构中的弹簧，先后按逆时针、顺时针旋转驾驶盘至极限位置，同时测量驾驶盘力与盘位移，根据记录曲线和数据，可计算出系统的摩擦力与不平衡力。

摩擦力与不平衡力的计算公式如下：

$$f = \frac{p_{正} - p_{反}}{2} \tag{5-1}$$

$$F = \frac{p_{正} + p_{反}}{2} \tag{5-2}$$

式中：f 为摩擦力；F 为不平衡力；$p_{正}$ 为正行程的操纵力；$p_{反}$ 为反行程的操纵力。

8）质量与相对阻尼系数测量

断开副翼机械备份作动器，断开载荷机构中的弹簧，在驾驶盘处连接一已知刚度和质量的弹簧（如，刚度为 23 N/mm，质量为 0.25 kg）。弹簧的另一端固定，先后按逆时针、顺时针转动驾驶盘至不能转动时,突然松手,松手后弹簧瞬间释放,同时记录驾驶盘的输出位移,位移曲线基本形式如图 5 - 16 所示。根据输出位移曲线和数据,可计算出系统阻尼。

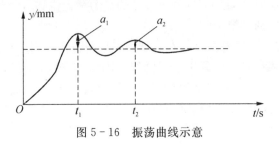

图 5 - 16　振荡曲线示意

系统当量质量 m 和相对阻尼系数 ζ 的计算公式分别为

$$m = \frac{K}{\omega^2} - \frac{G}{3g} = 0.025\,33KT^2 - 0.034G \tag{5-3}$$

$$\zeta = \frac{\ln\left(\dfrac{a_1}{a_2}\right)/2\pi}{\sqrt{1 + \left(\ln\left(\dfrac{a_1}{a_2}\right)/2\pi\right)^2}} \tag{5-4}$$

式中:$T = t_2 - t_1$ 周期,单位为 s;G 为弹簧质量,单位为 kg;K 为弹簧刚度,单位为 kgf/cm;$g = 980\,\text{cm/s}^2$。

当试验方便并获得合理的试验结果,参考上述刚度和质量数据,需多准备几组弹簧,分别递增或递减,以获得理想的振荡曲线。

9) 配平行程和配平时间测量

按压副翼配平开关,先后使驾驶盘按顺时针、逆时针转动到不动为止,同时记录驾驶盘的运动幅值和时间历程曲线,读出配平行程与配平时间。

10) 阶跃特性试验

副翼机械备份作动器通压,配平机构中立,由位移信号发生器在驾驶盘处分别施加 10°和 15°的阶跃信号,同时测量驾驶盘的位移信号及舵面摇臂的输出位移信号,将其处理成被测信号的时间历程曲线。分析实验数据和曲线,可计算出系统延迟时间、上升时间(达到稳态值 95% 的时间)、超调量、振荡次数及稳态时间(进入±5% 稳态误差带的时间)。

11) 频率特性试验

副翼机械备份作动器通压,配平机构中立,用位移信号发生器在驾驶盘处分别施加 10°和 15°的幅值、频率为 0.1~2 Hz 的正弦信号,同时测量驾驶盘的力和位移信号、舵面摇臂的输出位移信号,将其处理成 Bode 图,分析 Bode 图,可计算出系统的相位滞后。

5.6.4.2 水平安定面机械备份系统

1) 极性检查

水平安定面机械备份作动器通压,前后满行程推拉水平安定面配平手柄组件超过 10 次,使水平安定面操纵系统能灵活运动,根据运动方向即可进行极性检查。

2) 回中性检查

水平安定面机械备份作动器通压,配平手柄缓慢向前推至最大行程,然后放手,配平手柄自动回中,测量回中后手柄的偏转角度,即手柄前推方向回中位置与中立位置之差。将配平手柄缓慢向后推至最大行程,然后放手,配平手柄自动回中,测量回中后手柄的偏转角度,即手柄后拉方向回中位置与中立位置之差。

3) 间隙测量

断开水平安定面机械备份作动器与钢索传动装置末端摇臂的连接,并将钢索传动装置末端摇臂固定,在水平安定面操纵手柄处缓慢施加操纵力(向前、向后两个方向),并使其运动到不能运动为止,测量手柄运动的位移,即系统间隙,用同样的方法使手柄反向运动,测量手柄运动的位移,正反两方向间隙之和就是整个水平安定面操纵系统的间隙。

4) 系统刚度测量

断开水平安定面机械备份作动器与钢索传动装置末端摇臂的连接,固定钢索传动装置末端摇臂组件,前后推拉配平手柄,测量水平安定面操纵手柄处的力及位移(最大至200 N),分析试验数据,可拟合出系统刚度。

5) 手柄操纵力-手柄操纵位移-舵面摇臂偏转速度的测量及摩擦力与不平衡力的测量

水平安定面机械备份作动器通压,前后推拉配平手柄,在水平安定面操纵手柄处测量力与位移,绘制力-位移关系曲线,在舵面摇臂处测量摇臂的偏转速度,分析试验数据和曲线,根据式(5-1)和式(5-2)即可求出摩擦力与不平衡力。

断开水平安定面机械备份作动器,在水平安定面操纵手柄处测量力与位移,绘制力-位移关系曲线,分析试验数据和曲线根据式(5-1)和式(5-2),立刻求出前段系统摩擦力与不平衡力。

6) 启动力测量

水平安定面机械备份作动器通压,测量水平安定面操纵手柄处的力与机械输入摇臂的运动位移,绘制力-位移关系曲线,分析试验曲线和数据,即可确定系统启动力。

7) 质量与相对阻尼系数测量

断开水平安定面机械备份作动器,在水平安定面操纵手柄处连接一已知刚度和质量的弹簧(如:刚度为 18 N/mm,质量为 0.22 kg)。弹簧的另一端固定,在手柄处加人工干扰信号,松手后弹簧能突然释放,记录手柄的输出信号,分析试验数据和曲线,根据式(5-3)和式(5-4),即可计算系统阻尼。

8) 阶跃特性试验

断开水平安定面机械备份作动器,由位移信号发生器在水平安定面操纵手柄处施加5°幅值的阶跃信号,同时测量手柄位移信号与末端摇臂的输出位移信号,将其处理成被测信号的时间历程曲线,根据曲线即可计算出被试系统的延迟时间、上升时间(达到稳态值95%的时间)、超调量、振荡次数及稳态时间(进入±5%稳态误差带的时间)。

断开水平安定面机械备份作动器,由位移信号发生器在水平安定面操纵手柄处施加10°幅值的阶跃信号,同时测量手柄位移信号与末端摇臂的输出位移信号,将其处理成被测信号的时间历程曲线,根据曲线计算出被试系统的延迟时间、上升时间(达到稳态值95%的时间)、超调量、振荡次数及稳态时间(进入±5%稳态误差带的时间)。

9) 频率特性试验

断开水平安定面机械备份作动器,由位移信号发生器在手柄处施加5°的幅值、频率在0.1~2 Hz范围内的正弦信号,同时记录手柄位移、手柄力及末端摇臂的输出位移,分析试验数据和曲线,即可求出末端摇臂输出位移相对于手柄位移及手柄力的频率特性。

断开水平安定面机械备份作动器,由位移信号发生器在手柄处施加10°的幅值、频率为0.1~2 Hz的正弦信号,同时记录手柄位移、手柄力及末端摇臂的输出位移,分析试验数据和曲线,即可求出末端摇臂输出位移相对于手柄位移及手柄力的频率特性。

5.6.5　试验结果及判定准则

1) 极性检查

操纵驾驶盘、水平安定面操纵手柄,记录舵面摇臂的偏转方向。试验结果包括各个通道的舵面摇臂偏转方向,偏转方向应与系统设计要求一致。

2) 回中性检查

操纵驾驶盘、水平安定面操纵手柄,记录操纵机构回中位置与中立位置之差。试验结果包括各个通道的操纵机构回中位置与中立位置之差,试验结果应满足设计要求。

3) 传动比调节装置功能检查

在传动比调节装置不同状态下,记录副翼及传动比调节装置转换时间。试验结果包括传动比调节装置不同状态下,驾驶盘转动角度、副翼舵面摇臂偏转角度及传动比调节装置转换时间等,应与系统设计要求一致。

4) 间隙测量

测量副翼和水平安定面机械操纵系统的间隙,结果应与系统设计要求一致。

5）系统刚度测量

根据试验数据，拟合得到副翼和水平安定面机械操纵系统刚度。结果包括副翼通道的带载荷机构系统刚度、不带载荷机构系统刚度、带载荷机构座舱操纵装置通道刚度、不带载荷机构座舱操纵装置通道刚度及水平安定面操纵通道刚度等均应满足详细规范要求。

6）力-位移-舵面摇臂位移关系曲线测量

分析试验数据和曲线，即可得到副翼和水平安定面操纵系统的力-位移-舵面摇臂位移关系曲线和系统启动力，结果包括各个通道的操纵力、操纵位移、舵面摇臂位移及启动力等，均应满足系统设计要求。

7）摩擦力与不平衡力测量

分析试验数据和曲线，即可得到副翼操纵系统的摩擦力和不平衡力。结果包括各个通道的系统摩擦力和不平衡力，均应满足系统设计要求。

8）质量与相对阻尼系数测量

分析试验数据和曲线，即可得到副翼和水平安定面操纵系统的当量质量和相对阻尼系数。结果包括各个通道的系统当量质量和相对阻尼系数，均应满足系统设计要求。

9）配平行程和配平时间测量

分析试验数据和曲线，即可得到副翼的配平行程和配平时间。结果包括配平行程和配平时间，均应满足系统设计要求。

10）跃特性试验

分析试验数据和曲线，即可计算得到各个操纵系统的延迟时间、上升时间、超调量和稳态时间。结果均应满足系统设计要求。

11）频率特性试验

驾驶盘行程幅值为10°、频率为0.50 Hz，舵面摇臂相对于驾驶盘力的相位滞后不应大于60°或者满足系统设计要求。

水平安定面手柄行程为5°、10°，频率为0.33 Hz，摇臂相对于手柄力的相位滞后不大于60°或者满足系统设计要求。

参 考 文 献

［1］王永熙，等.飞行控制（操纵）系统和液压气压系统设计（《飞机设计手册》第12册）［M］.北京：航空工业出版社，1999.

［2］申安玉，等.自动飞控系统［M］.北京：国防工业出版社，2003.

［3］宋翔贵，等.电传飞控系统［M］.北京：国防工业出版社，2003.

［4］张德发，等.飞控系统的地面与飞行试验［M］.北京：国防工业出版社，2003.

［5］王洛.C-17飞机简介及设计特点分析［J］.航空科学技术，2006（2）：32-38.

6 飞控系统"铁鸟"集成试验

6.1 概述

不论是按照适航要求研制民用飞机还是按照国军标研制军用飞机,飞控系统"铁鸟"集成试验都是最重要的、验证内容最全面的、耗时最长的、耗费最大的系统级验证试验。其重要性主要体现在以下几个方面:

(1) 飞控系统与虚拟被控对象"飞机"首次交联试验,即硬件在环试验(hardware-in-loop, HIL),虚拟飞机通过解算飞机六自由度非线性动力学特性的飞行仿真系统来实现。

(2) 飞控系统与相关飞机系统(液压系统、供电系统、航空电子系统、起落架控制系统等)首次联合试验,可以称为飞机系统综合试验。建立以飞控系统为核心的飞机系统物理试验环境,实现接口设计验证、能源需求验证、逻辑功能验证。

(3) 飞控系统各系统首次在一起进行的交联试验,即集成验证试验。通过真实的总线接口、能源接口、电气接口、机械接口将飞控系统各机载设备、各系统集成,实现飞控系统内部接口设计验证、逻辑设计验证。

(4) 首飞机组飞行员首次在真实飞机系统和逼真飞行环境下评估飞机性能和体验飞行,即飞行员在环试验(pilot-in-loop, PIL)(简称人-机组合试验)。采用视景系统、音响系统给飞行员提供逼真的视觉和听觉感受。

(5) 飞控系统最后一次试验室全面验证,并确认系统各项指标满足系统设计规范要求和飞机使用要求,试验结论为飞机首飞的基本条件。

(6) 飞控系统故障以及飞机其他系统故障对飞行安全的影响都将在该试验中得到验证,如液压系统故障、供电系统故障、传感器故障等。同时,飞行员的故障处置能力也将在这个试验中得到评估和训练。

飞控系统"铁鸟"集成试验从飞机需求定义开始直到飞行前都在建设和试验中,耗时长,耗费大。飞机首飞后的调整试飞、科研试飞、鉴定试飞直到飞机鉴定,飞控系统"铁鸟"集成试验一直在进行,持续开展飞控系统的开发与验证,不断完善优化设计。

飞控系统"铁鸟"集成试验属于验证性试验,它是继飞机系统机载设备鉴定试验、系统综合试验、控制律状态冻结、软件通过测试后开展的系统装机状态集成试验。有时会因研制周期需要，机载设备鉴定试验与飞控系统"铁鸟"集成试验同步进行，但首飞前机载设备必须完成除"三防"和耐久性试验以外的安全性要求试验。因此，飞控系统"铁鸟"集成试验对被试系统、机载设备及其参与试验的飞机其他系统有严格的要求，与装机状态完全一致，包括软件版本。

飞控系统"铁鸟"集成试验的目的主要包括以下几个方面：

（1）进一步验证各系统内部接口（机械、电气、总线）、功能、性能，确认各系统内部接口关系正确，功能、性能（动态、静态）满足系统设计要求。

（2）验证飞控系统内部各分系统间的接口、信号传输与逻辑关系，确认飞控系统内部接口（机械、电气、总线）满足接口定义。

（3）验证飞控系统与飞机其他系统间的接口（机械、电气、总线），包括液压系统、供电系统、航空电子系统、起落控制系统及飞机舵面等飞机结构，确认其满足接口定义。

（4）验证飞机各控制通道（纵向、航向、横向）以及通道之间在人工操纵和自动操纵时的功能、性能（时域和频域）和控制逻辑，确认其满足飞控系统设计规范要求。

（5）验证飞控系统正常和备份工作所需液压源压力和流量、电源电压和电流、传感器信号质量以及安全余度，确认其满足系统工作要求。

（6）验证飞控系统控制律及软件，确认其静态（传动比）满足控制律和软件实现与设计值相一致，动态特性满足飞机飞行品质设计要求。

（7）验证飞控系统 BIT 功能、余度策略和模态转换逻辑等功能，确认其满足飞控系统设计规范要求和控制律设计要求。

（8）验证飞控系统故障综合、显示告警、故障申报、信息存储等使用维护功能，确认其满足飞控系统设计规范要求。

（9）验证飞控系统显控人-机工效特性，特别是三轴控制通道操纵的协调性，确保满足飞行员操纵要求。

（10）首飞机组飞行员参与的飞机操纵特性（正常与备份）及故障处置措施验证，确认按照库伯-哈勃定理的主观评价和 PIO 评估结果满足飞行品质设计要求，故障处置措施有效。

（11）首飞机组飞行员体验飞行，支持首飞机组飞行员包括飞机座舱设备使用在内的驾驶技能培训。

为达到试验目的和工程实际，大型运输机飞控系统试验应采取分级综合、逐级集成的方式。将飞控系统试验"铁鸟"集成试验分为：系统"铁鸟"、综合与验证，飞控系统综合验证，飞控系统"铁鸟"集成试验验证和人-机组合试验 4 个层次。

第一层：系统"铁鸟"综合与验证。对安装于"铁鸟"台架上的座舱操纵系统、机械操纵系统、电传飞控系统、自动飞控系统、高升力系统等 5 个系统进行进一步的综合与验证。

第二层：飞控系统综合验证。将组成飞控系统的 5 个系统在"铁鸟"台架上实现综合，飞机液压系统、电源系统可能是地面模拟能源系统，航空电子系统可能是仿真系统，舵面载荷可能不施加，部分传感器可能用仿真器。

第三层：飞控系统"铁鸟"集成试验验证。在第二层综合验证的基础上，将符合装机状态的飞机液压系统、电源系统、航空电子系统等与飞控系统集成，舵面必须施加载荷，传感器必须是符合装机状态的真实件，但可能运行飞机运动传感器驱动设备（简称转台）上。

第四层：人-机组合试验。在完成以上三层客观、定量评价试验以后，确认飞控系统满足设计规范要求和飞行品质设计要求，在此基础上，通过首飞机组飞行员对飞机和飞控系统进行主观和定性评价，视景系统和音响系统就需要接入试验之中。

6.2　试验环境及试验支持设备

飞控系统"铁鸟"集成试验最突出的特点：一是飞控系统机载设备（"S"型件）及其在试验台架上的安装布置、连接与首飞飞机状态一致；二是飞控系统试验所需的飞机支持系统与首飞飞机状态一致；三是具有除飞机动力学特性外最真实的飞机环境。以上特点也就是对飞控系统"铁鸟"集成试验环境和设备的总体要求。

要把飞控系统"铁鸟"集成试验环境建设成具有以上特点或者满足以上要求，就需要飞控系统"铁鸟"集成试验环境从总体设计、试验件布置、参试系统配置，支持系统、模拟仿真系统、激励器配置等方面进行建设。

（1）总体设计：按照飞机舵面、起落架、发动机[包括辅助动力装置（auxiliary power unit，APU）]、飞机座舱[包括飞行员操纵装置（pilots control unit，PCU）]等在飞机上的结构布置，规划试验台架总体构型。

（2）试验件布置安装：飞控系统机载设备在台架上的布置安装原则上应与首飞飞机状态一致，对于没有机械操纵系统的飞控系统，除 PCU 和作动器安装要求与飞机状态一致外，其余可适当灵活简化安装。

（3）参试系统配置：飞控系统"铁鸟"集成试验应配置与飞行任务完成和安全相关的所有飞机系统，除飞机液压系统、起落架控制系统、飞机座舱布置应与首飞飞机状态一致外，飞机其余参试机载设备必须与首飞飞机状态一致但布置可依据试验室具体位置安排。

（4）试验支持系统配置：试验支持系统如地面液压系统、地面电源、专用试验器、数据测试与分析系统（包括测试用传感器及调理器）以及特种信号处理分析系统如动态信号频响分析仪、数据总线信号分析系统等必须配置。

（5）模拟仿真系统配置：模拟仿真系统如飞行仿真系统、航空电子仿真系统、气动载荷模拟系统、大气数据模拟系统、视景仿真系统、音响模拟系统等必须配置。

（6）激励器配置：激励器如位移信号发生器、三轴速率转台、线加速度转台等必须配置。

根据以上分析，飞控系统"铁鸟"集成试验配套设备及相互关系如图 6-1 所示，一般情况下，主要包括以下类设备：

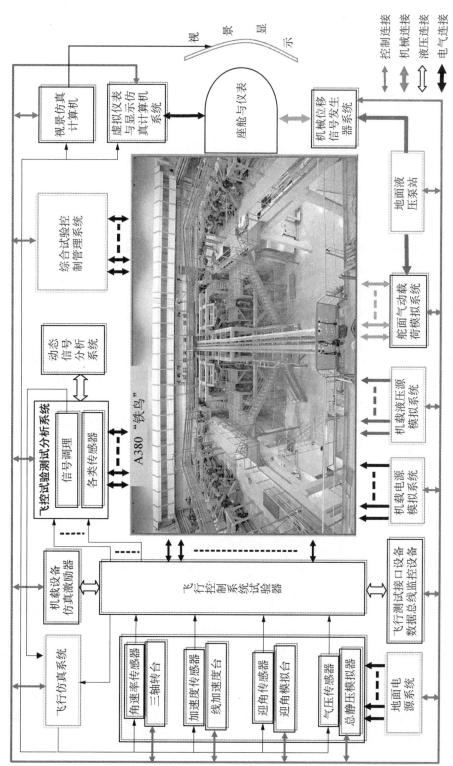

图 6-1 飞控系统"铁鸟"集成试验环境

（1）"铁鸟"集成试验台架。

（2）飞机模拟座舱系统。

（3）视景系统。

（4）音响系统。

（5）传感器与测试分析系统。

（6）飞行测试接口设备（flight test interface，FTI）。

（7）飞行仿真系统。

（8）飞控系统试验器（包括电传飞控、自动飞控、高升力控制等系统的试验器）。

（9）机载设备仿真激励器。

（10）机械位移信号发生器。

（11）舵面气动载荷模拟系统。

（12）地面液压能源和地面电源。

（13）集成试验综合控制管理系统。

（14）飞机运动传感器的驱动设备（包括三轴速率转台、线加速度转台、速率转台、迎角转台和动静压模拟系统）。

6.2.1 "铁鸟"集成试验台架

"铁鸟"集成试验台架是确定型号飞控系统"铁鸟"集成试验的专用设备，也是飞机系统集成试验的核心。台架应按照飞机舵面、起落架、发动机（包括 APU）、液压系统和飞机座舱（包括 PCU）等在飞机上的结构布置，进行总体布局设计。飞控系统机载设备在台架上的布置原则上应与首飞飞机状态一致，对于没有机械操纵系统（钢索传动、连杆传动或扭力杆传动）的飞控系统，除 PCU、作动器、舵面、液压系统的安装要求与飞机状态一致外，其余可适当灵活简化安装。

"铁鸟"集成试验台架的基本功能和要求涉及以下几个方面：

（1）"铁鸟"集成试验台架的尺寸设计必须能够保证舵面、起落架、发动机驱动泵、电动泵、液压系统和飞机座舱按照首飞飞机状态布置安装。

（2）"铁鸟"集成试验台架用于安装飞控系统机载设备和支持试验的其他机载设备如舵面、液压系统、飞机座舱及操纵装置或仿真件如飞机模拟座舱、发动机驱动模拟器、气动载荷模拟系统驱动装置等。

（3）考虑到飞控系统与液压系统、起落架控制系统之间的密切关系，一般把这 3 个系统建在一个"铁鸟"集成试验台架上进行试验。

（4）飞控系统内部或支持系统的电子类机载设备，可适当安排位置布置，但电缆接口、长度和特性应与真实飞机一致。

（5）"铁鸟"集成试验台架应具有良好的开敞性，易于进行被试机载设备、试验件的安装与调试，以及完成试验所需要的现场观察与维护；易于进行测试传感器的安装和参数测试，以及完成试验所必须安装维护，上下台架安全等；同时需要配套完整的工作平台、围栏、通道等辅助设施。

（6）"铁鸟"集成试验台架的刚度、强度以及固有频率必须足够大,不应对试验结果产生不希望的影响。为此,试验台架的固有频率至少为被试系统工作频率的3倍以上,一般设计为6倍以上。大型运输机升降舵、方向舵通道动态试验最大工作频率一般选为3 Hz,副翼动态试验一般选为5 Hz。而升降舵、副翼、方向舵通道带气动载荷试验时的最高频率不大于3 Hz。因此,"铁鸟"集成试验台架后段固有频率设计为大于9 Hz,机翼段固有频率为15 Hz。

（7）"铁鸟"集成试验台架应采用积木式模块化框架结构,以保证局部受力的封闭和固有频率。

（8）"铁鸟"集成试验台架的主体与安装试验件局部结构分开,在台架与试验件之间设计有过渡连接件,以便试验件的结构尺寸发生变化时,通过对过渡连接件的更改来满足试验件的安装,而不影响台架的主体结构。

最大客运飞机 A380 飞控系统"铁鸟"集成试验台架如图 6-2 所示,从图可以看出飞控系统"铁鸟"集成试验的规模与复杂。

图 6-2　飞控系统"铁鸟"集成试验台架

6.2.2　飞机模拟座舱

飞机座舱设计以飞机的任务和战术技术性能为依据,充分考虑人的生理、心理诸因素,以及座舱设备和结构设计的可行性,优化人-机接口,注重人-机工效。飞机座舱设计主要考虑座舱气动外形、视界、空间尺寸、功能配置、信息分布、显控布局、环境等诸多因素,不仅要保证飞行员能对所有飞行操纵器件进行操作、方便地观察各种仪表,而且要提供满足规范要求的视界,且需满足不同身高的飞行员操作飞机的需要,舱内布置应具备一定的灵活性。

飞机模拟座舱主要用于给飞行员提供较为真实的座舱操纵和显示环境,使飞行员具有在真实飞机座舱内的感觉,满足飞行员的操纵需要。主要设计内容包括:

(1) 座舱总体布局。

(2) 座舱操纵装置的安装布置。

(3) 飞机座舱视界设计实现。

(4) 仪表板布置。

(5) 主要操纵机载设备安装布置。

(6) 飞行员座椅布置。

图 6-3　飞机模拟座舱外形

飞机模拟座舱壳体一般采用半硬壳式薄壁结构。为加工方便且不影响座舱整体效果,飞机模拟座舱骨架及蒙皮依照真实飞机座舱外形及内装饰曲面进行设计,骨架采用钢板铆接结构代替"Z"型材,蒙皮选用铝板。为增加飞机模拟座舱整体刚度,两个端部处依照其外形曲线铆接铝板,底部利用衬板及"L"型材沿飞机模拟座舱底面与骨架及蒙皮连接为一体。为了保证试验和测试设备的安装,座舱采用开放式结构,座舱外形如图 6-3 所示。

飞机模拟座舱内安装有飞控系统的座舱操纵装置[包括左(右)驾驶柱(盘)、脚蹬组件及指令传感器,安装支座、传动连接件等]、飞控显示装置、航空电子系统多功能显示装置、液压系统和起落架控制系统的操作手柄、按钮等,以便完成对飞控系统、液压系统和起落架控制系统的操作控制,系统状态调整与设置等。

飞机模拟座舱视界设计时,机头外形和风挡外形按照飞机外形设计加工,座舱视界与真实飞机相同。同时,座舱内布置使驾驶人员具有良好的内视界,主要飞行仪表在正常飞行状态不受驾驶柱(盘)的遮挡。飞行员参考眼位距风挡的距离参考飞机实际距离设计,左(右)位置与座椅中心线相同,对称布置在飞机对称面两侧,参考眼位与飞机构造水平线参考飞机的实际距离设计。

仪表板的布置保证有关操作人员在身体不做很大移动的情况下,从其预定的操作位置上进行正常及应急操作。对于起飞和着陆所需的仪表和操纵器件,当有关操作人员坐在其正常位置并系紧肩带时应可以看到和操作。座舱内为正、副飞行员设置显示控制面板,根据各控制面板的位置不同,可划分为以下几个区域:主仪表板、前方控制板、顶部控制板、中央操纵台、左侧操纵台、右侧操纵台等。

主仪表板按照飞机状态进行加工、生产、安装。前方控制板位于主仪表板的上方、正副驾驶正前方视线稍偏下的位置,主要布置灯光告警装置、显控板及飞行导引显示控制板等,同时为中央仪表板的遮光装置,按照飞机设计状态进行加工和安装。

顶部控制板选择安装与飞控系统相关的控制单元,如飞控系统控制板、液压系统控制板和动力燃油系统控制板等。

中央操纵台按照飞机状态进行加工、生产、安装,预留多功能显示器、停机刹车手柄、减速操纵手柄、襟(缝)翼收放手柄、襟(缝)翼超控开关、油门操纵台、油门停车台、配平控制板、水平安定面控制手柄等机载设备的安装位置,同时预留原安装于顶部控制板的飞控系统控制板、液压系统控制板和动力燃油系统控制板的安装位置,其他控制板位置用盲板覆盖。左(右)侧操纵台按照飞机图纸加工、生产、安装,只设计安装前轮转弯手柄和通话设备接口,预留前轮转弯手柄和耳机话筒插孔组件安装孔位,其余用盲板覆盖。

飞机模拟座舱内部布置如图6-4所示。

图6-4 飞机模拟座舱内部布置

座椅参考点是座椅的定位点,由参考眼位点来确定。确定了座椅参考点以后,便可确定与之有紧密关系的座舱仪表板、操纵装置及显示器等的位置。对于具有第三飞行员的飞机,飞控系统"铁鸟"集成试验台架飞机模拟座舱设计只配置正、副飞行员座椅,取消第三飞行员座椅,其左(右)位置与设计眼位在同一垂直面上。飞行员座椅(含座椅滑轨)采用试验件,正副飞行员座椅安装在座舱地板的滑轨内,可沿滑轨前后滑动以方便飞行员进出座位,并可在正常飞行位置固定。

6.2.3 视景系统

"铁鸟"集成试验台架视景系统是飞行员在环试验必备的试验设备,根据飞机飞行姿态信息生成相应的景象并显示于球幕(还可能是平幕显示、柱幕显示、虚像显示等)视场内,为飞行员提供逼真的舱外景象显示,使其有身临其境的感觉,对于起飞、着陆、复飞、精确跟踪、超低空空投和机动飞行等飞行阶段的飞行品质评定具有非常重要的作用。

图6-5所示为采用柱幕显示的飞控系统"铁鸟"集成试验台架视景系统外形。

飞控系统"铁鸟"集成试验台架视景系统一般应具有以下功能:

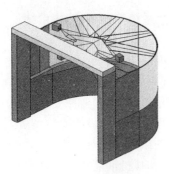

图6-5　飞控系统"铁鸟"集成试验台架视景系统外形

（1）工作模式：白天、黄昏、夜间带纹理视景图像。

（2）连续的地形、河流、田野、跑道及标志性的地物。

（3）光照模型可模拟不同时间段的光照特性。

（4）大气模型可模拟雨雪、云层、能见度等不同的天气状态。

（5）特效：火焰、烟、尘土、水花、尾迹等。

（6）无穷远地平线效果。

（7）起飞、着陆时，飞行员通过视景显示能够判别飞行速度和与地物之间的高度距离比。

（8）动态海洋效果。

飞控系统"铁鸟"集成试验台架视景系统一般具有如下性能指标。

（1）视场角：　　　　　水平180°，垂直50°。

（2）通道数：　　　　　3通道，实像显示。

（3）图形分辨率：　　　1400×1050/通道。

（4）图形复杂程度：　　不小于3级。

（5）显示亮度：　　　　不小于6 ft·la*。

（6）图形对比度：　　　6∶1。

（7）图形更新率：　　　60 Hz。

（8）图形刷新率：　　　60 Hz。

（9）传输延迟：　　　　58 ms（图像更新率为60 Hz时）。

（10）成像距离：　　　　不小于8 m。

（11）显示几何失真：　＜5％像高。

视景系统硬件部分主要包括图形生成计算机和投影显示系统；软件部分主要包括数据库建模软件、实时场景管理驱动软件和图像失真校正软件。视景系统设计实现中，应考虑分辨率、视场角、亮度、刷新率、更新率、色彩、纹理、浓淡、阴影、透明度、能见度、细节等级、感兴趣区等因素。

图形生成计算机能够产生座舱外逼真景象，包括机场跑道、灯光、建筑物、田野、河流、道路、地形地貌等。视景系统应能模拟各种气象条件，如能见度、雾、雨、雪，以及白天、黄昏、夜间等景象。

投影显示系统按照飞行员眼点进行光学设计，可能是实像如平幕、柱幕、球幕显示，也可以是虚像显示，投影仪可能是常规投影仪或激光投影仪。投影显示设备（幕和投影仪）布置在飞机模拟座舱外部。视景系统组成原理如图6-6所示。

---

* la（朗伯），光亮度非法定单位，1 la＝3.183 10×10³ cd/m²。

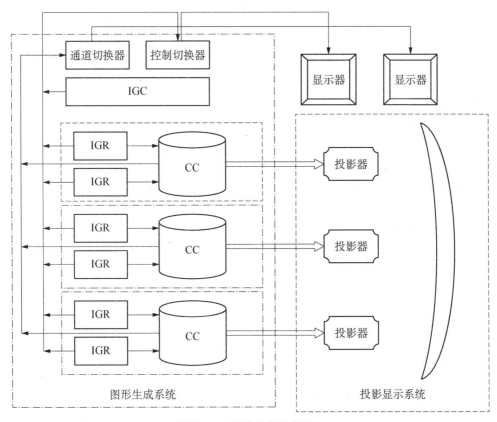

图 6-6 视景系统组成原理

6.2.4 音响系统

"铁鸟"集成试验台架音响系统是飞行员在环试验必备的试验设备,用于给飞行员提供逼真的声响环境,使其具有处于身临其境的感觉。音响系统通过声音合成和生成设备并通过布置在座舱内的声音发生设备(音箱)产生如发动机(开车、加减速)、气流、舱门(打开、关闭)、起落架(收、放)、机轮触地与刹车摩擦、货物投放等声音,对于首席试飞员体验飞行、掌握飞行技巧、适应飞行环境具有重要的作用。

"铁鸟"集成试验台架音响系统一般应模拟以下声音:

(1) 发动机声音。

(2) 空气动力声音。

(3) 起落架收放声音。

(4) 襟(缝)翼收放声音。

(5) 着陆接地。

"铁鸟"集成试验台架音响系统在实现各种声音效果的同时,应满足以下性能要求:

(1) 模拟声音的频率和幅度能够反映飞机的状态变化。

(2) 飞机仿真系统冻结或模拟坠毁时,模拟音响自动消失。

音响系统实现对飞机环境噪音的仿真,使飞行员能够根据听到的声音对飞机各系统工作状态有一定程度的直观了解,通过声音变化能够提供当前操作或飞机状态的变化。

6.2.5　传感器及测试分析系统

传感器及测试分析系统包括测试传感器、信号调理器及信号隔离器、数据采集记录系统和动态信号频率响应分析系统。

1) 测试传感器

测试传感器的主要功能是将待测物理量的变化转换为电信号,供数据采集记录系统和动态信号频率响应分析系统对测试信号的采集记录及分析处理,主要测试物理量、传感器类型及其技术要求如下:

(1) 线位移传感器。用于线位移量测试,精度应优于 0.25%,量程大于被测物理量量值极限,带宽高于被测物理量最大工作频率。

(2) 角位移传感器。用于角度量的测试,精度应优于 0.25%,量程大于被测物理量量值极限,带宽高于被测物理量最大工作频率。

(3) 拉压力传感器。用于操纵力、载荷力的测试,精度应优于 0.25%,量程大于被测物理量量值极限,带宽高于被测物理量最大工作频率。

(4) 倾角传感器。用于角度的无连杆测试,精度应优于 0.25%,量程大于被测物理量量值极限,带宽高于被测物理量最大工作频率。

(5) 扭矩传感器。用于扭矩的测试,精度应优于 0.25%,量程大于被测物理量量值极限,带宽高于被测物理量最大工作频率。

(6) 拉线式传感器。用于位移的柔性测试,精度应优于 0.25%,量程大于被测物理量量值极限,带宽高于被测物理量最大工作频率。

(6) 踏力传感器。用于脚蹬力的测试,精度应优于 0.25%,量程大于被测物理量量值极限,带宽高于被测物理量最大工作频率。

(7) 压力传感器。用于作动器工作压力的测量,精度应优于 0.25%,量程大于被测物理量运动极限,带宽高于被测物理量运动最大工作频率。

(8) 流量传感器。用于作动器工作流量的测试,精度应优于 0.25%,量程大于被测物理量量值极限,带宽高于被测物理量最大工作频率。

2) 信号调理器

信号调理器是数字化测试分析系统中保证信号准确性、可靠性和安全性的关键设备,用于防止外界异常信号或异常变化给测试分析系统造成的损坏。信号调理器包括输入/输出保护、信号及电源隔离、共模抑制、串模抑制、信号放大、滤波、信号激励、冷端补偿、线性补偿等。

信号调理器给拉压力传感器、踏力传感器、扭矩传感器、线位移传感器、角位移传感器、倾角传感器、压力传感器、流量传感器等提供供电激励,并接收上述传感器的输出信号。

信号调理器前面板应设有电源开关、电源指示灯、通道工作指示灯、模拟总线插座、BNC插座,可使用BNC插座将调理后的信号接入数据采集记录系统和动态信号频率响应分析系统。

信号调理器应设有增益调整、零点调节和传感器激励调节、滤波选择开关等,可根据试验需要,选择不同截止频率的有源滤波器,实现多种增益的组合选择。同时,应设有过压保护和输入滤波电路,保护信号调理器模块和对传输线路上的干扰信号进行抑制。

3)数据采集记录系统和动态信号频率响应分析系统

数据采集记录系统和动态信号频率响应分析系统一方面要完成静态参数的测试,另一方面还要完成阶跃特性、频响特性等系统动态特性试验中动态信号的分析处理。这就要求测试分析系统不但能准确采集记录来自传感器的信号,而且能快速实时采集存储这些信号,并完成试验数据处理和分析。

4)传感器及测试分析系统软件

传感器及测试分析系统软件功能应包括系统配置功能、测试与数据采集功能、数据处理分析功能、分析显示功能和数据输出功能。

(1)配置功能。

a. 通道定义、通道配置。

b. 通道标定。

c. 设置试验参数初始值、上下限极值。

d. 数据文件管理(采集通道量纲、单位、数据和试验结果文件)。

e. 试验任务管理(试验任务名称管理、试验日志管理、试验科目管理)。

f. 可灵活设置数据采集速率、时间(点数)、通道等参数。

(2)测试与数据采集功能。

a. 实时记录各测试点传感器输出信号。

b. 对各测试点传感器信号进行零位补偿、工程单位换算。

c. 进行各参试设备的通信管理,以便协调、同步完成试验测试任务。

d. 能完成飞控系统间隙、刚度、杆力-杆位移、摩擦力-不平衡力、传动关系的测试。

(3)数据处理功能。

a. 对测试信号进行处理,得到测试信号的时间历程曲线。

b. 对测试数据进行处理,得到相关物理量的 X-Y 关系曲线。

（4）分析显示功能。

a. 实时显示并监视传感器输出信号。

b. 绘制输出各种符合试验报告的图形曲线。

c. 图形编辑功能，可在同一屏幕显示多次不同试验结果的图形曲线，并进行对比分析。

d. 可设置任意测试通道为 X 轴输入或 Y 轴输入，可设置 X、Y 轴绘图比例，以及实现多条曲线的同时显示或硬拷贝输出绘制，完成多个通道信号的采集记录、曲线显示和图形曲线的标注。

e. 可灵活选择对应于测试点的通道，完成对输入信号的测试分析，可设置对应于测试通道的转换系数，以及由数学表达式描述的转换公式，可自动设置 X、Y 轴绘图比例，以及实现多条曲线的同时显示或硬拷贝输出绘制，完成多个通道信号的数据存储和图形曲线的标注，打印输出符合试验报告要求的试验测试结果。

（5）报告生成与数据输出功能。

a. 根据测试数据生成符合试验报告的表格数据。

b. 时间历程试验数据记录文件管理。

c. 列表文件生成、输出管理。

d. 图形文件的生成、输出管理。

e. 时间历程数据文件、曲线及图形文件。

f. 试验绘图、报告生成。

g. 对所有采集数据的保存格式支持 Labwindows/CVI、Matlab、HP VEE、Excel 等软件平台的调用。

飞控系统"铁鸟"集成试验中，要完成多达数千项试验项目的测试工作，项目种类繁多，而且有些试验测试与飞控系统调整交互在一起完成，导致测试过程复杂，数据量大。试验测试中，一方面要完成静态参数的测试，另一方面还要完成阶跃特性、频响特性等系统动态特性试验中动态信号的分析处理。这就要求测试分析系统不但能准确采集记录来自传感器的信号，而且能快速实时采集存储这些信号，并完成试验数据处理和分析。基于 LXI 总线的分布式测试分析系统就成为优选方案，图6-7所示为某大型运输机飞控系统"铁鸟"集成试验测试分析系统组成。

6.2.6　飞行测试接口设备

飞行测试接口设备（flight test interface，FTI）用于实现对飞控计算机数据信息的获取和监测。它一般通过数据总线实现与飞控计算机的通信，按照飞控计算机飞行测试接口通信协议，完成对飞控计算机内部数据信息的获取、解析。并显示飞控系统状态参数，以便于工程技术人员观察、分析系统工作状态。FTI 接收来自于飞控计算机的数据信息类型一般包括以下几种：

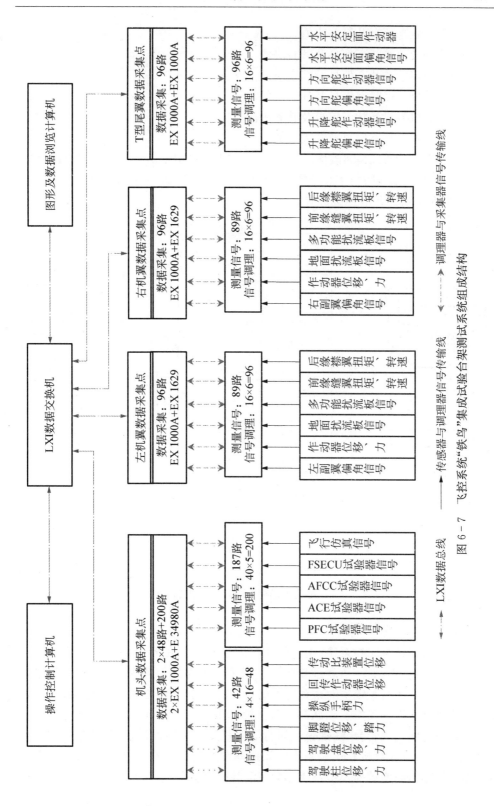

图 6 - 7 飞控系统"铁鸟"集成试验合架测试系统组成结构

（1）工作状态信息及其表决值。

（2）告警及故障状态信息及其表决值。

（3）指令传感器状态信息及其表决值。

（4）反馈传感器状态信息及其表决值。

（5）交联机载设备状态信息及其表决值。

（6）其他相关状态信息及其表决值。

上述信息类型可以是离散量、开关量信号或者是模拟量信号，也可以是数据总线信号，可能的总线如 ARINC429、MIL-STD-1553B、AFDX、RS-422、CAN、FC 等。

图 6-8 所示为 FTI 组成原理。

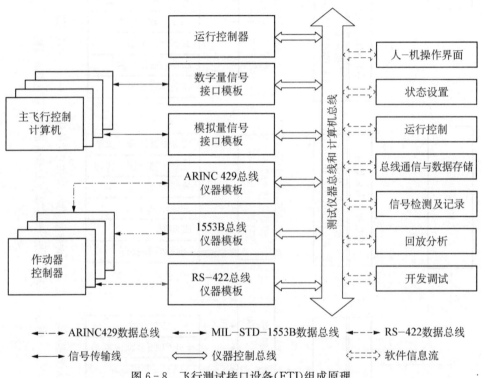

图 6-8　飞行测试接口设备（FTI）组成原理

6.2.7　飞行仿真系统

飞行仿真系统是飞控系统"铁鸟"集成试验最重要的试验设备之一，这就是我们常说的飞控系统"半物理"仿真试验概念中，飞行仿真系统解算的飞机运动就是非物理的部分。飞行仿真系统实时采集舵面信号，解算飞机非线性六自由度运动方程和发动机推力方程得到飞机运动状态参数。解算得到的飞机运动状态参数通过实时通信接口发送给三轴转台、线加速度转台等飞机运动传感器激励设备，航空电子仿真系统、视景系统计算机和仪表系统计算机等设备。解算得到的飞行高度、飞行速度等结果传输给舵面载荷模拟系统作为气动载荷模拟系统的指令信号，传输到航空电子系统仿真激励器作为航空电子系统仿真激励器的指令信号,激励惯性导航、大气数据系统和无线电高度表等仿真设备。飞行仿真系统具备显示飞机状态并存储飞机运动响应曲线及数据,具备实现曲线打印功能。

1) 飞行仿真系统框架结构

飞行仿真系统一般采用分布式计算机结构,其组成原理如图 6-9 所示。飞行仿真系统按机载设备实现的功能进行层次划分,再采用面向对象技术对各层中的功能组件进行封装和组织。同层功能对象之间通过对象接口进行信息和数据交互,而层间对象则通过标准交互接口进行通信。此外,各节点上的仿真调度管理系统之间是以客户/服务器机制进行工作的,仿真控制与仿真应用位于应用层之间,是客户和服务器的关系。分布式飞行仿真系统分为 3 个层次,即仿真应用层、分布式支撑核心层和执行结构层。

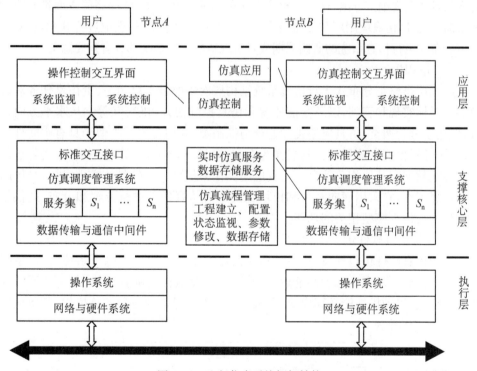

图 6-9 飞行仿真系统框架结构

(1) 执行结构层。

分布式飞行仿真系统中,构建于计算机硬件之上的操作系统将作为具体仿真计算任务的执行中心,是分布仿真的最终承担者。执行结构层为上层提供了运行平台,是整个分布式飞行仿真系统运行的基础。

(2) 分布式支撑核心层。

分布式支撑核心层是分布式飞行仿真系统的中坚层次,负责整个系统的运行调度、管理和信息处理工作,包含数据与通信中间件、仿真调度管理、服务集和标准化接口等组件。数据与通信中间件为分布式飞行仿真系统内核提供了统一的数据处理场所和跨平台工作机制,隐藏了不同网络系统间的差异。通过多种通信协议来实现仿真模型和数据在节点间的透明分布,这是分布式飞行仿真系统实现分布式跨平台仿真计算的关键。仿真调度管理系统根据仿真任务的具体要求来确定最佳仿真策略,并对仿真的执行过程进行控制。通过调用服务来收集仿真过程中产生的各种信息和数据作为飞控系统性能分析的依据,并对线程、通信和数据处理等功能进行控制与管理。

标准交互接口界面是实现仿真应用层与分布式系统支撑层沟通的桥梁,通过接口的标准化设计有利于实现系统分布的透明性和系统模型的可重用性等功能。由此可见,分布式核心层通过向上层提供分布仿真技术支持,从而将仿真应用描述与分布仿真的具体实现细节分离,这对于整个系统的功能扩展、可靠性提高等方面都有很大的帮助。此外,仿真应用层和分布仿真支撑核心层可以同时独立地进行开发,这对于缩短分布式飞行仿真系统的研制周期或者实现新的仿真系统都具有重要意义。

(3) 应用层。

应用层是整个分布式飞行仿真系统结构层次中的最上层,它负责仿真任务对象模型的具体实现和管理,以及性能监视和仿真控制的人-机交互等。从水平方向来看,应用层分为两类,仿真应用类和监视与控制类,其相互关系类似于具有中间件的客户/服务器模型。监视与控制类作为客户,向用户(操作人员)提交系统实际运行时的性能数据和其他相关信息。仿真应用类作为仿真任务的具体实现,进行具体的仿真运算工作,它采用面向对象和模块化技术对仿真任务进行分解和分布,提供了一系列的与仿真模型相关的功能。

2) 飞行仿真软件包

飞行仿真软件包包括飞机系统(包括液压系统、燃油系统、电源系统、飞控系统等)性能解算模块、飞机气动性能解算模块、飞机质量性能解算模块、起落架系统性能解算模块、发动机性能解算模块、飞机六自由度全量运动方程解算模块,其组成原理如图 6-10 所示。

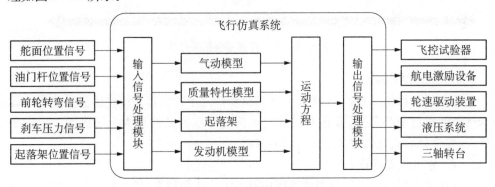

图 6-10　飞行仿真系统组成原理

(1) 飞机系统性能解算模块。

分别建立包括液压系统、燃油系统、电源系统、飞控系统在内的飞机系统及其交联关系的动态模型,实时解算以上模型并输出舵面的偏角、燃油消耗、功率提取等。

(2) 飞机气动性能解算模块。

飞机气动性能解算模块用于描述飞机的空气动力属性,其基本原理是根据给定的飞机瞬时外形和飞行条件,计算飞机当前的空气动力系数六分量、气动力和气动力矩。

大型飞机一般包括前缘缝翼、后缘襟翼、副翼、方向舵、可调水平安定面、升降舵、扰流板等舵面,还有对飞机气动力性能有影响的飞机机载设备,如发动机、起落架、货舱门,使得飞机气动构型多、建模复杂、数据处理量大。

(3) 飞机质量性能解算模块。

飞机质量性能解算模块根据飞机重量数据采用数值计算方法进行解算,用于描述飞机的整体质量属性,其基本原理是根据当前的剩余燃油量和装载物状态计算出飞机当前全机质量、质心、转动惯量和惯性积、转动惯量矩阵及其逆矩阵。

(4) 起落架系统性能解算模块。

起落架系统性能解算模块包括三部分。起落架收放性能解算模块用于计算飞机起落架收放时间和收放角度,描述收放过程对飞机气动性能的影响;前轮转弯性能解算模块在建立飞机地面滑行动力学性能和前轮转弯系统性能基础上,实时解算转弯操纵指令与转弯角度的动态关系,以及飞机横航向运动和姿态变化;机轮防滑刹车性能解算模块在建立飞机地面滑行动力学性能和机轮防滑刹车系统性能基础上,实时解算刹车指令与飞机地面滑行的防滑、刹车、纠偏性能。

(5) 发动机推力性能解算模块。

发动机推力性能解算模块用于描述飞机发动机的物理属性,即推力、耗油率、排气温度等对转速、高度和速度的动态响应以及转速对油门的动态响应。

(6) 飞机六自由度全量运动方程解算模块。

飞机六自由度非线性全量运动方程解算模块的基本原理是通过获取的飞机姿态、速度和加速度、飞机位置信息和力和力矩等飞行参数,综合飞机所受的各种力和力矩包括重力、气动力、发动机推力以及各种力矩,计算出沿机体轴线的线加速度和角加速度,再经积分产生飞机的合成速度、角速度和欧拉角。

3) 飞行仿真系统通信接口

飞行仿真系统需要驱动多种试验设备并与飞控系统、显控系统、航空电子系统以及气动载荷模拟系统、视景系统、集成试验综合管理系统等地面试验设备进行信号传输和数据通信。

(1) 与飞控系统接口。

飞行仿真系统接收来自经数据采集处理系统处理好的舵面偏角传感器信号,以及发动机油门位置信号,这些信号是飞机六自由度非线性全量运动方程解算的输入量,并结合大气数据系统提供的大气信号解算出飞机的运动参数。

(2) 与转台接口。

转台是一种高精度宽频带的地面仿真设备,飞行仿真系统通过数据接口向转台实时提供飞机运动参数。三轴转台能够准确地将飞行仿真系统解算的飞机姿态和角速率运动参数转化为三轴机械运动;线加速度转台能够准确地将飞行仿真系统解算的飞机加速度运动参数转化为加速度机械运动。安装在转台上的飞机运动传感器(角速率陀螺组件,加速度传感器)能够感受到飞机运动姿态、角速率和法向过载加速度。

(3) 与显控系统接口。

显控系统显示飞机操纵和运动的各种信息和参数,其中飞机飞行运动参数来源于飞行仿真系统。飞控系统"铁鸟"集成试验中,无论是采用仿真的显示系统还是飞机真实的显示系统,显示系统显示的与飞行相关的信息包括来自飞行仿真系统的飞机运动参数,以及来飞机系统的状态和故障显示信息。飞行仿真系统与显控系统传输数据量大,实时性要求高,一般都采用千兆互联网进行通信。

(4) 与视景系统接口。

视景系统从飞行仿真系统中接收飞机位置和飞机姿态等运动参数,实时产生飞机机舱外的环境和景象。飞行仿真系统与视景系统传输数据量大,实时性要求高,一般都采用千兆互联网进行通信。

(5) 与航空电子系统接口。

航空电子系统接口设备一般采用反射内存网卡从飞行仿真系统接收飞机的空速、高度、轮载等信号,并将这些信号转换成 ARINC429 信号发送给飞控系统。飞控系统通过实时网卡从飞行仿真系统接收飞机的姿态、角加速度等信号,并将这些信号转换成 ARINC429 信号发给航空电子系统。

(6) 与集成试验综合管理系统接口。

集成试验综合管理系统作为飞控系统"铁鸟"集成试验的顶层管理设备,管理试验过程中全部的参试设备。飞行仿真系统应能够通过实时网络接收试验管理系统发出的指令信息,并且按照预先设定的指令谱对指令进行解析,按照指令完成相关的操作,最后把反馈信息送到试验管理系统。

6.2.8　飞控系统试验器

飞控系统试验器是为飞控系统"铁鸟"集成试验开发的专用试验设施。用于检测、观察系统的主要变量、特征参数和技术状态等,也可用于注入激励、设置故障、检测响应并实现部分数据采集等任务。

飞控系统试验器可以监控的参量至少应包括以下内容:

(1) 电源特征值(一次电源,二次电源)。

(2) 信号链的分段检测点参数。

（3）飞控计算机的前置接口、后置接口的模拟量、离散量、数字量信号的检测。

（4）传感器、飞控计算机及伺服作动系统的 BIT 检测值。

（5）设计者所要求的观察、检测点。

飞控系统试验器实现飞控系统各机载设备之间的互联通信，完成信号的传输和数据信息的交换，以及实现飞控系统与地面试验设备之间的信号隔离与互联通信，完成机载设备与地面试验设备之间的信号传输和数据信息的交换。

飞控系统试验器由试验器机箱、信号断连模块、信号隔离模块、逻辑控制与加法器模块、直流电源模块、接口适配器、机柜、转接电缆等组成。考虑到大型运输机飞控系统体系结构复杂、组成机载设备多，飞控系统试验器一般按照电传飞控系统试验器、自动飞控系统试验器和高升控制系统试验器三部分单独配置。飞控系统试验器组成结构如图 6-11 所示。

1）电传飞控系统试验器

电传飞控系统试验器完成电传飞控计算机（PFC）和作动器控制器（ACE）与电传飞控系统的其他机载设备（显控系统、座舱操纵指令传感器、作动面位置检测传感器、过载传感器）之间互联，以及实现上述机载设备互连中开关量信号、直流模拟量信号、交流模拟量信号传输。并在上述机载设备互连信号传输中，将其断连引到检测面板，以便可以对传输中的信号进行检测，或者是从断连处注入激励信号到机载设备中。

电传飞控系统试验器能够对电传飞控计算机、作动器控制器与试验支持设备之间传输信号进行隔离驱动，实现电传飞控系统与试验支持设备互联通信。为了能对电传飞控计算机与机载设备互连信号进行检测，对上述信号进行隔离驱动后，接入到测试记录设备，对上述信号进行采集记录。

2）自动飞控系统试验器

自动飞控系统试验器实现自动飞控计算机（AFCC）与其他机载设备之间互联，以及实现上述机载设备互联中开关量信号、直流模拟量信号、交流模拟量信号传输。并在上述机载设备互联信号传输中，将其断连引到检测面板，以便可以对传输中的信号进行检测，或者是从断连处注入激励信号到机载设备中。对自动飞控计算机与试验支持设备之间传输信号进行隔离驱动。

3）高升力控制系统试验器

高升力控制系统试验器完成高升力控制系统襟（缝）翼控制器（FSECU）与其他机载设备之间互联，以及实现上述机载设备互联中开关量信号、直流模拟量信号、交流模拟量信号传输。并在上述机载设备互联信号传输中，将其断连引到检测面板，以便可以对传输中的信号进行检测，或者是从断连处注入激励信号到机载设备中。能够对襟（缝）翼控制器与试验支持设备之间传输信号进行隔离驱动。

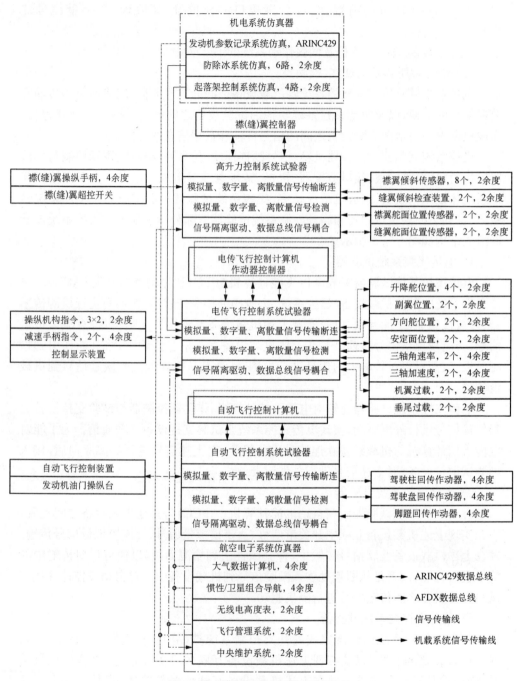

图 6-11　飞控系统试验器组成结构

　　飞控系统试验器还应配置总线耦合器,实现电传飞控计算机(PFC)通过ARINC 429 数据总线、MIL - STD - 1553B 数据总线、AFDX 数据总线与其他机载设备之间的互联通信中数据信息的传输。

　　飞控系统试验器作为飞控系统"铁鸟"集成试验的一个重要设备,应具有以下功能和性能:

　　1) 通用要求

　　(1) 对所有引出到前面板的信号进行分类,标识清楚、明确。

　　(2) 方便、安全、可靠地从断连端引出信号,以便完成检测。

　　(3) 方便、安全、可靠地将信号从断连端引入记录仪器,以便完成对信号检测、记录、存储和回放分析。

　　(4) 方便、安全、可靠地从断连端注入信号,以便完成信号输入。

　　(5) 方便、安全、可靠地将信号从信号发生器等仪器设备从断连端注入测试对象,以便完成对信号注入。

　　(6) 数据总线信号的连接通路中设置耦合器或数据总线连接器,以便能方便、安全、可靠地实现数据总线信号与其他检测设备互联通信。

　　(7) 够模拟机上余度电源和蓄电池的工作,为飞控计算机供电。

　　(8) 信号传输电缆之间绝缘电阻应大于 $10\,M\Omega$。

　　(9) 信号传输电缆阻值应不大于 $0.01\,\Omega$。

　　(10) 信号传输线选用应与机载电缆要求和性能一致的电缆。

　　(11) 电气连接接插件选用与机载电气接插件要求和性能一致的接插件。

　　(12) 接地要求。飞控计算机接地系统的设计应防止地回路,防止信号地与电源地共同返回,对关键的信号应提供有效屏蔽。

　　(13) 飞控计算机电源接插件上的每路供电输入应能对应的返回地线,该地线不应从机箱内部接到机箱箱体上。

　　(14) 屏蔽地。应为信号屏蔽提供单独的插件,且屏蔽插针应与对应的信号插针相邻,接插件的屏蔽针应接到飞控计算机的机箱上。

　　(15) 激励注入信号要求。

　　a. 提供任意波形、函数可编程控制激励信号。

　　b. 产生标准波形如正弦波、方波、斜波、三角波、噪声和直流,并可手动调节频率。

　　c. 内置任意波形如指数上升、指数下降、负斜波、$\sin x/x$ 等。

　　d. 频率范围应满足 $1\,\mu Hz\sim80\,MHz$,幅度范围 $10\,mV_{pp}$ 至 $10\,V_{pp}$。

　　e. 除了具有 AM、FM、PM、FSK 和 PWM 调制载波功能外,还可以将一个标准的波形信号(自定义)加载后,形成一个载波发送到需要的被试系统中。

　　f. 具有线性和对数扫描以及脉冲串模式。

　　(16) 信号检测要求。

 a. 测试精度应优于±0.25%。

 b. 测试分辨率应高于16 bit。

 c. 采集速率应高于1 kSa/s。

 d. 测试方式,采用电压信号(mV、V)。

 e. 信号输入方式,采用差分方式。

 f. 输入阻抗应大于1 MΩ。

 g. 量程范围应大于100 V。

2) 专用要求

（1）能提供飞控系统试验测试运行工作所需要的各种环境条件,支持完成飞控系统所有功能的验证与性能测试。

（2）包括功能完整、工作可靠的接口适配器,实现飞控系统各机载设备之间的互联,以及实现飞控系统与航空电子系统、起落架控制系统、防除冰系统、发动机参数记录系统等机载系统和设备之间的互联。

（3）实现飞控系统各机载设备之间,以及飞控系统与航空电子系统、起落架控制系统、防除冰系统、发动机参数记录系统等机载系统和设备之间的信号传输和数据信息的交换。

（4）配置功能完整、工作可靠的检测面板,飞控系统各机载设备之间,以及飞控系统与航空电子系统、起落架控制系统、防除冰系统、发动机参数记录系统等机载系统和设备之间的信号传输中,使用断连块将信号线引到检测面板,以便进行信号的引出检测或者是激励注入。

（5）实现电传飞控计算机与作动器控制器、指令传感器、显控系统、反馈传感器等机载设备之间的连接和信号传输。

（6）实现电传飞控计算机与航空电子系统、起落架控制系统、防除冰系统等机载系统和设备之间的连接和信号传输。

（7）实现电传飞控计算机与自动飞控计算机、襟(缝)翼控制器等机载系统和设备之间的连接和信号传输。

（8）实现与机载设备柜的连接,完成作动器控制器与其他机载设备之间的连接和信号传输。

（9）实现与机载设备柜的连接,完成自动飞控计算机与其他机载设备之间的连接和信号传输。

（10）实现与机载设备柜的连接,完成襟(缝)翼控制器与其他机载设备之间的连接和信号传输。

（11）模拟量、开关量和电源信号的连接通路中应设置断连端,并且将断连端引到前面板,以便能方便、安全、可靠地断开信号或者是连通。

6.2.9 航空电子系统激励器

航空电子系统激励器用于飞控系统"铁鸟"集成试验时对相关设备的激励以产

生所需要的系统信号,主要包括飞控系统工作所用的大气数据系统、惯导系统、无线电高度表、远程数据集中器、飞行数据记录系统、中央告警系统、中央维护系统、飞行管理系统、显示处理系统、主飞行显示器、多功能显示器、多功能键盘、轨迹球、显示控制板和发动机指示与机组告警系统等设备接口功能仿真。实现飞控系统工作所需要的大气数据、飞机姿态、角速率,飞机重量、重心位置等信号,同时将飞控系统的状态信息、告警信息、舵面位置及维护信息和飞机配平位置信息显示在主飞行显示器、多功能显示器和发动机指示与机组告警系统上。

航空电子系统激励器操作界面应设置菜单、窗口、按钮、表头、表格、图形等单元,接收用户的操作输入,实现对系统的控制或状态调整,以及完成数据信息的输入发送或接收显示。航空电子系统激励器应配置功能完整、工作可靠的仿真功能,模拟其功能及工作过程,并方便、安全、可靠地实现与飞控计算机等设备的信号传输。航空电子系统激励器组成如图 6-12 所示。

航空电子系统激励器能够仿真航空电子系统综合处理机的数据交换功能、数据存储功能以及远程数据集中器的功能,实现飞控计算机、机电管理计算机等与航空电子显示处理系统之间数据信息的传输、处理等功能。

航空电子系统激励器功能要求如下:

(1) 具有功能完整的航空电子系统的接口仿真功能,模拟相应系统的数据传输,数据总线信号互联可通过总线耦合器,并且与机载设备具有可互换性。

(2) 实现与飞控计算机、机电管理计算机等机载设备之间互联通信和数据信息的传输,包括各种总线信号,并使用总线耦合器与外部设备之间的连接。

(3) 具备数据总线信号仿真功能,提供数据总线发送和接收,控制完整操作界面,以便完成通道的选择和对各仿真通道参数的设置,以及控制各仿真通道数据信息的传输。

(4) 具有航空电子系统的显示界面仿真功能,模拟相应系统的显示界面,以便实现对传输数据信息的处理、显示、存储等功能。

(5) 构建二余度实时互联网络环境,可接入飞控系统"铁鸟"集成试验、飞控系统与液压系统、电源系统、起落架控制系统交联试验,飞控系统与航空电子系统交联试验及调试时所需要的航电设备。

(6) 能够模拟综合处理计算机并通过数据总线方式发送控制指令给飞控计算机、机电管理计算机等,通过同样的数据总线接收飞控计算机、机电管理计算机等发送的状态信息,并根据相应的 ICD 进行解析、显示、记录。

(7) 能够模拟远程数据集中器功能,通过远程数据集中器,自动飞控系统、高升力控制系统能够接收从综合处理计算机发送的控制信息。相应的,自动飞控系统和高升力控制系统返回的状态数据,通过远程数据集中器,转换成 AFDX 总线数据,能够分发给综合处理计算机和显示处理单元。

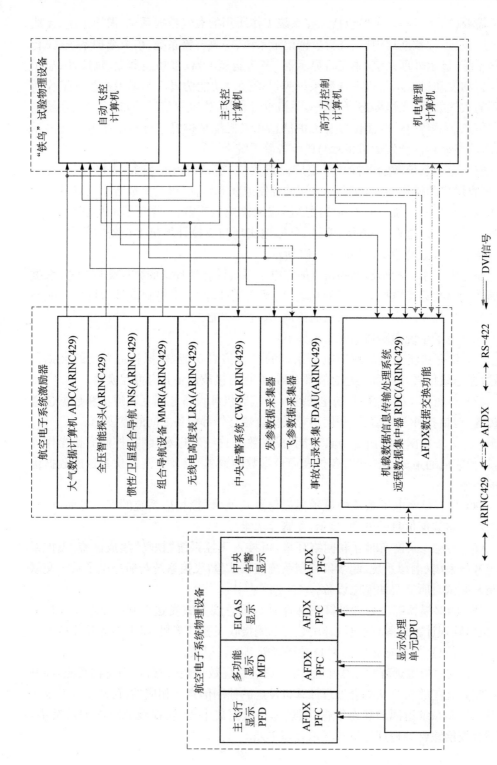

图 6 - 12　机载设备仿真激励器组成结构

6.2.10 机械位移信号发生器

飞控系统"铁鸟"集成试验中,机械位移信号发生器用于产生各种波形的机械位移指令(包括线位移、角位移),用来模拟飞行员操纵驾驶柱(盘)和脚蹬,完成飞行员操纵指令的机械输入。

机械位移信号发生器一般应具有的主要技术要求如下:

(1) 能够通过控制界面对扫频试验频率范围、幅值进行设置和更改,具有脉冲、正弦、方波、斜波、三角波等波形信号的输出。

(2) 输出和测试频率范围一般为 0.1 mHz～10 Hz。

(3) 信号发生方式应具备位移、力两种发生方式。

(4) 控制通道一般为 4 通道。

(5) 可同时操纵驾驶柱(盘)做前后直线运动、逆顺时针旋转运动,以及脚蹬机构做往复直线运动,输出行程、力应满足相应的操纵需求。

(6) 机械信号发生器可以输出直线位移和角位移两种方式,幅值波动在 0.5 dB 范围内时的带宽不应小于 10 Hz,阶跃响应建立时间不大于 10 ms,超调量不大于 5%。

(7) 位移控制方式。静态输出位移精度:≤±0.25%F.S.。

(8) 力控制方式。静态输出力精度:≤0.25%F.S.。

(9) 信号发生器全行程精度:≤0.3%F.S.。

(10) 动载载荷值的控制精度:≤±1.0%F.S.。

机械位移信号发生器通过设定位移(角位移、线位移)指令,或者是接收外部控制指令,经过闭环控制最后输出所需要的位移信号。机械位移信号发生器一般形式为液压作动伺服系统或电作动伺服系统。机械位移信号发生器组成原理如图 6-13 所示。

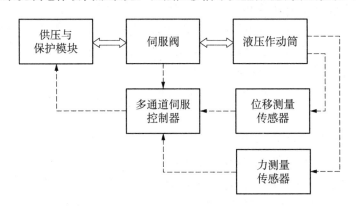

图 6-13 机械位移信号发生器组成原理

如图 6-13 所示,多通道伺服控制器是机械位移信号发生器的控制核心,应具备以下功能和性能:

(1) 多控制通道(一般为四个)的控制尽可能集中于一个控制箱内,为便于使用,控制箱与外部设备应采用快卸连接方式,控制箱采用便携式封装。

(2) 每个控制通道均可实现内部控制和外部控制,外控信号通过 A/D 输入,并且可以对外部信号进行函数转换(函数可自定义)。

(3) 可实现位移反馈控制和力反馈控制,且位移反馈和力反馈控制可实现无扰动切换。

(4) 每个控制通道除了可以实现远程控制外,还可以实现近距离控制,以便进行机械信号发生器的安装调试。

(5) 每个控制通道均可用软件及手动进行零位调节。

(6) 可提供正弦波、方波、三角波、梯形波、任意波、扫频信号及自编信号谱等指令波形。

(7) 采用力控制方式时,当液压作动筒分组工作时,组与组之间各液压作动筒输出的相位可根据试验要求设置,组内同相位。

(8) 反馈传感器提供桥压电源,以确保控制精度。

(9) 对于液压位移信号发生器,能够通过软件对阀平衡和阀颤振进行调节。

(10) 控制器具有故障的自诊断和告警功能。

(11) 控制器应设置超载保护、幅值保护、差值保护等保护功能。

a. 超载保护——当试验载荷(或位移)最大值和最小值超出预设值时,控制器应能停机卸压处理。

b. 幅值保护——当实际载荷、位移幅值超出预设值时,控制器应能停机卸压处理。

c. 差值保护——当同步载荷之间的差值超过预设值时,控制器应能停机卸压处理。

d. 控制失控时,液压作动筒能够安全回到中立位置并锁定,回中过程中处于阻尼状态,尽量减小对被控对象的冲击。

e. 控制器应具有意外断电保护功能,意外断电后,设备应处于阻尼状态。

(12) 控制器软件应能够修改传感器系数和极性,并能进行非线性补偿。

(13) 控制器软件应能够修改伺服阀控制极性。

(14) 设备正常工作过程中,可随时对加载、退载的启动,停止、应急退载等进行人工干预。

6.2.11　舵面气动载荷模拟系统

飞机飞行过程中,舵面都承受气动载荷,反映在飞控系统作动器上就是铰链力矩,作动器克服舵面铰链力矩使舵面产生偏转,从而形成飞机控制力矩使飞机产生相应的姿态变化。铰链力矩直接影响作动器动(静)态性能(控制精度、输出速度、响应时间、频带宽度),进而影响飞控系统性能和飞机飞行品质。因此,飞控系统"铁鸟"集成试验中,需要一套(可能是多通道)舵面气动载荷模拟系统,实现与飞机飞行状态(飞行速度、飞行高度、舵面偏度、飞行姿态等)有关的作动器铰链力矩的模拟施加。

舵面气动载荷模拟系统应具有以下主要功能和性能:

(1) 能够在飞控系统"铁鸟"集成试验台架上模拟飞机所有舵面的铰链力矩,其形式可根据作动器性能对载荷的敏感性、气动载荷谱和经费等情况由设计师确定，但必须达到舵面铰链力矩的模拟。

（2）应能实现位置控制和力控制两种方式，力控制和位置控制可以实现平缓过渡，实现模式的切换，位置控制的目的是方便系统安装调试。

（3）可灵活配置任意通道之间的协调加载，也可实现单通道独立加载。

（4）具有与飞行仿真系统等试验设备的电气接口，与飞机结构、台架支持结构等相连接的机械接口。

（5）在输入信号为最大输出力 10% 时，带宽不低于 8 Hz，多余力小于输出力的 5%。

（6）具有载荷谱自动输入和人为手工输入功能，自行设置函数进行载荷谱的计算，实现气动载荷的模拟功能，用于载荷模拟系统调试和维护。

（7）可以实现查表功能，简便有效途径定义加载，即根据一定的飞行参数，给定表格，依据飞机运动状态查表实现气动载荷的模拟。

（8）设备应接可靠地，具有高抗干扰能力，工作稳定可靠，不允许出现任何幅值的持续振荡。

（9）具有良好的人-机界面，便于试验人员操作使用和对初始条件的设置，并应具有实时监测界面，同时可接受远程控制，接收来自综合试验管理系统的"准备""启动""复位""停止"和"应急停止"等控制指令，并及时做出响应和给出应答信息。

（10）具有高检测覆盖率的自检测功能和多重安全保障措施，以确保试验人员和试验设施安全。试验过程中如有异常或过载时，应能自动报警，并能及时地自动关闭舵面气动载荷模拟系统。

（11）舵面气动载荷模拟系统一般采用液压伺服加载方式，液压作动筒与"铁鸟"台架、控制面等结构连接必须具有足够的强度和刚度，便于安装、拆卸和维修。严格控制液压作动筒与结构连接的间隙并进行良好的润滑，建议作动筒两端耳片通过可调心轴承与连接轴连接，确保间隙在可接受范围之内。

舵面气动载荷为分布式载荷。鉴于分布式载荷模拟难度大且成本高，而且就研究作动器性能来说，是集中式还是分布式载荷没有什么区别，因此一般采用集中载荷模拟方式。舵面气动载荷模拟系统为典型的被动式伺服载荷模拟系统，通常采用的方案有气动载荷模拟、电液伺服加载模拟和电驱动伺服加载模拟，但大多数都选用电液伺服加载模拟系统。

电液伺服加载系统依据飞机飞行状态（飞行速度、飞行高度、飞机姿态）和舵面偏角解算形成的输出载荷指令，经电液伺服加载系统的控制器、加载作动筒施加在飞控系统作动器上，并通过力传感器实现载荷的闭环控制。电液伺服气动加载系统主要由控制器（含硬件和软件）、电液伺服作动器、液压油源和控制柜及管路组成。其中电液伺服作动器由电液伺服阀、液压动作筒、连接接头、液压保护模块、力传感器、位移传感器、阻尼器等设备组成。电液伺服加载系统原理与组成如图 6-14 所示。

舵面气动载荷模拟系统一般采用全数字分布式、多模态综合控制方式。控制计

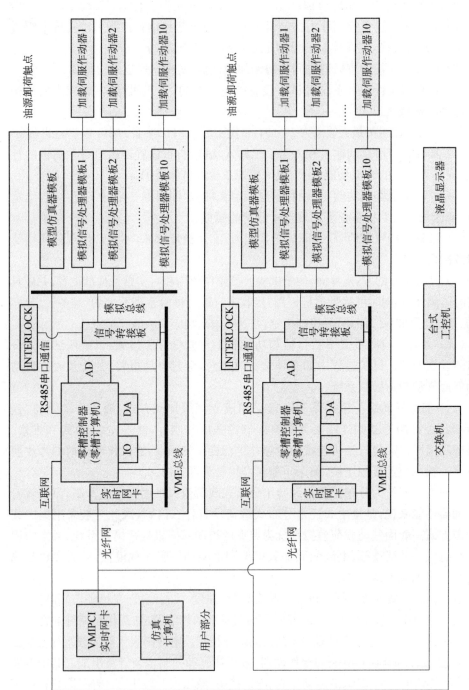

图 6-14 电液伺服加载系统组成原理

算机通过实时网络采集飞行仿真系统的飞机运动参数如飞行高度、空速、舵偏角等，解算得出相应的舵面载荷力作为力控制指令信号，同时实时采集位移和力反馈信号作为控制补偿参数，经过控制计算机综合及控制律解算，再经伺服放大后向电液伺服阀发出指令，控制加载作动器实时力跟踪，同时跟随"铁鸟"台飞机舵面运动，从而完成模拟飞机舵面所受到的气动载荷。

舵面气动载荷模拟系统主要分以下两级：

第一级是以监控计算机为核心的试验管理级，实现试验资源管理，设置试验参数和伺服控制器参数，具有实时人-机交互功能。

第二级是以 VME 零槽控制器（嵌入式计算机）为核心的实时控制级，主要包括零槽控制器模板、模拟信号处理器模板（包括信号调理、伺服阀驱动放大等功能）、实时网卡、信号转接板、模型仿真器模板。这一级完成系统状态监测和接收仿真机下传的加载命令，获取波形数据和反馈数据并传输给监控计算机用于图形显示，提供阀电流，对载荷信号传感器提供激励电压并将反馈电压放大等功能。

第二级与第一级通过互联网进行数据传输。

6.2.12　地面液压能源与地面电源

飞控系统"铁鸟"集成试验时，必须由飞机液压系统和供电系统提供液压能源和电源。而在试验准备、舵回路调试时，一般使用地面电源和地面液压源为飞控系统提供电源和液压能源。这是一种非常有效的安排，因为在这个阶段飞机液压系统、电源系统并未完成相关试验，而技术状态尚未冻结。另外，机械位移信号发生器和舵面气动载荷模拟系统也需要地面液压源或地面电源为其提供驱动能源。

6.2.12.1　地面液压能源

地面液压能源也称地面液压泵站，其工作参数应与机载液压能源参数相适应，同时要兼顾地面试验设备的液压能源需求，依据以上要求确定具体的地面液压源的设计要求和参数。

飞控系统"铁鸟"集成试验地面液压能源一般由控制系统、液压系统、液压管路、油源分配柜、辅助装置等组成。

典型地面液压能源的主要技术要求和参数如下。

(1) 额定工作压力：　　　　　　　28 MPa。

(2) 最大工作压力：　　　　　　　31.5 MPa。

(3) 管路最大耐压压力：　　　　　42 MPa。

(4) 回油压力：　　　　　　　　　0～1.0 MPa。

(5) 压力脉动：　　　　　　　　　不超过额定工作压力的±5%。

(6) 最大压力全流量：　　　　　　8×120 L/min（应按实际要求配置）。

(7) 工作介质：　　　　　　　　　YH-15 航空液压油。

(8) 油液固体颗粒污染度：　　　　GJB420A-6 级。

(9) 油液工作温度：　　　　　　　≤80℃。

（10）安全活门打开压力：　　　　　31.5 MPa（可调）。

（11）调压方式：　　　　　　　　　0.5～28 MPa 比例调压。

（12）供油性能：　　　　　　　　　恒压变量。

（13）外接电源：　　　　　　　　　AC 380 V，50 Hz，三相四线。

（14）最大功率：　　　　　　　　　8×75 kW。

（15）油泵（电机）最大转速：　　　　1600 r/min（变频调速）。

（16）油泵类型：　　　　　　　　　恒压变量柱塞泵。

（17）控制方式：　　　　　　　　　PLC，人-机界面，变频调速。

（18）系统散热形式：　　　　　　　水冷，风冷。

（19）噪声：　　　　　　　　　　　≯70 dB。

（20）连续工作时间：　　　　　　　≥16 h。

6.2.12.2　地面电源系统

地面电源包括机载设备电源和试验设备电源两部分。

机载电源应根据机载设备用电的技术要求和用电功率进行配置，机载电源体制可能为 115 V、400 Hz 交流电源，28 V 直流电源等（见图 6-15）。

地面电源根据试验设备实际用电量进行配置，并留有足够的余量，测试仪器和设备的用电需经过稳压处理，电压波动不得超过±2.5%。试验设备电源种类一般包括 AC 220 V、50 Hz，AC 115 V、400 Hz，AC 7 V、1800 Hz，DC 28 V，DC±15 V，UPS 稳压电源等。

地面交流电源品质应满足 GJB 572-2005 的要求。中频电源（AC 115 V、400 Hz）的输出电压、频率和直流电源的电压应在一定范围内可调，电源应具备方便的操作和数字显示面板，并应具有完善的故障报警和系统保护功能，应有良好的电磁兼容性，能在试验室环境下正常工作，且不影响其他设备正常工作，电源应运行稳定、可靠、噪声低，满足试验现场环境要求，电源操纵简单、使用维护方便。

依据 GJB 572A-2005，对地面交流电源提出以下要求：

（1）在额定工况下，电源输入功率因数应不小于 0.9，效率应不小于 85%。

（2）电源过载的负载/时间特性为 125%额定容量最小 5 min，150%额定容量最小 10 s。

（3）对于畸变系数不大于 0.1 的电压波形，电压的敏感调节功能应正常。

（4）稳态电压应在 113～118 V 范围内。

（5）三相电压之间的最大差值应不大于 2 V。

（6）电压相位差应在 118°～122°范围内。

（7）电压波形参数应符合下列要求。波峰系数为 1.41±0.07，畸变系数不大于 0.04，直流分量在 -0.1～0.1 V 之间。

（8）电压调制幅度应不大于 2.5 V（均方根值）。

（9）稳态频率应保持在 395～405 Hz 范围内。

（10）频率调制幅度应在 4 Hz 范围内。

(11) 在故障状态下切断主回路的所有开关和装置应可靠断开,不受人为干预。

(12) 静变电源在距外轮廓 2 m 处的噪声声压级应不大于 70 dB(A),机组电源在距外轮廓 7 m 处测得的噪声声压级应不大于 85 dB(A)。

图 6-15 所示为典型地面交流电源(CIF-4530M3P),其主要技术指标如下:

(1) 输入电源:　　　　　　　AC 3 相 4 线＋GND,220 V±10％,50 Hz±10％。

(2) 输出频率:　　　　　　　350～650 Hz 连续可调。

(3) 频率最小分辨率:　　　　0.1 Hz。

(4) 频率稳定度:　　　　　　0.01％。

(5) 输出电压:　　　　　　　0～150 V(L-N)连续可调。

(6) 电压最小分辨率:　　　　0.1 V。

(7) 电压电源稳定率:　　　　0.1％。

(8) 电压负载稳定率:　　　　0.5％(L-N),1％(L-L)。

(9) 输出电压的暂态特性:　　2 ms(电阻负载 10％～90％)。

(10) 输出额定电流:　　　　　125 A 每一相,可抗 2.5 倍的浪涌电流。

(11) 为适应电机的瞬间启动电流,增加功放及相关部分配制。

(12) 负载功率因数:　　　　　0.5～1。

(13) 三相相角偏移:　　　　　≤1°(负载平衡),≤2°(100％负载不平衡)。

(14) 总谐波失真:　　　　　　≤2％(阻性负载,THD-R 量测)。

(15) 保护功能:　　　　　　　过载,短路,过温度保护。

(16) 操作环境:　　　　　　　0～40℃,10％～90％RH(不结露)。

(17) 冷却系统:　　　　　　　风冷。

(18) 绝缘电阻:　　　　　　　输入对机壳 20 MΩ 500 V(DC),输出对机壳 20 MΩ 500 V(DC)。

(19) 耐压:　　　　　　　　　输入对机壳 1000 VAC 1 min,输入对输出 1500 VAC 1 min。

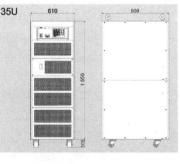

图 6-15　典型地面交流电源外观

6.2.13　试验综合管理系统

试验综合管理系统是保证飞控系统"铁鸟"集成试验所有试验设备协同运行的核心设备。大型运输机飞控系统"铁鸟"集成试验几乎涉及飞机所有系统、1 000多件机载设备、3 000多件试验件和近百台试验设备,需要操作飞机机载系统的正常运行,管理功能各异的试验支持设备。这就需要有效地管理设备的运行、组织试验,以便通过协调、管理飞控系统"铁鸟"集成试验机载系统和试验支持设备,保证试验安全、顺利地开展。此外,还需要实现关键和敏感部位状态监控和故障告警,为试验人员观察和监控各类试验状态提供良好的支持环境,以便灵活、快捷、方便地组织、实施各项试验。因此需要建立飞控系统"铁鸟"集成试验综合管理系统,以确保试验组织合理、流程规则、安全高效。

试验综合管理系统应具备以下功能:

(1) 能够对试验支持设备、机载设备之间的数字化协同控制。确定试验状态,制订试验流程,控制试验运行,实现对试验系统和支持设备上电时序控制、断电时序控制,以及对实时监测系统和支持设备的供电状态进行管理。

(2) 管理试验文件、试验状态、测试参数、试验结果,便于对试验结果的查询、分析、浏览和输出。

(3) 具有完整接口适配器,以便与飞控系统进行机械和电气连接,实现与机载系统的连接和通信。

(4) 具有完整和稳定可靠的信号隔离功能,以保证与飞控系统进行模拟量信号传输的安全和准确。

(5) 具有视频信息和音频信息监视传输功能,实现对舵面等关键机载设备工作状况的实时监视、传输以及影像信息的保存,以便实现对试验系统和试验支持设备的监视、调度和管理。

(6) 具有功能齐全的状态检测和信息传输功能,配置有现场总线通信接口、网络通信接口和功能完整的接口适配器。将试验支持设备组成完整的网络系统,对试验中各作动器供压开关状态,以及其他重要和关键操作状态的实时检测、传输和保存状态信息,实现对试验系统和试验支持设备操作状态的监视。

(7) 数据交换及显示处理系统应能进行试验支持设备、机载设备之间的数据实时传输、交换,试验状态、试验进展和试验结果的显示,以及现场查询、比对历史数据、仿真数据和试验数据,进行试验结果输出。

(8) 数据交换及显示处理系统采取实时网络的试验数据交换,以及配置磁盘阵列的试验数据管理功能。以信息化和数字化的管理为基础,规划和安排试验项目与内容,向试验支持设备、试验操作现场发布试验项目、试验内容和试验状态等信息。并按照试验项目、试验内容和试验状态等调度试验系统、试验支持设备的运行。实时存储试验过程中的数据,以及提供试验状态信息的实时查询和浏览功能。

(9) 读取机载系统交换的信息流参数,包括飞控系统内部传输数据信息,飞控系统与航空电子系统以及飞控系统与其他机载系统所传输的数据信息。

集成试验综合管理系统组成结构如图6-16所示。

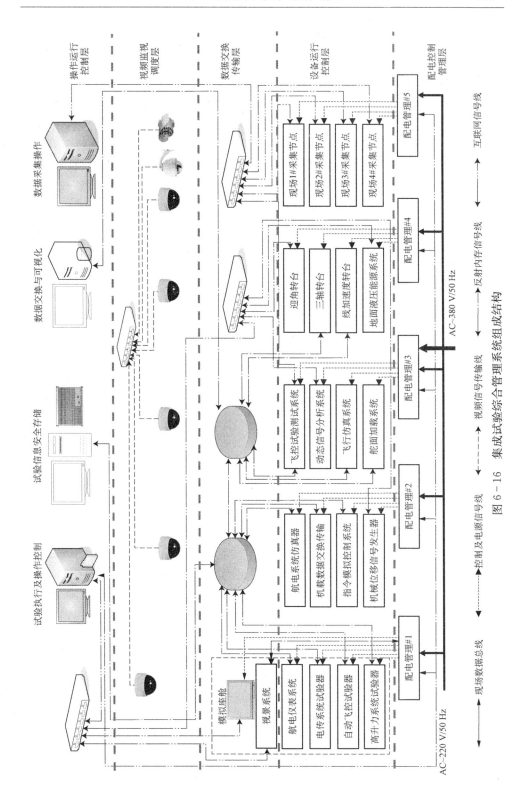

图 6-16 集成试验综合管理系统组成结构

6.2.14　飞机运动传感器驱动设备

飞控系统一般由角速率陀螺组件测试机体运动角速率、过载传感器测试机体的法向过载和侧向过载、迎角传感器测试飞机迎角、垂直陀螺或惯导平台测试飞机的姿态角和偏航角,动(静)压传感器测试飞机空速管给出的总压和静压。

飞控系统"铁鸟"集成试验时,只能进行飞机虚拟飞行,其运动由飞行仿真系统计算获得,不能实现飞机物理运动带动飞机运动传感器输出信号,因此必须采用将传感器安装在相应的驱动设备(转台)上,飞行仿真系统解算出的飞机运动参量作为驱动指令,输出符合飞控系统接口定义的传感器参数。

6.2.14.1　单轴速率转台

单轴速率转台是飞控系统"铁鸟"集成试验的必备设备。飞控系统开环试验时,用单轴速率转台完成角速率通道极性和传动比检查以及角速率陀螺组件特性检查。飞控系统闭环试验时,根据飞行仿真计算机解算的角速率指令驱动角速率陀螺组件,角速率陀螺组件产生角速率信号并送往飞控计算机,实现飞控系统角速率通道的闭环控制。单轴速率转台组成原理如图 6-17 所示。

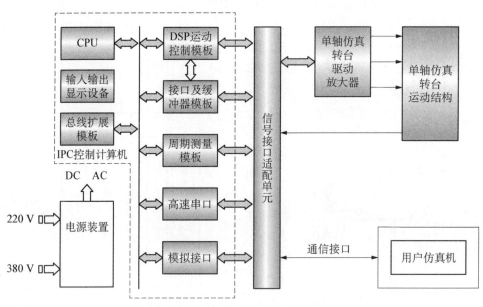

图 6-17　单轴速率转台组成原理

单轴速率转台性能指标要求如下:

(1) 负载重量:　　　　　　　>20 kg。

(2) 台面直径:　　　　　　　≥450 mm。

(3) 台面跳动量:　　　　　　≯0.01 mm。

（4）转角范围：　　　　　　　　连续无限。

（5）工作模式：　　　　　　　　速率方式、位置方式、位置仿真、速率仿真、标准函数（正弦）。

（6）位置分辨率：　　　　　　　$<0.36''$。

（7）位置角位置精度：　　　　　$\not> \pm 5''$。

（8）角位置重复性：　　　　　　$\not> \pm 2''$。

（9）速率范围：　　　　　　　　$0.001\sim300°/\mathrm{s}$。

（10）速率分辨率：　　　　　　　$0.0001°/\mathrm{s}$。

（11）角速率精度及速率平稳性：360°内小于0.001%。

（12）频率响应：　　　　　　　　$10\,\mathrm{Hz}$，（带负载，输入信号幅值$1°$，10%幅值衰减，$10°$相位滞后）。

（13）滑环数目：　　　　　　　　32环，其中电源线4根。

6.2.14.2　线加速度转台

飞控系统"铁鸟"集成试验时，使用线加速度转台完成加速度通道极性和传动比检查，以及使用线加速度转台完成过载传感器（有时也称为加速度计）的检查。飞控系统"铁鸟"集成试验时，安装在线加速度转台上的过载传感器将感受线加速度转台给出的线加速度值，并以电信号送至飞控计算机，实现过载信号在飞控系统中的闭环。

线加速度转台的基本组成如图 6-18 所示，电气控制原理如图 6-19 所示。

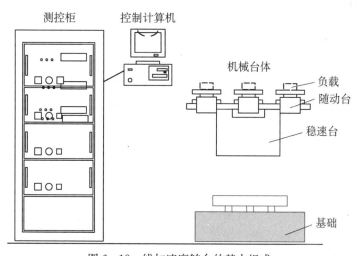

图 6-18　线加速度转台的基本组成

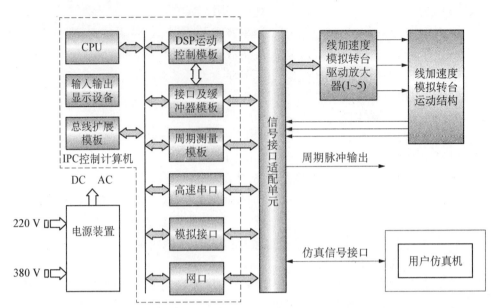

图 6-19　线加速度转台的电气控制原理

线加速度转台性能指标要求如下：

(1) 线加速度范围：　　　　　　　　0.1 g ~ 12 g (无级可调)。

(2) g 值标准不确定度：　　　　　　1×10^{-4}。

(3) 随动台数目：　　　　　　　　　3 个。

(4) 随动台负载重量：　　　　　　　5 kg。

(5) 随动台面直径：　　　　　　　　200 mm。

(6) 随动台工作角度：　　　　　　　360°连续。

(7) 随动台角位置定位不确定度：　　±0.002°。

(8) 随动台角位置分辨率：　　　　　0.0001°。

(9) 随动台最大角速率：　　　　　　500°/s。

(10) 随动台频宽：　　　　　　　　输入正弦信号,幅值 1°,频宽 10 Hz,幅值衰
　　　　　　　　　　　　　　　　　减 10%,相位滞后 10°。

(11) 随动台用户滑环：　　　　　　30 环/2A,屏蔽。

(12) 稳速台用户滑环：　　　　　　90 环/2A,屏蔽。

此外,线加速度转台还应具备以下功能：

(1) 仿真接口：±10 V 模拟接口、高速串口、高速反射内存板。

(2) 故障检测定位功能。

(3) 故障及异常情况时的声光报警功能。

(4) 超速、过流、断电等保护功能。

(5) 良好的抗电、磁干扰能力,能在试验室环境下正常工作,且不影响其他设备

正常工作。

（6）转台可靠性好，连续工作时间不小于 10 h。

（7）具有安全保护罩，防止转台工作中安装物飞出伤害人员或设备。

6.2.14.3 三轴飞行仿真转台

三轴飞行仿真转台用来模拟飞机在空中运动的角运动。飞控系统"铁鸟"集成试验时，安装在三轴飞行仿真转台上的三轴角速率陀螺组件（或惯导系统）感受三轴飞行仿真转台给出的飞机运动角速率，三轴角速率陀螺组件（或惯导系统）输出角运动信号给飞控计算机，构成飞控系统"铁鸟"集成试验闭环控制。三轴飞行仿真转台组成原理如图 6-20 所示。

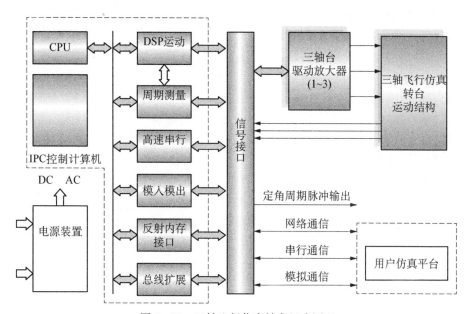

图 6-20　三轴飞行仿真转台组成原理

三轴飞行仿真转台性能指标要求如下：

（1）转台结构形式：　　　　　　　U-O-O 框架。

（2）负载重量：　　　　　　　　　50 kg。

（3）负载尺寸：　　　　　　　　　500×450×450（宽×长×高）。

（4）三轴定义：　　　　　　　　　横滚（内轴）、航向（中轴）、俯仰（外轴）。

（5）转角范围：　　　　　　　　　±120°。

（6）控制系统带宽（幅差小于±1 dB，　横滚 12 Hz、航向 8 Hz、俯仰 8 Hz。

10°相移）：

（7）轴垂直度：　　　　　　　　　±10″。

（8）轴正交度：　　　　　　　　　≤ϕ0.25 mm。

（9）轴垂直度：　　　　　　　　　<5″。

（10）轴相交度：　　　　　　　　　　$<0.25\,\mathrm{mm}$。

（11）位置精度：　　　　　　　　　　$\pm5''$。

（12）位置分辨率：　　　　　　　　　$0.0001°$。

（13）速度范围：　　　　　　　　　　内轴 $400°/\mathrm{s}$，中轴 $200°/\mathrm{s}$，外轴 $150°/\mathrm{s}$。

（14）速率分辨率：　　　　　　　　　$0.001°/\mathrm{s}$。

（15）最大加速度：　　　　　　　　　内轴 $3000°/\mathrm{s}^2$，中轴 $1250°/\mathrm{s}^2$，外轴 $800°/\mathrm{s}^2$。

（16）回转精度：　　　　　　　　　　$5''$。

（17）信号接口：　　　　　　　　　　数字，模拟，网卡。

6.2.14.4　总（静）压模拟器

总静压模拟器也称动（静）压模拟器，是一种将电压信号按比例转换成气压信号的电/气转换设备，主要模拟飞机飞行时的总压和静压。动（静）压模拟器输出的动（静）压驱动机载大气数据传感器，传感器输出信号输入到飞控系统以完成控制律调参。

总（静）压模拟器正常工作必须具有相应压力和流量的气源，所供的空气要经过去湿、过滤除尘，保证气体干燥和清洁。还必须具有足够排量的真空泵组成的抽真空系统，抽真空系统与总（静）压模拟器的连续管路密封性要好，其性能指标高于机载总（静）压传感器性能指标。

总（静）压模拟器主要组成包括数字式控制器、数字滤波器、直接驱动伺服阀（direct driving value，DDV）、气路总成、快速响应传感器、高精密电源、实时通信接口、曲线与数据显示界面和机箱等。总（静）压模拟器组成原理如图 6-21 所示。

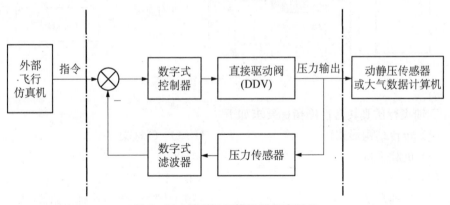

图 6-21　总（静）压模拟器组成原理

总（静）压模拟器主要功能要求如下：

（1）任选动态或静态模式。

（2）通过实时网接收外部发送的高度及速度信号。

（3）设置不同幅值及频率的高度与速度输入信号。

（4）用曲线实时显示压力、高度及速度信号的动态变化过程。

（5）在线选择压力、高度及速度的物理单位和量纲。

（6）设置高度、高度变化率，速度、速度变化率的极限值，防止对被试产品造成损坏。

总（静）压模拟器主要技术指标要求如下：

（1）静压（p_s）：　　　　　10～1200 hPa。

（2）准确度：　　　　　　　±0.01％F. S.。

（3）总压（p_t）：　　　　　10～3500 hPa。

（4）准确度：　　　　　　　±0.01％F. S.。

（5）高度（H）：　　　　　−1000～3000 m。

（6）准确度：　　　　　　　±1.0 m(0 m)。

　　　　　　　　　　　　　±2.5 m(9000 m)。

　　　　　　　　　　　　　±8 m(18000 m)。

（7）马赫数（Ma）：　　　0～5，允许误差±0.005。

（8）空速：　　　　　　　　(V)50～1800 km/h。

　　　　　　　　　　　　　允许误差±5 km/h(50 km/h)。

　　　　　　　　　　　　　　　　　±2.1 km/h(100 km/h)。

　　　　　　　　　　　　　　　　　±0.15 km/h(1000km/h)。

（9）使用环境：　　　　　　工作温度 0～40℃。

　　　　　　　　　　　　　相对湿度＜85％RH。

（10）供电电源：　　　　　220 V±10％，功率500 W。

（11）通信方式：　　　　　RS232、485 标准串口，IEE488 标准并口，100 兆互联网，VMIC 卡。

6.3　飞控系统"铁鸟"集成试验调试与准备

大型飞机飞控系统"铁鸟"集成试验是在机载设备完成鉴定试验、分系统综合试验后，机载设备、分系统和控制律状态冻结，软件经过测试基础上，要完成的最重要的一项地面试验室试验。因此，飞控系统"铁鸟"集成试验台架上安装的所有飞控系统机载设备、相关支持系统机载设备以及安装形式与首飞飞机技术状态一致，即"S"型地面试验件。

大型飞机飞控系统由各种飞行员操纵组件、控制板、控制计算机、作动器、传动机构和传感器等几百上千件外场可更换机载设备（LRU）组成，背景飞机飞控系统由 1000 多个 LRU 组成。

对于大型飞机飞控系统"铁鸟"集成试验来说，完成"铁鸟"集成试验台的安装、调试等准备工作是一件巨大的工程，其主要工作内容包括：

（1）座舱操纵系统。左（右）驾驶柱模块、左（右）脚蹬模块、左（右）载荷机构模块。

（2）电传飞控系统。显控设备（配平手柄组件，指示器、配平和操纵控制板）、电传飞控计算机（PFC）、作动器控制电子（ACE），副翼、升降舵、方向舵、水平安定面、扰流板等舵面作动器，传感器等。

（3）机械操纵系统。钢索连杆传动线系、张力调节器、变比装置、限偏机构、与电传飞控系统共用的机械操纵作动器以及与座舱操纵系统共用的手脚操纵模块。

（4）自动飞控系统。自动飞控板（auto flight control unit，AFCU）、自动飞控计算机（AFCC）。

（5）高升力系统。襟（缝）翼控制器（FSECU）、襟（缝）翼动力驱动装置、传动装置、作动装置、制动装置以及传感器。

飞控系统机载设备安装后，需要敷设连接机载设备之间的电缆，随后开展系统的静态调整检查。与此同时，试验支持系统如液压系统、电源系统、航空电子系统等，试验保障设备如试验器、仿真器、地面液压源、地面电源、测试分析系统、舵面气动载荷模拟系统等先后相继安装、调试完成。

以上被试系统、试验支持系统及试验设备的安装调试可在飞控系统"铁鸟"集成试验台架建成后开始或者根据工程设计交叉进行。但往往由于工程进度要求，"铁鸟"集成试验台架设计与飞机结构设计同步进行，"铁鸟"集成试验台架制造与飞机制造同步进行，"铁鸟"集成试验台架装调与飞机总装同步，也与系统安装调试同步。在这期间，"铁鸟"集成试验台架安装需要大量的工装夹具，如航车、吊车、移动车、型架、平台、激光设备、夹具、工具等，参与工作的人员也多达上百人，因此为保证安全、质量和进度，组织管理工作尤为重要。

6.3.1　飞控系统静态调整检查

1）被试系统安装检查

飞控系统的静态调整检查依据座舱操纵系统、机械操纵系统、电传飞控系统、高升力系统和自动飞控系统等 5 个分系统的安装技术条件和通电检查技术条件进行，这两类文件就是发往制造单位作为确认飞控系统技术状态的指令性文件，经过飞控系统安装、调试并经过测试，确认其满足以上技术文件要求。

（1）安装技术条件。

安装技术条件说明了飞控系统各组成机载设备的安装位置、方法和安装要求，规定了各组成机载设备初始位置（零位）、极限行程的状态。通常包括对座舱操纵系统、机械操纵系统、高升力系统、电传飞控系统的控制-显示、作动器、传感器等，自动飞控系统各组成机载设备的安装位置、方法和安装要求。

依据飞控系统 5 个分系统安装技术条件，检查组成系统的每个机载设备（LRU）的安装位置、初始状态（零位）、运动行程、运动精度等机械特性是否满足相应安装技术条件的要求。对于不满足要求的机载设备，原则上需要重新安装调试直到满足要求。对于确因某种原因不能满足安装技术条件的机载设备（如舵面的极限偏角不能达到最大值要求等）应进行评估，其差异不能影响试验结果和对试验结果的正确判断。

(2) 通电检查技术条件。

通电检查技术条件说明了检查飞控系统各电子电气类机载设备电气特性的方法和要求,规定了电子类、机电类机载设备的电特性和电缆导通特性(接通、短路、断路)、绝缘特性(正确接地与搭铁、线间)以及传感器负载的阻抗等要求。

依据飞控系统5个分系统通电检查技术条件,检查组成每个电子类、机电类机载设备电特性和电缆,包括电缆导通特性(接通、短路、断路)、绝缘特性(正确接地与搭铁、线间),以及传感器负载的阻抗等是否满足通电检查技术条件的要求。对于不满足要求的机载设备,原则上需要找出原因直到满足要求;对于确实因为某种原因不能满足要求的机载设备(如信号传输线的阻抗略小于要求等)应进行评估,其差异不能影响试验结果或对结果的正确判断。

2) 飞控系统控制-显示功能检查

飞控系统控制-显示功能的检查与确认,是指在飞控系统开环技术状态已经建立的条件下,对系统工作状态的设置、转换及其控制逻辑与显示等"人-机"接口功能的检查。

控制-显示功能的检查从人工操作控制开始(开关的扳动与按钮的按压),经过系统实现相关的控制与转换响应(检查工作状态的进入、退出及状态转换或相关离散量的真假值变化),通过系统的显示申报(显示画面、状态、参数的变化以及人员的观察/探听)完成。

检查项目还包括那些不向外界申报的系统内部的工作状态与逻辑变换。对于这些变化,应在外界条件设置之后,检查系统内的相关变量的变化是否满足设计要求。

此外,有关控制-显示机载设备的布局、控制机构的安排、显示方式等虽然已在设计之初征询过使用者(飞行员和地勤人员)的意见,但在系统综合阶段亦应邀请有关人员在现场进行实地操作与观察,并进一步征求其评定意见。

有关飞控系统控制-显示功能检查内容、方法详见本章飞控系统"铁鸟"集成试验部分。

3) 飞控系统开环静态特性测试

飞控系统开环静态特性测试,应遵循从核心到外围、从局部到全系统的循序渐进原则,按信号链或分系统、系统逐一完成。

飞控系统开环静态特性测试是在机载设备性能测试的基础上,在试验环境下测试全系统的供电、功耗、供油、信号极性、传动比、接通与断开逻辑等项目的检测。这些检测需要从顶层考虑,检查内容、方法及注意事项如下:

(1) 供电和功耗测试时,按各机载设备的供电顺序分步进行,对有多块插件板的飞控计算机也应按顺序分步接入检查供电。电路中必须加装保险丝等保护措施,防止故障扩大。供电和功耗测试前,应先测试电缆的电压,然后断电接入被测机载设备。接地特性检查尤为重要,应检查地线连接情况,检查接地点是否正确,隔离的地线是否符合要求,测试设备的地线是否与设计要求一致。特别强调的是,不仅在供电前应检查地线,而且在引入新设备时,也应及时检查接地情况。

(2) 信号传动比检查时,要注意机械零位和电气零位的对应关系,舵面转角是按气流方向还是按转轴方向计算,有些信号的传动比是随飞行状态而变化,对有高通(洗出)网络或积分网络的信息链,应设法解决传动比的测试问题。传动比检测时,必须覆盖链路所有分支,包括各软件分支。当测试某一分支时,应将其他分支断开或接地。

(3) 信号极性检测时,应按规定严格检测信号链各段极性,不可随意改变,在有软件的系统中更应注意这一点,否则会危及飞行安全。同时应注意引入设备的极性和产品在设备上的安装方向。

飞控系统静态调整检查后,进行飞控系统静态调试,其实质就是开展系统的开环综合与测试。在试验设备的支持下,根据接口控制文件约定,将经过设计、加工、调试和性能测试后的机载设备和相应的软件正确地连接为完整的、符合设计技术状态的开环信号链。

飞控系统"铁鸟"台架综合的目的是,正确地组成符合顶层设计要求与系统设计规范的飞控系统。"铁鸟"台架飞控系统经过必要的安装与调试,为"飞控系统-飞机"的闭环系统试验验证创造了基本条件和被试系统准备。飞控系统的首次台架综合,主要是发现问题和漏洞,并寻求解决问题的途径。

6.3.2　交联系统的调试及技术状态

飞控系统与飞机航空电子系统、液压系统、起落架控制系统、电源系统及发动机操纵系统等均有机械、液压、电气、数据总线的交联关系,共同支持完成飞机赋予飞控系统功能和性能。因此,在飞控系统"铁鸟"集成试验前,必须检查并确认飞控系统与相交联系统在"铁鸟"台架上的接口是否符合接口控制文件,交联系统完成安装调试,飞控系统及其分系统技术状态满足设计要求或设计规范要求。

1) 接口检查

接口检查有三种情形需要注意:一是参与飞控系统"铁鸟"集成试验的交联系统必须明确,一般为航空电子系统、液压系统、电源系统、起落架控制系统、发动机操纵系统,其接口检查对象必须是满足首飞飞机技术状态机载设备。二是不参与飞控系统"铁鸟"集成试验的交联系统必须进行实物对实物的接口检查,这些系统一般包括燃油系统(包括燃油测量与管理系统)、环境控制系统(包括除防冰系统)等。三是对于确实不能进行实物对实物进行接口检查的系统,可利用交联设备仿真器进行接口检查,但应覆盖接口关系及静动特性检测。

(1) 机械接口检查。

通过现场装配、连接,检查机载设备之间机械连接形式、尺寸规格、防差错设计等,确认机载设备连接结实牢靠,满足接口定义文件要求。

（2）液压接口检查。

通过现场装配、连接、通压，检查机载设备之间液压接口连接形式、尺寸规格、压力体制、液流方向、防差错设计等，确保连接牢靠、压力体制一致、无泄漏，满足接口定义文件要求。同时要检查液压特性对飞控系统的影响，例如液压源波动特性、液压源间切换特性、液压脉动等的影响。

（3）电气接口检查。

通过现场装配、连接、通电，检查机载设备之间电气接口连接形式、尺寸规格、电源体制、防差错设计等，确保连接牢靠、压力体制一致，满足接口定义文件要求。同时要检查飞机电源特性对飞控系统的影响，例如电源波动特性及反电动势、电源间切换特性、直流电源的交流分量等的影响。

（4）数据总线接口检查。

通过现场装配、连接，检查数据总线形式、阻抗匹配、信号传动比和信号极性、控制逻辑、速率协调性等，确保形式、极性、逻辑正确，满足接口定义文件要求。

同时，当航姿系统参与飞控系统"铁鸟"集成试验时，要检查转台的极性和转台负载特性。

2）交联系统调试及技术状态要求

（1）液压系统的调试及技术状态要求。

满足大型运输机飞控系统安全性要求的液压系统配置一般至少需要三套独立的液压源。因此，飞控系统"铁鸟"集成试验台架上必须具有满足飞控系统要求的三套液压源，且经过安装、调试，确认满足安装技术条件和液压系统设计规范要求。同时，为了快速推进试验准备工作，往往都采取并行工程使试验与调试同步进行。因此，需要配置与飞机液压源相对应的三套独立的地面液压源，为飞控系统调试和初步综合试验提供液压源，同时要保证这两种液压系统之间的易于互换和维护。

（2）起落架控制系统调试与技术状态要求。

空中飞行中飞机受气动力、发动机推力和重力作用，而高速滑行中的飞机除受以上力之外，还受到来自起落架的地面支反力，这就要求飞控系统必须具备空中与地面控制模态，以满足两种受力环境下的飞机控制。控制律空中构型可能是控制增稳构型，而地面构型可能是直接链构型，可能还会有横航向控制交联是否断开的控制模式。采用提取起落架控制系统轮载、轮速和起落架收放等信号作为飞机处于空中和地面状态的判断条件是飞控系统常用的方法。

鉴于起落架控制系统是液压系统的重要用户，确认起落架控制系统满足设计要求也是考核液压系统特性的一个重要方面。因此，将起落架控制系统与液压系统往往建立在同一台架上进行集成试验，即就是说飞控系统"铁鸟"集成试验台也包含完整的起落架控制系统。

起落架控制系统调试就是检查台架起落架控制系统与其他机载系统的接口正确与否，确认起落架收放、转弯、防滑刹车控制功能与性能是否满足设计规范要求，指示与告警与信号传输是否正确。

（3）航空电子系统的调试及技术状态。

飞控系统按照飞机赋予任务完成飞行，需要接收航空电子系统给出的任务指令（如水平导航、垂直导航等）、接收航空电子系统提供的飞机及飞行环境信息（如飞行速度、飞行马赫数等）、向航空电子系统发出飞控系统状态与故障信息［如襟（缝）翼位置、舵面偏角等］，这就是说飞控系统工作的基本要素指令、控制、反馈都与航空电子系统有关。因此，飞控系统"铁鸟"集成试验必须有飞机航空电子系统的参与，两个系统的交联试验也是重要的试验内容之一。

参与飞控系统"铁鸟"集成试验的航空电子系统包括大气数据系统、惯导系统、无线电高度表、综合处理系统、远程数据集中器、、中央告警系统、中央维护系统、飞行管理系统、显示处理系统、主飞行显示器、多功能显示器、多功能键盘、轨迹球、显示控制板等和发动机指示与机组告警系统。大气数据系统向飞控系统提供飞机大气数据，惯导系统提供飞机姿态、角速率信号，综合处理系统提供飞机重量、重心位置信号，主飞行显示器、多功能显示器和发动机指示与机组告警系统显示飞控系统状态信息、告警信息、舵面位置及维护信息和飞机配平位置信息。

因此，对飞控系统"铁鸟"集成实验台架航空电子系统的调试也是试验调试与准备的重要内容，其中包括接口检查、传输实时性检查、性能测试等，确认其是否满足设计规范要求和接口定义。同时，为了快速推进试验准备工作，往往都采取并行工程使试验与调试同步进行。因此，需要配置与飞机航空电子系统对应的仿真系统，支持飞控系统的调试与初步综合试验，同时要保证飞机系统与仿真系统易于互换和维护。

（4）其他系统的调试及技术状态。

飞控系统"铁鸟"集成试验中，参与试验的其他飞机系统可能还包括电源系统、液压系统、防除冰控制系统、推力控制系统等。

电源系统：飞控系统电子类、机电类机载设备工作需要飞机电源系统提供足够余度的电源，有些用电机载设备如传感器还需要飞控系统将飞机电源转化为所需要的二次电源。如某飞机电源系统向襟（缝）翼驱动装置（PDU）提供交流供电，向PFC、ACE、AFCC 和 FSECU、副翼配平机构、方向舵配平机构等提供直流供电，并确保 PFC 和 ACE 三余度供电（包含正常直流汇流条、不间断汇流条和飞控蓄电池汇流条）。飞控系统"铁鸟"集成试验前，需要检查飞控系统与电源系统（可能综合在机电管理系统中）接口的正确性，检查电源系统处于正常和应急情况下飞控系统的性能。考虑到飞机的系统综合的便捷，建议将电源系统试验台架建立在飞控系统"铁鸟"集成试验台架附近，以便进行飞机级系统综合并支持飞控系统完成"铁鸟"集成试验。在试验条件限制或在飞控系统试验调试阶段，可用相同余度、相同特性的地面电源保证试验，但有关电源故障状态下的飞控系统试验项目，以及飞控系统与电源系统的交联试验，应使用完整的真实机上电源系统作为飞控系统工作电源。

液压系统、起落架控制系统、航空电子系统及其他交联机载设备均为同首飞飞机状态一致的试验件（"S"型地面试验件），并经过生产、制造单位的出厂验收并签发相应的出厂合格证或履历本和装机验收。所有仿真激励器应满足设计要求，并经过生产、制造单位的出厂验收并签发相应的出厂合格证和使用验收。

防除冰控制系统：飞机是否处于结冰状态影响飞机的失速特性，具有失速保护功能的飞控系统需要接收防除冰控制系统状态信息、飞机机翼和尾翼结冰等状态信息，以完成飞机结冰状态的失速保护。飞控系统"铁鸟"集成试验时，需要检查飞控系统与防除冰控制系统（可能综合在机电管理系统中）接口与通信正确性，同时采用防除冰控制系统激励器为飞控系统提供交联信号，以验证飞控系统控制律的失速保护功能与性能。

推力控制系统：飞控系统推力/速度控制、推力不对称补偿控制、地面滑行扰流板打开、（水平、垂直）导航控制、自动油门控制等功能实现需要推力系统提供具有足够余度的发动机转速、压比、反推、油门位置、自动油门切断等信号。对于具有FADEC的推力控制系统，可能还会提供更多的发动机信号，以实现最优化的推力提取。飞控系统"铁鸟"集成试验时，需要检查飞控系统与推力控制系统（可能综合在机电管理系统中）接口与通信正确性，同时采用推力控制系统激励器为飞控系统提供交联信号，以验证飞控系统控制律的相应功能与性能。

6.3.3 飞控系统调试过程可能出现问题及原因分析

飞控系统虽然经历了系统、分系统、控制律、软件需求分析和设计要求的确认过程，形成了飞控系统设计规范、分系统设计要求、控制律设计要求、软件设计要求、机载设备设计要求和技术协议书，又经历了机载设备制造与试验、控制律设计与工程模拟器验证、软件编码与测试、分系统综合试验，但在飞控系统"铁鸟"集成试验调试和准备过程中，仍然不可避免地会出现始料未及的技术性或工程性错误或不协调，可能遇到的问题及可能原因如下：

1）机载设备功能缺失或不正确

机载设备功能是实现系统功能和性能的基础，系统需求定义阶段的主要工作成果之一就是确定了机载设备功能，可能会因下列原因造成机载设备功能不完整。

（1）设计需求不完整、不准确、不严格。由于需求阶段工作不深入、影响因素考虑不周、设计边界模糊、甚至模棱两可等，造成机载设备设计要求内容缺失或引起误解。

（2）机载设备设计者对设计需求的理解出现差错。机载设备设计者太过于依赖自己以往的经验，没能认真研读机载设备设计要求和技术协议书，对设计需求理解错误，自以为是地开展机载设备设计与制造。

（3）设计过程中技术协调不到位。机载设备设计研制阶段，因各种原因引起的设计需求更改未能得到贯彻，暴露出的涉及机载设备功能（性能）的设计、制造、工艺等问题未能及时反馈主机主管，而是想当然地处理。

（4）调试过程暴露出的机载设备功能调整（取消、增加或调整）。

2）接口错误或不协调

机载设备之间的机械、电气、液压、数据总线接口错误是调试过程中最常见的问题，如机械接口错误造成机载设备不能安装或安装不到位、极性颠倒（信号高低端反接，正负端反相）、真假值错误（电平定义与逻辑电路错位）等。

引起接口错误的原因可能是接口控制文件的编写不正确、机载设备设计者对接口的理解错误或设计者经验不足等。

3）机载设备性能指标超差

机载设备或信号处理性能不符合设计要求，包括指标未实现、精度不满足要求、性能不稳定或无法与实际负载条件兼容，因而性能失常，指标无法达到。

4）连接线路错误

由于系统设计者对机载设备了解缺失，使得线路形式错误、线路余度不对或线路参数错误。

5）机载设备故障率高

可能会因运输、安装或者机载设备本身原因，经常出现机载设备通电不能工作或工作不正常、通液漏液或工作不正常等。

飞控系统"铁鸟"集成试验调试是一个重要而耗时的工作，它不仅要初步确认飞控系统及其他机载系统是否满足相关设计规范和设计要求、确认机载设备是否满足设计要求和技术协议书要求，而且要寻求和发现系统的不协调性和机载设备的缺陷，将在此之前所有可能存在的不协调问题显性化，并经过进一步工作得到解决，这是飞控系统"铁鸟"集成试验前必须完成的工作，也是试验前检查要评估的内容。

6.4   座舱操纵系统"铁鸟"集成试验

6.4.1   概述

第2章介绍了飞控系统电子类、机械类、机电类机载设备的鉴定试验有关内容，第5章介绍了座舱操纵系统综合试验等相关内容，在搭建的专用试验台上，完成了座舱操纵系统综合试验，确认其功能、性能满足分系统设计要求。

第5章提到的座舱操纵系统构型有很多种，但不失一般性，本章仍然以驾驶柱（盘）式操纵形式为例来介绍座舱操纵系统"铁鸟"集成试验相关内容，其他构型系统的试验内容与此相似。

座舱操纵系统"铁鸟"集成试验是飞控系统"铁鸟"集成试验的基础，所有后续电传飞控系统、机械操纵系统（如果有）、人-机组合等系统集成试验的前提，都是座舱操纵系统集成完毕并确认其满足分系统设计要求。

座舱操纵系统"铁鸟"集成试验与综合试验所不同的是，组成系统的所有机载设备的安装和支持结构与首飞飞机状态一致，支持的底座、梁、肋以及相关联的前操纵台、中央操纵台、左（右）操纵台、顶控板、座椅及其调节等均为飞机结构件或机载设备。这不仅能够在类似于飞机座舱环境内评判座舱操纵系统人-机工效，而且能够评判系统各机载设备的支持刚度对操纵性能的影响。

广义上讲,座舱操纵系统还应包括飞控系统所辖的襟(缝)翼控制手柄、超控开关、水平安定面配平操纵手柄、减速操纵手柄以及自动飞行控制板、主飞行控制板的开关按钮等,还有推力控制系统所辖的油门操纵手柄,起落架控制系统所辖的前轮转弯手柄、起落架收放手柄等。鉴于这些操纵装置属于功能性机载设备,相对简单,且相关系统集成试验已对其性能得到验证与确认,在此不再赘述,但对其人-机工效性能仍需在本试验中得到确认。

座舱操纵系统"铁鸟"集成试验主要试验内容主要包括:

(1) 驾驶操纵系统人-机工效评估。

(2) 驾驶操纵系统静态性能测试。

(3) 驾驶操纵系统动态性能测试。

(4) 驾驶操纵系统故障模式验证。

(5) 机构支持刚度对系统动(静)态性能影响研究。

6.4.2 试验原理

座舱操纵系统"铁鸟"集成试验原理如图 6-22 所示。

采用机械位移信号发生器分别作为驾驶输入,测试纵向指令传感器、横向指令传感器、航向指令传感器、刹车指令传感器、转弯指令传感器等的输出,这些传感器可能是二余度、四余度、六余度、八余度等多余度的。同操纵通道机载传感器相互一致性以及与试验测试传感器的差异是试验数据分析处理的重点。对于有机械操纵系统的飞机,还需测试相应通道扇形轮(反向摇臂)或摇臂(杆系)的机械输出。

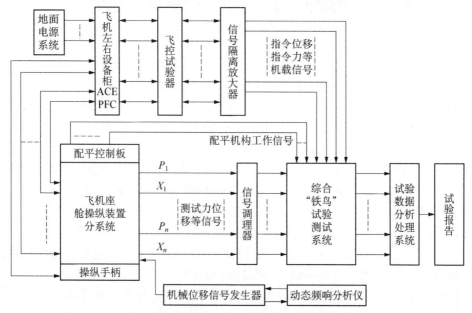

图 6-22 座舱操纵系统"铁鸟"集成试验原理

6.4.3　座舱操纵系统人-机工效静态评估

座舱操纵系统按照安装技术条件调整好,并把前操纵台、中央操纵台、左(右)操纵台、顶控板、座椅及其调节等按照相关专业安装技术条件调整好后,聘请有经验的飞行员(一般为首飞机组飞行员)现场体验是否符合人-机工程学,即是否符合飞行员坐姿和操纵习惯、各种操纵功能实施是否舒适、调节机构使用是否方便、眼位是否合理等,并给出感觉好、可接受和不可接受的结论。同时,要考虑飞行员身材的差异性如身高、胖瘦、腿长短、胳臂长短等。人-机工效评估可能还需在人-机组合试验飞行体验中进一步评估。座舱人-机工效评估原理如图 6-23 所示。

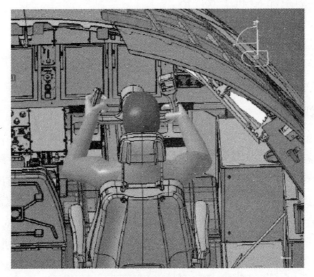

图 6-23　座舱操纵系统人-机工效评估

座舱操纵系统人-机工效评估首先进行可视性分析,判断座舱各机载设备可视性是否良好,如果可视性不好,选择其他操作姿态重新进行判断。其次进行可达性分析,判断座舱各机载设备可达性是否良好,如果可达性不好,选择其他操作姿态重新进行判断。根据飞行员评述意见,研究改进措施,最终达到操作姿态舒适,最后根据具体情况和要求,对其他人-机工效指标进行分析。

可视性对座舱人-机工效影响重大,适航规章中对座舱内外部视野有明确的规定。一般来讲,重要的和使用频率高的仪表应位于最优视区,不太重要的和使用频率不太高的仪表应不超过头转动的最大视区,使用频率较少和不重要的仪表应不超过头眼转动时的最大视区(人的双眼水平视觉范围为 $120°$ 左右、垂直视觉范围约为上下各 $35°$)。

上肢可达性分析是座舱人-机工效评价的主要项目之一。座舱内的操纵设备包括驾驶杆、操纵柱(盘)、中央操纵台、侧操纵台、飞控板单元、方向舵脚蹬、顶部控制板等,种类十分繁多。应考虑重要程度、使用频率、操纵习惯等因素合理布置操纵设备,确保各操纵设备的布置在规定的人体尺寸可达范围内,使所有尺寸的飞行员都可以达到和操纵。

6.4.4　座舱操纵系统静态性能测试

座舱操纵系统静态性能测试的目的是检查座舱操纵系统的设计符合性。试验内容包括横向、航向、纵向 3 个操纵通道极性检查,活动间隙检查、操纵位移-力特性测试、配平速度和配平范围测试、配平机构惯性滑移测试、应急操纵位移-力特性测试、阻尼特性测试、操纵刚度测试、转弯指令输出测试、刹车指令输出测试。其试验项目、试验内容和试验方法描述如下。

1) 机载、测试传感器零位检查

座舱操纵系统静态性能测试前,必须检查系统是否有卡滞,在自然状态下,是否处于中立位置,如果不在中立,应按照安装技术条件将系统调至中立。启动试验测试分析系统、飞机机载系统,检查机载传感器、测试传感器等是否均在零位(当然不会是绝对零位,在系统设计及试验要求的范围内即可),如果不在零位,应对被试系统进行零位调节。

以上中立位置、零位检查工作应在每次开始新的试验项目之前进行检查,保证系统工作在正常状态。

2) 极性检查

极性检查的目的是确保操纵极性与指令输出极性与设计一致,同时检查测试传感器极性是否与操纵极性一致,如果不一致,通过软件进行极性调整,此方法仅适用于测试传感器,如果机载传感器不一致,需检查确认。

极性检查的方法是人工操纵座舱操纵装置,根据记录的操纵极性、机载传感器输出曲线,检查座舱操纵装置极性是否正确。

操纵极性检查虽然简单,但它是一项非常重要的试验。

3) 通道活动间隙检查

通道活动间隙检查其实也可认为是通道回中性检查。其检查方法是从中立位置开始分别向两个方向以缓慢速度人工操纵驾驶柱(盘)或脚蹬,缓慢回中,记录通道回中间隙值的大小。

4) 操纵位移-力特性曲线

操纵位移-力特性曲线是座舱操纵系统的一项重要性能指标,即操纵杆力梯度,理论曲线形式如图 6-24 所示。操纵位移-力特性曲线试验通常采用机械位移信号发生器匀速推动驾驶柱(盘或脚蹬),操纵一个全行程,即"中立—前推—止动位置—回中—后拉—止动位置—回中"。过程中记录左(右)两侧测试传感器位移、力,机载传感器指令位移、指令力,机械输入点位移-时间历程曲线。根据分析需要选取相应数据绘制对应的位移-力特性曲线。

5) 配平速度和配平范围测试

从中立位置开始,全行程操纵配平机构,记录相应配平位移随时间的变化,检查配平位置并计算配平速度是否满足设计要求。

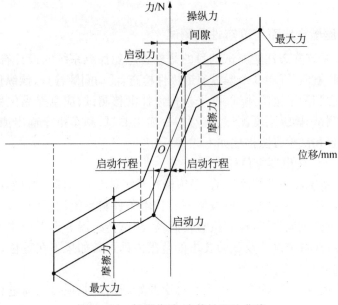

图 6-24　操纵位移-力特性理论曲线

6）配平机构惯性滑移量测试

引出配平断开的开关量测试点，从中立位置开始配平机构工作，到预定试验点附近松开配平开关，记录配平开关、驾驶柱（盘或脚蹬）测试点位移响应曲线，分析配平机构断开点操纵机构的滑移量，其数据分析方法如图 6-25 所示。

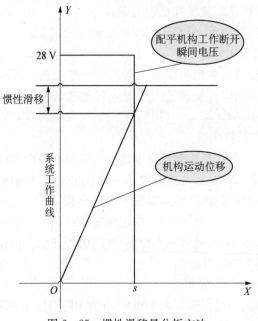

图 6-25　惯性滑移量分析方法

7) 应急操纵位移-力特性测试

应急操纵通常是为了防止座舱操纵装置卡死,影响飞行安全。应急操纵通常有两种形式,即解脱机构和弹簧拉杆。如果采用解脱结构,左(右)驾驶脱开,两侧操纵相互不影响操纵;如果采用弹簧拉杆,当一侧操纵装置卡死,飞行员则以较大的力操纵另一侧操纵装置。应急操纵位移-力特性测试的目的是检测座舱操纵装置在卡死故障下,座舱操纵装置的操纵特性是否满足设计要求。

解脱机构检查通常采用设置操纵装置单边卡死,检查操纵装置是否两侧操纵机构能够正常解脱,测试解脱时的操纵力及操纵角度。弹簧拉杆测试通常也采用设置操纵装置单边卡死,检查操纵力是否可以接受,操纵行程是否满足设计要求。

8) 阻尼特性测试

阻尼特性测试的方法是将操纵装置操纵到满行程的50%(如驾驶柱前推一半行程)行程,快速放开操纵装置,自然回中,记录操纵装置回中位移-时间历程曲线,其曲线形状如图 6-28 所示。按照下列公式计算系统阻尼系数 ζ,依据图 6-26 曲线读取振荡周期 T($T = t_2 - t_1$)以及振荡次数 N。

$$\zeta = \frac{\ln\left(\frac{a_1}{a_2}\right)/2\pi}{\sqrt{1 + \left(\ln\left(\frac{a_1}{a_2}\right)/2\pi\right)^2}}$$

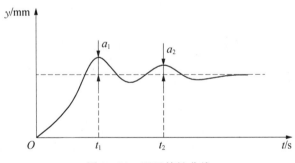

图 6-26　阻尼特性曲线

9) 操纵刚度测试

操纵刚度测试的方法是固定线系输出末端,操纵飞行员操纵装置,操纵力不小于正常操纵的最大载荷力、不大于线系限制载荷的 80%,记录操纵点处的操纵力-位移,计算 F/L(N/mm),得出线系操纵刚度。

10) 转弯、刹车指令输出测试

刹车、转弯操纵属于脚蹬操纵机构的一部分,通常联合设计。座舱操纵系统试验时,应检测转弯位移、力以及指令信号输出是否满足设计要求,刹车指令输出是否满足设计要求。

座舱操纵系统作为"铁鸟"集成试验的一个分系统试验,要依据国军标进行整个飞机性能的评价是不可能的,试验判据均依据座舱操纵系统理论设计数据为试验结果是否合格的判据,不同飞机其理论设计数据可能不一致。

6.4.5 座舱操纵系统动态性能测试

座舱操纵系统动态性能测试包括时域性能测试和频域性能测试。

1) 时域性能测试

通过对手脚操纵通道(纵向、航向和横向)施加标准输入,同时记录指令传感器等输出,按照时间坐标绘制输出电压(折算成位移)与输入位移之间的关系,依据控制系统原理分析输出与输入的时域特性。典型的输入包括阶跃、脉冲和双向脉冲,输入幅值包括小幅值、中等幅值和大幅值。下面以横向操纵通道为例,介绍时域特性测试方法和步骤,其他操纵通道测试方法和步骤相似。

第一步,在左侧驾驶位施加10%阶跃顺时针输入操纵,记录并存储驾驶盘位移、横向指令传感器输出、试验测试传感器输出;系统响应结束恢复平稳后,回放分析测试记录数据,绘制激励信号、响应信号曲线,得到上升时间、稳态时间、振荡次数、超调量等参数,确认满足设计要求后继续下列步骤。

第二步,在左侧驾驶位施加10%阶跃逆时针输入操纵,记录并存储驾驶盘位移、横向指令传感器输出、试验测试传感器输出;系统响应结束恢复平稳后,按照第一步完成数据分析处理工作。

第三步:在右侧驾驶位施加10%阶跃顺时针输入操纵,记录并存储驾驶盘位移、横向指令传感器输出、试验测试传感器输出;系统响应结束恢复平稳后,按照第一步完成数据分析处理工作。

第四步:在右侧驾驶位施加10%阶跃逆时针输入操纵,记录并存储驾驶盘位移、横向指令传感器输出、试验测试传感器输出;系统响应结束恢复平稳后,按照第一步完成数据分析处理工作。

2) 频域性能测试

频域性能测试的试验方法和步骤与时域性能测试基本一致,所不同的是施加的标准输入是正弦扫频输入而非阶跃输入。试验可先左驾驶位后右驾驶位,试验结束后,回放分析测试记录,绘制激励信号、响应信号曲线,根据控制原理得到幅值裕度和相位裕度。典型的标准输入是扫频正弦信号,输入幅值应包括小幅值、中等幅值和大幅值。

6.5 机械操纵系统"铁鸟"集成试验

6.5.1 概述

具有机械操纵系统的大型飞机飞控系统,必须在飞控系统"铁鸟"集成试验台架上验证并确认其满足系统设计要求和飞行品质要求。本节仅介绍机械操纵系统静态特性、动态特性和故障模式试验,关于人-机组合试验内容在6.9节中介绍。

前面提到,座舱操纵系统"铁鸟"集成试验是机械操纵系统"铁鸟"集成试验的基础,在确认座舱操纵系统满足分系统设计要求、机械传输链路安装调试满足机械操纵系统安装调试技术条件、机械备份作动器技术指标通过测试后,其他地面试验设备安装调试到位,主要有位移信号发生器、地面液压源、测试传感器等,即具备机械操纵系统试验条件。机械操纵系统"铁鸟"集成试验主要试验内容如下:

(1) 机械操纵系统人-机工效评估。

(2) 机械操纵系统静态性能测试。

(3) 机械操纵系统动态性能测试。

(4) 机械操纵系统故障模式验证。

(5) 机构支持刚度对系统动(静)态性能影响研究。

6.5.2 试验原理

机械操纵系统"铁鸟"集成试验原理如图 6-27 所示。

采用位移信号发生器分别作为驾驶输入,测试传感器测试相应控制舵面偏角、前端扇形轮摇臂(杆系)的机械输出、末端(扇形轮)或摇臂(杆系)的机械输出等,同时记录机载舵面偏角传感器输出,这些机载传感器可能为多余度配置。测试传感器与机载传感器相互一致性以及与试验测试传感器的差异是试验数据分析处理的重点。

6.5.3 机械操纵系统人-机工效评估

座舱操纵系统人-机工效静态评估以后,需要进一步进行带机械操纵系统的座舱操纵装置人-机工效评估。同样,聘请有经验的飞行员(一般为首飞机组飞行员)现场体验座舱操纵装置是否符合人-机工程学,即是否符合飞行员坐姿和操作习惯、各种操纵功能实施是否舒适、调节机构使用是否方便、眼位是否合理等,初步确认操纵力与操纵位移的合理性,并给出感觉好、可接受和不可接受的结论。同时,要考虑飞行员身材的差异性如身高、胖瘦、腿长短、手臂长短等。人-机工效评估可能还需在人-机组合试验飞行体验时进一步评估。

6.5.4 机械操纵系统静态性能测试

机械操纵系统静态性能测试主要测试手脚操纵机构输入行程、启动力、操纵力,测试舵面偏角与输入行程、力的对应关系。根据测试结果,计算并绘制各操纵通道空行程、止动行程、摩擦力、力-位移曲线、位移-位移指令输出曲线。同时,比较试验测试传感器测试结果与机载传感器信号的一致性与差异性。用类似弹簧秤测试工具测试各操纵手柄的启动力和操纵力,用类似加速度计测试装置测试失速告警振杆器功能和性能。

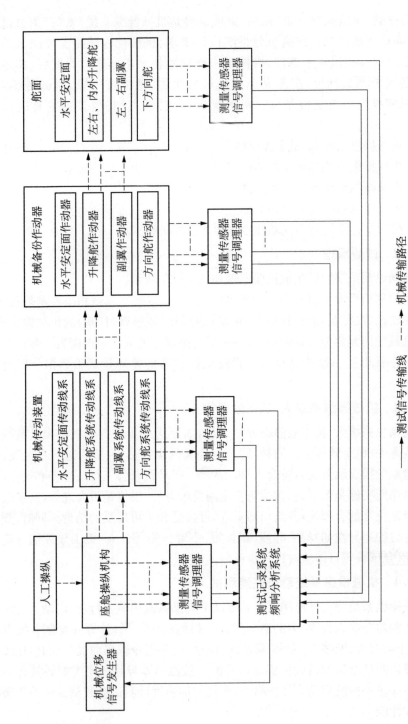

图 6 – 27　机械操纵系统"铁鸟"集成试验原理

——→ 测试信号传输线　----→ 机械传输路径

实际试验时,通过测试各手脚操纵通道(纵向、航向和横向)的操纵力-操纵位移曲线,根据测试结果,计算出其他静态性能参数。下面以横向操纵通道为例介绍操纵力-操纵位移测试方法和步骤,其他操纵通道测试方法和步骤相似。

第一步:确认横向操纵通道处于正确状态,周围环境通畅无干涉,位移信号发生器和测试用传感器连接牢固,测试分析系统状态良好后,向被试通道相关机载设备和试验设备等供电、供液,保证正常运行。

第二步:启动测试分析系统并处于实时记录状态。

第三步:在左侧驾驶位进行操作,以 10 s 周期平稳、缓慢操纵,按照顺序"中立初始位置→左偏到极限位置→返回中立位置→右偏到极限位置→返回中立位置"往复运动一个完整的周期。

第四步:在右侧驾驶位进行操作,以 10 s 周期平稳、缓慢操纵驾驶盘,按照顺序"中立初始位置→左偏到极限位置→返回中立位置→右偏到极限位置→返回中立位置"往复运动一个完整的周期。

第五步:操纵结束后,停止测试记录,回放分析测试记录系统记录的驾驶盘等信号,进行数据处理得到驾驶盘力-盘位移关系曲线,并得到操纵特性参数。

典型的驾驶盘力-盘位移特性如图 6-28 所示。根据对驾驶盘力-盘位移特性分析计算结果,可以得到最大操纵行程、最大操纵力,启动力、启动行程,系统间隙和摩擦力等横向操纵静态特性。

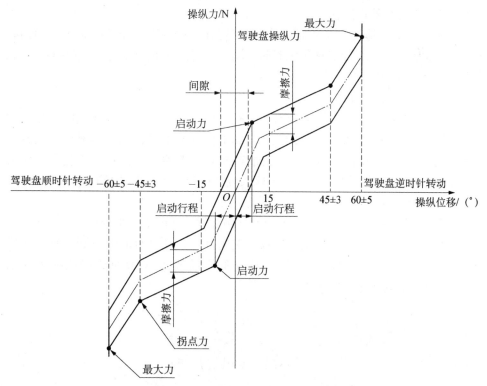

图 6-28 操纵位移-力特性理论曲线

6.5.5　机械操纵系统动态性能测试

机械操纵系统动态性能测试包括时域性能测试和频域性能测试。

1）时域性能测试

时域性能测试通过对手脚操纵通道（纵向、航向和横向）施加标准输入，同时记录副翼舵面偏角传感器等输出，按照时间坐标绘制输出电压（折算成位移）与输入位移之间的时间历程关系，依据控制系统原理分析输出与输入的时域特性。典型的标准输入包括阶跃、脉冲和双向脉冲，输入幅值包括小幅值、中等幅值和大幅值。下面以横向操纵通道为例介绍时域特性测试方法和步骤，其他操纵通道测试方法和步骤相似。

第一步，在左侧驾驶位置施加10％阶跃顺时针输入操纵，记录并存储驾驶盘位移、横向指令传感器输出、试验测试传感器输出。系统响应结束恢复平稳后，回放分析测试记录数据，绘制激励信号、响应信号曲线，得到上升时间、稳态时间、振荡次数、超调量等参数，确认满足设计要求后继续下列步骤。

第二步，在左侧驾驶位置施加10％阶跃逆时针输入操纵，记录并存储驾驶盘位移、横向指令传感器输出、试验测试传感器输出；系统响应结束恢复平稳后，按照第一步完成数据分析处理工作。

第三步：在右侧驾驶位置施加10％阶跃顺时针输入操纵，记录并存储驾驶盘位移、横向指令传感器输出、试验测试传感器输出；系统响应结束恢复平稳后，按照第一步完成数据分析处理工作。

第四步：在右侧驾驶位置施加10％阶跃逆时针输入操纵，记录并存储驾驶盘位移、横向指令传感器输出、试验测试传感器输出；系统响应结束恢复平稳后，按照第一步完成数据分析处理工作。

2）频域性能测试

频域性能测试的试验方法和步骤与时域性能测试基本一致，所不同的是施加的标准输入是正弦扫频输入而非阶跃输入。试验可先左驾驶位后右驾驶位。回放分析测试记录，绘制激励信号、响应信号曲线，根据控制原理得到幅值裕度和相位裕度。典型的标准输入是扫频正弦信号，输入幅值应包括小幅值、中等幅值和大幅值。

3）阻尼特性测试

将手脚操纵装置操纵到满行程的50％（例如驾驶柱前推一半行程）行程，快速放开手脚操纵装置，自然回中，记录手脚操纵装置回中位移-时间相应曲线，理论曲线如图6-29所示，按照下面公式计算系统阻尼系数 ζ，参考曲线读取振荡周期 $T(T = t_2 - t_1)$ 以及振荡次数 N。

$$\zeta = \frac{\ln\left(\frac{a_1}{a_2}\right)/2\pi}{\sqrt{1 + \left(\ln\left(\frac{a_1}{a_2}\right)/2\pi\right)^2}}$$

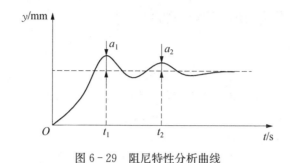

图 6 - 29   阻尼特性分析曲线

6.5.6   机械操纵系统故障模式验证

机械操纵系统的故障模式是卡滞。在不同卡滞状态下,完成驾驶柱(盘)脱开功能、相互独立功能试验。

1) 机械链路前端发生卡滞

用试验夹具将操纵通道(纵向、航向和横向)的某个拉杆固定,以模拟卡滞状态。手动操纵驾驶柱(盘)运动直至两侧驾驶柱(盘)脱开。试验过程中,记录驾驶柱(盘)角位移传感器、力传感器的时间历程曲线。根据时间历程曲线,读取操纵力突变点的驾驶盘角位移传感器和力传感器的变化量,即为相应点解脱角度及解脱力。

2) 机械链路末端发生卡滞

用试验夹具将钢索传动装置末端的扇形轮(或摇臂)进行固定,以模拟卡滞状态。手动操纵驾驶柱(盘)运动直至两侧驾驶柱(盘)脱开。试验过程中记录驾驶柱(盘)角位移传感器、力传感器的时间历程曲线。根据时间历程曲线,读取操纵力突变点的驾驶盘角位移传感器和力传感器的变化量,即为相应点解脱角度及解脱力。如果操纵通道链路刚度较弱,当机械链路末端发生卡滞时,驾驶柱(盘)可能不会脱开,如果不能脱开,就需要评估这种情况对系统操纵性能的影响。

6.5.7   机构支持刚度对系统动(静)态性能影响研究

机械操纵系统机载设备和机构支持刚度对机械操纵系统的性能和功能影响极大。如果支持刚度不够,会使操纵时结构变形较大,导致系统的传动比达不到设计要求,同时也会影响控制通道的动态性能。

支持刚度试验是机械操纵系统"铁鸟"集成试验不同于系统综合试验的关键,其原因是"铁鸟"台架机械操纵系统机载设备和机构支持刚度基本与真实飞机一致,采用了真实的飞机结构件。

支持刚度的测试方法:使用试验夹具固定钢索传动装置线系输出末端,操纵飞行员操纵装置,操纵力不小于正常操纵的最大载荷力,不大于线系限制载荷的80%,记录操纵点处的操纵力-位移,计算 $F/L(\text{N/mm})$,即可得出系统刚度。

6.6　电传飞控系统"铁鸟"集成试验

6.6.1　概述

电传飞控系统"铁鸟"集成试验是在座舱操纵系统"铁鸟"集成试验后必须开展的一项验证性试验。对于具有机械操纵系统的飞机,也可以先于电传飞控系统"铁鸟"集成试验。由于高升力控制系统与电传飞控系统和机械操纵系统具有独立性,高升力控制系统"铁鸟"集成试验可同时进行。

电传飞控系统"铁鸟"集成试验的目的是在比较逼真的试验环境下,验证并确认该系统满足系统设计要求,具体的包括:

(1) 基本状态检查试验。

(2) 零位检查试验。

(3) 接口检查试验。

(4) 作动系统试验。

(5) 逻辑功能检查试验。

(6) 余度管理功能试验。

(7) BIT 功能检查试验。

(8) 极性与传动比检查试验。

(9) 时域特性检查试验。

(10) 闭环频域特性检查试验。

(11) 稳定储备试验。

(12) 显示告警功能检查试验。

(13) 故障影响试验。

本节着重介绍电传飞控系统基本状态检查、零位检查、接口检查、作动系统试验、逻辑功能检查、余度管理功能试验和 BIT 功能检查等。有关极性与传动比检查、时域特性检查、闭环频域特性检查、稳定储备试验、显示告警功能检查试验和故障影响试验在飞控系统"铁鸟"集成试验一节中介绍。

6.6.2　基本状态检查试验

1) 安装、调整与调试

电传飞控系统基本状态检查主要进行机载设备的安装、调整和调试,电缆的敷设检查,液压管路安装检查以及相关系统机载设备的安装、调整和调试。

2) 控制-显示装置、座舱操纵装置、机械传动线系的状态检查

(1) 检查主飞控板相关开关和按钮设置状态,其中"故障恢复"按钮处于正常状态,"电传飞控计算机"开关处于"自动"状态,"升降舵"旋钮处于"电传"状态,"副翼"旋钮处于"电传"状态,"方向舵"旋钮处于"电传"状态。

(2) 检查中央操纵台上的水平安定面配平切断控制板左按钮处于"正常弹起"位置,右按钮处于"正常弹起"位置。

（3）检查中央操纵台上的减速操纵手柄处于"0"位置。

（4）在驾驶盘和右驾驶盘处于正常中立位置。

（5）在驾驶柱和右驾驶柱处于正常中立位置。

（6）在驾驶脚蹬和右驾驶脚蹬处于正常中立位置。

（7）拔出机械操纵机构的中立销，确认座舱操纵机构限位钉处于正常限位位置。

3）阻抗检查、通电检查和自检测检查

（1）阻抗检查。

阻抗检查主要围绕 ACE 和 PFC 进行。完成电传飞控系统试验器与 PFC 和 ACE 之间的电缆导通检查，并确认接地无误。从试验器前面板测试 PFC 和 ACE 相应针脚的阻抗值，通过试验器前面板分别测试指令传感器和反馈传感器电源的阻抗及对应 PFC/ACE 端口的阻抗。

（2）通电检查。

系统调整、阻抗检查和状态检查后，即可进行系统通电检查工作。通电前，从试验器前面板上将所有 PFC 和 ACE 的供电电源和输出电源断开。

一次电源供电检查：启动模拟电源，从飞控系统电源模拟控制设备逐个向各 PFC 和 ACE 供电，从试验器前面板上检查 PFC 和 ACE 的供电电压是否正常。确保 PFC 和 ACE 的供电正常后，从试验器前面板将所有 PFC 和 ACE 的供电电源导通。检查带负载后 PFC 和 ACE 的供电电压。

从飞控系统电源模拟控制设备向主飞控板、配平控制板、副翼配平机构、方向舵配平机构、水平安定面配平切断控制板、失速告警振杆器 1、失速告警振杆器 2、脚蹬调节开关组件 1、脚蹬调节开关组件 2，观察通电前后设备状态是否正常。

二次电源供电检查：从试验器前面板检测 PFC 和 ACE 向传感器供电的电源电压是否正常。正常后从试验器前面板将 PFC 和 ACE 的传感器供电的电源线接通。

4）自检测功能检查

自检测功能检查前，电传飞控系统应处于通电、通压状态，飞控系统试验器、机载设备激励器、飞行仿真系统处于正常工作状态。

电传飞控系统通电、通压情况下，进入试验器地面测试 CMS 界面，发送 MBIT 信息，启动系统 MBIT，进行系统测试，机载设备更换测试（零位调整）和功能测试，从配置信息检查系统状态测试结果，确认系统所有设备工作正常。

5）试验环境检查

除不影响操纵机构及舵面运动的测试设备外，安装支架、保护装置以及定位设备等，不能在舵面及其他运动机构触碰范围内。

6.6.3　零位与行程检查

零位与行程检查时,在电传飞控系统试验器中设置起落架控制系统轮载有效,高升力控制系统襟翼放下到着陆位置。

零位与行程检查中,飞机处于地面状态,电传飞控系统处于正常工作状态,大幅值缓慢操纵驾驶柱(盘)、脚蹬,观察系统是否有卡滞,松手后,读取飞行测试接口设备(FTI)数据,记录驾驶柱、驾驶盘、脚蹬指令位移数值,记录副翼、方向舵、升降舵舵面位置数值。操纵减速操纵手柄,观察操纵过程中有无卡滞,记录手柄"0"挡时扰流板位置数值。操纵水平安定面配平操纵手柄,观察是否有卡滞,手柄处于中立时,观察水平安定面配平指示器是否处于零位。

下面以升降舵控制通道为例,介绍零位与行程检查,其他控制通道相关检查内容和方法相类似。

升降舵控制通道零位与行程检查包括以下几点:

(1) 前推左侧驾驶柱,检查系统是否有卡滞。

(2) 后拉左侧驾驶柱,检查系统是否有卡滞。

(3) 松手使得驾驶柱处于自然中立,记录此时驾驶柱位移和驾驶柱指令位移,若不在零位,则调整驾驶柱或驾驶柱指令位移传感器。

(4) 确认驾驶柱零位正确后,检测 ACE 输出端升降舵作动器指令电压。

(5) 脱开左内侧、左外侧、右内侧、右外侧升降舵作动器外侧作动筒(即以方向舵为准,距方向舵较远的为外侧)的活塞杆与舵面的连接。

(6) 通过试验器传感器仿真界面,产生驾驶柱指令位移信号、俯仰角速率信号、迎角信号、法向过载信号,并将其信号置为"0"。

(7) 检查内、外侧升降舵的偏转角度,调整作动筒活塞杆使舵面回中。

(8) 调整外侧作动筒活塞杆长度,使其能够与舵面连接。

(9) 通过试验器将驾驶柱指令位移信号切换到实物信号,操纵驾驶柱,检查系统是否卡滞。

(10) 驾驶柱回中后,测试舵面零位偏角。

(11) 前推驾驶柱至最大位置,测试升降舵下偏角度。

(12) 后拉驾驶柱至最大位置,测试升降舵上偏角度。

上述零位与行程检查完成后,驾驶柱、驾驶盘、脚蹬、副翼、方向舵、升降舵、水平安定面和扰流板的零位与行程应满足《电传飞控系统安装技术条件》《飞控系统传感器安装技术条件》等技术文件要求。

6.6.4　伺服作动系统试验

伺服作动系统动(静)态特性检查在飞控系统正常供电、供压和正常工作状态下进行,检查各舵面作动器主/备转换、电传转机械转换功能正确性,偏转速度,以及各作动器伺服回路分别在主/主、主/备工作状态下的动态特性。

6.6.4.1 作动器主/备转换功能检查

作动器主/备转换检查是在系统 PBIT 正常通过后,此时作动器主/备工作。记录作动器电磁阀工作电流(或电压)、电液伺服阀工作电流(或电压)、作动器控制器状态、电传断开状态信息等。试验步骤和方法如下:

(1) 将飞行测试接口设备(FTI)通过电传飞控系统试验器与电传飞控计算机相连,完成试验中需要记录的作动器电磁阀工作电流(或电压)、电液伺服阀工作电流(或电压)、作动器控制器状态、电传断开状态等信号的记录。

(2) 检查被试系统和环境支持设备是否正常,检查环境条件是否保障试验正常进行,如果各种设备正常且环境条件具备,向被试系统和环境支持设备供电和供压,保证正常运行,启动飞行测试接口设备(FTI)进入记录状态。

(3) 系统正常供压,第一次上电,完成 PBIT 且正常后,从飞行测试接口设备(FTI)对左(右)副翼作动器,方向舵作动器,升降舵作动器控制通道状态进行检查;然后,系统下电,从飞行测试接口设备(FTI)对左(右)副翼作动器,上(下)方向舵作动器,内(外)升降舵作动器控制通道状态进行检查。

(4) 系统第二次上电,完成 PBIT 且正常后,从飞行测试接口设备(FTI)对左(右)副翼作动器,方向舵作动器,升降舵作动器控制通道状态进行检查;然后,系统下电,从飞行测试接口设备(FTI)对左(右)副翼作动器,方向舵作动器,升降舵作动器控制通道状态进行检查。

(5) 试验结束后,停止飞行测试接口设备(FTI)记录。

6.6.4.2 作动器故障回中功能和性能检查

作动器故障回中功能和性能检查方法步骤如下:

(1) 将飞行测试接口设备(FTI)通过电传飞控系统试验器与电传飞控计算机相连,完成试验中需要记录的副翼、升降舵、方向舵、多功能扰流板、地面扰流板作动器信号的记录。

(2) 检查被试系统和环境支持设备是否正常,检查环境条件是否能够保障试验正常进行,如果各种设备正常且环境条件具备,向被试系统和环境支持设备供电和供压,保证正常运行,启动飞行测试接口设备(FTI)进入记录状态。

(3) 系统正常供压、供电,完成 PBIT 且正常后,用飞行测试接口设备(FTI)对左(右)副翼作动器,方向舵作动器,升降舵作动器,多功能扰流板作动器,地面扰流板作动器状态进行检查。

(4) 在系统运行正常后,断开向左(右)副翼作动器,方向舵作动器,升降舵作动器,多功能扰流板作动器,地面扰流板作动器供压的液压源,并观察作动器工作状态,检查作动器回中状态。

(5) 试验结束后,停止飞行测试接口设备(FTI)记录。

完成上述作动器主/备转换、各作动器回中检查后,进行伺服作动系统最大速度、位移、传动比、时域特性和频域特性试验,其方法是通过 ACE 的 D/A 输出端施加激励信号,同时记录伺服作动器的输出响应,其试验原理如图6-30所示。

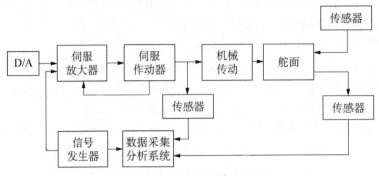

图 6-30　伺服作动系统试验原理

6.6.4.3　作动器最大输出速度、位移检查方法步骤

作动器最大输出速度和位移测试时,给作动器加最大输入伸出/收回阶跃信号,记录作动器输出位移,分析作动器最大输出速度和位移是否满足设计要求。

检查方法和步骤如下:

(1) 将飞行测试接口设备(FTI)通过电传飞控系统试验器与电传飞控计算机相连,同时记录副翼、升降舵、方向舵、多功能扰流板、地面扰流板作动器信号。

(2) 试验中需要激励副翼、升降舵、方向舵、多功能扰流板、地面扰流板作动器工作的信号,使用飞控系统试验测试分析系统激励信号(或者信号发生器输出),从电传飞控系统试验器前面板断连处将信号加入到 ACE 的 TEST IN 端,完成激励控制。

(3) 检查被试系统和环境支持设备是否正常,检查环境条件是否保障试验正常进行,如果各种设备正常且环境条件具备,向被试系统和环境支持设备供电和供压,保证正常运行,同时启动飞行测试接口设备(FTI)进入记录状态。

(4) 系统运行正常后,设置飞控试验测试分析系统激励信号(或者信号发生器输出)的幅值对应副翼、升降舵、方向舵、多功能扰流板、地面扰流板作动器的最大输入值,并启动输出产生阶跃激励信号。

试验结束后,停止飞行测试接口设备(FTI)记录,回放分析飞行测试接口设备(FTI)记录的副翼、升降舵、方向舵、多功能扰流板、地面扰流板作动器信号,进行数据处理得到最大输出速度和位移。

6.6.4.4　极性及传动比检查

极性及传动比检查时,通过电传飞控系统试验器给 ACE 的 D/A 输出指令点处加序列电压信号,测试作动器位移和舵面偏度,使用慢速三角波信号作为激励序列电压信号。序列电压信号应逐步递增,同时考虑正负两个方向,在快到作动器位置饱和区域,增加测试点密度。

依据测试分析系统记录的数据,分别绘制出舵面偏度及作动器位移相对于输入指令的曲线,极性即可看出。

极性及传动比检查试验通常在电传飞控系统正常模态下进行,巡航构型极性和传动比检查、襟翼收放过程极性和传动比检查、起飞构型极性和传动比检查、高原起飞构型极性和传动比检查、着陆构型极性和传动比检查以及信号故障极性和传动比检查。还应进行模拟备份模态下,纵向操纵通道传动比检查、横向操纵通道传动比检查、航向操纵通道传动比检查、俯仰角速率传动比检查、滚转角速率传动比检查、偏航角速率传动比检查。

6.6.4.5 时域特性检查

时域特性检查时,通过电传飞控系统试验器给 ACE 的 D/A 输出指令点处加入不同幅值的阶跃信号,记录作动器位移和舵面偏角的时间响应。

时域特性曲线能够直接反映作动系统的跟随性和稳定性。求取上升时间、超调量、稳定时间和振荡次数等时域指标,进而可用经典控制理论评价作动系统的性能。

关于输入信号幅值的确定,由于作动系统内部包含了较多不可避免的死区、滞环、饱和等非线性,信号幅值过小,会影响真实特性的反映,信号幅值过大,会造成被试系统的破坏。按照以往型号经验,一般情况下幅值取最大行程的 $\pm 10\%$。

6.6.4.6 频率特性检查

频率特性检查时,通过电传飞控系统试验器给 ACE 的 D/A 指令输出点加入正弦扫频信号,记录作动器位移及舵面偏向相对输入信号的频率响应。

输入形式为

$$U = U_0 \sin 2\pi ft$$

作动系统频率响应检查的目的是确定在不同幅值 U 输入时的系统带宽,一般以 $-3\,\mathrm{dB}$ 幅值下降的频率和 $-90°$ 相移的频率最早出现的频率定义为带宽。

关于输入信号幅值的确定,由于作动系统内部包含了较多不可避免的死区、滞环、饱和等非线性以及液压流量的有限,随着输入幅值的变化,带宽有明显的不同。因此,测试小信号输入情况下的系统频响特性才能真实反应系统的本质,如以 10% 满幅值或者更小的值输入。

6.6.5 逻辑功能检查

大型运输机电传飞控系统具有功能多、任务复杂、安全性要求高等特点,使得大型运输机不仅需要复杂的控制律结构,而且还必须具有大量的控制逻辑功能。逻辑功能包括上电逻辑、故障恢复逻辑、操纵优先逻辑、模态转换逻辑、配平功能(水平安定面配平、副翼配平、方向舵配平)、舵面限偏功能、自动减速功能、副翼辅助增升功能、破升增阻功能、飞行边界限制与保护功能等。

逻辑功能检查的目的就是检查并确认以上逻辑功能的正确性,逻辑转换引起的飞机瞬态是否在可接受范围内。

以下以模态转换功能、自动减速功能及飞行边界限制与保护功能为例,介绍电传飞控系统逻辑功能检查的内容和方法,其他逻辑功能检查相类似。

6.6.5.1　模态转换功能检查

大型运输机电传飞控系统一般设有正常工作模态、降级工作模态、模拟备份工作模态和机械备份工作模态(如果有)等。

模态转换功能主要检查电传飞控系统以上 4 种工作模态转换逻辑的正确性,包括正常转降级时的状态显示和舵面运动,以及自动和人工方式下,正常转模拟备份、正常转机械备份逻辑功能。

电传飞控系统模态转换功能检查在正常供电、供压和正常工作状态以及给定的飞行状态下进行,飞行状态通常在飞行仿真系统中进行设置。

1) 正常工作模态转降级工作模态

设置飞行状态为巡航状态,操纵驾驶柱、驾驶盘、脚蹬全行程运动,同时设置大气数据计算机故障或惯导设备故障,继续操纵驾驶柱、驾驶盘、脚蹬全行程运动。试验过程中,记录电传飞控系统状态及指令、舵面偏角等信号,分析记录数据和曲线,判断转换功能的正确性。

2) 正常工作模态或降级工作模态转模拟备份工作模态

设置飞行状态为巡航状态,操纵驾驶柱、驾驶盘、脚蹬全行程运动,设置电传飞控系统分别处于正常工作模态或者降级工作模态,设置电传飞控计算机(PFC)故障,继续操纵驾驶柱、驾驶盘、脚蹬全行程运动。试验过程中,记录电传飞控系统状态及指令、舵面偏角等信号,分析记录数据和曲线,判断转换功能的正确性。

3) 正常工作模态、降级工作模态、模拟备份工作模态转机械备份工作模态

设置飞行状态为巡航状态,操纵驾驶柱、驾驶盘、脚蹬全行程运动,设置电传飞控系统分别处于正常工作模态或者降级工作模态或者模拟备份工作模态,设置 ACE 故障,继续操纵驾驶柱、驾驶盘、脚蹬全行程运动。试验过程中,记录电传飞控系统状态及指令、舵面偏角等信号,分析记录数据和曲线,判断转换功能的正确性。

4) 正常工作模态转机械备份工作模态

人工操作主飞控板上的工作模态转换开关,将副翼控制通道转换到"机械"工作模态,检查转换功能是否正确。

电传飞控系统模态转换功能检查时,需要记录的飞行状态、飞机姿态信号可直接由飞行仿真系统的记录功能完成;需要记录的电传飞控系统工作状态、AFCS 工作模态信息、襟(缝)翼手柄位置和起落架手柄位置等信号,驾驶柱(盘)和脚蹬位移、配平机构位移、舵面偏转角度、襟(缝)翼位置等信号,大气数据系统、惯导设备等状态,以及数据总线状态等,使用飞行测试接口设备(FTI)记录功能完成,或者由飞控系统试验测试记录系统和数据总线记录设备完成。

6.6.5.2　破升增阻功能检查

大型运输机一般都设置有地面扰流板和多功能扰流板,在着陆滑跑阶段,破坏升力并增加阻力,从而提高飞机着陆性能。其实现方式是通过电传飞控计算机接收

轮速信号、轮载信号、发动机油门状态,经逻辑解算控制扰流板打开。

破升增阻功能检查的目的是通过设置相关状态,检查扰流板打开功能正常与否。其试验内容和方法描述如下。

(1) 设置电传飞控系统处于正常状态,减速操纵手柄处于"1"(预位)位,通过飞行仿真系统选定飞行状态。

(2) 通过座舱的操纵手柄和开关,分别设置飞机接地(轮载有效或轮速小于某一给定值)、飞行速度大于某一给定值、发动机处于慢车状态、发动机处于反推打开状态。使用飞行测试接口设备(FTI)记录飞行状态、飞机姿态、驾驶盘、驾驶柱和脚蹬位移、扰流板偏角等信号。

破升增阻功能检查完成后,回放分析 FTI 记录数据,确认破升增阻功能是否满足设计要求。

6.6.5.3　飞行边界限制与保护功能检查

大型运输机电传飞控系统正常工作模态一般都设置有松杆姿态保持(俯仰角保持和滚转角保持)、失速保护、超速保护、过载保护、俯仰角保护和倾斜角保护等主动控制功能,以实现飞行员的无忧虑操纵。

飞行边界限制与保护功能检查的目的是检查以上边界限制与保护功能实现的正确性,以及考查系统在深度饱和情况下的性能及飞机动态特性,详细内容在本章6.9 节时域特性试验部分介绍。

6.6.6　BIT 功能检查试验

现代电传飞控系统均具有 BIT 功能,包括 PUBIT、IFBIT、PBIT、MBIT 等。BIT 功能检查试验就是检查进入 BIT 的连锁条件是否正确,当 BIT 条件不满足时,系统应退出 BIT。检查项目和内容如下:

(1) 检查系统上电后进入 PUBIT,PUBIT 检查结束后自动退出。

(2) 检查 PUBIT 结束后进入 IFBIT,PFC 收到 MBIT 或 PBIT 指令退出IFBIT。

(3) 检查 PFC 收到 MBIT 指令进入 MBIT,检查结束后自动退出。

(4) PFC 收到 PBIT 指令进入 PBIT,检查结束后自动退出。

BIT 功能检查时,使用电传飞行测试接口设备(FTI)设置 BIT 连锁条件(轮载承载、地面测试允许、软件表决 WOW_SW$\geqslant$3,而且至少三通道软件表决表速$\leqslant$给定表速),分别设置当前 PFC 为 PFC1、PFC2、PFC3、PFC4,发送 BIT 指令,启动BIT(PUBIT、IFBIT、PBIT、MBIT),显示 PFC 发来的 BIT 检查的结果,检查 BIT进入逻辑是否正确。当 PFC 进入 BIT 后,破坏 BIT 连锁条件,检查 BIT 退出逻辑是否正确。

PUBIT 是在系统正常液压供压、电源供电情况下进行,PUBIT 执行的结果或故障信息上报机载 CMS,可通过 FTI 读取其结果。PUBIT 通过后,即进入 IFBIT,其执行的结果或故障信息上报机载 CMS,通过 FTI 读取其结果。

PBIT 功能检查时,通过 CMS 或 FTI 的 CMS 模块发送 PBIT,启动 PBIT,待 PBIT 执行完成后,通过 FTI 读取其结果。MBIT 检查中与 PBIT 检查类似,通过 CMS 或 FTI 的 CMS 模块发送 MBIT,启动 MBIT,待 MBIT 执行完成后,通过 FTI 读取其结果。

BIT 功能检查时的故障设置方式为从电传飞控系统试验器前面板断开传感器供电模拟驾驶指令传感器,反馈传感器故障,切断 ACE、PFC、主飞控板、配平控制板、水平安定面配平切断控制板模拟控制故障,通过断开作动器反馈传感器的电气接口模拟作动器故障。

依据 FTI 读取的结果如 BIT 功能检测的故障代码,并将结果填入试验记录表,分析 BIT 检查的正确性。

6.6.7　余度管理功能检查

大型运输机飞控系统属于高安全性要求的飞机机载系统,为满足安全性要求,电传飞控系统一般均采用余度设计技术和余度配置,这可能是相似余度,也可能是非相似余度。

电传飞控系统余度管理功能检查试验主要检查余度管理监控与表决功能的正确性。检查的主要项目和内容包括:

(1) 传感器输出和值监控与表决检查。

(2) 模拟量信号监控与表决检查。

(3) ARINC429 总线(也可能是其他总线)信号监控与表决检查。

(4) 离散量信号监控与表决检查。

电传飞控系统余度管理功能检查试验时,分别设置指令传感器信号、反馈传感器信号,设置模拟量信号、ARINC429 数据总线信号和离散量信号,试验过程中记录电传飞控系统工作模态、各通道余度信号输入值、各通道余度信号表决值、输入余度信号前/后的通道故障状态。

电传飞控系统稳定储备检查、显示告警检查和故障影响试验等本章 6.9 节飞控系统"铁鸟"集成试验中有详细描述。

6.7　高升力系统"铁鸟"集成试验

6.7.1　概述

大飞机高升力系统"铁鸟"集成试验是在系统机载设备完成鉴定试验(有时同步进行)、分系统综合试验之后,在更加逼真的飞机环境下,进行的系统装机状态的试验室试验。

高升力系统综合试验一般由系统供应商在专用试验台上进行,往往由于研制经费和研制周期等原因造成试验环境逼真度不够,只能进行系统内部的控制器、驱动装置、作动装置和传感器等主要机载设备的综合,解决系统内部接口、控制逻辑、驱动能力等可能存在的问题和缺陷。而实际上,对于中央驱动、扭力杆传动、机械机构作动的高升力系统来说,上述综合试验还远远不够。因此,需要在更加逼真的飞控系统"铁鸟"集成试验台架上进一步综合,主要包括系统所需能源即飞机电源(或液压源或均有)、所需信息交换即航空电子系统、电传飞控系统,所需机构支持即飞机前缘、后缘及机身结构,控制对象即舵面及其气动载荷,以及由它们引起的惯性载荷、摩擦载荷等。

依据以上分析,建立逼真完整的高升力系统试验台架就成为飞控系统"铁鸟"集成试验台架建设的重要内容。对于中央驱动式的高升力系统,驱动装置、传动装置、作动装置和运动机构均为硬件机构连接,必须按照首飞飞机状态安装高升力控制系统及其相关机载设备与结构,同时要保证它们的支撑刚度与强度。

高升力系统"铁鸟"集成试验的目的是在相对逼真的试验环境下,验证并确认系统满足系统设计要求,其试验目和内容主要包括:

(1) 基本功能与接口检查;

(2) 控制功能和逻辑检查;

(3) 协调性及性能检查;

(4) 空载、带载情况下,系统功能及性能检查;

(5) 机翼变形对襟(缝)翼收放的影响检查;

(6) 故障影响试验。

6.7.2　试验原理

高升力系统一般由襟缝翼操纵手柄、襟缝翼超控控制板、襟缝翼控制器(FSECU)、动力驱动装置(PDU)、传动装置、作动装置、襟翼倾斜传感器、缝翼倾斜传感器、襟缝翼位置传感器、防收制动装置等组成。

高升力系统"铁鸟"集成试验主要包括接口检查、控制逻辑及功能检查、模态转换功能检查、保护功能检查、故障告警功能检查、BIT 和余度管理功能检查,并进行故障影响试验。其试验原理如图 6 - 31 所示。

1) 接口检查

围绕 FSECU 和 PDU,进行数据总线信号和传输线信号的检查。检查 FSECU、PDU 和航空电子系统之间 ARINC429 总线信号传输的正确性、FSECU 与 PFC 之间的 MIL - STD - 1553B 总线信号传输的正确性,检查 FSECU 与襟翼位置传感器、缝翼位置传感器、襟翼倾斜传感器、缝翼倾斜传感器、襟缝翼操纵手柄、襟缝翼超控控制板之间模拟量信号传输的正确性,检查 FSECU 与 ACE 之间的离散量信号传输的正确性,以及检查 PDU 与超控开关和防收制动装置之间的离散量信号传输的正确性。

2) 控制功能及逻辑检查

分别在高升力系统正常、降级和备用 3 种工作模式下,检查襟(缝)翼的收、放逻辑和性能是否满足要求。

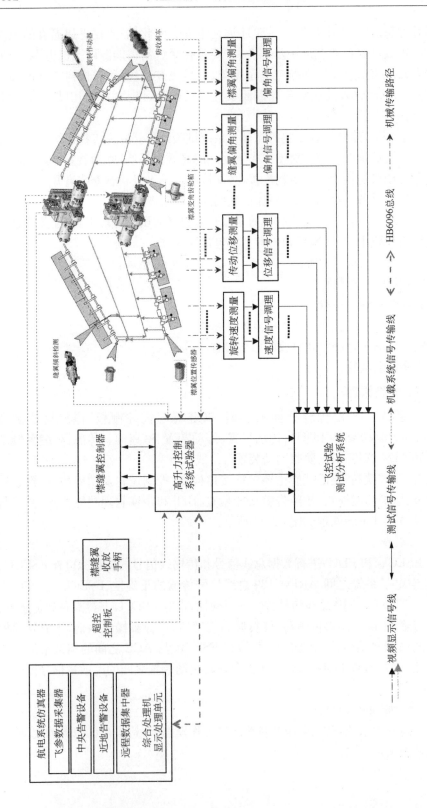

图 6 - 31　高升力系统"铁鸟"集成试验原理

3）模态转换功能检查

检查高升力系统在不同工作模态之间的转换功能是否满足要求。

4）保护功能检查

检查高升力系统的襟翼不对称保护功能、缝翼不对称保护功能、襟翼倾斜保护功能、缝翼倾斜保护功能、襟翼作动系统的把持和保护功能。

5）故障告警功能检查

检查高升力系统在不同工作模态及运行模式下，显示结果是否与工作模态和运行模式一致，以及对故障状态检测与告警的正确性。

6）BIT 和余度管理功能检查

分别检查高升力系统的 BIT 功能和余度管理功能。

7）故障影响试验

模拟高升力系统可能发生的故障模态，检查故障对系统的影响，主要检查襟缝翼控制器故障、指令传感器故障、襟缝翼位置传感器故障、襟缝翼倾斜传感器故障、交联系统信号故障、电源故障等对高升力系统的影响。

高升力系统"铁鸟"集成试验需要测试的信号类型很多，包括模拟量信号、离散量信号、数据总线信号、角位移信号、线位移信号、转矩信号、转速信号和时间信号等。通过飞控系统试验测试分析系统的测试传感器、信号调理器及测试数据采集系统完成测试数据的采集、记录、显示和格式转换。

对于需要进行载荷模拟的试验项目，使用载荷模拟装置分别模拟襟（缝）翼舵面的气动载荷。

6.7.3 接口检查

根据本书第1章1.6节介绍的高升力系统与飞机其他系统之间的关系，系统接口主要包括 ARINC429 总线、MIL‑STD‑1553B 总线、离散量、模拟量等 4 种接口。

1）ARINC429 总线接口检查

ARINC429 总线接口检查包括 FSECU 与航空电子系统之间的 ARINC429 总线接口、FSECU 与 PDU 之间的 ARINC429 总线接口的检查。通过 ARINC429 总线耦合器，将高升力控制系统 ARINC429 通信数据总线与数据总线检测设备的 ARINC429 数据总线互联，读取 ARINC429 数据总线的信息。

2）MIL‑STD‑1553B 总线接口检查

MIL‑STD‑1553B 总线接口检查主要包括 FSECU 与 PFC 之间的 MIL‑STD‑1553B总线接口的检查。通过 MIL‑STD‑1553B 总线耦合器，将高升力控制系统 MIL‑STD‑1553B 通信数据总线与数据总线检测设备的 MIL‑STD‑1553B 数据总线互联，读取 MIL‑STD‑1553B 数据总线的信息。

3）离散量接口检查

离散量接口检查包括 FSECU 与 ACE 之间的离散量接口以及 PDU 与超控开

关和防收制动装置之间的离散量接口的检查。

（1）FSECU 与 ACE 之间的离散量接口检查：从高升力系统试验器前面板断连处将信号引入到飞控系统试验测试分析系统（或者接入到数字多用表测试通道，或者接入到数据存储系统的采集通道），完成信号的测试记录。

（2）PDU 与超控开关和防收制动装置之间的离散量接口检查：从高升力系统试验器前面板断连处将信号引入到飞控系统试验测试分析系统（或者接入到数字多用表测试通道，或者接入到数据存储系统的采集通道），完成信号的测试记录。

4）模拟量接口检查

模拟量接口检查包括 FSECU 与襟翼位置传感器、缝翼位置传感器和襟缝翼操纵手柄之间的模拟量接口的检查。从高升力系统试验器前面板断连处将信号引入到飞控系统试验测试分析系统（或者接入到数字多用表测试通道，或者接入到数据存储系统的采集通道），完成信号的测试记录。

6.7.4　控制功能与逻辑检查

高升力系统的基本控制逻辑为：当飞行员将襟缝翼手柄置于某一对应挡位时，襟（缝）翼开始伸出或收回。当襟缝翼手柄故障或襟缝翼控制器故障时，可通过襟缝翼超控控制板的超控开关操纵襟（缝）翼的收放。

控制功能与逻辑检查应分别在正常、降级和备用 3 种工作模态下进行，检查襟（缝）翼的收、放功能和逻辑是否满足设计要求。

1）正常工作模态控制功能与逻辑检查

给高升力系统 FSECU、PDU 控制器和防收制动装置提供 28 V 双路直流电，给 PDU 提供 115 V　400 Hz 的双路交流电。

将襟缝翼手柄置于所需收放挡位，襟（缝）翼即开始向目标位置收放，同时记襟翼舵面偏角（螺旋丝杠位移值），以及缝翼齿条位移和缝翼舵面偏角。襟缝翼操纵手柄操纵挡位变化应分别进行逐挡位操作和连续挡位操作，具体操作过程如下：

逐挡位操作从"0"挡位开始，分别在"0→1""1→2""2→3""3→4""4→5"挡位之间，以及在"5→4""4→3""3→2""2→1""1→0"挡位之间逐挡操作，并在每挡之间停留大约一分钟，然后进行下一挡位的操作。

连续挡位操作从"0"挡位开始，分别在"0→1→3""3→1→0"挡位之间，以及在"0→1→4→5""5→4→1→0"挡位之间操作，并在每次操作之间停留大约一分钟，然后进行下一次操作。

对应每次操作，检查襟翼和缝翼的放出顺序或收回顺序及其逻辑是否满足设计要求，同时根据记录的襟翼和缝翼的时间历程曲线，分析襟翼和缝翼的放出时间或收回时间是否满足要求。

2）降级工作模态控制功能与逻辑检查

给高升力控制系统 FSECU、PDU 控制器、防收制动装置提供 28 V 双路直流电，给 PDU 提供 115 V　400 Hz 的单路交流电。

将襟缝翼操作手柄挡位置于所需位置,襟(缝)翼即开始向目标位置收放,同时记录襟翼舵面偏角(螺旋丝杠位移值),以及缝翼齿条位移和缝翼舵面偏角。襟缝翼操作手柄操纵挡位变化应分别进行逐挡位操作和连续挡位操作,具体操作过程如下:

逐挡位操作中从"0"挡位开始,分别在"0→1""1→2""2→3""3→4""4→5"挡位之间,以及在"5→4""4→3""3→2""2→1""1→0"挡位之间逐挡操作,并在每挡之间停留大约一分钟,然后进行下一挡位的操作。

连续挡位操作从"0"挡位开始,分别在"0→1→3""3→1→0"挡位之间,以及在"0→1→4→5""5→4→1→0"挡位之间操作,并在每次操作之间停留大约一分钟,然后进行下一次操作。

对应每次操作,检查襟翼和缝翼的放出顺序或收回顺序及其逻辑是否满足设计要求,同时根据记录的襟翼和缝翼的时间历程曲线,分析襟翼和缝翼的放出时间或收回时间是否满足要求

3) 备用工作模态控制功能与逻辑检查

给高升力控制系统 FSECU、PDU 控制器和防收制动装置提供 28 V 双路直流电,给 PDU 提供 115 V、400 Hz 的双路交流电。

按压襟缝翼超控控制板按钮,观察襟(缝)翼舵面运动情况,同时观察发送到电传飞控计算机和航空电子系统的信息的正确性。

按压襟缝翼超控控制板预位按钮,当需要放出襟(缝)翼时,将襟缝翼超控控制板旋钮置于"伸出"位置,等待约 15 s 后,将襟(缝)翼超控控制板旋钮置于"关闭"位置,襟(缝)翼运动到达机械限位后停止,完成放出操作。当需要收回襟缝翼时,将襟缝翼超控控制板旋钮置于"收回"位置,等待襟(缝)翼收回后,按压弹起襟缝翼超控控制板预位按钮,完成收回操作。

给 PDU 提供 115 V、400 Hz 的单路交流电,按照上述操作流程,检查襟(缝)翼控制功能和运动逻辑和运动时间是否满足设计要求。

6.7.5 模态转换功能检查

高升力系统设有正常工作、降级工作和备份工作 3 种工作模态,其转换逻辑包括正常工作模态转降级工作模态、正常工作模态转备份工作模态、降级工作模态转备份工作模态,备份工作模态优先级最高,飞行员可依据飞行需要直接进入。高升力控制系统模态转换逻辑及转换条件如图 6-32 所示。

模态转换功能检查主要检查正常模态收放襟(缝)翼舵面时,是否可以通过襟缝翼超控控制板将襟(缝)翼工作模态转到超控模态,检查方法与流程如下:

(1) 置襟缝翼操纵手柄处于"0"挡位、襟缝翼超控控制板预位按钮处于弹起状态(指示灯灭)、旋钮处于"关闭"位置。

(2) 正常工作模态放襟(缝)翼过程中,检查襟(缝)翼转到备用工作模态功能,具体操作过程如下:

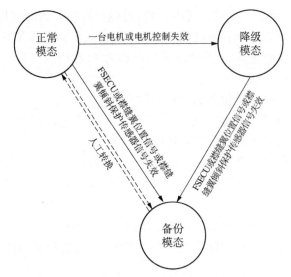

图 6-32　高升力控制系统模态转换逻辑

操作襟缝翼操纵手柄从"1→5"挡位,襟(缝)翼舵面向放出方向偏转,在舵面偏转过程中随机按压襟缝翼超控控制板预位按钮,接着将襟缝翼超控控制板旋转开关扳到"收回"位置,襟(缝)翼舵面应向收回方向偏转。记录襟缝翼操纵手柄、襟缝翼超控控制板状态及襟(缝)翼舵面偏角时间历程。分析试验记录数据,确认襟(缝)翼舵面正常工作模态放出顺序及其逻辑正确、襟(缝)翼的放出时间满足设计要求;确认襟(缝)翼舵面备份工作模态放出收回及其逻辑正确、襟(缝)翼的收回时间满足设计要求。

(3) 正常模态收襟(缝)翼过程中,检查襟(缝)翼转到备用工作模态功能,具体操作过程如下:

操作襟缝翼操纵手柄从"5→1"挡位,襟(缝)翼舵面向收回方向偏转,在舵面偏转过程中,随机按压襟缝翼超控控制板预位按钮,接着将襟缝翼超控控制板旋转开关扳到"放出"位置,襟(缝)翼舵面向放出方向偏转。记录襟缝翼操纵手柄、襟缝翼超控控制板状态及襟(缝)翼舵面偏角时间历程。分析试验记录数据,确认襟(缝)翼舵面正常工作模态收回顺序及其逻辑正确、襟(缝)翼的收回时间是否满足设计要求;确认襟(缝)翼舵面备份工作模态放出顺序及其逻辑正确、襟(缝)翼的放出时间是否满足设计要求。

6.7.6　安全保护功能检查

高升力系统设有襟翼非对称保护、缝翼非对称保护、襟翼倾斜保护、缝翼倾斜保护、安全制动、襟翼把持等安全保护功能。

高升力系统安全保护功能检查方法和流程如下:

1) 襟翼非对称保护功能检查

(1) 置襟缝翼操纵手柄处于"0"挡位、襟缝翼超控控制板预位按钮处于弹起状态(指示灯灭)、旋钮处于"关闭"位置。

(2) 脱开襟翼控制通道传动线系左或右边某位置的扭力杆或万向节,或者将襟翼控制通道左(右)位置传感器的输出梯度设置成不一致。

(3) 操作襟缝翼操纵手柄从"0→1→5"挡位,襟(缝)翼舵面向放出方向偏转,记录襟缝翼操作手柄状态、襟(缝)翼舵面两侧的偏角,观察襟(缝)翼舵面两侧的偏角差,确认当偏度差大于 3°(可根据实际飞机来确定)时,襟翼舵面停止运动。

2) 缝翼非对称保护功能检查

(1) 置襟缝翼操纵手柄处于"0"挡位、襟缝翼超控控制板预位按钮处于弹起状态(指示灯灭)、旋钮处于"关闭"位置。

(2) 脱开缝翼控制通道传动线系左或右边某位置的扭力杆或万向节,或将缝翼控制通道左(右)位置传感器的输出梯度设置成不一致。

(3) 操作襟缝翼操纵手柄从"0→1→5"挡位,襟(缝)翼舵面向放出方向偏转,记录操作襟缝翼手柄状态、襟(缝)翼舵面两侧的偏角,观察襟(缝)翼舵面两侧的偏角差,确认当偏度差大于 3°(可根据实际飞机来确定)时,缝翼舵面停止运动。

3) 襟(缝)翼倾斜保护功能检查

(1) 置襟缝翼操纵手柄处于"0"挡位、襟缝翼超控控制板预位按钮处于弹起状态(指示灯灭)、旋钮处于"关闭"位置。

(2) 脱开襟翼或缝翼控制通道一侧传动线系某位置的扭力杆或万向节,或将襟翼或缝翼一侧倾斜传感器的输出梯度设置成不一致。

(3) 操作襟缝翼操纵手柄从"0→1→5"挡位,襟(缝)翼舵面向放出方向偏转,记录襟缝翼操作手柄状态、襟(缝)翼舵面两侧的偏角、襟翼或缝翼倾斜传感器数据,确认当襟翼或缝翼倾斜大于 4.5°(可根据实际飞机来确定)时,襟翼或缝翼舵面停止运动。

4) 安全制动功能检查

安全制动功能检查主要包括正常和紧急制动时 PDU 制动和防收制动装置制动功能,备份工作模态超控旋钮由"伸出/收回"旋转到"停止"制动时,PDU 制动和防收制动装置制动功能,备份工作模态超控模态下,达到 PDU 极限位置制动时 PDU 制动和防收制动装置制动功能三部分。

(1) 置襟缝翼操纵手柄处于"0"挡位、襟缝翼超控控制板预位按钮处于弹起状态(指示灯灭)、旋钮处于"关闭"位置。

(2) 正常和紧急制动时,PDU 制动和防收制动装置制动功能检查。

襟翼或缝翼放出过程:操作襟缝翼操纵手柄从"0→1→5"挡位,襟(缝)翼舵面向放出方向偏转,记录襟缝翼操作手柄状态、襟(缝)翼舵面两侧的偏角,确认襟翼或缝翼舵面出现停止运动时的襟翼或缝翼放出角度是否满足设计要求,以及襟翼或缝翼停止运动时 PDU 制动和防收制动装置制动逻辑满足设计要求。

襟翼或缝翼收回过程:操作襟缝翼操纵手柄从"5→0"挡位,襟(缝)翼舵面向放出方向偏转,记录襟缝翼操作手柄状态、襟(缝)翼舵面两侧的偏角,确认襟翼或缝翼舵面出现停止运动时的襟翼或缝翼放出角度是否满足设计要求,以及襟翼或缝翼停止运动时 PDU 制动和防收制动装置制动逻辑满足设计要求。

(3) 备份工作模态时,襟(缝)翼放出制动功能检查。

襟翼或缝翼放出过程:襟缝翼超控控制板旋转开关扳到"伸出"位置,襟(缝)翼舵面向放出方向偏转,在此过程中,松开旋转开关,记录襟(缝)翼舵面放出过程中出现停止运动时,襟(缝)翼放出角度是否满足设计要求,以及襟(缝)翼停止运动时,PDU 制动和防收制动装置制动逻辑是否满足设计要求。

襟翼或缝翼收回过程:襟缝翼超控控制板旋转开关扳到"收回"位置,襟(缝)翼舵面向放出方向偏转,在此过程中松开旋转开关,记录襟(缝)翼收回过程中出现停止运动时,襟(缝)翼收回角度是否满足设计要求,以及襟(缝)翼停止运动时,PDU 极限位置制动时 PDU 制动和防收制动装置制动逻辑是否满足设计要求。

6.7.7　显示与故障告警功能检查

高升力系统应设置完整的显示与故障告警功能,包括正常工作模态、降级工作模态和备份工作模态显示与故障告警功能。

显示与故障告警功能检查与 6.7.4 节~6.7.6 节介绍的控制功能与逻辑检查、模态转换功能检查、安全保护功能检查一同进行。检查高升力控制系统在不同工作模态下,显示结果是否与工作状态和运行模态一致,以及对故障状态的检测与告警是否正确。

1) 正常工作模态显示与故障告警功能检查

正常工作模态显示与故障告警功能检查时,操纵襟缝翼手柄从"收起"挡位分别向后拉至"1"挡位、"2"挡位、"3"挡位、"4"挡位、"5"挡位,以及从"5"挡位分别前推至"4"挡位、"3"挡位、"2"挡位、"1"挡位和"收起"挡位放下,或者是进行其他组合的操纵,观察 EICAS 和飞控简图页显示的襟翼、缝翼位置及运动状态是否与操纵控制一致。

2) 降级工作模态显示与故障告警功能检查

降级工作模态显示与故障告警功能检查是在一路电源断开,仅在一路电源供电的情况下完成襟翼、缝翼收放过程,检查襟翼位置、缝翼位置、襟翼运动时间、缝翼运动时间、EICAS 与飞控简图页显示是否与设计一致。

3) 备份工作模态显示与故障告警功能检查

备份工作模态显示与故障告警功能检查是通过操纵襟缝翼超控控制板按钮,完成襟翼、缝翼收放过程,检查襟翼、缝翼运动情况,EICAS 及飞控简图页显示是否与设计一致。如果缝翼当前位置大于 18°、襟翼当前位置大于 27°,则缝翼放到超控极限位置 26°、襟翼放到超控极限位置 41°;而如果缝翼当前位置小于等于 18°、襟翼当前位置小于等于 27°,则缝翼放到超控极限位置 18°、襟翼放到超控极限位置 27°。

6.7.8 BIT 和余度管理功能检查

BIT 功能检查是在正常工作模式下，检查 PUBIT（上电自检测）、PBIT（飞行前自检测）和 MBIT（维护自检测）的启动过程以及显示。

余度管理功能检查也是在正常工作模式下，依次逐个设置襟翼位置传感器、缝翼位置传感器、襟翼倾斜传感器、缝翼倾斜传感器等机载设备断开故障，同时监控与 FSECU 交联的相关传感器以及相关硬线等模拟量、离散量的输入有效性。包括正常工作模式、无故障情况下的有效性监控襟缝翼控制器，人为设置不同的偏差值或故障的情况下的有效性监控。

同时需要对襟缝翼控制器，通道内的输入数据监控面、输出数据监控面，以及通道间的输出数据监控面的表决算法进行检查，主要包括双余度模拟量的表决和双余度离散量的表决。

6.7.9 故障影响试验

高升力系统故障影响试验时，模拟高升力系统可能发生的故障机理，检查故障发生时的系统响应，主要包括襟缝翼控制器故障、指令传感器故障、襟缝翼位置传感器故障、襟缝翼倾斜传感器故障、交联系统（电传飞控系统）信号故障、电源系统故障等故障模式。

1）襟缝翼操纵手柄信号故障影响试验

分别设置手柄 4 路 RVDT 信号中的任何一路、两路、三路或四路信号失效，操作襟缝翼操纵手柄从"0→5"挡位置，襟（缝）翼舵面向放出方向偏转，或者操作襟缝翼操纵手柄从"5→0"挡位置，襟（缝）翼舵面向收回方向偏转，检查襟缝翼操纵手柄信号失效的情况下，襟（缝）翼运动是否正常。

2）襟缝翼位置传感器故障影响试验

分别设置单个襟缝翼位置传感器单通道故障或双通道故障，以及两个襟缝翼位置传感器单通道故障或双通道故障，操作襟缝翼操纵手柄从"0→5"挡位置，襟（缝）翼舵面向放出方向偏转，或者操作襟缝翼操纵手柄从"5→0"挡位置，襟（缝）翼舵面向收回方向偏转，检查襟缝翼位置传感器故障的情况下，襟（缝）翼舵面运动是否正常。

3）襟缝翼操纵手柄非常规操作故障影响试验

检查襟（缝）翼舵面放出过程的突然收回操作是否正常，以及检查襟（缝）翼舵面收回过程的突然放出操作是否正常。

襟（缝）翼放出过程的突然收回操作故障影响：操作襟缝翼操纵手柄从"0"挡位到预定的挡位（如"3"挡、"4"挡或"5"挡），襟（缝）翼舵面向放出方向偏转，在此过程中，迅速操作襟缝翼操纵手柄回到任意挡位（如"1"挡、"2"挡或"3"挡等），观察襟翼或缝翼是否按照预定的指令运动，且有无抖动现象。

襟（缝）翼收回过程的突然放出操作故障影响：操作襟缝翼操纵手柄从高挡位（如"5"挡、"4"挡、"3"挡）到低挡位（如"0"挡或"1"挡），襟（缝）翼舵面向收回方向偏转,在此过程中,迅速操作襟缝翼操纵手柄回到任意挡位(如"3"挡、"2"挡或"1"挡等),观察襟翼和缝翼是否按照预定的指令运动,且有无抖动现象。

4) 襟缝翼控制器故障影响试验

操作襟缝翼操纵手柄从低挡位(如"0"挡)到高挡位(如"5"挡),襟(缝)翼舵面向放出方向偏转,或者是操作襟缝翼操纵手柄从高挡位(如"5"挡)到低挡位(如"0"挡),襟(缝)翼舵面向收回方向偏转,在襟(缝)翼舵面放出过程或收回过程中,设置 FSECU 相关故障,检查襟(缝)翼舵面放出或收回是否按照预定的指令运动,且有无抖动现象。

5) PDU 故障影响试验

操作襟缝翼操纵手柄从低挡位(如"0"挡)到高挡位(如"5"挡),襟(缝)翼舵面向放出方向偏转,或者是操作襟缝翼操纵手柄从高挡位(如"5"挡)到低挡位(如"0"挡),襟(缝)翼舵面向收回方向偏转。在襟(缝)翼放出过程或收回过程中,设置PDU 故障,检查襟(缝)翼放出或收回是否按照预定的指令运动,且有无抖动现象。

6) 襟翼倾斜传感器故障影响试验

分别设置单个襟翼倾斜传感器单通道故障或双通道故障,以及多个襟翼倾斜传感器单通道故障或双通道故障,操作襟缝翼操纵手柄从"0→5"挡位置,襟(缝)翼舵面向放出方向偏转,或者操作襟缝翼操纵手柄从"5→0"挡位置,襟(缝)翼舵面向收回方向偏转,检查在襟翼倾斜传感器故障的情况下襟翼运动是否正常。

7) 缝翼倾斜传感器故障影响试验

分别设置单个缝翼倾斜传感器单通道故障或双通道故障,以及多个缝翼倾斜传感器单通道故障或双通道故障,操作襟缝翼操纵手柄从"0→5"挡位置,襟(缝)翼舵面向放出方向偏转,或者操作襟缝翼操纵手柄从"5→0"挡位置,襟(缝)翼舵面向收回方向偏转,检查在缝翼倾斜传感器故障的情况下缝翼运动是否正常。

6.8　自动飞控系统"铁鸟"集成试验

6.8.1　概述

大型飞机自动飞控系统在进入"铁鸟"集成试验之前,已完成了相关机载设备的鉴定试验、分系统试验环境下的分系统综合试验以及与相关联系统接口静态交联检查,确认机载设备和分系统各项功能性能满足设计要求。由于分系统试验环境下的综合试验是以自动飞控板、自动飞控计算机、自动油门执行机构(或 FADEC)、回传作动器(一般飞机都有)等机载设备为核心,外加飞行仿真系统(包括发动机)、航空电子仿真系统、电传飞控仿真系统,以及试验支持系统如总线仿真器、飞控系统试验测试分析系统等组成试验系统,逼真度仍然不够,需要与更多的真实飞机机载设备进行交联试验。

传统概念上的电传飞控系统是飞控系统的内控制回路,自动飞控系统是飞控系统的外控制回路。自动飞控系统的正常工作建立在电传飞控系统的正常工作的基础之上，所以，只有在电传飞控系统经过充分的功能性能验证以后，才能开展自动飞控系统"铁鸟"集成试验。

大型飞机自动飞控系统"铁鸟"集成试验的目的是在更加逼真的试验环境下，实现系统的进一步综合，为飞控系统"铁鸟"集成试验和人-机组合试验做好准备。具体试验内容包括：

(1) 接口检查；

(2) 极性与传动比检查；

(3) 控制逻辑、显示与告警、余度功能检查；

(4) 控制功能检查与性能测试；

(5) 稳定储备试验；

(6) BIT 测试及故障试验。

6.8.2　试验原理

大型飞机自动飞控系统"铁鸟"集成试验主要由自动飞控系统、电传飞控系统、航空电子系统等机载系统的全部或主要机载设备，以及飞行仿真系统、自动飞控系统试验器、液压源、电源、飞控系统试验测试分析系统等地面试验设备组成，其试验原理如图 6-33 所示。

一般情况下，自动飞控系统"铁鸟"集成试验的前期准备调试阶段，采用航空电子仿真系统配合，待自动飞控系统逐步完善以后，将真实机载航空电子系统纳入试验中。

自动飞控系统"铁鸟"集成试验的信号交联通过自动飞控系统试验器实现。将所有与自动飞控系统交联设备，以及系统内部交联设备的信号串联起来，通过断连块可以实现信号的断连。飞控系统试验器上的测控仿真计算机可以实现信号的仿真和实物仿真信号的切换，并且可以实时记录自动飞控计算机的输入输出以及与交联系统的传输数据。

飞行仿真系统通过飞控系统试验测试分析系统实时接收飞机舵面偏角和发动机的油门杆位置，实时解算出飞机的三轴线加速度、角加速度、线速度、角速率、三轴坐标位置，解算出大气惯导等飞机必需的飞行姿态数据，并实时发送给自动飞控系统。

自动飞控系统与电传飞控系统通过自动飞控系统试验器和飞控系统试验测试分析系统和飞行仿真系统进行交联，组成自动飞控系统的半物理试验环境。

6.8.3　接口检查

自动飞控系统各机载设备交联成一个完整系统之前，首先要保证机载设备可以正常工作，这就需要对连接线缆进行导通检查、对机载设备的通信接口和电气接口的针脚进行阻抗检查。

自动飞控系统各机载设备交联成完整的系统以后，需要进行系统内部机载设备之间的交联通信检查以及和外部交联系统（如电传飞控系统、航空电子系统等）的通信检查。

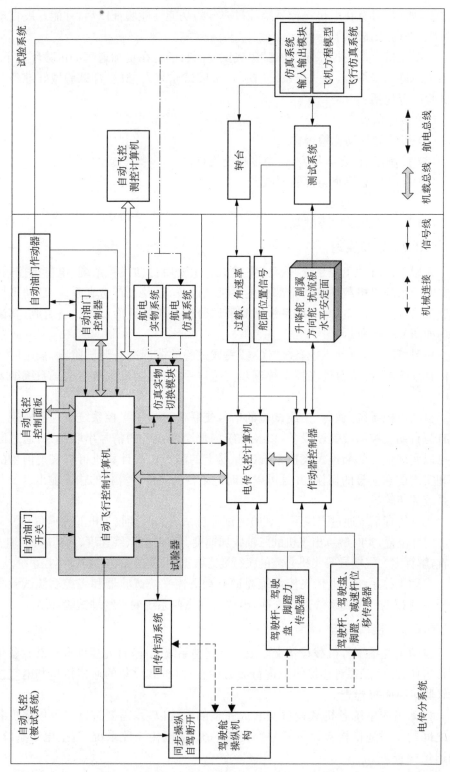

图 6-33 自动飞控系统"铁鸟"集成试验原理

接口检查主要包括总线接口、模拟量接口和离散量接口的检查。接口检查的具体方法是通过自动飞控系统试验器的仿真测控机设置参数或者通过真实机载设备设置参数,通过自动飞控系统试验器接收端接收参数,将自动飞控系统试验器发送到系统内的数据和系统反馈数据进行对比,依此来判断接口的正确与否。

1) 总线信号接口检查

总线信号如 ARINC429 总线信号,对于一个 32 位的 ARINC429 字,1～8 位为标号位,9～10 位为源/目的位,11～29 位为数据位,30～31 位为符号状态位,32 位为奇偶校验位。通过符号状态位检查数据的有效性,数据最大显示为 524 288。根据变量量程范围可以确定数据位的分辨率,分辨率＝变量量程/524 288,所以自动飞控系统试验器接收到的 ARINC429 数据和发送到系统的 ARINC429 总线数据的误差不能超过两个分辨率大小。

2) 离散量信号接口检查

离散量信号一般是用来表明系统或者机载设备的状态的变量,自动飞控系统试验器发送到系统的数据和接收到的必须一致。

3) 模拟量信号接口检查

模拟量信号依据具体的参数变量的使用要求来确定误差范围。例如使用机械位移信号发生器推动驾驶柱从零位前推 20 mm,通过自动飞控系统试验器接收自动飞控计算机反馈的驾驶柱位移的数值与 20 mm 比较,误差一般不能超过变量全量程的 1%。

接口检查详细内容 6.3.2 节交联系统状态和调试已有描述。

6.8.4　极性与传动比检查

接口检查确认正确以后,就可进入系统极性和传动比检查。接口检查在飞控系统"铁鸟"集成试验台架真实机载飞控系统环境下进行,此时的控制律已经经过模拟器确认,也经过软件代码实现,所有系统均处于与首飞飞机一样的技术状态。

极性检查的基本原理是确认自动飞控系统和电传飞控系统运行正常,通过在自动飞控系统试验器设置飞控系统的当前状态值,或者通过自动飞控板设置目标期望值,使自动飞控系统输出改变飞机当前状态的指令,依据舵面响应指令的偏转方向来确定极性正确与否,即确认自动飞控系统的指令输出和舵面的偏转极性正确。如自动飞控系统在高度保持模式,目标高度 1000 m,当设置现实的状态高度为 1500 m 时,电传飞控系统会输出使飞机爬高的纵向指令,升降舵会向一个确定的方向偏转。同样原理,对自动飞控系统的横航向的所有模式进行极性检查,也可以确保自动飞控系统的极性的正确性。

传动比检查的基本原理是通过在自动飞控系统试验器静态地设置飞机大气、惯导等飞机状态参数,或者通过自动飞控板修改飞机状态的目标参数,自动飞控计算机解算出的真实机载设备指令和仿真控制律的三轴指令进行对比,验证确认控制律的极性与传动比正确。

极性与传动比检查应覆飞机纵向、侧向和航向控制通道、不同的飞行状态和不同的工作模式,以上内容相互组合,检查内容和工作量巨大。

纵向极性与传动比检查:主要包括在巡航、起飞和着陆构型下,俯仰角保持(包括现时俯仰角、限幅俯仰角保持等)、高度保持(包括现时高度、垂直速度、限幅高度保持等)和垂直速度(包括目标垂直速度、现时垂直速度、限幅垂直速度等)工作模态。

横侧向极性与传动比检查:主要包括在巡航、起飞和着陆构型状态下,倾斜角保持(现时倾斜角、滚转角速率、侧向过载、滚转角指令限幅、限幅偏航指令)、航向保持(现时航向、滚转角,以及表速、真空速、迎角、俯仰角、偏航角速率)、航向选择(目标航向、现时航向)、航迹保持(现时航迹、滚转角)、航迹选择(目标航迹、现时航迹),以及高度保持工作模态。

下面以自动飞控系统俯仰角保持功能为例,介绍自动飞控系统极性与传动比检查的方法各流程,其他功能的检查方法和流程相类似。

俯仰角保持模态极性与传动比检查时,先启动自动飞控系统,再启动电传飞控系统,并确认电传飞控系统工作在正常工作模态。在飞行仿真系统中设置飞行状态点,按压"自动驾驶"按钮,确认自动驾驶纵向工作在"俯仰姿态保持"模态,横航向工作在"航向保持"模态。

俯仰角保持模态分现时俯仰角保持和限幅俯仰角保持两种模态。

现时俯仰角保持模态:从自动飞控系统试验器输入当前俯仰角值至 5°,等待 5 s;再次从自动飞控试验器输入当前俯仰角值至 0°,等待 5 s;最后从自动飞控系统试验器输入当前俯仰角值至−5°,等待 5 s。按压"自动驾驶断开按钮"两次,断开自动驾驶,清除警告级告警,记录全过程试验数据。

限幅俯仰角保持模态:从飞行仿真系统设置飞行状态点,旋转 AFCU 面板上的"高度调节旋钮"调节高度至所设状态点的高度,设置目标高度"状态点高度500 m",按压"自动驾驶"按钮,确认自动驾驶纵向工作在"俯仰角保持"模态,横航向工作在"航向保持"模态,从自动飞控系统试验器设置现实俯仰角−5°→0°→5°→10°→15°→20°,数据变化相隔 1 s,记录全过程试验数据。

6.8.5 控制逻辑及显示功能检查

工作逻辑与显示功能检查的目的是验证确认自动飞控系统的接通、退出和模态转换逻辑正确,同时在飞控控制板上的显示和航空电子显控系统上的显示与控制逻辑一致。

工作逻辑与显示功能检查基本原理分两种情况:一是在满足状态条件的情况下,接通自动飞控系统并进行模态的转换,同时观察航空电子显控系统和自动飞行控制板的显示;二是在不满足状态条件的情况下,自动飞控系统进行模态降级和退出的转换,观察航空电子显控系统和自动飞行控制板显示。

自动飞控系统工作正常,且交联信号正常时,通过按压自动飞行控制板上各模态按钮,系统即可进入对应模态工作。

控制逻辑及显示功能检查主要包括:模态的优先级、自动驾驶进入/退出、纵向断开进入/退出、侧向断开进入/退出、同步操纵进入/退出、自动驾驶方式下人工超控、纵向模态进入/退出和侧向模态进入/退出等逻辑与显示功能。

下面以自动飞控系统的模态的优先级、自动驾驶进入/退出为例,介绍自动飞控系统控制逻辑及显示功能检查的方法,其他功能的检查方程和流程相类似。

6.8.5.1 模态的优先级逻辑与显示功能检查

"进近/着陆"模态的优先级最高,其他模态的优先级等同,即后进入的模态使前一模态自动退出。

只有在接通水平导航模态的前提下,才能接通垂直导航模态;一旦接通垂直导航模态,则水平导航模态退出,纵向转为气压高度保持模态。

在自动驾驶工作模态下,若 AFCS 不能完成当前纵向模态或侧向模态控制,则当前纵向或侧向模态降级为默认模态,并输出注意级告警。

若不能进入默认模态,则断开 AFCS,输出警告级告警。

进入"进近/着陆"模态后,不能通过选择纵向或侧向工作模态的方式退出"进近/着陆"模态,只有在按下自动驾驶断开按钮后,才能退出自动着陆模态。

6.8.5.2 自动驾驶进入/退出逻辑与显示功能检查

1) 自动驾驶进入逻辑与显示功能检查

(1) 设置系统进入状态 A($BANK=0°$, $PITCH=0°$, $HC=5\,000\,m$, $VIAS=561.6\,km/h$,巡航阶段,其他数据为默认值),按压"自动驾驶"按钮,确认飞行指引开关在断开位置且"航向/航迹"基准为航向,观察 AFCU"自动驾驶""航向保持"信号灯亮,PFD 应显示"自动驾驶""俯仰保持""航向保持"。

(2) 设置系统进入其他状态,按压"自动驾驶"按钮,AFCU 信号灯和 PFD 无显示。

2) 自动驾驶退出逻辑与显示功能检查

(1) 设置系统进入状态 A($BANK=0°$, $PITCH=0°$, $HC=5\,000\,m$, $VIAS=561.6\,km/h$,巡航阶段,其他数据为默认值),并使 AP 和 FD 接通,按压"自动驾驶断开"按钮,纵向接通高度保持、侧向接通航向保持,观察 AFCU"自动驾驶""航向保持"信号灯亮,PFD 显示"自动驾驶""俯仰保持""航向保持"。

(2) 设置系统进入其他状态,按压"自动驾驶断开"按钮,AFCU 信号灯和 PFD 无显示。

6.8.6 控制功能与性能测试

大型飞机自动飞控系统一般具有俯仰角保持、高度保持、垂直速度、倾斜角保持、航向保持、航向选择、航迹保持和航迹选择等基本控制功能。控制功能检查与性能测试应覆盖以上全部内容,确认以上功能正确实现且性能满足设计要求。

控制功能检查和性能测试有时称为自动飞控系统静(动)态性能试验,实质上就是检查自动飞控系统的闭环功能、静（动）态性能。

自动飞控系统功能与性能试验的基本思路是在检查功能的同时，测试相应功能的实现精度即性能，其考核标准为系统设计要求规定的功能和性能指标。

自动飞控系统控制功能检查和性能测试是在自动飞控系统闭环环境下进行的。由自动飞控系统、电传飞控系统、自动飞控系统试验器和飞行仿真系统组成的"铁鸟"半物理试验环境，可以使飞机"飞起来"。其中，在飞行仿真系统中，设定自动飞控系统起始状态点（包括大气、惯导和飞机本身的特性参数），同时飞行包采用飞机六自由度非线性运动方程。

分析自动飞控系统试验器记录的试验数据，确认自动飞控系统的功能、性能是否满足设计要求。

下面以自动飞控系统俯仰角保持模态控制功能为例，介绍自动飞控系统**控制功能与性能**检查的方法，其他功能的检查方法和流程相似。

自动飞控系统俯仰角保持模态控制功能检查试验方法和流程描述如下：

（1）先启动自动飞控系统，再启动电传飞控系统，确认电传飞控系统工作在正常工作模式。

（2）在飞行仿真系统中，设置飞行状态点（选择巡航、起飞或着陆任意一种构型状态），并在飞行仿真系统中设定自动飞控系统进入闭环状态。

（3）按压"自动驾驶"按钮，确认自动驾驶纵向工作在"俯仰姿态保持"模态，横航向工作在"航向保持"模态。

（4）按压"纵向断开"按钮，操纵驾驶柱改变俯仰角至 8°。

（5）再次按压"纵向断开"按钮，确认自动驾驶回到"俯仰姿态保持"模态，观察当前俯仰角至 8°后等待 3 s。

（6）按压"纵向断开"按钮，操纵驾驶柱改变俯仰角至 −5°。

（7）再次按压"纵向断开"按钮，确认自动驾驶回到"俯仰姿态保持"模态，观察当前俯仰角至 −5°后等待 3 s。

（8）按压"自动驾驶断开按钮"两次，断开自动驾驶，清除警告级告警。

记录全过程试验数据，分析并确认其功能和性能是否满足设计要求。

6.8.7　BIT 测试

大型飞机自动飞控系统一般均设有 BIT 功能，包括上电自检（PUBIT）、飞行前自检（PBIT）、飞行中自检（IFBIT）和维护自检测（MBIT）4 种功能。BIT 测试的基本试验原理描述如下：

（1）上电自检（PUBIT）测试。在接通自动飞控计算机之前，先设置自动飞控系统为故障状态，然后给自动飞控系统上电，等待 PUBIT 执行之后，通过自动飞控系统试验器检查 PUBIT 的检测结果是否满足设计要求。

（2）飞行前自检（PBIT）测试。接通自动飞控计算机并完成 PUBIT 后，设置自动飞控系统为故障状态，接通 PBIT，等待 PBIT 执行之后，通过自动飞控系统试验器检查 PBIT 的检测结果是否满足设计要求。

（3）飞行中自检（IFBIT）测试。在飞行仿真系统中设置飞机飞行剖面状态,操纵飞机进入试验状态,接通自动驾驶工作模态,先保证自动飞控系统能够正常工作,再通过自动飞控系统试验器设置系统故障,利用自动飞控系统试验器读取 IFBIT 结果,检查 IFBIT 的检测结果是否满足设计要求。

（4）维护自检测（MBIT）测试。接通自动飞控计算机并完成 PUBIT 后,设置自动飞控系统为故障状态,接通 MBIT,等待 MBIT 执行之后,通过自动飞控系统试验器检查 MBIT 的检测结果是否满足设计要求。

6.8.7.1　上电自检（PUBIT）测试

自动飞控系统上电自检（PUBIT）测试方法和流程描述如下：

（1）正常状态下,自动飞控系统上电,通过自动飞控系统试验器读取 PUBIT 检测时间。

（2）正常工作模态下,通过自动飞控系统试验器读取 PUBIT 结果。

（3）AFCS 断电,通过自动飞控系统试验器设置故障,如单个 AFCC 故障,全部 AFCC 故障,AFCCs 通道间同步故障,AFCCs 数据交叉传输故障,AFCU 故障,ATM 故障,单侧 BDA 故障,双侧 BDA 故障等。

（4）自动飞控系统上电,读取 PUBIT 结果,确认 PUBIT 是否正确检测设置的故障。

6.8.7.2　飞行前自检（PBIT）测试

自动飞控系统飞行前自检（PBIT）测试方法和流程描述如下：

（1）正常状态下,自动飞控系统上电。

（2）10 s 后,通过自动飞控系统试验器设置,动压<3.5 kPa、空地状态"地面"、ADC 源选择有效,两台发动机均处于反推关闭、不点火及停车状态,然后启动 PBIT,通过自动飞控系统试验器读取正常工作模态下 PBIT 检测时间和 PBIT 检测结果。

（3）通过自动飞控系统试验器设置故障,如单个 AFCC 故障,全部 AFCC 故障,AFCCs 通道间同步故障,AFCCs 数据交叉传输故障,AFCU 故障,ATM 故障,单侧 BDA 故障,双侧 BDA 故障等。

（4）启动 PBIT,完成后读取 PBIT 结果,确认 PBIT 是否正确检测设置的故障。

6.8.7.3　飞行中自检（IFBIT）测试

自动飞控系统飞行中自检（IFBIT）测试方法和流程描述如下：

（1）正常状态下,自动飞控系统上电。

（2）设置巡航状态飞行且自动驾驶接通,待自动飞控系统自动进入 IFBIT 后,通过飞控系统试验器从 AFCC 交联到 CMS 的 429 总线上读取 IFBIT 结果。

（3）通过自动飞控系统设置故障,如单个 AFCC 故障,全部 AFCC 故障,AFCCs

通道间同步故障,AFCCs 数据交叉传输故障,AFCU 故障,ATM 故障,单侧 BDA 故障,双侧 BDA 故障。

(4) 设置故障后,读取 IFBIT 结果,确认 IFBIT 是否正确检测设置的故障。

6.8.7.4　维护自检测(MBIT)测试

自动飞控系统维护自检测(MBIT)测试方法和流程描述如下:

(1) 正常状态下,自动飞控系统上电。

(2) 10 s 后,通过自动飞控系统试验器设置动压<3.5 kPa、空地状态"地面"、ADC 源选择有效,两台发动机均处于反推关闭、不点火及停车状态,然后启动 PBIT,通过自动飞控系统试验器读取正常工作状态下 MBIT 检测时间和 MBIT 检测结果。

(3) 通过自动飞控系统试验器设置故障,如单个 AFCC 故障,全部 AFCC 故障,AFCCs 通道间同步故障,AFCCs 数据交叉传输故障,AFCU 故障,ATM 故障,单侧 BDA 故障,双侧 BDA 故障等。

(4) 设置故障后,读取 MBIT 结果,确认 MBIT 是否正确检测设置的故障。

6.8.8　故障影响试验

大型飞机对自动飞控系统的安全性要求很高(因自动飞控系统失效引起飞机灾难性事故的概率小于 10^{-5})。杜绝和减少自动飞控系统故障以及将故障影响减到最小是自动飞控系统安全性设计的关键,因此故障影响试验也就成为自动飞控系统验证试验的主要内容之一。自动飞控系统一般都会采用多余度设计与余度管理、故障重构、模态转换降级安全等措施。

自动飞控系统的主要故障模式包括电源故障、AFCC 故障,AFCU 故障,ATM 故障,BDA 故障,AFCC 通道间同步故障,AFCC 之间交叉数据传输故障,外部故障导致电传飞控系统不允许自动飞控接通故障,自动飞控系统外部交联的飞行姿态传感器(大气数据计算机、惯导设备、无线电高度表等)故障等。

自动飞控系统故障影响试验的目的是在系统发生以上故障模式下,测试自动飞控系统功能和性能是否满足设计要求和飞行安全性要求,试验方法和流程描述如下。

(1) 供电系统故障影响。

自动飞控系统在供电正常情况下,运行飞行仿真系统和自动飞控系统试验器,使自动飞控系统正常工作在某一模态下,然后模拟各汇流条的单个和组合故障,使 AFCC、AFCU、ATM、BDA 在多余度供电中的单个或多余度供电故障下工作,以及系统在应急供电状态下工作,检查设置供电故障瞬间的过载与角速率等瞬态特性、供电故障稳定后自动飞控系统能否稳定飞行,确认系统供电的余度和安全性设计是否能够满足飞行安全的要求。

(2) 机载设备故障影响。

自动飞控系统在供电正常情况下,运行飞行仿真系统和自动飞控系统试验器,使自动飞控系统正常工作在某一模态下,通过对机载设备全部断电或者设置通信故障模拟 AFCC 故障、AFCU 故障、ATM 故障、BDA 故障,检查自动飞控系统机载设备故障稳定后,故障重构是否符合设计时确定的故障工作方式,以及故障设置瞬间时的过载与角速率等瞬态特性,确认自动飞控系统机载设备故障重构与模态转换设计是否满足飞行安全的需求。

(3) AFCC 同步和交叉通信故障影响。

自动飞控系统在供电正常情况下,运行飞行仿真系统和自动飞控系统试验器,使自动飞控系统正常工作在某一模态下,断开一路或者多路 AFCC 同步信号线路,然后启动自动飞控系统,通过 BIT 上报的自动飞控系统故障确定 AFCC 同步和交叉通信故障。

(4) 交联系统信号故障。

交联系统信号故障主要包括大气数据计算机、惯导系统等航姿信号故障和飞行管理系统与电传飞控系统故障两部分。

通过设置航姿信号故障,检查自动飞控系统的模态转换和故障设置时的瞬态特性是否满足飞行安全的需求。例如启动飞行仿真系统和自动飞控系统试验器后,设置自动飞控系统纵向进入垂直速度爬升的模态,然后设置垂直速度信号故障,自动飞控系统应退出垂直速度模态转换到默认的俯仰角保持模态,再设置俯仰角信号故障,自动飞控系统应退出控制功能,同时记录信号故障与模态转换时的瞬态特性,确认是否满足飞行安全的需求。

设置飞行管理系统信号故障,确认自动飞控系统能否安全稳定地退出自动导航;设置电传飞控系统故障,确认自动飞控系统能否安全稳定的退出自动导航和自动驾驶功能。

6.9 飞控系统"铁鸟"集成试验

6.9.1 概述

按照工程研制思路,我们在本书 1.6 节中将大型飞机飞控系统划分为座舱操纵系统、电传飞控系统、高升力系统和自动飞控系统,对于具有机械操纵的飞机,还有机械操纵系统。研制过程采用分级综合思想,机载设备供应商解决机载设备问题,系统供应商解决分系统问题。尽可能地把机载设备问题不要带到分系统和系统,将分系统问题不要带到系统。至于上一级综合结果需要下一层更改的问题那是优化问题,是上层系统设计要求的进一步完善与提升。虽然飞控系统各分系统具有其独立的功能和性能,但其间的相互依存、相互支持不言而喻,协调分系统间相互关系并使其满足飞控系统设计规范要求是飞控系统设计的重要内容,而验证确认飞控系统是否满足系统设计规范就是飞控系统"铁鸟"集成试验的主要目的和内容之一。

我们按照飞控系统"分级设计,逐级综合"的设计思想,第 5 章介绍了组成大型飞机飞控系统的以上诸分系统在供应商试验环境下开展的综合试验工作,应该说分系统综合试验能够解决分系统绝大多数设计缺陷和问题,当然这与分系统开发人员的技术水平、试验条件、经济实力和管理水平等因素有关。因此,供应商的选择对于机载设备和系统研制水平以及后续的飞控系统"铁鸟"集成试验周期尤为重要。

本书6.4节~6.8节,我们介绍了分系统"铁鸟"集成试验,在更加逼真的"铁鸟"集成试验环境下,进一步验证了分系统的功能和性能,考核了其工作稳定性。同时从前几节介绍中可以看出其中的依存关系,座舱操纵系统"铁鸟"集成试验是后续各系统"铁鸟"集成试验的基础,自动飞控系统"铁鸟"集成试验必须在电传飞控系统"铁鸟"集成试验后进行,电传飞控系统"铁鸟"集成试验也必须有高升力控制系统的完整状态参与,机械操纵系统"铁鸟"集成试验更不用再说。

飞控系统除具有内部复杂功能依存、性能支撑和接口关系外,其正常工作也还需要飞机其他系统,如液压系统、电源系统、航空电子系统、起落架控制系统、动力系统等的能源保证、信息提供和命令执行,与这些飞机系统之间的匹配性验证也是飞控系统"铁鸟"集成试验的重要目的和内容之一。具体试验内容包括:

(1) 接口检查;

(2) 极性与传动比检查;

(3) 控制逻辑、显示与告警、余度功能检查;

(4) 控制功能检查与性能测试:

(5) 稳定储备试验:

(6) BIT 测试及故障试验。

6.9.2　试验原理

大型飞机飞控系统"铁鸟"集成试验原理如图 6-34 所示。

接口检查、极性检查、逻辑功能检查、配平功能和配平逻辑检查、模态转换功能检查、系统状态及告警显示功能检查、系统 BIT 功能检查等试验项目,在飞控系统处于开环状态下进行。

试验参数测试使用测试传感器和飞控系统试验测试分析系统完成;飞控系统内部信息流的检测使用数据总线检测仿真设备或飞行测试接口设备(FTI)完成;飞控系统内部传输信号的检测使用飞控系统试验器(含电传飞控系统试验器、自动飞控系统试验器、高升力控制系统试验器)完成,或者将要测试的信号从飞控系统试验器引入到试验测试记录设备中完成。

飞控系统的飞行品质试验、转换瞬态测试、逻辑功能检查、模态转换功能检查、状态及告警显示检查、故障模拟试验等项目检查时,舵面的偏角信号引入飞行仿真系统,飞行仿真系统的飞机动力学方程和发动机推力方程解算得到飞机的运动姿态和运动状态参数,作为线加速度转台、三轴速率转台、大气数据仿真激励器、惯导仿真激励器、智能探头仿真激励器等机载设备的指令信号,控制各试验设备的运行工作,驱动三轴过载传感器和角速率陀螺组件,激励各仿真激励器,为电传飞控计算机、自动飞控计算机、襟缝翼控制器提供反馈信号。

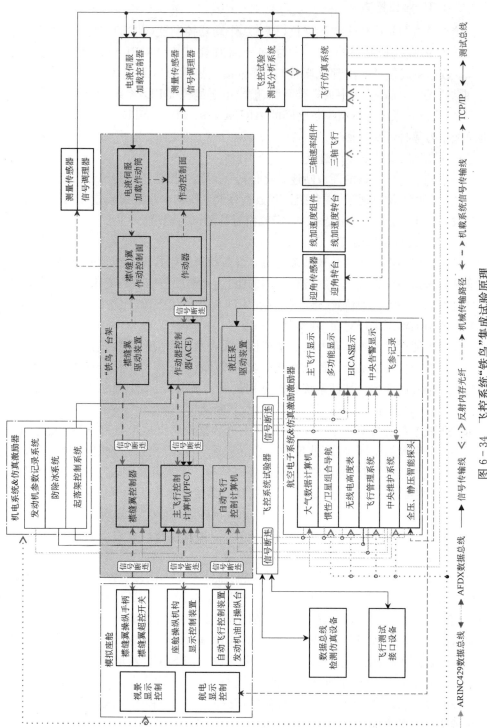

图 6-34 飞控系统"铁鸟"集成试验原理

6.9.3 接口检查

接口检查包括电传飞控计算机(PFC)、作动器控制器(ACE)、自动飞控计算机(AFCC)、襟缝翼控制器(FSECU)之间的离散量以及 ARINC429、MIL‐STD‐1553B 数据总线信号等内部交联接口,还包括飞控系统内部设备与大气数据计算机、惯导、无线电高度表、中央告警系统、航空电子显控(DPU)系统、发动机参数记录系统、中央维护系统等机载设备之间的 ARINC429、MIL‐STD‐1553B、AFDX 数据总线信号等外部交联接口。

1) 模拟量、离散量接口检查

从飞控系统试验器前面板断连处将信号引入到飞控系统试验测试分析系统(接入到数字多用表测试通道,或者接入到数据存储系统的采集通道),或使用飞行测试接口设备(FTI)记录系统状态数据,完成信号的测试与记录。

2) 数据总线接口检查

如果可以用操纵或调整被试系统机载设备状态产生数据总线信号,则就通过操纵或调整被试系统机载设备状态在不同的位置,检测接口信号的变化。被试系统状态分别选取为最大极限位置、最小位置和中间位置等状态,对比检测到的接口信号并与系统当前状态进行对比,判断是否一致。

如果不能通过操纵或调整被试系统机载设备状态产生数据总线信号,则使用地面维护设备或仿真激励器设置地面维护设备或仿真激励器接口信号在不同的状态,检测接口信号的变化。被试系统状态分别选取为最大值、最小值和中间值等状态,对比检测到的接口信号并与当前状态对比,判断是否一致。

大气数据系统与 PFC 接口检查是在大气数据设备上电准备完成后,由动(静)压模拟器分别模拟不同高度、速度值。惯导系统与 PFC 接口检查是在惯导设备上电准备完成后,通过转台驱动惯导,给出姿态信号。无线电高度表与 PFC 接口检查是通过激励器给出高度信号,检测 PFC 接收的无线电高度表数据以及 PFC 表决后的输出。

下面以典型的飞控系统接口检查为例,介绍接口检查的方法与流程,其他接口检查的方法和流程相类似。

1) 电传飞控计算机(PFC)与襟缝翼控制器(FSECU)间接口检查

通过 MIL‐STD‐1553B 数据总线耦合器将飞控系统 MIL‐STD‐1553B 数据总线信号接到数据总线检测设备;通过 ARINC429 数据总线耦合器将 FSECU 连接到事故记录设备(FDAU)、远程数据集中器(RDC)的数据总线信号接到数据总线检测设备。通过飞行测试接口设备(FTI)获取 PFC 从 FSECU 获取的信息。

(1) 飞控系统供电、供压,调整飞控系统处于正常工作状态。

(2) 数据总线检测设备、飞行测试接口设备(FTI)、飞控系统试验测试分析系统等试验支持设备供电。

(3) 运行应用软件,进入数据总线检测记录状态,以及测试记录状态。

(4) 操作襟(缝)翼操纵手柄置于不同挡位,并在当前挡位保持 10 s,改变襟(缝)翼操纵手柄置于下一个挡位,直到完成襟缝翼操纵手柄到所有挡位的操作。

(5) 使用数据总线检测设备通过 MIL-STD-1553B 数据总线记录 FSECU 发送给 PFC 的"襟翼舵面偏角表决值"和"缝翼舵面偏角表决值"数据信息,使用数据总线检测设备通过 ARINC429 数据总线获取 FSECU 发送给事故记录设备(FDAU)的"襟缝翼操纵手柄位置""襟翼舵面偏角"和"缝翼舵面偏角"数据信息,使用飞行测试接口设备(FTI)通过 RS-422 数据总线获取 PFC 的"襟缝翼操纵手柄位置""襟翼舵面偏角"和"缝翼舵面偏角"数据信息。

(6) 回放分析飞行测试接口设备(FTI)、数据总线检测设备、飞控系统试验测试分析系统获取的"襟翼舵面偏角表决值"和"缝翼舵面偏角表决值"数据信息,对比襟缝翼操纵手柄挡位、襟(缝)翼偏角信号,PFC 收到的襟(缝)翼舵面偏角数据,ACE 收到的襟翼位置状态信号,事故记录设备记录的襟缝翼操纵手柄挡位及襟翼和缝翼舵面偏角数据,分析不同设备所记录对应参数结果是否一致。

2) 飞控系统与大气数据系统间接口检查

飞控计算机(PFC、AFCC)与大气数据系统之间采用 ARINC429 数据总线通信,其接口检查方法和流程描述如下:

(1) 给飞控系统上电,系统进入正常工作状态。

(2) 通过大气数据系统仿真激励器(或者是数据总线监控设备)分别设置多余度的真空速、指示空速、真攻角、马赫数、修正气压高度、静压、动压、气压高度等参数,并发送给 PFC、AFCC。

(3) 使用 FTI 记录 PFC、AFCC 通过 ARINC429 数据总线所接收大气数据系统发送的总线数据,检查对比发送数据与接收数据的一致性。

3) 飞控系统与惯导系统间接口检查

飞控计算机(PFC、AFCC)与惯导系统之间采用 ARINC429 数据总线通信,其接口检查方法和流程描述如下:

(1) 给飞控系统上电,系统进入正常工作状态。

(2) 通过惯导系统仿真激励器(或者是数据总线监控设备)分别设置多余度的俯仰角、横滚角、俯仰角速率、横滚角速率、偏航角速率、地速、前向线加速度、侧向线加速度、法向线加速度等参数,并发送给 PFC、AFCC。

(3) 使用 FTI 记录 PFC、AFCC 通过 ARINC429 数据总线所接收惯导系统发送的总线数据,检查对比发送数据与接收数据的一致性。

6.9.4 极性与传动比测试

极性与传动比测试是在飞控系统全状态下进行,验证电传飞控系统极性及传动比的正确性,包括检查驾驶盘位移、驾驶柱位移、脚蹬位移,俯仰角速率、倾斜角速率、偏航角速率,法向过载、侧向过载,迎角传感器、惯导设备等信号到水平安定面、升降舵、副翼、方向舵、扰流板等各舵面的极性与传动比。

极性与传动比测试分别在飞控系统正常工作模态、降级工作模态和模拟备份工作模态下进行。根据飞机构型通过飞行仿真系统设置初始飞行状态点,通过操纵座舱操纵机构产生指令信号,或者通过仿真激励设备产生仿真指令或反馈信号,加入到系统的输入,记录指令信号、反馈信号和舵面响应信号,再生成图形曲线,并与控制律仿真曲线进行比较,评判两者吻合程度。

6.9.4.1　正常工作模态极性与传动比测试

电传飞控系统正常模态极性与传动比测试方法和流程描述如下:

(1) 启动飞控系统,并进入正常工作模态。

(2) 通过飞行仿真系统设置飞行状态和各参数初始值。

(3) 通过飞行仿真系统,采用逐个顺序设置不同的输入指令或反馈信号,设置各参数连续变化如表 6-1 所示,顺序依次为马赫数、动压、真空速、表速、俯仰角、倾斜角和气压高度等,分别从当前初值到最小值、从最小值到最大值、最大值到初始值的线性变化,信号变化周期为 20 s。

(4) 使用飞行测试接口设备(FTI)记录驾驶盘位移、驾驶柱位移、脚蹬位移、减速操纵手柄位置、水平安定面手柄位置、襟缝翼操纵手柄挡位等指令信号,俯仰角速率、倾斜角速率、偏航角速率,法向过载、侧向过载、迎角传感器、惯导设备等反馈信号,系统工作状态、飞控计算机输出的指令字,水平安定面、升降舵、副翼、方向舵、扰流板等舵面偏角。

(5) 分析处理记录数据,生成各输入激励信号和输出响应信号的图形,按 6.11 节飞控系统试验结果评估的要求和方法对试验结果进行评估。

表 6-1　正常模态极性与传动比测试试验参数设置

序号	信号名称	初始值	设置及变化范围
1	驾驶柱位移	-20 mm	
2	驾驶盘位移	$15°$	
3	脚蹬位移	15 mm	
4	法向过载	$1.5g$	
5	侧向过载	$0.2g$	
6	俯仰角速率	$5°/s$	
7	偏航角速率	$5°/s$	
8	滚转角速率	$5°/s$	
9	无线电高度	100 m	
10	轮载	0	
11	飞机重量	130 t	
12	飞机重心	0.32	
13	水平安定面偏度	$-2°$	
14	迎角	$10°$	
15	襟翼位置	$0°$	

（续表）

序号	信号名称	初始值	设置及变化范围
16	缝翼位置	$0°$	
17	马赫数	初始值：0.5	[0～0.9]ma 线性变化
18	动压	初始值：10 000	[0～25 000]Pa 线性变化
19	真空速	初始值：400	[0～900]km/h 线性变化
20	表速	初始值：400	[0～700]km/h 线性变化
21	俯仰角	初始值：15	[−30～30]°线性变化
22	倾斜角	初始值：30	[−60～60]°线性变化
23	气压高度	初始值：5 000	[0～12 000]m 线性变化

6.9.4.2 模拟备份工作模态极性与传动比测试

电传飞控系统模拟备份工作模态极性与传动比测试方法和流程描述如下：

（1）启动飞控系统，并进入正常工作模态。

（2）通过飞行仿真系统设置飞行状态和各参数初始值。

（3）使用飞行测试接口设备（FTI）记录驾驶盘位移、驾驶柱位移、脚蹬位移、减速操纵手柄位置、水平安定面手柄位置、襟缝翼操纵手柄位置等指令信号，俯仰角速率、倾斜角速率、偏航角速率、法向过载、侧向过载、迎角传感器、惯导设备等反馈信号，系统工作状态、飞控计算机输出的指令字，水平安定面、升降舵、副翼、方向舵、扰流板等舵面偏角。

（4）测试方法和流程如下。

a. 驾驶盘位移到副翼、扰流板舵面的极性与传动比测试：操纵驾驶盘按照从"中立初始位置→左偏驾驶盘到 20％位置→返回中立位置→右偏驾驶盘到位置到 20％位置→返回中立位置"，平稳、缓慢操纵驾驶盘，往复运动一个完整的周期。

b. 驾驶柱位移到水平安定面、升降舵等舵面的极性与传动比测试，以及脚蹬位移到方向舵的极性与传动比测试。与驾驶盘位移到副翼和扰流板舵面的极性与传动比测试方法类似，只是操作驾驶柱或脚蹬，对于极限位置的选择，也可以选择更大范围，如 50％位置或极限位置。

c. 俯仰角速率到水平安定面、升降舵等舵面的极性与传动比测试：使用机械位移信号发生器产生三角波的激励信号，对应俯仰角速率从"$0°/s→−10°/s→0°/s→10°/s→0°/s$"变化，输出一个完整的周期。

d. 倾斜角速率、偏航角速率，法向过载、侧向过载、迎角传感器、惯导设备等反馈信号到其他副翼、方向舵、扰流板等舵面的极性与传动比测试。与俯仰角速率到水平安定面、升降舵的极性与传动比测试方法类似，只是由信号发生器产生对应倾斜角速率、偏航角速率，法向过载、侧向过载、迎角传感器、惯导等机载设备的信号，对于极限位置的选择，也可以选择更大范围，如 $10°/s$ 或最大值。

e. 处理分析记录数据，生成各输入激励信号和输出响应信号的图形，按 6.11 节飞控系统"铁鸟"集成试验结果评估的要求和方法对试验结果进行评估。

6.9.5　稳定储备测试试验

稳定性是控制系统的基本要求,是指在去掉作用于系统的外作用后,它能够以足够的精度恢复到初始平衡状态的能力。稳定性的定义其实反映了对控制系统要求的3个意思,一是必须能恢复,二是能快速恢复,三是回复状态与初始状态有高度的一致性。这个概念反映在飞控系统就是飞机的稳定性、操纵性和控制精度,即飞行品质。飞行品质设计规范综合了各类飞机对于以上飞行品质的要求,用飞控系统的稳定储备来表征飞机的飞行品质要求。

建模与仿真技术的发展,已为通过数字仿真来研究和评估飞控系统稳定储备创造了很好的条件,也为此做出了很大的贡献。但是,由于飞控系统机载设备多,结构复杂,尤其像液压伺服舵机及其液压能源,很难建立精准的数学模型,也很难实现复杂模型下的实时仿真。因此,建立包括真实飞控系统在内的集成试验台来验证和评估飞控系统稳定储备尤为重要。

稳定储备试验包括电传飞控系统正常工作模态和模拟备份工作模态以及自动飞行工作模态下的稳定储备测试,本书只介绍电传飞控系统稳定储备测试相关内容,自动飞行工作模态下的试验方法和流程相类似。

大型运输机飞控系统稳定储备测试原理如图6-35所示。

1) 电传飞控系统正常工作模态稳定储备试验

(1) 在飞控系统"铁鸟"集成试验台架上按照图6-44所示试验原理连接好试验系统。

(2) 给飞控系统上电并使电传飞控系统闭环工作在正常工作模态。

(3) 通过飞行仿真系统设置飞机构型及飞行状态,并将飞机配平在设定的飞行状态下。

(4) 用动态频响分析仪产生正弦扫频信号,从电传飞控系统试验器前面板 ACE 的测试端口输入给 ACE,在 ACE 中与 D/A 转换后的模拟指令信号相加后经过伺服放大输出给作动器。

(5) 作动器驱动舵面运动产生舵面偏角信号输入飞行仿真系统。

(6) 飞行仿真系统解算出飞机运动状态信号给 ACE(进入 ACE 后通过总线输入 PFC)和 PFC,PFC 向 ACE 发送舵面控制指令进入 ACE 并进行 D/A 转换。

(7) 将 D/A 转换后的舵面控制指令(从电传飞控系统试验器前面板的测试输出端口获得)和扫频信号输入开环扫频反相模块中进行相加并反相,输入动态频响分析仪。

(8) 用动态频响分析仪绘出 D/A 转换后的舵面控制指令相对于开环扫频反相模块的 Bode 图,分析稳定储备。

2) 电传飞控系统模拟备份工作模态稳定储备试验

(1) 在飞控系统"铁鸟"集成试验台架上按照图6-35所示试验原理连接好试验系统。

(2) 给飞控系统上电并使电传飞控系统闭环工作在正常工作模态下。

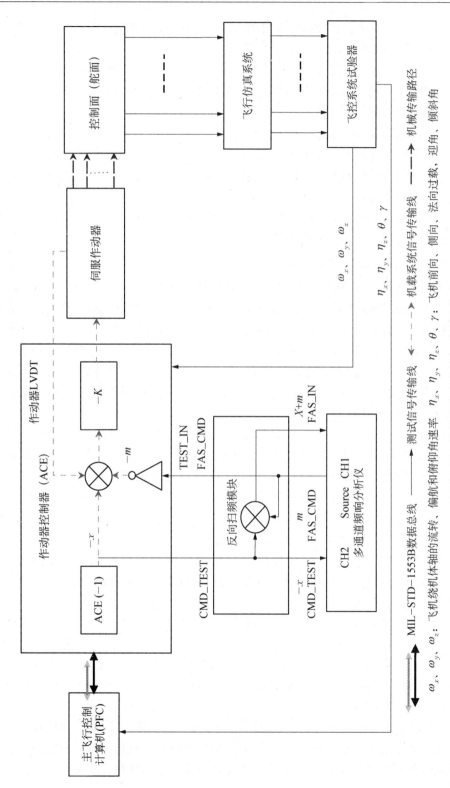

图 6-35　飞控系统稳定储备试验原理

（3）通过飞行仿真系统设置飞机构型及飞行状态，并将飞机配平在设定的飞行状态下。

（4）用动态频响分析仪产生正弦扫频信号，从电传飞控系统试验器前面板 ACE 的测试端口输入给 ACE，在 ACE 中与 D/A 转换后的模拟指令信号相加后经过伺服放大输出给作动器。

（5）作动器驱动舵面运动产生舵面偏角信号输入飞行仿真系统。

（6）飞行仿真系统解算出飞机运动状态信号给 ACE，ACE 产生作动器控制指令并进行 D/A 转换，将 D/A 转换后的作动器控制指令和扫频信号输入开环扫频反相模块中进行相加并反相，输入动态频响分析仪。

（7）用动态频响分析仪绘出 D/A 转换后的作动器控制指令相对于开环扫频反相模块的 Bode 图，分析稳定储备。

6.9.6　闭环频率响应试验

大型运输机飞控系统组成复杂，涉及近千项电子类、机电类、机械类机载设备，需要电源、液压源提供工作能源，包含了复杂的动力学特性和突出的非线性。我们在飞控系统设计阶段，均采取了简化的线性数学模型加典型非线性环节，进行系统设计与分析。但在飞控系统试验中，我们再无法把飞控系统中的线性特性和非线性特性割裂开来，这就使得试验结果表现出高阶系统特点。加之飞机六自由度非线性运动方程、发动机推力以及起落架方程等，使得包括飞机在内的闭环飞控系统试验结果分析起来更加困难。

GJB185 - 1986 和 GJB2874 - 1997 均按照标准二阶系统定义了飞控系统闭环特性的评估方法与标准。因此，当需要通过试验方法分析或验证某一特定飞控系统闭环特性时，一般的做法是将试验结果（一定是高阶的）等效为标准二阶系统特性形式。

飞控系统闭环频率响应试验的目的是求取测试高阶飞控系统（含飞机动力学）的频率响应，进而通过等效拟配方法得到国军标规定形式的频率特性和等效低阶短周期运动特征参数。闭环频率响应试验原理如图 6 - 36 所示。

闭环频率响应试验分别在电传飞控系统正常和模拟备份工作模式下进行，分别考核这两种工作模式下的闭环频率响应性能，从而评估其是否满足飞行品质要求。试验方法和流程描述如下：

（1）设置动态信号频响分析系统信号发生器为正弦扫频信号，并按照试验要求设置幅值和扫频范围。

（2）动态信号频响分析系统激励信号（或者信号发生器输出）接入到机械位移信号发生器的控制输入端，同时将该信号引入到动态信号频响分析系统的分析仪参考通道，作为频响分析的参考信号。

（3）启动动态信号频响分析系统进入信号分析记录状态，同时启动信号发生器产生输出激励信号。用位移信号发生器分别给驾驶柱、驾驶盘、脚蹬施加不同幅值、不同频率范围的扫频信号，分析各作动器输出和舵面偏角对输入的响应。

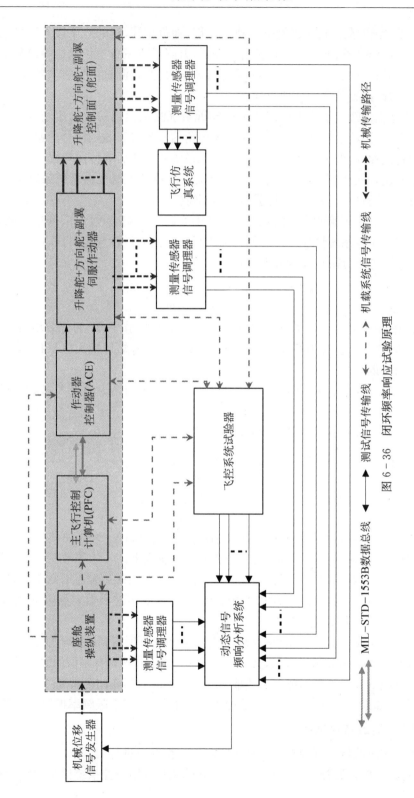

图 6 - 36 闭环频率响应试验原理

(4) 使用试验测试传感器测试驾驶盘位移、脚蹬位移、驾驶柱位移等操纵信号，副翼机械备份作动器、方向舵机械备份作动器、升降舵机械备份作动器等位移信号，以及副翼舵面、方向舵舵面、升降舵舵面等偏角信号，并将测试信号引入到动态信号频响分析系统，进行信号的处理与分析。

(5) 试验结束后，分析动态信号频响分析系统测试记录的激励信号、作动器输出和舵面偏角信号，绘制作动器输出和舵面偏角信号相对于激励信号的幅频特性曲线和相频特性曲线，即可从相频特性曲线得到系统相位滞后等特征参数。

如上所述，通过动态信号频响分析仪给位置信号发生器提供正弦激励信号，同时测试飞机运动量 ω_z 相对指令传感器的频率特性。

闭环频率响应试验所得到的是高阶系统的实际频率响应，可以依据频率域分析技术直接评定飞控系统性能。但为便于与现行飞行品质设计规范对比，可将试验结果等效拟配成如下低阶传递函数形式：

$$\frac{\omega_z(s)}{X_S(s)} = \frac{K(s + 1/T_{\theta 2})}{s^2 + 2\xi_{sp}\omega_{sp}s + \omega_{sp}^2} \cdot e^{-\tau s}$$

式中：ω_z 为俯仰角速度；X_S 为驾驶柱输入位移；s 为拉氏算子；K 为等效增益；$1/T_{\theta 2}$ 为等效传递函数零点；ξ_{sp} 为等效短周期阻尼比；ω_{sp} 为等效短周期无阻尼自然频率；τ 为等效时间延迟。

横航向闭环频率响应试验一般是求取侧滑角 β 对航向指令输入 X_y 以及滚转速率 ω_x 对横向指令输入 X_r 的高阶系统频率响应。

横航向系统等效低阶传递函数的形式通常是

$$\frac{\beta(s)}{X_y(s)} = \frac{K_\beta}{s^2 + 2\xi_{nd}\omega_{nd}s + \omega_{ns}^2} \cdot e^{-\tau_{e\beta}s}$$

$$\frac{\omega_x(s)}{X_r(s)} = \frac{K_{\omega_x}(s^2 + 2\xi_\varphi\omega_\phi s + \omega_\varphi^2)s}{(s + 1/T_s)(s + 1/T_R)(s^2 + 2\xi_{nd}\omega_{nd}s + \omega_{nd}^2)} \cdot e^{-\tau_{e\omega_x}s}$$

式中：β 为侧滑角；ω_x 为滚转角速度；X_y 为脚蹬输入位移；X_r 为驾驶柱横向输入位移；s 为拉氏算子；K_β 为等效增益；ξ_{nd} 为等效荷兰滚阻尼比；ω_{nd} 为等效荷兰滚无阻尼自然频率；$\tau_{e\beta}$ 为等效时间延迟；K_{ω_x} 为等效增益；T_s 为等效螺旋模态时间常数；T_R 为等效滚转模态时间常数；$\tau_{e\omega_x}$ 为等效时间延迟；ξ_φ 为等效传递函数零点阻尼比；ω_φ 为等效传递函数零点无阻尼自然频率。

飞控系统是带有多种非线性的系统，不同幅值输入下所得到的闭环频率响应特性不同。为此，要精心确定输入幅值，其原则与稳定储备测试时选择幅值的原则相同。

频率响应试验输入频率范围一般取 0.1～10 rad/s，频率间隔按每 10 倍频程对数 10 等分。如果 $\omega \geqslant 10$ rad/s 后，幅值曲线仍不下落，可将上限频率扩展一倍频程。

6.9.7　时域特性试验

飞控系统时域特性试验在飞控系统闭环工作情况下进行。

通过操纵柱(盘)或脚蹬对飞控系统施加标准输入，用飞控系统试验测试分析系统记录和分析飞机响应(舵面偏角、姿态变化)随时间的变化历程。

标准输入一般为阶跃形式(也有脉冲或双向脉冲),输入幅值应包括小幅值、中等幅值和大幅值。

时域特性试验应该覆盖全部飞行包线,并在飞控系统所有工作模态下进行。飞行运动最好用六自由度非线性全量方程描述,当然也可以用简化的线性方程描述,此时对结果的分析必须考虑飞机运动方程简化所带来的影响。

时域特性试验包括指令输入试验和时域扰动特性试验两种。

1) 指令输入时域特性试验

下面以阶跃输入为例,介绍时域特性试验方法和流程:

(1) 设置飞控系统试验测试分析系统激励信号(或者信号发生器)为方波信号,方波信号周期为20 s,其幅值与操纵位移要求一致。

(2) 将飞控系统试验测试分析系统激励信号(或者信号发生器)接入机械位移信号发生器的控制输入端,作为操纵输入控制信号。

(3) 启动飞控系统试验测试分析系统进入信号测试记录状态,启动飞控系统试验测试分析系统激励信号。

(4) 使用试验测试传感器测试驾驶盘位移、脚蹬位移、驾驶柱位移等操纵信号,副翼机械备份作动器、方向舵机械备份作动器、升降舵机械备份作动器等位移信号,以及副翼舵面、方向舵舵面、升降舵舵面等偏角信号,并将测试信号引入到飞控系统试验测试分析系统,进行信号的处理与分析。

(5) 试验结束后,分析飞控系统试验测试分析系统测试记录的激励信号、驾驶盘位移、副翼机械备份作动器位移、副翼舵面偏角等信号,脚蹬位移、方向舵机械备份作动器、方向舵舵面偏角等信号,驾驶柱位移、升降舵机械备份作动器位移、升降舵舵面偏角等信号,绘制激励信号、响应信号曲线,得到上升时间、稳态时间、振荡次数、超调量等特征参数。

2) 时域扰动特性试验

时域扰动特性试验分别进行迎角扰动、侧滑角扰动、俯仰角扰动和滚转角扰动试验。

(1) 迎角扰动试验:施加迎角扰动,记录升降舵偏角、水平安定面偏角、驾驶柱位移、俯仰角速率、法向过载和迎角等信号。同时将扰动信号引入飞行仿真系统,计算链路各节点信号和舵面偏角信号。将试验记录的舵面响应信号与飞行仿真系统计算的舵面响应信号对比,判断试验结果的符合性。

(2) 侧滑角扰动试验:施加侧滑角扰动,记录副翼偏角、方向舵偏角、驾驶盘位移、脚蹬位移、滚转角速率、偏航角速率、倾斜角、侧滑角等信号。同时将扰动信号引入飞行仿真系统,计算链路各节点信号和舵面偏角信号。将试验记录的舵面响应信号与飞行仿真系统计算的舵面响应信号进行对比,判断试验结果的符合性。

(3) 俯仰角扰动试验:施加俯仰角扰动,记录升降舵偏角、俯仰角、俯仰角速率、法向过载、迎角等信号。同时将扰动信号引入飞行仿真系统,计算链路各节点信号和舵面偏角信号。将试验记录的舵面响应信号与飞行仿真系统计算的舵面响应信号对比,判断试验结果的符合性。

（4）滚转角扰动试验:施加滚转角扰动,记录副翼偏角、方向舵偏角、驾驶盘位移、脚蹬位移、滚转角速率、偏航角速率、倾斜角、侧滑角等信号。同时将扰动信号引入飞行仿真系统,计算链路各节点信号和舵面偏角信号。将试验记录的舵面响应信号与飞行仿真系统计算的舵面响应信号对比,判断试验结果的符合性。

6.9.8　边界限制与保护功能检查

大型运输机电传飞控系统正常工作模态一般都设置有松杆姿态保持（俯仰角保持功能和滚转角保持功能）、失速保护、超速保护、过载保护、俯仰角保护和倾斜角保护等主动控制功能,实现飞行员无忧虑飞行。

飞行边界限制与保护功能检查的目的是检查以上边界限制与保护功能实现的正确性,以及对飞控系统在深度饱和情况下的性能及飞机动态特性进行检查。该检查试验是在飞控系统时域特性试验时进行,其基本原理是采取大幅值操纵输入,检查保护功能的有效性。

飞行边界限制与保护功能检查试验时,设置飞控系统在正常工作模态,通过飞行仿真系统设置飞行状态和各参数初始值,使用飞行测试接口设备（FTI）完成信号的测试与记录,主要试验内容与方法如下:

1）俯仰角保持功能检查

（1）设置飞控系统在正常工作模态,通过飞行仿真系统设置初始飞行状态。

（2）迅速果断地推/拉驾驶柱至1/4行程、1/2行程、3/4行程和满行程,并保持10 s。

（3）然后,迅速松开驾驶柱,完成当次试验操作。

（4）操作过程中,使用飞行测试接口设备（FTI）记录飞行高度、空速（Ma 数）、驾驶柱位移、俯仰角速度、俯仰角、升降舵偏角等信号。

（5）操作完成后,绘制各信号时域响应曲线,分析其超调量、振荡、调节时间等时域特性特征参数。

2）滚转角保持功能检查

（1）设置飞控系统在正常工作模态,通过飞行仿真系统设置初始飞行状态。

（2）迅速果断地顺时针/逆时针转动驾驶盘至1/4行程、1/2行程、3/4行程和满行程,并保持6 s。

（3）然后,迅速松开驾驶盘,完成当次试验操作。

（4）操作过程中,使用飞行测试接口设备（FTI）记录倾斜角、侧滑角、侧向过载、左（右）副翼偏角、方向舵偏角、左（右）扰流板偏角、脚蹬位移、驾驶盘位移、滚转角速率、偏航角、偏航角速率等信号。

（5）操作完成后,绘制各信号时域响应曲线,分析其超调量、振荡、调节时间等时域特性特征参数。

3) 失速保护功能检查

(1) 设置飞控系统在正常工作模式,通过飞行仿真系统设置初始飞行状态。

(2) 迅速后拉驾驶柱至满行程并保持 10 s。

(3) 然后,迅速松开驾驶柱,完成当次试验操作。

(4) 操作过程中,使用飞行测试接口设备(FTI)记录高度、空速(Ma 数)、杆位移、迎角、航迹角等信号。

(5) 操作完成后,绘制各信号时域响应曲线,分析其超调量、振荡、调节时间等时域特性特征参数。

4) 超速保护功能检查

(1) 设置飞控系统在正常工作模式,通过飞行仿真系统设置初始飞行状态。

(2) 迅速前推驾驶柱至最大位移并保持 10 s。

(3) 然后,迅速松开驾驶柱,完成当次试验操作。

(4) 操作过程中,使用飞行测试接口设备(FTI)记录高度、空速(Ma 数)、驾驶柱位移、航迹倾角、法向过载等信号。

(5) 操作完成后,绘制各信号时域响应曲线,分析其超调量、振荡、调节时间等时域特性特征参数。

5) 过载保护功能检查

(1) 设置飞控系统在正常工作模式,通过飞行仿真系统设置初始飞行状态。

(2) 迅速前推驾驶柱至最大位移并保持 10 s。

(3) 然后,迅速松开驾驶柱,完成当次试验操作。

(4) 操作过程中,使用飞行测试接口设备(FTI)记录高度、空速(Ma 数)、驾驶柱位移、航迹倾角、法向过载等信号。

(5) 操作完成后,绘制各信号时域响应曲线,分析其超调量、振荡、调节时间等时域特性特征参数。

6) 俯仰角保护功能检查

(1) 设置飞控系统在正常工作模式,通过飞行仿真系统设置初始飞行状态。

(2) 迅速后拉驾驶柱至满行程,保持 10 s 后松开使驾驶柱回中,在中立位置保持 5 s。

(3) 迅速前推驾驶柱至满行程,保持 10 s 后松开,完成当次试验操作。

(4) 操作过程中,使用飞行测试接口设备(FTI)记录高度、空速(Ma 数)、杆位移、俯仰角等信号。

(5) 操作完成后,绘制各信号时域响应曲线,分析其超调量、振荡、调节时间等时域特性特征参数。

7) 倾斜角保护功能检查

(1) 设置飞控系统在正常工作模式,通过飞行仿真系统设置初始飞行状态。

(2) 迅速逆时针旋转驾驶盘至满行程,保持 10 s 松开使驾驶盘回中,在中立位置保持 5 s。

（3）迅速顺时针旋转至满行程保持 10 s 后松开,完成当次试验操作。

（4）操作过程中,使用飞行测试接口设备(FTI)记录倾斜角、侧滑角、侧向过载、左/右副翼偏角、方向舵偏角、左/右扰流板偏角、脚蹬位移、驾驶盘位移、滚转角速率、偏航角、偏航角速率等信号。

（5）操作完成后,绘制各信号时域响应曲线,分析其超调量、振荡、调节时间等时域特性特征参数。

6.9.9　状态与告警显示验证试验

飞控系统工作状态、舵面偏角等通过航空电子系统 PFD、MFD、EICAS 等进行显示。地面扰流板、多功能扰流板、副翼、升降舵、水平安定面及方向舵等舵面偏角、工作模态、ACE 状态及液压系统状态等信息显示在 MFD 飞控系统简图页上,如图 6‐37 所示。

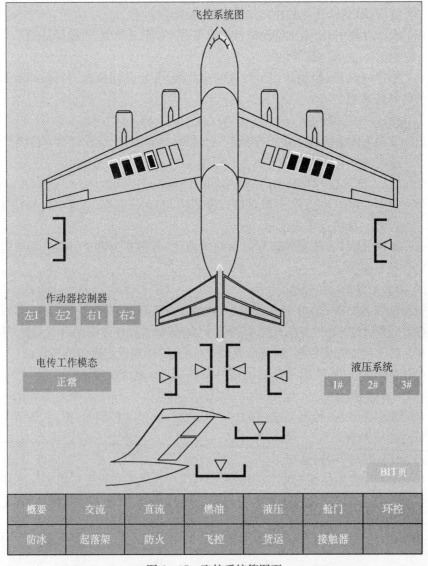

图 6‐37　飞控系统简图页

1) 飞控系统简图页上的状态及舵面偏角显示检查

飞控系统简图页上,飞控系统状态及舵面偏角显示检查试验主要进行以下操作,同时在 MFD 观察检查显示状态:

(1) 操作电传飞控系统分别在正常、降级、模拟备份状态,在 MFD 观察检查状态显示信息与实际状态是否一致。

(2) 分别设置 1#、2#、3#、4# ACE 的工作状态,以及分别设置 1#、2#、3# 液压系统工作状态,在 MFD 上观察检查状态显示信息与实际状态是否一致。

(3) 分别设置副翼在通道在正常、单通道控制或液压失效、双通道控制失效、双通道液压失效工作状态,在 MFD 上观察检查状态显示信息与实际状态是否一致。

(4) 分别设置升降舵通道在正常、单通道控制或液压失效、双通道控制失效、双通道液压失效工作状态,在 MFD 上观察检查状态显示信息与实际状态是否一致。

(5) 分别设置方向舵通道在正常、单通道控制或液压失效、双通道控制失效、双通道液压失效工作状态,在 MFD 上观察检查状态显示信息与实际状态是否一致。

(6) 分别设置扰流板通道在正常、液压失效工作状态,在 MFD 观察检查状态显示信息与实际状态是否一致。

(7) 分别设置水平安定面通道在正常、单通道控制或液压失效、双通道控制失效、双通道液压失效工作状态,在 MFD 上观察检查状态显示信息与实际状态是否一致。

(8) 分别设置襟翼通道在正常、襟翼和缝翼半速、襟翼和缝翼控制失效、襟翼和缝翼驱动故障状态,在 MFD 上观察检查状态显示信息与实际状态是否一致。

(9) 分别设置缝翼通道在正常、襟翼和缝翼半速、襟翼和缝翼控制失效、襟翼和缝翼驱动故障状态,在 MFD 上观察检查状态显示信息与实际状态是否一致。

2) EICAS 上配平位置及襟翼和缝翼位置显示检查

EICAS 上配平位置及襟翼和缝翼位置显示检查试验试验主要进行以下操作,同时在 EICAS 观察检查显示状态:

(1) 操作水平安定面配平处于不同位置,在 EICAS 上观察检查状态信息与实际状态是否一致。

(2) 操作副翼配平并处于不同的位置,在 EICAS 上观察检查状态信息与实际状态是否一致。

(3) 操作襟翼和缝翼放下并处于不同的位置,在 EICAS 上观察检查状态信息与实际状态是否一致。

(4) 操作襟翼和缝翼收上并处于不同的位置,在 EICAS 上观察检查状态信息与实际状态是否一致。

3) PFD 上自动飞控系统工作方式和模态显示检查

PFD 上自动飞控系统的工作方式和模态显示试验主要进行以下操作,同时在 PFD 上观察检查显示状态:

（1）操作自动飞控系统分别为 AP、FD、同步等工作方式，在 PFD 上观察检查状态信息与实际状态一致。

（2）操作自动飞控系统纵向分别为俯仰姿态保持、高度保持、升降速度、高度层、垂直导航、进近等工作模态，在 PFD 上观察检查状态信息与实际状态一致。

（3）操作自动飞控系统侧向分别为倾斜姿态保持、航向保持、航向选择、水平导航、航向道等工作模态，在 PFD 上观察检查状态信息与实际状态一致。

（4）操作自动飞控系统自动油门分别为不同推力、速度状态等工作方式，在 PFD 上观察检查状态信息与实际状态一致。

（5）设置自动飞控系统为故障状态，在 PFD 上观察告警信息（字符）是否与实际状态一致。

4）座舱告警信息显示检查

座舱告警信息显示（包括灯光、语音和字符）检查试验主要进行以下操作，同时在座舱的告警装置观察检查显示状态：

（1）分别设置扰流板构型、水平安定面构型、方向舵构型和襟（缝）翼构型等起飞构型状态，在座舱告警装置观察检查显示状态是否与实际状态一致。

（2）分别设置失速告警、超速告警等速度告警状态，在座舱告警装置观察检查显示状态是否与实际状态一致。

（3）分别设置故障告警（安定面失效、自动减速板失效、副翼电传断开、升降舵电传断开、方向舵电传断开、飞控降级、水平安定面切断、飞控模拟备份、自动配平断开、扰流板失效、自动驾驶断开、自动油门断开、纵向断开、侧向断开、丧失二类盲降、自动驾驶默认模态、AP 同步、襟翼驱动、缝翼驱动、襟翼和缝翼控制失效、襟翼半速和缝翼半速）状态，在座舱的告警装置观察检查显示状态是否与实际状态一致。

6.9.10 故障影响试验

对于高安全性要求的大型运输机飞控系统，减少故障、将故障影响减到最小是飞控系统安全性设计的关键，因此故障影响试验也就成为飞控系统验证试验的主要内容之一。一般情况下，电传飞控系统都会采用多余度设计与余度管理、故障重构、降级安全等措施。

电传飞控系统的主要故障模式包括电源故障、液压源故障、舵面卡滞（包括中立和极限位）、舵面非指令运动、舵面失效（松浮）、配平功能故障（非指令运动和卡滞）、单侧操纵卡死（包括中立和极限位）、机载设备故障（包括 PFC、ACE、指令传感器、反馈传感器、作动器、大气数据计算机、惯导设备等）等。

故障影响试验的目的是检查飞机及飞控系统在以上故障模式下的功能和性能是否满足设计要求和飞机安全性要求。故障影响及试验方法和流程描述如下：

1）电源故障

模拟各汇流条的单个和组合故障，使 PFC 和 ACE 在多余度供电中的单个或多余度供电故障下工作,以及飞控系统在应急供电状态下工作,检查飞控系统供电的余度和安全性设计是否能够满足飞行安全要求。

2)液压源故障

模拟余度液压源在一个或多个组合低压后,电传飞控系统的工作状态,以及液压源应急状态下,检查电传飞控系统的工作状态。

3)舵面卡滞

飞控系统处于闭环工作状态下,在模拟飞行过程中,分别设置副翼、升降舵、方向舵、扰流板、水平安定面的单个或多个舵面组合在卡滞状态,检查舵面卡滞后飞控系统的工作情况,以及与 FHA 分析评估结果的一致性。舵面卡滞可通过在飞行仿真系统中设置舵面偏度来实现。

4)舵面非指令运动

飞控系统处于闭环工作状态下,在模拟飞行过程中,分别设置副翼、升降舵、方向舵、扰流板、水平安定面的单个或多个舵面组合的非指令运动,检查舵面非指令运动时飞控系统的工作情况,以及与 FHA 分析的评估结果的一致性。非指令运动可通过飞行仿真系统中设置舵面偏度来实现。

5)舵面失效(松浮)

飞控系统处于闭环工作状态下,在模拟飞行过程中,分别设置副翼、升降舵、方向舵、扰流板、水平安定面的单个或多个舵面组合失效,检查在舵面失效时飞控系统的工作情况,以及与 FHA 分析评估结果的一致性。舵面失效可通过飞行仿真系统中设置舵面偏度来实现。

6)配平功能故障

飞控系统处于闭环工作状态下,在模拟飞行过程中,分别设置方向舵、副翼、水平安定面配平的卡滞和非指令运动,检查在配平功能故障时飞控系统的工作情况,以及与 FHA 分析评估结果的一致性。配平功能故障可通过飞行仿真系统中设置配平指令(或叠加进操纵指令)来实现。

7)单侧操纵卡死

设置正(副)驾驶的驾驶柱、驾驶盘、脚蹬的卡死故障,验证系统在单侧操纵卡死时的解脱/超控功能。

8)机载设备故障

飞控系统处于闭环工作状态下,在模拟飞行过程中,分别设置 PFC、ACE、指令传感器、反馈传感器、作动器为故障状态,检查飞控系统在机载设备故障后的工作情况,从而评估飞控系统的隔离和现场处理能力。机载设备故障可通过设备断电、模拟各余度信号超差等方式实现。

故障影响试验过程中,记录 PFC、ACE、FSECU、AFCC 上报的飞控系统状态信息和告警信息,飞行员操纵指令、舵面偏角、飞行状态等信息,分析飞控系统故障后飞控系统工作状态变化及飞机瞬态是否满足设计要求。

故障影响试验过程中,出现下列任一情况都判为故障:PBIT 不通过,出现飞控系统故障信息,出现影响飞控系统功能、性能和结构完整性的机载设备,结构件或元器件的破裂,断裂或损坏状态。

6.10 　"铁鸟"人-机组合试验

6.10.1 　概述

第 4 章介绍了飞行员参与的工程模拟器环境下的控制律与飞行品质评估方面的相关内容,6.3 节又介绍了飞行员参与的座舱操纵装置人机工效的评估。在以上两个评估试验中,经过飞行员与设计师的共同工作,确认了满足飞行员人机工效要求的驾驶操纵硬件环境、飞机操稳性能满足飞机飞行品质设计要求、飞控系统控制逻辑与控制律构型与参数。

我们前面说过,工程模拟器试验是典型的人在环飞控系统试验(person in loop),飞控系统"铁鸟"集成试验是典型的硬件在环试验(hard in loop)。两种试验的前者实现了飞控系统与飞机、飞行员与飞机的耦合验证,而后者"铁鸟"J集成试验台架人-机组合试验则是实现飞行员、飞控系统和飞机的耦合验证(person hard plane),它是有人驾驶飞行器最高层次的地面试验室试验。

"铁鸟"人-机组合试验的试验方式主要按照预定飞行任务和飞行大纲,以飞行员驾驶飞机飞行并以主观评价为主进行试验。当然,飞行员必须是具有扎实飞行力学知识和丰富评估经验的飞行员,最好是首飞机组正副驾驶。

"铁鸟"人-机组合试验主要包括以下内容:

(1) 座舱操纵装置人机工效评定。

(2) 控制(操纵)和显示功能评定。

(3) 飞机操稳性能评定。

(4) 故障模式及其影响评定。

(5) 首飞飞行剖面适应性及应急处置演练。

飞机操稳性能评估是"铁鸟"人-机组合试验的重点,它实际上是通过对飞机飞行品质的评估,间接地评定飞控系统控制律及控制逻辑。主要内容包括:

(1) 基本控制功能评定,包括起飞、着陆及空中飞行的各种飞行状态、飞机构型下的控制功能,诸如控制增稳、自动驾驶、导航、飞行指引等功能。

(2) 操纵力及操纵习惯的评定,包括起飞着陆杆力性能,自动配平性能等。

(3) 各种状态转换的评定,包括转换操纵控制,转换瞬态影响等。

(4) 各种边界限制的评定,如迎角限制、过载限制,进入与退出转弯时角速率或角加速度限制。

(5) 故障重构及其影响的评定。

(6) PIO 考查,考查是否会发生飞行员诱发振荡(PIO)。

6.10.2　试验原理

"铁鸟"人-机组合试验是以飞行员为中心、以飞机为控制对象、在更多飞机系统硬件环境下进行的地面飞行试验,飞机机载系统及设备的布置应尽可能做到逼真,既与首飞飞机状态一致,同时还要模拟飞机飞行过程中所受到的气动载荷等。

一般情况下,"铁鸟"集成试验台架上的飞控系统、液压系统、起落架控制系统、航空电子系统等机载系统所有机载设备及其在台架上的布置均应与首飞飞机状态一致。所有机载设备均应为装机试验件(常称为"S"形地面试验件),需要通过激励器方能工作的机载设备,如大气数据计算机、惯性/卫星导航设备、无线电高度表、智能探头、组合导航设备、角速率传感器、过载传感器等,必须配置相应的激励设备并参与试验。

"铁鸟"人-机组合试验的基本原理是将飞行员置身于"铁鸟"集成试验台架座舱中,按照依据试验大纲编制的飞行任务单,进行飞行操纵和显示评定,给出评定结论。同时通过飞控系统试验测试分析系统记录相关飞行参数和数据。"铁鸟"人-机组合试验原理如图 6-38 所示。

"铁鸟"人-机组合试验是复杂而庞大的试验项目,几乎涉及了"铁鸟"集成试验台架上所有机载系统和试验支持设备。同时,由于有多名飞行员的参与,对试验系统状态的稳定可靠性和逼真度提出了更高的要求。另外,由于参试人员多,包括主机、试飞单位、制造单位、用户代表、机载设备研制单位等,使得试验管理更加复杂。

飞行仿真系统与航电激励设备之间通信通过反射内存的光纤网实现;电传飞控计算机(PFC)、机电管理计算机(EMP)与航电综合处理机之间通信通过对机载AFDX 数据总线延长来实现;大气数据计算机、惯性/卫星导航设备、无线电高度表、智能探头、组合导航设备与电传飞控计算机(PFC)、自动飞控计算机(AFCC)、襟缝翼控制器(FSECU)之间的通信通过对机载 ARINC 429 数据总线延长来实现。

飞行员操纵飞机,飞控系统试验测试分析系统通过测试传感器检测飞机舵面偏角信号、起落架收放信号、舱门信号、发动机油门位置信号,并把其传输给飞行仿真系统。飞行仿真系统通过解算飞机动力学方程和发动机推力方程。解算得到发动机转速信号被送入发动驱动泵速度模拟系统以控制液压泵驱动装置的运行,保证液压系统工作状态与发动机工作状态一致。解算得到的飞机运动姿态、运动状态和位置等参数,作为线加速度转台、三轴速率转台、大气数据仿真激励器、惯导仿真激励器、智能探头仿真激励器等设备的指令信号,控制各仿真设备的运行工作,驱动三轴过载传感器、角速率陀螺组件、激励大气数据计算机、惯性/卫星导航设备、无线电高度表、智能探头、组合导航设备,为飞控系统提供闭环反馈信号。

飞行仿真系统将解算得到飞机的运动姿态、运动状态和位置等参数通过反射内存网将数据信息传输给大气数据计算机、惯性/卫星导航设备、无线电高度表、智能

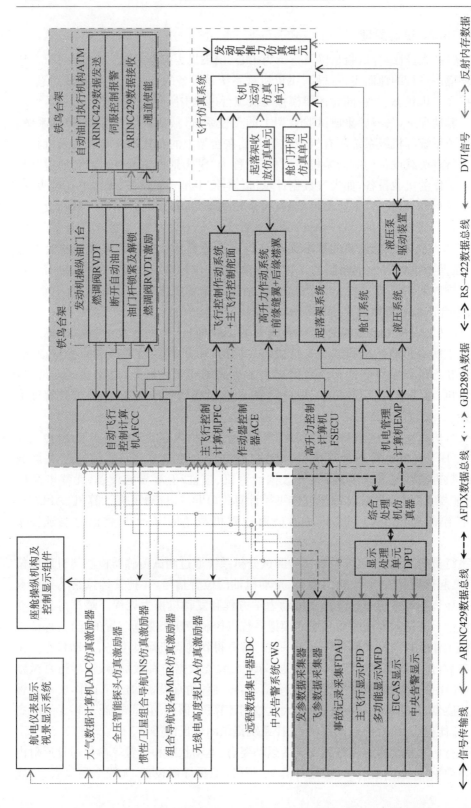

图 6－38　"铁鸟"人-机组合试验原理

探头、组合导航设备等的激励设备,控制各激励设备的运行。

大气数据计算机计算得到的气压高度、真空速、升降速度、马赫数、真攻角、静温、侧滑角等参数,提供给飞控系统。

惯导系统得到的俯仰角、滚转角、真航向角、机体横轴角速率、机体竖轴角速率、机体纵轴角速率、机体横轴线加速度、机体竖轴线加速度、机体纵轴线加速度、地速等参数,提供给飞控系统。

全压/静压智能探头得到的全压、左静压、右静压、总温和攻角等大气参数,提供给飞控系统。

"铁鸟"人-机组合试验主要包括正常工作状态和故障工作状态情况下的起飞、着陆和航线飞行,飞行过程简要描述如下:

1) 起飞和着陆飞行模拟试验

(1) 发动机处于"最大"状态,起飞滑跑、抬前轮、离地、爬升到一定高度,检查电传飞控系统的起飞性能,特别是抬前轮的操纵力和杆位移,收起落架的飞机瞬态响应及保持飞机姿态及改变飞机姿态的能力。

(2) 发动机处于"慢车"状态,从给定高度下滑、拉平、接地,检查着陆性能,特别是姿态和航迹控制能力,并体验分析 PIO 趋向。

(3) 在起飞、着陆模拟飞行过程中,应加入可能出现的侧风条件。

(4) 对于采用应急备份工作模态的飞控系统,还应以应急备份工作模态进行进场着陆模拟飞行试验。

2) 一般机动情况的飞行模拟试验

(1) 一般机动情况包括水平加减速、上升与下滑、S 形转弯、盘旋、一般特技飞行,驾驶柱和脚蹬阶跃、脉冲操纵。

(2) 典型飞行状态下一般机动情况的试验,飞行状态应根依据对飞控系统和气动力性能的分析选定。

(3) 应对飞控系统全部工作模态进行试验,特别要注意各工作模态在不同飞行状态下的转换瞬态。

3) 故障模式影响试验

(1) 引入单通道故障和多通道故障,检查故障瞬态,研究飞行员的修正动作及其后果。

(2) 试验应在飞控系统正常工作和故障工作两种模态下进行。

(3) 典型的故障模式包括单侧升降舵失效、单侧副翼失效、方向舵失效或襟(缝)翼放不下及单发停车等。

4) 软件考核和飞控系统可信任性试验

给定几种飞行剖面,飞行员(或试飞工程师)按操作程序进行模拟飞行;记录试验中暴露的问题及飞行员评价。确认飞控系统在连续运行情况下,软、硬件工作正常,系统符合使用要求。

模拟飞行过程中,使用飞控系统试验测试分析系统记录高度、表速、杆位移、盘位移、脚蹬位移、杆力、盘力、脚蹬力、升降舵偏角、副翼偏角、扰流板偏角、方向舵偏角、水平安定面偏角、俯仰角速度、滚转角速度、偏航角速度、俯仰角、滚转角、偏航角、迎角、侧滑角、法向过载、航迹倾角、航迹偏角、起落架位置、襟(缝)翼舵面偏角等。

6.10.3 起落飞行和自由飞行人-机组合试验

起落飞行人机组合试验包括正常起飞、正常着陆和纠偏着陆飞行。

(1) 正常起飞人机组合试验评估正常起飞过程中飞机的飞行品质,包括滑跑中保持航向性能、抬前轮性能、爬升性能、收起落架及收襟(缝)翼过程中飞机响应及操纵性能等。

(2) 正常着陆和纠偏着陆人机组合试验评估进场着陆过程中飞机的飞行品质,包括 PIO 趋势、下滑性能、放起落架及放襟(缝)翼过程中飞机响应及操纵性能、拉平性能、滑跑中保持航向性能。

起落飞行人机组合试验主要试验方法和流程描述如下:

启动飞行仿真系统等试验支持设备,选择飞行状态和设置飞控系统的状态,启动飞控系统试验分析测试系统,进入试验准备就绪状态。

1) 起飞人机组合试验

(1) 飞行员操作襟缝翼操纵手柄放于"3"挡位(襟翼 25 度),起落架收放手柄置于放下位置,发动机油门杆置于慢车位置。

(2) 然后,推油门杆至起飞推力位置,观察监视表速到达 v_R 时,后拉驾驶柱使飞机以 3°/s 抬前轮,正上升率收起落架。

(3) 当飞机爬高到 120 m 以上且空速达到 v_{REF} + 80 km/h 时,襟缝翼操纵手柄放至"2"挡位,当空速达到 v_{REF} + 100 km/h 时,襟缝翼操纵手柄放至"1"挡位,当空速达到 v_{REF} + 120 km/h 时,襟缝翼操纵手柄放至"0"挡位,最终高度保持在 500 m,使飞机作稳定直线飞行。

(4) 飞行结束后,由飞行员根据本次飞行感受,给出评述意见。

2) 着陆人机组合试验

(1) 飞行员操作襟缝翼操纵手柄放于"0"挡位、起落架收放手柄置于收上位置、发动机油门杆置于规定位置,飞行员操纵飞机作稳定直线飞行。

(2) 然后,把襟缝翼操纵手柄放至"1"挡位,操纵飞机保持高度,速度减小。

(3) 当飞机空速达到 v_{REF} + 100 km/h 时,把襟缝翼操纵手柄放至"2"挡位,并把起落架操纵手柄置于放下位置,飞机高度不变速度继续减小。

(4) 当飞机空速达到 v_{REF} + 80 km/h 时,把襟缝翼操纵手柄放至"3"挡位,飞机速度继续减小,并对正跑道。

(5) 当飞机空速达到 v_{REF} + 60 km/h 时,把起落架操纵手柄放至"4"挡位,飞机速度持续减小。

（6）当飞机空速达到 $v_{REF}+40\,km/h$ 时，把襟缝翼操纵手柄放至"5"挡位，操纵飞机保持 $3°$ 下滑角下滑，场高 $15\,m$、速度 v_{REF} 进跑道，后拉驾驶柱，主起着地，松驾驶柱，前轮接地，收油门，拉反推，操纵飞机使其跑道中央滑跑。

（7）飞行结束后，由飞行员根据本次飞行感受，给出评述意见。

3）自由飞行人-机组合试验

自由飞行人-机组合试验选择任意飞行状态，应包括各种重量/重心以及构型的组合，飞行状态可覆盖包线的边界点和感兴趣点，飞控系统采用正常工作模态、模拟备份工作模态，飞行员完成其感兴趣的机动动作、任务或故障时的飞行。

6.10.4　模态切换人-机组合试验

模态切换人机组合试验评估正常工作模态与模拟备份工作模态的切换、模拟备份工作模态与机械备份工作模态的切换、正常工作模态与机械备份工作模态切换时，飞机的瞬态响应。

模态切换人机组合试验采取操纵飞机做起落飞行方式进行。在飞机定常状态如平飞、爬升、下滑、定常转弯时，操纵驾驶柱、驾驶盘或脚蹬，将飞控系统在正常工作模态、模拟备份工作模态、机械备份工作模态之间切换，体会模态切换时刻飞机瞬态。

启动飞行仿真系统等试验支持设备，选择飞行状态和设置飞控系统的状态，启动飞控系统试验测试分析系统，进入试验准备就绪状态。

（1）飞行员操作襟缝翼手柄放于"0"挡位、起落架收放手柄置于收起位置、发动机油门杆置于规定位置，飞控系统选择正常工作模态。

（2）飞机自动配平完成后，松驾驶柱、操纵飞机，在给定高度、速度下作稳定直线飞行。

（3）飞行过程中，将飞控系统切换至模拟备份工作模态，体会飞机瞬态响应。

（4）在模拟备份工作模态下，人工配平完成后，松驾驶柱、操纵飞机在给定高度、速度作稳定直线飞行，然后将飞控系统切换至正常工作模态，体会飞机瞬态响应。

（5）飞行结束后，飞行员根据飞行感受和对飞控系统模态转换时的显示观察，给出评述意见。

模拟备份工作模态与机械备份在模态切换和正常故障模态与机械备份工作模态切换的试验方法和流程类似。

6.10.5　故障影响人-机组合试验

故障影响人机组合试验评估大气数据、无线电高度、迎角等信号失效，角速率和过载信号失效，或襟（缝）翼、水平安定面、升降舵、副翼、方向舵和扰流板控制失效、功能丧失或非指令运动等故障，或者电源、液压源故障，或者发动机故障，或者是起落架收放等情况下，飞机各飞行阶段的稳定性和操纵性，摸索故障处置措施。

启动飞行仿真系统等试验支持设备，选择飞行状态和设置飞控系统的状态，启动飞控系统试验测试分析系统，进入试验准备就绪状态。

1）起飞阶段

（1）飞行员操作襟缝翼操纵手柄放于"3"挡位（襟翼 25 度）、起落架收放手柄置于放下位置、发动机油门杆置于慢车位置。

（2）然后，推油门杆至起飞推力位置，观察监视表速到达 v_R 时，后拉驾驶柱使飞机以 $3°/s$ 抬前轮，当场高达到 $10.7\,m$ 时收起落架。

（3）飞机爬高到 $120\,m$ 以上且空速达到 $v_{REF}+80\,km/h$ 时，襟缝翼操纵手柄放至"2"挡位。

（4）当空速达到 $v_{REF}+100\,km/h$ 时，襟缝翼操纵手柄放至"1"挡位。

（5）当空速达到 $v_{REF}+120\,km/h$ 时，襟缝翼操纵手柄放至"0"挡位、起落架收放手柄置于收上位置、发动机油门杆置于规定位置，最终速度保持在 $600\,km/h$，飞机作稳定直线飞行，进入巡航状态。

2）着陆阶段

（1）飞行员操纵飞机场高到 $500\,m$，空速到 $v_{REF}+120\,km/h$，把襟缝翼操纵手柄放至"1"挡位，操纵飞机保持高度，速度减小。

（2）当飞机空速达到 $v_{REF}+100\,km/h$ 时，把襟缝翼操纵手柄放至"2"挡位，并把起落架操纵手柄置于放下位置，飞机高度不变速度继续减小。

（3）当飞机空速达到 $v_{REF}+80\,km/h$ 时，把襟缝翼操纵手柄放至"3"挡位，飞机速度继续减小，并对正跑道。

（4）当飞机空速达到 $v_{REF}+60\,km/h$ 时，把襟缝翼操纵手柄放至"4"挡位，飞机速度持续减小。

（5）当飞机空速达到 $v_{REF}+40\,km/h$ 时，把襟缝翼操纵手柄放至"5"挡位，操纵飞机保持 $3°$ 下滑角下滑，场高 $15\,m$、速度 v_{REF} 进跑道，后拉驾驶柱，主起着地，松驾驶柱，前轮接地，收油门，拉反推，操纵飞机使其在跑道中央滑跑。

（6）飞行结束后，由飞行员根据本次飞行感受，给出评述意见。

上述飞行试验过程中，分别设置大气数据、无线电高度、迎角等信号故障，或者设置角速率和过载信号失效故障，或者是襟（缝）翼、水平安定面、升降舵、副翼、方向舵和扰流板控制失效、功能丧失或非指令运动等故障，或者是电源、液压源故障，或者是发动机故障，或者是起落架故障等。

6.10.6　试验任务单

为了更好地组织"铁鸟"人机组合试验，对试验任务规定的每项试验内容编写专门的试验任务单，明确当次试验飞行状态、飞控系统工作模态、飞行人员（机组成员）及试飞工程师，描述当次试验中飞行过程、状态设置和操作规定，记录当次试验日期、时间等。试验任务单基本形式和包含的内容如表 6-2 所示。

表 6 - 2 试验任务单

任务单号 <u>　0101　</u>　　　<u>年　　月　　日</u>	
开始时间<u>＿＿＿＿</u>　　结束时间<u>＿＿＿＿</u>	
飞行员<u>＿＿＿＿＿＿＿＿＿</u>	
试飞工程师<u>＿＿＿＿＿＿＿</u>	
飞行科目:<u>正常起降</u>　　飞控系统模态:<u>正常工作模态</u>	
故障设置:<u>无</u>	

重量:<u>120 t</u> 重心:<u>35%</u>

起飞:v_1:<u>192 km/h</u>　v_R:<u>200 km/h</u>　v_2:<u>220 km/h</u>　襟翼 15:<u>310 km/h</u>　襟翼 1:<u>330 km/h</u>

收起:<u>350 km/h</u>

着陆:襟翼 1:<u>380 km/h</u>　襟翼 15:<u>350 km/h</u>　襟翼 25:<u>330 km/h</u>　放轮:<u>300 km/h</u>

襟翼 30:<u>300 km/h</u>　襟翼 40:<u>260 km/h</u>　v_{REF}:<u>220 km/h</u>

评述意见:

　　　　　　　　　　　　　　　　　　　　　　　　　　　飞行员:

6.11　飞控系统"铁鸟"集成试验结果评估

　　飞控系统"铁鸟"集成试验过程中,会产生大量的飞控系统静态数据、动态数据,以及飞行品质数据等大量的试验结果,如何对这些试验结果进行评估并对飞机及飞控系统做出正确的评价,是值得研究的课题。本节依据以往研究和实际经历,提出一些判定依据、评估要求、内容和方法等。

　　飞控系统"铁鸟"集成试验结果的评估依据是飞控系统设计规范、飞控系统及其分系统的设计要求和设计方案、飞机飞行品质设计要求、飞控系统及其分系统的安装调试技术条件、飞控系统及其分系统的通电检查技术条件等文件资料进行分析和评定,同时参考 GJB185—1986、GJB2874—1997、GJB2878—1997、GJB2191—1994、GJB3819—1999、GJB1690—1993 和 CCAR 25 - R4 的要求进行分析和评估。

6.11.1　机械操纵系统试验结果评估

1) 极性检查结果评估

极性检查试验分别进行副翼、方向舵、升降舵和水平安定面控制通道的极性检查。极性检查试验时,平稳、缓慢操纵驾驶柱(或驾驶盘、脚蹬、水平安定面配平手柄),待运动至满行程的一半时停止并保持稳定,检查舵面(副翼、方向舵、升降舵或水平安定面)的运动方向与设计要求是否一致。

2) 操纵极限检查结果评估

操纵极限检查试验分别进行副翼、方向舵、升降舵控制通道的极限检查。极限检查试验时,平稳、缓慢操纵驾驶柱(或脚蹬或驾驶盘),待运动至满行程时停止并保持稳定,检查舵面(副翼、方向舵、升降舵)的运动行程与设计要求是否一致。

3) 回中性检查结果评估

回中性检查试验分别进行副翼、方向舵、升降舵控制通道的回中性检查,检查试验时,平稳缓慢操纵座舱驾驶柱(或脚蹬或驾驶盘),待运动至满行程一半时松开驾驶柱(或脚蹬或驾驶盘),待操纵停止与舵面稳定后,检查舵面(副翼、方向舵、升降舵)的停止位置与设计要求是否一致。

4) 操纵性能试验结果评估

操纵性能试验涵盖了操纵指令-舵面关系、操纵力-位移关系,系统间隙、启动力等。下面以副翼控制通道为例,给出操纵性能试验结果的评估方法。

(1) 平稳、缓慢操纵座舱驾驶盘(或脚蹬或驾驶柱),按"顺时针至极限—回中—逆时针至极限—回中"的顺序全行程操纵。

(2) 同时,记录驾驶盘(或脚蹬或驾驶柱)操纵位移、操纵力信号,以及舵面(副翼、方向舵、升降舵)偏角信号。

(3) 完成试验操作后,分析处理记录的试验数据,得到驾驶盘操纵力-盘位移关系曲线,进行分析得到启动力等参数。

(4) 进一步从得到驾驶盘位移-舵偏角关系曲线,分析得到副翼控制通道间隙等参数。

(5) 对比分析上述试验曲线与设计曲线,评估是否满足设计要求。

升降舵控制通道、方向舵控制通道操纵性能试验结果评估方法相类似。

图 6-39 所示为典型驾驶盘操纵力-盘位移关系曲线,图 6-40 所示为典型驾驶盘位移-舵偏角关系曲线。

6.11.2 电传飞控系统试验结果评估

6.11.2.1 零位检查结果评估

飞控系统零位检查主要进行驾驶柱、驾驶盘、脚蹬指令位移和指令力零位检查,副翼、方向舵、升降舵、水平安定面以及扰流板零位检查,其检查结果与通电检查技术条件(或安装调试技术条件)要求的数据进行对比,应满足设计要求。

6.11.2.2 极性与行程检查结果评估

飞控系统极性与行程检查在不同的工作模态下,进行驾驶柱到升降舵、驾驶盘到副翼、脚蹬到方向舵,以及三轴角速率陀螺组件的输出到各舵面、三轴过载传感器输出到各舵面,其检查结果与通电检查技术条件(或安装调试技术条件)要求的数据进行对比,应满足设计要求。

6.11.2.3 显示与告警功能检查试验结果评估

显示与告警功能检查时,通过设置飞控系统的不同工作模态或故障工作状态,检查飞控系统上报给航电显示控制系统 MFD 上的信息,显示结果应与飞控系统工作模态相一致。下面以副翼控制通道为例,介绍飞控系统显示与告警功能检查结果

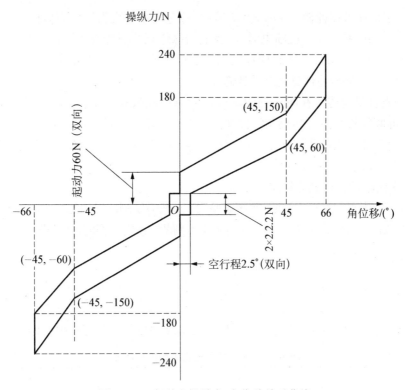

图 6-39 驾驶盘操纵力-盘位移关系曲线

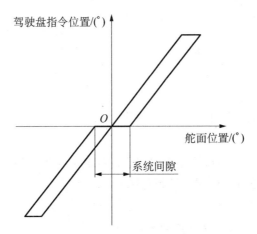

图 6-40 驾驶盘位移-舵偏角关系曲线

评估方法,其他控制通道检查结果评估方法相类似。

(1) 副翼控制通道正常工作时,绿色充填的三角符号加刻度表示副翼偏角。

(2) 当副翼偏角传感器故障时,副翼三角符号消失。

(3) 当副翼作动器集成控制阀故障时,绿色充填框变为绿色框。

(4) 当副翼电传控制通道失效时,绿色充填框变为黄色充填框。

(5) 当地面液压能源 2# 和 3# 失效时,绿色充填框变为红色充填框。

(6) 当飞控系统计算机断电时,副翼舵面绿色充填框变为洋红色充填框。

飞控系统显示与告警功能检查飞控简图页显示如图 6-37 所示。

6.11.2.4 频域特性试验结果评估

频域特性试验也称在闭环扫频试验。频域特性试验的试验结果通常是以伯德图表示,即幅频特性曲线和相频特性曲线。通过对幅频特性曲线和相频特性曲线进行分析,得到评价飞控系统稳定性的幅值增益和相位裕度。下面分别给出纵向和横航向频域特性试验结果及评估。

1) 纵向频域特性试验结果评估

纵向频域特性试验时,将飞控系统试验测试分析系统测试得到的频率响应特性曲线与仿真曲线进行对比分析(放在同等坐标系上),判断曲线吻合程度,并做进一步分析。

(1) ζ_{sp}, ω_{sp}, $\dfrac{1}{T_{\vartheta 2}}$, τ_{ϑ}, τ_{n_y}。

按照 $\dfrac{\omega_z(s)}{F_e(s)} = \dfrac{k_{\vartheta}(s + 1/T_{\vartheta 2})\mathrm{e}^{-\tau_{\vartheta} s}}{s^2 + 2\zeta_{sp}\omega_{sp}s + \omega_{sp}^2}$ 及 $\dfrac{n_y(s)}{F_e(s)} = \dfrac{k_{n_y}\mathrm{e}^{-\tau_n s}}{s^2 + 2\zeta_{sp}\omega_{sp}s + \omega_{sp}^2}$ 对试验数据进行

等效拟配,表 6-3 所示为给定飞机构型下飞机纵向控制通道等效拟配结果。

表 6-3　纵向控制通道等效拟配结果

飞行构型状态	ζ_{sp}	ω_{sp}	$\dfrac{1}{T_{\vartheta 2}}$	τ_{ϑ}	τ_{n_y}	失配度
巡航构型	0.82	2.82	1.17	0.12	0.16	4.39
起飞构型	0.75	2.80	1.70	0.11	0.14	3.08
着陆构型	0.75	2.84	2.58	0.11	0.14	8.07

(2) CAP 值。

CAP 操纵期望值计算中,将 CAP 简化为 $CAP = \dfrac{\omega_{sp}^2}{(n_y/\alpha)} \approx \dfrac{\omega_{sp}^2}{\dfrac{V}{g} \cdot \dfrac{1}{T_{\vartheta 2}}}$。根据 CAP

求解公式,可以得到给定飞机构型下飞机纵向控制通道值 CAP 计算结果如表 6-10 所示。A 种飞行阶段值 CAP 评估结果如图 6-41 所示。

从图 6-41、表 6-3 和表 6-4 可以看出,所选飞机构型纵向控制通道在起降和巡航阶段 CAP 值均满足一级品质要求。

表 6-4　操纵期望值 CAP 计算结果

飞行状态	n_y/α	ω_{nsp}	CAP	品质等级
巡航构型	9.86	2.82	0.81	一级
起飞构型	14.32	2.80	0.55	一级
着陆构型	21.74	2.84	0.37	一级

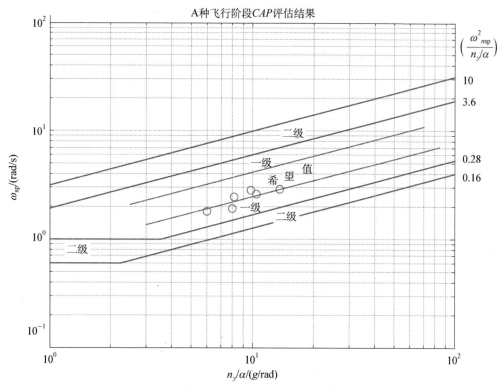

图 6-41 A 种飞行阶段 *CAP* 值评估结果

（3）短周期俯仰响应。

短周期俯仰响应是依据 $\omega_{nsp}T_{\vartheta 2}\sim\zeta_{sp}$ 来评价俯仰姿态对俯仰控制输入响应的影响情况。所选飞机构型短周期俯仰响应 A 种飞行阶段计算结果如表 6-5 所示，短周期俯仰响应 A 种飞行阶段评估结果如图 6-42 所示。

表 6-5 短周期俯仰响应计算结果

飞行状态	ω_{nsp}	$1/T_{\vartheta 2}$	$\omega_{nsp}T_{\vartheta 2}$	ζ_{sp}	品质等级
巡航构型	2.82	1.17	2.41	0.82	一级
起飞构型	2.80	1.70	1.65	0.75	一级
着陆构型	2.84	2.58	1.10	0.75	二级

根据短周期阻尼比要求，起降阶段对应一级品质的 ζ_{sp} 范围为 $0.35 \leqslant \zeta_{sp} \leqslant 1.30$；巡航阶段对应一级品质的 ζ_{sp} 范围为 $0.3 \leqslant \zeta_{sp} \leqslant 2$。所选飞机构型短周期阻尼比如表 6-6 所示，可见，所选飞机构型纵向巡航、起飞、着陆阶段的阻尼比满足一级飞行品质要求。

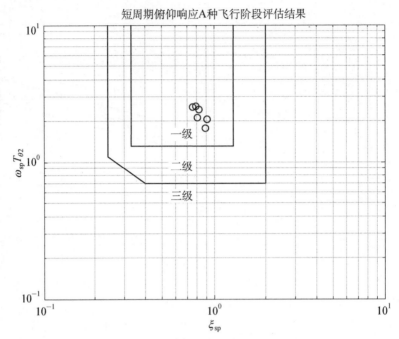

图 6-42　短周期俯仰响应 A 种飞行阶段评估

表 6-6　阻尼比计算结果

飞行状态	ζ_{sp}	品质等级
巡航构型	0.82	一级
起飞构型	0.75	一级
着陆构型	0.75	一级

2）横航向频域特性试验结果评估

横航向频域特性试验结果评估时，对试验数据进行频率范围 0.1～10 rad/s 等效拟配，拟配形式如下：

$$\frac{\gamma}{D_x} = \frac{K_\gamma[s^2 + 2\zeta_\gamma\omega_\gamma s + \omega_\gamma^2]\mathrm{e}^{-\tau_\gamma s}}{(s+1/T_s)(s+1/T_r)(s^2+2\xi_d\omega_d s+\omega_d^2)}$$

$$\frac{\beta}{D_y} = \frac{A_\beta(s+1/T_{\beta_1})(s+1/T_{\beta_2})(s+1/T_{\beta_3})\mathrm{e}^{-\tau_\beta s}}{(s+1/T_s)(s+1/T_r)(s^2+2\xi_d\omega_d s+\omega_d^2)}$$

依据以上公式和试验结果，对所选飞机构型横航向试验数据进行等效拟配，其拟配结果如表6-7所示。

表 6 - 7 横航向等效拟配结果

飞行状态	T_r	ζ_d	ω_{nd}	$\zeta_d\omega_{nd}$	τ_γ	τ_β	mis
巡航构型	0.42	0.44	1.04	0.46	0.09	0.08	3.45
起飞构型	0.30	0.64	1.64	1.05	0.11	0.04	4.88
着陆构型	0.38	0.55	1.32	0.73	0.10	0.06	5.09

可以依据表 6 - 7 中等效拟配结果 T_r、ζ_d、ω_{nd}、$\zeta_d\omega_{nd}$、τ_γ、τ_β 等,评估其是否满足飞行品质设计要求,如 $T_r<1.4$,满足滚转模态时间常数一级品质要求。同样方法,可以评估荷兰滚模态阻尼比、荷兰滚模态自然频率、横向等效延时等是否满足飞行品质设计要求。

若当所有的飞机构型荷兰滚频率均大于 0.7 rad/s 时,就满足荷兰滚运动根的频率不小于 0.4 rad/s 的要求,满足一级飞行品质要求。

6.11.2.5 模态转换试验结果评估

飞控系统模态转换试验过程中,记录模态转换过程的滚转角速率、法向过载和侧向过载,分析处理试验记录数据,计算出模态转换 2 s 内的法向过载、滚转角速率瞬态变化最大值。

飞控系统设计规范规定,飞控系统在模态转换后的至少 2 s 内,所引起的运动瞬态变化最大值不应超过下述数值:

(1) 飞行员座位处的法向线加速度增量 $\pm0.5g$。

(2) 侧向线加速度增量 $\pm0.5g$,滚转角速率 $\pm10°/s$。

分析研究试验记录数据,判断法向过载、滚转角速率及侧向过载瞬态变化是否满足上述要求。

6.11.2.6 传动比试验结果评估

传动比试验过程中,测试记录飞控系统传输链路输入指令信号或反馈信号至传输链路输出的作动器控制指令信号或舵面偏角信号之间的关系。传动比试验结果的评估采用对比实际飞控系统与飞控系统仿真模型在相同的输入指令信号或反馈信号情况下,输出的作动器控制指令信号或舵面偏角信号的一致性。

传动比试验过程中,将输入指令信号或反馈信号施加到飞控系统输入的同时,引入到飞控系统仿真模型,同时激励实际飞控系统及其仿真模型的传输链路输出的作动器控制指令信号或舵面偏角信号,以及控制链路中间点信号。试验完成后,分析处理试验记录的数据,生成传输链路输入指令信号或反馈信号、输出的作动器控制指令信号或舵面偏角信号,以及控制链路中间点信号图形曲线,对比飞控系统及其仿真模型相同的输入、输出或控制链路中点信号图形曲线,判断其一致性。若最大差值小于 10%(试验结果与仿真结果相比,多大差异可以接受,应根据实际系统确定)时,可以判定为实际测试信号与仿真信号一致。图 6 - 43 所示为所选飞行构型升降舵控制通道和水平安定面控制通道传动比试验结果曲线。

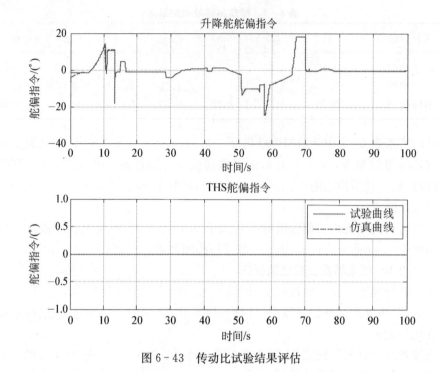

图 6 - 43　传动比试验结果评估

6.11.2.7　稳定储备试验结果评估

对于包括飞机在内的电传飞控系统,稳定性是极其重要的。一般说来,稳定储备均按 GJB185 - 1986 要求执行,即幅值裕量和相位裕量,其要求如表 6 - 8 所示。

表 6 - 8　幅值裕量和相位裕量要求

模态频率 f_M/Hz	从最小使用速度到最大使用速度 （GJB185—1986 规定）
$f_M < 0.06$	$GM = \pm 4.5\,dB$　$PM = \pm 30°$
$0.06 < f_M <$ 一阶弹性模态频率	$GM = \pm 6\,dB$　$PM = \pm 45°$
$f_M >$ 一阶弹性模态频率	$GM = \pm 8.0\,dB$　$PM = \pm 60°$

注:GM 为增益裕量;PM 为相位裕量。

稳定储备试验结果评估时,采用对比实际飞控系统与飞控系统仿真模型在相同输入指令信号或反馈信号情况下,输出的作动器控制指令信号或舵面偏角信号的频率响应特性的一致性。

稳定储备试验过程中,将输入指令信号施加到飞控系统输入的同时,引入到飞控系统仿真模型,同时激励实际飞控系统及其仿真模型的传输链路输出的作动器控制指令信号或舵面偏角信号,以及控制链路中间点信号。试验完成后,分析处理记录数据,生成传输链路输入指令信号、输出的作动器控制指令信号或舵面偏角信号,以及控制链路中间点信号频响特性曲线,对比飞控系统及其仿真模型相同的输入、输出或控制链路中点信号频响特性曲线。如最大差值小于10%时(试验结果与仿真结果相比,多大差异可以接受,应根据实际系统确定),可以判定为实际测试信号与仿真信号一致。

6.11.3　人-机组合试验结果评估

人-机组合试验飞行品质主要采用 Cooper-Harper 评价准则进行评估,Cooper-Harper 准则如图 4-5 所示。其核心是从飞机的操纵性和飞行员完成各种飞行任务的负担两个主要方面来考虑,用文字描述给出了关于飞机特性以及在选定的任务或作业中对飞行员要求的 10 个不同的评价尺度。这 10 个评价尺度可归为 3 个大等级,等级一对应 $PR=1\sim3$,等级二对应 $PR=4\sim6$,等级三对应 $PR=7\sim9$。

Cooper-Harper 准则 PR 值具体含义:

(1) $PR=1$,这是一种极好的飞行品质,十分令人满意,各个环节十分理想、协调。

(2) $PR=2\sim3$,表示能很好地完成任务,只有一点不太舒服,希望有所改善,这里的不舒服可能是由于飞行员的爱好不同或别的不太重要的问题所致。

(3) $PR=4\sim6$,表示系统或飞机必须改进,其显著特点是经过飞行员的努力基本上能完成任务,但工作负荷较大,必须付出较大的精力。

(4) $PR=7\sim9$,表示飞行品质相当差,已达到极限状态,飞行员竭尽全力,但仍不能较好的完成任务。

(5) $PR=10$,表示不可操纵,是一种极不正常的现象,仅发生于某种故障状态或特定条件下,其结果是必须转换工作模式或飞行状态,避免飞行事故。

PIO 现象趋势采用 PIOR 趋势评定尺度进行评价,评分标准和评分程序如表6-9所示,本书第 4 章图 4-6 对此也有描述。其中,"不期望的运动"指单个超调或小的、快速的有阻尼的周期运动,"振荡"指多于半个周期或一个超调的运动。

表6-9　PIOR 趋势评定尺度

说　　明	等级
没有飞行员诱发的不希望的运动趋势	1
当飞行员开始急剧机动或力图精确操纵时出现不希望的运动,这些运动用驾驶技术能防止或消除	2
当飞行员开始急剧机动或力图精确操纵时容易引起不希望的运动,只有牺牲任务性能或飞行员付出相当大的注意力和努力才能防止和消除这些运动	3
当飞行员开始急剧机动或力图精确操纵时出现振荡趋势,飞行员必须减小增益或放弃任务才能复原	4
当飞行员开始急剧机动或力图精确操纵时出现发散的振荡趋势,飞行员必须通过松杆或冻杆的开环方式操纵	5
振动或正常的飞行员操纵可能引起发散的振荡,飞行员必须通过松杆或冻杆的开环方式操纵	6

6.12   飞控系统"铁鸟"集成试验管理

科学的试验管理是保证大型复杂系统试验高效率、高质量进行的重要保证,对于飞控系统"铁鸟"集成试验来说,也是保障飞机飞行安全可靠的重要举措。飞控系统"铁鸟"集成试验管理工作主要包括以下内容:

(1)试验计划拟定。

试验计划(包括试验要求与试验程序)应根据飞控系统设计规范、分系统设计要求、控制律设计要求、机载设备(硬件)设计要求和软件设计要求以及相关的设计方案进行确定。试验计划应包括试验项目、试验内容、试验方法、试验流程、测试记录参数及要求、期望的试验结果等。试验计划的拟定还应充分考虑人力资源、设备资源和试验环境等。

(2)试验测试与记录。

需具有完备的满足试验测试要求的试验测试手段和记录能力,其中包括对飞机运动量、系统状态量、各种控制离散量及飞控计算机内部诸参数的测试与记录。除常规的高频宽笔记录仪外,应尽可能使用磁带、磁盘等记录设备,以便于进行测试数据的再处理和长期保存。

(3)试验分析软件的开发。

需开发出满足试验数据分析要求的试验数据分析软件,如等效拟配软件、测试数据图表制作及显示软件等。

(4)试验技术状态的控制与配置管理。

技术状态应严格控制,包括参试设备状态、软件版本、接口状态等。对于试验中发生的各种故障应做详细记录,包括故障性质、危害程度、发生时间、改正措施及效果等。当需要更改机载系统或机载设备技术状态时,应具有严格的审批手续,并对与更改有关的试验项目重新进行试验。

(5)试验报告编写。

按照试验任务书要求,如实反映试验结果这是试验报告的主体思路,重点要进行试验偏离分析,为试验任务提出方正确判断试验结果提供依据。

6.12.1   试验管理要求

按照 GJB1452—92《大型试验质量管理要求》的相关规定,试验承担单位必须制定并执行严格的试验管理规定。大型运输机飞控系统"铁鸟"集成试验是飞机型号研制最重要的大型试验之一,因此必须按照 GJB1452—92 相关要求,规划和实施试验质量管理工作。民用飞机飞控系统"铁鸟"集成试验的质量管理可参考使用。

1)一般要求

(1)大型试验质量管理应做到严肃认真,周到细致,稳妥可靠,万无一失。

(2)参试单位应联合建立有效的试验质量保证体系,对试验准备、试验实施、试验总结实施全过程质量管理。

（3）严格按试验大纲、质量保证大纲、试验程序、操作规程以及质量控制程序等组织试验活动。

（4）建立质量信息网络。

（5）对各类操作人员应进行岗位培训，考核合格持证上岗。

（6）保证参试计量器具、仪器设备满足试验使用要求。

（7）根据试验程序，组织分级、分阶段的试验质量检查与评审。

2）具体要求

（1）试验准备阶段的质量管理。

a. 编制试验任务书

试验任务书由试验委托方编制，试验实施单位及有关单位会签，并履行规定的审批手续。试验任务书一般包括以下内容：

（i）试验名称、代号、试验性质与试验目的；

（ii）试验内容与条件；

（iii）试验产品的技术状态，并附产品配套清单；

（iv）检查测试项目、参数及准确度要求；

（v）质量保证要求；

（vi）提供试验结果的技术要求；

（vii）试验结果评定准则；

（viii）试验任务分工；

（ix）试验进度要求和组织措施。

b. 编制试验大纲

试验大纲由试验实施方和试验委托单位共同编制，各参试单位会签，并履行规定的审批手续。试验大纲一般包括以下内容：

（i）任务来源、试验时间、地点；

（ii）试验名称、代号、试验性质与试验目的；

（iii）试验内容、条件；

（iv）试验产品技术状态；

（v）试验准备技术状态；

（vi）测试项目、测试方法、测试分析系统框图、测试误差分析及数据处理方法等；

（vii）技术难点与措施；

（viii）两个以上单位参试时，应明确结合部位的质量控制与分工；

（ix）试验现场重大问题的预案与处置原则；

（x）技术保障条件、关键试验项目的技术保障措施；

（xi）试验成功概率或风险预测；

（xii）试验指挥程序；

（xiii）现场使用技术文件清单与要求。

c. 编制试验计划、试验程序、操作规程

试验实施单位根据试验大纲内容，编制试验计划、试验程序和操作规程，并进行质量会签。

d. 编制试验质量保证大纲

试验质量保证大纲由试验实施单位负责编制，并将大纲内容纳入试验计划、试验程序和操作规程。质量保证大纲一般包括以下内容：

（i）试验质量目标要求；

（ii）部门、人员的质量责任，岗位具体的工作评价标准；

（iii）确定质量控制项目、规定分级分阶段的岗位人员的质量控制点和控制措施；

（iv）阶段质量检查和评审的内容与要求；

（v）故障判断、故障预案及安全保证措施；

（vi）故障报告、分析与纠正措施要求；

（vii）规定异常数据的收集、处理要求；

（viii）优质试验的评定条件。

（ix）试验产品状态的质量控制

（x）试验产品必须具备的条件：

（xi）按试验任务书和试验大纲要求，试验产品及专用工具、测试设备配套齐全；

（xii）试验产品状态应与产品图样、技术文件相符合；

（xiii）产品质量证明文件齐全，并与实物相符；

（xiv）通过产品质量评审；

（xv）进行了安全性和风险性论证。

e. 试验产品

应按产品配套清单、质量证明文件和规定的复核项目，进行产品检查、调试、验收，并办理交接手续。参试产品和试验状态的更改，必须充分论证，并严格审批手续。

f. 参试仪器设备、计量器具的质量控制

（i）参试设备检定合格；

（ii）计量器具、测试仪器必须处于检定合格的有效期内；

（iii）故障维修后的仪器设备，重新检定合格方可使用；

（iv）测试仪器精度必须满足测试参数的要求；

（v）两个以上单位参加测试时，应统一计量标准，组织测试仪器的比对；

（vi）一次性试验使用的测试仪器设备，实行试验前的强制检定。

g. 多余物的防止

（i）试验实施单位应制订防止多余物的有效措施；

(ii) 试验现场不得放置与试验无关的物品;

(iii) 试验使用的工作介质应进行清洁度检查与处理;

(iv) 操作人员使用的工具、备品备件等物,应有清单,撤离现场时清点无误方可离开。

h. 建立故障报告、分析与纠正措施系统

i. 质量控制点的控制

明确质量控制点和控制措施,实行质量跟踪卡或点线检查制,对质量控制项目应进行自检、互检、专检等"三检"留名制。

j. 组织试验前准备状态检查

试验准备工作完成后,由试验实施单位会同参试单位,组织全面质量检查和参试系统总联试考核,检查合格后冻结技术状态。经试验总指挥批准,转入试验实施阶段。试验前准备状态检查主要涉及以下内容:

(i) 参试产品状态;

(ii) 试验设备状态;

(iii) 测试分析系统状态;

(iv) 操作、指令系统状态;

(v) 试验文件配套情况及试验准备过程的原始记录;

(vi) 技术保障及安全措施;

(vii) 试验环境条件;

(viii) 故障处置与应急预案;

(iv) 参试人员资格复核;

(x) 质量控制点的控制状态;

(xi) 后勤保障措施。

(2) 试验实施阶段的质量管理。

严格按试验程序和操作规程组织实施,具体要求如下:

a. 由试验总指挥组织参试单位,对参试人员、试验产品、试验仪器设备、技术文件、关键质量控制点以及试验环境条件进行总质量核审。经试验总指挥批准后,方可开机试验。

b. 参试人员按"五定"上岗(定人员,定岗位,定职责,定协同关系,定仪器设备)。试验的关键岗位应实行操作人员,监护人员的"双岗"或"三岗制"。

c. 可重复性试验以及由系列试验组成的大型试验,在前项试验结束后,应及时组织结果。

d. 分析、发现问题及时处理,不得带着问题转入下一项试验。

e. 按试验程序,统一指挥,保证指挥的准确性。

f. 试验时对参试产品的系统、关键环节和试验设备,应设置工作状态监视和故障报警系统。

g. 准确地采集试验数据，做好原始记录。

h. 试验过程出现不能达到规定的试验目的时，中断试验。故障排除后试验方可继续，中断或继续试验命令由试验总指挥下达。

（3）试验总结阶段的质量管理。

a. 试验结果处理。

在撤离试验现场前，汇集、整理试验记录和全部原始数据，保证数据的完整性和准确性。处理试验数据，分析试验结果，提出试验结果评价。试验结果的评价包括以下内容：

（i）试验是否达到任务书和试验大纲的要求；

（ii）试验数据采集质量评价，一般包括信号采集率、数据采集率、关键数据采集率、仪器设备完好率；

（iii）试验结果处理及处理方法；

（iv）试验结果分析与评价；

（v）故障分析与处理情况。

b. 编写试验总结。

试验报告由试验实施方和试验委托单位共同编制，各参试单位会签，并履行规定的审批手续。试验报一般包括以下内容：

（i）试验目的、试验条件；

（ii）试验过程简述；

（iii）试验结果分析；

（iv）试验结论；

（v）改进意见。

c. 试验过程发生的产品状态和试验状态更改，经复核后办理审批手续，并及时反映到相应的产品设计图样和技术文件中。

d. 质量与可靠性信息资料汇集、整理归档。

e. 组织试验工作总结，提出改进措施，并对试验成功经验进行规范化处理。

6.12.2　试验计量要求

按照 GJB1309—91《军工产品大型试验计量保证与监督的要求》等相关规定，试验负责方必须制订试验计量要求。大型运输机飞控系统"铁鸟"集成试验是飞机型号研制最重要的大型系统试验之一，因此必须按照 GJB1309—91 相关要求，规划和实施试验计量工作。民用飞机飞控系统"铁鸟"集成试验的计量保证与监督可参考使用。

1）一般要求

（1）凡参加大型试验的计量器具、标准物资、专用测试设备及有关量值传递与统一工作应全部纳入计量保证和计量监督范围内，遵守本标准的要求，贯彻有关计量标准和规定。

（2）承担大型试验计量保证与计量监督任务的计量技术机构，须经国防计量考核认可，并取得国防科学技术工业委员会计量管理机构或其授权的机构颁发的国防计量认可合格证书。

（3）大型试验的计量保证和计量监督工作应列入该的试验质量控制程序和试验计划。由主持或组织大型试验的指挥机构（试验总负责单位）负责监督执行。由相应的国防计量机构负责实施。

（4）大型试验全过程所用的计量器具、标准物质的量值传递应按国防计量量传系统进行，或由经国防计量认可的计量技术机构传递。

（5）凡参加大型试验的单位，应在进入试验场区（基地）前提出进入试验场区（基地）的计量器具、标准物质和专用测试设备的清单，报送主持或组织大型试验的指挥机构和相应的国防计量管理机构，经审查后方可进入试验场区（基地）。

2）具体要求

（1）组织管理。

a. 大型试验计量保证和计量监督工作由总计量师或主管计量保证与计量监督的领导主管。

b. 大型试验计量保证和计量监督工作应纳入试验质量保证体系，作为该体系的重要组成部分列入试验大纲或试验计划。

c. 总计量师或主管计量保证与计量监督的领导，应根据总体和系统的战术技术指标，提出大型试验计量保证与计量监督的具体要求和计量器具选择配备表，并作为该定型技术文件的组成部分。

d. 总装部门、大型试验参试单位、试验场区（基地）的国防计量机构，根据大型试验计量保证与计量监督具体要求，分别制订计量保证与计量监督工作实施方案或工作细则，组织实施计量保证与计量监督。必要时，由总计量师或主管计量保证与计量监督的领导，与上级国防计量管理机构组织协调。

（2）计量器具。

a. 参试单位的最高计量标准应送上级国防计量技术机构或经国防计量认可的计量技术机构检定或校准。

b. 参试的计量器具应经本单位国防计量技术机构或经国防计量认可的计量技术机构检定，给出合格证或准用证，并限定在检定周期或准用期限内使用。标准物质应按规定的贮存条件保管，并在有效期内使用。

c. 参试的计量器具的检定周期或准用期限，按有关军用标准或国家标准规定的有效期确定。

d. 参试单位的计量技术机构不能检定的计量器具或不能评定的标准物质，应送上级国防计量技术机构或经国防计量认可的计量技术机构进行检定或比对。

e. 目前无法检定或比对的参试计量器具，应由使用单位计量技术机构按技术条件进行自检，自检正常后给出准用证方准使用，并报上级国防计量机构备案。

f. 按分类管理属只用于定性指示并无准确度要求的参试仪器仪表,应由使用单位进行功能性检查,正常后给出准用证,并限定在准用期限内使用。

g. 参试的计量检定人员,试验现场计量检定环境条件,应符合《国防计量监督管理条例》的规定。计量检定方法或校准方法应符合有关检定规程或操作规程的规定。

3)专用测试设备。

(1)大型试验所用的专用测试设备必须经过鉴定或技术评审,给出合格证或准用证,并确定相应的有效期。

(2)专用测试设备鉴定或技术评审所需的技术文件应由专用测试设备设计部门和生产部门提供。

(3)参试的专用测试设备在试验的全过程都应保证在其合格证或准用证的有效期内。

(4)参试的专用测试设备应接受国防计量机构的计量监督和计量技术仲裁。

(5)国防计量机构根据试验需要,应参与参试的专用测试设备的鉴定或技术评审,承担所需要的计量保证与计量监督工作。

4)试验场区(基地)

(1)试验场区(基地)的国防计量管理机构和技术机构,负责实施试验场区(基地)内的计量保证和计量监督工作。

(2)参试单位在试验场区(基地)内所使用的计量器具、标准物质和专用测试设备,由参试单位登记造册,填写参试计量器具、标准物质和专用测试设备清单,并确保检定证书、合格证(准用证)、附件完整。

(3)主持或组织大型试验的指挥机构(试验总负责单位),应负责组织计量、质量、设计、试验等部门,对进入试验场区(基地)的全部参试计量器具、标准物质、专用测试设备进行计量复查,复查合格后给出准用标识。

(4)在试验场区(基地)内,出现量值不一致或有争议时,由试验场区(基地)计量机构进行计量技术仲裁检定。

(5)根据大型试验指挥机构(试验总负责单位)的要求,国防计量测试研究中心、国防计量一级站或其他有关的国防计量技术机构,应协助试验场区(基地)计量机构实施计量保证与计量监督。必要时,承担量值仲裁任务。

6.12.3　试验流程

大型飞机飞控系统"铁鸟"集成试验试验内容多、准备工作复杂、数据处理与分析工作量大,为确保安全高效地完成系统的试验与验证、必须强化试验的流程设计与管理。总的来说,实施每项试验(项目或内容)的过程一般分3个阶段,分别为试验前准备、试验操作执行和试验后检查。试验流程如图6-44所示。

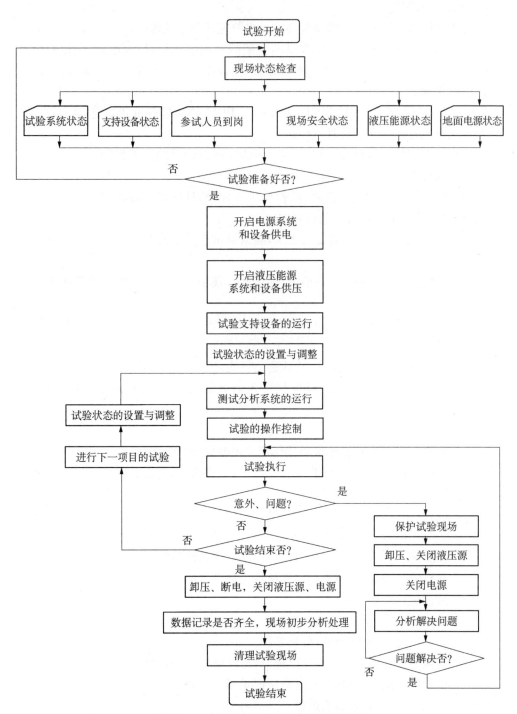

图 6-44 飞控系统"铁鸟"集成试验流程

1）试验前准备

飞控系统"铁鸟"集成试验试验前准备主要完成以下工作：

（1）检查飞控系统"铁鸟"集成试验台架的地面液压源、地面电源、飞控系统试验测试分析系统、试验综合管理与控制系统、飞控系统试验器等地面试验保障设施，确认运行正常。

（2）检查飞控系统 PFC、ACE、FSECU、PDU、作动器等机载系统，确保技术状态与首飞飞机技术状态一致且运行正常。

（3）检查模拟机载电缆、试验电缆，确认连接正确，导通、绝缘等符合相关通电检查技术条件要求。

（4）检查模拟机载液压管路、试验液压管理，确认连接正确，管路走向、卡箍固定、管型等符合相关安装技术条件要求。

（5）检查被试系统及试验支持系统，确认被试系统状态与试验支持系统状态与当前试验项目要求相一致。

（6）检查试验现场安全保障措施，确认试验现场安全且具有应急处置措施和设备（如灭火瓶、沙箱、铁锹等）。

（7）检查参试人员资格与身体条件，确认参试人员具有参试资质的同时，按岗定人，按人选岗。

（8）检查试验通信指挥系统，确认通信畅通，通话质量清晰。

（9）检查试验监控系统，确认监控覆盖面满足试验要求，设备工作正常，图像清晰。

2）试验操作流程

飞控系统"铁鸟"集成试验试验操作流程主要完成以下工作：

（1）试验开始准备，组织试验前会议，介绍试验任务、流程、人员职责安排、应急处置措施等。

（2）试验状态检查，检查被试系统状态、试验支持设备状态、参试人员到岗状态、现场安全状态、液压能源状态、地面电源状态等。

（3）开启液压能源（机载和地面），向被试系统和设备供压。

（4）开启电源（机载和地面），向被试系统和设备供电。

（5）运行试验支持设备。

（6）被试系统状态设置与调整。

（7）运行飞控系统试验测试分析系统。

（8）按照当次试验要求和操作流程，进行试验操作与观察。

（9）试验操作执行的同时，实时测试记录相关参数。

（10）实时观察并判断试验近程。

（11）若试验结束，则卸液压油源压力，关闭液压油源。

（12）若试验结束，关闭电源。

（13）清理试验现场。

（14）当次试验讲评，对试验过程中所暴露出的组织、操作、安全状态进行讲评，分析试验中所发现的问题，并加以解决。

3）数据处理与分析

飞控系统"铁鸟"集成试验测试到的数据量大，一般不可能当下完成数据的处理与分析，有时需要几天或几十天，为确保试验进程和试验的有效性，试验当下只进行测试数据的初步处理与分析，确认没发现任何异常，即可按照试验计划安排开始下个或下个状态试验。

参 考 文 献

［1］ TERRY D SMITH. Ground and flight testing digital flight control systems in the united kingdom［J］. NATO RTO, BAE Systems, 2000.

［2］ RTO-AG-300 Vol. 21. Flying qualities flight testing of digital flight control systems［J］. Flight Test Techniques Series，Vol. 21，RTO/NATO, 2001.

［3］ Christian BENAC A380 Simulation Model Management Leader. A380 SIMULATION MODELS Airbus Standardization of Developments［J］. New Media Support Centre Workshop, 2003.

［4］ Pierre BACHELIER Head of Modelling Simulation AIRBUS Engineering. VIVACE project: the cornerstone of Airbus modelling and simulation strategy［M］. Warwick, 2005.

［5］ Richard Smyth, RAes. Design and development of Transport Aircraft System Past, present and future Challenges and Opportunities［M］. Lecture of the Royal Aeronautical Society Hamburg Branch, Harmburg, 2008.

［6］ SAE AEROSPACE INFORMATION REPORT AIR5992. Descriptions of Systems Integration Test Rigs（Iron Birds）For Aerospace Applications［J/OL］2009 - 11 SAE International. http://www. sae. org.

［7］ 刘林. 现代飞行控制系统的评估与确认方法［M］. 北京：国防工业出版社，2010.

［8］ 张德发，叶胜利，等. 飞行控制系统的地面与飞行试验［M］. 北京：国防工业出版社，2003.

［9］ 宋翔贵，张新国，等. 电传飞行控制系统［M］. 北京：国防工业出版社，2003.

［10］ 申安玉，申学仁，李云保，等. 自动飞行控制系统［M］. 北京：国防工业出版社，2003.

［11］ 刘林，郭恩友，等. 飞行控制系统的分系统［M］. 北京：国防工业出版社，2003.

［12］ 孙运涛. 大型民用飞机电传飞控系统验证技术研究［J］. 民用飞机设计与研究，2012，3：8 - 13.

［13］ 高亚奎，支超有，张芬. 现代飞机综合试验与测试技术研究［J］. 航空制造技术，2012，12：40 - 44.

［14］ 支超有，唐长红. 现代飞机系统虚拟试验验证技术发展研究［J］. 航空科学技术，2011，6：25 - 28.

［15］ 支超有，李振水，薛峰. 基于模型组件的虚拟试验系统框架研究［J］. 计算机测试与控制，2011，4：890 - 893.

［16］ 高金源，焦宗夏，张平. 飞机电传操纵系统与主动控制技术［M］. 北京：北京航空航天大学出版社，2005.

［17］ 石山，等. 飞机机电 BIT 技术［M］. 北京：国防工业出版社，2010.

［18］ 王勇，于宏坤. 机载计算机系统［M］. 北京：国防工业出版社，2008.

［19］ 杨伟，等. 容错飞行控制系统［M］. 西安：西北工业大学出版社，2007.

［20］樊尚春,吕俊芳,张庆荣,等.航空测试分析系统［M］.北京:北京航空航天大学出版社,2005.

［21］顾诵芬.飞机总体设计［M］.北京:北京航空航天大学出版社,2001.

［22］吴文海.飞行综合控制系统［M］.北京:航空工业出版社,2007.

［23］文传源,等.现代飞行控制［M］.北京:北京航空航天大学出版社,2004.

［24］陈廷楠.飞机飞行性能品质与控制［M］.北京:国防工业出版社,2007.

［25］马登武,叶文,等.虚拟现实技术及其在飞行仿真中的应用［M］.北京:国防工业出版社,2005.

7 飞控系统机上地面试验

7.1 概述

飞控系统机上地面试验是飞机首飞前必须进行的一项关键性试验。狭义上讲，飞控系统机上地面试验仅仅包括在更加真实的飞机环境中进行的飞控系统及其分系统试验以及与飞机其他机载系统的交联试验。广义上讲，飞控系统机上地面试验还应包括结构模态耦合试验以及飞控系统参与的全机电磁兼容试验。

飞控系统机上地面试验主要包括以下内容：

（1）飞控系统机上地面试验。

（2）结构模态耦合试验。

（3）飞控系统电磁兼容试验。

从飞控系统机上地面试验层次上来讲，分为以下 4 个层次：

1）安装及通电检查

按照飞控系统及其分系统安装技术条件和通电技术条件，对飞控系统及其分系统进行安装与调试(这是试制单位必须完成的机上地面检查工作)，确保座舱操纵装置、机械操纵线系、舵面(包括副翼、升降舵、方向舵、水平安定面等主舵面，地面扰流板、多功能扰流板等辅助舵面，以及襟(缝)翼等增升装置)的安装零位、间隙满足安装检查技术条件，电传飞控系统、高升力控制系统、自动飞控系统以及交联机载系统等电子机载设备的电缆敷设、接插件、分离面连接正确。

2）功能、性能检查

飞控系统具有正常电传操纵、降级电传操纵、模拟备份操纵、机械备份操纵、自动控制及增升控制等功能，前 3 个功能依赖于电传飞控系统实现，后 3 个功能相对独立，由相对独立的分系统实现。

利用飞控系统机载设备电缆接头、飞机电缆分离面接头等，断连或引出必要的信号，对系统、分系统及其相关机载设备的零位、死区、极性、传动比、行程、速度等静态性能，以及分系统间的交联接口等进行检查。同时，对电传飞控系统、高升力控制系统和自动飞控系统等的模态逻辑、显示逻辑、保护逻辑、告警逻辑等功能进行检查。对飞机关键特殊状态点,测试阶跃、脉冲等典型输入时的动态响应,以及各个控制回路的稳定储备等。高升力控制系统还应检查不同状态下襟(缝)翼的收放时间及收放逻辑。

3) 飞控系统与机载其他机载系统交联性能检查

飞机上提供了与飞控系统最真实的交联系统,主要包括电源、液压源等能源系统,起落架控制、防除冰等系统,大气数据、惯导等系统,航电显示处理单元、中央告警、中央维护等,自动油门执行机构、飞行管理系统等,对其交联接口、极性、逻辑等进行检查,同时检查在这些环境下飞控系统实现其功能、性能的能力。

4) 结构模态耦合试验

结构模态耦合试验是检查飞控系统和飞机结构之间的耦合程度,即飞控系统的各控制模态不能引起结构的不稳定振动,同时结构的振动不能引起飞控系统的发散。

5) 飞控系统电磁兼容性试验

飞控系统电磁兼容试验的目的是检查飞控系统与其他机载系统之间的相互电磁干扰影响,即飞控系统不能由于电磁干扰影响其他机载系统工作,同时其他机载系统也不能电磁干扰飞控系统工作。

7.2　飞控系统机上地面试验

7.2.1　试验原理

相对于飞控系统"铁鸟"集成试验,飞控系统机上地面试验更侧重于对飞控系统状态的确认,其目的是检查机上飞控系统功能和性能是否满足设计要求。试验内容原则上对功能的检查应全部覆盖,对性能的检查侧重于极性、传动比等静态性能;动态性能着重对关键设计状态点或边界状态点进行检查。试验结果应与"铁鸟"集成试验结果对应或一致,满足飞控系统设计规范要求。

飞控系统机上地面试验应遵循以下 6 个原则:

(1) 极性、传动比等静态性能检查时,应完全使用机上机载设备和电缆,只是引出必要的测试点或监控点,如速率陀螺组件或过载传感器以及惯导等极性检查。

(2) 仿真或激励设备应在飞机原设备安装处介入,尽可能保持和真实机载设备接近。

(3) 舵面位置传感器在确认零位、极性、量程和精度满足试验要求的前提下,可以将其实测的结果接入到试验系统中,如飞行仿真系统。

(4) PEC、襟(缝)翼控制器、自动飞控计算机均应设置测试或试验接口,能够实时地对系统的必要变量进行监控或测试,同时能够对系统进行升级维护。

(5) 可能用到的 ARINC429、MIL-STD-1553B、AFDX 等总线的测试和监控可以采用总线仿真器,也可以采用激励设备激励真实机载设备,如动态仿真可以采用总线仿真器来模拟大气数据系统或惯导系统,而静态仿真可以采用大气或惯导激励器来设置真实大气或惯导的某一种状态。

（6）驾驶柱（盘）以及各种操纵手柄，在空间或夹具允许的情况下，可以采用激励设备来驱动，对于无法安装激励设备的情况，采用人工操纵来完成激励，比如，杆力-杆位移曲线的测试。在人工无法操纵的情况下，可以考虑通过对下一环节的激励来代替，前提是确保上一环节满足设计要求，如在确认驾驶柱中立位置、间隙、极性、量程和精度均正确的情况下，对于单个通道的带宽测试可以从传感器直接激励，而不用刻意从驾驶柱激励扫频，但在结果处理时，需考虑这个环节对系统相位滞后的影响。

飞控系统机上地面试验原理如图7-1所示。

飞控系统机上地面试验所需能源采用地面能源，包括电源和液压源。参与试验的机载系统/设备包括被试系统（飞控系统）及其相关联的航空电子系统、机电管理系统、防除冰控制器、起落架控制系统、液压系统、电源系统、发动机操纵系统等飞机机载系统等。

飞控系统机上地面试验时，对必要的传感器，如大气数据、惯性导航等应配置总线仿真器或设备激励器，以实现系统状态的设置；PEC、襟（缝）翼控制器和自动飞控计算机均应配置飞行测试接口设备（FTI），以便能够实时读取系统相关信息；系统在必要的接口、分离面或设备上均应加装测试设备，以便获取必要的静态传动比及系统动态信息。

飞控系统机上地面试验过程同工程模拟器试验、"铁鸟"集成试验一样，试验前需要编制试验任务书、试验大纲和试验任务单，试验结束后需要整理试验记录单并编写试验报告和试验总结分析报告。

飞控系统机上地面试验的主要实施步骤如下：

（1）按照飞控系统、分系统安装检查技术条件完成相关系统的安装和调试，按照通电检查技术条件完成机上通电检查。

（2）按照图7-1所示飞控系统机上地面试验原理，从相关机载设备、分离面连接好试验电缆和机载电缆，并接入激励、仿真和测试等设备。

（3）按照选取的试验状态点，设置飞行仿真系统、激励系统以及必要的机载系统的初始状态。

（4）按照试验任务单规定的试验内容和步骤进行试验。

（5）对试验结果进行分析处理，如果有问题，进行排故或优化设计后重新试验，直到结果满足设计要求为止。

7.2.2　试验前调试与准备

大型运输机飞控系统相当复杂，为确保飞控系统在机上安装正确，使其满足系统设计要求，特编制了一系列安装检查技术条件和通电检查技术条件等生产性技术文件，指导飞机制造部门进行系统安装调试工作。

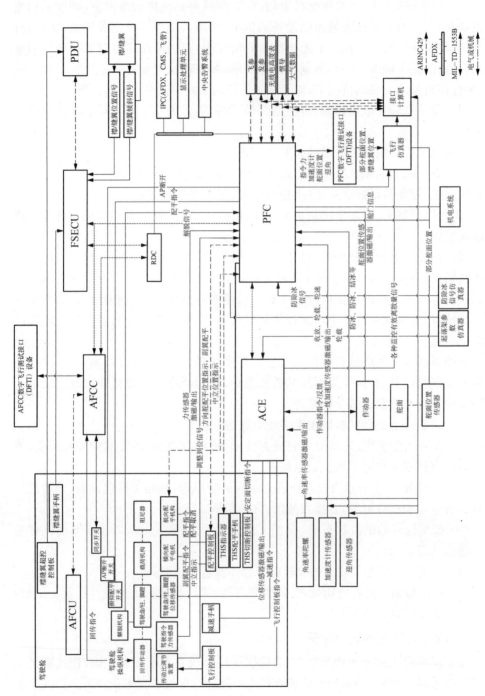

图 7-1　飞控系统机上地面试验原理

1) 座舱操纵系统制造、安装、调试技术条件

这份生产性技术文件应对与设计图纸有关的技术状态、润滑、间隙等一般安装要求进行说明。

考虑到拉杆等为非成品件,需要对其制造与装配过程进行检查,主要包括钢管表面、铝管表面、管子长度公差、管子收口及同轴度、管子内径、管子表面处理、关节轴承压装、铆接、标记、检验印、移交等主要工艺过程。

机上安装时,必须规定支座的安装,摇臂、支座及拉杆的组合安装,拉杆的安装调整,以及中立定位销的安装等。

最后,作为一个控制通道集成,分别对横向、航向和纵向 3 个通道的中立位置、指令位移传感器零位和最大行程、指令力传感器零位和最大行程进行综合检查。

2) 机械操纵系统调试技术条件

这份生产性技术文件应描述将钢索传动装置和座舱操纵系统组合起来的机械操纵系统的安装和调试,主要对副翼、方向舵、升降舵和水平安定面控制通道的机械操纵系统进行全面检查,内容包括中立位置、回中性、极性、操纵极限、行程、机械配平、传动比调节、操纵力和位移关系、系统间隙等。

3) 钢索传动装置安装技术条件

这份生产性技术文件应对与设计图纸有关的技术状态、外观、润滑、中立定位销、外观标记、紧固件、搭接线、必要锉修等一般安装要求进行说明。同时,对钢索间的连接、钢索与其他零机载设备的连接,钢索传动中的支座、摇臂、拉杆、扇形轮、滑轮、导向件等传动装置组件的集成给出要求,明确系统的间隙、密封、张力、搭接等性能指标。

4) 飞控系统机载传感器安装调试技术条件

这份生产性技术文件应对飞控系统内部使用的三轴角速率陀螺组件、三轴线加速度传感器、翼尖过载传感器、垂尾过载传感器、驾驶盘位移传感器、驾驶柱位移传感器、脚蹬位移传感器、驾驶柱(盘)力传感器、脚蹬力传感器、副翼位置传感器、升降舵位置传感器、方向舵位置传感器、缝翼位置传感器、襟翼位置传感器、缝翼倾斜传感器和襟翼倾斜传感器等的安装、电气连接、通电检查等给出技术要求,分别对相关传感器的接口、极性、零位、行程等进行要求。

5) 作动器安装调试技术条件

这份生产性技术文件应对副翼、方向舵、升降舵、水平安定面、多功能扰流板和地面扰流板等作动器的安装和调试给出具体的技术要求,分别对不同作动器的控制模态、中立位置、行程给出要求。

6) 电传飞控系统通电检查技术条件

这份生产性技术文件应对电传飞控系统通电检查前准备、通电前检查、上电检查、极性检查、不同模态功能等给出要求。

电传飞控系统在完成以上安装调试后,就要按照该生产性技术文件进行电传飞控系统的通电检查。电传飞控系统通电检查技术条件应规定在确保供电、供液、大

气、智能探头、惯导、无线电高度表、飞管、显控系统、事故记录设备、中央告警、机电综合管理、发参、起落架、防除冰等交联机载系统工作正常的情况下,对飞控系统的上电、操纵、显示、逻辑、限偏等基本功能,外围设备的接口,驾驶柱(盘)卡死、脚蹬卡死、供电故障、液压能源故障等典型故障,以及零位、极性、行程等静态性能进行全面检查。

7) 高升力系统作动系统安装调试技术条件

这份生产性技术文件应对缝翼动力驱动装置、变角减速器组件、导向支座、扭力杆、缝翼防收制动装置、旋转作动器和齿轮齿条机构,以及襟翼动力驱动、主减速器、变角减速器、襟翼防收制动装置、下吊式变角减速器、扭力杆支架组件及滚珠螺旋丝杠作动机构等安装调试给出技术要求,对各传动组件灵活性、线系摩擦力,以及襟(缝)翼的初始零位(控制电气零位)、机械零位(限制零位)、最大偏角等给出要求。

8) 高升力系统通电检查技术条件

这份生产性技术文件应对高升力控制系统通电检查前准备、通电前检查、上电检查、极性检查、不同模态功能等给出要求。

9) 自动飞控系统通电检查技术条件。

这份生产性技术文件应对测试设备、地面能源、系统及其设备状态、阻抗及电压等通电前检查,以及系统上电步骤和上电后检查,同时对接口、零位、极性、控制逻辑及显示、告警、BIT等功能和性能给出要求。

7.2.3　试验内容与试验方法及试验判据

飞控系统机上地面试验主要内容包括以下几项。

1) 接口检查

检查飞控系统各分系统之间,以及飞控系统与其他机载系统之间接口是否与接口控制文件相关定义一致。

2) 电传飞控系统动(静)态性能检查

主要包括模态转换功能检查、配平功能检查、安全保护功能检查、BIT功能检查、状态及告警等显示和记录正确性检查、传动比和极性检查、时域阶跃性能检查、时域扰动性能检查、开环稳定储备检查、闭环频响性能检查。

3) 机械操纵系统动(静)态性能试验

检查机械操纵系统杆力-杆位移性能、阻尼性能、阶跃性能和频率性能,以及各通道开/闭环频率性能等是否满足设计要求。

4) 高升力系统动(静)态性能试验

主要包括襟(缝)翼收放功能和性能检查,模态切换功能检查、安全保护功能检查、BIT功能检查、状态及告警灯显示记录正确性检查,检查襟(缝)翼正常、降级和备份工作状态的收放逻辑、功能和收放时间的正确性。

5) 自动飞控系统动(静)态性能试验

模态转换功能检查、安全保护功能检查、BIT功能检查、状态及告警灯显示记录正确性检查。

6）飞控系统在发动机开车情况下工作情况检查

检查在发动机开车情况下，飞控系统工作稳定性。

7.2.3.1 接口检查

1）试验目的与要求

飞控系统机上地面试验之前，必须按照安装调试和通电检查技术条件完成相关机械、电气接口的检查，包括中立位置、间隙、极性、量程等，必须对所有的总线通信信号进行检查，检查其在不同状态的动态传输是否正常。

接口检查要求如下：

（1）机载设备之间的接口可采用操纵装置、激励器激励等方式使设备发出所需数据，但不能用总线仿真器仿真生成数据。

（2）通信的数据应覆盖通信传输的全部范围。

2）试验内容与方法

接口检查主要包括：

（1）检查 PFC、ACE、FSECU、PDU 之间通信接口。

（2）PFC 与迎角传感器、大气数据设备、全压智能探头、惯导设备、中央告警系统、音频交换设备与显示处理单元、中央维护系统、事故记录设备、无线电高度表、起落架控制系统、发动机参数记录系统之间通信接口检查。

（3）FSECU 与中央告警系统、中央维护系统、事故记录设备、近地告警系统之间通信接口检查。

接口检查的基本方法是从数据发送设备设置参数数值，从数据接收端检查所接收的数据信息。

3）试验判据

分别记录数据发送端发送的数据和数据接收端接收的数据，综合判断是否满足设计要求，所有测试结果应与接口控制文件定义相符。

表 7-1 所示为 PFC 与 FSECU 接口检查记录。

表 7-1 PFC 与 FSECU 接口检查记录

襟（缝）翼操纵手柄挡位	FSECU 发送数据		PFC 接收数据	
	襟翼/(°)	缝翼/(°)	襟翼/(°)	缝翼/(°)
0	0	0	0	0
1	0	17.6	0	17.6
15	15.1	17.6	15.1	17.6
25	26.9	17.6	26.9	17.6
30	26.9	26.4	26.9	26.4
40	40.9	26.4	40.9	26.4

7.2.3.2　电传飞控系统动(静)态性能试验

电传飞控系统动(静)态性能试验的主要试验内容包括：

- 作动系统动(静)态性能检查；
- 模态转换功能检查；
- 配平功能检查；
- 安全保护功能检查；
- BIT 功能检查；
- 状态及告警等显示和记录功能检查；
- 传动比和极性检查；
- 时域阶跃性能试验；
- 时域扰动性能试验；
- 开环稳定储备试验；
- 闭环频响性能试验。

1) 作动系统动(静)态检查

(1) 试验目的与要求。

作动系统动(静)态性能试验的目的是检查纵向、横向和航向 3 个通道的零位、行程和极性是否满足设计要求，同时对升降舵、副翼、方向舵和扰流板等作动器动(静)态性能进行确认。水平安定面作动器作为较特殊的作动器，对其配平功能、极性和速度进行检查。

作动系统动(静)态试验要求如下：

a. 行程检查幅值应该覆盖满量程范围。

b. 扫频频率范围应覆盖相关结构的低阶固有频率，扫频的幅值应能激发结构振动，但不能引起结构破坏。一旦出现振动加剧等情况，应有应急电源切断装置来保证飞机安全。

(2) 试验内容与方法。

作动系统动(静)态检查主要包括纵向、横向、航向等控制通道的静态性能检查以及舵回路动态特性检查。具体包括：

a. 纵向、横向、航向等控制通道的零位、行程及极性检查。

b. 升降舵、副翼、方向舵和扰流板作动器最大速度检查。

c. 升降舵、副翼、方向舵和扰流板舵回路阶跃性能试验。

d. 升降舵、副翼、方向舵和扰流板舵回路频响性能试验。

e. 水平安定面作动系统配平功能与性能检查。

以上试验均在空载情况下进行，主要试验方法如下：

a. 纵向、横向、航向等控制通道的零位、行程及极性检查时，分别操纵左(右)驾驶柱、驾驶盘、脚蹬，记录驾驶柱、驾驶盘和脚蹬等指令位移传感器信号，以及升降舵、副翼、方向舵的偏角信号，对数据进行处理得到零位和极限偏转值，判断其极性是否满足要求。

b. 作动系统最大速度检查时，从 ACE 的测试指令输入接口处施加正向和反向激励信号，测试升降舵、副翼、方向舵和扰流板作动器输出位移，计算出最大速度。

c. 作动系统阶跃性能检查时，从 ACE 的测试指令输入接口处加入激励信号，进行升降舵、副翼、方向舵和扰流板舵回路的阶跃性能测试，激励的幅值必须能使作动器伺服阀开度达到最大。

d. 作动系统频响性能试验时，从 ACE 的测试指令输入接口处加入激励信号，测试升降舵、副翼、方向舵和扰流板舵回路的频响性能，激励信号的幅值要能使作动器伺服阀的开度达到最大，频率范围为 $0.1 \sim 6\,\mathrm{Hz}$。

e. 水平安定面作动系统性能检查时，操作配平开关，检查向上配平的角度和向下配平的角度，计算出水平安定面配平的速度。

（3）试验判据。

依据试验测试分析系统记录数据，分析出各控制通道的零位、行程、极性，计算出各作动器最大速度。

将阶跃性能试验记录数据处理成时间历程阶跃性能曲线，计算出超调量、上升时间和调节时间等特征数据。将频响性能试验记录数据处理成频响性能曲线，计算出带宽指标。

表 7-2 所示为左侧多功能扰流板作动系统阶跃性能试验结果。

表 7-2　左侧多功能扰流板作动系统阶跃性能试验结果

激励信号	正激励				负激励			
	$\sigma\%$	n	t_r/s	t_s/s	$\sigma\%$	n	t_r/s	t_s/s
1.0V	0.04	0.00	0.10	0.11	0.03	0.00	0.08	0.10

对作动系统频响性能试验幅频性能曲线和相频性能曲线进行分析，即可得到作动系统带宽，即相位滞后 90°时的频率等特征参数。

表 7-3 所示为副翼作动系统频响性能数据。

表 7-3　副翼作动系统频响性能数据

扫描幅值	测试参数	频率/Hz
0.5V	幅值下降 3 dB	5.496
	相位滞后 90°	5.420

2）模态转换功能检查

（1）试验目的与要求。

模态转换功能检查主要对模态逻辑、降级逻辑以及主要信号的选择逻辑进行检查,检查内容应能够覆盖所有模态转换逻辑。

(2) 试验内容与方法。

模态转换功能检查主要包括以下 4 个部分:

a. 正常(电传)、模拟(电传)、机械的人工转换模态检查。

b. 正常(电传)模态在部分传感器故障情况下的降级模态功能检查。

c. 电源、液压源以及系统设备故障情况下,自动转换逻辑和选择逻辑功能检查,如 PFC 断电情况下的正常模态自动转模拟备份模态的检查,ACE 断电情况下的正常模态自动转机械备份模态的检查。

d. 迎角、角速率、线加速度等信号选择逻辑功能检查。

模态转换功能检查方法和流程描述如下:

a. 正常(电传)、模拟(电传)、机械操纵模态转换功能检查。

(ⅰ)设置合适的飞行状态,分别将电传飞控板上 PFC"自动/断开"开关置于接通、断开两个位置,操纵驾驶柱、驾驶盘和脚蹬全行程运动,记录系统工作状态,驾驶柱、驾驶盘和脚蹬指令位移,升降舵、副翼和方向舵偏角,分析记录数据及曲线。

(ⅱ)利用飞控配电盒模拟 4 台 ACE 全部掉电,操纵驾驶柱、驾驶盘和脚蹬全行程运动,记录系统工作状态,驾驶柱、驾驶盘和脚蹬指令位移,升降舵、副翼和方向舵偏角,分析记录数据和曲线。

(ⅲ)将电传飞控板上升降舵电传/机械转换开关分别置于"电传"、"半机械"、"机械",操纵驾驶柱全行程运动,记录系统工作状态,驾驶柱位移、升降舵偏角、传动比调节装置位移,分析记录数据和曲线。

(ⅳ)将电传飞控板上副翼电传/机械转换开关分别置于"电传"、"半机械"、"机械",操纵驾驶盘全行程运动,记录系统工作状态,驾驶盘位移、副翼偏角、传动比调节装置位移,分析记录数据和曲线。

(ⅴ)将电传飞控板上方向舵电传/机械转换开关分别置于"电传"、"机械",操纵脚蹬全行程运动,记录系统工作状态,脚蹬位移、上下方向舵偏角,分析记录数据和曲线。

b. 正常(电传)工作模态在部分传感器故障情况下的降级模态功能检查。

设置合适的飞行状态,分别设置大气数据计算机故障、惯导故障和角速率陀螺组件故障,操纵驾驶柱、驾驶盘、脚蹬,记录升降舵、副翼和方向舵最大偏角,分析记录数据和曲线。

c. 电源、液压源以及机载设备故障情况下,自动转换逻辑和选择逻辑功能检查。

正常工作模态下,分别断开两台 PFC 和 ACE,记录系统工作状态,驾驶柱、驾驶盘和脚蹬指令位移,升降舵、副翼和方向舵偏角,分析记录数据和曲线。

正常工作模态下,分别断掉 1 号、2 号和 3 号液压系统,记录系统工作状态,驾驶柱、盘和脚蹬指令位移,升降舵、副翼和方向舵偏角,分析记录数据和曲线。

d. 迎角、角速率、线加速度等信号选择逻辑功能检查。

设置合适的飞行状态,对电传飞控系统硬线直连的迎角、大气数据计算机发送的迎角,角速率陀螺组件的角速率、惯导系统的角速率依次设置不同的值,记录各舵面偏角,分析记录数据和曲线。

(3) 试验判据。

模态转换功能检查结果的基本判断条件是模态切换是否满足设计要求,降级逻辑是否满足设计要求,断电、欠压、断压逻辑是否满足设计要求。表 7-4 所示为人工操纵正常模态转机械备份模态功能检查记录。

表 7-4 人工操作正常模态转机械备份模态功能检查记录

序号	试验条件	预期结果	试验结论
1	将电传飞控板上升降舵机械备份转换开关置于"半机械",操作驾驶柱全行程运动	升降舵为机械备份模态,传动比调节装置不变,驾驶柱满偏,升降舵偏角减半	
2	将电传飞控板上升降舵机械备份转换开关置于"机械",操作驾驶柱全行程运动	升降舵为机械备份模态,传动比调节装置缩回,驾驶柱满偏,升降舵满偏	
3	将电传飞控板上升降舵机械备份转换开关置于"电传",操作驾驶柱全行程运动	升降舵为正常模态,传动比调节装置伸出,襟(缝)翼放下时,驾驶柱满偏,升降舵满偏	

3) 配平功能检查

(1) 试验目的与要求。

配平功能检查的目的是对水平安定面、副翼、方向舵等配平功能和配平逻辑进行检查,需在电传飞控系统不同工作模态下对所有的配平功能进行检查。

(2) 试验内容与方法。

配平功能检查时,需要对水平安定面、副翼和方向舵分别在"正常"、"降级"、"模拟"和"机械"模态的配平功能和配平逻辑进行检查。水平安定面配平逻辑较为复杂,主要包括配平切断逻辑、电气配平逻辑、机械配平逻辑和配平功能等检查。

配平功能检查时,设置合适的飞行状态,利用电传飞控板切换不同的工作模态,分别对水平安定面、副翼和方向舵的配平功能和配平逻辑进行检查。

(3) 试验判据。

配平功能检查的测试结果必须满足设计要求。表 7-5 所示为水平安定面配平切断逻辑的检查记录表。

表 7 - 5　水平安定面配平逻辑检查记录表

步骤	配平操纵	电传正常模态 预期舵面响应	模拟备份模态 舵面舵面响应	试验结果
1	按压切断水平安定面配平 切断左开关	—	—	
2	下拨左驾驶配平开关约 5 s	舵面低速运动	舵面不运动	
3	上拨左驾驶配平开关约 5 s	舵面低速运动	舵面不运动	
4	下拨右驾驶配平开关约 5 s	舵面低速运动	舵面低速运动	
5	上拨右驾驶配平开关约 5 s	舵面低速运动	舵面低速运动	

　　副翼、方向舵配平功能检查时,分别将电传飞控板"自动/断开"开关打到"自动""断开",以及将副翼、方向舵工作模态转换开关打到"半机械""机械"。在上述状态下进行配平操作,图 7 - 2 所示为正常工作模态下,副翼配平功能检查时的副翼配平位置和副翼偏角记录曲线。

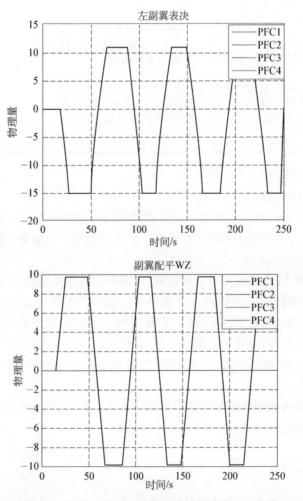

图 7 - 2　正常工作模态副翼配平功能检查记录曲线

4) 安全保护功能检查

(1) 试验目的与要求。

安全保护功能是实现飞行员无忧虑操纵、确保飞机飞行安全的重要功能,其试验目的是确认各项保护功能正常。

安全保护功能检查的主要要求如下:

a. 各种限制、保护功能检查应覆盖逻辑边界的所有构型、状态和模态。

b. 松杆姿态保持、扰流板破升/增阻功能应作为特殊的保护功能进行验证。

(2) 试验内容与方法。

安全保护功能检查主要包括以下保护功能的检查:

a. 副翼辅助增升功能。

b. 正常、降级、模拟备份工作模式和机械备份工作模式下的舵面限偏功能。

c. 松杆姿态保持和姿态保护功能。

d. 失速保护功能。

e. 超速保护功能。

f. 扰流板地面破升/增阻功能。

安全保护功能的试验方法如下所述。

a. 副翼辅助增升功能检查:

通过飞行仿真系统设置法向过载为 $1g$,其他反馈信号和指令输入信号为 0。启动系统并工作在电传飞控系统正常工作模式,分别设置襟(缝)翼为巡航、起飞、着陆构型,记录不同构型下的副翼偏度。

b. 舵面限偏功能检查:

设置电传飞控系统在正常工作模式,并给定一个巡航飞行状态点,分别满行程操纵驾驶柱、驾驶盘和脚蹬,记录各舵面偏角;设置大气数据失效,分别满行程操纵驾驶柱、驾驶盘和脚蹬,记录各舵面偏角;将电传飞控系统人工切换到模拟备份工作模式,并在襟翼收起和放下两种状态下,分别满行程操纵驾驶柱、驾驶盘和脚蹬,记录各舵面偏角。

c. 俯仰角保持检查:

通过飞行仿真系统设置法向过载为 $1g$,其他反馈信号为 0。设置驾驶柱位移为 0,启动系统并工作在电传飞控正常工作模式(开环),轮载设置不承载,俯仰角先设置为 $0°$,1 s 后重新设置为 $15°$,通过 FTI 观察控制律纵向通道前向指令有无变化。设置驾驶柱位移为 5 mm,1 s 后将俯仰角设置为 $-15°$,通过 FTI 观察控制律纵向通道前向指令有无变化。

d. 俯仰角限制:

通过飞行仿真系统设置法向过载为 $1g$,其他反馈信号和指令输入信号为 0。启动系统并工作在电传正常工作模式(开环),机轮不承载,俯仰角设置为 $30°$,观察升降舵面是否运动,俯仰角设置为 $0°$,观察升降舵面是否运动。

e. 倾斜角保持:

通过飞行仿真系统设置法向过载为 $1g$,其他反馈信号为 0。启动系统并工作在电传正常工作模式(开环),轮载设置不承载,脚蹬位移为 0,驾驶盘位移为 0,倾斜角先设置为 0°,1 s 后重新设置为 15°,观察副翼是否运动,分别给定 2.5 mm 脚蹬和 2° 驾驶盘位移,1 s 后设置倾斜角为 −15°,观察副翼是否运动。

f. 倾斜角限制:

通过飞行仿真系统设置法向过载为 $1g$,其他反馈信号和指令输入信号为 0。启动系统并在电传正常工作模式(开环)下工作,机轮不承载,倾斜角设置为 65°,观察副翼是否运动,倾斜角设置为 0°,观察副翼是否运动。

g. 失速保护:

通过飞行仿真系统设置法向过载为 $1g$,其他反馈信号和指令输入信号为 0。启动系统并在电传正常工作模式(开环)下工作,机轮不承载,迎角设置为 30°,观察驾驶柱是否抖杆,升降舵是否运动,迎角设置为 0°,观察驾驶柱是否抖杆,升降舵是否运动。

h. 超速保护:

通过飞行仿真系统设置法向过载为 $1g$,其他反馈信号和指令输入信号为 0。启动系统并在电传正常工作模式(开环)下工作,机轮不承载,表速设置为 650 km/h,观察升降舵、扰流板是否运动,将表速设置为 0,马赫数设置为 0.8,观察升降舵、扰流板是否运动。

i. 扰流板地面破升/增阻功能检查:

通过飞行仿真系统设置法向过载为 $1g$,其他反馈信号和指令输入信号为 0。启动系统并在电传正常模式(开环)下工作,机轮承载,速度设置为 150 km/h,减速操纵手柄位置在预位位置,油门设置反推状态,观察扰流板是否打开。

(3) 试验判据。

副翼辅助增升、舵面限偏、松杆姿态保持和姿态保护、失速保护、超速保护、过载限制、扰流板地面破升/增阻等功能应满足设计要求。

a. 副翼辅助增升功能:

当襟(缝)翼为巡航构型时,左(右)副翼均在中立位置;当襟(缝)翼为起飞和着陆构型时,左(右)副翼同时下偏。

b. 舵面限偏功能:

正常工作模式时,舵面最大偏度随空速变化,空速越大,舵面最大偏度越小;系统因大气失效工作在降级工作模式时,此时空速信号无效,舵面不限偏;系统工作在模拟备份工作模式时,根据襟翼位置进行舵面限偏,襟翼放下状态时无舵面限偏,襟翼收起状态时有舵面限偏。

c. 俯仰角保持:

驾驶柱在中立位置时,改变俯仰角,有指令输出;驾驶柱位移不在中立位置时,改变俯仰角,无指令输出。

d. 俯仰角限制:

设置俯仰角超出俯仰角限制的边界,有指令输出,升降舵运动;当俯仰角小于俯仰角限制功能的启动值时,无指令输出,升降舵不运动。

e. 倾斜角保持:

当脚蹬和驾驶盘在中立位置时,改变倾斜角,副翼运动;当脚蹬位移或驾驶盘不在中立位置时,改变倾斜角,副翼不运动。

f. 俯仰角限制:

设置倾斜角超出倾斜角限制边界,有指令输出,副翼运动;当倾斜角小于倾斜角限制功能的启动值时,倾斜角限制模块不启动,无指令输出,副翼不运动。

g. 失速保护:

当迎角超过失速告警迎角,驾驶柱抖杆告警,升降舵下偏;当迎角小于失速告警迎角启动值时,驾驶柱和升降舵无响应。

h. 超速保护:

当表速或马赫数超出速度保护边界时,升降舵上偏,扰流板自动打开。

i. 扰流板地面破升/增阻功能检查:

符合自动破升/增阻条件时,地面扰流板和多功能扰流板均自动打开。

5) BIT 功能检查

(1) 试验目的与要求。

BIT 功能检查的目的是确保 BIT 的进入、退出连锁逻辑正确,PUBIT、PBIT 和MBIT 的功能正常,试验条件应能够覆盖 BIT 逻辑的所有判断条件。

(2) 试验内容与方法。

电传飞控系统 BIT 功能检查主要项目和内容如下:

a. BIT 连锁条件检查。

b. PUBIT 功能检查。

c. PBIT 功能检查。

d. MBIT 功能检查。

电传飞控系统 BIT 功能检查方法与流程描述如下:

a. BIT 连锁条件检查时,电传飞控系统正常启动,通过飞行仿真系统按照图 7-3 所示进行连锁条件设置。设置轮载均承载,表速小于等于 70 km/h。发送地面测试允许信号,观察是否进入 BIT 检查。然后依次改变逻辑判断条件,检查是否退出 BIT。

图 7-3 BIT 进入/退出条件

b. 电传飞控系统试验器地面测试 CMS 模块中,设置 BIT 连锁条件:软件表决 WOW_SW≥3,而且至少三通道软件表决表速≤70 km/h。

c. 从电传飞控系统电源模拟设备给电传飞控系统上电,从地面液压源给电传飞控系统通压,等待 60 s 后,通过机载数据传输处理系统和电传飞控系统试验器地面 CMS 模块观察 PUBIT 是否有故障上报。

d. 若 PUBIT 无故障上报,监控机载数据传输处理系统,等待 10 s 后,观察 IFBIT 是否有故障上报。

e. 若 IFBIT 无故障上报,从 MFDS 上发送 PBIT 指令,等待 150 s 后,通过机载数据传输处理系统观察 PBIT 是否有故障上报。

f. 若 PBIT 无故障上报,从地面测试 CMS 模块发送 MBIT 指令,通过机载数据传输处理系统中观察 MBIT 有无故障上报。

(3) 试验判据。

BIT 连锁条件检查应与电传飞控系统设计要求相一致,表 7 - 6 所示为电传飞控系统 BIT 连锁条件状态设置组合逻辑。

表 7 - 6　BIT 连锁条件状态设置组合逻辑

状态	轮载承载≥3	地面测试允许=2	表速(≤70 km/h)≥3	当前 PFC 轮载信号为承载	预期结果
1	真	真	真	真	进入 BIT
2	假	真	真	真	退出 BIT
3	真	假	真	真	退出 BIT
4	真	真	假	真	退出 BIT
5	真	真	真	假	退出 BIT
6	假	假	真	真	退出 BIT
7	真	假	假	真	退出 BIT
8	真	真	假	假	退出 BIT
9	假	真	真	假	退出 BIT
10	假	真	假	真	退出 BIT
11	真	假	真	假	退出 BIT
12	假	假	假	真	退出 BIT
13	真	假	假	假	退出 BIT
14	假	真	假	假	退出 BIT
15	假	假	真	假	退出 BIT
16	假	假	假	假	退出 BIT

6) 状态及告警等显示和记录正确性检查

(1) 试验目的与要求。

状态和告警等显示是人-机界面的重要组成部分,也是飞行员唯一了解电传飞控系统运行状态的途径,该项检查的目的就是确保不同构型、不同状态和不同模态下电传飞控系统的显示正常。检查应覆盖所有正常状态和告警显示。

（2）试验内容与方法。

状态和告警等显示检查主要对上报警告级、注意级、提示级告警进行逐个检查，检查其告警逻辑和告警显示信息、语音信息是否正确。主要检查方法与流程描述如下：

a. 交联机载系统上电工作正常（轮载信号和轮速信号有效），电传飞控系统上电、通压，工作在正常工作状态。

b. 设置电传飞控系统的状态，由 PFC 向 CWS 发送"警告级故障""注意级故障""提示级故障"等数据信息。

c. 对于电传飞控系统"警告级故障"，分别设置"失速告警"等状态，在 MFD、EICAS 观察对应电传飞控系统状态的告警显示。

d. 对于电传飞控系统"注意级故障"，分别设置"飞控模拟备份"等状态，在 MFD、EICAS 观察对应电传飞控系统状态的告警显示。

e. 对于电传飞控系统"提示级故障"，分别设置"飞控降级"等状态，在 MFD、EICAS 观察对应电传飞控系统状态的告警显示。

（3）试验判据。

电传飞控系统状态及告警显示应与设计规范要求一致，表 7-7 所示为电传飞控系统状态及告警显示方式。

表 7-7 电传飞控系统状态及告警显示方式

序号	告警内容	灯光	告警信息主显示区	音频
1	失速告警	红灯	红色"失速"	失速
2	飞控模拟备份	黄灯	黄色"飞控模拟备份"	无
3	电传降级	无	蓝色"飞控降级模态"	无

7）传动比和极性检查

（1）试验目的与要求。

传动比及极性检查的目的是在考虑不同状态、不同反馈情况下，对电传飞控系统传动比和极性进行检查，确保其满足设计要求，检查应能够覆盖不同通道的操纵行程。

（2）试验内容与方法。

通过对控制律的仿真分析，遴选出能够体现飞机典型构型状态的飞行状态点如表7-8所示，检查给定状态点下由三轴操纵指令、三轴角速率反馈、法向和侧向过载反馈以及姿态角和迎角反馈信号变化，产生的相应的计算机控制指令大小及舵面偏转极性是否正确。

a. 纵向操纵：

设置不同的飞行状态点，平稳、缓慢操纵驾驶柱，按照顺序"中立初始位置→前推到20％位置→返回中立位置→后拉到极限位置→返回中立位置"往复运动一个完整的周期,中立位置和前(后)极限位置保持稳定,记录试验曲线,并与仿真结果进行比较。

b. 横向操纵:

设置不同的飞行状态点,平稳、缓慢操纵驾驶盘,按照顺序"中立初始位置→左偏到20％位置→返回中立位置→右偏到极限位置→返回中立位置"往复运动一个完整的周期,中立位置和左(右)极限位置保持稳定,记录试验曲线,并与仿真结果进行比较。

c. 航向操纵:

设置不同的飞行状态点,平稳、缓慢操纵脚蹬,按照顺序"中立初始位置→左脚蹬向前到20％位置→返回中立位置→右脚蹬向前到极限位置→返回中立位置"往复运动一个完整的周期,中立位置和左(右)极限位置保持稳定,记录试验曲线,并与仿真结果进行比较。

d. 俯仰角速率输入:

设置不同的飞行状态点,通过飞行仿真系统按照顺序"0°/s→－10°/s→0°/s→10°/s→0°/s"输入俯仰角速率信号,待系统稳定后方可改变状态,记录试验曲线,并与仿真结果进行比较。

e. 滚转角速率输入:

设置不同的飞行状态点,通过飞行仿真系统按照顺序"0°/s→－10°/s→0°/s→10°/s→0°/s"输入滚转角速率信号,待系统稳定后方可改变状态,记录试验曲线,并与仿真结果进行比较。

f. 偏航角速率输入:

设置不同的飞行状态点,通过飞行仿真系统按照顺序"0°/s→－10°/s→0°/s→10°/s→0°/s"输入偏航角速率信号,待系统稳定后方可改变状态,记录试验曲线,并与仿真结果进行比较。

g. 法向过载输入:

设置不同的飞行状态点,通过飞行仿真系统按照顺序"1g→0→1g→2g→1g"输入法向过载信号,待系统稳定后方可改变状态,记录试验曲线,并与仿真结果进行比较。

设置不同的飞行状态点,通过飞行仿真系统按照顺序"0→0.2g→0→－0.2g→0"输入法向过载信号,待系统稳定后方可改变状态,记录试验曲线,并与仿真结果进行比较。

h. 迎角输入:

设置不同的飞行状态点,通过飞行仿真系统按照顺序"0°→10°→20°→0°"输入迎角信号,待系统稳定后方可改变状态,记录试验曲线,并与仿真结果进行比较。

i. 俯仰角输入:

设置不同的飞行状态点,通过飞行仿真系统按照顺序"0°→10°→0°→－10°→0°"

输入俯仰角信号,待系统稳定后方可改变状态,记录试验曲线,并与仿真结果进行比较。

j. 滚转角输入:

设置不同的飞行状态点,通过飞行仿真系统按照顺序"0°→35°→0°→-35°→0°"输入滚转角信号,待系统稳定后方可改变状态,记录试验曲线,并与仿真结果进行比较。

表7-8 传动比及极性检查飞机及飞行状态点选取

序号	重量/t	重心(MAC%)	高度/m	表速/(m/s)	构型	起落架位置	系统模态
1	120	36%	500	90.72	巡航	收上	正常
2	120	36%	500	61.44	起飞	放下	正常
3	120	36%	500	58.89	着陆	放下	正常
4	—	—	—	—	起飞	—	模拟备份
5	—	—	—	—	巡航	—	模拟备份

(3) 试验判据。

电传飞控系统传动比与极性应与控制律设计要求一致,图7-4所示为纵向输入下舵面指令响应曲线。

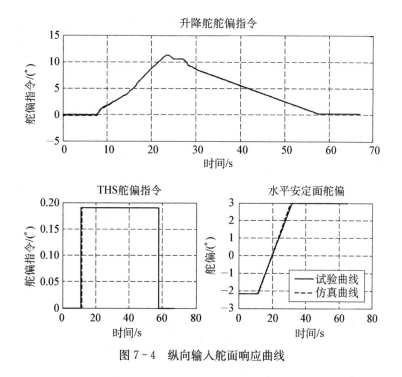

图7-4 纵向输入舵面响应曲线

8) 时域阶跃性能试验

(1) 试验目的与要求。

阶跃性能试验的目的是检查电传飞控系统的阶跃响应和仿真曲线是否一致,核心是确认调节时间、超调量等特征参数是否满足设计要求,也可以根据阶跃性能试验结果来判断电传飞控系统的极性和传动比。试验必须覆盖传动比变化的典型飞行状态点。

(2) 试验内容与方法。

通过控制律的仿真分析,遴选出能够体现飞机典型构型的飞行状态点,对给定状态下的纵向、横向和航向操纵的时域阶跃性能进行检查。

设置飞行状态点,快速小幅前推驾驶柱并保持片刻,而后回中,再次快速满行程后拉驾驶柱保持后回中,对比试验中俯仰角速度、法向过载变化曲线与仿真结果是否一致。

设置飞行状态点,左压左驾驶盘至满行程的 20%,保持 10 s 后松驾驶盘,保持10 s,对比试验中滚转角速度、偏航角速度、侧向过载、滚转角变化曲线与仿真结果是否一致。

设置飞行状态点,右压左驾驶盘至满行程的 20%,保持 10 s,后松驾驶盘,保持10 s,对比试验中滚转角速度、偏航角速度、侧滑角、侧向过载、滚转角变化曲线与仿真结果是否一致。

航向操纵时的时域阶跃性能检查方法与流程相类似。

(3) 试验判据。

对试验数据进行分析处理,所得到的阶跃性能试验曲线和参数应与仿真试验曲线和参数一致。图 7-5 所示为俯仰角速率、法向过载、俯仰角和迎角时域阶跃响应曲线。图 7-6 所示为升降舵偏角,水平安定面指令、偏角时域阶跃响应曲线。

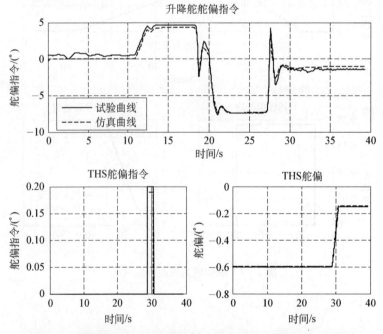

图 7-5　俯仰角速率、法向过载、俯仰角和迎角时域阶跃响应曲线

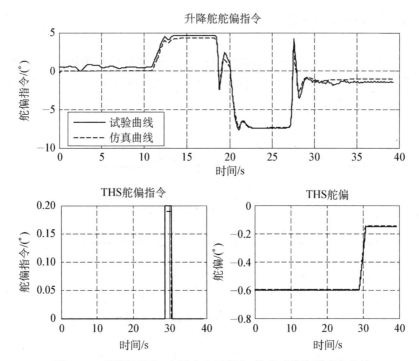

图 7-6 升降舵偏角,水平安定面指令、偏角时域阶跃响应曲线

9) 时域扰动性能试验

(1) 试验目的与要求。

时域扰动性能试验的目的是检查在不同传感器扰动情况下电传飞控系统是否稳定,应对迎角、俯仰角、侧滑角和滚转角等典型传感器的扰动性能进行检查。

(2) 试验内容与方法。

给定飞行状态点,检查迎角、俯仰角、侧滑角和滚转角等扰动情况下,电传飞控系统的稳定性。

a. 迎角时域扰动性能检查:设置飞行状态点,通过飞行仿真系统分别设置迎角产生 0.1s 的 5°扰动,记录俯仰角速率、法向过载、迎角、俯仰角变化曲线,并与仿真结果进行比较。

b. 俯仰角时域扰动性能检查:设置飞行状态点,通过飞行仿真系统分别设置俯仰角产生 0.1s 的 5°扰动,记录俯仰角速率、法向过载、迎角、俯仰角变化曲线,并与仿真结果进行比较。

c. 侧滑角时域扰动性能检查:设置飞行状态点,通过飞行仿真系统分别设置侧滑角产生 0.1s 的 5°扰动,记录滚转角速率、偏航角速率、侧向过载、滚转角、侧滑角变化曲线,并与仿真结果进行比较。

d. 滚转角时域扰动性能检查:设置飞行状态点,通过飞行仿真系统分别设置滚转角产生 0.1s 的 5°扰动,记录滚转角速率、偏航角速率、侧向过载、滚转角、侧滑角变化曲线,并与仿真结果进行比较。

(3) 试验判据。

对试验数据进行分析处理,得到的迎角、俯仰角、侧滑角和滚转角等典型传感器的扰动性能曲线应与仿真所得到的扰动性能曲线相一致,图7-7所示为迎角作用时的时域扰动性能曲线。

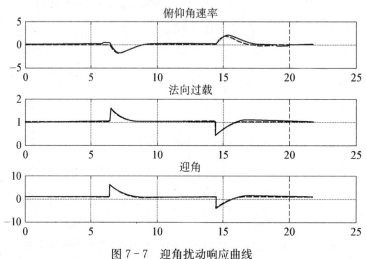

图7-7 迎角扰动响应曲线

10) 开环稳定储备试验

(1) 试验目的与要求。

稳定储备是衡量电传飞控系统是否稳定的关键指标,稳定储备试验的目的是确认真实飞机上电传飞控系统的稳定储备是否满足设计要求。稳定储备试验是在典型飞行状态下进行的。

(2) 试验内容与方法。

开环稳定储备试验主要包括飞机在不同状态点,对纵向、横向和航向操纵的稳定储备进行测试,试验原理如图7-8所示。

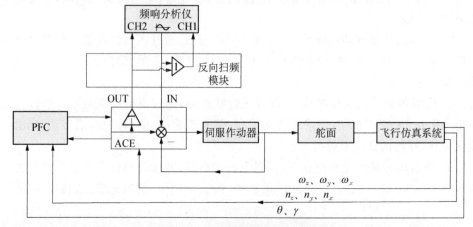

图7-8 开环稳定储备试验原理

如图 7-8 所示,设置飞行状态点,使电传飞控系统闭环在电传正常(模拟备份)工作模态。将飞机配平在设定的飞行状态下,通过动态频响分析仪设置相关参数并产生正弦扫频信号,并从电传飞控系统试验器前面板 ACE 的测试端口输入至ACE,在 ACE 中与 D/A 转换后的模拟指令信号相加后经过伺服放大输出给作动器,作动器驱动舵面运动产生舵面偏角信号输入给飞行仿真系统,飞行仿真系统解算出飞机运动状态并发送给 ACE(进入 ACE 后通过总线输入 PFC)和 PFC,PFC 向ACE 发送舵面控制指令进入 ACE 并进行 D/A 转换。将 D/A 转换后的舵面控制指令(可从电传飞控系统试验器前面板的测试输出端口获得)和扫频信号输入开环扫频反相模块中进行相加并反相,输入给动态频响分析仪,通过动态频响分析仪绘出D/A 转换后的舵面控制指令相对于开环扫频反相模块的 Bode 图,分析稳定储备。

表 7-9　开环稳定储备试验输入信号

通道	输 入 值
纵向	$0.1 \sim 3\,\text{Hz}, 10\%(1\text{V})$
航向	$0.1 \sim 3\,\text{Hz}, 10\%(1\text{V})$
横向	$SP = A \cdot \sin \omega t, A = 10\%(1\text{V}), \omega = 2\pi f, f = 0.1 \sim 3\,\text{Hz}$ 横向左(右)副翼扫频信号输入规律如下: 左副翼扫频输入 $= \begin{cases} SP & SP \geqslant 0 \\ SP \cdot 1.5 & SP < 0 \end{cases}$ 右副翼扫频输入 $= \begin{cases} SP \cdot (-1.5) & SP \geqslant 0 \\ SP \cdot (-1) & SP < 0 \end{cases}$

(3) 试验判据。

开环稳定储备试验结果应满足电传飞控系统设计要求,图 7-9 所示为纵向开

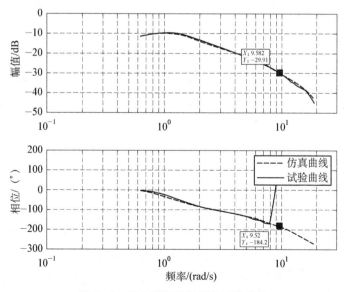

图 7-9　纵向开环稳定储备试验曲线

环稳定储备试验曲线。

11）闭环频响性能试验

（1）试验目的与要求。

闭环频率响应试验的目的是检查电传飞控系统的带宽是否满足要求，扫频频率范围和幅值不应引起剧烈振动，以免破坏电传飞控系统机载设备及飞机结构件。

（2）试验内容与方法。

闭环频率响应试验检查不同飞行状态下的飞机纵向、横向和航向操纵时的闭环频响性能是否满足设计要求，且与仿真结果是否一致。试验原理如图 7-10 所示。

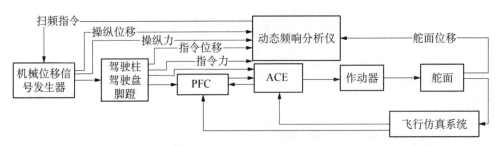

图 7-10 闭环频响性能试验原理

如图 7-10 所示，在飞行仿真系统中设定相应的飞机模型，使系统闭环在电传飞控系统工作模式下工作。将飞机配平在设定的飞行状态下，通过动态频响分析仪发送正弦扫频信号控制机械位移信号发生器，按照频率 0.1~3 Hz、幅值约为满行程的 10%，分别激励驾驶柱、驾驶盘、脚蹬。驾驶柱、驾驶盘、脚蹬运动，产生驾驶指令输入 PFC，产生驾驶指令位移输入 ACE，经 ACE 解调后输入 PFC，PFC 向 ACE 输出舵面操纵指令，ACE 进行 D/A 转换和伺服放大后输出舵面操纵指令给作动器，作动器运动驱动舵面运动产生舵面偏角输入飞行仿真系统，飞行仿真系统解算出飞机运动状态并通过转台驱动反馈传感器输出信号给 ACE（进入 ACE 后通过总线输入 PFC）和 PFC。在动态频响分析仪中绘制法向过载、侧向过载、滚转角速率、偏航角速率、俯仰角速率相对于扫频激励的 bode 图，并将试验结果与仿真结果进行比较。

（3）试验判据。

闭环频率响应试验结果应满足电传飞控系统设计要求，图 7-11 所示为滚转角控制通道闭环频响性能试验曲线。

7.2.3.3 机械操纵系统动（静）态性能试验

机械操纵系统是在电传飞控系统失效的情况下，保证飞机能够返航着陆的备份操纵系统。机械操纵系统试验主要包括杆力-杆位移、间隙、摩擦、中立、行程、回中等静态性能测量，以及阶跃响应、频率响应等动态性能试验。机械操纵系统机上地

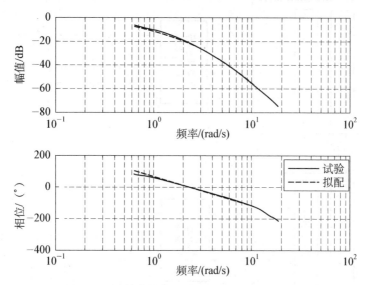

图 7-11 滚转角控制通道闭环频响性能试验曲线

面试验的目的是确认机械操纵系统满足设计要求。机械操纵系统试验原理如图 7-12 所示。

1）机械操纵系统静态性能试验

（1）试验目的与要求。

机械操纵系统静态试验的目的是确认杆力-杆位移、启动力、摩擦力、回中性以及传动比满足设计要求，操纵和激励幅值应覆盖机械操纵系统满行程。

（2）试验内容与方法。

机械操纵系统静态性能试验主要测试飞机横向、航向、纵向机械操纵系统以下静态性能：

a. 操纵力-操纵位移关系。

b. 操纵启动力。

c. 操纵摩擦力。

d. 操纵回中性。

e. 传动比。

除操纵回中性测试外，其余静态性能测试都包括机械状态、半机械状态两种操纵方式，所有操纵都包括左驾驶操纵和右驾驶操纵。

驾驶柱力-柱驾驶位移-舵面偏角、驾驶盘力-驾驶盘位移-舵面偏角、脚蹬力-脚蹬位移-舵面偏角等性能试验方法和流程基本相同。

将机械操纵系统设置在机械或半机械状态，分别在左驾驶和右驾驶手脚操纵机构，由人工在座舱模拟飞行员进行操纵，或者是使用机械位移信号发生器来模拟飞行员的操作，施加试验规定幅值和周期的激励信号，同时测试记录操作力、操纵位

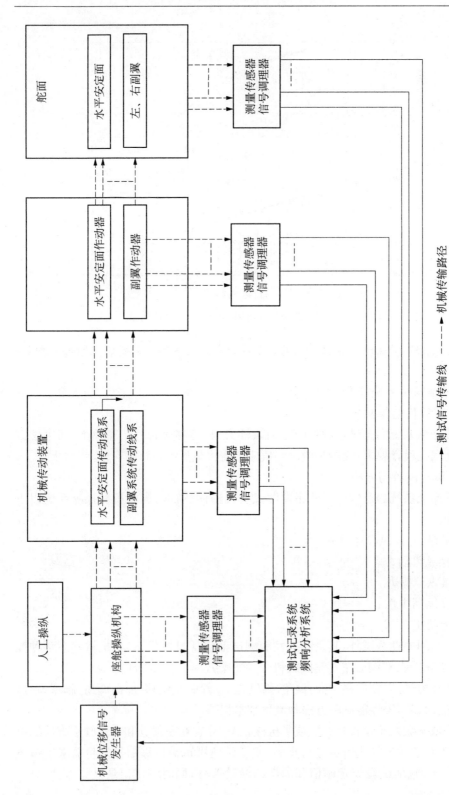

图 7 - 12 机械操纵系统动（静）态性能试验原理

移、作动器输出位移、舵面偏角等信号。试验结束后,分析处理试验数据,得到驾驶柱力-柱位移-舵面偏角、驾驶盘力-盘位移-舵面偏角、脚蹬力-蹬位移-舵面偏角等关系曲线。

回中性能测试试验,三个通道也基本相同,方法类似,只是在驾驶柱、驾驶盘和脚蹬施加一满足条件(比如超过一半行程)的初始位移,然后瞬间放开,测试其回中位置。

(3) 试验判据。

操纵力-操纵位移、启动力、摩擦力、回中性和传动比应满足设计要求。表7-10 所示为盘力-盘位移-舵面偏角性能测试(左驾驶位)结果。表7-11 所示为横向回中性测试(左驾驶位)结果。

试验结果分析时,将所有记录结果填入表中,并与设计值进行比较,最终确定静态性能是否满足设计要求。

表 7 - 10　盘力-盘位移-舵面位移性能测试(左驾驶位)

序号	测试值	逆时针转动驾驶盘			顺时针转动驾驶盘		
		试验值	要求值	试验结论	试验值	要求值	试验结论
1	左驾驶盘最大行程/(°)	58.79	60±6	满足	−59.22	60±6	满足
2	右驾驶盘最大行程/(°)	56.77	60±6	满足	−57.40	60±6	满足
3	左副翼偏转最大行程/(°)	−27.89	-30^{+1}_{-2}	基本满足	20.18	20^{+1}_{-2}	基本满足
4	右副翼偏转最大行程/(°)	20.17	20^{+1}_{-2}	满足	−28.81	-30^{+1}_{-2}	满足
5	最大操纵力/N	200.23	180	不满足	−221.30	180	不满足
6	载荷机构启动力/N	34.77	≤40	满足	−51.59	≤40	不满足
7	左副翼偏转启动力/N	70.10	≤50	不满足	−69.39	≤50	不满足
8	右副翼偏转启动力/N	69.96	≤50	不满足	−69.68	≤50	不满足
9	驾驶盘相对左副翼活动间隙/(°)	7.46	≤3	不满足	−5.98	≤3	不满足
10	驾驶盘相对右副翼活动间隙/(°)	8.13	≤3	不满足	−5.63	≤3	不满足
11	摩擦力/N	26.45	≤25	基本满足	26.74	≤25	基本满足
12	驾驶盘相对左副翼总活动间隙/(°)	13.43	≤6	不满足			
13	驾驶盘相对右副翼总活动间隙/(°)	13.76	≤6	不满足			

表 7‑11　横向回中性测试记录表（左驾驶位）

序号	测试值	驾驶盘逆时针操作				驾驶盘顺时针操作			
		第一次	第二次	第三次	平均值	第一次	第二次	第三次	平均值
1	驾驶盘单向回中距离/(°)	−0.222	−0.222	−0.222	−0.222	−0.354	−0.336	−0.336	−0.342
2	驾驶盘总回中距离/(°)	0.132	0.114	0.114	0.120				
3	左副翼单向回中距离/(°)	−0.255	−0.265	−0.272	−0.264	−0.255	−0.239	−0.249	−0.248
4	左副翼总回中距离/(°)	0.000	0.026	0.023	0.016				
5	右副翼单向回中距离/(°)	−0.183	−0.177	0.177	−0.061	−0.065	−0.095	−0.079	−0.080
6	右副翼总回中距离/(°)	0.118	0.082	0.255	0.152				

2）机械操纵系统动态性能试验

（1）试验目的与要求。

机械操纵系统动态性能试验的目的是在机械、半机械工作模态下，对系统的调节时间、超调量等阶跃性能，以及稳定裕度等特征参数进行检查。

机械操纵系统动态性能试验时，激励频率范围应覆盖相关结构的低阶固有频率，幅值不应造成容易引起结构破坏的剧烈振动。

（2）试验内容与方法。

机械操纵系统动态试验包括纵向、横向、航向 3 个操纵方向，全机械、半机械操纵两个操纵方式，阶跃性能和频响性能两种试验内容等共 12 个试验组合。

a. 阶跃性能试验：

机械操纵系统阶跃性能试验时，使用机械位移信号发生器来模拟飞行员的操纵，施加一定幅值阶跃信号（幅值不应造成容易引起结构破坏的剧烈振动，且大于操纵机构到舵面的活动间隙），同时记录操作力、操纵位移、作动器输出位移、舵面偏角等信号。试验结束后，分析处理试验数据，绘制阶跃响应曲线。

b. 频率性能试验：

在进行机械操纵系统频率性能试验时，使用机械位移信号发生器来模拟飞行员的操纵，施加试验一定幅值和频率的正弦信号（频率范围应覆盖相关结构的低阶固有频率，幅值不应造成容易引起结构破坏的剧烈振动，且大于操纵机构到舵面的活动间隙），同时记录操作力、操纵位移、作动器输出位移、舵面偏角等信号。试验结束后,分析处理试验数据,绘制频响曲线。

(3) 试验判据。

依据试验数据,将每个输入、输出变量绘制成时间历程曲线,根据曲线可计算出阶跃性能特征参数,试验结果应满足设计要求,表 7 - 12 所示为机械操纵系统横向阶跃性能测试结果(左驾驶位)。

表 7 - 12   横向阶跃性能测试结果(左驾驶位,机械操纵)

状态	方向	测试值	驾驶盘角度/(°)	$h(\infty)$/(°)	$\sigma/\%$	n	t_d/s	t_r/s	t_p/s	t_s/s
全机械操纵左驾驶盘	逆时针转动	左副翼舵面	13.270	−2.713	0	0	0.293	0.713	1.247	1.247
全机械操纵左驾驶盘	逆时针转动	右副翼舵面	17.161	4.447	0	0	0.210	0.590	1.217	1.217
全机械操纵左驾驶盘	逆时针转动	左副翼舵面	21.975	−6.540	0	0	0.217	0.723	1.787	1.787

依据试验数据,将每个输入、输出变量绘制成频率响应曲线,根据曲线可计算出频率性能的特征参数,试验结果应满足设计要求。表 7 - 13 所示为机械操纵系统横向频率性能试验结果。

表 7 - 13   横向频率性能试验结果(左驾驶位,机械操纵)

状态	幅值	左副翼相对信号发生器位移			
		幅值增益/dB		相位滞后/(°)	
		0.10 Hz	0.5 Hz	0.10 Hz	0.5 Hz
机械,操纵右盘	10°	7.30	3.70	−26.65	−66.08
半机械,操纵右盘	10°	−7.91	−15.05	−36.82	−93.72

7.2.3.4   高升力控制系统机上地面试验

高升力控制系统机上地面试验是在飞控系统"铁鸟"集成试验的基础上,在更加真实的飞机环境下进行的进一步全面检查,同时确保真实传感器输出和舵面安装及运动位置与"铁鸟"的差异不影响正常的功能和性能,其试验原理如图 7 - 13 所示。

高升力控制系统机上地面试验主要包括对正常、降级、备份等工作模式下,襟(缝)翼正常收放功能及传动比检查、模态转换功能检查、安全保护功能检查、BIT 功能检查以及显示告警功能检查等。

1) 襟(缝)翼正常收放功能和传动比检查

(1) 试验目的与要求。

在真实的飞机环境下,检查襟(缝)翼正常收放功能的正确性,高升力控制系统

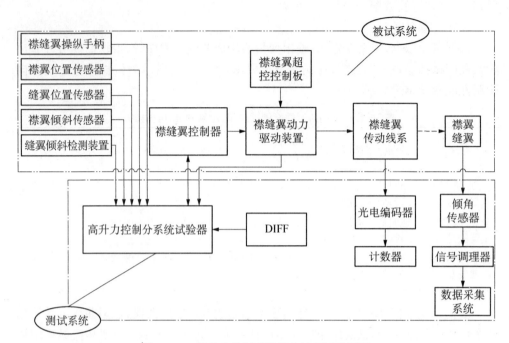

图 7-13　高升力控制系统机上地面试验原理

及其相关的飞机系统均应处于正常工作状态。

（2）试验内容与方法。

襟（缝）翼正常收放功能和传动比检查包括检查高升力控制系统在正常、降级和备份工作模式时的收放逻辑和功能，以及各控制状态下的传动关系。通过在襟（缝）翼舵面上安装倾角传感器来完成对舵面偏角的测试，通过试验测试分析系统完成襟（缝）翼动态运动过程的记录与存储，通过在 PDU 执行机载设备上加装光电编码器来完成 PDU 转速和旋转圈数的测试。

a. 正常工作模态收放逻辑和功能检查

设置襟（缝）翼控制器及 PDU 控制器工作在正常模式下，将襟（缝）翼操纵手柄由"0"挡位放置"40"挡位，通过试验测试分析系统记录襟（缝）翼舵面测试传感器信号连续变化曲线；再将襟（缝）翼操纵手柄收回"0"挡位，按照挡位全行程分步操作，即按照从"0"→"1""1"→"15""15"→"25""25"→"30""30"→"40"的操作，以及"40"→"30""30"→"25""25"→"15""15"→"1""1"→"0"操作，通过计数器全程记录 PDU转速、PDU 执行机载设备输出轴行程（圈数）和舵面偏角。

b. 降级工作模态收放逻辑和功能检查

断开襟翼 PDU 和缝翼 PDU 的一路供电，使高升力控制系统工作在降级模态，按照 a 的操纵方式全行程分步操作襟（缝）翼操纵手柄，全程记录 PDU 转速、PDU执行机载设备输出轴行程（圈数）和收放时间。

c. 备份工作模态收放逻辑和功能检查

按压超控控制板超控按钮,人工控制襟(缝)翼的收放,高升力控制系统进入备份工作模态,全行程收放襟(缝)翼,全程记录 PDU 转速、PDU 执行机载设备输出轴行程(圈数)、舵面偏角和收放时间。

(3)试验判据。

a. 正常工作模态收放逻辑和功能检查判据

分析处理试验记录数据,计算对应挡位襟(缝)翼偏角与时间,确认其满足设计要求;比较 PDU 转数和舵面偏角,计算传动比。襟(缝)翼正常放下的运动曲线如图 7-14 所示,其中长虚线为襟翼运动变化曲线,实线为缝翼运动变化曲线。分步收放襟(缝)翼的试验记录表格和结果如表 7-14 和表 7-15 所示。

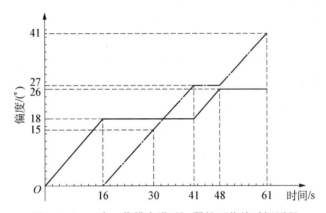

图 7-14 正常工作模态襟(缝)翼舵面收放时间历程

表 7-14 正常工作模态襟(缝)翼分步收放记录

襟(缝)翼操纵手柄	缝翼			襟翼		
	转速/(rad/min)	圈数/r	偏角/(°)	转速/(rad/min)	圈数/r	偏角/(°)
0→1	604	151.5	17.88	—	—	—
1→15	—	—	—	1200	230.25	15.35
15→25	—	—	—	1199	174.25	26.88
25→30	603	68.25	25.74	—	—	—
30→40	—	—	—	1200	210.75	41.20
40→30	—	—	—	1199	205.75	27.11
30→25	595	66.75	18.02	—	—	—
25→15	—	—	—	1198	175.00	15.39
15→1	—	—	—	1199	227.50	0
1→0	595	152.50	0	—	—	—

表 7-15　正常工作模态襟(缝)翼分步收放记录

襟(缝)翼操纵手柄	缝翼指令舵面偏角	缝翼PDU执行机载设备输出轴转动圈数/r	缝翼偏角/(°)	缝翼舵面收放时间要求/s	襟翼偏度变化	襟翼PDU执行机载设备输出轴转动圈数/r	襟翼指令舵面偏角/(°)	襟翼舵面收放时间要求/s
0→1	0→18	150.4±6	18±0.5	16^{+2}_{-5}	—	—	—	—
1→0	18→0				—	—	—	—
0→1→15	0→18	150.4±6	18±0.5	16^{+2}_{-5}	0→27	419.6±6	27±0.5	25^{+3}_{-5}
15→1→0	18→0				27→0			
0→1→30→40	0→18→26	217.3±6	26±0.5	23±2	0→27→41	619.7±6	41±0.5	38±3
40→4→1→0	26→18→0				41→27→0			
1→15	—	—	—	—	0→15	236.3±6	15±0.5	14^{+3}_{-5}
15→1					15→0			
15→25	—	—	—	—	15→27	183.3±6	12±0.5	11^{+3}_{-5}
25→15					27→15			
25→30	18→26	66.9±6	8±0.5	7^{+2}_{-5}	—	—	—	—
30→25	26→18				—	—	—	—
30→40	—	—	—	—	27→41	204.1±6	41±0.5	13^{+3}_{-5}

　　根据以上试验记录数据,可以计算出传动比,通过与设计值比较,即可判定传动比是否满足设计要求。

　　b. 降级工作模态收放逻辑和功能检查判据

　　襟(缝)翼降级工作模态收放功能和传动比试验数据处理与判定与正常工作模态类似,只是各挡位操纵的收放时间增加一倍。

　　c. 备份工作模态收放逻辑和功能检查判据

　　襟(缝)翼正常收放过程中,按压襟(缝)翼超控板预位按钮,襟(缝)翼应停止运动;当超控板处于预位并按压"伸出"按钮时,襟(缝)翼应能够同时放出;当超控板处于预位并按压"收回"按钮时,襟(缝)翼应能够同时收回。

　　2) 模态转换功能检查

　　(1) 试验目的和要求。

　　模态转换功能检查主要检查高升力控制系统工作模态是否能按照设计要求进行正确转换。模态转换功能试验时,飞控系统及其相关的飞机系统均应处于正常工作模态。

　　(2) 试验内容与方法。

　　模态转换功能检查主要内容包括正常工作模态转降级工作模态和超控优先逻

辑功能检查。

通过对 PDU 执行装置下电、设置襟(缝)翼 PDU 一台电机失效,观察 ECAIS 和飞控简图页襟(缝)翼相关信息变化。

按压襟(缝)翼超控板按钮,观察 ECAIS 和飞控简图页襟(缝)翼相关信息变化,操作襟(缝)翼操纵手柄,观察襟(缝)翼舵面是否运动。

（3）试验判据。

通过飞机 EICAS 画面确认控制逻辑的正确性。

高升力控制系统工作模式转换逻辑关系本书第 6 章图 6‑37 已有介绍。EICAS 上襟(缝)翼指针为绿色,飞控简图页襟(缝)翼显示为绿色框;EICAS 上襟翼指针为黄色,飞控简图页襟(缝)翼显示为黄色,且舵面不偏转。

3）安全保护功能检查

（1）试验目的与要求。

检查安全保护功能是否能正常开启,显示告警信息是否能正确报出。保证安全保护功能试验时,飞控系统及其相关的飞机系统均应处于正常工作模式。

（2）试验内容与方法。

安全保护功能检查主要内容包括襟(缝)翼倾斜保护功能和襟(缝)翼不对称保护功能。

将飞控系统设置在正常工作状态,通过襟(缝)翼操纵手柄控制襟(缝)翼偏转,分别在襟(缝)翼收放过程中,通过高升力控制系统试验器设置襟(缝)翼倾斜检测装置输出电压值偏置,观察襟(缝)翼舵面偏转状态和显示告警信息。

将飞控系统设置在正常工作状态,通过襟(缝)翼操纵手柄控制襟(缝)翼偏转,分别在襟(缝)翼收放过程中,通过高升力控制系统试验器设置左(右)襟(缝)翼位置传感器输出电压值超差,观察襟(缝)翼运动状态和显示告警信息。

（3）试验判据。

从襟翼倾斜发生到襟翼停止运动,襟翼放出的角度应小于襟翼倾斜保护门限（如 4.5°）,PFD 显示上有琥珀色字符"襟翼驱动"显示,灯光告警,飞控简图页襟翼显示为红色。

从缝翼倾斜发出到缝翼停止运动,缝翼放出的角度应小于缝翼倾斜保护门限（如 4.5°）,PFD 显示上有琥珀色字符"缝翼驱动"显示,灯光告警,飞控简图页缝翼显示为红色。

从襟翼非对称发生到襟翼停止运动,襟翼放出的角度应小于襟翼非对称保护门限（如 3°）,PFD 显示上有琥珀色字符"襟翼驱动"显示,灯光告警,EICAS 上襟翼指针为绿色,飞控简图页襟翼显示为红色。

从缝翼非对称发生到缝翼停止运动,缝翼放出的角度应小于襟翼非对称保护门限（如 3°）,PFD 显示上有琥珀色字符"缝翼驱动"显示,灯光告警,EICAS 上缝翼指针为绿色,飞控简图页缝翼显示为红色。

4）BIT 功能检查

（1）试验目的与要求。

测试分析高升力控制系统 BIT 功能能否正常启动和工作,能否正确上报当前故障信息。

飞控系统设置在正常工作状态,通过高升力控制系统试验器设置一些易于设置的故障,检查故障能否正确报出。

(2) 试验内容与方法。

BIT 功能检查主要包括 PUBIT、IFBIT、PBIT 和 MBIT 功能检查。

高升力控制系统正常上电,PUBIT 自动进行,上电完成后,通过高升力控制系统试验器读取故障代码。正常工作后,自动进入 IFBIT,通过高升力控制系统试验器观察是否上报故障代码。

通过高升力控制系统地面维护设备下发 PBIT 和 MBIT 检查指令,高升力控制系统开始检测,检测完成后,读取故障代码,检查故障是否完全上报。

(3) 试验判据。

根据高升力控制系统试验器记录的故障代码来判断和确认是否存在 BIT 问题,确认 BIT 各阶段是否上报所含测试 LRU 的状态信息。由于机上试验环境限制,一般不人为设置故障,只检查 BIT 能否正常启动和无故障通过。

表 7 - 16 所示为高升力控制系统 BIT 能检测到的机载设备。

表 7 - 16　高升力控制系统支持 BIT 的机载设备

序号	LRU 名称	PUBIT	PBIT	IFBIT	MBIT
1	手柄位置传感器	—	√	√	√
2	襟(缝)翼控制器	√	√	√	√
3	左襟翼位置传感器	—	√	√	√
4	右襟翼位置传感器	—	√	√	√
5	左缝翼位置传感器	—	√	√	√
6	右缝翼位置传感器	—	√	√	√
7	襟翼 PDU 控制器	√	√	√	√
8	襟翼 PDU 执行机载设备	—	√	—	√
9	襟翼 PDU 整流电源	—	√	—	√
10	缝翼 PDU 控制器	√	√	√	√
11	缝翼 PDU 执行机载设备	—	√	—	√
12	缝翼 PDU 整流电源	—	√	—	√
13	左襟翼防收制动装置	—	√	—	√
14	右襟翼防收制动装置	—	√	—	√
15	左缝翼防收制动装置	—	√	—	√
16	右缝翼防收制动装置	—	√	—	√

5) 状态显示及告警功能检查

(1) 试验目的与要求。

检查高升力控制系统与中央告警(CWS)、显示处理单元(DPU)等机载系统交联关系,以及上报工作状态信息和告警信息的正确性。

为保证故障及告警信息正确显示,需保证高升力控制系统正常启动,相关航电设备工作正常。

(2)试验内容与方法。

状态显示及告警功能检查主要包括正常工作、襟(缝)翼半速、襟(缝)翼控制失效、襟(缝)翼驱动故障等状态告警与显示,具体的检查方法与流程描述如下:

a. 在正常工作模态下,检查座舱显示。

b. 设置襟(缝)翼操纵手柄四路 RVDT 信号中的任何三路信号失效,观察故障现象和座舱显示。

c. 在襟(缝)翼正常工作模态运动过程中,设置 FSECU1 和 FSECU2 的故障,观察故障现象和座舱显示。

d. 设置襟(缝)翼 PDU 整流电源故障,观察故障现象和座舱显示。

e. 分别设置襟翼和缝翼倾斜传感器故障,观察故障现象和座舱显示。

f. 设置襟翼控制通道状态信息(包括正常、襟翼半速、襟翼控制失效、襟翼驱动故障),检查飞控系统简图页上状态及襟翼舵面位置显示信息。

g. 设置缝翼控制通道状态信息(包括正常、缝翼半速、缝翼控制失效、缝翼驱动故障),检查飞控系统简图页上状态及缝翼舵面位置显示信息。

(3)试验判据。

通过飞机座舱显示画面是否与控制状态一致来判断状态显示及告警功能是否正确。表 7 - 17 所示为襟(缝)翼 PDU 故障状态显示与告警结果。

表 7 - 17　襟(缝)翼 PDU 故障状态表

试验内容		系统响应	PFD 故障信息	飞控简图页显示
襟翼 PDU 整流电源	单通道故障	襟翼半速	白色字符"襟翼半速"	襟翼绿色框
	双通道故障	襟翼运动停止	琥珀色字符"襟翼驱动"	襟翼红色
缝翼 PDU 整流电源	单通道故障	缝翼半速	白色字符"缝翼半速"	缝翼绿色框
	双通道故障	缝翼运动停止	琥珀色字符"缝翼驱动"	缝翼红色

如表 7 - 17 所示,MFD 显示均为绿色,无故障告警。襟(缝)翼操纵手柄 4 路 RVDT 信号中的任何三路信号失效时,两个 FSECU 失效。PFD 显示上有琥珀色字符"襟(缝)翼控制失效"显示,灯光告警。正常故障和降级工作模式失效,琥珀色字符"襟(缝)翼控制失效",灯光告警。PFD 显示上有琥珀色字符"襟翼驱动"/"缝翼驱动"显示,MFD 显示襟翼红色/缝翼红色。

7.2.3.5　自动飞控系统机上地面试验

自动飞控系统机上地面试验是在飞控系统"铁鸟"集成试验的基础上,在更加真实的飞机环境下进行的进一步全面检查,其试验原理如图 7 - 15 所示。

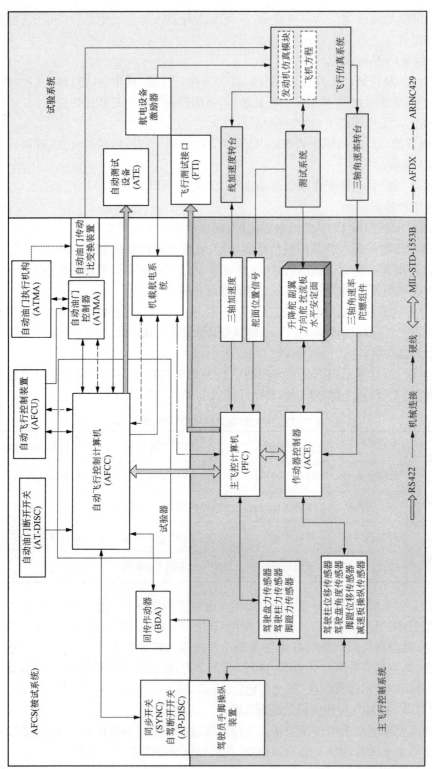

图 7 - 15 自动飞控系统机上地面试验原理图

自动飞控系统机上地面试验主要包括 BIT 检查、基本模态功能(性能)检查、模态转换逻辑检查、余度管理检查、传动比检查、稳定储备检查、状态及告警显示功能检查等。

1) BIT 检查

(1) 试验目的与要求。

在真实飞机条件下进行自动飞控系统 BIT 功能检查,确保 BIT 门限值设置合理和功能有效。机上 BIT 检查应在自动飞控系统正常工作的情况下进行,因此飞机必须具备正常工作所必须的条件,包括电源、液压源、航空电子系统和电传飞控系统等。

(2) 试验内容与方法。

自动飞控系统 BIT 检查主要内容包括:

a. 检查自动飞控系统的 PUBIT 功能。

b. 通过 PUBIT 功能检查,确认自动飞控系统有无故障。

自动飞控系统 BIT 检查时,应确认相关飞机系统已经处于正常工作状态,然后通过飞控系统上电开关(对于不设此开关飞机可临时制作开关,以确保飞机其他系统正常工作后飞控系统再上电)使飞控系统上电,通过自动飞控系统试验器观察 AFCS 正常状态下 PUBIT 有无故障。

(3) 试验判据。

通过自动飞控系统试验器观察 AFCS 工作状态,自动飞控系统应能正常启动, BIT 门限设置合理,PUBIT 结果与状态一致。表 7 - 18 所示为自动飞控系统 BIT 功能检查项目和记录表格。

表 7 - 18 PUBIT 检查项目和记录表格

序号	检查项目	AFCC1	AFCC1
1	CPU 测试		
2	RAM 测试		
3	电源测试		
4	定时器测试		
5	AFCCs 同步测试		
6	双支路交叉传输测试		
7	双支路支路号测试		
8	双通道交叉传输测试		
9	双通道通道号测试		
10	AFCCs 软件版本测试		
11	自动飞行控制装置		
12	回传作动器		

2) 基本模态功能(性能)检查

(1) 试验目的与要求。

自动飞控系统设置有很多工作模态,基本模态功能(性能)检查是自动飞控系统机上地面试验的一个重点。其目的是在飞控系统"铁鸟"集成试验的基础上,在机上真实环境下进一步检查相关模态的功能和性能,以及模态转换逻辑的正确性。

模态接通条件检查要对每一个工作模态的进入条件进行检查。对于不同接通条件可能会出现接通后模态工作参数不一致的情况,因此更需要仔细验证,主要包括横滚角保持模态、航向保持模态、俯仰角保持模态和高度保持模态等。

模态接通条件检查首先要确定验证哪个模态,其次按照模态接通条件调整被试系统到相应状态,然后接通对应模态开关,最后根据试验记录曲线,分析模态接通是否符合对应的接通条件。

模态接通条件检查可以根据机上实际情况,检查不符合接通条件时,能否接通相应模态的故障试验。

基本模态功能性能可以结合告警显示试验进行,对机上航空电子系统的控显设备上自动飞控系统模态的显示、告警内容进行确认。

(2) 试验内容与方法。

基本模态功能(性能)检查应覆盖自动飞控系统所有基本模态,主要包括纵向工作模态和横侧向工作模态。纵向工作模态包括俯仰角保持模态、高度保持模态、垂直速度模态、航迹倾角模态。横/侧向工作模态包括倾斜角保持模态、航向保持模态、航迹选择模态、航迹保持模态、航向选择模态。自动飞控系统基本模态功能(性能)检查的方法与流程描述如下:

a. 从飞行仿真系统输入初始状态,驾驶柱、驾驶盘、脚蹬无操纵输入。

b. 启动自动飞控系统,检查状态是否正常,从 ATE 中检查系统有无故障和告警,确认无故障和告警。

c. 启动电传飞控系统,检查是否在电传正常工作模式,从 FTI 检查有无故障,检查舵面初始位置,确认初始状态为输入状态。

d. ATE 和 FTI 开始记录数据。

e. 设置并进入相应的工作模式,设置输入信号使试验模态产生控制指令。

f. 退出该工作模式,断开自动飞控系统,清除警告级告警。

g. ATE 和 FTI 停止记录数据,保存数据。

(3) 试验判据。

采取试验结果与仿真结果相比较的方法来确定试验结果是否满足设计要求,即将两条曲线绘制在同一个坐标系上。同时采取观察和数据比对,确定试验结果的正确性。图 7-16 所示为俯仰角保持模态功能(性能)试验曲线。

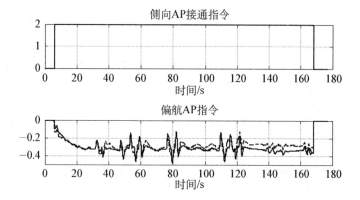

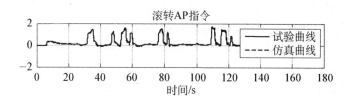

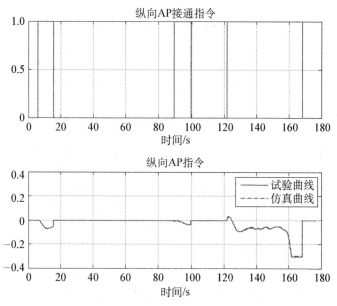

图 7 - 16   俯仰角保持模态功能、性能试验曲线

3）模态转换逻辑检查

（1）试验目的与要求。

模态转换逻辑检查是在飞控系统"铁鸟"集成试验的基础上，在机上真实环境下进一步检查相关模态功能和性能，确认模态转换逻辑的正确性。

模态转换逻辑检查要在机上条件允许的情况下，验证模态转换的每一个条件，并结合告警显示试验，检查模态转换的告警显示是否正确。

（2）试验内容与方法。

自动飞控系统模态转换逻辑检查包括基本工作模态转换逻辑和纵侧向工作模态转换逻辑。

基本工作模态包括指引工作方式、自动驾驶工作方式、纵向断开工作方式、侧向断开工作方式、同步操纵工作方式等。纵/侧向工作模态包括起飞指引模态、俯仰角/坡度保持模态、高度保持/航向保持模态、垂直速度/航迹保持模态、航迹倾角/航迹保持模态、高度层改变/航向选择模态、俯仰角保持/航迹选择模态。

自动飞控系统模态转换逻辑检查流程和方法：设置自动飞控系统初始状态，启动自动飞控系统；按照工作方式和工作模态的进入条件设置和操作，并观察响应和机上的告警、显示内容。

（3）试验判据。

将试验结果与设计逻辑相比较，确认其对应的逻辑一致性。表 7‑19 所示为自动飞控系统指引工作方式检查记录表。

表 7‑19　指引工作方式试验步骤和试验结果

序号	初始条件	操作请求	预期结果	试验结果
1	初始条件	接通左飞行指引开关	飞行指引工作方式，俯仰角保持，航向保持	
2	初始条件	接通右飞行指引开关	飞行指引工作方式，俯仰角保持，航向保持	
3	初始条件，置相对气压高度400m	接通右飞行指引开关	飞行指引工作方式，俯仰角保持，坡度保持	
4	初始条件，置滚转角10°	接通右飞行指引开关	飞行指引工作方式，俯仰角保持，坡度保持	
5	初始条件，置滚转角0°，起飞阶段标志为0	"航向/航迹"切换按钮选择航向方式请求，接通左飞行指引按钮	飞行指引工作方式，俯仰角保持，航向保持	
6	初始条件，置滚转角0°，起飞阶段标志为0	"航向/航迹"切换按钮选择航向方式请求，接通左飞行指引按钮	飞行指引工作方式，俯仰角保持，航向保持	

（续表）

序号	初始条件	操作请求	预期结果	试验结果
7	初始条件,置滚转角0°,起飞阶段标志为0	"航向/航迹"切换按钮选择航迹方式请求,接通左飞行指引按钮	飞行指引工作方式,俯仰角保持,航迹保持	
8	初始条件,置滚转角0°,起飞阶段标志为0	"航向/航迹"切换按钮选择航迹方式请求,接通左飞行指引按钮	飞行指引工作方式,俯仰角保持,航迹保持	
9	初始条件	调节航向选择旋钮,并有"选"按钮请求,"航向/航迹"切换按钮选择航向方式请求,接通左飞行指引按钮;AFCU上坡度角限制挡位信号,选择为"自动"	飞行指引工作方式,俯仰角保持,航向选择	
10	初始条件,水平导航方式中置直线方式且所需数据有效,置偏航距40km	接通左飞行指引开关,按压"水平导航"按钮	飞行指引工作方式,俯仰角保持,水平导航	
11	初始条件	"垂直速度速度/航迹倾角选择"按钮请求选择为航迹倾角,接通左飞行指引开关,按压垂直速度按钮	飞行指引工作方式,航迹倾角,航向保持	
12	初始条件	接通左飞行指引开关,按压高度层改变按钮	飞行指引工作方式,高度层改变,航向保持	
13	初始条件	接通左飞行指引开关,按压高度层改变按钮	飞行指引工作方式,高度层改变,航向保持	
14	初始条件下,置垂直导航速度爬升方式或要求到达时间方式或速度下降方式,且所需数据有效	接通左飞行指引开关AFCU设定的高度=1000m;FMS的目标高度=2000m;现时相对气压高度=500m;按压垂直导航按钮FMS表速控制为1	飞行指引工作方式,垂直导航,航向保持	
15	相对气压高度400m,飞行指引工作方式,纵向高度保持,侧向航向保持	置着陆航向偏差有效,着陆下滑偏差有效,接通进近着陆预位	飞行指引工作方式,高度保持,航向道,下滑道预位	
16	起飞阶段标志为1	接通左飞行指引开关	飞行指引,起飞指引	

4) 余度管理检查

(1) 试验目的与要求。

余度管理检查是在飞控系统"铁鸟"集成试验的基础上,在机上真实环境下进一步检查进入自动飞控系统传感器信号的余度管理逻辑和策略,确认其功能的正确性。

余度管理检查时,必须通过对机上各种机载传感器进行激励,检查真实的机载传感器信号进入自动飞控系统后的余度管理策略。

(2) 试验内容与方法。

余度管理检查主要检查以下进入自动飞控计算机传感器信号的余度管理逻辑和策略。

a. 无线电高度信号。

b. 惯导中的机体俯仰、滚转、偏航角速率信号。

c. 惯导中的机体法向、侧向线加速度信号。

d. 空速信号。

余度管理检查按照以下方法和流程进行:

a. 自动飞控系统上电并工作正常。

b. 从激励机载传感器,向自动飞控系统输入各余度信号,从 ATE 查看表决结果。

(3) 试验判据。

依据 ATE 记录的表决值数据与设计值相比较结果,确认其满足设计要求。表 7-20 所示为 LRA1 和 LRA2 均正常时,无线电高度信号余度管理试验记录表。

表 7-20　LRA1 和 LRA2 均正常时无线电高度信号余度管理试验结果

LRA1 输入/m	LRA2 输入/m	预期结果		试验结果	
		表决结果/m	信号状态	表决结果/m	信号状态
500	500	500	正常	500	
500	513	506.5	正常	506.5	
500	516	506.5	故障	506.5	

5) 传动比检查

(1) 试验目的与要求。

传动比检查是在飞控系统"铁鸟"集成试验的基础上,在机上真实飞机环境下进一步进行传动比检查,确认传动比满足设计要求。

传动比检查之前,通过操纵、激励等方法确认飞机上的操纵极性符合设计要求。传动比检查时,选定典型的飞行状态(根据这些飞行状态参数调整传动比),对自动飞控系统的纵向、横侧向的各工作模式的传动比进行检查。

(2) 试验内容与方法。

传动比检查包括纵向工作模式和横侧向工作模式下的传动比检查。纵向工作模式包括俯仰姿态保持模式现时俯仰角;高度保持模式现时高度;垂直速度模式目标垂直速度;垂直速度模式现时垂直速度;航迹倾角模式目标航迹倾角;航迹倾角模式现时航迹倾角。横/侧向工作模式包括倾斜角保持模式现时倾斜角;航向保持模态现时航向角;航迹保持模式现时航迹角;航迹选择模式目标航向角;航迹保持模态现时航迹角;航向选择模态目标航迹角;航向选择模态显示航向角。

传动比检查时,首先设定所需的飞行状态,然后按照以下方法和流程进行检查:

a. 从飞行仿真系统输入初始状态,驾驶柱、驾驶盘、脚蹬无操纵输入。

b. 启动自动飞控系统,检查状态是否正常,从 ATE 检查有无故障和告警,确认无故障和告警。

c. 启动电传飞控系统,并检查确认在正常工作模态,从 FTI 检查有无故障,检查舵面初始位置,确认初始状态是否为输入状态。

d. 开始记录数据。

e. 设置并进入相应的工作模态,输入仿真信号到测试分析系统。

f. 停止记录数据,保存数据。

(3)试验判据。

分析处理试验结果,将试验结果与控制律仿真结果进行对比,对比自动飞控系统的输入输出以及电传飞控系统的输入输出,并将试验结果与仿真结果绘制在同一坐标系中,判断试验结果的正确性,仿真的输入状态采用试验数据记录的输入状态,若仿真结果与试验结果一致,则试验结果正确。图 7-17 所示为俯仰姿态保持现时俯仰角传动比试验结果。

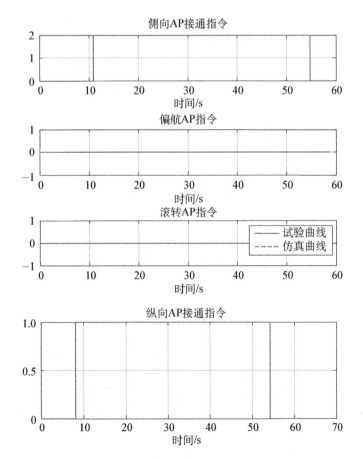

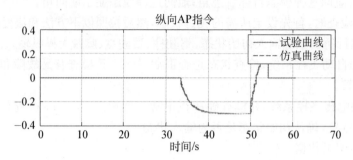

图 7-17 俯仰姿态保持现时俯仰角传动比试验结果

6）稳定储备检查

（1）试验目的与要求。

自动飞控系统稳定储备试验是在飞控系统"铁鸟"集成试验的基础上，在机上真实环境下进一步测试分析稳定裕度，确认其满足设计要求。

机上稳定储备检查时，根据飞机的包线选择典型状态点，检查纵向、横/侧向的所有工作模态的稳定储备。需要注意的是，激励信号的幅值不能过大，以免造成飞机剧烈晃动甚至侧翻。

（2）试验内容与方法。

自动飞控系统稳定储备检查分纵向工作模态稳定裕度和横/侧向工作模态的稳定储备。纵向工作模态包括：俯仰角保持模态；高度保持模态；垂直速度模态；航迹倾角模态。横/侧向工作模态包括：斜角保持模态副翼通道；倾斜角保持模态方向舵通道；航向保持模态副翼通道；航向保持模态方向舵通道；航迹选择模态副翼通道；航迹选择模态方向舵通道；航迹保持模态副翼通道；航迹保持模态方向舵通道；航向选择模态副翼通道；航向选择模态方向舵通道。

飞控系统闭环状态下，从电传飞控系统向作动器输入正弦扫频激励，测试分析系统的开环稳定储备。试验方法和流程如下：

a. 从飞行仿真系统输入系统状态，驾驶柱、驾驶盘、脚蹬无操纵输入。

b. 启动自动飞控系统，检查状态是否正常，从 ATE 检查有无故障和告警，确认无故障和告警。

c. 启动电传飞控系统，检查是否工作在正常模态，从 FTI 检查有无故障，检查舵面初始位置，确认初始状态是否为输入状态。

d. ATE 和 FTI 开始记录数据。

e. 设置并进入相应的工作模式。

f. 使用动态频响分析仪从 ACE 测试腔向作动器输入幅值为 10% 作动器最大行程，频率为 0.1～3 Hz 的正弦扫频信号。

g. 待扫频结束后，按压"自动驾驶断开按钮"两次，断开自动驾驶，清除警告级告警。

h. ATE 和 FTI 停止记录数据,保存数据。

(3)试验判据。

分析处理 ATE 和 FTI 记录的数据,用动态频响分析仪绘制出的 Bode 幅频与相频性能曲线,各个工作模态的稳定储备试验结果均应满足幅值储备大于 6 dB,相位储备大于 45°。图 7 - 18 所示为俯仰角保持模态稳定储备试验曲线。

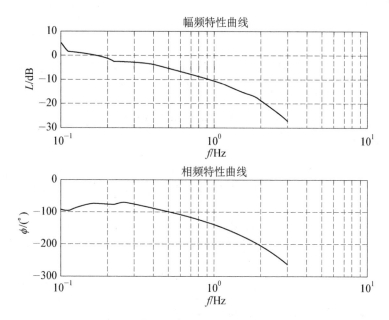

图 7 - 18 俯仰角保持模态稳定储备试验曲线

7) 状态及告警显示检查

(1)试验目的与要求。

自动飞控系统通过航空电子系统控显系统实现其工作状态及告警的显示,状态及告警显示检查的目的是检查自动飞控系统与航空电子系统控显系统交联逻辑设计的正确性。

状态及告警显示检查时,需要自动飞控系统试验器接入,以实现其工作状态的设置与调整。

(2)试验内容与方法。

自动飞控系统状态及告警显示检查主要包括:自动驾驶断开告警与显示;自动驾驶默认模态告警与显示;纵向自动驾驶断开告警与显示;侧向自动驾驶断开告警与显示;自动驾驶同步操纵告警与显示。

自动飞控系统与航空电子系统工作正常,通过设置自动飞控系统的状态变化,观察 AFCU、DPU、音频告警系统以及告警灯的状态变化,判断系统状态和告警显示逻辑。试验方法与流程如下:

a. 航空电子系统与自动飞控系统上电,并工作在正常状态。

b. 按照自动飞控系统各模态的逻辑进入和退出的相应模态,观察 PFD、AFCU、音频告警和告警灯的状态变化。

c. 按压驾驶盘上的自动驾驶断开开关,观察告警灯及语音告警是否消失。

d. 在自动飞控系统试验器上设置自动驾驶工作方式接通,AFCU 上拨动飞行指引开关到接通位置,重复步骤 b 和 c,观察 PFD 显示和 AFCU 信号灯的变化。

（3）试验判据。

分析处理试验记录数据,将试验结果与自动飞控系统设计要求进行比较,应相互一致。表 7 - 21 所示为自动驾驶断开告警及显示检查表格。

表 7 - 21　自动驾驶断开告警及显示检查结果

告警与显示	预期值	试验结果
告警灯	主告警灯亮(红色)	
PFD 告警显示区显示	"自动驾驶断开"(红色)	
PFD 自动飞行方式显示 （飞行指引未接通）	工作方式:无 纵向模态:无 侧向模态:无	
AFCU 显示 （飞行指引未接通）	已亮的灯灭	
PFD 自动飞行方式显示 （飞行指引接通）	工作方式:"F/D" 纵向模态:不变 侧向模态:不变	
AFCU 显示(飞行指引接通)	两个"自动驾驶"灯灭,其他不变	

7.2.3.6　发动机开车飞控系统工作检查

（1）试验目的与要求。

在此之前,飞控系统所有试验均是在地面电源、地面液压源和地面空调车环境下进行的,确认了飞机飞控系统满足通电技术条件和安装技术条件,功能和性能满足设计规范要求并工作稳定。

本试验的目的是在发动机开车情况下,飞机提供了机载电源、机载液压源、机载空调系统和更加真实的工作环境,观察和检查飞控系统与飞机机载能源系统及其他飞机环境的匹配性。

此项试验一般要求与飞机其他系统发动机开车试验同步进行,开车应覆盖其工作的所有状态,包括慢车、起飞推力、巡航推力和反推等工作状态。

（2）试验内容与方法。

发动机开车情况下,飞控系统工作检查为功能定性检查,不加任何地面测试和激励设备。在飞控系统实际工作环境下,通过飞控系统的功能设置,检查确认功能执行的正确性,其方法是设置状态,进行操纵,传动器执行,飞机舵面与显控观察,最终确认每项功能的执行过程与结果。

试验内容包括飞控系统所有操纵功能,但不涉及飞机构型、飞行状态等相关的调参功能检查。

(3)试验判据。

发动机开车情况下,飞控系统工作检查是对通电检查技术条件中的规定内容进行检查,其结果应满足相关规定和文件要求,即模态转换逻辑、控制逻辑和显示正确,满足设计要求。

7.2.4 飞控系统机上地面试验组织与实施

飞控系统机上地面试验由飞控系统专业牵头,负责确认飞机及系统状态,编写试验任务书、试验大纲等试验所需文件,负责试验器、激励器、仿真器、测试设备和电缆等制作与调试,负责整个试验实施,负责记录相关试验结果,编写试验总结报告。

飞机总制造商为第一配合单位,提供试验场地、被测飞机、地面电源车、地面液压源、空调车、地面电源(220 V/AC)、地面高压气源等试验所需外场检查设备,飞机相关设备的操作及数据加载、对有关设备进行观察或监听,协助完成试验结果的记录等工作,并根据需要连接或拆卸设备端电缆。

参试单位包括飞机总体、结构、航电、动力、液压、电源、起落架控制、环控等相关专业。

技安、质量和客户代表应全程参加,对试验现场的安全、过程和结果进行全程监控和监督。

试验过程应制订详细计划,明确试验条目、保障要求和保障人员。

7.3 结构模态耦合试验

大型运输机呈现低阶弹性模态的频率较低且非常密集的特点,这就使得飞控系统与飞机弹性模态容易发生不良耦合现象,这就给飞控系统设计带来了很大的困难。飞机设计要同时满足飞控系统稳定裕度以及结构颤振稳定裕度的要求,这就需要飞机结构和飞控系统专业共同解决。由于很难得到较准确的飞机结构弹性模型,飞机设计一般都按照刚体飞机进行设计,因此,在真实环境下,验证飞控系统与飞机结构模态耦合性能是否满足设计要求并给出结论就显得更为重要,这个试验通常被称为飞控系统与结构模态耦合试验(简称 SMI 试验)。SMI 试验通常需激起飞机的某些结构模态,扫频频率高,容易造成飞机结构破坏,而且要完成飞机在不同加油状态下的各项试验,危险性大。基于以上各种原因,该试验是飞机地面机上试验中一项重要的、实施难度较大的试验项目。

7.3.1 试验目的

通过 SMI 试验,可以得到气动伺服弹性专业关心频段飞机-飞控系统的动态性能,确认飞控系统与结构弹性模态的耦合程度,进一步为大型运输机气动伺服弹性稳定性分析提供依据。

飞控系统从控制回路来讲,分为以电传飞控系统为内回路的控制增稳系统,以及以自动驾驶等为外回路的自动飞控系统,这两部分都需要验证与结构模态是否存在耦合现象。

7.3.2 试验原理与方法

SMI 试验主要验证大型运输机飞控系统在飞机结构低阶弹性模态频域内的动态性能以及飞控系统的伺服弹性稳定裕度。主要包括以下试验内容:

(1)纵向、横向及航向频率响应试验。

(2)纵向、横向及航向闭环脉冲裕度(增益余量)试验。

(3)结构共振模态下飞控系统稳定性试验。

SMI 试验原理分频率响应试验、闭环脉冲响应试验和共振试验。

1)频率响应试验

频率响应试验通常分开环频率响应试验和闭环频率响应试验。闭环频率响应试验通常是指飞控系统闭环工作情况下,输出对输入的频率响应,开环频率响应试验通常断开 ACE 的指令输入点,记录飞控系统在该点的输出对输入的开环频率响应曲线。

断开系统进行开环频率响应很难实施,一般都是在飞控系统闭环工作情况下,进行开环频率响应试验,这就导致开环频率性能试验是一项危险性较大的试验,试验过程容易造成飞机结构破坏。因此,必须合理地选择激励信号幅值和频率范围,既要能激励起结构模态又不能损坏结构。开环频率响应试验原理如图 7 - 19 所示。

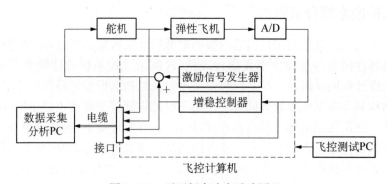

图 7 - 19 开环频率响应试验原理

开环频率响应试验可以采用伺服回路前向指令抵消的试验方法,实现系统闭环工作测试开环频率性能的目的。电传飞控系统、自动飞控系统开环/闭环试验测试原理如图 7 - 20 和图 7 - 21 所示,开环传递函数为 $G(s) = V_{OUT}/V_{SOURCE}$。

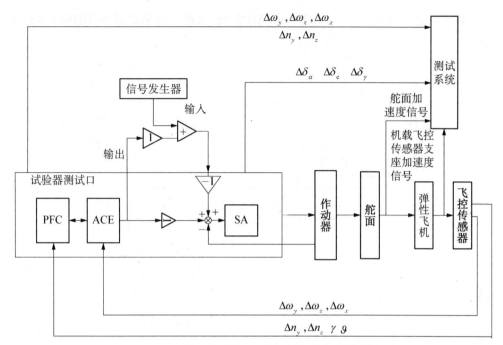

图 7 - 20 电传飞控系统开环/闭环频率响应测试原理

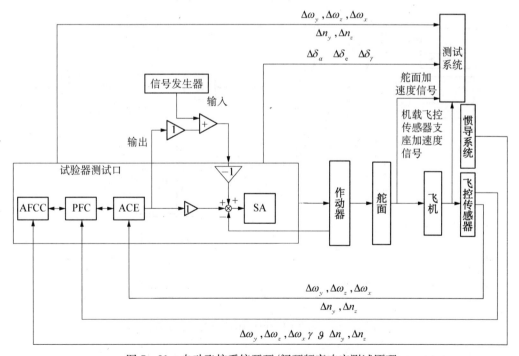

图 7 - 21 自动飞控系统开环/闭环频率响应测试原理

基于以上试验原理,可构造出电传飞控系统、自动飞控系统开环/闭环试验测试原理如图 7-22 和图 7-23 所示。

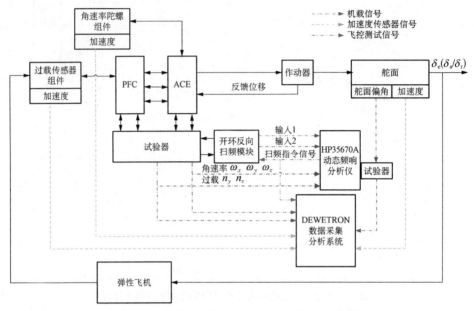

图 7-22　电传控制模式开环/闭环扫频试验实现图

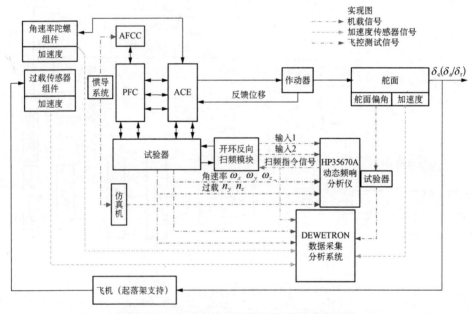

图 7-23　自动飞控开环/闭环扫频试验实现图

2) 闭环脉冲响应和结构共振模态下飞控系统稳定性试验

脉冲响应是在飞控系统闭环情况下,改变作动系统的前向增益,通常增加到前向增益的三倍,电传飞控系统、自动飞控系统模式闭环脉冲响应和结构共振模态下飞控系统稳定性试验原理如图 7-24 和图 7-25 所示,通过改变参数 K 以实现增益的改变。

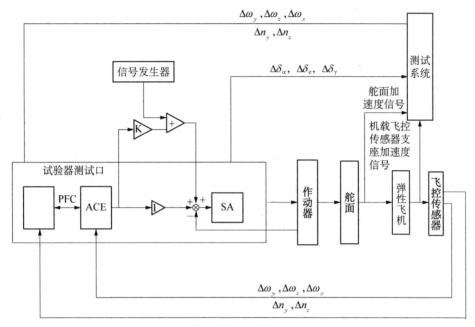

图 7-24 电传控制模式脉冲响应试验原理图

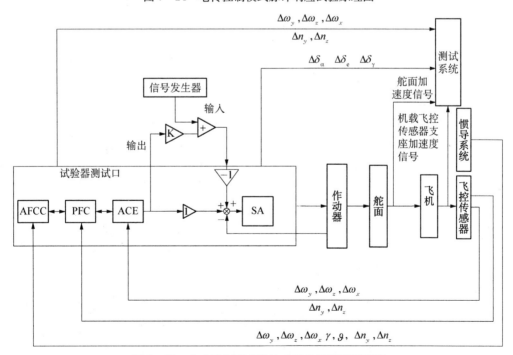

图 7-25 自动控制模式脉冲响应性能测试原理图

3) 共振试验

共振试验与闭环脉冲试验原理相似,即在翼面、机身等结构上施加一定幅值和频率的激励信号。激励试验对应飞机结构模态,检查飞控系统与飞机结构模态耦合的稳定性能是否满足设计要求。

基于以上试验原理,可构造出电传控制模式、自动控制模式闭环脉冲响应和结构共振模态下飞控系统稳定性试验实现图如图 7-26 和图 7-27 所示。

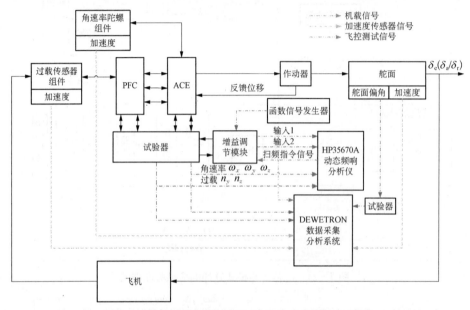

图 7-26　电传控制模式闭环脉冲及共振试验实现图

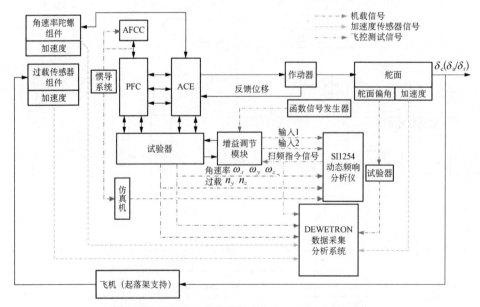

图 7-27　自动控制模式闭环脉冲及共振试验实现图

7.3.3　结构模态耦合试验实施

7.3.3.1　频率响应试验

为了检查飞控系统在相应结构模态下,稳定余度是否满足设计要求,通常需要进行电传控制及自动控制工作模式下的纵向、横向、航向的开环频率响应试验。

1) 试验项目与方法

SMI 试验包括电传控制和自动控制两种工作模式下的试验。

(1) 电传控制工作模式。

接入电传飞控系统试验器,并入开环扫频反向模块,设置飞机不同重量和构型,连接如图 7 - 22(开环/闭环扫频试验实现图)所示,由动态频响分析仪通过增益控制器输入端口施加一定幅值(试验初始确定的"最佳"幅值),一定频段(原则上大于主翼面的一阶弯曲、一阶扭转和舵面的旋转频率)的正弦扫频信号,并由动态频响分析仪记录作动器输出位移、舵面偏角、角速率、角速度及输出相对输入(断开点)的频率响应曲线。

(2) 自动控制工作模式。

接入自动飞控系统试验器,并入开环扫频反向模块,设置飞机不同重量和构型,连接如图 7 - 24(开环/闭环扫频试验实现图)所示,由动态频响分析仪通过增益控制器输出端口施加一定幅值(试验初始确定的"最佳"幅值),一定频段(原则上大于主翼面的一阶弯曲、一阶扭转和舵面的旋转频率)的正弦扫频信号,并由动态频响分析仪记录角速度、角速率、惯导输出信号(进入飞控系统控制律相关信号)相对输入点的频率响应曲线。

2) 试验判据

横向、航向及纵向控制通道开环稳定裕度应满足 GJB2191—1994 要求,即幅值裕度大于 6 dB,相位裕度大于 $60°$。

分析与评估试验结果,并绘制成频率响应曲线(波特图及乃奎斯特图)。图 7 - 28 所示为结构模态耦合试验曲线。

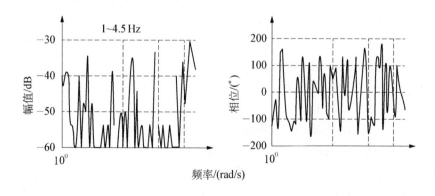

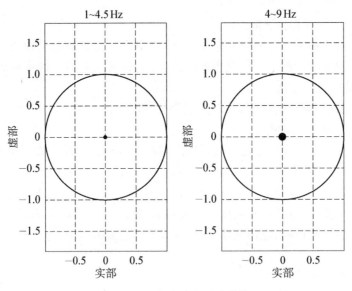

图 7 - 28 频率响应试验曲线

7.3.3.2 闭环脉冲裕度试验

1) 试验项目与方法

闭环脉冲裕度试验包括电传控制以及自动控制工作模式纵向、横向、航向的闭环脉冲裕度试验。

接入电传飞控系统试验器,并入增益调节模块(可采用满足实时性要求的仿真系统搭建软件模块实现,例如飞行仿真系统),设置飞机不同重量和构型,连接形式如图 7 - 26 和图 7 - 27(闭环脉冲裕度试验实现图)所示,通过动态频响分析仪信号发生器增益调节模块输出端口施加一定幅值(设定幅值需保证系统 3 倍增益后舵面输出不会饱和),脉冲宽度不大于 20 ms 的脉冲信号,并记录作动器输出位移、舵面偏角、线加速度、角速率的时域响应曲线,如果进行自动飞控系统耦合试验,则需要同时记录惯导输出信号时域响应曲线。

2) 试验判据

前向增益增大到 3 倍,飞控系统响应应稳定收敛。

分析与评估试验数据和时域响应曲线,给出满足设计要求的结论。图 7 - 29 所示为闭环稳定裕度试验曲线。

7.3.3.3 结构共振模态下飞控系统稳定性试验

激励飞机的不同共振模态,检查在相应结构模态下,飞控系统的稳定裕度是否满足设计要求。

1) 试验项目与方法

结构模态下,飞控系统的稳定裕度试验通常包括在不同共振模态的结构激励

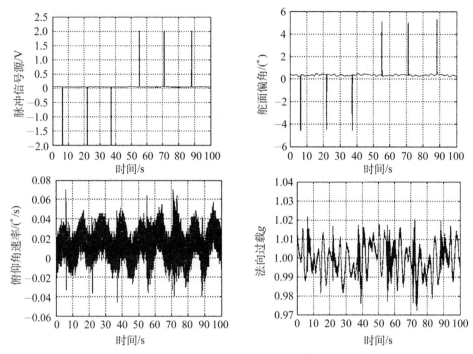

图 7 - 29 闭环稳定格度试验曲线

下,纵向、横向、航向飞控系统稳定性检查。其试验方法与闭环脉冲响应试验类似,但无须输入舵面脉冲激励,由激振器激励舵面结构模态(例如垂尾一弯),依次增加(横向/航向)前向增益至 3 倍,记录对应状态舵面、偏角、过载传感器、角速率陀螺组件输出信号的时域响应曲线。

2)试验判据

在结构激励振动情况下,前向增益增大到 3 倍,飞控系统响应稳定收敛。

分析与评估舵面偏角、线加速度、角速率等试验数据和时域响应曲线。图 7 - 30 所示为结构共振模态下飞控系统稳定性试验曲线。

7.3.4 结构模态耦合试验组织与实施

结构模态耦合试验由飞控专业牵头,负责确认飞机及系统状态,编写试验任务书、试验大纲等试验所需文件,负责试验器、激励器、仿真器、测试设备和电缆等制作与调试,负责整个试验实施,负责记录相关试验结果,编写试验总结报告。

飞机总制造商为第一配合单位,提供试验场地、被测飞机、地面电源车、空调车、地面电源(220 V/AC)、地面高压气源等试验所需外场检查设备,飞机相关设备的操作及数据加载、对有关设备进行观察或监听、协助完成试验结果的记录等工作,并根据需要连接或拆卸设备端电缆。

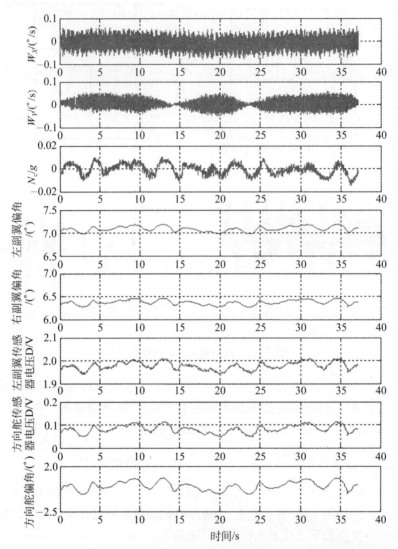

图 7-30 垂尾一弯共振模态时域响应试验结果曲线

飞机颤振专业为第二配合单位,负责过载传感器的粘贴、布置,机体结构激振设备、飞机气弹簧顶起,以及共振数据处理系统等。

参试单位包括飞机总体、结构、强度等相关专业。

保密、技安、质量和客户代表应全程参加,对试验现场的安全、保密,过程和结果进行全程监控和监督。

试验过程应制订详细计划,明确试验条目、保障要求和保障人员。

7.4　电磁兼容试验

现代大型运输机装有飞控系统、航空电子系统、任务系统、电源系统及环控系统等一系列机电、电子、电气系统,同时大量使用计算机和总线传输技术,使机载系统和机载设备对电磁干扰更易敏感。飞控系统电磁兼容试验的目的是为了定性、定量地测试飞控系统与机载各系统之间的电磁兼容性能,发现干扰源、干扰途径和敏感设备,以排除不兼容现象,确保飞机的安全和任务执行。

7.4.1　试验内容

全机电磁兼容试验的内容较多,与飞控系统相关的主要试验内容包括:

1) 电磁兼容定性检查

验证飞控系统各分系统及机载设备能否兼容工作,对各分系统及机载设备在不同工作模式下进行全面的电磁兼容定性检查。

2) 电磁兼容定量测试

为确定飞控系统机载设备对特定信号的敏感度或确定设备的敏感度门限值,需进行传导敏感度测试;为验证飞控系统是否满足电磁兼容抗传导干扰能力的要求,需要对飞控系统机载设备进行电磁兼容电缆束注入传导敏感度定量测试。

3) 适航符合性验证试验

验证飞控系统与飞机其他机载系统之间能否满足适航条款 CCAR25.1353(a)、CCAR25.1431(c)的系统兼容工作要求。

7.4.2　试验方法

7.4.2.1　电磁兼容定性检查

在使用不同供电状态下,设定产生干扰的各机载系统或机载设备(电气系统、环控系统、动力系统、通信/导航/监视系统、气象/地形测绘雷达等)为干扰源,开启飞控系统处于正常工作状态,在干扰源的不同工作模式下,地勤人员通过视觉、听觉等手段对飞控系统及其设备进行定性检查,考察飞控系统工作是否正常。

电磁兼容定性检查共分为以下 3 种状态:

1) 地面电源供电相互干扰检查

在地面电源车供电、空调车通风制冷的条件下,依次启动或关闭各干扰源,检查机载各系统对飞控系统工作的干扰;依次操纵各舵面、收放襟(缝)翼等,检查飞控系统与机载各系统之间相互兼容工作。

2) APU 开车供电相互干扰检查

APU 开车至正常工作状态,依次启动或关闭各干扰源,检查机载各系统对飞控系统工作的干扰;依次操纵各舵面、收放襟(缝)翼等,检查飞控系统与机载各系统之间的相互兼容性。

3) 发动机开车供电相互干扰检查

4 台发动机开车至慢车工作状态,依次启动或关闭各干扰源,检查机载各系统对飞控系统工作的干扰;依次操纵各舵面、收放襟(缝)翼等,检查飞控系统与机载各系统之间的兼容性。

7.4.2.2　电磁兼容定量测试试验

飞控系统电磁兼容定量测试试验一般采用电流注入的方法进行,电缆束注入传导敏感度定量检查。按照 GJB151A—97 中 CS114 曲线 3 的干扰电平量值对飞控系统的各分系统之间的互联线缆施加干扰信号。

本项测试用调制连续波信号(用 1 kHz 占空比为 50% 脉冲进行脉冲调制)在电源线处,使用电流探头注入电磁能量,通过测试该探头直接耦合在电缆上相应电平的干扰信号,进而检测设备的受干扰程度是否满足要求。

针对飞控系统性能,在地面电源车供电情况下,选择飞控计算机与机载系统各机载设备之间的直流电源线和数据线进行试验。采用探头注入的方法可以避免拆卸电缆,同时在很大程度上保障了系统的完整性,也缩减了试验强度和试验时间。试验电平值如表 7 - 22 所示,敏感度测试配置如图 7 - 31 所示。

表 7 - 22　传导敏感性试验电平

试验频率范围	试验电平(dBμA)
10 kHz～1 MHz	49～89
1～30 MHz	89
30～400 MHz	89～77

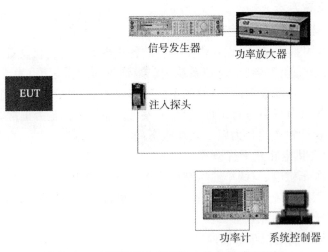

图 7 - 31　互联线缆电缆束注入传导敏感度测试

7.4.2.3　适航符合性验证试验

适航符合性验证试验方法与电磁兼容定性检查方法相同,即在不同的供电状态下,验证飞控系统与机载各系统之间能否兼容工作,并符合适航条款 CCAR25. 1353(a)、

CCAR25.1431(c)的要求。

7.4.3 试验判据

7.4.3.1 电磁兼容定性检查

电磁兼容定性检查根据 GJB1389A—2005《系统电磁兼容性要求》中"系统自身应是电磁兼容的,以满足系统工作性能要求"作为评判标准,飞控系统与各系统相互干扰检查是在产生干扰的系统或设备(干扰源)的各种工作模式下,地勤人员通过视觉、听觉等手段判断飞控系统或设备是否工作正常,是否出现故障或不允许的响应,如系统工作稳定,信息显示稳定,画面无抖动,图形、状态参数无跳变等。表明飞控系统能兼容工作,电磁兼容性满足要求。

7.4.3.2 电磁兼容定量测试试验

电磁兼容定量检测时,被测设备及相关支持设备(包括综合处理系统及显示控制系统等)应上电开机正常工作,检测过程中设置被测电子、电气设备工作在典型的状态,按照 GJB151A—97 中 CS114 曲线 3 电平施加干扰信号,测试计算机自动绘制校准曲线,记录被测设备的试验信息,判定设备的敏感频率和幅值是否满足GJB151A—97 的要求。

7.4.3.3 适航符合性验证试验

飞机不同供电状态、飞控系统各种工作模态下,确认飞控系统及机载各系统工作稳定、舵面无非指令的跳动或抖动、信息显示稳定、画面无抖动,图形、状态参数无跳变等,即表明飞控系统与机载各系统之间能兼容工作,符合适航性要求。

7.4.4 电磁兼容(E3)试验组织与实施

飞机电磁兼容由 E3 专业牵头,负责管理飞机及系统整个状态,编写试验任务书、试验大纲等试验所需文件,提供试验所需的吸波材料、定量测试所需的测试仪器、附件等,组织试验前评审,对试验的技术工作提供支持并按照试验大纲进行测试、记录,提供试验报告。

总制造商为第一配合单位,提供试验场地、被测飞机、牵引车、地面电源车、空调车、地面电源(220 V/AC)、地面高压气源、试验所需外场检查设备等参试设备,并负责完成发动机开车、机载设备的操作及数据加载、对有关设备进行观察或监听、协助完成试验结果的记录等工作,并根据需要连接或拆卸设备端电缆。

参试单位包括总体、飞控、机电等相关专业。

产品研制单位提供的装机产品应满足技术协议书或定点协议书中有关电磁兼容性要求,并提供相应技术支持。

保密、技安、质量和客户代表应全程参加试验,对试验现场的安全、保密,试验过程和结果进行全程监控和监督。

试验过程应制订详细计划,明确试验条目、保障要求和试验保障人员。

参 考 文 献

［1］GJB151A—97 国家军用标准—军用设备和分系统电磁发射和敏感度要求［S］. 1997.
［2］GJB1389A—2005 国家军用标准—系统电磁兼容性要求［S］. 2005.

8 飞控系统飞行试验

8.1 概述

飞机的飞行品质是由飞机的气动性能与飞控系统共同决定的。大型运输机的人工飞控系统一般由电传飞控系统和机械操纵系统组成。电传飞控系统一般包括正常工作模式、降级工作模式、模拟备份工作模式和直接链工作模式,机械操纵系统只是为保证飞机安全的重要补充。随着技术的进步和电传飞控系统可靠性的不断提升,现代飞机陆续取消了机械操纵系统,如 A380、A400M、B787 等飞机。

飞控系统飞行试验已成为飞机飞行试验的一个重要组成部分,几乎所有飞机飞行试验科目都必须在飞控系统正常工作的状态(失速速度和失速迎角等飞行试验科目需要关闭迎角和速度保护功能)下进行。因此,飞控系统就成为保证飞机安全飞行的核心系统,也是保证飞行试验顺利进行、确保飞行试验有效的关键系统。

飞控系统飞行试验的目的是在真实环境(结构形变、振动、电磁干扰等)下,对飞控系统工作状态、功能、逻辑、操稳特性和飞行性能进行验证,以表明飞控系统工作安全可靠、功能完善,飞机飞行品质满足设计要求。

飞控系统进行飞行试验的内容主要包括:

(1) 各种工作模式下,人工飞控系统功能、逻辑和操稳特性;

(2) 各种工作模式下,高升力控制系统功能、逻辑和性能;

(3) 各种工作模式下,自动飞控系统功能、逻辑和性能。

飞控系统的大部分飞行试验科目都是与其他系统或专业的飞行试验科目联合进行的。如:飞控系统的 BIT 功能在每一个飞行架次都要执行,且要正确执行;飞行品质飞行试验与操稳专业的飞行试验科目合并进行;自动飞控功能需要与航线飞行相结合。飞控系统需要进行单独试验的科目主要包括稳定裕度、边界保护、自动驾驶和模态转换等。

飞控系统的鉴定除了依据飞行员的主观评价外,还需要根据客观数据进行评定。为了提高客观评定的准确度,必须在进行飞行试验前一到两年内提出对飞行试验科目、试验动作、测试数据精度和采样速率等的明确要求,以便飞行试验部门进行必要的飞机测试改装、飞行员培训及飞行试验方法研究,包括飞行试验大纲和任务书编制。

8.1.1 飞行试验需求和目标

作为确保飞行安全的关键系统,飞控系统进行飞行试验的需求主要来源于4个方面:一是设计部门需要通过飞行试验检验飞控系统实现与设计状态的一致性;二是依据飞行试验数据分析和暴露问题,改进并优化系统设计;三是设计部门需要通过大量的飞行架次向鉴定部门和使用部门表明,飞控系统具有足够的安全可靠性;四是向鉴定部门提交鉴定所需飞行试验数据,证明飞机功能、性能和飞行品质满足飞机设计要求。

飞控系统进行飞行试验的内容如下:

(1) 检查飞控系统机载设备(飞控计算机、传感器和作动器等)环境适应性。如检查机载设备电气和机械接口的正确性、功能的完整性;检查机载设备与其他系统或设备交联关系的正确性;检查机载设备性能指标与设计要求的符合性。

(2) 验证人工飞控系统控制功能和飞行品质。如验证飞控系统 BIT 功能的有效性;验证飞控系统模态转换的安全性;验证控制律空地状态转换的安全性;验证反馈信号滤波的有效性;飞行品质评定。

(3) 验证高升力控制系统控制功能和飞行品质。如验证增升装置收放时序;验证收放过程的飞机响应等。

(4) 验证自动飞控系统功能和性能。如验证自动飞控系统接通和断开逻辑;验证自动飞控系统功能逻辑;验证自动飞控系统功能性能;验证自动飞控系统功能转换瞬态。

8.1.2 飞行试验依据

编制飞控系统飞行试验要求的依据主要来源于飞机研制总要求、飞机总体设计要求、飞机操纵性稳定性设计要求、飞机适航性要求、飞控系统设计报告和电传飞控系统控制律设计报告、自动飞控系统控制律设计报告和高升力控制系统控制律设计报告等技术文件。为了补充完善飞机设计文件中的要求,军用飞机还要参考GJB2191—1994《有人驾驶飞机飞控系统通用规范》、GJB2878—1997《有人驾驶飞机电传飞控系统通用规范》、GJB3819—1999《有人驾驶飞机自动飞控系统与增稳系统、控制增强系统通用规范》、GJB185—86《有人驾驶飞机(固定翼)飞行品质规范》和 GJB2874—97《电传操纵系统飞机的飞行品质规范》等标准文件及其解释文件。民用飞机飞控系统飞行试验要求的编写本书第9章有详尽描述。

根据飞控系统飞行试验需要,编制飞控系统设计定型飞行试验要求,对特殊任务单独编制飞控系统飞行试验需求或协调单,飞行试验需求文件主要包含以下内容:

(1) 飞控系统功能飞行试验需求;

(2) 飞控系统逻辑飞行试验需求;

（3）飞控系统性能飞行试验需求；

（4）飞控系统飞行试验状态需求；

（5）飞控系统飞行试验程序需求；

（6）飞控系统飞行数据记录需求。

8.1.3　飞行试验对象

大型运输机电传飞控系统的控制功能一般由内回路和外回路实现。内回路作为核心部分，实现基本控制增稳功能，保证飞机的飞行品质；外回路作为功能模块，实现各种各样的控制功能，如姿态保持和边界保护等。自动飞控系统则必须以电传飞控系统和航空电子系统工作正常为前提条件，实现各种自动驾驶功能。

飞控系统各分系统之间存在相互依存关系，研发阶段存在先后次序，与飞机航空电子系统、动力系统、起落架控制系统等存在交联关系，与特殊试验科目存在功能影响等。为确保飞行安全，飞控系统飞行试验一般采用逐步开放各系统功能的方式进行，如：飞行试验前期，动压、静压、迎角和侧滑角等信号还没有进行修正，与其相关的一些影响安全的控制功能会被关闭或者减小增益；进行飞机失速特性测试时，需要关闭迎角保护功能；进行某些机械操纵系统测试时，则需要部分关闭电传飞控系统。为了保证飞行安全，飞行员需要掌握各种条件下飞行试验对象的使用限制和操纵技巧。因此，对不同版本的飞控系统硬件和软件，即不同的飞行试验对象，都需要明确编制飞行试验对象的差异性说明，并在试验前向飞行试验单位和飞行员交底。对于高风险科目，需要在工程模拟器或飞控系统"铁鸟"集成试验台进行试验验证后方可进行飞行试验。

8.1.4　飞行试验阶段和内容

飞控系统飞行试验的阶段划分与飞机研制阶段一致，大体可分为三类，即研究性飞行试验定型飞行试验、试用和使用飞行试验。研究性飞行试验包括预先研究飞行试验和原理性飞行试验；飞机定型飞行试验可以分成飞机首飞、调整飞行试验和鉴定飞行试验；试用和使用飞行试验是指将小批量飞机交付到使用方，在客户使用、维护和保障条件下，完善地勤使用和维护技术条件，完善机组操纵手册和使用技巧的过程。国际上，试用和使用飞行试验以形成使用效能为目标，是在正常飞行训练中发现问题的过程，不安排特殊的飞行试验科目，因此本章不再叙述。

8.1.4.1　预先研究飞行试验

预先研究飞控系统飞行试验是通过飞行试验对飞控系统的新原理、新技术、新设备进行应用基础的演示验证，以期表明新原理、新技术、新设备的应用效果和价值。

随着技术的不断进步，飞机采购方往往会对飞机总体和控制系统提出高的（或新的）指标要求，这就要求飞机设计师必须不断地研究新技术和新方法以满足不断提高的设计指标要求。但是，全新技术和方法的应用又导致对飞行安全的担忧，飞机设计师就必须通过空中飞行试验平台对新技术和新方法进行演示验证。这种情况在飞控系统结构发生较大变化时尤为明显,如:飞机由机械操纵系统转换为电传飞控系统的过程。

预先研究飞行试验得到的结论具有不确定性,有时会否定技术和方法的工程应用前景。如前后掠翼飞机的研究,虽然证明了技术的有效性,但由于缺乏实用性导致无法大规模应用,即使应用前景十分明朗,也还需要大量的工程应用研究才会出现在飞机设计中。

飞控系统拟采用先进机载设备和控制算法时,往往都会采用"它机飞行试验"方式进行预先研究,以提高技术成熟度。如:分布式智能传感器、载荷减缓控制算法和硬式空中加油装置等全新应用的技术和算法,由于设计基础(气动数据等)和应用条件(飞机弹性变形和振动形式等)都可能与实际状态存在较大差异,因此,需要通过飞行试验确认技术和算法的可行性和有效性。

8.1.4.2　飞机原理性飞行试验

飞机原理性飞行试验是在飞机工程发展阶段的飞行试验,在设计师完成各种试验室试验及机上地面试验后进行。其主要目的是验证新的关键系统(或重要机载设备)设计的各项功能、性能及技术指标,调整系统参数,发现和排除系统设计、制造上的故障和缺陷,校正系统技术说明书和使用维护说明书。

如果通过原理性飞行试验发现设计、制造上有重大缺陷或通过调整参数仍不能达到设计指标,设计师有可能对设计进行改进,经过模拟试验,再次进行原理性飞行试验。因此,在工程发展阶段,原理性飞行试验可能不止一次。

飞控系统在该阶段主要进行系统级的飞行试验,对系统进行全面验证。如:国内使用歼8ⅡACT验证机对电传飞机控制律设计和主动控制技术进行了较为全面的验证;飞行实验中心的综合空中飞行模拟试验机(IFSTA)对飞机操纵系统和飞行品质飞行试验方法等进行了飞行试验研究。

8.1.4.3　飞机定型飞行试验

1) 飞机首飞

首飞即首次飞行试验。首飞阶段大体可以分为飞行试验准备、地面滑行和首次飞行。

飞控系统的飞行试验准备需要完成监控系统测试验证、首飞飞行剖面和应急程序训练、飞机操纵效能校验、机上地面试验和地面滑行试验等。

(1) 监控系统测试验证。

监控系统是指地面实时监控系统,飞控系统监控页面主要用于监控飞控系统工作状态(包括电源状态、液压源状态、飞控计算机状态、传感器状态、作动器状态、舵面状态和飞机姿态、角速度等),为地面指挥员做出正确决策提供依据。图8-1所示为飞控系统一个典型监控画面。监控系统的飞控系统信息页面至少包含飞控系统各主要设备工作状态、舵面运动参数和飞机运动参数,并能够显示信息来源(测试系统或遥测)。

（2）首飞飞行剖面和应急处置程序训练。

首飞飞行剖面和应急处置程序训练应在工程模拟器或飞控系统"铁鸟"集成试验台上进行。首飞飞行剖面训练是按照首飞构型（起落架状态：一般处于放下构型；增升装置状态：一般处于起飞构型）和飞控系统工作状态（直接链、数字电传等）来设计的。首飞起落航线的飞行程序训练包括正常操作程序、单发中断程序、单发起飞程序、单发着陆程序等训练。应急程序训练包括最小安全操纵状态训练，舵面卡滞、全发失效飘降、应急着陆、增升装置非正常位置着陆等。

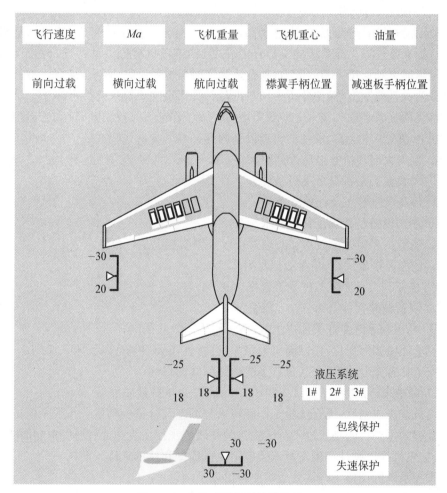

图 8-1 飞控系统典型的监控画面

（3）飞机操纵效能校验。

飞机操纵效能校验是验证飞机纵向舵面的操纵效能与飞机滑行试验的状态是否一致，为预计飞机抬前轮速度和离地速度提供直接依据。这项工作需在飞控系统"铁鸟"集成试验台和工程模拟器上并行进行，能够充分验证低速设计数据的准确度,对飞行员接受工程模拟器试验(和飞控系统"铁鸟"集成试验)结论,建立首飞信心起到关键作用。

(4) 机上地面试验。

机上地面试验内容很多,几乎所有的机载系统都要进行机上地面试验。机上地面试验涉及的飞控系统内容包括飞控系统机上地面试验和结构模态耦合试验,是设计部门全面检验飞控系统设计的最后环节,需要进行飞控系统 BIT 功能检查、传动比检查、稳定裕度检查和人-机闭环飞行品质检查,详细内容参考第 7 章。

(5) 地面滑行试验。

地面滑行试验分为低速、中速和高速滑行。对于飞控系统来说,其目的是检查在滑行振动条件下飞控系统的工作是否正常;检查飞机滑行运动特性;检查飞机抬前轮操纵能力及保持平衡的能力;检查地面实时监控系统是否工作良好。滑行后提取机载测试系统数据,对比分析各项数据是否真实反映飞控系统状态。

首飞面临着心理和技术上的双重压力。为了保证首飞成功,质量安全监控部门必须召开首飞评审会,会议主要审查以下内容:

a. 首飞大纲和任务单是否合理。

b. 飞机状态是否具备飞行条件。

c. 伴飞飞机状态及任务单。

d. 测试设备是否满足首飞要求。

e. 飞行员和指挥员技术和心理素质以及健康状况是否合格。

f. 地面监控条件、人员是否满足要求。

g. 机务和飞行保障条件是否合格。

h. 飞行试验文件是否齐全、正确。

其中,飞控系统专业关注以上 a、b、d、f、g、h 条内容。

不论环境如何变化,各方面压力多大,进行首飞必须坚持以下两条原则:一是对首飞安全具有充分的信心;二是首飞能达到明确的目标。

2) 调整飞行试验

飞机首飞成功后,飞行试验工作就转入到调整飞行试验阶段。飞控系统的调整飞行试验的主要目的是通过飞行试验检验并改进飞控系统功能、性能和飞机的飞行品质,为飞机提出设计定型飞行试验申请提供依据和技术支持。

飞控系统的调整飞行试验通常要得出以下结论:

a. 飞控系统机载设备无质量问题,能够保证飞机安全。

b. 空、地勤人员已熟悉飞控系统的使用、保障与维护要领。

c. 机载测试系统工作可靠,测试记录完整。

d. 飞控系统的技术问题已经解决,机载设备工作稳定,满足性能指标要求。

e. 飞控系统功能和逻辑满足设计要求。

f. 飞控系统能够使飞机性能和飞行品质满足设计要求。

g. 飞控系统可靠性、维修性、测试性和保障性预计能够满足飞控系统设计要求。

h. 飞机的保障设施、设备、工具、备件、技术资料等保障资源配套齐全。

3）军用飞机设计定型飞行试验

设计定型飞行试验专指军机为获得支持飞机取得设计定型合格证所必需的飞行试验数据的过程，这个定义也适用于飞控系统的设计定型飞行试验。飞控系统进行设计定型飞行试验的主要目的是鉴定飞控系统的各项功能和性能是否达到批准的战术技术要求，同时为《飞行员手册》和《机务人员手册》提供必要的数据。

设计定型飞行试验必须由国家授权的飞行试验鉴定单位承担。装机飞行试验的机载系统和设备必须是批准的技术状态。设计定型飞行试验大纲由飞行试验鉴定单位根据批准的战术技术要求和定型技术状态以及研制情况，征求设计研制单位意见后起草编制，报航空军工产品定型委员会审批。

4）民用飞机合格审定飞行试验

飞机合格审定飞行试验是新型（或改型）民用飞机合格审定中符合性验证方法之一，其目的是为了演示验证飞机及系统对民用航空条例各类飞机适航标准相关条款的符合性，为飞机合格审定提供依据，同时为《飞机手册》和《维护手册》提供必要的数据。

我国民用飞机合格审定的依据是适航标准 CCAR25 部相关条款。飞行试验大纲由飞机合格审查组审核，飞机合格审定委员会批准。飞行试验期间应通知飞机合格审查组到现场观察飞行试验。关于民用飞机合格审定飞行试验，详细内容参考第9章。

8.1.5　飞行试验方法及要求

为获得一项飞行试验内容的良好评定结果并保证飞行试验数据的有效性，针对每一项飞行试验内容都需要确定具有针对性的飞行试验方法和要求。不论飞行试验方法和要求如何变化，飞行安全始终具有优先权，即飞行试验中，飞行员可以根据试验状态随时终止试验。如：失速迎角试验中，只要飞机出现明显抖振，即使飞机没有达到预计的抖振迎角，飞行员有权立即终止试验并报告；在纵向短周期试验中，采用"3211"操纵动作，飞行员在逐步调大输入幅值时，一旦出现不可控发散振荡，飞行员有权立即终止试验并报告。

飞控系统飞行试验方法和要求主要包括飞行状态要求、飞行环境要求、飞控系统工作状态要求、试验程序要求、注意事项、数据记录要求和评定结果。

（1）飞行状态要求主要包括飞机重量、飞机重心、襟（缝）翼状态、起落架状态、飞行高度和飞行速度等。

（2）飞行环境要求主要包括大气温度、风速、风向、跑道状态和跑道坡度等。

（3）飞控系统工作状态要求主要指飞控系统工作模式，还包含飞控系统功能、使用限制和应急操作程序等信息。

(4) 试验程序要求主要是指针对某一试验科目,为达到试验目的而制订一系列特定动作组合。飞控系统的试验目的对飞行试验单位和飞行员应该已十分明确,不需要做专门说明。通常试验程序具有以下几个特点:

a. 标准性:试验程序明确规定试验开始条件、操纵动作、试验退出条件和注意事项,有利于试验结论和数据分析的一致性;

b. 渐进性:飞行员为了既保证飞行安全又准确地完成规定程序,需要多次进行试验操作,才能准确地完成试验程序;

c. 灵活性:试验程序中,操纵动作的幅值往往需要飞行员根据实际情况确定,这是由飞机差异性决定的。如:纵向操稳性能,可以采用"3211"或"倍脉冲"的操纵动作(见图 4-3 和图 4-4),其操纵幅值由小到大逐渐增加,直到飞机出现典型短周期响应。

(5) 注意事项是指在试验中,必须要确保的那些试验条件或操纵动作的说明。下面给出副翼地面静态性能试验时的注意事项:

a. 除非特别指出,副翼调校到中立位;

b. 增稳系统关闭;

c. 使用外部电源和液压源(如需要);

d. 需要地勤人员戴着耳机在飞机的尾部观察,确认舵面的极限位置是否达到;

e. 一个完整的扫描过程(中立-右极限-中立-左极限-中立)需要大约 90 s。

(6) 数据记录要求是为了进行数据分析,对所需采集数据的参数名、变量名、量纲、范围、精度和采样率,以及视频和音频等做出的规定。飞控系统所需采集数据的数量大约在 1 000 个左右,多数信号的采样率与机载设备工作的频率一致即可,甚至可以降低至 10 Hz,对于重要信号(如姿态角和角速率等),则至少要达到 25 Hz。

(7) 飞行试验结果的最初评定是依赖飞行员的主观评估,主观评估往往是对飞机综合效能的描述,需要引起飞控系统设计人员的重视。主观评估受飞行员经历和经验、评估能力、心理和生理状态等诸多因素影响,即使相同状态和相同科目,也可能得出不同的评分,甚至是差距较大的评分。为此,需要飞行员具有较多同类飞机的飞行经历,接受过 PR 和 PIOR 等主观评估方法的培训,熟练掌握图 4-5 和图 4-6 中对飞行品质和飞行员诱发振荡趋势的评估语言。

除主观评估外,为了完成飞机定型(民机为"合格审定"),还需要进行客观评估,客观评估完全依赖于飞行试验数据。由于飞机运动和系统工作状态非常复杂,为了得到完全用数学方法的定量表达,必须严格执行上述飞控系统飞行试验方法和要求。

8.1.6 地面保障设施

地面保障设施是保障飞行试验技术先进性、飞行试验安全和效率的基础。对于飞控系统的飞行试验,应具备以下飞行试验设施。

1) 机载数据采集和记录系统

能够记录并向地面发送飞控系统运行的所有数据(如,操纵信号、工作状态、传感器信号、余度表决值等）。

2）试验信号生成系统

用于生成飞控系统所需的指令信号，如稳定裕度试验中，生成方向舵扫频信号；故障试验中，生成故障信号。

3）地面监控系统

用于将飞控系统飞行试验科目和安全信息实时地显示出来，以便地面监控员和指挥员快速地做出正确的判断和决策，以保证飞行安全和飞行试验科目有效。

4）飞行模拟系统

飞行模拟系统包括工程模拟器和飞控系统"铁鸟"集成试验台等能够较为真实地反映飞控系统功能和性能的飞机模拟设备，其主要任务是帮助飞行员熟悉飞控系统操作程序、飞机基本性能和飞控系统故障处置程序，进行飞行试验任务演练，确认飞行试验方法，探索飞行试验技术。飞行模拟系统必须具有以下功能和性能：

（1）座舱控显设备信息与真实飞机一致。

（2）人感系统形式和性能与真实飞机一致。

（3）视景系统在机场附近的分辨率不大于1m，机场必须实体建模。

（4）最大延迟不超过120ms。

（5）基于椭圆转动地球的考虑大气运动的组合轴系六自由度运动仿真。

（6）考虑停机刹车的多轮多支柱起落架系统仿真。

（7）考虑动态响应和环境温度的动力系统仿真。

（8）考虑飞机质量变化的质量和惯量仿真。

（9）运动特效模拟（尤其是瞬态），根据飞行试验数据进行修正。

（10）滑行气动数据包（小于150km/h）需经飞行员确认。

（11）气动数据包（大于120km/h）需经飞行试验数据修正，飞行员确认。

（12）典型故障模拟（如：单发失效、舵面卡滞和系统降级等）。

8.1.7　飞行试验组织管理

飞机飞行试验涉及飞行试验单位、总设计师单位、生产制造单位、管理方和用户方，由以上各方共同组织实施。总设计师单位在设计之初，就应成立飞行试验队伍，飞控系统设计师应是其中的主要成员（称为飞控系统飞行试验主任师），依据飞机研制总要求，开展飞控系统飞行试验需求分析，并在机载系统和机载设备设计中贯彻。飞行试验开始前一到两年，总设计师单位需要明确提出飞控系统飞行试验需求，参与编制飞行试验计划和飞行试验大纲，以便飞行试验单位完成飞行试验测试改装和飞行试验培训。总设计师单位还应在试验前控制和保障飞机技术状态，飞行试验后独立进行飞行试验结果分析，对试验中暴露出的问题及时分析原因并处理。

此外，飞机飞行试验还要充分强调知识产权的所有权，实现飞行试验数据的充分共享，保证风洞试验单位能够完成风洞参数和气动修正系数校准，总设计师单位能够完成飞机气动和系统数据修正。

8.1.8 飞行试验队伍培训

飞行试验队伍在飞控系统飞行试验中的作用尤为重要。飞控系统的飞行试验队伍成员主要包括飞行员、飞行试验工程师和飞控系统设计师。飞行试验队伍培训的目的是为了尽早熟悉飞控系统操作程序、飞机性能和飞控系统应急操作程序。

飞行员是飞行试验队伍中极其重要的组成部分，他们对保障飞行试验安全、提高飞行试验效率起着至关重要的作用，他们应该具有深厚的理论基础和娴熟的飞行试验技术，熟悉飞行试验对象，并具备很强的表述能力。

飞行试验工程师必须熟悉飞行试验方法，掌握相关的飞行试验技术和基本飞行试验驾驶技术，掌握飞机响应特性和应急处置措施。

飞控系统设计师是飞行试验中故障分析的主力军，他们熟悉飞行试验技术，参与飞行试验数据处理和分析，每天参加飞行试验任务布置会和飞行试验结果分析会，重点了解飞行试验中出现的故障和问题。飞控系统设计师还应参加飞行试验现场监控，协助分析和处理飞行试验过程中出现的异常现象。

飞行试验队伍了解和熟悉飞控系统的方法主要是参加飞控系统培训、阅读设计资料、进行工程模拟器试验和飞控系统"铁鸟"集成试验。

8.1.9 飞行试验计划

飞控系统飞行试验受到很多因素的限制（如：研制阶段、交联系统传感器校准、设计用数据修正、设备完好状态和天气条件等），因此，飞控系统飞行试验计划要服从飞机总体飞行试验安排，在前置条件完全具备后进行科目飞行试验。

大型运输机飞控系统一般都包含电传飞控系统、高升力控制系统和自动飞控系统，每个分系统又包含不同的工作模式。一般情况下，飞控系统飞行试验要根据设计状态分成几个阶段，分别完成各分系统的飞行试验任务，而每个分系统飞行试验也要首先确保安全，逐步放开功能。飞控系统飞行试验计划大致可以划分为以下几个阶段：

第一阶段：首飞剖面飞控系统基本功能和性能初步飞行试验。

飞行试验的前几个架次，飞控系统会以一种相对安全的模式工作，即飞控系统的一些功能（如与迎角、侧滑角相关的边界保护功能，自动飞控功能）被关闭；将迎角等可能影响安全、控制律中又不作为主反馈信号的参数被置为常值；固定飞机构型（如起落架保持放下状态、襟（缝）翼位置保持起飞位置等）。这些架次中主要对飞控系统 BIT 功能、大气数据信号、飞控传感器信号、轮载信号和增升装置等的实际工作状态和稳定性进行检查，作为后续逐步开放飞控系统功能的依据。

第二阶段：80%包线内的人工飞控基本功能、性能和稳定裕度飞行试验。

飞行试验前期，通常会对飞机飞行试验速度、高度、重量和重心等进行限制，以保证飞机飞行安全，此时人工飞行控制大部分功能（三轴控制增稳、姿态保持、起降构型转换等）已经放开，开始进行一些与飞行品质相关的科目飞行试验（短周期响应、平飞加减速等）。

第三阶段：飞控系统限制和保护功能飞行试验。

当完成大气数据校准和飞控传感器修正后，与之相关的飞控系统限制和保护功能就可以进行飞行试验。如：迎角限制和保护、过载限制和姿态保持等。

第四阶段：包线扩展人工飞控基本功能、性能和稳定裕度飞行试验。

80%包线飞行试验完成后，开始逐步放开对飞机速度、高度、重量和重心的限制，使之逐渐增大到使用包线边界。此时，可能需要关闭飞控系统的一些功能，如：最大速度飞行试验中需要关闭超速保护功能，最小失速速度飞行试验需要关闭迎角保护功能。

第五阶段：自动飞控系统飞行试验。

当人工飞控系统工作稳定且初步完成飞行试验后，可以开展自动飞控系统飞行试验。先进行自动飞控通断、基本逻辑和功能的飞行试验，而后进行组合功能和功能切换飞行试验，随后进行导航功能飞行试验，最后进行进近和复飞等功能的飞行试验。自动飞控的指引功能随以上试验同步进行。

8.2 飞控系统飞行试验要求

8.2.1 编制依据

编制飞控系统飞行试验要求的主要依据包括飞机设计定型文件（或飞机合格审定标准）、飞机研制总要求、飞机总体技术要求中对飞控系统的要求、飞机飞行品质要求、飞控系统设计规范对系统功能、控制律功能的要求以及控制律参数调节规律等。

8.2.2 飞行试验内容要求

飞控系统的飞行试验内容应能够全面覆盖飞机设计定型要求（或飞机合格审定要求），同时兼顾其他飞机设计要求。飞控系统飞行试验内容一般包括以下几个方面：

（1）飞控系统机载设备装机适应性；

（2）飞控系统功能；

（3）飞控系统工作逻辑；

（4）飞控系统模态转换；

（5）人工飞控系统飞行品质；

（6）高升力控制系统功能；

（7）高升力控制系统性能；

（8）自动飞控系统逻辑；

（9）自动飞控系统功能；

（10）自动飞控系统性能。

8.2.3 监控系统要求

地面监控系统是保证飞行安全和提高飞行试验效率的必备设施。地面监控系统有两方面的要求：一方面是对监控人员的要求，另一方面是对监控系统的要求。

飞行试验前，监控人员必须经过工程模拟器和飞控系统"铁鸟"集成试验台培训，熟悉监控对象、监控判据、应急处置措施，掌握空地交流方式和口令等。飞行试验过程中，监视人员要全程跟踪和监视飞行员操作、飞控系统工作状态和飞行员操纵，随时与飞行员交流互动，提示下一试验任务注意事项，直至飞行员安全离机。如果发现飞行试验动作和飞机响应不满足要求时，应及时要求飞行员补做。

监控判据是判断飞机是否处于能够继续安全飞行或飞行试验数据是否有效的判别条件。如：飞控系统主要机载设备（飞控传感器、飞控计算机和作动器等）是否工作有效；座舱操纵信号和角速率信号是否有效且在正常范围内；主要舵面是否卡滞等，还有飞控系统机载设备工作状态和控制所需关键状态信息等。监控判据由飞控系统工程师、飞行试验工程师、飞行试验指挥员和飞行员共同制订，在飞行试验过程中，可根据飞机实际情况进行修订。

一般在下列情况发生时，应终止飞行试验任务：

（1）发现某项或某几项监控判据被突破（如：角速率陀螺组件信号余度降低到单余度等）；

（2）发现飞机响应异常或关键系统故障（如：出现非指令响应、高升力控制系统故障等）；

（3）飞机响应严重偏离飞行模拟仿真预测结果（失速迎角小于设计值等）；

（4）飞行员感觉生理不适；

（5）关键测试系统传感器出现故障，并在规定时间内不能恢复；

（6）重要监控信息中断，并在规定时间内不能恢复；

（7）飞行试验过程中出现虚警，首先要终止执行任务，待地面指挥员确认是虚警后，才能重新执行飞行试验任务；

（8）飞行员或指挥员认为不正常的任何现象而需要中止飞行试验任务。

监控系统接收机载测试数据和遥测数据，为各专业人员提供监控画面和判据显示，作为与飞行员交流的基础。因此，监控系统必须具有良好的实时性，关键信号时间延迟最大不超过 100 ms；具有足够的传输带宽（不小于 10 Mbps），以保证传输监控信号的数量；具有足够的易于切换的显示页面，页面明显标记判据边界；具有数据二次处理功能，能够快速计算飞控系统稳定裕度和飞行品质等级等。

8.2.4　测试系统要求

测试系统主要是指采集和记录飞行试验数据的设备系统，由机载测试系统和遥测监控系统组成。绝大部分飞行试验数据都来自于机载测试系统，遥测监控系统主要在飞行试验前期使用，当飞机大气数据系统和惯导系统经过飞行试验数据修正后，就可以不再使用遥测监控系统的数据，而是使用机载测试系统的数据。

飞控系统要求的测试系统采集和记录的飞行试验参数大约有 1000 个左右，主要包括操纵系统参数（如：操纵力、操纵位移、配平指令等）、操作参数（如：飞控系统工作模式、高升力控制工作描述、控制通道等)、飞行参数(如:高度、速度、迎角、过载、姿态角和角速率等)、飞机状态参数(如:构型状态、起落架状态、动力系统状态、飞机振动、重量和重心等)、飞控总线数据(如:开关/旋钮操纵、系统参数、表决参数、传感器参数等)、舵面参数(如:舵面偏角、舵面运动速度等)、飞控告警数据(如:舵面失效和功能丧失等)。需要指出的是,飞控系统所需大部分信号都是机载计算机已有信号。但在试验前期,空速管参数、迎角、侧滑角、角速率和过载等最好使用专用测试设备进行测量,因为这些参数与安装位置密切相关,对飞控系统影响较大。

8.3 飞控系统飞行试验大纲

飞控系统飞行试验大纲是飞机定型飞行试验大纲的组成部分,根据飞控系统设计状态的功能、性能和调参规律编制飞行试验科目及程序,证明飞控系统能够满足设计定型文件要求(或飞机合格审定要求)、飞机研制总要求、飞机总体技术要求、飞机飞行品质要求、飞控系统设计规范要求的飞行试验指导性文件。

8.3.1 试验大纲的分类

每一个飞行试验阶段都具有一定的针对性和目的性,需要编制其特定的飞行试验大纲。研究性飞行试验阶段的飞行试验目的较为单一,其飞行试验大纲具有较强的独立性和特殊性。试用和使用飞行试验阶段的飞行试验内容一般是在设计定型(或合格审定)飞行试验科目的基础上进行删减。因此,在此只介绍设计定型阶段的飞行试验大纲编写内容。

根据飞行试验工作安排,设计定型(或合格审定)阶段的飞行试验大纲,基本可以分为首飞飞行试验大纲、调整飞行试验大纲、设计定型飞行试验大纲(或合格审定飞行试验大纲)。

(1) 首飞阶段是指飞机的首飞和前几个飞行架次。首飞阶段的飞控系统主要验证飞控系统工作状态和人工控制功能,与工程模拟器试验和飞控系统"铁鸟"集成试验进行对比,为后续逐步放开飞控系统功能和飞行包线作充分准备。首飞飞行试验大纲规定了首飞阶段的飞行试验任务,原则上,飞控系统应使用最为安全(或信心最强)的工作模式进行首飞,这种模式可能需要将某些功能和传感器关闭。飞行试验大纲中,飞控系统应明确工作模式(如:PFC等机载设备工作状态和飞控软件版本状态等)、飞控传感器工作模式、高升力控制系统验证方式、可用功能及其性能等。

(2) 首飞阶段证明飞机各系统工作状态(需要更改完善)与设计状态一致后,飞行试验工作转入调整飞行试验阶段。此阶段仍然需要在一个较为安全的包线范围内进行飞行试验,飞控系统需要逐步放开功能,直到覆盖全包线范围的所用功能,并对功能、性能和飞行品质进行初步评估,达到进行设计定型飞行试验的条件。因此,调整飞行试验大纲应对飞控系统功能、性能和飞行品质等做出全面的飞行试验科目要求,选择的飞行状态可以数量不多,但应具有典型代表性,以便达到覆盖全飞行包线范围的目的。

（3）设计定型飞行试验是全状态、全包线地对飞机进行考核的阶段，军用飞机一般由航定委指定的组织或部门进行鉴定审查。设计定型飞行试验大纲应逐条、明确列出设计定型要求所规定的飞行试验科目及其对应的设计定型条款，规定对飞行试验状态、飞行试验程序、飞行试验动作和飞行试验数据等的要求。此阶段要与鉴定审查部门进行紧密沟通，以保证飞行试验状态间隔选择满足审查部门要求。

（4）合格审定飞行试验大纲是针对民用飞机为获得适航合格证而编制的飞行试验大纲。各国适航审定机构都发布有明确的适航审定标准，一般按照其适航审定标准编制飞行试验大纲即可。需要指出的是适航审定对飞行试验数据的要求非常严格，飞行试验过程中，一定要安排有经验的飞行试验工程师和飞行员进行，以保证数据的有效性。另外，适航审定还有目击科目，一定要提前与适航机构协调好飞行试验程序，安排视频记录。

8.3.2　飞行试验大纲编制的依据

飞行试验大纲编制的依据是飞机设计定型文件（或飞机合格审定标准）。此外，还会涉及飞机研制总要求、飞机总体技术要求、飞机飞行品质要求、飞控系统设计规范和控制律设计要求等技术文件。

飞机设计定型文件规定飞控系统的那些功能、那些性能和飞行品质必须通过飞行试验进行验证；飞机研制总要求规定飞机飞行品质要求和飞控系统功能要求；飞机总体设计要求规定了飞控系统功能要求，飞机重量-重心包线、高度-速度包线和重量-过载包线等一系列飞行限制条件；飞机飞行品质要求规定了飞控系统具体的飞行阶段划分、各阶段应当满足的飞行品质条款；飞控系统设计文件描述了如工作条件、降级条件、反馈增益调节规律、空地逻辑等设计细节。对于民用飞机，还可以参考《中国民用航空规章》CCAR25 部，《联邦航空条例》FAR25 部、33 部和《联合航空要求》JAR25 部等。

飞行试验目的直接反映了飞行试验大纲的编制依据，在飞行试验大纲中必须明确地写出飞行试验目的，以便各专业人员理解飞行试验程序和飞行试验动作。

8.3.3　飞行试验项目的选择

飞行试验项目是飞行试验大纲中具体的、可执行的飞行试验内容，飞行试验项目直接决定了飞行试验工作的数量、周期和风险。在选择飞行试验项目时，要充分考虑飞机的设计状态（飞机重量、重心和过载等），结合飞机性能和飞控系统设计结果，既保证覆盖设计定型要求，又尽可能减少飞行试验项目，以提高飞行试验效率。

通常，飞行试验项目的选择应该遵循如下原则。

（1）飞机设计定型文件和飞机研制总要求中明确要求飞控系统提供飞行试验数据证明的条款，必须安排进行飞行试验验证，对于其他用于飞控系统研究的内容，飞控系统总师和飞控系统飞行试验主任师可以协商确定。如人工飞控性能和自动飞控性能，这些都是具有重要意义而且是可以量化的指标。

（2）影响飞行安全的内容必须进行安排。如：飞行品质、稳定裕度和模态转换等。

（3）飞控系统设计师通过计算分析或在地面试验中发现有疑问的项目（如：飞机不同襟（缝）翼构型下滚转效能差异大、设计数据跳变大和作动系统偶发振荡等问题），以及设计数据处于或接近临界状态（如：失速速度、失速迎角、滑行阶段气动效能、传感器滤波和控制律参数淡化等）的项目，必须在试飞中安排。

（4）根据使用要求和以往飞行经验，需要重点验证的飞行试验项目。

（5）相关规范和标准规定的，但尚可取舍的飞行试验项目，应选择一些影响较大、典型有效且可实现的飞行试验项目进行飞行试验（如：PIO 趋势评估飞行试验和地面效应飞行试验）。

8.3.4　飞行试验状态的选择

由于电传飞机飞行包线大（如速度-高度包线、重量-重心包线、重量-过载包线等），飞机构型多（如襟（缝）翼构型、装载构型和外挂构型等），针对每一个飞行试验项目都需要选择适当的飞行试验状态，以覆盖全包线范围。同时，为了在一个架次中安排多个飞行试验项目，还要综合考虑飞行试验状态和容差范围。

飞行试验状态的选择需要考虑飞行阶段、飞机构型、起落架状态、油门状态、飞机重量、飞机重心、飞行高度、飞行速度、跑道状态、飞控系统状态和气象条件等。

（1）飞控系统状态是进行飞控系统飞行试验必须明确的内容，主要原因是设计定型文件（或合格审定标准）中要求飞控系统的功能和性能必须是在指定工作模式下完成飞行试验验证的。如：飞控系统具有模拟控制模式，进行模拟控制模式飞行试验时就必须关闭数字电传控制功能。

（2）飞行阶段主要描述了飞机的运行状态，如：飞控系统中的操纵系统性能测试要求在地面完成。表 8-1 给出了飞机飞行阶段的定义。

表 8-1　飞行阶段的定义

序号	飞行阶段	含义	表示符号
1	停机	飞机承载，相对地面静止的状态	STOP
2	滑行	飞机承载，相对地面运动的状态	TAXI
3	起飞	飞机由滑行至达到安全高度的过程	TKOF
4	爬升	飞机上升到预定高度的过程	CLB
5	巡航	飞机在预定高度范围飞行的过程	CRZ
6	下降	飞机下降到预定高度的过程	DSD
7	进近	飞机按正常程序进场的过程	APP
8	复飞	飞机按正常程序进行复飞的过程	GOA
9	着陆	飞机按正常程序进场接地的过程	LND

（3）飞机因构型不同而使性能存在较大差异，原则上飞机构型应当完全覆盖，

除非飞机数据和飞行评估表明不同构型下舵面效能变化不超过10%,或飞行员操纵感觉(操纵力和操纵位移)无明显变化。

(4) 起落架状态主要考虑飞机正常操作程序可能涉及的情况(如果要求距离机场12 km时放起落架,因进场航线不同,在三边、四边或五边都有可能发生,因此必须验证此种条件下飞控系统的性能),也要考虑飞控系统功能危害分析中可能出现起落架无法收起或放下时对应的襟(缝)翼构型。

(5) 油门状态在试验中必须做出明确要求。如:在做起飞单发失效试验时,为了保证飞机安全和发动机状态,通常采用慢车状态模拟单发失效;为了更接近真实状态,要求飞行员快速地将临界发动机油门杆拉至慢车状态。

(6) 为了覆盖飞机实际可用重量,通常将飞机重量范围分成3~5个区间进行飞行试验,具体区间数量由飞机重量变化范围和飞机特性变化情况决定。对于飞机最小重量和最大重量等极限情况的要求,需要在飞行试验大纲的飞行试验项目中独立提出。某型飞机飞行试验要求中规定的重量划分如表8-2所示。

表8-2 某飞机飞行试验重量定义

序号	重量描述	含义	表示符号
1	小重量	飞机重量小于120 t	LIGHT
2	中等重量	飞机重量为120~180 t	MID
3	大重量	飞机重量大于180 t	HEAVY
4	大起飞重量	飞机重量大于200 t	MTOW
5	大着陆重量	飞机重量为180~210 t	MLDW

(7) 飞机重心是飞控系统飞行试验中必须校验的飞机状态之一。由于飞机装载和挂载配置不同,飞机重心变化一般可达30%MAC。因此,飞行试验时重心也要划分为3~5个区间。对于民用飞机而言,重心变化相对较小,一般采用3个重心即可,表8-3给出某型飞机飞行试验的重心范围定义。

表8-3 某型飞机重心范围定义

序号	重心描述	含义	表示符号
1	前重心	重心位置小于等于30%MAC	FWD
2	正常重心	重心位置为30%~36%MAC	MID
3	后重心	重心位置大于等于36%MAC	AFT

(8) 飞行试验状态中的飞行高度要求相对较为宽松。为了确保飞行安全,许多飞行试验项目的飞行高度要求远大于实际使用高度,并采用提高飞行速度的办法,模拟气动载荷。表8-4给出了某型飞机飞行试验使用的高度定义,对于特定要求的飞行高度,需要在飞行试验项目中独立给出。

表 8 - 4　某型飞机飞行试验使用的高度定义

序号	构型描述	含　义	表示符号
1	地面	飞机停机的高度	GROUND
2	低高度	小于 3 500 m	LOW
3	中等高度	3 000～8 000 m	MID
4	高高度	大于 7 000 m	HIGH
5	巡航高度	飞机巡航高度	CRZ
6	地效高度	飞机展长的高度	GEFT

（9）飞行速度是所有飞行状态中最为复杂的要求。在飞行试验大纲中，飞行边界速度一般都采用符号给出，主要原因是这些速度值在飞行试验前仅是理论计算结果，会随着飞行试验进展进行修正。对于中间速度，通常会按表速进行划分并取整，一般速度间隔区大约为 40～60 km/h 即可满足要求。

（10）起降跑道按道面材质区分，存在水泥跑道、土跑道等状态；按道面湿度区分，存在干跑道、湿跑道和结冰跑道等状态；按跑道铺设区分，存在不同坡度的跑道。在飞行试验大纲中应明确跑道的以上状态，条件允许时，还可指定机场和跑道。

飞行试验工作一般会选在天气状态良好时进行，但一些飞行试验项目会有明确的气象条件要求，如：大侧风、高温、高湿、高寒等。即使在天气状态良好时，也会存在一定的地表风，如：风速、风向等。因此，为保证飞行试验数据的有效性和可用性，飞行试验大纲中的每一个飞行试验项目都应明确规定飞行试验的气象条件。一般飞行试验项目对风速的要求是小于 9 m/s，并随时进行记录。

如果按以上状态进行排列组合，飞行试验项目的数量会非常巨大。因此，飞控系统飞行试验主任师应与飞行试验工程师协调，选在实际存在的典型状态，结合数值仿真计算的方法扩展飞行包线范围，尽可能减少飞行试验架次。如：在气动数据分析时，确认升降舵操纵效能与动压直接相关，因此，飞控系统过载控制直接通道增益与动压直接相关，编制俯仰操纵效能和短周期响应飞行试验科目的高度和速度时，可以在速度-高度包线上进行选择，结果如图 8 - 2 所示。其中一共选择了 5 个

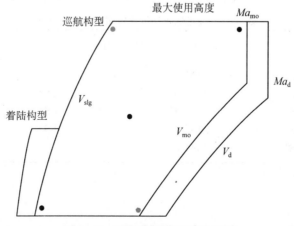

图 8 - 2　速度-高度状态选择示例

速度和高度组合点,深色的点接近飞机经常使用的状态,浅色的点接近飞机使用边界,其增益计算结果与深色点对比,作为是否增加状态的依据。这 5 个点通常能够代表俯仰操纵效能和短周期运动的操稳特性。

8.3.5　飞行试验项目举例

本节以某中型运输机飞行试验中的迎角保护功能和纵向短周期响应飞行试验为例,介绍飞控系统飞行试验相关内容。

1) 迎角保护功能飞行试验

某中型运输机的飞机研制总要求和飞机总体设计要求中规定飞控系统应具有迎角保护功能;飞控系统设计规范规定飞控系统必须实现了迎角保护功能和告警功能;控制律设计文件中描述了迎角保护功能的设计原理、实现方法和设计验证结果;飞机设计定型文件中规定飞控系迎角保护功能需进行飞行试验验证。

根据以上信息,飞行试验大纲中需要编制迎角保护功能的飞行试验项目,为此收集的飞机设计信息如下:

(1) 飞机设计重量范围:[60 100] t;

(2) 飞机设计重心范围:[28 36]%MAC;

(3) 重量专业确认:飞机最大重量对应后重心,最小重量对应前重心,基本呈线性关系;

(4) 飞机最小失速速度:V_s(与飞机重量 G 和构型 FS 相关,查表获得);

(5) 飞机最小使用速度:$1.2V_s$;

(6) 飞机失速迎角:A_s(与飞机增升装置构型相关);

(7) 气动性能专业确认:起落架状态对失速迎角影响不大,可以忽略;

(8) 襟(缝)翼构型 3 种:FS1、FS2、FS3;

(9) 控制律设计状态:$(A_s-2)°$ 时,启动迎角保护功能,增益随目标差增加,保证平飞最大拉起时迎角不会超过 A_s,俯冲拉起时可能会瞬态超出,峰值不超过 $0.5°$。

综合以上信息,需要在 9 个飞行状态下(见表 8-5)进行迎角保护功能飞行试验,表 8-6 给出了一个飞行状态下的飞行试验任务单。

表 8-5　迎角保护功能飞行试验的飞行状态

序号	构型	重量-重心	序号	构型	重量-重心
1	FS1	65 - 29 MAC	6	FS2	95 - 35 MAC
2	FS1	80 - 32 MAC	7	FS3	65 - 29 MAC
3	FS1	95 - 35 MAC	8	FS3	80 - 32 MAC
4	FS2	65 - 29 MAC	9	FS3	95 - 35 MAC
5	FS2	80 - 32 MAC			

表 8‑6 迎角保护功能飞行试验任务单
迎角保护功能

科目编号	2i6a			优先级	A		
飞行阶段	CLB	飞机构型	FS2	起落架状态	DN	油门状态	TFLF
飞机重量	80 t	重心位置	32%MAC	飞行高度	2000 m	飞行速度	$1.2V_s+50$
跑道状态	干水泥			跑道坡度	无明显坡度		
飞控状态	数字电传			气象条件	风速小于 5 km/h		
数据文件名称	2i6a‑001						

试验要求：
1. 在预定高度，以速度($1.2V_s+50$)进行匀速直线水平飞行，保持 5 s；
2. 缓慢持续增大飞机迎角，接近 $1.2V_s$ 时，保持减速率月为 1~2 km/h；
3. 注意观察飞控系统的迎角角保护功能是否工作；
4. 如果迎角保护功能接通，则待其持续工作 3 s 后结束试验；
5. 如果迎角保护功能未接通，速度小于 $1.1V_s$，则人工改出，结束试验。

注意事项：
1. 进行此项飞行试验前，飞机大气数据系统校准工作应以完成；
2. 进行此项飞行试验前，飞机失速速度应已摸底飞行试验，并已更新数据；
3. 增大迎角过程中，增加油门保持稳定减速率的水平飞行；
4. 如果迎角保护功能未接通，应恢复到预定状态，重复两次。

数据补充要求：
如果条件允许，此项目飞行试验时应配备外部设备测量飞机迎角和速度。

2) 纵向短周期响应飞行试验

飞机研制总要求和飞机总体设计要求中规定飞机在使用包线内满足一级飞行品质；飞机飞行品质要求中规定飞机纵向短周期响应需满足一级飞行品质；控制律设计文件中描述了控制增稳功能的设计原理、实现方法和设计评估结果；飞机设计定型文件中规定飞机纵向短周期响应满足一级飞行品质，需进行飞行试验验证。

根据以上信息，飞行试验大纲中需要编制纵向短周期响应的飞行试验项目，为此收集了飞机设计信息如下。

(1) 飞机设计重量范围：[60 100] t；

(2) 飞机设计重心范围：[28 36]%MAC；

(3) 重量专业确认：飞机最大重量对应后重心，最小重量对应前重心，基本呈线性关系；

(4) 飞机最小使用速度：$1.2V_s$（查表获得）；

(5) 飞机飞行速度范围：[$1.2V_s$ 520/0.68]，(FS1)，转换高度 7500 m；

(6) 飞机飞行速度范围：[180 210]，(FS2)；

(7) 飞机飞行速度范围：[170 200]，(FS3)；

(8) 增升装置构型 3 种：FS1、FS2、FS3；

（9）控制律设计状态：采用直接通道、角速率和过载反馈实现控制增稳功能，经计算评估和模拟器评估，在使用包线范围内，飞机纵向短周期响应均满足一级飞行品质要求。

综合以上信息，需要进行飞行试验的飞行状态共 54 个，如表 8-7 所示。表 8-8 给出了其中一个飞行状态下的飞行试验任务单。

表 8-7　纵向短周期响应飞行试验的飞行状态

构型	重量-重心	速度/km	高度/m
FS1	65 - 29 MAC 80 - 32 MAC 95 - 35 MAC	220	2 000、4 000
FS1	65 - 29 MAC 80 - 32 MAC 95 - 35 MAC	260	2 000、4 000
FS1	65 - 29 MAC 80 - 32 MAC 95 - 35 MAC	300	2 000、5 000
FS1	65 - 29 MAC 80 - 32 MAC 95 - 35 MAC	350	2 000、5 000、8 000
FS1	65 - 29 MAC 80 - 32 MAC 95 - 35 MAC	400	3 000、5 000、8 000
FS1	80 - 32 MAC 95 - 35 MAC	450	5 000、8 000
FS1	65 - 29 MAC 80 - 32 MAC	500	5 000、11 000
FS2	65 - 29 MAC 80 - 32 MAC 95 - 35 MAC	$V_{ref} + 10$	2 000
FS2	65 - 29 MAC 80 - 32 MAC 95 - 35 MAC	$V_{ref} + 10$	2 000
FS3	65 - 29 MAC 80 - 32 MAC 95 - 35 MAC	$V_{ref} + 10$	2 000
FS3	65 - 29 MAC 80 - 32 MAC 95 - 35 MAC	$V_{ref} + 10$	2 000

表 8 - 8 纵向短周期响应飞行试验任务单

纵向短周期响应

科目编号	2j1a			优先级	A		
飞行阶段	CLB	飞机构型	FS1	起落架状态	UP	油门状态	TFLF
飞机重量	95 t	重心位置	35%MAC	飞行高度	200	飞行速度	220
跑道状态	干水泥			跑道坡度	无明显坡度		
飞控状态	数字电传			气象条件	风速小于 9 km/h		
数据文件名称	2j1a - 001						

试验要求:
1. 在指定高度,以指定速度进行匀速直线水平飞行,保持 10 s;
2. 对驾驶杆输入拉、推、拉、推的等幅阶跃输入,持续时间分别为 3 s,2 s,1 s,1 s;
3. 松开驾驶柱,飞机自由响应 10 s,可用驾驶盘修正坡度;
4. 使飞机重新配平保持平飞,结束试验。

注意事项:
1. 确保飞机在开始动作前处于配平状态;
2. 动作幅值应逐步放大,直至产生典型响应;
3. 确保飞行环境为平静大气;
4. 如果飞行速度不能达到要求,可使用最接近的速度。

数据补充要求:
无

8.4 飞控系统飞行试验测试系统

飞行试验测试系统对于飞控系统研究和鉴定工作起着至关重要的作用,主要体现在:

1)有助于保障飞行试验安全

地面实时数据处理和监控,及时了解飞机及其系统状态,监督飞行员的操纵和操作,发现问题及时提醒飞行员,以一个技术团队的力量支持飞行员飞行试验,这对于保证飞行试验安全具有重大意义。

2)有助于提高飞行试验质量

飞机研制总要求有明确的技术指标,飞机设计中也有相应的设计标准规范,这些技术指标和标准规范必须通过飞行试验测试确认其符合性。一方面要求飞行试验测试系统具有良好的性能和精度,另一方面要求飞机飞行剖面和飞行员机动动作严格按照飞行试验任务单进行,无论是实时还是事后数据处理都能检查飞行员的操纵是否符合要求,飞机技术状态和构型是否正确,如果不满足要求就应该重新飞行试验,以提高飞行试验质量。

3)有助于加快飞行试验进度

有效利用飞行试验测试系统可以让飞行试验进程按照预定大纲和计划进行,通过实时监控确认飞行试验的有效性,避免飞行试验的盲目性和不必要的重复飞行试验。同时由于飞行试验测试内容多,所以完善的飞行试验测试系统对于提高飞行试验效率,加快飞行试验进度具有重要意义。

飞控系统获取飞行试验数据的方法主要依赖飞机上安装的飞行试验测试系统,包括:数据采集系统,数据记录系统和遥测系统等。数据采集系统将飞机参数和飞控系统参数通过传感器、专用接口或数据总线等进行数据采样,经过格式转换后存储到记录系统中,并将数据同步传输到数据接收站。

飞控系统对飞行试验测试系统的要求体现在同时性要求、实时性要求和存储要求。

1) 同时性要求

同时性要求是对系统时钟同步的要求,即测试系统使用传感器、数据总线和专用测试设备等数据采集设备必须使用一致的时钟,一般要求不超过 3 个采样步长,且不同飞行架次具有一致性。同时性要求对于事后数据分析得出正确的结论非常重要。如图 8-3 所示,某飞机由于数据时钟不同步,出现了飞机轮载处于承载,飞行员做出收起落架动作的"怪异"现象。

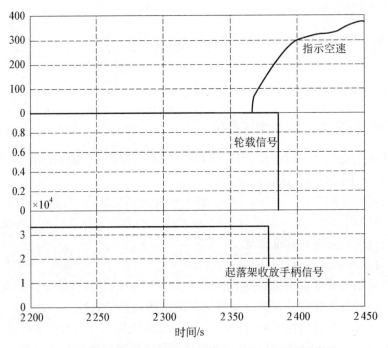

图 8-3　某飞机飞行试验测试系统出现的时钟不同步情况

2) 实时性要求

实时性要求主要是对"遥测系统将数据传输至地面监控站,并在计算机中进行处理、分析,以各种易于理解的形式将结果显示在监控屏幕上"的总的时间延迟要求,一般要求总延迟不超过 100 ms。试飞工程师和飞机设计师通过观察这些数据可以决定是否继续试验,试验科目是否需要重复。

3) 数据存储要求

数据存储要求是为了保证飞行试验数据的数量、精度、采样率和量纲等信息的一致性而提出的要求,是所有参试单位都共同遵守的准则,表8-9给出了某飞机飞行试验测试系统数据存储要求。

表8-9 某飞机飞行试验测试系统数据存储要求

专业	变量名称	变量符号	量纲	精度	采样率
飞控	左/右驾驶柱位移表决值	X_Pitch	mm	0.10mm	25Hz
飞控	左/右驾驶盘位移表决值	X_Roll	(°)	0.10°	25Hz
飞控	左脚蹬刹车位移	X_LeftBrake	mm	0.10mm	10Hz
飞控	前轮转弯手柄位置	X_Tiller	(°)	0.10°	10Hz
飞控	襟缝翼操纵手柄位置	X_FlapHandle	(°)	0.10°	10Hz
飞控	减速板操纵手柄位置	X_SpHandle	(°)	0.10°	10Hz
飞控	左/右驾驶盘力	F_Roll	N	0.5N	10Hz
飞控	左副翼位置	De_LeftAileron	(°)	0.10°	25Hz
飞控	右副翼位置	De_RightAileron	(°)	0.10°	25Hz
飞控	襟翼位置	De_Flap	(°)	0.5°	10Hz
飞控	机轮2刹车压力信号	BrakePressure02	MPa	0.1MPa	10Hz
飞控	右前轮支柱压缩量	X_Strut_RightFwd	mm	0.1mm	25Hz
飞控	右外发动机燃调阀角度	X_Throttle04	(°)	0.1°	25Hz
飞控	左外油门杆角度	X_PowerLever01	(°)	0.1°	25Hz
飞控	横滚角	Angle_Roll	(°)	0.05°	25Hz
飞控	真航向	Angle_Heading	(°)	0.05°	25Hz
飞控	指示空速	Vias	km/h	0.1km/h	25Hz

8.5 飞控系统飞行试验数据采集、处理与分析

飞行试验数据分析是飞控系统设计师判断飞机实际状态与设计状态是否一致的客观依据,是发现飞控系统设计隐患、制订解决措施的有效途径。飞行试验数据采集的质量和完整性成为影响以上工作的关键因素。

在飞行试验开始前一年,飞控系统就应编制飞行试验数据需求报告,向飞行试验单位明确提出飞行试验数据需求,以便飞行试验单位进行测试加/改装。飞行试验数据采集由飞行试验测试系统完成。总师单位应及时向飞行试验单位索取飞行试验数据,以便快速处理,并对于存在问题的状态提出重新飞行试验的要求。

飞行试验数据的处理和分析由飞控系统设计师完成,主要包括以下几个方面的内容:

1) 工作状态分析

提取飞控系统周期性功能的工作状态信息,分析其工作条件和状态是否与设计

状态一致,如 BIT 功能、工作周期、工作状态、余度表决、控制通道选择、指令解算和发送等。

2) 工作逻辑分析

按飞行试验任务单要求和飞行员实际操纵,分析飞行员操作时系统工作状态切换是否与设计一致,转换时间和转换瞬态是否符合设计要求。

3) 控制律逻辑的对比分析

提取控制律涉及的空地转换、构型转换、姿态保持、高度层改变、边界保护等逻辑的启动、切换和退出时机,判断与设计状态是否一致。

4) 作动系统性能分析

提取舵面控制指令和舵面偏角信息,分析作动器最大初始偏转速率和最大偏角,修正作动器功率曲线,确认与设计状态的差异。

5) 作动系统时序分析

提取具有时序逻辑要求的作动器和舵面偏角信息,绘制其作动时序曲线,判断与设计状态的一致性。

6) 舵面偏角响应分析

提取典型飞机状态和主要舵面偏角数据,与设计状态进行对比分析,为调整控制律参数提供依据。

7) 传感器分析

提取不同构型状态下的传感器信息,分析传感器的位置、飞机形变、振动噪声和电磁噪声等因素的影响,优化传感器反馈滤波。

8) 工作状态统计

根据飞行员讲评记录单和飞行试验数据,统计飞控系统正常、降级和模拟备份等工作模式的工作时间和概率,统计飞控系统出现不同级别告警信息的情况和真实性,修正告警信息的判断逻辑。

9) 作动器工作状态统计

统计作动器处于不同工作模式和工作速率的时间,完善作动器功率需求数据库。

10) 传感器工作状态统计

统计各类传感器的工作稳定性、安装位置、飞机变形、外部噪声等影响的数据。

飞控系统飞行试验数据量非常庞大(每一个架次可达 500 MB 以上),因此必须借助功能强大的处理软件并结合少部分人工分析才能顺利完成数据处理和分析工作。完善的数据处理软件至少应包含:数据预处理软件;专项数据分析软件;飞行品质分析软件;气动参数辨识软件等功能。

(1) 数据预处理软件的主要功能是将飞行试验数据转换为可以理解的符合飞行试验数据需求的物理量(如:为了提高某些数据的精度,飞行试验测试系统会使用两个双精度类型的数据位表示这个参数),将飞行试验数据按飞行试验动作或飞行阶段分解成可以快速处理的数据段。

（2）专项数据分析软件是指根据飞控系统实际设计状态和需要分析的项目而专门编制的数据处理软件，该软件主要针对系统层级的余度表决和管理、逻辑和工作状态等内容进行分析。

（3）飞行品质分析软件可以采用通用的飞行品质分析软件，对飞机飞行品质规范中的规定项目进行计算分析。

（4）气动参数辨识软件主要用于计算提取飞机主要舵面的操纵效能数据，修正使用风洞试验数据带来的增益增量。在实际飞机设计中，先使用风洞试验数据进行控制律参数设计，虽然采用了气动数据摄动的方法对控制律的鲁棒性进行了检验，但仍需要用气动参数辨识的方法对风洞试验数据进行修正，以使飞机达到更好的操纵性、稳定性和舒适性。

8.6 飞控系统飞行试验组织与实施

飞控系统飞行试验工作的直接领导为飞控系统总设计师，所有参与跟飞的人员在其领导下参与飞行试验工作。参与跟飞的人员主要包括飞行试验主任师、飞控系统设计师、控制律设计师、操纵系统设计师和作动系统设计师。

所有跟飞人员都应充分地消化飞控系统设计技术资料和其他相关系统的技术资料，通过参加飞控系统工程模拟器试验和飞控系统"铁鸟"集成试验，熟悉飞控系统特性和操稳特性；通过飞行试验单位培训，熟悉飞行试验监控大厅和讲评大厅的工作程序；试验前，飞控系统总师牵头明确飞控系统技术状态，所有跟飞人员充分了解飞行试验目的、飞行试验大纲和飞行试验任务单。讲评大厅的跟飞人员负责对飞行员进行技术状态交底和飞行试验后讲评记录；监控大厅的跟飞人员负责在飞行试验过程中监控飞控系统工作状态，判断飞控系统故障的影响，协助监控指挥员做出试验决策。

飞行试验后，监控大厅的跟飞人员负责从飞行试验单位提取飞行试验数据，与讲评记录单一起分发给各专业进行数据处理和分析。

飞行试验中，飞控系统若出现重大故障、重大技术问题或需要进行重大设计更改均应通过飞行试验数据进行确认，由研制单位组织本单位及飞行试验单位各专业技术人员和飞行员经过充分讨论和必要的地面试验后做出决策，必要时还要安排飞行试验验证。

飞控系统飞行试验既是进行飞机定型鉴定的需要，又是发展先进飞控系统设计技术的需求。为了确保飞行试验验证的安全和高效，飞机设计初期就应开始试验规划工作，借鉴民用飞机的适航标准，建立完善的飞机定型飞行试验要求。首飞前1～2年，充分与飞行试验单位进行沟通，完善监控系统和数据采集系统的设计和测试。飞行试验中，与飞行试验指挥员密切配合，优化系统监控判据；飞行试验后及时进行试验数据提取和分析。

飞行试验数据分析和统计工作量非常巨大，需要建立完整的组织机构，配备足够的技术人员,始终坚持高标准完成飞行试验数据分析和统计工作。

参 考 文 献

[1] 周自全.飞行试验工程[M].北京:航空工业出版社,2010.

[2] 张德发,叶胜利,等.飞控系统的地面和飞行试验[M].北京:国防工业出版社,2003.

[3] 张铁生,等.飞机飞行试验工作手册-飞机飞行试验与数据采集[M].北京:国防工业出版社,1998.

[4] 顾伟豪,等.运输类飞机飞行试验技术手册[M].北京:航空工业部民机局,1988.

[5] 中航工业 640 所.ARJ21 飞机合格审定飞行试验大纲[R].上海:640 所,2003.

[6] 赵永杰,等.综合空中飞行模拟试验机的现状和发展[R].西安:飞行试验研究院,2010.

[7] 中航工业一飞院.验证大型飞机研制关键技术的试验机[R].西安:中航工业一飞院,2008.

[8] 向立学.工程模拟器是现代飞机设计必不可少的工具[J].国际航空,1995(7):41-43.

[9] 周亮,等.民用飞机系统级飞行试验的构型评估方法研[J].航空科学技术,2012(5):49-51.

[10] BEH H,HOFINGER G,HUBER E. Control law design and flight test results of the experimental aircraft X-31A in TISCHLER, M. B. (Ed.):Advances in aircraft flight control [M]. Oxon:Taylor and Francis, 1996.

[11] NORTON W J. Balancing modelling and simulation with flight test in military aircraft development [C]. AGARD Conf. Proc. , CP-593,1997.

9 飞控系统适航验证试验

9.1 概述

根据适航规章 CCAR21《民用产品和零机载设备合格审定规定》的要求,在型号合格审定期间,申请人应通过符合性验证试验表明并证实产品的设计符合适用的适航要求,并向适航部门演示这种符合性。本书第 2 章、第 4 章、第 5 章、第 6 章、第 7 章、第 8 章分别介绍了飞控系统机载设备试验、飞控系统控制律与飞行品质评估、飞控系统分系统综合试验、飞控系统"铁鸟"集成试验、飞控系统机上地面试验及飞控系统飞行试验等内容,第 3 章介绍了飞控系统机载软件验证与确认。介绍的试验内容与试验方法基本上是依据国内军用飞机研制要求,极少部分涉及了适航验证内容。虽然国内军用飞机研制要求大部分试验内容和要求与适航验证试验相同,但适航验证试验的一些特殊要求并未涉及,如适航当局的管理要求和表明适航条款符合性的相关试验项目说明。本章主要描述飞控系统适航验证试验的管理要求并对涉及的适航条款的试验项目和试验方法进行说明,作为对其他章节的补充,详细的试验内容和方法参考本书其他章节,本章不再赘述。

飞控系统适航验证试验工作是判定其设计是否满足审定基础的主要符合性验证方法之一,是保障航空器安全性的重要手段,在整个研制工作中占有很大比重,并贯穿于飞控系统研制全过程。为了保证试验能准确无误地反映被试系统本身的固有特性,获得确切的试验参数和结果,为合格审定提供可靠的依据,对验证试验应按照适航当局规定的程序进行管理。试验件应能准确反映试验的要求,一般应使用与飞机相同的机载设备,飞机未取得型号合格证或没有定型前,飞控系统的所有产品均称为试验件,包括参与台架试验的产品、飞机装机产品、鉴定试验产品等。

适航验证试验一般分为工程验证试验和试飞试验(MC6),工程验证试验包括试验室试验(MC4)、机上地面试验(MC5)、模拟器试验(MC8)及设备鉴定试验(MC9),飞控系统适航验证试验分类与一般适航验证试验分类相同,具体说明如表9-1 所示。飞控系统哪些试验项目属于适航验证试验,需要根据飞机系统的具体情况和适航条款符合性验证要求与适航审查组协调。9.2节飞控系统验证试验审定要求介绍了适航当局对验证试验进行审查的一般流程、程序和要求，这些要求与一般适航验证试验要求相同，主要从适航管理角度进行描述。审定要求一般包括制订飞控系统合格审定计划，确定适用条款的符合性方法、确定对应的试验项目、编制试验计划、编制试验大纲并提交审查，制造试验件和试验设施，进行制造符合性检查并目击试验，编制试验报告并提交审查等。从适航当局审定角度来看，飞控系统适航验证试验与其他系统适航验证试验一样，主要有以下特点：

（1）试验目的明确为验证机载设备和系统设计是否符合适航要求，适航要求为适航条款、专用条件或其他适航文件规定的适用要求；

（2）审查代表全程监控试验过程；

（3）试验大纲、试验件设计图样和文件、试验报告须经审查代表审批；

（4）审查代表对试验件、试验件安装及试验装置和环境进行制造符合性检查；

（5）审查代表可对试验进行现场目击，发现或发生重大问题时有权中止试验。

表 9 - 1　飞控系统适航验证试验分类

试验分类	代码	名称	使用说明	本书对应的试验项目
工程验证试验	MC4	试验室试验	一般指分系统台架综合试验和飞控系统"铁鸟"集成试验	本书第 5 章、第 6 章介绍的试验项目
	MC5	机上地面试验	一般指对停留在地面的飞机进行的飞控系统试验	本书第 7 章介绍的试验项目
	MC8	模拟器试验	一般指在工程模拟器上进行的飞控系统试验	本书第 4 章介绍的试验项目
	MC9	鉴定试验	一般指机载设备试验	本书第 2 章介绍的试验项目
试飞试验	MC6	飞行试验	一般指必须通过飞机飞行试验进行的飞控系统试验	本书第 8 章介绍的试验项目

9.2　适航验证试验审定要求

9.2.1　工程验证试验审定要求

9.2.1.1　编制试验计划

一般在飞控系统详细设计阶段，当确定飞控系统适航验证试验项目后，需着手开始编制试验计划。当向审查组提出试验需求时，应将试验计划提交适航当局，与审查代表进行协商和讨论，以达成双方都能接受的时间进度表。在项目执行过程中，若由于某种原因引起时间节点发生变化，应提前足够的时间通知对方，以便做出相应的调整安排。表 9 - 2 为飞控系统适航验证试验计划表的主要内容。

表 9-2　飞控系统适航验证试验计划

序号	试验工作	任务	完成时间	备注
1	根据适航要求和系统设计要求编制试验大纲,并提交审查代表进行讨论	试验大纲	×.×	根据需求,也可先编制试验任务书
2	完成试验件图样设计,请审查代表审批,确定制造符合性检查项目	图样和文件	×.×	××
3	提交试验大纲,请审查代表审批	过程	×.×	××
4	试验件生产和工序制造符合性检查	过程	×.×	××
5	完成试验件制造,对试验件进行制造符合性检查,获取适航批准标签	制造符合性声明	×.×	××
6	试验前制造符合性检查	制造符合性声明,制造符合性检查记录表	×.×	××
7	进行试验,审查代表目击试验	试验观察问题记录单	×.×	××
8	完成试验,整理试验数据	试验观察报告	×.×	××
9	完成试验报告	试验报告	×.×	××
10	提交申请人的试验报告,审查代表进行审查批准	验证试验报告(或试验分析报告)	×.×	××

9.2.1.2　编制试验大纲

根据飞控系统研制进展,在详细设计阶段开始编制适航验证试验大纲。按照适航当局的要求,在飞控系统适航验证试验开始前足够长的时间内,提交试验大纲,供审查组审批。根据试验项目的特点,也可先编制试验任务书,向承担试验的单位提出具体的试验要求。虽然编制试验任务书不是适航当局的强制要求,审查代表也不批准试验任务书,只批准试验大纲,但一般为了保证试验大纲能够顺利批准,申请人也可提前与审查代表讨论试验任务书内容,双方对试验项目和内容尽早达成共识。飞控系统适航验证试验大纲一般应包括但不限于表 9-3 的内容。

表 9-3　适航验证试验大纲主要内容

序号	名称	主要内容
1	范围	简要说明试验程序的主要内容、适用范围等
2	引用文件	列出试验程序所引用的文件、标准、规范或图纸清单
3	试验目的	应包含验证的适航条款
4	试验产品的说明	试验产品构型、试验产品在试验装置上的安装、有关图纸编号等

（续表）

序号	名称	主要内容
5	试验设备	对试验中使用的所有试验设备清单及校验和批准说明、测试设备及其精度说明
6	制造符合性要求	说明试验产品和试验产品的制造符合性要求
7	试验说明	试验预期如何表明对拟验证条款符合性的说明
8	试验步骤	详细说明试验的具体操作程序
9	试验合格判据	列出每项试验结果符合要求的判据
10	试验记录	记录项目和数据记录要求
11	异常情况的处理等	说明出现特殊情况的处理程序等
12	试验操作人员的特别要求说明	对试验操作人员资质等的说明

9.2.1.3　制造符合性检查

1）试验件的制造符合性检查

在进行试验件的制造时，除加工过程中的检查外，对每一项提交审查代表检查的试验件，当申请人承诺该试验件已经准备好并提交检查时，应向审查代表提交一份制造符合性声明，制造符合性声明一般由申请人法人代表或其授权人签署。申请人需提供试验件制造涉及的所有资料，包括材料进厂数据复印件、工艺及工序单、生产记录、检验记录、偏离处理文件、合格证明等资料。对于在申请人生产试验设施以外的试验单位进行的飞控系统相关符合性验证试验，审查代表对制造符合性检查合格的试验件签发批准放行证书/适航批准标签。需要注意的是，没有获得批准放行证书/适航批准标签的试验件不得用于符合性验证试验。

2）飞控系统验证试验前的制造符合性检查

在试验准备工作完成后，申请人需组织试验前的内部检查，对于检查中发现的问题应及时完成更改。试验前内部检查通过后，申请人要提交制造符合性声明，申明试验件已获得批准放行证书/适航批准标签，还应申明试验设施、试验人员、试验夹具、试验程序、试验件安装、试验环境等符合适航要求。试验前，审查代表进行制造符合性检查的重点是试验环境、试验设施的维护和有效性、测量设备的精度和有效期、试验件的安装正确与否、参试人员的资格证书、数据采集系统的适用性和合理性、参试人员对试验程序的理解和执行力、试验记录项目设置的有效性等，确保试验产品和试验装置符合工程图纸和试验大纲，检查项目如表9-4所示。检查结果记录在制造符合性检查记录表中。

需要注意的是，除非审查组同意，试验产品、试验装置从提交制造符合性声明表明符合型号资料至提交验证试验这一段时间内不得进行更改。如有任何更改，需重报审查代表批准，必要时须重新进行制造符合性检查。

表9-4 制造符合性检查项目

序号	检查项目	检查要求
1	试验大纲	现行有效版本的试验大纲必须获得适航当局的批准,并放在试验现场
2	被试对象合格证和适航批准标签	提供试验件目录,包括试验件合格证与适航标签,目录及证件等应放在试验现场
3	机载软件	提供被试对象包含的软件构型说明清单,包括被试对象名称、件号、软件版本、软件等级、是否有升级及升级记录
4	TSOA(技术标准批准证书)件	若试验件中有取得TSOA的零机载设备,需提供TSOA件清单,包括名称、件号、TSOA取证状态、适航标签等
5	试验构型评估及适航批准	提供的构型报告应能够准确描述试验构型,一般应包括被试对象清单及状态、被试对象安装情况等 构型报告应提供一个正式的参试设备清单,包括设备名称、设备型号、参数以及校验证书编号和有效期。所有参试设备必须在有效期内,参试设备清单及校验证书应与参试设备一起放在试验现场
6	型号资料批准表	试验大纲、构型评估报告及其他适航文件的批准表应放在试验现场
7	参试人员资质	所有参试操作人员应经过培训,具有相应的资质证书,这些证书应放在现场以备查验
8	试验现场准备	(1)所有操作人员必须到位,试验参与人员应分工明确,保证试验顺利进行; (2)被试对象安装到位,安装符合试验大纲要求; (3)试验设备到位,工作状态满足试验大纲要求; (4)提供能够用于指导现场操作的操作细则,将试验大纲中操作步骤和试验数据记录表格结合起来,要求操作步骤清晰明了,数据记录节点清楚
9	其他	对于某些试验的特殊要求、技术条件等,也应在试验前准备到位

9.2.1.4 目击试验

审查组通常会选取部分适航验证试验项目作为目击试验项目,按照适航当局的一般做法,目击试验项目的选取由申请人与审查组进行协调,确定部分重要的试验项目为目击试验项目,目击试验项目的确定主要取决于审查组对系统和试验情况的评估。对于飞控系统适航验证试验,选取部分试验作为局方目击试验项目。如可考虑飞控系统"铁鸟"集成试验中的故障模拟试验、频率响应试验,以及机上地面试验中的系统模态转换功能检查、系统状态及告警显示检查、结构模态耦合试验等试验项目。确定为目击试验项目后,申请人需在该项目试验前足够时间通知审查代表到现场目击试验。审查代表在目击验证试验过程中,要核查试验是否遵循了经批准的试验大纲中规定的试验步骤,试验仪器在试验中采集的数据对于试验是否有效,并进行试验后的检查。若需要对试验件进行分解检查,应由审查代表目击这些分解检查,审查代表到达现场之前,申请人不得分解检查试验件。

　　审查代表在目击试验过程中,对发现的问题一般会将试验观察问题记录单立即发给申请人、审查组组长等。试验过程中出现或审查代表发现重大问题时,审查代表有权中止试验。一旦审查代表决定中止试验,申请人必须立即查找原因,采取措施进行整改。当中止原因排除后,申请人应向审查组提出恢复试验的报告,经审查组批准后才能恢复试验。当负责试验项目的工程审查代表不能目击试验时,一般会委托制造符合性检查代表代替其目击试验。试验结束后,在现场目击的审查代表一般会在10个工作日内编制试验观察报告,简述试验结果和发现的问题以及申请人的处理措施。

9.2.1.5　编制试验报告

　　飞控系统适航验证试验结束后,申请人应编制验证试验报告,该试验报告属于符合性报告,需要经过审查代表的批准。验证试验报告用于真实记录试验过程和数据,对试验是否按试验大纲的步骤进行给出说明,分析试验结果,并对试验是否满足适航条款要求做出判断。申请人也可根据试验的具体情况,将验证试验报告分为两份报告,即试验报告和试验分析报告。飞控系统适航验证试验报告项目一般应包括但不限于表9-5所示的内容,此处仅规定了验证试验报告需要包括的项目,飞控系统验证试验报告的具体内容根据具体试验项目的实际状态编写。

　　若适航验证试验是在申请人生产试验设施外的单位进行,试验报告由承试单位编制,则试验报告应改编为申请人的试验报告。在结论部分,应明确说明验证试验是否符合经批准的试验大纲要求、试验是否满足适航条款或其他适航要求、试验结果是否达到试验预期目的等结论性意见。

表9-5　适航验证试验报告内容

序号	名称	主　要　内　容
1	范围	简要说明试验报告的主要内容、适用范围等
2	引用文件	列出试验报告所引用的文件、标准、规范或图纸清单
3	试验目的	应包含验证的适航条款
4	试验产品的说明	包括试验产品的构型及偏离、制造符合性检查及试验产品构型偏离的影响评估等
5	试验设备	包括附有照片的完整说明或引用以前使用过同一设备的报告(如有必要)、试验产品在试验设备上的安装方式、仪表及其校正状态等
6	试验程序	包括试验名称、试验步骤及其记录、试验推迟的次数和原因
7	试验数据资料	一般应包括试验数据整理后的结果、曲线、图表以及数据整理方法和修正方法等
8	试验后分解检查结果	包括重要的尺寸变化、无损检验结果、故障照片和分析等
9	有关的试验分析报告	如液压油污染度检测报告等
10	结论	给出具体的符合性结论

9.2.2 验证试飞试验审定要求

9.2.2.1 申请人飞行试验

申请人在审查组签发型号检查核准书(TIA)之前应进行研发飞行试验和检查,申请人实施试验和检查是为了表明提交给审查方进行地面和飞行试验的产品满足最低的质量要求、符合型号设计,对计划的试飞试验是安全的。申请人应当首先进行适航当局规定的各项飞行试验,以表明是否符合适航规章。申请人一般需根据飞控系统适航要求和设计要求编制飞控系统试飞要求,适航要求主要是符合性方法为MC6的适用适航条款,提出试飞要求时应考虑试飞内容能够充分验证适航条款的要求,能够证明系统能完成期望的功能和不同系统构型,并且评估最坏情形下单个故障条件。承担飞行试验的单位根据试飞要求编制验证试飞大纲,一般可根据型号的具体编制要求编写,通常应说明飞控系统飞行试验的具体构型状态和试验整体描述,构型主要侧重于对飞控试验有影响或需要考虑的设备安装等,试验整体描述主要考虑试验的思路、需考虑的因素和原则。验证试飞大纲还应描述飞控系统试飞的外部环境条件要求,如跑道特征、能见度、风速、风向、昼夜条件等要求。对试飞具体科目可以用表格或其他形式给出,应包括试飞高度、速度、重量、重心、襟缝翼位置、起落架状态、发动机功率状态、各试验参数公差等。在试飞大纲中,还应描述需验证的适航条款和要求、试飞科目重点关注的内容和程序、可接受的准则、试飞风险管理等。

完成申请人飞控系统研发飞行试验后,一般可由试飞承试单位编制试飞报告,试飞报告应包括对飞控系统试飞构型状态的描述,对测试设备及其改装情况的描述,说明涉及试飞科目的测试设备、安装位置等信息。还应描述制造符合性检查情况,列出制造符合性检查所有数据资料,包括制造符合性检查偏离。按试飞科目对飞行试验程序进行描述,试验程序也可以引用相关文件或以附件形式给出,通常以表格形式给出试验点、试验状态等信息,如重心、重量、压力高度、速度以及其他相关参数,若实际试验程序与规定试验程序不一致时需要进行说明。对飞行试验数据及处理情况应进行详细说明,通常以表格形式给出试验点和测量数据、绘制必要的物理参数变化曲线,对测试数据进行分析,给出测试数据的处理结果,说明能体现适航条款要求的基本情况,若试验状态与大纲有偏离时,需分析偏离情况对试验结果的影响。试飞报告中还应描述试飞员对飞行试验的评定,试飞报告最后应对飞行试验的结果进行分析并给出符合试飞大纲的结论。

根据试飞报告,申请人一般还应编制试飞分析报告,给出通过试飞验证满足适航条款要求的结论。试飞分析报告一般应说明需要通过试飞验证的适航条款,说明飞控系统试飞构型、测试设备及其改装情况,说明试飞科目及飞行试验方法。对飞行试验结果进行分析,描述飞行试验具体执行情况,说明试飞科目的时间、地点、内容等,给出能表明符合性的曲线图、特征参数、必要的计算与试飞结果对比,飞行员试飞评定意见等。根据以上相关分析,最终给出符合适航条款的试飞验证结论。

验证试飞大纲、试飞报告、试飞分析报告需要提供给审查组，审查代表对其进行可接受性评审，以确认航空器是否符合型号设计，同时界定将由局方试飞员重新评估的具体飞行试验科目。

申请人进行的这些飞行试验不直接属于审定飞行试验的内容，除非审查方同意与申请人进行并行飞行试验，并为此试验签发了型号检查核准书（TIA）。中国民用航空局（CAAC）把同时作为申请人飞行试验和审定飞行试验的那些飞行试验称为并行试飞。在某些特定情况下，为了减轻申请人的负担，当审查组认为并行试飞是适当的且可行时，可以考虑进行并行试飞。

审定飞行试验只有在签发了型号检查核准书（TIA）以后才能开始，对于从不能代表型号设计的试验产品得到的飞行试验数据资料，由于不能确认其有效性，因此要确保申请人了解构型控制以及为每次飞行做好试验产品制造符合性记录的重要性。申请人进行研发飞行试验前，必须为试验航空器取得特许飞行证。制造符合性检查代表负责对航空器进行特许飞行证颁发前的检查。

9.2.2.2　审定飞行试验

适航当局对飞控系统审定飞行试验的要求遵循其审定试飞的通用要求。审定飞行试验用于核查申请人所提交的飞行试验数据，用来评估航空器的性能、飞行操纵、操纵品质和设备的工作情况，并确定使用限制、操作程序和提供给飞行员的信息。

审查组在完成对申请人的试验数据包的审查并确认其可接受后才能签发型号检查核准书（TIA），然后制造符合性检查代表才可以对试验原型机进行审定飞行试验前的正式地面检查。正式地面检查应在审定飞行试验前实施。申请人应通过提交制造符合性声明来承诺其航空器已经准备就绪，可以提供审查组进行检查和飞行试验。

制造符合性检查代表一般以型号检查报告（TIR）的地面检查部分作为指导，相关规章（如 CCAR25 等）作为基本的依据，并遵循型号检查核准书（TIA）的相关说明来完成检查。制造符合性检查代表会目击检查所有型号检查核准书（TIA）要求的地面系统运转和试验。在正式地面检查结束之后，如果确认对预定试飞的安全性和试验有效性没有不利影响，即签发第一类特许飞行证。此时，原型机已处于待飞状态。从这时起，未经制造符合性检查代表同意，申请人不得在航空器上做任何工作。

在进行任何审定飞行试验之前（无论试验的风险等级如何）都要求有风险管理流程，在每次飞行之前应做好飞行试验计划。所有审定飞行试验都要按照已颁发的约束和限制条件进行，以确保飞行试验的安全和确定对于民航规章的符合性。型号检查核准书（TIA）可以分阶段或以递增的方式进行签发，以确保在进入到下一阶段之前试验航空器已具备基本的适航性，并确保审定飞行试验的安全性。申请人在型号检查核准书（TIA）之前进行的飞行试验所生成的数据也许仍然有效，前提是要能满足以下要求：

（1）申请人飞行试验所用的航空器与后来用来表明对此型号设计制造符合性的航空器实质上是完全相同的；

（2）在申请人飞行试验之后和以后进行的制造符合性检查之前的这段时间，没有进行重大更改。

9.2.3 军机适航验证试验实践

军、民机研制是两种不同背景的复杂管理体系，在军机研制中引入适航理念是军机研制管理模式的重大创新和实践，将会面临两套体系在理念、标准、程序、流程、审查等方面的对接及融合。20 世纪 80 年代后期，美国军方提出了军用航空器适航性的概念，在军用航空器型号研制当中开始借鉴引入民用航空器适航性管理经验，以提高其军用航空器的安全水平。目前，美国、英国、法国、德国、意大利、西班牙、荷兰、波兰、加拿大、澳大利亚等国军方均已开展了军用航空器适航性工作，全面关注军用航空器的性能与适航性要求。我国在军用飞机适航性研究及实践方面也进行了有益探索，在现有军机研制管理体制下，不简单照搬民机适航模式，不改变军机研制流程，与现有研制流程有机融合，通过探索与实践，初步形成规范的、系统的军机适航工作流程。

适航性作为航空器固有的属性是通过航空器全寿命周期内的设计、制造、试验、使用、维护和管理的各个环节来实现和保持的。适航性首先体现的是技术方面的要求，包括系统安全性要求与物理完整性要求等；其次体现的是管理方面的要求，包括技术状态管理与过程控制管理等。

适航性不仅是民用航空器的固有属性，同样也是军用航空器的固有属性。军机适航性可理解为飞机安全性在航空安全领域的代名词，代表的是在预期的使用环境及使用限制下，飞机能够安全使用的特性。也就是说不管运行条件是好是坏，即使遇上什么故障或意外，飞机都是可控可操纵的，仍然能够安全返航与着陆（最低安全要求）。军用航空器适航性是通过军用航空器性能验证得到确认，以适航性审查形式纳入军用航空器性能验证之中，通过试验和试飞等手段，以确定航空器系统、子系统以及机载设备的适航性。其主要目的是验证航空器在规定的使用限制内满足运行安全水平，满足型号适航性要求。

军机飞控系统适航验证试验借鉴民机适航经验，包括试验室试验、机上地面试验、飞行试验、模拟器试验以及机载设备鉴定试验等，与民机验证试验分类基本相同。基本流程是确定飞控系统适用的适航条款、确定符合性方法、编制验证计划、编制试验任务书、编制试验大纲、制造符合性检查及目击试验、完成试验报告并提交审查。适航验证的技术要求相同，都需要验证适航条款的符合性。不同之处是管理方式不同，结合军机的研制流程，融入适航理念，审查方式一般采用伴随审查，即结合质量评审一并开展适航审查工作。

飞控系统验证试验项目根据符合性方法和验证计划确定，要结合研制试验和设计定型试验进行统一规划，避免重复，只需要编制一套试验文件，包括相关适航验证内容即可。首先编制试验任务书,确定所验证的条款要求及验证措施,包括试验名称、试验依据和验证的条款、试验件设计要求、试验步骤或程序要求、试验设备要求等内容。试验承试单位根据试验任务书编制验证试验大纲。内容包括试验目的、试验依据、项目名称、试验步骤、记录项目、试验设备清单及校验批准说明、测试设备及其精度、试验前如何表明符合性、试验判据等。

制造符合性检查的目的是确认试验件是否符合工程批准的设计图纸、工艺规范和有关的设计文件,而进行的对于试验件生产过程、试验件和试验设施及试验操作人员所做的检查。在验证试验开始前两周,通常由质量部门负责组织相关单位进行制造符合性预检查,若检查中存在不符合项则限期整改,预检查通过后提请审查代表进行正式制造符合性检查。验证试验结束后,试验单位应尽快整理试验数据,编制试验报告,并提交审查组审批。

对于适航验证试飞,结合飞机定型试飞一并进行。根据确定的适航性要求及符合性方法,提出飞控系统适航验证试飞要求,并结合设计定型试飞要求,形成飞控系统定型/验证试飞要求。试飞单位依据定型/验证试飞要求编制试飞大纲,按要求提交审查。验证试飞完成后,由试飞单位负责编写验证试飞总结报告,并提交审查。

9.3　适航验证试验技术要求

9.3.1　试验室试验

试验室试验(MOC4)一般指系统模拟试验、环境试验、结构试验、全机静力试验以及疲劳试验等,试验可能在机载设备、分组件和完整组件上进行,对于飞控系统一般则指在分系统级、系统级以及飞机级进行的相关试验,当然将某些机载设备级试验也可定为试验室试验(MOC4)。有关飞控系统机载设备级试验室试验方面内容已在本书第 2 章介绍、飞控系统分系统级试验室试验方面内容已在第 5 章介绍、飞控系统系统级试验室试验方面内容已在第 6 章介绍、飞控系统飞机级试验室试验方面内容已在第 7 章介绍,本节仅针对飞控系统系统级试验室试验(即飞控系统"铁鸟"集成试验)中相关适航试验项目进行总结,主要试验项目包括系统功能试验、故障模拟试验以及载荷试验等,涉及的适航条款有 CCAR25.671ac、CCAR25.672ac、CCAR25.683 和 CCAR25.1309ad 等。

9.3.1.1　功能试验

飞控系统功能试验主要包括系统功能检查、系统模态转换的正确性和系统告警显示等,验证适航条款 CCAR25.671a、CCAR25.672ac、CCAR25.1309a。具体的试验方法和试验流程参见第 5 章和第 6 章。

CCAR25.671a、CCAR25.1309a 条款是对系统功能的一般要求。CCAR25.671a 要求每个操纵器件和操纵系统对应其功能必须操作简便、平稳和确切,是对飞行操纵系统总的定性要求。主要操纵器件应满足表 9-6 的要求,保证飞行员手、脚的操作动作与人的运动本能反应一致。同时,也要考虑减速操纵器件、配平系统以及模态转换开关等的相关要求。CCAR25.1309a要求系统和设备必须保证在各种可预期的运行条件下能完成预定功能,该条款为系统的通用要求。

表 9‑6　操纵器件及动作和效果要求

操纵器件	动作和效果
副翼	右偏(顺时针)使右翼下沉
升降舵	向后使机头抬起
方向舵	右脚前蹬使机头右偏
水平安定面	向下配平使机头抬起
多功能扰流板	右偏(顺时针)使右翼下沉(辅助滚转功能),向后使飞机减速(减速功能)
地面扰流板	向后使飞机减速
襟翼	向后使飞机阻力和升力增加
缝翼	向后使飞机升力增加

CCAR25.672a要求增稳系统及自动和带动力的操纵系统,对导致不安全结果的任何故障,必须设置警告系统,能够向飞行员发出清晰可辨的警告,它应在导致不安全结果的故障时刻出现,使飞行员及时地采取纠正动作。失效警告可以是原有的(固有的)或者是在系统设计中加入的。警告系统不得直接驱动操纵系统,也不得被飞机的正常操纵所触发。CCAR25.672c要求增稳系统及自动和带动力的操纵系统发生任何单个故障后,飞机仍能安全操纵。飞控系统功能验证试验主要包括系统功能检查、系统模态转换检查、系统告警显示检查、系统闭环特性检查、人‑机组合试验检查,具体说明如下。

1) 功能检查

(1) 基本功能检查。按照操作规定,操纵升降舵、方向舵、副翼、水平安定面、多功能扰流板、地面扰流板、襟翼以及缝翼等相关舵面动作,测量操作指令、舵面位置以及舵面运动速率等相关参数,确认操纵满足规范和控制律要求。检查应包括飞控系统的各种工作模态。

(2) 配平操纵检查。检查操纵人工俯仰配平、滚转配平、偏航配平以及飞机采用的自动配平功能,测量各个操作指令、舵面位置以及响应时间等相关参数,确认配平工作极性、优先级以及性能等是否满足要求。

(3) 工作逻辑检查。检查飞控系统相关功能(包括自动飞控系统的工作逻辑)的接通/断开逻辑、超控逻辑和同步操纵逻辑等是否满足系统和控制律设计要求。

(4) BIT检查。对于设置有BIT功能的飞控系统,检查飞控系统相关功能进入/退出的逻辑条件、设备故障检测逻辑以及处理上报信息的正确性等是否满足设计要求。

(5) 余度管理检查。对于使用多余度信号和设备的飞控系统,检查余度信号表决逻辑、余度信号故障重构逻辑以及信号切换瞬态等是否满足设计要求。

2）模态转换检查

模态转换主要检查交联系统故障或总线通信故障后，飞控系统工作模态转换逻辑是否满足要求。转换瞬态试验主要检查系统各工作模态之间的转换瞬态是否满足设计要求。

3）告警显示检查

系统告警显示试验的目的在于检查航电系统显示信息、记录飞控系统工作状态信息以及告警信息的正确性，同时对其触发的逻辑条件进行确认。

4）闭环特性检查

系统闭环特性试验的目的在于检查飞控系统的稳定性，求取高阶飞控系统（含飞机动力学）的频率响应进而通过等效拟配方法得到等效低阶飞机短周期运动特征参数，以及通过系统闭环时域特性试验分析飞机诸响应量随时间的变化历程。

5）人-机组合试验检查

人-机组合试验的目的在于检查评价飞控系统的控制显示情况，检测各种功能性能指标，评估控制律和飞行品质，培训驾驶人员对应急情况的处理等。

9.3.1.2 故障模拟试验

故障模拟试验主要检查飞控系统故障后对交联系统或飞机的影响，以及交联系统故障后对飞控系统或飞机响应的影响，判别系统故障转换瞬态能否满足要求，验证适航条款 CCAR25.671c、CCAR25.672ac、CCAR25.1309d 等。

CCAR25.671c 是对飞控系统的故障要求，飞控系统发生故障后飞机仍能继续安全飞行和着陆，应考虑单个故障和组合故障。CCAR25.1309d 为安全性分析评估的通用条款，一般应进行故障模拟试验，对安全性分析结果进行试验评估，具体的部分试验方法和流程见第 5 章和第 6 章。一般典型的故障模拟试验项目如下。

1）力纷争监控试验

针对主舵面（方向舵、升降舵以及副翼）采用两作动器主驱动的方式，由于调整误差、系统增益/偏移误差和动态误差都会导致同一舵面上的作动器发生不匹配现象，引起作动器之间的力纷争，影响飞机结构疲劳寿命，可以通过对作动器控制系统采取力纷争均衡及监控策略，降低对飞机结构疲劳寿命的影响。一般需要进行力纷争试验，通过在不同的条件下，设置不同的力纷争状态，检查主舵面的均衡策略和监控处理措施符合技术规范的要求。

2）振荡监控

通过设置故障信号，检查方向舵系统、升降舵系统、副翼系统以及扰流板系统振荡检测的告警、显示，系统监控及切断或转换功能。故障条件注入后，在规定的时间内故障注入控制通道对应的作动器切换至阻尼状态。飞行员操作一个周期，舵面位移-时间曲线应平滑。

3）液压源故障模拟试验

在不同飞行状态和人工操纵飞机过程中,设置液压系统故障,分别模拟一套、两套、三套液压系统及其组合故障,分析系统故障和交联系统故障造成的飞机瞬态是否满足设计要求。

4）电源故障模拟试验

在不同飞行状态和人工操纵飞机过程中,设置电源系统故障,分别模拟正常电源、应急电源、飞行控制汇流条及其组合故障,分析系统故障和交联系统故障造成的飞机瞬态是否满足设计要求。

5）襟翼/缝翼系统故障模拟试验

在不同飞行状态和人工操纵飞机过程中,分别设置襟翼/缝翼控制器故障、襟翼和缝翼不对称故障、襟翼和缝翼倾斜故障、襟翼和缝翼超控故障,分析系统故障和交联系统故障造成的飞机瞬态是否满足设计要求。

6）水平安定面系统故障试验

在不同飞行状态和人工操纵飞机过程中,通过设置反馈信号,操纵水平安定面动作,验证水平安定面配平系统反馈信号故障监控及显示是否满足设计要求。

7）自动飞控系统故障试验

在不同飞行状态和人工操纵飞机过程中,分别设置自动驾驶断开(正常断开、应急断开、故障断开、超控断开等)故障、自动油门断开(正常断开、应急断开)故障、分析系统故障和交联系统故障造成的飞机瞬态是否满足设计要求。

8）主要设备故障试验

在不同飞行状态和人工操纵飞机过程中,分别设置主飞控计算机、作动器控制器、惯性导航设备、大气数据设备、发动机等设备故障,分析系统故障和交联系统故障造成的飞机瞬态是否满足设计要求。

9.3.1.3 操纵载荷试验

CCAR 第 25.683 条款为飞控系统操纵器件在施加 80％限制载荷和飞控系统中受动力载荷的部分施加正常运行中预期的最大载荷情况下的操作试验,条款的目的在于确保飞控系统在可能的运行载荷条件下不会受到卡阻、过度摩擦及过度变形的影响。对于本条款中"无过度变形"描述,只要座舱的操纵机构在限制载荷的作用下,做全行程运动,使相应舵面得到的最大偏角能够满足飞机飞行特性的要求,便可认为该系统无过度变形。使用更低(小于80％)的飞行员作用力(进行操作试验),需申请 25.683 条的豁免。

进行操纵试验时,分别对方向舵、升降舵、副翼、水平安定面、襟翼、缝翼、扰流板等舵面施加预期的最大载荷,同时对驾驶盘、方向舵脚蹬等操纵器件施加操纵力限制载荷的 80％,检查系统的工作应无阻滞、过度摩擦及过度变形现象。对于电传飞控系统可以分别进行操纵系统载荷试验和有动力操纵系统最大载荷试验,可以将这两个试验规划分布在不同的台架上完成,同时相应的台架要考虑设置飞机机体结构变形和振动载荷的影响措施。

9.3.2　机上地面试验

飞控系统机上地面试验为广义的飞控系统机上地面试验,通常包括主飞控/自动飞控系统机上功能及性能试验、飞控系统与结构模态耦合试验、电磁兼容试验,以及与液压系统、起落架系统、航电系统、动力系统、电源系统等交联接口检查试验。该部分主要阐述了以上各项试验适航验证部分的内容。

而对于飞控系统机上地面适航验证试验,即 MOC5 试验,规定的范围通常小于以上各项试验包含的内容,通常指由飞控系统专业负责完成的试验。

9.3.2.1　飞控系统机上功能试验

飞控系统机上地面试验验证适航条款通常包括 CCAR25.655,CCAR25.671a,CCAR25.1301a 等,针对验证适航条款进行试验任务的分解。

1) 适航验证条款说明

(1) CCAR 第 25.655 条。

该条为可动尾面(包括升降舵、方向舵和可动水平安定面)的安装要求,25.655a 条要求当某一尾面处在极限位置而其余各尾面作全角度范围的运动时,任何尾面之间没有干扰;25.655b 条要求如果采用可调水平安定面,则必须有止动器将其行程限制到表明飞机能满足第 25.161 条配平要求的最大值。

通过机上功能试验,验证在真实飞机上可动尾面之间在任一使用的偏转角度范围内都不互相干扰,并有足够的间隙。操纵水平安定面动作到最大角度,验证止动器将其限制在规定的最大配平位置。

(2) CCAR 第 25.671a 条。

CCAR25.671a 为操纵系统总则,内容为每个操纵器件和操纵系统对应其功能必须操作简便、平稳和确切。该条款中"简便"一般指操纵系统操作简单直接,使用操纵器件时,保证飞行员手、脚的操作动作与人的运动本能反应相一致。"平稳"一般是指系统无突变、无紧涩感觉、无卡阻、无自振,杆力梯度合适,飞行员感觉舒适。"确切"一般是指系统能正确执行飞行员指令并且能从一种飞行状态按指令平稳地过渡到任何其他飞行状态,特别是当选定某一位置时,不必等待最初选定运动的完成就可选定另一不同的位置,并且操纵系统应能达到最后的选定位置而无须进一步的关注,系统随后的运动和满足选择顺序要求所花费的时间不会对飞机安全产生不利的影响。通过飞控系统机上功能试验验证该条款的符合性。

(3) CCAR 第 25.1301a(4)条。

CCAR25.1301a(4)功能与安装,条款要求设备安装后功能正常,即飞控系统机载设备在飞机上工作正常,通过飞控系统机上功能试验验证该条款的符合性。

2) 适航验证方法

CCAR25.655、CCAR25.671a、CCAR25.1301a(4)条款通过飞控系统机上功能、性能试验进行验证,具体试验内容如下:

（1）飞控系统正常工作模式,副翼作动系统不同工作模式,主/阻尼、主/主工作模式全行程操纵驾驶盘,测量舵面操纵行程、操纵速率以及航电系统相关显示界面是否与工作状态一致。

（2）飞控系统正常工作模式,升降舵作动系统不同工作模式,主/阻尼、主/主工作模式全行程操纵驾驶柱,测量舵面操纵行程、操纵速率以及航电系统相关显示界面是否与工作状态一致。

（3）飞控系统正常工作模式,方向舵作动系统不同工作模式,主/阻尼、主/主工作模式全行程操纵脚蹬,测量舵面操纵行程、操纵速率以及航电系统相关显示界面是否与工作状态一致。

（4）飞控系统直接链工作模式,以上各舵面在不同工作模态下,相应试验结果是否满足试验判据要求。

（5）水平安定面工作逻辑、传动比、收放速度试验。

（6）对于具有机械备份操纵系统的飞机还需完成操纵行程、操纵速率以及航电系统相关显示界面是否与工作状态一致。

（7）襟翼/缝翼系统正常工作模式,操纵襟翼/缝翼操纵手柄,测量舵面在全速/半速情况下的收放角度、速率,监控航电系统对应监控界面是否与试验状态一致,检查舵面响应时间、角度是否正确,操纵手柄是否方便简洁。

（8）襟翼/缝翼系统故障工作模式,操纵襟翼/缝翼应急开关,测量舵面收放角度、速率,监控航电系统对应监控界面是否与试验状态一致,判断超控开关是否操纵简便,功能正确。

（9）飞控系统与航电系统、电源系统、环控系统、动力系统等的交联接口检查试验。

就以上试验内容来讲,试验环境准备、试验实施并没有什么特殊的要求,都是飞控系统机上地面试验最基本的试验内容,涵盖在飞控系统机上地面试验内容中,是很重要和基础的一部分试验。具体试验方法、试验流程等参见第 7 章,但这里要强调的是作为适航符合性验证试验必须遵循试验流程,试验验证计划必须提交局方认可,试验设备、试验状态管理均必须满足符合性验证试验管理规定,经过适航审查。试验目的、验证条款、试验方法以及试验判据应明晰,这也是所有适航验证试验均需满足的基本要求。

9.3.2.2 飞控系统电磁兼容试验

飞控系统电磁兼容试验验证适航条款包括 CCAR25.1353a、CCAR25.1431c。

1）适航验证条款说明

（1）CCAR25.1431c 条。

要求装机后的无线电和电子设备、控制装置以及它们的互联线路必须和机上其他机载设备或系统构成的电磁环境相互兼容,即机上任一机载设备或系统（包括无线电和电子机载设备或系统）的工作不会影响和干扰民用航空规章要求的无线电和电子机载设备或系统的同时正常工作。飞控系统不单独进行该条款验证,通常随飞机级电磁兼容试验一并完成,内容参见第 7 章。

(2) CCAR25.1353a 条。

要求电气设备及安装电气设备和控制装置,必须使任何一个机载设备或机载设备系统的工作不会对同时工作的、对安全运行起主要作用的其他系统和机载设备产生不利影响。飞机上任何可能产生的电气干扰不得对飞机或其系统产生危险的影响。

2）适航验证方法

飞控系统电磁兼容验证试验内容包括:不同供电模态、飞控系统及机载各系统工作稳定,操纵面无非指令的跳动或抖动,信息显示稳定、画面无抖动,图形、状态参数无跳变等,具体试验项目如下:

(1) 所有主飞控计算机、自动飞控计算机、作动器控制器交联指令传感器、飞行控制反馈传感器、作动系统控制阀等电子设备均需对其稳定性进行测量。

(2) 检查主飞控/自动飞控交联总线是否有敏感现象。

(3) 襟/缝翼控制器与位置传感器、倾斜传感器、驱动装置、配电盒、航电交联设备之间是否有敏感信号。

(4) 高升力功率驱动装置、系统制动装置等与配电系统之间是否有敏感现象。

对于飞控系统机上闪电防护间接效应试验、高强度辐射场（HIRF）试验,一般也随飞机级试验规划统一进行。

9.3.2.3 飞控系统与结构模态耦合试验

飞控系统与结构模态耦合试验属于地面振动试验的一部分,飞机地面振动试验一般由飞机结构强度专业总负责,验证 CCAR25.629"气动弹性稳定性要求"。飞控系统与结构模态耦合试验,验证飞控系统正常工作情况下,主飞控系统、自动飞控系统在某些工作状态与结构模态耦合情况下,飞控系统稳定裕度是否满足设计要求。试验目的、试验原理、试验实施等在本书第 7 章做了详细描述,这里不再赘述。

9.3.3 飞行试验

"铁鸟"人-机组合试验、品模试验等地面试验中飞控系统的飞机数学模型主要来源于飞机的气动数据,而气动数据的不准确性导致难以完全模拟诸如失速情况下的大迎角特性、空投、开舱门等飞机的真实特性,因此必须采用飞行试验对飞控系统进行鉴定。由此可知,飞行试验是评定飞控系统性能的最终阶段,飞行试验验证结果也最有权威性。通过在飞行包线内各种飞行科目试飞,飞控系统的全部本质特性才会表现出来,因此该阶段对飞控系统研制来说至关重要。

在进行飞行试验时,主飞控系统和高升力控制系统通常按照系统正常功能和模拟故障这两方面来进行功能验证;自动飞控系统主要完成飞机的自动飞行控制,是主飞控系统的外回路[注:主飞控系统为内回路,自动飞控系统通过自动飞控计算机（AFCC）与主飞控计算机（PFC）的通信实现飞机的自动飞行]。在进行自动飞控系统适航验证试飞科目时,主要针对自动飞控系统的一般性检查、操纵性、外环性能、故障演示等方面进行适航条款的验证。

下面通过介绍某些具体的飞行试验项目来介绍如何利用飞行试验实现适航条款的验证,从而得以评价大型运输机飞控系统的性能符合适航要求。

9.3.3.1　主飞控系统的适航条款验证

主飞控系统的适航条款包括 CCAR25.671a、c, CCAR25.672, CCAR25.677a, CCAR25.697c, CCAR25.703, CCAR25.1309a 等。

1) 适航验证条款说明

(1) CCAR25.671a、c 条。

要求操纵系统每个操纵器件和操纵系统对应其功能必须操作简便、平稳和确切;必须用分析、试验或两者兼用来表明,在正常飞行包线内发生飞行操纵系统和操纵面(包括配平、升力、阻力和感觉系统)的下列任何一种故障或卡阻后,不要特殊的驾驶技巧或体力,飞机仍能继续安全飞行和着陆。可能出现的功能不正常只能对操纵系统的工作产生微小的影响,而且必须是飞行员易于采取对策的。

(2) CCAR25.672 条。

表明增稳系统或其他自动或带动力的操纵系统的功能对于满足本部的飞行特性要求的必要性。

(3) CCAR25.677a 条。

要求配平操纵器件的设计必须能防止无意的或粗暴的操作,其操作方向必须在飞机的运动平面内并和飞机运动的直感一致。

(4) CCAR25.697c 条。

要求在空速、发动机功率(推力)和飞机姿态的定常或变化的条件下,各操纵面响应操纵器件动作的运动速率,以及自动定位装置或载荷限制装置的特性,必须使飞机具有满意的飞行特性和性能。

(5) CCAR25.703 条。

指出飞机必须安装起飞警告系统并满足一系列要求;25.1309a 要求凡航空器适航标准对其功能有要求的设备、系统及安装,其设计必须保证在各种可预期的运行条件下能完成预定功能。

2) 适航验证方法

(1) 正常状态。

正常状态飞行试验主要验证飞控系统的功能性能符合要求,在主飞控正常模式或直接模式下,通过记录三轴操纵力和操纵位移(如驾驶杆/盘和脚蹬的指令力和位移);各个操纵面的指令信号和位置信号(如副翼/方向舵/升降舵/扰流板的指令、EFCS 指令、作动器位置和位置信号,水平安定面的离散指令和位置信号等);配平的指令信号和位置信号(如,方向舵配平指令,方向舵配平位置等);系统状态量(如副翼/方向舵/升降舵/扰流板/水平安定面状态,飞控系统工作状态等);主飞控系统相关信号[如姿态角(迎角、俯仰角、滚转角等),角速率(俯仰速率、滚转速率和偏航角速率),过载,指示空速,无线电高度,动压,静压等];与主飞控系统交联的其他系统信号(如起落架轮速信号,油门杆位置信号等),可以实现飞控系统的功能性能检查,从而验证适航条款 25.671a,25.677a,25.697c,25.703,25.1309a 等。

(2) 模拟故障。

a. 主飞控计算机故障:

在飞行试验中,模拟 PFC 故障,验证直接模式与正常模式转换,以及转换瞬态是否满足设计要求,同时检查发动机指示和机组警告系统(EICAS)的显示信息;飞行后检查维护系统"故障记录信息"的正确性,可以验证适航条款 25.672a,25.672b,25.672c。

b. 主飞行控制作动器通道故障:

在飞行试验中,按失去一个控制通道或多个控制通道分别或组合进行模拟主飞行控制作动器故障,验证作动器故障不会影响飞机安全;在飞行试验完成后,检查维护系统"故障记录信息"的正确性,可以验证的适航条款 25.671c。

c. 驾驶杆/盘卡阻故障:

在飞行试验中,模拟驾驶杆/驾驶盘卡阻故障,检查驾驶杆/驾驶盘卡阻后其脱开机构工作,记录脱开前后驾驶杆/驾驶盘和副翼/升降舵位置信息,同时检查 EICAS 的显示信息;在飞行试验完成后,检查维护系统"故障记录信息"的正确性,可以验证的适航条款有:25.671c。

d. 舵面卡阻:

在飞行试验中,模拟副翼/升降舵/方向舵单舵面卡阻,验证故障不影响飞机的安全,从而可以验证的适航条款 25.671c。

e. 失去配平功能:

在飞行试验中,分别模拟副翼配平、方向舵配平、水平安定面等控制舵面配平失效,验证飞机安全,从而可以验证适航条款 25.671c。

9.3.3.2 高升力控制系统适航条款验证

高升力控制系统的适航条款包括 25.671a、c,25.677a,25.1309c、d 等。

1) 适航验证条款说明

25.671a、c 和 25.677a 等条款可参考 9.3.3.1 节,25.1309c 条款要求必须提供警告信息,向机组指出系统的不安全工作情况并能使机组采取适当的纠正动作。系统、控制器件和有关的监控与警告装置的设计必须尽量减少可能增加危险的机组失误;25.1309d 条款必须通过分析,必要时可通过适当的地面、飞行或模拟器试验来表明高升力控制系统符合本条款的规定,其中,如果上述 3 种试验都可以进行符合性验证时,优选地面试验或模拟器试验。

2) 适航验证方法

(1) 正常状态。

在飞行试验中,检查襟缝翼放下程序和放下时间,襟缝翼收上程序和收上时间,襟缝翼手柄和舵面位置的一致性以及 EICAS 显示信息，可以验证适航条款 25.671a，25.677a，25.1301d。

（2）模拟故障。

a. 襟缝翼控制器故障：

在飞行试验中，模拟单个 FSECU 故障，襟缝翼系统正常工作，记录襟缝翼系统收起或放下程序及时间；检查襟缝翼手柄和舵面的一致性。同时，检查 EICAS 的显示信息，飞行后检查维护系统"故障记录信息"，可以验证适航条款 25.671c，25.1309c，25.1309d。

b. 襟/缝翼故障：

在飞行试验中，分别模拟襟翼收上故障、缝翼放下故障，验证缝翼的收上情况和襟翼的放下情况，可以验证适航条款 25.671c，25.1309c，25.1309d。

9.3.3.3　自动飞控系统适航条款验证

自动飞控系统的适航条款包括 25.672a、b，25.1309a、c，25.1329 等。

1）适航验证条款说明

25.672a、b 和 25.1309a 条款可参考 9.3.3.2 节，25.1309c 条款要求，必须提供警告信息，向机组指出系统的不安全工作情况并能使机组采取适当的纠正动作。系统、控制器件和有关的监控与警告装置［自动驾驶（AP）断开开关、AP 接通开关等］的设计必须尽量减少可能增加危险的机组失误。25.1329 条款针对飞行导引系统进行要求。

2）适航验证方法

（1）一般检查。

在飞行试验中，机组人员通过各种可能的方法断开或超控自动飞控系统，演示自动油门总是能够被机组人员用各种可能的方法断开或超控，同时评估自动飞控系统的控制和显示与人员之间的接口，验证试验装置在飞行中具有正常的功能，并通过具体判据判断飞控系统设计是否符合设计要求，可以验证适航条款 25.672b，25.1309a、c，25.1329。

（2）操纵性。

a. 失速告警断开：

在飞行试验中，模拟进近条件下，演示飞机在接近失速条件时自动驾驶仪的性能，并通过具体判据判断失速告警断开是否符合设计要求，可以验证适航条款 25.672b，25.1309a、c，25.1329a、d、e、g、l。

b. 通告偏离配平位置的阈值：

在飞行试验中，演示可接受的俯仰失配平阈值（注意：阈值不能太低以避免烦人的警告，也不能太高以影响安全和性能），以及在失配平告警出现时飞机在俯仰轴上的响应，并通过具体判据判断俯仰失配平通告阈值是否符合设计要求，可以验证适航条款 25.672a、b，25.1309a、c，25.1329d、e、f、g、l。

c. 构型变化条件下的加/减速：

在飞行试验中，演示伺服扭矩的限制值（回传作动器扭矩的最大限制值）以及自动俯仰配平在构型变化条件下被设置在适当的水平，并通过具体判据判断构型变化条件下的加/减速是否符合设计要求，可以验证适航条款 25.1309a，25.1329d、e、f、g。

d. 马赫数配平：

在飞行试验中，演示在马赫数配平区域马赫数配平的性能，并通过具体判据判断马赫数配平是否符合设计要求，可以验证适航条款 25.627a，25.1309a，25.1329g。

（3）飞行指引（FD）模式的性能。

本试验用以评估自动驾驶仪的飞行指引模式的性能，必要时要对自动驾驶仪和飞行指引仪的指令响应进行评价和调整。

a. 起飞（TO）模式评估：

在飞行试验中，验证从 FD 的起飞模式转换到自动驾驶仪模式时，飞行指引仪导引指令、自动驾驶仪操纵器件的合适性和自动驾驶仪滚转轴和俯仰轴的性能，可以验证适航条款 25.1309a，25.1329b、e、f、g、h。

b. 航向选择（HDG）和高度保持（ALT）模式评估：

在飞行试验中，飞机配平为水平飞行，按压自动飞行控制板（AFCU）上的 HDG 和 ALT 按钮，选择"航向选择"和"高度保持"模式并接通自动驾驶仪，检查在主飞行显示器（PFD）上的正确通告；通过 AFCU 上的 HDG 选择旋钮改变航向；配合使用 HALF BANK 选择开关，改变航向，实现飞行指引仪导引指令、自动驾驶仪操纵器件的合适性和 HDG 和 ALT 的性能和稳定性验证，可以验证适航条款 25.1309a，25.1329b、e、f、g、h。

c. 航向导航（NAV）模式：

在飞行试验中，输入一个航路点，并以此为目标采用多种方式飞向此航路点，验证飞行指引仪导引指令、自动驾驶仪操纵器件的合适性，AP 和 FD 在 LNAV 模式机动时的性能，可以验证适航条款 25.1309a，25.1329b、e、f、g、h。

d. 垂直速度（VS）和高度的捕获：

在飞行试验中，接通自动驾驶仪，选择 HDG 和 VS 模式，设定一个高于当前高度的预设高度，在 VS 模式下以很高的速度爬升，在高度选择捕获点前按压 ALT 按钮，观察指令要求获得这个高度，以及相对基准高度（也就是选择 ALT 时的高度）的过调量；同样，设定一个低于当前高度的预设高度，重复上述过程。从而可以验证飞行指引仪导引指令、自动驾驶仪操纵器件的合适性以及有限制的高度捕获和跟踪并确保飞机在机动期间的稳定。通过上述操作可以验证适航条款 25.1309a，25.1329b、e、f、g、h。

e. 垂直导航(VNAV)模式:

在飞行试验中,设置 FMS(飞行管理系统)为 VNAV 模式下降,尽快地将飞机配置到最大的角路径,使 VNAV 待命,验证每一个 FD 上的通告字符和颜色和能否平滑地捕获到垂直导航路径以及捕获后的通告,同时注意垂直导航的下降速率,从而可以验证 AP 和 FD 在飞 VNAV 模式时的机动性能。通过上述操作可以验证适航条款 25.1309a,25.1329b、e、f、g、h。

f. 自动油门功能评估:

在飞行试验中,检查各种飞行状态和工作模式下,自动油门系统均能正确接通、正确工作,检查相关通告和指示的正确性,从而验证自动油门的功能。通过上述操作可以验证适航条款 25.1309a,25.1329a、k。

(4) 故障演示。

a. 确定故障察觉时间:

本试验程序要在故障试验开始前完成,试验包括下列飞行条件:爬升、巡航、机动、下降、进近(ILS and non-ILS)和自动油门接通/断开,且故障应在任意轴和任意方向上启动,并且事前不能通知飞行员。该试验的目的为演示故障觉察时间并提示飞行员在自动驾驶仪故障后开始纠正动作,可以验证适航条款 25.672a、c,25.1309b,25.1329d、e、f、g。

b. 爬升时故障:

在飞行试验中,分别发生俯仰轴和滚转轴故障,该试验的目的为演示在爬升时故障的影响不会使飞机载荷超出适航要求的限制,可以验证适航条款 25.672a、c,25.1309b,25.1329d、e、f、g。

c. 巡航时故障:

在飞行试验中,分别发生俯仰轴和滚转轴故障,该试验的目的为演示在巡航时故障的影响不会使飞机载荷超出适航要求的限制,为《飞行手册》确定巡航时的高度损失,可以验证适航条款 25.672a、c,25.1309b,25.1329d、e、f、g。

d. 下降时故障:

在飞行试验中,分别发生俯仰轴和滚转轴故障,该试验的目的为演示在下降飞行时,故障的影响不会使飞机载荷超出适航要求的限制,可以验证适航条款 25.672a、c,25.1309b,25.1329d、e、f、g。

e. 在作机动和保持飞行时故障:

在飞行试验中,分别发生俯仰轴和滚转轴故障,该试验的目的为演示在机动飞行时故障的影响不会使飞机载荷超出适航要求的限制,为《飞行手册》确定高度损失,可以验证适航条款 25.672a、c,25.1309b,25.1329d、e、f、g。

9.3.4 工程模拟器试验

9.3.4.1 模拟器的分类及组成

在飞机型号设计过程中,根据不同设计阶段的仿真任务需求以及可用的飞机数据和组件情况，可以构建不同类型的仿真系统。民用飞机设计中典型的仿真系统包括桌面模拟器、工程模拟器、系统测试台和"铁鸟"等。桌面模拟器功能简单，主要用于在型号设计早期进行的飞机总体性能、操稳特性的分析和初步评估。工程模拟器通常具有较为完整的模拟座舱，可以模拟真实的飞机座舱操纵环境和视景，主要用于进行人在环的飞机操纵品质评估、人-机界面和座舱布局分析和评估等。

对飞机飞行的仿真模拟包括对飞机的动力学特性模拟、系统功能的模拟以及对外部环境的模拟，这需要通过建立和运行相应的数学仿真模型来实现。对飞机动力学特性的模拟是实现飞行仿真的核心和基础。对于电传飞机而言，飞机对操纵输入的闭环响应特性取决于飞机本体动力学特性和飞控系统控制律的综合，此外，还必须考虑飞机数据传感器的延迟效应以及舵面作动器的动态特性对飞机动态响应的影响。因此，为了精确地模拟飞机的动力学特性，需要建立飞机本体动力学模型（含发动机模型）、控制律模型、传感器模型以及作动器模型等核心模型。

在型号合格审定过程中，还有一部分验证内容需要采用模拟器试验（MOC8）的符合性方法来进行验证，工程模拟器的对象主要为工程开发人员，作为工程人员的设计工作参与设计，并且一般也会邀请飞行员来共同参与设计验证工作。民用运输类飞机飞控系统的研发和适航取证过程中，需要通过工程模拟器进行验证工作，对于一些潜在的危险失效情况的评估，如 CCAR25.1309、CCAR25.1329b 等试验条款的验证工作，可以采用工程模拟器试验来进行验证，通过数字计算机对飞机的飞行动力学的动态特性进行仿真。从而对飞机性能、驾驶人员的技能和素质以及人-机系统做出评价。一方面，在工程模拟器上，可以摆脱地面试验验证的一些限制，进行更加全面的验证；另一方面，也可以在飞机试飞之前，对一些具有危险性的试验科目进行初步的验证，及早发现问题，降低研制风险，为试飞试验提供基础。同时，还可以对飞行控制、航电等机载系统进行综合验证。

由于工程模拟器本身的构成特点，一般针对飞控系统的系统故障情况或者功能失效等安全性影响较大的条款，选择采用 MOC8 的方法进行试验，例如，CCAR25.671，CCAR25.672 以及 CCAR25.1309，CCAR25.1329 等条款。对于飞控系统安全性分析的结果，在工程模拟器上进行故障模拟，通过对故障现象和故障影响进行评估，验证对于条款的符合性。

9.3.4.2　模拟器试验验证内容

在飞机的研制和适航审定过程中，在工程模拟器上进行的仿真任务主要是人在环的实施评估，这包括两大类：模拟器研发试验和模拟器符合性表明试验（MOC8 试验）。

1）模拟器研发试验

工程模拟器上可进行的研发试验任务比较宽泛，包括对特定技术的研究，对不同系统需求确认和验证，对适航条款符合性的初步评估等。模拟器研发试验的需求主要来自飞控、操稳、座舱布局等相关专业，研发试验包括：

（1）控制律与飞行品质评估试验。

进行该试验的目的是分析飞机在各种构型和飞行条件下的飞行品质和任务包线，以飞行员在环评估结果为指导，完善控制律的设计，改善飞机的操纵特性，研究各种作动器和控制环节的响应特性对飞行品质的影响。

（2）飞控系统需求确认和验证试验。

飞控系统需求确认试验是飞控系统需求开发阶段，在工程模拟器上进行部分功能性需求的确认，用于保证主要飞控系统需求的正确性和完整性，限制出现系统内非预期功能或相关系统间非预期功能的潜在可能。飞控系统需求验证试验是在飞控系统软硬件开发完成后，在工程模拟器提供的集成仿真环境中，验证飞控系统满足系统需求。

（3）系统安全性评估支持性试验。

通过在模拟器上进行飞控系统故障等失效场景的模拟，评估失效场景对飞机安全性的影响，确认失效条件的危害性等级，以支持飞控系统等系统 FHA 等安全性评估活动的假设和结论。

（4）座舱评估试验。

在飞机设计的不同阶段，通过飞行员在环，评估座舱操纵器件的操纵特性，校验座舱操纵系统设计需求的正确性和合理性，是否满足使用要求以及对座舱操纵系统人-机工效进行确认。座舱操纵器件特性评估试验包括座舱操纵设备、操纵特性的静态评估，不同模式控制律下的座舱操纵设备操纵特性的动态评估等。

2）模拟器符合性试验

对于适航条款的符合性表明而言，AC25－7C 指出，试飞仍是首选的符合性表明方法。但在以下几种情况，可以通过模拟器替代试飞来表明对适航条款的符合性：

（1）高风险的试飞情形；

（2）试验所要求的环境条件或飞机状态在有限的试飞条件中难以获得；

（3）用仿真来演示可重复性，或者不同的飞行员在特定场景下进行演示；

（4）用仿真来增补一个合理宽泛的飞行试验项目。

通过模拟器来表明对适航条款符合性的前提是确认模拟器能够代表取证构型飞机的特性，模拟器符合性试验主要包括以下 5 个方面。

（1）飞控系统故障条件下的操纵品质评定。

验证条款：CCAR25.671, CCAR25.672。

为了满足适航规章对故障条件下飞机继续安全飞行和着陆的要求，根据飞控系统安全性分析的结果，对难以在试飞中实现或会导致高风险的故障条件，由飞行员在工程模拟器上进行飞机操纵品质的评估。

（2）最小机组工作量演示。

验证条款：CCAR25.1523。

在模拟器上进行最小飞行机组工作场景模拟试验,评估最小飞行机组的工作量,其试验场景有:人工手动飞行、标准仪表进场、标准仪表离场、非精密进近(正常)、非精密进近(湍流)、发电机失效、非精密进近、过 V1 后的单发失效、两套液压系统失效、TCAS 告警(一名飞行员失能)、燃油不平衡、侧风条件下复飞、飞控系统直接模式、发动机着火、结冰环境等。

(3) 最小飞行重量验证。

验证条款:CCAR25.25b。

飞机选定的最小飞行重量难以在飞行试验中获得。需要在模拟器上对最小重量时的操稳特性进行评估,验证对条款的符合性。试验科目有:单发起飞、双发侧风起飞、双发侧风着陆、复飞、小速度时的纵向操纵、小速度时的横向操纵和过载杆力梯度-机动特性等。

(4)《飞行手册》使用程序的评估。

验证条款:CCAR25.1585 等。

由飞行员在模拟器中对特定的《飞行手册》程序进行评估,评估程序逻辑合理性,操纵的可实现性等。在模拟器上进行的评估通常是对《飞行手册》非正常程序、应急程序进行评估。

(5) 其他一些难以在试飞中实现的试验场景下的试验。

包括特殊大气条件下(如突风、湍流)的操纵品质和系统功能的验证;发动机不可控高推力下的飞机安全性评估等。

工程模拟器的试验方法与真实飞机的试飞方法比较接近,由工程师或飞行员形成主观评价,而其他的一些测试和试验结果可以作为库珀-哈珀(Cooper-Harper)评价准则来评价。

在系统定义阶段,工程模拟器可以用于开发飞行控制律,也可以用于飞控系统的初步设计与验证;在详细设计阶段,工程模拟器可以用于飞行控制律的完善与验证,同时也可以用于飞行品质的评估、飞控系统的部分设计与验证工作。在系统验证阶段,还可以用于飞行员闭环试验,尤其是一些适航符合性试验、系统功能危害性分析。准确的试验数据和试验方法可以使飞机的研制成本大大降低。

民用飞机的适航审查中,MOC8 主要是通过在工程模拟器上进行相关适航条款的验证工作,适航申请方通过在工程模拟器上进行试验来说明符合性。对于系统设计中的 FHA 分析的具有高风险的验证科目,也会首先选择在工程模拟器上进行试飞。

通过在工程模拟器上进行飞控系统故障试验,评估飞控系统故障对飞机的影响,确认飞控系统 FHA 中定义的故障等级,并为试飞风险科目提供支持,验证《飞行手册》中应急程序的可用性。某型机部分模拟器故障试验项目如表 9-7 所示。

表 9 - 7　MOC8 试验验证的故障等级和故障模式

故障等级	故障模式
故障等级 Ⅰ 级	丧失两个副翼滚转控制功能
	驾驶杆完全丧失人工感觉和回中力
故障等级 Ⅱ 级	单个副翼操纵面急偏
	驾驶盘丧失全部人工感觉力和回中力
	丧失方向舵偏航控制功能
	两套方向舵脚蹬丧失全部人工感觉和回中力
	未通告的襟/缝翼实际位置与选定位置和制订位置不一致
	丧失多功能扰流板的减速功能且伴随紧急下降
	非指令性打开两个地面扰流板的地面破升功能
故障等级 Ⅲ 级	丧失单个副翼滚转控制功能
	单个多功能扰流板急偏
	副翼配平单元无指令动作
	丧失水平安定面俯仰配平功能
	高速时丧失升降舵俯仰控制权限限制功能
	驾驶杆丧失一半的人工感觉和回中力
	方向舵控制权限降级
	方向舵配平单向无指令动作
	通告的丧失襟翼和缝翼放下功能
	丧失地面破升功能

9.3.4.3　模拟器试验注意事项

工程模拟器上装有飞机运动仿真系统、视景系统、航电仿真系统和试验所需的座舱操纵器件。试验时可根据需要注入故障模型,实现故障模拟。工程模拟器能够模拟飞机在故障状态下的响应。

在适航验证试验前,首先要求准备试验任务书和试验大纲,并且通过适航部门的监督和审查。在开始试验前,还需正确建立各项试验所需的故障模型,并完成工程模拟器试验前检查。测试的主要内容如下:

(1) 对飞控系统模型的检查,主要是对飞机模型、发动机模型及飞控系统各控制舵面的模型进行检查,保证每个作动器模型在规定的误差范围内满足设计要求。

(2) 对飞控系统功能的检查,主要是对飞控系统各个控制通道的功能进行检查,验证飞行系统的功能满足要求。

(3) 对模拟器飞行品质的测试,主要是验证飞机在各种构型和飞行条件下,飞机的飞行品质、飞控系统的闭环响应特性满足要求。

(4) 对飞控系统故障进行模拟试验,评估故障对飞机的影响。

由飞行员或指定人员根据试验科目在工程模拟器上进行试验,由工程模拟器专业、飞行控制专业和操稳专业相关人员提供试验支持。对于适航验证项目,需要由局方审查人员参加。具体的试验要求和操作程序参考本书第 4 章内容。

9.3.5 机载设备鉴定试验

9.3.5.1 概述

按照系统工程研制方法,根据型号研制要求、适航要求及行业标准规范形成飞控系统研制规范,再将研制规范分解到机载设备,形成机载设备产品规范,描述产品的功能、性能、物理特性和验证要求。产品规范作为机载设备最顶层文件,规定产品的基本技术要求,以及符合这些要求所应使用的检验程序、规则和方法,还应包括相关标准、规范的规定,以满足使用、维护等方面的要求。

为保证飞机系统完成其预期功能,对于机载设备的通用要求是:机载设备装在飞机上,在自然和人为的作业环境条件下,以及在经历了这些条件后,任何安装在飞机上的设备都能运行而不退化,也不干扰其他设备的正常运行。因此,需要对机载设备进行鉴定试验,以表明机载设备在预期的环境条件下能满足其规定的要求,即满足产品规范的要求,包括功能试验、性能试验、环境试验及寿命/疲劳试验等。

涉及的环境试验标准主要有 GJB150A《军用装备试验室环境试验方法》,MIL - STD - 810G《环境工程考虑和试验室试验》(Environmental Engineering Considerations and Laboratory)和 RTCA DO - 160G《机载设备的环境条件和测试程序》。国内军机机载设备一般采用的环境试验标准为 GJB150A(或者以前版本 GJB150),美国军机采用的环境试验标准为 MIL - STD - 810G(或以前版本),民用飞机采用的环境试验标准为 RTCA DO - 160G(或以前版本)。民机和军机实现的任务不同,民用飞机是载客飞行,主要考虑安全性的要求;军用飞机是执行作战任务,主要考虑性能要求。因此,环境试验标准虽然针对不同机型有不同的特点,试验参数和试验项目会有区别,但其大部分试验项目相同或相近,包括自然环境、机械环境和电磁环境试验。运输机飞控系统机载设备环境试验要求更接近于民用飞机环境条件,通常型号总体单位会将 GJB150 和 DO - 160 标准进行综合剪裁形成型号机载设备环境试验要求,飞控系统机载设备环境试验按该要求执行,具体的试验方法可参考本书第 2 章内容。

9.3.5.2 军机机载设备环境试验标准

我国军机机载设备过去使用的环境试验标准 GJB150,以美国军用标准 MIL - STD - 810C《空军及陆用设备环境方法》为基础,结合我国实际情况制订,具备 20 世纪 70 年代末的水平。目前已正式颁布 GJB150A,该版本参考美国军用标准 MIL - STD - 810F 制订。MIL - STD - 810F 中针对 18 种环境因素或其综合,共安排了 64 个试验项目,GJB150A 由于考虑了舰船的特点,又增加了 8 个试验项目,因此共有 72 个试验程序,每阶段的环境试验实际上都是指由各个环境因素对应的一个或多个试验项目组成的一系列试验,只是由于试验目的的不同和其他因素影响,该系列试验中包括的试验项目的数量、试验项目的顺序、各试验项目采用的试验条件有所不同,这些均应该根据具体情况对其进行剪裁,通常具体型号飞机总体单位经剪裁后形成型号的环境试验要求,飞控系统机载设备可按型号环境试验要求进行试验。表 9 - 8

列出了军机机载设备环境试验标准 GJB150A 和 MIL - STD - 810F 的主要环境试验项目,以供参考,具体试验内容和方法可参考 GJB150A、MIL - STD - 810F 及型号环境试验要求。

表 9 - 8 军机机载设备主要环境试验项目

序号	环境因素	试验程序/试验项目名称	
		MIL - STD - 810F	GJB150A
1	低气压	贮存、空运	贮存和(或)空运
		工作/空运	工作和(或)机外挂飞
		快速减压	快速减压
2	温度	高温贮存	高温贮存(循环贮存和恒温贮存)
		高温工作	高温工作(循环工作和恒温工作)
		低温贮存	低温贮存
		低温工作	低温工作
		低温拆卸操作	低温拆卸操作
		基于恒定极值的温度冲击	基于恒定极值的温度冲击
		基于高温循环的冲击	基于高温循环的冲击
3	污染流体	流体污染	流体污染
4	太阳辐射	循环加热效应	循环试验
		稳态化学效应	稳态试验
5	水(雨)	降雨和吹雨	降雨和吹雨
		防水性	防水性
		滴雨	滴水
6	湿热	湿热	湿热
7	霉菌	霉菌	霉菌
8	盐雾	盐雾	盐雾
9	砂尘	吹尘	吹尘
		吹砂	吹砂
		降尘	降尘
10	爆炸大气	在爆炸大气中工作	在爆炸大气工作
			隔爆试验

（续表）

序号	环境因素	试验程序/试验项目名称	
		MIL‐STD‐810F	GJB150A
11	水（浸渍）	浸渍	浸渍
		涉水	涉水
12	加速度	结构试验	结构试验
		性能试验	性能试验
		坠撞安全试验	坠撞安全试验
13	振动	一般振动	一般振动
14	噪声	混响场噪声	混响场噪声
		掠入射噪声	掠入射噪声
		空旷共鸣噪声	空旷共鸣噪声
15	冲击	功能冲击	功能性冲击
		坠撞安全冲击	坠撞安全冲击
16	温度‐湿度‐振动‐高度	合格鉴定	合格鉴定
17	振动、噪声、温度	振动‐温度试验	振动‐温度试验
18	积冰/冻雨	雨冰试验	积冰冻雨试验

9.3.5.3　民机机载设备环境试验标准

RTCA/DO‐160 环境试验标准由 RTCA（美国航空无线电技术委员会）下属的 SC‐135 分会制订，为机载设备定义最低标准环境试验条件和试验方法，对确定机载设备在使用过程中会遇到的典型环境条件下性能特性提供试验室方法。该标准自从初次颁布后，根据对机载设备实际工作环境条件的理解和新的需求的出现，进行了多次换版完善，目前最新版本为 G 版，即 RTCA/DO‐160G。通过不断修订，试验项目不断增加，试验方法日趋完善，FAA 以咨询通告 AC‐21‐16 的形式，推荐将 DO‐160G 用于验证试验，我国民机也直接采用该标准。

环境试验项目主要有：温度和高度、温度变化、湿热、飞行冲击与坠撞安全、振动、爆炸、防水性、流体敏感性、砂尘、霉菌、盐雾、磁影响、电源输入、电源尖峰、音频传导敏感度、感应信号敏感度、射频敏感度、射频能量发射、雷电感应瞬态敏感度、雷电直接效应、结冰试验、静电释放、可燃性试验等。在共性的试验设备、试验顺序，以及试验室环境条件等基本要求之外，对于每一类环境条件，DO‐160G 主要从试验的目的、试验类别的选择依据或原则、具体类别的试验步骤、试验曲线及合格判据等方面来说明。表9-9对DO-160历次版本的变化进行了说明。

对于民用飞机机载设备,若以前采用军用标准例如MIL-STD-810G进行环境试验,则需要按照DO-160G进行对比分析,说明其提供了环境试验的等效安全水平;若机载设备需要进行HIRF(高强度辐射场)试验,应采用DO-160F或者DO-160G的要求,当HIRF试验要求的级别为B级或C级,采用DO-160E中的要求也可以接受;若电子电气类机载设备有闪电防护要求,应采用DO-160D或以后版本。

表9-9　DO-160历次版本的变化

序号	版本	颁布时间	主要内容变化
1	DO-138	1968年	标准名称为《机载电子/电气设备和仪表环境条件和试验程序》,该文件主要与RTCA制订的一些无线电产品规范配套使用。试验项目比较齐全,基本构成了一套完整的环境试验标准
2	DO-160	1975年	标准名称为《机载电子/电气设备和仪表环境条件和试验程序》,该文件与DO138相比没有大的变化。试验项目略有增加,如,增加了磁影响和射频能量发射两项试验。 该文件将高温、低温、高度、过压和减压试验合并为温度高度试验。而且对设备的分类更为详细,温度、压力等级更为合理
3	DO-160A	1981年	标准名称为《机载设备环境条件和试验方法》,该文件是DO160的修订本,总体内容没有大的更改。 该文件在修订中同时征求了ISO/TC20/SC5各成员国的意见,并经ISO批准。获得标准号为ISO7137,并成为国际性标准
4	DO-160B	1984年	标准名称为《机载设备环境条件和试验方法》,该文件是DO160A的修订本,与DO160A相比,在试验的一般要求和试验步骤等方面作了修改,更具国际标准特色 该文件的附录A的名称从《设备铭牌作标记的推荐方法》改为《环境试验标识》,并以使用环境试验合格记录表的格式记录环境试验情况
5	DO-160C	1989年	该文件是DO160B的修订本,此次修订与欧洲民用航空电子组织(EUROCAE)第14、31和33工作组及ISO的第20技术委员会相互协商,达成了一致。并作为优先标准用于TSO的环境试验标准。 该文件的主要变化是:增加了结冰试验;在温度-高度、温度冲击和湿热试验中增加了描述试验条件随时间变化的图;恢复了设备名牌标识方法的规定
6	DO-160D	1997年	该文件是DO160C的修订本,此次修订的主要变化是: (1)温度高度试验设备类别增加了第4个类别; (2)飞行冲击、坠撞安全试验的冲击脉冲波形由半正弦波改成了后峰锯齿波; (3)振动试验增加了高量值短时振动方法; (4)增加了雷电感应瞬态敏感性、雷电直接效应和静电放电3个试验项目

序号	版本	颁布时间	主要内容变化
7	DO‐160E	2004 年	该文件是 DO160D 的修订本,此次修订的主要变化是: (1) 不同的试验方法给出了不同的试验程序; (2) 增加了防火试验项目
8	DO‐160F	2007 年	该文件是 DO160E 的修订本,此次修订的主要变化是: (1) 语言描述更加完善和具体; (2) 试验项目没有变化
9	DO‐160G	2010 年	该文件是 DO160F 的修订本,此次修订的主要变化是: (1) 语言描述更加完善和具体; (2) 对电磁环境效应的部分试验方法进行了完善; (3) 对防火试验内容进行了修改完善

9.3.5.4　鉴定试验注意事项

1) 使用环境试验标准需考虑的原则

（1）对某一项具体的机载设备而言,并不是所有试验项目都要求进行,要根据具体情况加以选择。此外,在大多数环境试验方法中,还包括几种不同的试验程序或不同的试验量值（严酷度等级）,同样要进行合理的选择。

（2）选取试验项目,需要考虑飞机类型、飞机性能、安装位置（如座舱、货舱、电子设备舱、发动机舱、飞机表面）及机载设备的不同特点。通常座舱区密封、控温增压;电子设备舱电磁兼容要求严格;发动机舱环境最为严酷,温度高、振动噪声大;飞机表面受日晒、雨淋、砂尘影响。机械类产品对电磁兼容效应不敏感;密封产品不用进行防水试验等。

（3）一般不对产品试验件的数量做硬性规定,可只提供一台产品进行全部性能和环境试验,但是试验持续时间较长、风险性大;也可提供几台试验件,按试验时间长短选取不同产品穿插进行,缩短试验周期。在进行适航验证试验前,应综合考虑样件成本、试验项目数量和试验顺序等因素,合理确定试验件数量。

（4）若单个试验件需进行连续试验及多项试验时,不同因素的环境除了产生本身特有的影响和破坏作用外,往往还诱发或扩大其他因素对产品的有害影响。例如,高温能加剧湿度和盐雾的腐蚀效应,振动能扩展低温和温度剧变在材料中造成的裂纹。在进行适航验证试验时,应合理安排试验顺序,一般可参考如下原则进行:

　　a. 盐雾试验不能在霉菌试验前进行;

　　b. 砂尘试验不能在霉菌试验、盐雾试验或湿热试验前进行;

　　c. 防爆炸试验通常在 DO‐160 文件中所列的所有试验后进行;

　　d. 易燃性试验通常在 DO‐160 文件中所列的所有试验后进行。

（5）为降低成本,在满足验证要求的情况下,有些试验可以组合进行。其前提条件是在能够验证原各单项环境试验方法规定的使用环境条件能复现或超过的情况下,进行组合试验时允许将各单项试验交替进行。若试验项目交替进行,应在环境合格鉴定表中提供相关信息。如温度变化试验,可以把"地面耐受低温试验和低温短时工作试验"、"低温工作试验"、"地面耐受高温试验和高温短时工作试验"和"高温工作试验"组合,一并进行。

(6) 若受试设备是由几个独立的单元组成,在能够确保有关设备技术规范规定的功能时,各个单元可分别进行试验。需要注意的是其前提条件是组成受试设备的各单元是独立的并能正确实现规定功能。对于一些大型设备,因环境试验设备的承受载荷能力是有限的,不能进行整机试验;对于一些复杂系统,功能复杂、整机测试烦琐,不宜所有试验都是整机一起测试;或者系统的不同单元分布在不同环境的安装位置,环境条件不同,不能整机一起测试。这种情况下,可以对各个独立单元分别进行试验。

2) 环境试验的检查要求

鉴定试验开始之前,待试机载设备的制造状态必须清楚地界定、记录和报告,机载设备技术状态必须是其生产状态的典型代表,后续的任何要求的更改必须增加到设计文件中,并经采购方或者批准方的同意。鉴定试验期间出现的故障、缺陷和其他偏差必须立即被记录,并报告到采购方或批准方,以确定在采购方(或批准方)和供应商之间要求的纠正行动,没有采购方(或批准方)的同意不能执行设计更改。

在合格鉴定试验期间,必须允许采购方(或批准方)代表进入试验现场。用于合格鉴定的试验设备必须经有效的校准,并能追溯到相关标准,如采购方(或批准方)要求,供应商必须通过提交校准数据来验证校准的有效性。

3) 机载设备环境试验的豁免要求

根据机载设备研制的具体情况,环境试验可以部分或全部进行豁免,不必重新进行试验,可以引用其他已取证产品环境试验的技术资料,具体要求如下:

(1) 先前的合格鉴定或工程评估的证据;

(2) 有类似设备的合格鉴定的证据,该类似设备必须与之进行详细比较;

(3) 提交试验能豁免的分析评判;

(4) 任何豁免必须经采购方批准;

(5) 取证当局接受试验的豁免。

参 考 文 献

[1] CCAR-21-R3 民用航空产品和零机载设备合格审定规定[S]. 北京:中国民用航空局,2007年.

[2] CCAR-25-R4 运输类飞机适航标准[S]. 北京:中国民用航空局,2011年.

[3] AP-21-AA-2011-03R4 适航管理程序,航空器型号合格审定程序[S]. 北京:中国民用航空局,2011年.

[4] 郑作棣. 运输类飞机适航标准技术咨询手册[M]. 北京:航空工业出版社,1995.

［5］ 冯振宇. 运输类飞机适航要求解读［M］. 北京：航空工业出版社，2013.

［6］ GJB150A 军用装备试验室环境试验方法［S］. 2009.

［7］ AC25 - 7C. Flight Test Guide For Certification of Transport Category Airplanes［S］. 2012.

［8］ AC25 - 22. Certification of Transport Airplane Mechanical Systems［S］. 2000.

［9］ AC25. 672 - 1. Active Flight Controls［S］. 1983.

［10］ AC25. 1329 - 1B. Approval Flight Guidance Systems［S］. 2006.

［11］ AC21 - 16G. RTCA Document DO - 160 versions D，E，F，and G，"Environmental Conditions and Test Procedures for Airborne Equipment"［S］. 2011.

［12］ RTCA DO - 160G. Environmental Conditions and Test Procedures foe Airbone Equipment ［S］. 2010.

［13］ MIL - STD - 810G. Environment Engineering Consideration and Laboratory Tests［S］. 2012.

10 飞控系统试验技术的发展与展望

飞控系统试验技术总是伴随着飞机总体设计技术、飞控系统设计技术和试验技术本身的发展而发展。

从飞机总体设计技术来看,随控布局和主动控制技术的应用逐步普及,其操纵面也由传统操纵面发展到广义操纵面,试验的重点转移到以不同布局、不同气动特性、不同操纵控制下的飞机性能与飞行品质的验证和确认为核心。

从飞控系统设计技术来看,飞控系统的功能已从增稳、控制增稳发展为综合控制,目前正朝着智能自主控制方向发展;飞控系统的信息传递方式已从机-电混合操纵、电传操纵发展到光传操纵,未来极有可能发展为无线传输;飞控系统的架构已从集中式发展为分布式,新一代网络式架构已出现雏形;飞行控制律经历了从经典控制算法到状态空间算法再到非线性控制算法的跨越;飞控作动器已从机械作动器、液压作动器发展到全电/多电作动器,甚至智能(灵巧)作动器等,这些新技术的发展需要从体系架构、控制算法、信息传递等多个层面应用复杂系统确认与验证方法,对系统安全性、可靠性、经济性、维护性等进行全面评估和验证。

从试验技术本身发展来看,随着仿真技术、信息化和计算机等技术的不断发展,应用大量高逼真仿真设备逐步替代物理设备,试验过程产生的巨量数据处理与分析也逐步利用云存储、云计算等技术而变成自动化,使传统意义上的集中物理试验变成了分布式网络化的柔性、智能试验验证系统,以"虚拟铁鸟"为中心的飞机系统集成与验证将是未来先进飞机飞行器管理系统验证重要特征。

10.1 飞机总体设计技术对飞控系统试验的牵引

随控布局(control configured vehicle technology, CCV)飞机的设计思想就是在以往气动布局、发动机与机体结构"三位"一体设计的基础上,增加飞控系统在总体设计中的作用,进而形成"四位"一体的设计思想。可以解决以往"三位"一体设计思想存在的许多矛盾而不得不进行某些折中的问题,实现了飞机的"被动控制"向"主动控制"(active control technology, ACT)的转变。随控布局飞机以飞机姿态和轨迹控制作为飞控系统的设计目标,根据飞机对飞控系统的需要,专门设置必要形式的操纵面或者确定各操纵面结构参数,这对于提高飞机综合性能,减轻飞机总体、气动、结构设计难度,和提高飞机安全性具有非常重要的意义,可获得巨大效益。实现随控布局方案的飞控技术即主动控制技术和综合控制技术。大型运输机所采用的主动控制技术主要包括直接力控制、机动载荷控制、阵风减缓、乘坐品质改善、包线保护控制等;综合控制技术则是以飞行任务为核心的舵面综合利用,在确保飞机飞行安全的同时,充分发挥主动控制技术的作用。

现代大型运输机操纵面设计已不再是传统意义上的副翼、升降舵、方向舵、扰流板、襟翼、缝翼等,而是依据飞机控制所需要的力(力矩)来定义操纵面,即广义操纵面。如动力增升控制采用发动机喷口气流通过襟翼开缝、改变襟翼上下气流速度,实现动力增升功能;如推力矢量控制采用调整发动机尾喷口气流方向,产生与飞机控制相一致力矩,实现飞机的姿态控制。即使传统的操纵面的功能也不是那么单一,如副翼用作辅助增升,飞机起飞着陆阶段同向向下偏转产生升力;如扰流板用作辅助滚转,副翼滚转操纵效率不足时,单边打开产生滚转力矩;如扰流板、副翼、升降舵、方向舵都是实现不同主动控制功能所需要的操纵面。

通过以上分析可以看出,随控布局飞机设计将飞控系统设计提前到飞机需求论证阶段,飞控、气动、发动机和机体结构的反复迭代与优化可能需要很长周期,同时伴随着飞控系统的试验验证工作,可能是仿真验证、原理性验证,也可能是工程模拟器上飞行品质和控制律评估,还有可能是飞行验证。具有直接力控制、机动载荷控制、阵风减缓、乘坐品质控制、包线保护控制等或部分主动控制功能的大型运输机飞控系统的验证仍是一个巨大的挑战。这不仅表现在飞控系统构型及交联关系异常复杂、控制模态多;更困难的是以上主动控制功能必须将地面试验验证和空中试飞验证相结合,需要研究空中环境的地面模拟方法、空中试飞方法和试飞科目环境施加等;还需要进一步完善具有主动控制功能飞机的飞行品质设计规范与评价体系等。

广义操纵面的综合使用体现了飞控、气动、发动机的综合考虑,发挥了气动和发动机以及飞控系统的综合控制能力,对于提高飞机综合性能具有非常重要的作用,这种设计思路给飞控系统试验带来了很大的挑战。所谓挑战同样体现在试验任务的复杂性、模拟环境的真实性与评价体系的建立。

10.2　飞控系统设计技术对试验技术的推动

现代大型运输机赋予了飞控系统更多的功能和任务,飞行器综合控制、分布式网络控制、新型信息传输介质、高可靠性非相似余度计算机、灵巧作动器,以及信息融合技术等的应用,大大地提高飞机的安全性和环境适应性。以上技术发展使得控制律结构和算法变得复杂和困难,以往采用的单输入单输出经典控制理论越来越不适应,非线性理论和现代控制理论就成为解决这一技术关键的理论支撑。

综合化控制-飞行器管理系统(vehicle management system, VMS),通过"功能

综合"和"物理综合",使提供飞机飞行安全关键功能的飞控、推进、公共设备管理等系统综合为一个有机整体。实现飞机资源和能源的综合化控制,需要在设计上解决新型机载网络及数据通信、故障检测及健康诊断、分布式网络化控制\数字适配的公共设备控制、面向任务的综合飞行/推进性能寻优、综合飞/推控制等技术。

当今世界,飞机的飞行环境已不再只受大气、温度、湿度、风等自然的影响,电磁环境日益恶劣、电子对抗更加激烈、激光武器不断涌现、核辐射打击一触即发等都对未来飞行器安全造成巨大影响。提高飞控系统的抗干扰能力和数据传输能力势在必行,解决这一问题的有效方法之一就是发展光传飞控系统(fly-by-light,FBL),即数字光传。光传飞控系统重点在于解决光传操纵余度管理、复杂作动器结构、光传分布式控制、光传容错数据通信等技术。同时,随着无线通信可靠性的不断提高和广泛使用,无线通信的经济性、保密性、方便性越来越受到飞控系统设计师们的青睐,一种以无线通信为信息传输介质的飞控系统悄悄问世。其核心是解决基于无线传输的全局时间触发、分布式、多余度系统架构,分布式多节点同步,实时多任务分配与调度,基于无线传输的健康管理(PHM),主动/故障应急控制与接管技术,多节点、可组合、智能维护,专用频谱、识别及保密等技术。

多电飞机飞控系统表现为高性能电驱动/作动技术的应用,是以大容量供电系统为基础,用电能取代其他二次能源的驱动/作动技术。高性能电驱动/作动技术可以简化系统结构,优化资源配置,提高能源利用效率、功重比、可靠性、测试性和维护性,降低全寿命成本,已成为未来先进飞机机载作动系统的发展方向。

通过上述分析可以看出,随着控制理论、飞控系统的综合化、多介质(光传、无线网络)分布式控制以及多电等发展趋势,其试验验证也随之有必然的发展趋势。

在先进控制理论方面,我们现在遇到的问题是如何评判基于现代控制理论和非线性理论设计的控制律和飞机的飞行品质。为此,我们必须建设满足现代飞机飞控系统的开发验证环境,通过大量的试验确定评判标准与规范。

综合化控制飞机的飞控系统已不再是独立执行姿态控制和航迹控制,而是与飞机发动机、公共设备一起以完成飞机飞行任务为目的,同时追求耗油最少、耗时最短、飞行员劳动强度最低等优化指标,原有飞控系统的内回路、外回路以及与飞行管理系统(flight management system,FMS)交联的回路已不再明显,功能综合、信息融合,对设计师和试验验证人员提出了更高的要求。因此,综合化控制飞机的飞控系统已不具备单独验证和交联验证的条件,以飞控系统功能完整、飞行品质优良和飞行安全为核心的飞控系统试验方法已不再适用,取而代之的是以执行飞行任务最优为核心的飞行器管理验证思路,其验证的基本思路如图10-1所示。

多介质的发展提供了信息传递的多种选择,验证的重点在于系统拓扑架构的合理性,信息传递的可靠性、稳定性和安全性,以及分布式多节点之间的同步、故障和重构等。

多电/全电飞机飞控系统主要表现在采用全电或电静液作动器替代以往飞机以

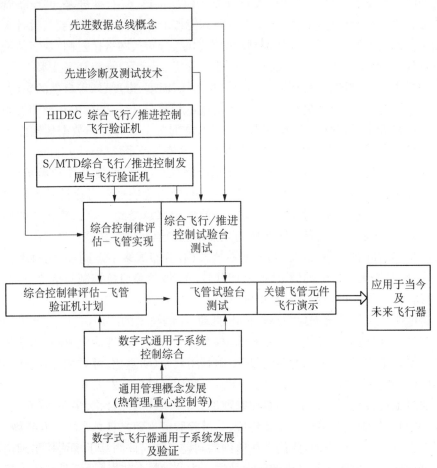

图 10-1　VMS 验证基本思路

液压源为主的飞机操纵面作动器。因此,高性能电驱动/作动技术的研究与验证技术就成为现代飞控系统关键技术之一。

10.3　试验技术的发展对飞控系统试验的促进

虚拟试验技术直接带来了新的验证与确认理念。"铁鸟"是一个伴随着操纵系统而出现的综合性试验台,能够全尺寸模拟操纵机构、作动系统以及操纵面,对于前期机械操纵飞机或带有机械备份操纵系统的飞机的验证至关重要,可以完成极性、传动比、杆力杆位移等静态,以及阶跃、脉冲响应和带宽扫频等动态试验,甚至可以模拟结构变形、系统加载等。随着电传系统的逐步应用,在掌握结构、机构等设计技术后,出现了"电鸟"的概念,将座舱操纵机构、计算机、传感器和作动器等交联在一起,可以全面对飞控系统的接口、逻辑、算法、功能和性能等进行全面验证。直到现在,随着仿真技术逐渐成熟,"虚拟铁鸟"孕育而生,可以将结构、机构、控制器、传感器、作动器、能源以及交联系统等进行全数字仿真,形成与真实"铁鸟"完全一致的虚拟环境,进一步减少了资源的投入,提高了试验的效率,降低了试验的风险。

多系统综合验证是飞机试验技术的必然发展趋势。品模试验台在使用初期,主要目的是验证飞控系统尤其是控制增稳系统的控制律,以及飞机飞行性能和操稳特性等;随着大型运输类飞机自动飞行控制系统功能的逐步强大,其验证内容又逐步扩展到自动飞行控制系统控制律;同时,飞行管理和自动导航等系统也要求越来越高,自然在品模试验中必不可少需要增加相关控制算法验证;随着飞机管理系统(VMS)的逐步成熟,机电、航电和飞控等综合控制成为趋势,在品模试验台研究并验证这些影响飞机性能的关键系统也成为一种趋势。同样从铁鸟试验台来看,从先期机械操纵系统与机构、结构的试验验证开始,到以主飞控、高升力控制和自动飞行等飞行控制系统验证,与电源、液压、起落架、航电等系统交联综合验证,以及与燃油、环控等机电系统的交联综合试验,都体现了系统综合验证的发展趋势。

巨量信息快速处理是现代飞控系统试验的关键技术之一。由于大型运输机具有操纵面多、控制律复杂、组成设备数量多、接口类型多、系统逻辑多、安全可靠性要求高等特点。随着智能设备、物联网、云计算等技术的发展,从激励仿真、测试采集,到静态动态,可以对大量信息和数据进行自动分析处理,结合专家数据库给出判断依据和试验结论。

并行试验是快速提高研发和验证时间的有效途径。国外很多新技术的应用必须达到一定成熟度才会在型号中应用,而我国很多技术都是在型号研制中成熟的。在大型运输机领域国内技术储备相对较少,随着"多电"等新技术的进一步发展,尤其对于飞行控制系统等影响飞机安全的关键系统,设计与试验并行的局面势必在一定阶段存在。对于成熟度最低的分系统或技术,要在前期规划好原理性验证试验,结合型号的初样(C型件)研制和试验件(S型件)研制不断提高成熟度,同时结合部件试验、分系统试验和系统试验等对部件进行不同层级的验证,以减少不必要的后续返工。在试验过程中,耐久性、可靠性、环境适应性也与部件、分系统、"铁鸟"以及机上地面试验等同步进行,规划协调这些试验之间的关系,对试验中的异常情况的综合分析处理非常关键。

综上,我国大型运输机目前尚处于型号研制阶段,相对于国际先进水平,在非相似多余度同步、监控、表决、均衡等余度管理,与航电、机电等综合管理与控制,多操纵面综合控制与重构,载荷减缓、乘坐品质改善等主动控制等技术领域尚有一定差距,但在飞控系统体系结构设计、控制律设计及飞行品质评估、机载软件设计与测试、系统综合试验验证等领域取得了较大成果,为我国大型运输飞机的工程实践开创了先河。随着我国飞机总体设计、飞控系统设计和试验技术的发展,飞控系统设计与试验相辅相成、相互促进,势必赶超国际先进水平,进而实现航空强国的中国梦。

参 考 文 献

［1］文传源. 现代飞行控制系统［M］. 北京：北京航空航天大学出版社，1992.

［2］（英）柯林森（R. P. G. Collinson）. 飞行综合驾驶系统导论［M］. 吴文海，程传金，译. 北京：航空工业出版社，2009.

缩 略 语

ACT	active control technology	主动控制技术
ACE	actuator control electronics	作动器控制电子
A/D	analogue-to-digital converter	模/数转换器
AFCC	automatic flight control computer	自动飞控计算机
AFCP	automatic flight control pedal	自动飞控板
AFCU	automatic flight control unit	自动飞行控制装置
AFCS	automatic flight control system	自动飞控系统
AFDS	autopilot flight director system	自动飞行指引系统
AFDX	full duplicate switch ethernet	全双工交换式互联网
AP	autopilot	自动驾驶仪
APU	auxiliary power unit	辅助动力装置
ASW	antisubmarine warfare	鹗式运输机
ATA	Air Transport Association of America	美国航空运输协会
ATE	automatic test equipment	自动试验设备
ATP	acceptance test procedure	验收试验程序
BC	bus controller	总线控制器
BDA	back drive actuator	回传作动器
BIT	built in test	机内自检测
BTB	back to back	
CAAC	civil aviation administration of china	中国民用航空局
CCAR	china civil aviation regulations	中国民航规章体系
CAS	control augmentation stability system	控制增稳系统
CCV	control configured vehicle technology	随控布局技术
CDR	system critical design review	系统详细关键设计评审
CFD	computational fluid dynamics	计算流体力学
CLB	climbing	爬升

CMD	command	指令
CMS	central maintenance system	中央维护系统
CNAS	China National Accreditation Service for Conformity Assessment	中国合格评定认可委员会
CPU	central processing unit	中央处理器
CWS	central warning system	中央告警系统
D/A	digital-to-analogue converter	数/模转换器
DDV	direct driving valve	直接驱动伺服阀
DIF	development of integrated facility	软件开发综合设备
DILAC	National defense Science and Technology Industrial Laboratory Accreditation Committee	国防科技工业试验室认可委员会
DPU	display processing unit	显示处理单元
DDF	dynamic data flow	动态数据流覆盖
EFCS,	fy-by-wire flight control system	电传飞控系统
EICAS	engine indication and crew alerting system	发动机指示和机组警告系统
ESS	environment stress screening	环境应力筛选
FAA	federal aviation administration	联邦航空局
FAR	Federal Aviation Regulations	联邦航空条例
FBW	fly-by-wire	电传操纵
FCS	flight control system	飞行控制系统
FD	flight director	飞行指引
FHA	functional harm analyses	功能危害性分析
FMS	flight management system	飞行管理系统
FQ	flying qualities	飞行品质
FSECU	flap slat electronic control unit	襟缝翼控制器
FTB	flying test bed	飞行试验平台
FTI	flight test interface	飞行测试接口设备
HDC	high voltage DC	直流高电压
HIL	hardware-in-loop	硬件在环试验
HIRF	high intensity radiated fields	高强度辐射场
HLCS,	high-lift system	高升力系统
HQ	handling qualities	操纵品质
I. B.	iorn bird	铁鸟
IFSTA	the in-flight simulation test aircraft	综合空中飞行模拟试验机

IRQ	interrupt request	中断请求
ITF	integrated test facility	综合测试设备
JAR	joint aviation requirements	联合航空要求
LCSAJ	linear code sequence and jump segments	LCSAJ 覆盖
LDC	low DC voltage	直流低电压
LRU	local remove unit	外场可更换单元
LVDT	linear variable differential transformer	线性可变差动变压器式传感器
MAC	mean aerodynamic chord	平均气动弦长
MFCS	machinery control system	机械操纵系统
MFD	multi-functional display	多功能显示器
MFDS	multi-functional display system	多功能显示系统
MTBF	Mean Time Between Failure	平均故障间隔时间
PCU	Pilots Control Unit	飞行员操纵装置
PDR	System Preliminary Design Review	系统初步设计评审
PDU	Power Drive Unit	动力驱动装置
PFC	Primary Flight Control Computer	主飞控计算机
PFCS	Primary Flight Control System	主飞控系统
PHM	Prognostics and Health Management	故障预测与健康管理
PIL	Pilot-In-Loop	飞行员在环试验人机组合试验
PIO	Pilot Induced Oscillations	飞行员诱发振荡
PIL	pilot in loop	驾驶员在环试验
RAM	Random Access Memory	随机存取存储器
RAT	ram-air turbine	冲压空气涡轮
RDC	remote data concentrator	远程数据集中器
ROM	Read Only Memory	只读存储器
RT	Remote Terminal	远程终端
RTCA	Radio Technical Commission for Aeronautics	美国航空无线电技术委员会
RVDT	Rotary Variable Differential Transformer	旋转可变差动变压器式传感器
SAC	Single Phase AC	单相交流
SAS	Stability Augmentation System	增稳系统
SDR	System Design Review	系统设计评审
SEL	Single Event Latchup	单粒子锁定
SEU	Single Event Upset	单粒子翻转

SCI	Source Code Instrumentation	源程序插装
SOW	Statement of Work	工作说明书
SVF	single phase variable frequency	单相变频
TAC	Three Phase AC	三相交流
TSOA	technical standards approval certificate	技术标准批准证书
TVF	three phase variable frequency	三相变频
UCAV	unmanned combat air vehicle	无人作战飞行器
UUT	unit under test	被试机载设备
VMS	vehcal management system	飞行器管理系统
VNAV	vertical navigation	垂直导航模式
VS	vertical speed	垂直速度
VREF	velocity reference	参考空速
V&V	verification and validation	验证和确认
WBS	work Breakdown structure	工作分解结构

索　引

大飞机出版工程
书　目

一期书目（已出版）

《超声速飞机空气动力学和飞行力学》（俄译中）

《大型客机计算流体力学应用与发展》

《民用飞机总体设计》

《飞机飞行手册》（英译中）

《运输类飞机的空气动力设计》（英译中）

《雅克-42M和雅克-242飞机草图设计》（俄译中）

《飞机气动弹性力学和载荷导论》（英译中）

《飞机推进》（英译中）

《飞机燃油系统》（英译中）

《全球航空业》（英译中）

《航空发展的历程与真相》（英译中）

二期书目（已出版）

《大型客机设计制造与使用经济性研究》

《飞机电气和电子系统——原理、维护和使用》（英译中）

《民用飞机航空电子系统》

《非线性有限元及其在飞机结构设计中的应用》

《民用飞机复合材料结构设计与验证》

《飞机复合材料结构设计与分析》（英译中）

《飞机复合材料结构强度分析》

《复合材料飞机结构强度设计与验证概论》

《复合材料连接》

《飞机结构设计与强度计算》

三期书目（已出版）

《适航理念与原则》

《适航性：航空器合格审定导论》（译著）

《民用飞机系统安全性设计与评估技术概论》

《民用航空器噪声合格审定概论》

《机载软件研制流程最佳实践》

《民用飞机金属结构耐久性与损伤容限设计》

《机载软件适航标准 DO‐178B/C 研究》

《运输类飞机合格审定飞行试验指南》(编译)

《民用飞机复合材料结构适航验证概论》

《民用运输类飞机驾驶舱人为因素设计原则》

四期书目(已出版)

《航空燃气涡轮发动机工作原理及性能》

《航空发动机结构强度设计问题》

《航空燃气轮机涡轮气体动力学:流动机理及气动设计》

《先进燃气轮机燃烧室设计研发》

《航空燃气涡轮发动机控制》

《航空涡轮风扇发动机试验技术与方法》

《航空压气机气动热力学理论与应用》

《燃气涡轮发动机性能》(译著)

《航空发动机进排气系统气动热力学》

《燃气涡轮推进系统》(译著)

五期书目

《民机飞行控制系统设计的理论与方法》

《现代飞机飞行控制系统工程》

《民机导航系统》

《民机液压系统》

《民机供电系统》

《民机传感器系统》

《飞行仿真技术》

《民机飞控系统适航性设计与验证》

《大型运输机飞行控制系统试验技术》

《飞控系统设计和实现中的问题》(译著)

六期书目

《民用飞机构件先进成形技术》

《航空材料连接与技术》

《民用飞机全生命周期构型管理》

《民用飞机特种工艺技术》

《飞机材料与结构检测技术》

《民用飞机大型复杂薄壁铸件精密成型技术》

《先进复合材料制造工艺》(译著)

《民用飞机复合材料构件制造技术》

《民用飞机构件数控加工技术》

《民用飞机自动化装配系统与装备》

《聚合物基复合材料——材料性能》(译著)

《复合材料夹层结构》(译著)

《ARJ21飞机技术管理》

《新支线飞机设计流程》

《ARJ21飞机技术创新之路》

《驾驶舱人素工程》

《支线飞机的健康监控系统》

《支线飞机的市场工程》

七期书目

《民机航空电子系统综合化原理与技术》

《民用飞机飞行管理系统》

《民用飞机驾驶舱显示与控制系统》

《民用飞机机载总线与网络》

《航空电子软件工程》

《航空电子硬件工程技术》

《民用飞机无线电通信导航监视系统》

《综合环境监视系统》

《民用飞机维护与健康管理系统》

《航空电子适航性设计技术与管理》

《民用飞机客舱与信息系统》